モンサント

Le monde selon Monsanto

世界の農業を支配する遺伝子組み換え企業

マリー=モニク・ロバン
村澤真保呂・上尾真道［訳］
戸田清［監修］

作品社

モンサント——世界の農業を支配する遺伝子組み換え企業◆目次

［おわりに］
「張り子の虎」の巨大企業　481

［新版への補論］
本書とドキュメンタリー映画への世界的反響について
――「着実に持続する成功」

モンサントのGMO作物と日本

〔日本語版解説〕二〇一六年三月、第7刷のために加筆・修正

遺伝子組み換え情報室　河田昌東

〔凡例〕
・本文中で、▼印のルビが振られた語句には注が付してあり、見開きの左端に掲載した。（原注）と記されているもの以外は、訳注である。
・〔　〕内の割注も、訳注である。
・＊印と番号のルビが振られているものは、出典に関する原注が付してあり、巻末に「原注」として掲載した。
・本文や訳注などで取り上げられている書籍で、邦訳のあるものは、巻末の「本書に関係する文献・資料・情報源の紹介」に詳しい書誌データを掲載した。

[はじめに]

モンサントとは何か?

「モンサントを調べてください。あのアメリカの多国籍企業の正体を暴かなければ。あの会社は、植物の種子に手を出しています。ようするに、世界中の食糧を独占するつもりなのです……」

二〇〇四年一二月のニューデリー空港で、ユドヴィル・シンは、私にこう伝えた。彼は、およそ二〇〇〇万のメンバーからなる北インドの農民組織「バラティィヤ農民組合」のスポークスマンである。

私は、パンジャブ州とハリヤナ州を、彼と一緒に二週間かけて、歩き回ってきたところだった。この二つの州は、インド小麦のほとんどすべてが生産されている地域で、「緑の革命」のシンボルとされていた州であった。

調査の必要性

当時の私は、ドイツとフランスのテレビ局「アルテ▼(Arte)」からの依頼で、『テーマ』という夜の番組で放映するために、二つのドキュメンタリーを制作している途中だった。その番組では、『自然へ忍びよる悪魔の手』というタイトルで、生物多様性の特集を組むことになっていた。[*1]

　一つめのドキュメンタリー『生物への海賊たち』[*2]では、遺伝子組み換え技術の登場により、世界中で遺伝子の争奪戦が行なわれるに至った経緯を語った。バイオテクノロジーの巨大企業たちは、特許制度を悪用しながら、発展途上国の自然資源を遠慮なく横取りしている。たとえば、コロラドの大胆なある農業家は、メキシコで大昔から栽培されていた黄インゲンの特許を取得した。そして彼は、アメリカ大陸での「発見者」を名乗って、合衆国に黄インゲンを輸出しているメキシコの農民たちに、特許の使用料を要求している。また、モンサントというアメリカ企業は、あの有名な「チャパティ」（インドの無酵母パン）で使われているインド小麦の遺伝子特許を、ヨーロッパで取得した。

　二つめのドキュメンタリー『小麦――予告された死の記録？』では、小麦の長い物語（人類が小麦の栽培をはじめた一万年前から遺伝子組み換え作物〔GMO〕が登場した現代まで）を通じて、生物多様性とその危機を歴史的に描き出した。ちなみに、このGMOの世界的リーダーが、モンサント社である。当時の私は、これらの作品のほかに、アルテの報道番組のために、もう一つのドキュメンタリーを制作していた。私は、そのドキュメンタリーに『アルゼンチン――餓えの大豆』というタイトルをつけ、牛肉と牛乳の産出国であるアルゼンチンに、遺伝子組み換え作物がもたらした悲惨な結果をまとめようとしていた。ところで、アルゼンチンでは全国の耕作面積の半分をGMOが覆っており、そこで起こっている問題のほとんどは、いわゆる「ラウンドアップ・レディ」という商品名の大豆に関連している。「ラウンドアップ・レディ」という名前は、除草剤「ラウンドアップ」に耐性をもつように、モンサント社によって遺伝子操作を施された大豆だからである。そして「ラウンドアップ」は、一九七〇年以降、世界でもっとも売れている除草剤で、その製造企業も、やはりモンサント社なのである。[*3]

　この三つのドキュメンタリーで私が検証したのは、それぞれ別の角度からではあるが、常に同一の問題であった。はたしてバイオテクノロジーは、世界の農業に、また人類の食料生産に、いったいどのような影響を及ぼしているのだろうか? それらのドキュメンタリーを撮るために、私は一年がかりで世界各地――ヨーロッパ、合衆国、カナダ、メキシコ、アルゼンチン、ブラジル、イスラエル、インド――を駆けまわったのだが、いたるところにモンサントという会社の影が忍び寄っていた。この会社は、あたかも世界規模で農業の新たな秩序を監視する「ビッグ・ブラザー▼」のように感じられ、そのことに私は胸騒ぎをおぼえていた。

冒頭で引用したユドヴィル・シンの言葉は、私がインドを出国する時に伝えられたアドバイスである。それまでの私は、まだ漠然と、モンサントという北米の多国籍企業の歴史――一九〇一年にミズーリ州セントルイスで創設され、二〇〇五年に世界一の種子販売企業となり、現在では世界中のGMOの九〇%を支配している――をもっと詳しく調べなければならない、と思っていたにすぎなかった。しかし、彼の言葉によって私の思いは明確になったのだ。

ニューデリーから戻るとすぐに、私はパソコンの電源を入れ、お気に入りの検索エンジンに「Monsanto(モンサント)」と打ち込んだ。すると、七〇〇万件以上の検索結果が表示された。その検索結果を眺めるかぎり、この会社のイメージは、とうてい清廉潔白とはいえないもので、産業界で最大の問題を引き起こしている企業としか思われなかった。実際、「Monsanto」に加えて「pollution(汚染/公害)」――英語でもフランス語でも同じように綴る――というキーワードで検索すると、三四万三〇〇〇件がヒットした。

▼アルテ:フランスとドイツが共同出資している公共教育テレビ局。この二国以外にも、カナダ、イタリア、ベルギー、オランダ、スイスなどで放送されている。一九九二年開局。
▼ビッグ・ブラザー:ジョージ・オーウェルの未来小説『一九八四年』に登場する独裁者の通称。

「criminal（犯罪）」――これは英語とスペイン語で同じ綴りである――も加えると、一六万五〇〇〇件。「corruption（買収）」にすると一二万九〇〇〇件。「Monsanto falsified scientific data（モンサントは科学的データを捏造した）」と入力しても一一万五〇〇〇件がヒットする。

インターネットユーザーとして腕に自信があった私は、それから数週間にわたってネット検索に没頭した。サイトからサイトへとネット・サーフィンを繰り返し、膨大な未分類の資料やレポート、新聞記事を調べてまわった。私は調査をしながら、きわめて複雑なパズルのすべてのピースを忍耐強く一つ一つ組み立てているような感覚に陥った。そして、インターネットで調べたかぎり、この会社は嘘で塗り固められているように思われた。実際、モンサント社のホームページを開くと、この企業は「農業関連企業」を自称しており、その目的は「世界中の農業生産者たちが、より健全な食品を生産することを助け〔……〕自然環境に対する農業の影響を減らすことにある」と書かれている。しかし、ホームページに書かれていない事実がある。それは、農業に関心を向ける以前には、この企業が二〇世紀中もっとも巨大な化学企業の一つであり、とりわけプラスチックやポリエステルなどの化学繊維を主として生産していたことである。「私たちは何者なのか／会社の歴史」という見出しのページでは、数十年にわたってこの企業の主要商品だった猛烈な有毒物質について、ただの一言さえ触れられていない。その有毒物質とは、すなわちPCB（ポリ塩化ビフェニル）である。この物質は、かつて変圧器の絶縁体として使用された脂溶性化学物質で、合衆国では「アロクロール」、フランスでは「ピラレーヌ」、ドイツでは「クロフェン」という商品名で、ほぼ五〇年間にわたって販売された。モンサント社は、一九八〇年代に生産禁止になるまで、この物質の有害性を隠してきたのである。さらに、ダイオキシンを含む強力な除草剤である「2,4,5-T」がある。これは、ベトナム戦争でアメリカ軍が枯葉剤として使用した、オレンジ剤の主成分である。モンサント社はこの物質の有毒性を、科学データを捏造して巧みに否定した。また、「2,4-D」（オレンジ剤の別の主成分）、あるいは現在は使用禁止されている「DDT」（ジクロロジフェニルトリクロロエタン）も、モンサント社が生産している。さらに、人体への有害性が指摘されている「アスパルテーム」(人工甘味料)も、乳牛や肉牛の成長促進ホルモン(人間や動物の健康に危険を及ぼす可能性があるため、ヨーロッパでは使用が禁止されている)も、モンサント社の商品なのだ。

激しい議論を引き起こした多くの製品が、モンサントの公式の歴史から、すっかり消えてしまっている(乳牛の成長促進ホルモンは例外。これについても、本書で取り上げる)。モンサント社の内部文書をよく調べれば、この企業の過去のいかがわしい歴史が、現在の活動にも影響を与えつづけていることがわかる。というのも、この会社は、次々と起こる訴訟にそなえて、つねに巨額の貯蓄を強いられているからである。

数億ヘクタールの農地に広がるGMO

こうして私は、アルテに新しいドキュメンタリーの制作を提案することになった。タイトルは『モンサントの不自然な食べもの』▼。本書は、その番組のために調査した内容にもとづいている。私は、この多国籍企業の歴史を語りたいと思った。現在のモンサントの活動とその主張を、この会社の過去との関連から理解してみようと思ったのだ。一万七五〇〇人の従業員を抱え、二〇〇七年には七五億ドルの売上高をあ

▼一九八〇年代に生産禁止:PCBは、日本では「カネミ油症事件」(一九六八年発覚)の衝撃のため、欧米よりも早い一九七二年に禁止された。同事件は、PCBとダイオキシン(PCDF)の複合汚染。ダイオキシン類(広義)は、狭義のダイオキシン類(PCDD)、ダイベンゾフラン類(PCDF)、およびコプラナーPCB類に大別される(宮田秀明『ダイオキシン』岩波新書、一九九九年などを参照)。2,4,5-Tには、不純物としてPCDDが含まれる。ベトナムでの枯葉剤やセベソ事件のダイオキシンはPCDD、カネミ油症のダイオキシンはPCDF、コプラナーPCBである。

げ（うち一〇億ドルが純利益）、四六か国に進出しているこのアメリカ・セントルイスの企業は、どうやら「持続可能な開発」というスローガンに飛びついたらしい。つまり、モンサントが遺伝子組み換え作物の種子を商品として販売するのは、「持続可能な開発」を可能にするためであり、それは生態系の限界を広げ、人類に利益をもたらすことになると言うのである。

一九九七年からモンサントは、「食物、健康、希望」という人々の心をつかみそうなスローガンを掲げて、多くの宣伝活動を行なった。そして、とくに遺伝子組み換えの大豆、トウモロコシ、綿花、菜種を、各国に広く売り込むことに成功した。二〇〇七年には、世界全体で遺伝子組み換え作物（そのうち九〇％は、モンサントが特許を所有している）の耕作面積は一億ヘクタールに及んでいる。その半分以上がアメリカ合衆国（五億四六〇〇万ヘクタール）、ついでアルゼンチン（一八〇〇万ヘクタール）、ブラジル（一一五〇〇万ヘクタール）、カナダ（六一〇万ヘクタール）、インド（三八〇万ヘクタール）、中国（三五〇万ヘクタール）、パラグアイ（二〇〇万ヘクタール）、南アフリカ（一四〇万ヘクタール）である。この「GMO耕作面積の拡大」[*4]は、スペインとルーマニアは例外として、ヨーロッパには及んでいない。世界全体で栽培されているGMOの七〇％が、モンサントの除草剤「ラウンドアップ」に耐性をもち（モンサントはこの除草剤を「生分解性で、環境に優しい」と宣伝しているが、これはでたらめな宣伝であり、後で触れるように二度も販売禁止の措置を受けている）、その三〇％が「Bt」という細菌由来の殺虫毒素をつくりだすように遺伝子操作された品種である。

この膨大な調査をはじめた時、もちろん私はこの多国籍企業の幹部たちに連絡を取り、一連のインタビューを申し込んだ。モンサントのセントルイス本社は、ヤン・フィシェという人物に会うように私に伝えた。フィシェは農学者であり、リヨンにあるフランス支社の産業・組織事業部の部長である。二〇〇六年六月二〇日、私はフィシェとパリで会うことになった。彼が「長い期間にわたって」勤めたというリュクサンブール宮殿の元老院［フランス上院］のそばのホテルでのことだ。彼は長い時間かけて私の話を聞いてくれ、ミズーリ州の本社に私の質問を伝えてくれた。それから私は三か月待った。その間にもリヨンにいるフィシェにずっと問い合わせた。そのあげく、フィシェは私の要望が却下されたことを伝えてきた。そこで私は、セントルイスで撮影を行なった時に、この会社の広報担当責任者であるクリストファー・ホーナーという人物に電話をかけた。この電話で彼は、私のインタビューの申し込みは拒否すると話した。二〇〇六年一〇月九日のことだ。

「当社にインタビューをしたいという、あなたの強い気持ちは尊重します。しかし、社内会議を何度行なっても、当社の意見は変わりませんでした。あなたのドキュメンタリーに参加する理由はありません」

「私に質問されると、何かまずいことがあるのでしょうか？」

「いいえ、あなたの質問に答えられるかどうか、という問題ではないのです。最終的にできあがった作品が、当社にとって正当なものと認められるかどうかが問題なのです。当社としては、あなたの作品は当社の利益にならないと考えているのです」

このような拒絶にもかかわらず、私はこの会社に口を開かせるために、ありとあらゆる努力を重ねた。この会社の代表者たちの発言内容を含んだ文書や映像資料を、私は可能なかぎり収集した。とりわけ、この会社がそれまでに公表した多くの文書に目を通した。それらの文書の中でモンサント社は、GMOが世界にもたらす利益について、こう述べている。「遺伝子組み換え作物を栽培する農業生産者は、それまで

▼『モンサントの不自然な食べもの』：原題「*Le monde selon Monsanto*」。フランスでは一五〇万人が視聴し、世界四二か国で上映・放映された。大きな反響を呼び、ヨーロッパ各国のGMO（遺伝子組み換え作物）政策に大きな影響を与えた。日本では、二〇〇八年にNHK-BS「世界のドキュメンタリー」で『アグリビジネスの巨人――〝モンサント〟の世界戦略』というタイトルで放映され、さらに二〇一二年に、渋谷アップリンクをはじめ全国の映画館で一般公開され、現在、DVDが販売されている。

より農薬を少ない量の散布で済ませることができるようになりました。また利益に関しても、従来の農業にくらべると、見違えるほど増加しています」。このような文章は、たとえば二〇〇五年の『プレッジ（誓約）』というパンフレットにも書かれている。これは、この多国籍企業が二〇〇〇年から定期的に発行している一種の倫理憲章であり、そこで彼らは自分たちの約束とその結果を提示している[*5]。

ここで私自身について告白すると、私はフランスのポワトゥー＝シャラント地方の農家の娘として一九六〇年に生まれた。その当時から、すでに農業をとりまく状況は厳しくなる一方で、私はその変化を敏感に感じながら育った。そのように育った私は、モンサントの文書で述べられた内容が、ヨーロッパや他の国々で毎日生き延びるために戦っている農民たちに、どれほど大きな衝撃を与えるものなのか、容易に推測することができる。したがって、私がこの本を書いたのは、なによりも大地の労働者である農民たちに向けてである。現在、グローバリゼーションの流れは、世界中の農民たちを貧困に落とし入れ、途方に暮れさせている。はたしてモンサントは、農民たちの生活を救ってくれる守護神なのだろうか。私は、その真実が知りたい。というのも、それは私たち全員の賭けなのだから。そして、いったい誰が人類の明日の食糧をつくるのか、それは私たち全員の問題なのだから。

「モンサント社は、世界各地の農業生産者たちがもっとたくさんの作物をつくり、自立した生活をするためのお手伝いをします」と『プレッジ』[*6]に書かれている。さらに、こうも書かれている。「よいお知らせがあります。私たちの調査によれば、遺伝子組み換え作物の生産は、伝統的農法や有機農法と共存できるだけではありません。こうした共存は、すでに世界各地に拡がっています」[*7]。最後に、とくに注意を引いた、次の文章を紹介しよう。この文章はＧＭＯについての重要な問い、つまり、人間の健康に対する予期せざる危険性について触れている。「世界中の消費者が、遺伝子組み換え作物が無害であることの、生きた証人です。二〇〇三年から二〇〇四年の間に、人々は合衆国の農業が生産した二八〇億ドル以上もの遺伝子組み換え作物を購入しています」[*8]。この華々しい主張を検証するにあたって、私の念頭にあったのは、農家がつくったものを食べている消費者のことであった。農業の進歩、いや、世界の進歩は、消費者の賢明な選択にかかっている。しかし、消費者には正しい情報が与えられなければならない。したがって私がこの本を書いたのは、消費者に向けてでもある。

モンサントの『プレッジ』から引用したこれらの文章は、バイオテクノロジーの擁護派と反対派の中心的な論点に触れている。このセントルイスの会社は、擁護派からみれば、世界中の飢餓や環境汚染の問題を解決する製品を提案している企業であり、かつて化学企業だった時代の無責任な過去は、まったく取るに足らない問題でしかない。ところで、モンサント社の活動のガイドラインとされている価値は、二〇〇五年発行の『プレッジ』の声明によると、「誠実、透明性、対話、共有、尊重」[*9]である。このような誓約は、反対派からすれば、単なる目くらましにすぎない。その誓約の背後には、世界の食品の安全性だけでなく地球の生態バランスさえも脅かすほどの、世界支配のための計画が隠されている。そして、モンサント社のうさん臭い歴史の歩みは、その計画に沿ったものと思われている。

両者の議論のどちらが正しいのだろうか? このことを明らかにするために、次のような二つの方法で調査を行なった。まず、インターネットである。私は昼夜を問わず、インターネットから情報を収集した。実際、私がこの本で引用している資料の大多数は、インターネット上で入手可能なものである。それらの情報を探し、互いの関係を検討するだけで、かなり多くのことが理解できるので、読者にもぜひ試していただきたい。おそらく読者も、やりだせば夢中になるだろう。インターネット上ですべての情報が見つかるのだから、もはや「知らなかった」という理屈は(とりわけ法律を定める立場にいる人々には)通用しないだろう。しかし、もちろんインターネット上の調査だけで十分であるわけがない。そのため、私はふたたび巡礼の旅に出発した。合衆国に戻り、それからカナダ、メキシコ、パラグアイ、インド、ベトナム、フランス、ノルウェー、イタリア、英国を訪れた。その各地で、あらかじめインターネットで白羽の矢を立てた数十人の証言者にインタビューを行ない、モンサントの言葉と地上の現実とを照らし合わせた。

私が世界のあちこちで出会った多くの人たちが、警告を発していた。彼らの多くは、自分自身の生活や仕事に大きな困難が降りかかることも怖れず、モンサントの情報操作や虚偽、絶えずくり返される悲劇を告発していた。彼らが告発しているのは、本書で触れるように、モンサントの言い分が事実と食い違うというような次元の話ではない。二〇〇四年、ユドヴィル・シンが私に言ったように、モンサントは現実に「植物の種子に手を出し」ており、「ようするに、世界中の食糧を独占しようとしている」。現在、この会社はある野望を実現しそうな勢いにある。ヨーロッパの農業生産者と消費者が、それに反対する決定を下し、世界の他の国々をそちらの方向へ引っ張っていかないかぎり。

第Ⅰ部

産業史上、最悪の公害企業

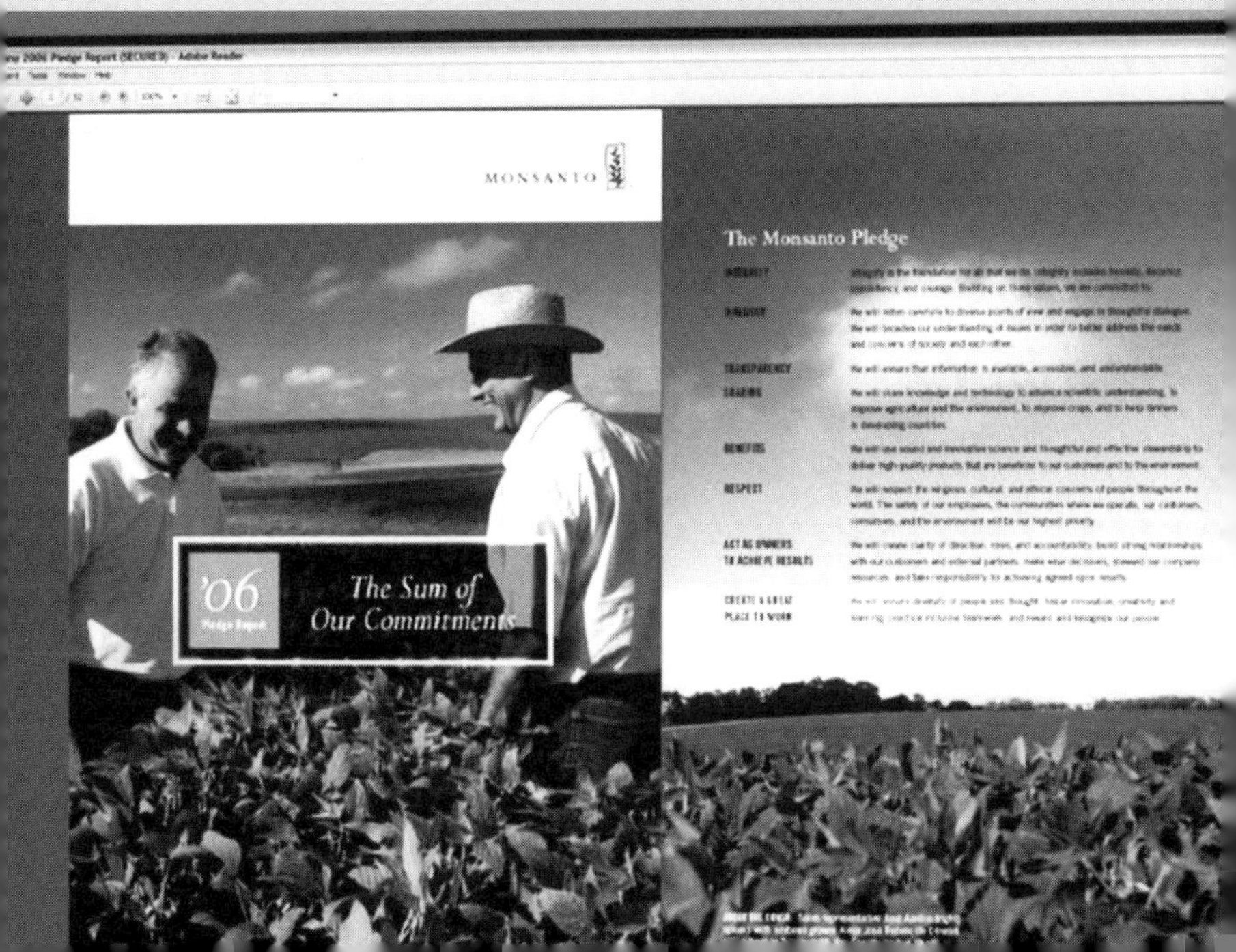

第1章 PCB
――いかに地球全体が侵されていったのか?

ビジネスでは、たとえ一ドルであっても損失することは許されない。
――『公害レター』(秘密解除されたモンサントの書類)一九七〇年二月一六日

二〇〇六年一〇月一二日、アラバマ州アニストン。デヴィッド・ベイカーは、ビデオデッキに震える手元でテープを入れた。

「あの日のことは、忘れられません」。背丈が一九〇センチもある彼は、あふれる涙をぬぐって、こうつぶやいた。「私の人生で、最高にすばらしい日でした。その日、町の全員が、ずっと私たちにひどいことをしつづけてきた巨大多国籍企業を打ち負かそうと、決意したのです。私たちの尊厳を取り戻すために……」

ブラウン管には、アラバマ州アニストンで二〇〇一年八月一四日に撮影された映像が流された。カメラマンが素人で、撮影に不慣れだったせいか、カメラの視点が定まっていないものの、夕刻のオレンジ色の空の下で、あちこちに大勢のアフリカ系アメリカ人がひしめいている。彼らはゆっくりと、しかし断固とした様子で、二二番通りの総合文化会館へと押し寄せていった。「翌日の『アニストン・スター』紙によると、五〇〇〇人が集まったそうです。この町の歴史上、もっとも大きな集会でした」

ゴリアテに立ち向かうダビデ

「なぜここへ来たのですか」と、アマチュア記者が尋ねる。

「夫と息子がガンで死んだからよ」と、五〇代の女性が答える。

「では、あなたは？」

「娘のためさ」と別の男が、肩に担いだ女の子を指して答える。「娘は脳腫瘍なんだ……。モンサントの工場のせいでこんな病気になったんだけれど、奴らに金を払わせることはあきらめてたんだ。でも、ジョニー・コクランが俺たちの面倒をみてくれるって言うなら、まったく話が違ってくるんだよ」


ジョニー・コクラン。この名前が人々の口にのぼる。一九九五年、このロサンゼルスの弁護士が、O・J・シンプソンの弁護を引き受けた時、合衆国民は固唾を飲んでその裁判を見守った。元アメリカンフットボールのスター選手で、引退してからは映画俳優になっていたシンプソンは、一九九四年のある夜、前妻とその愛人の殺害容疑で起訴されていた。その訴訟はハイパーメディア社会の関心の的になり、かなり長引くことになったが、ついにシンプソンは無罪を言い渡された。黒人奴隷の曾孫にあたる有能な弁護士が、シンプソンが警察や人種差別主義者による情報操作の犠牲者であることを示し、勝利を勝ち取ったのである。その後、二〇〇五年三月に死去するまで、ジョニー・コクランはアメリカ黒人社会の英雄だった。デヴィッド・ベイカーは言う。「コクランは、私たちにとって神様のような人物です。アニストンに来てもらえるように彼を説得できれば、ほとんど勝負に勝ったようなものだと思ったのです……」

「ジョニー！」。しゃれたスーツを着こなして弁護士が登場し、群集が叫ぶ。会場が静まると、ジョニーが話をはじめた。合衆国南部のこの小さな町は、黒人たちが市民権を求めて戦い、そのために不和の状態が長くつづいていた。しかし、ジョニー・コクラン弁護士は、そのような町の人々に語りかける術をよく心得ていた。最初に彼は、ローザ・パークス▼というアラバマ州の女性が、合衆国での人種差別との戦いの歴史のなかで果たした、重要な役割について話した。それから「マタイによる福音書」を引用してこう言った。「あなた方が、私の兄弟のもっとも小さな一人に対して行なったことは、私に対して行なったことと同じである」［新約聖書「マタイによる福音書」第二五章四〇節］。つづいて今回の奇跡的な出会いを実現したデヴィッド・ベイカーへの賛辞を捧げ、ダビデとゴリアテの話をした。「ここから皆さんが見えます。多くのダビデが見えます、怒りに燃えるダビデたちが。皆さんは、自分たちにそなわっている力がどれほどのものか、ご存知でしょうか。あらゆる市民が、ＰＣＢや水銀や鉛の被害を受けずに、健康に生きる権利をもっています。これは憲法の原則です！　あなた方に対してモンサント社が行なっている不正を糾すために、立ち上がりましょう！　モンサントがこの地で犯している不正は、他の場所でも正義を脅かしかねない振る舞いです。ここで立ち上がることは、この国に貢献することでもあります。この国は、もはや私的利益を求める巨大企業に支配されてはなりません！」

「アーメン！　ハレルヤ！」。この演説に、群集の雄叫びと割れんばかりの拍手が起こった。その翌日、一万八二三三人のアニストンの住人たちが（そのうち四五〇〇人の子どもたちは、脳の病変による運動障害を抱えていた）、「公害対策コミュニティー」団体の事務所に殺到した。この団体は、モンサント社に苦情を寄せるために、一九九七年にデヴィッド・ベイカーが設立したものである。その四年前、すでにベイカーは三五一六件の訴えをまとめて「集団訴訟」を起こしたが、さらに新たな訴訟が追加されることになった。この町のほぼすべての黒人住民たちが、半世紀にもわたる沈黙を破り、地球上で最悪の公害企業の一つに立ち向かったのである。その後、彼らはこの企業に七億ドルの賠償金を支払わせることになる。これは合衆国の歴史においても、一企業が支払う賠償金としては最大の額である。

「とてもたいへんな戦いでした」。デヴィッド・ベイカーは、いまだに興奮の冷めやらぬ様子でそう言った。「しかし、一つの企業がこれほど犯罪的なことをするなんて、まったく想像できませんでした。私の弟のテリーは、一七歳のときに脳腫瘍と肺ガンにかかって死にました……。彼が死んだのは、私たちの庭の野菜を食べ、汚染された川で釣った魚を食べたからです！　モンサントはアニストンを、ゴーストタウンにしてしまったのです*1」

モンサント社の誕生

アニストンにも輝かしい時代はあった。この南部の小さな町は、かつては先進的なインフラ設備をそなえ、「モデル都市」や「下水道の世界的中心地」として知られていた。また製鉄が盛んであったため、「産業革命の町」としても名声を誇っていた。この町が公式な行政単位になったのは、一八七九年のことである。町名は、大繁盛していた製鉄所の所有者の妻の名前にもとづいて、「アニーズタウン」と名づけられた。一八八二年の『アトランタ・コンスティテューション』紙によれば、アニーズタウンは「アラバマの偉大なる町」と賞賛されている。この町を当時、取り仕切っていたのは、一部の白人企業家たちだった。

▼ローザ・パークス（原注）：一九五五年一二月一日、アラバマ州で、裁縫仕事をしていた四二歳の黒人女性ローザ・パークスは、モンゴメリー社のバスの車内で、白人に席を譲るように命じられたが、これを拒んだ。彼女は、同社のバスのボイコットキャンペーンを呼びかけたマーティン・ルーサー・キングと並んで「公民権運動の母」と呼ばれる。一九一三～二〇〇五年

彼らは、社会貢献のために田舎の町に投資を行なっていたのである。しかし、しだいに町の評判が広がってくると、多くの企業家たちが、すぐそばにある大都市バーミンガムを捨てて、次々と集まってくるようになった。

こうして一九一七年、「南部マンガン・コーポレーション」という会社が、この町に砲弾の製造工場を開設した。この会社は、一九二五年には「スワン・ケミカル・カンパニー」と名称を変え、その四年後にPCB（その当時、PCBは「化学の奇蹟」と脚光を浴びていた）を生産するようになった。その後、このPCBによってモンサント社は大儲けし、その代わりにアニストンの住民は不幸のどん底に陥ることになる。

PCB、つまり「ポリ塩化ビフェニル」という塩素化誘導体（有機塩素化合物）は、一九世紀末の産業発展を体現していた。その当時、自動車産業が急成長をはじめたのに合わせて、その製造に必要な素材を提供するために、石油の精製技術が追求された。その過程で、化学者たちはベンゼンのさまざまな性質を発見した。こうしてベンゼンは、薬品やプラスチック、着色料の化学的合成に必要な素材として使用されるようになった。この輝かしい時代の化学実験室で、新米の魔法使いたちは、ベンゼンと塩素を混ぜることを思いついた。そこから新製品が生まれた。それは熱に対して安定性をもち、火に対してすばらしい耐性を示すことがわかった。PCBの誕生である。それから五〇年のうちに、PCBは全世界に広まっていく。PCBは、電気変圧器や工業用油圧機械の冷却液として利用されたほか、プラスチック、ペンキ、インク、紙の潤滑成分として使用されることになる。

一九三五年に、スワン・ケミカル・カンパニーは、ミズーリ州セントルイスの企業に買収される。モンサント・ケミカル・カンパニーである。この会社は、一九〇一年、ジョン・フランシス・クィーンという独学で知識を身につけた化学者によって創立された。この企業名は、この化学者の妻であったオルガ・メンデス・モンサントという名前からつけられた。この化学者が五〇〇〇ドルほど借金をして設立した小さな会社から、モンサント社の歴史がはじまる。この会社は、しだいに成長を遂げ、最初にサッカリン▼という史上初の合成甘味料を製造することに成功する。この会社は、サッカリンの独占権を、ジョージア州の会社に売却した。コカコーラ社である。その直後にコカコーラ社に対して、ヴァニラとカフェインの供給も開始した。その後、モンサント・ケミカル・カンパニーは、アスピリン▼の製造を開始する。このアスピリンは、モンサント社が一九八〇年代まで合衆国で大きなシェアをもつことになった製品である。そして一九一八年、モンサントはイリノイ州の硫酸製造会社を買収した。これはモンサントにとって最初の企業買収であった。

その後、モンサントはいくつかの化学企業の買収を行なった。それは合衆国だけでなく、オーストラリアの企業にも及んだ。モンサントがニューヨーク証券取引所に参入したのは、それらの買収より以前のことである。ところが参入した一か月後に、ウォール街で大恐慌が起こる。モンサントはその危機を生き残り、一九四〇年代になると、世界有数のゴム生産企業になった。さらにプラスチックやポリスチレンのよ

▼有機塩素化合物：この仲間には、PCB、DDT、塩化ビニル、クロロホルム、クロルデン、ジクロロエタン、ダイオキシン、クロラムフェニコールなど多くのものがある。ここに例示したなかでは、クロラムフェニコール（微生物がつくる抗生物質）が天然物であり、あとは人為的である。ダイオキシンが不純物ないし非意図的生成物で、ほかは商品である。

▼PCBの誕生：一八八一年、ドイツのシュミットとシュルツによって初めて合成された。なお、日本で製造がはじまったのは、一九五四年。

▼サッカリン：日本では一九七三年四月に発癌性の疑いで禁止されたが、同年一二月に再認可された。高橋晄正ほか『サッカリン行政を裁く』（薬を監視する国民運動の会、一九七七年）を参照。

▼アスピリン：ドイツ・バイエル社によるアセチルサリチル酸の商品名。消炎鎮痛剤の一つであり、非ステロイド性抗炎症薬として知られる医薬品の一つ。合成は一八九七年、商標登録は一八九九年。

うな合成繊維、そしてリン酸塩［肥料に用いる］も生産するようになり、また同じ時期にＰＣＢの世界的な独占企業になった。ＰＣＢの特許を取得していた同社は、世界中にＰＣＢの製造・販売のライセンスを販売したのである。合衆国、そして英国（ウェールズに工場を設立した）では、ＰＣＢは「アロクロール」という名で商品化された。フランスでは「ピラレーヌ」、ドイツでは「クロフェン」、日本では「カネクロール」▼の名で販売された。

「ごらんください。アニストンは合衆国でもっとも汚染された町になったのです」。デヴィッド・ベイカーは、自動車で町を案内しながら、私に次のように説明してくれた。最初に、ノーブル通りが走る中心地。ここは一九六〇年代にこの町の人々が自慢していた地区で、多くの店と二つの映画館があったが、それらも今では閉鎖されている。それから「東地区」。そこには、町の人口のわずかな割合しか占めていない白人たちが生活する瀟洒な家がまばらに残っていた。最後に、それらの鉄道の走る地区とは反対側にある「西地区」。そこでは、この町の貧困層、つまり住人の多数を占める黒人たちが、工業地帯のど真ん中に閉じ込められている。デヴィッド・ベイカーは、五五年前にこの地区で生まれた。

　私たちの車は、彼が「ゴーストタウン」と呼んだ地区に入っていった。「どれも見捨てられた家です」。道の両側に荒れ果てた――というより、まさに廃墟となった――木造家屋を示しながら、彼はこう言った。「結局、最後には、全員が町を出ていきました。野菜畑も水も、ひどく汚染されてしまったからです」。でこぼこ道を進んでいると、不意に広い道路に出くわした。そこには「モンサント通り」という看板が掲げられている。この広い道路は、モンサントが一九七一年までＰＣＢを製造していた工場の周囲を回っている。現在、その工場はソルーシア社（応用化学クリエィティヴ・ソリューション）が所有者になっている。この会社は、セントルイスにある「独立」企業である。一九九七年、モンサントは、化学部門をこの会社に売却した。その時、モンサントがどのような手品を使ったのかは、モンサントだけが知っていることだ。いずれにしてもソルーシアへの工場売却は、モンサントの自己保身のための策とみなされている。モンサントは、アニストン住民に対して無責任な行為をしてきたが、そのことが思いがけない騒動を引き起こすことになったので、そこから逃げ出したのだ。

「そう簡単には騙されませんよ」、デヴィッド・ベイカーは不平げに言う。「ソルーシアであろうが、モンサントであろうが、私たちには同じことです……。見てください！　これがスノウ・クリーク水路です。モンサントは四〇年以上、この水路に毒物をたれ流してきたのです。この水路は工場から流れ出して、町を横切り、周囲にある川へと流れ込みます。その川に毒が流れ込むのです。モンサントはその事実を知っていたのに、まったく公表しなかったんです……」

二〇〇五年三月、アメリカ環境保護庁（ＥＰＡ。アメリカ環境保護庁については、本書でこれから何度も取り上げる）が秘密にしていたレポート（現在は機密解除されている）によれば、一九二九年から一九七一年までにアニストンで製造されたＰＣＢは、三〇万八〇〇〇トンである。[*2] その内、二七トンが貯蔵所に配送される途中に大気中へ放出され、八一〇トンが設備の清掃後にスノウ・クリークなどの水路へと流された。さらに、三万二〇〇〇トンの汚染廃棄物が、工場の敷地内にある屋外ゴミ置き場に捨てられた。つまり、この町の黒人コミュニティーのど真ん中に捨てられたのである。▼

▼カネクロール：鐘淵化学工業（現在の株式会社カネカ）が一九五四年より発売。これが、カネミ倉庫の「カネミライスオイル」（食用米ぬか油製品）の製造工程の脱臭部分の熱媒体として用いられ、米ぬか油に混入したため、「カネミ油症」という化学性食中毒が発生した。現在のカネカのウェブサイトには、過去のＰＣＢ事件への言及はない。なおＰＣＢは、当時の日本では、同社のほかに、モンサントの日本法人である三菱モンサントも販売していた（一九六九年から。商品名アロクロール）。

五〇万ページの機密書類

私たちが工場の敷地を歩き回ろうとしていたら、霊柩車がクラクションを鳴らしながら近づいてきて、私たちのそばに停車した。「ウィリアム牧師です」。デヴィッド・ベイカーは、霊柩車にいた人物を紹介してくれた。「彼は、アニストンの葬儀屋もやっているのです。叔父さんから店を継いだんです。彼の叔父も、とても珍しいガンで亡くなりました。ＰＣＢ汚染に特有のガンだったのです」

「悔しいことに、彼だけじゃないんですよ」と、ウィリアム牧師が口を挟んだ。「今年は、少なくとも一〇〇人、ガンで亡くなった人々を埋葬しました。二〇歳から四〇歳までの若い人たちも大勢いました……」

「彼の叔父のおかげで、この町を襲った惨事の正体がわかったんです」と、つづいてデヴィッド・ベイカーが言う。「それまで何十年もの間、私たちは仲間の死を、よくわからない運命だとしか思えなかったんです……」

デヴィッド・ベイカーは、一七歳の弟テリーが家の玄関の前で亡くなった時、ニューヨークで暮らしていた。彼はそこで全米州郡市職員連盟の専従職員として働いていた。彼は二五年間、真面目に勤めた後、一九九五年に「故郷に戻る」ことに決めた。その故郷で、彼の組合運動の指導者としての経験が、役に立つことになった。故郷に戻った彼が、偶然にも採用された企業は、モンサントだった。その頃、モンサントは「環境技術者」を募集していた。工場の汚染を防止するためである。「九〇年代の半ばでした」と彼は語りはじめた。「その当時、まだ私たちは、工場汚染の危険性について、何も知らされていませんでした。しかしモンサントは、目立たないように何かをしていました。働いているうちに、私は社内でＰＣＢのことが話されているのを耳にしました。その時、何かが怪しいと気づいたのです」

その同じ時期に、アニストンの臨時議員をしていたドナルド・スチュアート弁護士のもとに、「西地区」に住んでいた一人の黒人が訪れた。その黒人は、スチュアート弁護士に、マーズ・ヒル・バプテスト教会に来てくれと頼んだ。彼が訪れてみると、その教会はPCB工場の目の前に建っていた。その教会の牧師は、「モンサントから『この教会と周囲のたくさんの家をひっくるめて、まるごと買い取りたい』という申し出が提示された」ことを彼に伝えた。それでようやく、スチュアート弁護士は怪しい動きがあることに気づき、この小さな教会の守護者になることを引き受けたのである。デヴィッド・ベイカーは言う。「モンサントは、周囲を空白地帯にしようとしたのです。所有者たちから損害賠償を要求されるのを避けるためです。モンサントは、いずれ公害が明るみになることを予想していたのです」

こうして、アニストンで集会がはじまった。最初の集会を企画したのは、ニューヨークで労働組合の指導者だったデヴィッド・ベイカーだった。その集会は、トムストン・ウィリアム（私たちが出会ったウィリアム牧師の叔父）の葬儀屋の一室で開かれ、五〇人が参加した。彼らは、子どもたちや家族を襲う死と病気について、夜が更けるまで話し合った。また、頻発する流産や幼い子どもの就学困難——この子どもたちについては、どのような医学的病名が適用されるのかもわからなかった——についても話し合った。こうした話し合いの結果、団体を設立しようということになった。その団体は「公害対策コミュニティー」と名づけられ、デヴィッド・ベイカーがその代表になった。

そうするうちに、マーズ・ヒル教会の件に進展があった。モンサントがテーブルに一〇〇万ドルを置き

▼黒人コミュニティーのど真ん中に捨てられた：アフリカ系アメリカ人や先住民の貧困層居住地域に公害施設が立地することを「環境人種差別」という。ダンラップほか編『現代アメリカの環境主義』（満田久義ほか訳、ミネルヴァ書房、一九九三年）、ダウィ『草の根環境主義——アメリカの新しい萌芽』（戸田清訳、日本経済評論社、一九九八年）、本田雅和ほか『環境レイシズム』（解放出版社、二〇〇〇年）などを参照。

ながら、交渉で折り合いをつけようとしてきたのだ。さらに、ドナルド・スチュワート弁護士は、この小さなバプテスト派のコミュニティーとの会合中、そのうちの何人かがモンサントから接触を受けていることを知った。モンサントは彼らに対して、家の買い取りを提案し、その見返りに、けっして裁判で訴えないことを誓約するように迫っていたのだ。スチュワート弁護士は、モンサントが隠している事実の重大さを理解した。そこで彼は、集団訴訟をすることを提案した。デヴィッド・ベイカーの団体が原告を募集する役回りを担った。集める原告の上限人数は、ドナルド・スチュワートによって、およそ三五〇〇人に定められた。

スチュワートは、これが一世一代の大事件であると感じていた。けれども、彼はこの訴訟が長引くことも、莫大な費用がかかることも予想していた。どのくらいの裁判経費がかかるかを調べるために、彼はニューヨークのカソヴィッツ&ベンソン事務所に連絡した。この法律事務所は、当時、タバコ産業に対する訴訟案件を扱っていたことで有名だったのだ。そこでわかったのは、普通に見積もっても七年以上、一五〇〇万ドルはかかるということだった。さらに、弁護士費用が月額五〇万ドルもかかるということがわかった。スチュワートが最初にしなければならなかった仕事は、三五〇〇人の原告の血液と脂肪組織を分析し、ＰＣＢ濃度を測定することだった。しかし、この検査は特殊な研究施設でしか実施できず、しかも一人あたり、およそ一〇〇〇ドル単位で費用がかかる代物だった。

ドナルド・スチュワートは、訴訟の準備を進めた。この訴訟は、後に「アバーナシー対モンサント訴訟」と呼ばれることになる。その一方、彼はモンサント社の内部資料を手に入れるために、あらゆる努力を重ねた。内部資料が手に入れば、この企業がＰＣＢの毒性をよく知っていたことが証明されるだろう。逆に、この証拠品が手に入らなければ、戦いに勝つことはむずかしい。おそらく、この会社は「自分たちは何も知らない」と言い張り、身を守ることに成功するだろう。そのことを彼はよく理解していた。しかし、彼は直感的に、次のことも確信していた。この多国籍企業は、頭の固い真面目な科学者たちを抱えているのだから、その内部はきわめて官僚的な仕組みで動いているに違いない。そこには非常に洗練された書類文化と、書類によって全員を監視するヒエラルキー構造があるだろう。そうだとしたら、どれほど些細な報告や決定であろうと、その痕跡を示す書類が必ず残っているはずだ。このような直観に支えられて、彼はモンサントの代表者たちの供述を片っ端から調べた。そうしてついに宝石を探り当てた。モンサントの法務担当者によれば、「山のような書類」が、ニューヨークにあるモンサントの顧問弁護士の事務所の書庫に預けられているという。それこそ、モンサントのセントルイス本社には見当たらないはずの五〇万ページの書類である……。

ドナルド・スチュワートは、その書類の閲覧を申し込んだ。しかし返ってきた返事は、それらの書類は、合衆国の「ワークプロダクト・ドクトリン」と呼ばれる権利によって保護されており、閲覧は禁止されているというものであった。一九四七年に制定されたこの権利によって、弁護士は訴訟が実際に開かれるまで、書類を見せないでおくことができるのだ。それは敵に武器を与えないためである。スチュワートに残された頼みの綱は、カルフーン郡裁判所のジョエル・ラード判事だった。この判事が「アバーナシー対モンサント訴訟」の予審判事だったのである。そしてジョエル判事は、モンサントに対して内部資料を公開するよう命じたのだ。

モンサント社は、知っていたが何も言わなかった

この判決によって、モンサント社の「山のような書類」が公開された。現在、その書類は、「環境ワーキンググループ」というNGOのサイト[*3]で閲覧することができる。環境保護を専門とするこのNGOを運営しているのは、ケン・クックという人物である。二〇〇六年七月、私はケンの事務所を訪ねるために、ワシントンに向かった。彼と会う前に、私はこの「山のような書類」を読むことに没頭した。それは数十

年間にわたってセントルイスのこの会社の役員たちが、あたかもカフカの小説の登場人物のように、注意深く作成してきた、業務通達書、郵便物、報告書の山である。

　正直に言って、私にはよく理解できない疑問があった。その疑問のせいで、私は調査の間、ずっと胸がもやもやしていた――私たちと同じような普通の人間が、どうして顧客や環境に毒を盛るような危険な行為を犯すことができたのだろう？　自分自身が、あるいは自分の子どもたちが、（よく言えば）自分の怠慢さの犠牲者となる可能性を、彼らは一瞬たりとも考えなかったのだろうか？　といっても、ここで私は倫理や道徳を問題にしているのではない。倫理や道徳といったものは、資本主義の論理とは関係のない抽象概念だからである。私が考えていたのはもっと単純なことで、つまり生存本能のことだった。モンサントの責任者たちは、生存本能に欠けているのだろうか？

「モンサントのような企業の連中は、宇宙人と同じなんですよ」。私の疑問に対して、ケン・クックはこう答えた。「私も同じ疑問を、ずっと抱えていたのです」と告白した。「なにがなんでも利益を追い求めているうちに、精神が麻痺していき、ただ一つの目的に向かうようになるんです。金を稼ぐという目的しか考えなくなるんですよ」。彼は、そのことを証明する書類を見せてくれた。それは「公害レター」と題されており、一九七〇年二月一六日の日付がついている。作成者は、セントルイス本社で働くN・Y・ジョンソンである。この内部通達書は、モンサントの営業部に宛てられたものである。そこでは、最初の情報公開によって顧客がPCBの潜在的危険性を理解した時に、どのように対応すべきかが説明されている。

「添付したQ&Aのリストは、私たちからアロクロールとPCBに関する手紙を受け取った顧客との、想定問答集である。顧客からの質問に対して、口頭で回答することは認めるが、書面で回答してはならない。ビジネスでは、たとえ一ドルであっても損失することは許されない」

　この書類を読んだ私はめまいに襲われた。モンサントは、PCBが健康にとって重大な危険を引き起こすことを、すでに一九三七年から知っていたのだ。しかし、この会社は、一九七七年にこの製品が最終的に禁止されるまで、まるで何も知らないかのように振る舞っていたのである。一九七七年は、イリノイ州ソーゲット市、クラムリックにある工場が閉鎖された年である（これは、セントルイスの郊外に位置するモンサントのＰＣＢ生産の第二の拠点であった）。

一九三七年、モンサントの医務部担当者であるエメット・ケリー博士が、ハーバード大学の会議に招かれた。その会議には、モンサントの関係者のほか、ハロワックス社やジェネラル・エレクトリック社といったＰＣＢの利用企業たち、そして厚生省の代表者たちが参加していた。この会議で、ハーバード大学の科学者セシル・Ｋ・ドリンカーが、ハロワックス社から依頼された研究の結果を発表した。この会議に先立つ一年前、ハロワックス社の三人の工員がＰＣＢの蒸気にさらされ、その後に死亡するという事件があった。さらに、他の数人の工員たちは、顔を背けたくなるほどむごたらしい、未知の皮膚病を発症していた。この皮膚病は、後に「クロルアクネ」（塩素挫瘡／塩素にきび）と命名されることになる。ダイオキシン中毒による深刻なこの病気については、次章で詳しく取り上げる。この病気は、全身に数年にわたって発疹ができ、その跡が消えることはけっしてない。

この事件にハロワックス社の幹部たちは驚き、セシル・ドリンカーに対してＰＣＢの影響に関するラットを用いた動物実験を依頼した。その動物実験では、ラットたちの肝臓に深刻な病巣が認められ、その結果は『産業衛生学・毒性学』誌で発表された。一九三七年の一〇月一一日付のモンサントの内部報告書は、この事実を認めたうえで、簡単に次のように記している。「動物実験を用いた研究によれば、長時間にわたってアロクロール蒸気を浴びると、全身に毒性効果が引き起こされることが明らかになった。液体アロクロールとの頻繁な物理的接触によって、アクネ型の皮膚湿疹が生じることもある」

一七年後、クロルアクネの問題が内部報告書の主題になったが、その報告書に記された内容はまったくおぞましいものである。その報告書を書いたモンサントの幹部は、「アロクロールを使用する工場で働いていた七人の工員がクロルアクネを発症した」と報告した後で、彼は動じることなくこう書いている。「空気測定テストにより、ごく微量のＰＣＢが発見されたが、微弱であれ連続的にこれを浴びた場合、明らかに無害ではない」

一九六三年二月一四日、モンサントの顧客であったヘクサゴン・ラボラトリーズ社の生産責任者は、モンサントのケリー博士に、次のような手紙を送った。

「先ほど電話でお話しましたが、もう一度はっきりお伝えします。私たちの工場でパイプが破損した時に、アロクロール１２４８の蒸気にさらされた二人の工員は、あなたの予想どおり肝炎と思われる症状を呈しています。彼らは入院することになりました〔……〕。あなたの会社の製品の危険性について、もっと明快で正確な説明を、注意書に明記するべきだと思います」

モンサントは、単に顧客の勧告を無視しただけではない。モンサントはその勧告に抵抗さえしたのである。それは一九五八年、毒性製品の使用に際して予防措置を強化する法律が採決された時のことである。

「私たちは、必要な規制は尊重するつもりでおります。ただし、それは必要最小限の規制であって、合成油圧液の分野における私たちの商業的立場に大きな影響をもたらしかねない規制については、そのかぎりではありません」。素晴らしく明晰である。

しばしばモンサントの幹部たちは、顧客からの質問にどう答えたらよいのかわからず、支離滅裂の回答をしている。事実の重大さを脇に置くとしたら、ほとんど笑い話のようである。たとえば一九六〇年八月、シカゴのコンプレッサー製造業者であるＭ・ファシーニという男が、モンサントに次のような質問をした。川にＰＣＢを含んだゴミを廃棄すると、環境にどのような影響があるのか、と。モンサントの医務部の幹部は、この質問にこう答えている。「これらの資材のごく少量が、偶然に河川に捨てられたとしたら、おそらく深刻な影響はないでしょう。しかし反対に、もし大量に捨てられたとなると、おそらくは識別できるほどの被害が生じるでしょう」。なんとその場しのぎの回答だろうか……。

しかし、年が経つにつれ、モンサントの回答は変わっていく。おそらくそれは、モンサントが顧客から訴訟を起こされる可能性が高まってきたことに、脅威を感じたからであろう。一九六五年の内部通達書には、ある電気会社の責任者との電話記録が記載されている。この電気会社は、エンジンの冷却材としてアロクロール１２４２を使用していた。電気会社の責任者は「工場の地面が、高熱のＰＣＢの噴射によってびしょ濡れになるのだが、これは大丈夫なのか？」と聞いたようだ。その質問に、モンサントの担当者はこう答えている。「私は率直な人間ですから、こう言います。誰かが肝臓や腎臓の病気になって死ぬ前に、それをやめるべきだ、と」

モンサントの「犯罪行為」

こうした穏やかでない情報に直面して、（珍しく）無気力を打ち破る声があがった。モンサント・ロンドン支社の科学者Ｊ・Ｗ・バレットは、一九五五年、アロクロールの毒性効果を厳密に測定するための研究に着手することを提案した。「君がそのような研究をしたところで、どのような利益があるのかが理解できない」。このように冷静に答えたのは、ケリー博士である。しかし二年後、医務部責任者であるケリー博士は、同じ冷静さをもって、海軍によるパイドロール１５０の実験結果について、こうコメントしている。パイドロール１５０は、潜水艦の油圧液に使用されるＰＣＢである。「実験では、皮膚にＰＣＢを塗布したウサギは、すべて死亡した。海軍は、この毒性を理由に、もはや私たちの製品を使わない決定を下した。私たちは、海軍に意見を変えさせることはできなかった」

こうした書類を読むと、この企業は、驚くほど頑迷に、自分の方針を変えようとしないことがわかる。この企業は不穏なデータを丹念に収集しては、いそいそと引き出しにしまい込む。とにかく売り上げのことしか考えないのである。一九五二年の報告書では、「年間二五〇万リーブル」（つまり一〇〇〇トン以上）の売り上げがあることを喜んでいる。しかし実際には、方針変更につながる動きがなかったわけではない。

たとえば一九六六年一一月二日、モンサントのセントルイス本社に、ある実験の概要が届いた。ミシシッピ大学の生物学者であるデンゼル・ファーガソン教授が、モンサントの依頼を受けて行なった実験である。彼のチームは二五匹の魚をスノウ・クリーク水路に浸した。すでに見たとおり、アニストンの村を横切って流れているこの水路には、産業廃棄物が流されていた。この科学者は「すべての魚が平衡感覚を失い、三分以内に死んだ。その半分は血を吐いていた」と述べている。この水路網のあるところでは、水があまりにも汚染されているため、「たとえ三〇〇倍に薄めても、魚がすべて死んでしまうほどである」。そこから彼は、二つの勧告を行なう。「未処理のゴミをもう捨ててはいけない！　スノウ・クリーク水路を浄化しなければならない！」。そして最後に、強くこう結論する。「スノウ・クリーク水路は、将来の法律的な問題を引き起こす原因となる可能性がある。モンサントは、起こりうる批判から身を守るために、その廃棄物が環境に及ぼす影響を測定しなければならない」

同じ月の終わり、ブリュッセルにあるモンサント・ヨーロッパの事務所は、ストックホルムにいる一人の情報提供者から郵便物を受け取った。それは、スウェーデンの研究者ゼーレン・イエンセンが実施した研究を取り上げた、ある科学会議の内容を要約したものだった。その研究は『ニュー・サイエンティスト』誌で発表され、スウェーデンの人々に激しい動揺を引き起こした[*4]。人間の血液サンプルの中のＤＤＴを分析していたイエンセン博士は、たまたま新たな毒性物質を発見してしまった。そして、その物質がＰＣＢであることが判明したのである。なんという歴史の皮肉だろうか。ＤＤＴという強力な殺虫剤は、スイスで一九三九年に開発▼されたものである。しかし、それは一九七〇年代初頭に人間の健康に悪影響を及ぼすことがわかって禁止されるまで、モンサントが世界中に売りさばいた塩素系化学製品でもある。いずれにせよ、イエンセン博士は、スウェーデンでは製造されていないはずのＰＣＢが、すでに広く環境を汚染していることを発見したのだ。この研究では、大量のＰＣＢが、海岸近くで釣り上げられたサケに含まれていることも発見された。さらにＰＣＢの汚染は、彼自身の家族の髪の毛にまで及んでいた（二歳と六歳の子どもたちだけでなく、彼の妻と、五か月の赤ん坊も。この赤ん坊は母乳を通じて汚染されていた）。そこから、彼はこう結論した。「ＰＣＢは、食物連鎖の中で、とくに哺乳類などの動物の脂肪組織や体内器官に蓄積される。▼ＰＣＢには、少なくともＤＤＴと同程度の毒性がある」

それでも、やはりモンサントの幹部は態度を変えなかった。その一年後、モンサントの幹部は、アニストンやイリノイ州ソーゲットで生産されるアロクロール製品シリーズを販売するために、二九〇万ドルの追加予算を採決している。「この会社の無責任さは、まったく呆れるほどです。ケン・クックは言う。「この会社はすべてのデータを手に入れているのに、何もしないのです。だから私は、これは犯罪行為だと言っているのです」。実際、アニストンの工場では、工員を守るためにいかなる特別な措置も講じられなかった。「私たちの操作技師たちには、いかなる防護服も与えられていない」。一九五五年の書類には記されている。「戦前には与えられていたが、この慣行は中止された」。唯一の明記された注意事項は、「アロクロールを吸う仕事場で食事をしてはいけない……」

しかし、会社はこっそりとデータを集めていた。そのデータが二〇年後、この会社を裏切ることになるとは思わなかったようだ。「当社の工員に対するＰＣＢの影響が、当社の医務部およびネブラスカ大学の

▼スイスで一九三九年に開発：ＤＤＴは、パウル・ヘルマン・ミュラーによって開発された。ミュラーは、一九四八年、「多数の節足動物に対するＤＤＴの接触毒としての強力な作用の発見」の功績によりノーベル生理学医学賞を受賞した。一九六二年に、レイチェル・カーソンが『沈黙の春』で告発するまで、ＤＤＴは世界の模範的化学商品であった。

▼蓄積される：食物連鎖を通じた生物濃縮をさす。有機塩素系物質・有機水銀・放射性物質などは、海水、植物プランクトン、動物プランクトン、小さな魚、大きな魚の順に濃縮されていく。

エプレイ研究所の独立顧問により分析された」。こう説明するのは、「ＰＣＢの帝王」という異名をもつウィリアム・パパジョージ、すなわちＰＣＢの生産を何十年にもわたって監督してきた人物だ。「ようするに、私たちの工員がＰＣＢの影響を受けていたことが証明されたのである」。同じようにモンサントの技術者たちも、直接的な観察を通じて、少なくとも三〇年間はＰＣＢの有毒製品が環境に残存することを認めている。シロアリ駆除剤としての性能を試験するために、一九三九年にＰＣＢがいくつかの場所に埋められたが、ある社員が一九六九年に記したところによれば、「目で見ても、そこにまだアロクロールがあることがわかります」

ケン・クックは、ため息をついて言った。「なかでも最悪なのは、モンサントが町の西地区の水や土や空気がひどく汚染されているという事実を、アニストンの住民にはけっして伝えなかったことです。政府や地方の行政機関だって、この事実に目をつぶっていただけでなく、モンサントの陰謀に荷担していたんです。なんというスキャンダルでしょう！　こうした悲劇が起きた理由の一つには、当時の指導者たちの人種差別があると思います。この地域には黒人しかいなかったのですから……」

共謀と情報操作

一九七〇年の春、アメリカ政府は「きれいな水、空気、土壌に対する民衆の要望の増大」――現在のアメリカ環境保護庁（ＥＰＡ）のサイトではこう説明されている――に応えて、環境保護庁の設立（同年七月）を宣言した。しかし、モンサントは先手を打った。「秘密文書」とされていた五月七日付の通達書には、モンサントの幹部たちがアラバマ水質改善委員会（ＡＷＩＣ）の技術監督を訪問した時の内容が記されている。ＡＷＩＣはアラバマ州の住民や法人に水を供給する公共機関であり、その技術監督はジョー・クロケットという人物であった。モンサントの幹部たちがジョー・クロケットを訪問したのは、「ＡＷＩＣの代表に現在の状況を知らせる」ことに加え、「モンサントと各省庁が協力して環境へのＰＣＢの影響を検討するために、互いに信頼を深める」（傍点は引用者）ことであった。いわゆる広報キャンペーンである。この努力は実を結んだようだ。というのも、ジョー・クロケットは「大衆にこの種の情報への関心をもたせないようにする」と約束したからだ。「私たちとＡＷＩＣとの関係は強固であり、全面的に協力して作業を行なうことができるだろう」と通達書は結んでいる。

同じ時期に、食品と医薬品の安全性を管理する連邦政府機関である食品医薬品局（ＦＤＡ）は――この機関については本書でこれから何度も触れる――、スノウ・クリークと他の水路（チョッコロッコ・クリーク）の合流地点で捕えた魚を検査した。その結果、人体の健康に影響を与えないＰＣＢ濃度が五ｐｐｍであるのに対して、これらの魚のＰＣＢ濃度は平均二七七ｐｐｍ▼に達すると結論した。奇妙なことに、ＦＤＡはこうした測定結果にもかかわらず、汚染された水系での漁業を禁止することもなければ、モンサントに意見書を送付することもなかった。こうして、モンサントはＡＷＩＣとの「共同作業」を行なう機会を手に入れたのである。一九七〇年八月の書類は「私たちは実質的に一日に約一六ポンド〔約七・二キログラム〕

▼ｐｐｍ（原注）：パーツ・パー・ミリオン。つまり重量比にして〇・〇〇〇一％。これは、毒性学者が食物や環境に残存する有害製品の残留濃度を測定する際に、頻繁に使用する単位である。

（訳注）濃度の表示法は次のとおり。多くの有害物質はｐｐｍで測るが、ダイオキシンはｐｐｔで測ることがある。

・％（パーセント）――一〇〇分率。一キログラムの食塩水に、一〇グラムの食塩で一％。
・‰（パーミル）――一〇〇〇分率。一キログラムの食塩水に、一グラムの食塩で一‰。
・ｐｐｍ――一〇〇万分の一。一キログラムの食塩水に、一ミリグラムの食塩で一ｐｐｍ。
・ｐｐｂ――一〇億分の一。一トンの食塩水に、一ミリグラムの食塩で一ｐｐｂ。
・ｐｐｔ――一兆分の一。一〇〇〇トンの食塩水に、一ミリグラムの食塩で一ｐｐｔ。

（一九六九年には二五〇ポンド［約一一三キログラム］）のＰＣＢをスノウ・クリークに流していると明言している。ちなみに、この書類には「秘密書類／読後に破棄すべし」という注意が記載されている。さらに、「ジョー・クロケットは、大衆に知らせることなく、目立たないうちにこの問題を規制するだろう」。ここまできたら、どうしてアニストンの住民たちが一九九三年まで汚染された川で釣った魚を消費しつづけたのか、その理由が読者にもわかったことだろう。ＦＤＡは一九九三年まで、漁業禁止▼を発令しなかったのだ。

　しかし、モンサントの「ほったらかし」――「すれっからし」と言ったほうがよいかもしれないが――は、そこで止まらなかった。すでに見たとおり、この会社は廃棄物の一部を、工場付近のゴミ置き場に放置していた。それらの廃棄物は、雨が降ると、周囲に住んでいる工員たちの庭に流れ込んだ。一九七〇年一二月、この地区のある住民が、自分が飼育していた一頭の豚を、ゴミ置き場の隣りにある空き地で遊ばせていた。その時、モンサントの幹部が彼に近づいてきて、その豚を買いたいと申し出た。ある内部文書は、モンサントがこの豚を屠畜して分析し、その脂肪に一万九〇〇〇ｐｐｍのＰＣＢが含まれていたことを明らかにしている。[*5]しかし、この時点でも住民にはまったく情報が伝えられなかった。その後も住民たちは、この空き地の草を、数年にわたって豚たちに食わせつづけたのである。

　実に、あらゆる資料が示しているとおり、モンサントの唯一の目的は、万難を排してビジネスを追求することであった。一九六九年八月、しだいにマスメディアがＰＣＢに関心を抱くようになってくると、そのことにあわてたモンサントの幹部たちは、現状分析を行なうための委員会を設置することを決めた。この委員会が提出した「秘密」扱いの報告書は、企業目的を長々と説くところからはじまっている。「アロクロールの売り上げと利益を守り、同時にわが社のイメージを守ること……」。それにつづいて、アメリカで記録されたあらゆる汚染事例が長々と列挙されている。たとえばカリフォルニア大学の研究者が沿岸地域の魚・鳥・卵から高濃度のＰＣＢを検出したこと、[*6]ＦＤＡによる研究でメリーランド州とジョージア州の羊の群れから搾乳されたミルクにＰＣＢが発見されたこと、アメリカ内務省フロリダ事務所水産課の実験室による研究では、ＰＣＢを五ｐｐｍ以上含んだ水中では小エビの幼生が生存不可能であることが明らかになったこと、など。さらに、この報告書を読むと、ＰＣＢがいたるところで使用されていることがわかる。ＰＣＢは、タービンやポンプ、牛の自動餌やり機などの潤滑剤に使われている。また、貯水槽やサイロ、プール（とくにヨーロッパ）の内壁や、自動車道路の標識に使われるペンキの成分でもある。さらに金属加工用切削油の成分や溶接剤、接着剤、またカーボン不使用のコピー用紙などにも使用されている。

「環境汚染に対する危機感の高まりによって、このままいけば、わが社の顧客や製品が告発されることはほぼ確実である。また顧客の全員に対して予想される結果を知らせないとしたら、わが社が――法律的あるいは道徳的な――違反を犯しているとみなされる可能性がある」。委員会はそう述べ、こう結論する。「こうした緊急事態、とりわけ非常に採算性の高い製品シリーズの存続が危うくなる事態に直面している以上、わが社はみずからを防衛するために、人間的あるいは金銭的な手段を尽くすべきであろう……」

明らかに、この提案は自分たちの非を認めていない。つまり、市場からアロクロール・シリーズを回収することを提案するどころか、その反対に、アロクロール・シリーズの販売を継続させるためにあらゆる手段を尽くすことを提案しているのだ。そこから最初の戦闘計画が策定され、ＰＣＢに関するラット実験で知られた実験毒性学の研究機関に対して、資金援助を行なうことが提案された。そのためにモンサントは、イリノイ州ノースブルックにある産業バイオテスト研究所（ＩＢＴ）に打診を行なった。その研究所の（新たな）リーダーの一人であったポール・ライト博士は、この時にモンサントから移籍した毒性学者

▼漁業禁止：水俣病の場合は、一九五六年に公式発見され、一九五九年に魚介類からの有機水銀中毒と判明したが、漁業注意だけで漁業禁止がなされなかったので被害が拡大した。漁業禁止となったのは一九六八年。

である。数か月後、ＩＢＴからモンサント本社に最初の試験結果が届いた。「ＰＣＢは、予想よりもはるかに高い毒性を示した。〔……〕さらに暫定的ではあるが、期待を裏切るような別の試験結果も出ている」。これを書いたのは、モンサントの医務部のリーダーの一人である。その後、モンサントから、今度はＩＢＴの責任者ジョセフ・カランドラ宛てに手紙が届いた。「私たちは、強い毒性が認められたことに落胆しました。次回のサンプルでは、もっと低い結果が得られることを期待しております」。一九七五年七月、ふたたび報告書の草案がＩＢＴからモンサントの医務部に届けられた。しかし、モンサントの医務部は、ＩＢＴの「良性腫瘍が生じる可能性がある」という結論部の箇所を、「発ガン性があるとは思われない」という文章に置き換えることを強く提案し、この報告書を修正しようとしている。

ＰＣＢに関する論争が一九七〇年代に広まると、それを収めるためにモンサントの『報告書』が刊行された。しかし、三年後にはモンサントの戸棚にしまい込まれることになる。ＦＤＡとＥＰＡによる共同調査の後、ＩＢＴの運営者たち（そのうちポール・ライトは、この時期にモンサント本社に復職している）は、新聞をにぎわせた長い訴訟の末に、「不正行為」の判決を言い渡された。明らかに、彼らはクライアントの企業を満足させるために、研究結果を改竄したのである。しかし奇妙なことに、この訴訟ではとりたてて、ＰＣＢの研究については取り上げられなかった。しかしその後、一〇ｐｐｍのアロクロールを含む飼料を摂取したラットの八二％（一〇〇ｐｐｍでは一〇〇％）が、ガンを発症していたことが明らかにされたのである。

これらの経緯にもかかわらず、モンサントの経営幹部たちは「取り返しのつかないこと」をしつづけた。一九七七年一〇月三一日、合衆国におけるＰＣＢの製造は完全に禁止されたが、モンサントのウェールズ・ニューポート支社のある英国では、まだ禁止されていなかった。フランスでも禁止されていなかった。フランスでは、プロデレックという会社がＰＣＢの製造を止めたのは一九八七年になってからである。さらにドイツ（バイエル社）でも、スペインでも、まだ禁止されなかった。一九七六年七月二九日、モンサ

郵便はがき

料金受取人払郵便

麹町支店承認

9781

差出有効期間
2022年10月
14日まで

切手を貼らずに
お出しください

102-8790

102

[受取人]
東京都千代田区
飯田橋2－7－4

株式会社 作品社
営業部読者係 行

【書籍ご購入お申し込み欄】

お問い合わせ 作品社営業部
TEL 03(3262)9753／FAX 03(3262)975

小社へ直接ご注文の場合は、このはがきでお申し込み下さい。宅急便でご自宅までお届けいたします
送料は冊数に関係なく500円(ただしご購入の金額が2500円以上の場合は無料)、手数料は一律300
です。お申し込みから一週間前後で宅配いたします。書籍代金(税込)、送料、手数料は、お届け時
お支払い下さい。

書名	定価 円	円
書名	定価 円	円
書名	定価 円	円
お名前	TEL ( )	
ご住所 〒		

フリガナ
お名前

男・女　　　　　歳

ご住所
〒

Eメール
アドレス

ご職業

ご購入図書名

●本書をお求めになった書店名

●ご購読の新聞・雑誌名

●本書を何でお知りになりましたか。

イ　店頭で

ロ　友人・知人の推薦

ハ　広告をみて（　　　　　　　　　）

ニ　書評・紹介記事をみて（　　　　　　）

ホ　その他（　　　　　　　　　　　）

●本書についてのご感想をお聞かせください。

ご購入ありがとうございました。このカードによる皆様のご意見は、今後の出版の貴重な資料として生かしていきたいと存じます。また、ご記入いただいたご住所、Eメールアドレスに、小社の出版物のご案内をさしあげることがあります。上記以外の目的で、お客様の個人情報を使用することはありません。

ントのセントルイス本社は、モンサント・ヨーロッパに手紙を送った。そこには、インタビューがあった場合の想定問答集が記されていた。そこには、こう書いてある。「もし、PCBの発ガン性について質問されたら、モンサントの健康環境部長ジョージ・ラッシュが用意した次の回答を利用してください。『私たちは、あらかじめPCB製造工場の工員に対して衛生学的研究を行なっており、また長期にわたる動物実験を行なっています。それらの結果によれば、PCBに発ガン性があると考えることはできません』」

ダイオキシンに匹敵する猛毒

「私たちは全員、体の中にPCBがあります」と私に言ったのは、デヴィッド・カーペンター教授、ニューヨーク州立大学アルバニー校の衛生環境研究所所長である。「PCBは、『残留性有機汚染物質▼（POPs）』と呼ばれる一二種類のきわめて危険な化学汚染物質の一つです。不幸なことに、PCBは自然の生分解作用に抵抗し、食物連鎖を通じて生体組織に濃縮されていくからです」

「PCBは、北極から南極まで、地球全体を汚染しました。一定量のPCBに曝露▼すると、肝臓、すい臓、

▼残留性有機汚染物質（POPs）：化学商品一〇物質（アルドリン、ディルドリン、エンドリン、クロルデン、ヘプタクロル、トキサフェン、マイレックス、ヘキサクロロベンゼン、PCB、DDT）、および非意図的生成物二群（ダイオキシン類のPCDDとPCDF）の合計一二種類。すべて有機塩素化合物である。二〇〇一年に採択された「残留性有機汚染物質に関するストックホルム条約」は、これらの製造・使用・輸出入の禁止または制限を定めている。

▼曝露：化学物質などに生体がさらされること。食品や水などを介した経口的なもの、呼吸によるもの、土壌との接触による経皮（皮膚を通じて）などの経路がある。

腸、乳房、肺、脳に、ガンが発生します。また、心臓血管系の病気、高血圧、糖尿病、免疫防衛力の減少、甲状腺機能障害、性ホルモンの機能障害、生殖障害、重い神経障害が生じます。なぜなら、数種類のPCBはダイオキシンと同じグループに属するからです」

彼の説明によると、PCBとは、一個または数個の水素原子が塩素原子に置き換えられているビフェニル分子である。それには二〇九種類の組み合わせがあり、したがって「同族」の二〇九種類のPCBが存在することになる。PCB分子の塩素原子の位置と数は、塩素化作用の程度によって異なる。そのために、毒性もその種類によって異なるのだ。

この文章を書きながら、私は二〇〇七年八月二三日号の『ヌーヴェル・オプセルヴァトゥール』誌をめくらずにはいられなかった。そこでは「ローヌ川は海まで汚染されている」と書かれている。これは『ル・モンド』『リベラシオン』『フィガロ』『ドフィヌ・リベレ』の各紙がそろって「フランスのチェルノブイリ」[*7]と呼んだ事例である。「ローヌ川のPCB濃度は、ヨーロッパの衛生規格よりも五～一二倍も高い。その分析結果を受けて、急遽、ローヌ川で捕獲された魚の消費を禁じる県令が発せられた。この禁止令は、まずリヨン北部で布告され、ドロームとアルデッシュの県境の地域に適用された。さらに八月七日になると、ヴォクリューズ県、ガール県、ブーシュ・ドュ・ローヌ県へと適用地域が拡大された。いずれ近いうちに、この禁止令はローヌ川が流れ込むカマルグ地方の池や沼の魚にも、さらに地中海沿岸での漁業や海岸の貝や甲殻類にも、適用されることだろう」

この危険をたまたま報告することになったのは、仕事がなくなることを顧みず、自分の良心の声に従った一人の漁師であった。「二〇〇四年の終わり、リヨンの上流でたくさんの鳥が死んでいるのが発見されました」。その漁師は記者に説明している。「分析結果が出るまで、慎重な獣医局は、あらゆる漁獲物の消費を禁止しました。分析の結果、鳥の死因は単なるボツリヌス中毒で、それは鳥にしか関係のない病気だったことがわかりました［人間の食中毒のボツリヌス菌とは型が異なる］。しかし、もう誰も私の獲った魚を買おうとしなくなったんです。

それで私は、自分が獲った魚を食べても無害なことを証明するために、私の魚を分析してもらうことにしました。すると、なんと、魚にはＰＣＢがぎっしり含まれていたのです！」

その後、フランス政府当局は、ローヌ川の堆積物一〇万トンを汚染した原因を特定しようと躍起になった。すでに見たとおり、ＰＣＢの販売と購入、そしてＰＣＢを使用する機械の販売と購入は、フランスでは一九八七年に禁止されている。二〇〇一年の一月一八日に、一九九六年九月一六日付の「ＥＵ指令」[*8]を、フランスの法律に取り入れる政令が出された（五年も経っている！）。その指令は、現存するＰＣＢの除去に関するもので、遅くとも二〇一〇年一二月三一日までに、ＰＣＢを完全に除去することを命じたものであった。二〇〇三年には、ＰＣＢによる汚染防止とＰＣＢを使用する機械の除去をめざす国家プロジェクトがはじまった。ＡＤＥＭＥ（フランス環境エネルギー制御庁）によれば、二〇〇二年六月三〇日、フランス国内にある五リットル以上のＰＣＢを含む機械（五四万五六一〇台、うち四五万台はフランス電力公社の所有物）のリストが作成された。除去しなければならないＰＣＢは三万三四六二トンということになる。しかし、市民団体のフランス・ナチュール・アンヴィロヌマン（ＦＮＥ）によれば、このリストの該当機械の台数は自発的な申告によるものであり、実際には多くの申告漏れがあることは明らかである。ＦＮＥは、その二〇〇七年二月の情報レター[*9]でこう書いている。「私たちが恐れているのは、廃棄物の安易な除去作業を行なうことによって、ＰＣＢによる環境汚染が拡大することです。たとえば、工業用地への放置や違法投棄が行なわれたり、クズ鉄と一緒に処分されたりする危険があります」

この件について、デヴィッド・カーペンター教授はこう説明した。「問題は、ＰＣＢを破壊することは難しいということなのです。唯一の方法は、きわめて高温で焼却することです。しかも、焼却時に発生す

▼数種類のＰＣＢはダイオキシンと同じグループに属する：「コプラナーＰＣＢ」のこと（前掲、宮田秀明『ダイオキシン』参照）。

るダイオキシンを処理することのできる、特殊な焼却炉を使用しなければなりません」。フランスでは、二つの工場がこの難しい使命を遂行する認可を受けている。一つはアルプ・ド・オート・プロヴァンス県のサントーバンにあり、もう一つは、ローヌ川の端のアン県のサン・ヴュルバにある。さて『ヌーヴェル・オプセルヴァトゥール』誌が集めた情報によれば、一九八八年まで、後者の工場は、ＰＣＢの残りカス三キロを、毎日、川へ流すことを許可されていた（現在、その最大量は一日に三グラムである）……。これは汚染原因の一つにすぎず、その他に「化学渓谷」にある多くの企業のピラレーヌを使用した産業廃棄物が加わっている。これらの企業のＰＣＢを含むオイルが土へと染み込み、地下水へ、そして周りの川へと拡がっていったのだ。「数十年ものあいだ、合衆国だけでなく世界各地で、公権力はＰＣＢの毒性について、モンサントが仕組んだ沈黙戦術を引き継いできました」。カーペンター教授は言う。「ダイオキシンと同じくらい危険なこの毒物を、どの国もずっと黙認していたのです」

　一九九六年にアメリカ厚生省と環境保護庁（ＥＰＡ）により起草され、アメリカ連邦議会に提出された書類を読むと、「ＰＣＢ曝露が健康に与える影響」のすさまじさがわかる。[*10] およそ三〇ページのこの書類は、合衆国・ヨーロッパ・日本で行なわれた一五九もの科学的研究を挙げている。どの研究も、すべて同じ結論に到達している。ＰＣＢ曝露が起こるのは主に三つの場合、すなわち労働環境での直接曝露、汚染地域の近隣での生活、そして、とりわけ食物連鎖——危険なのは魚だけではない——である……。さらに、どの研究者も、ＰＣＢに曝露された母親から新生児に母乳を通じてＰＣＢが与えられると、新生児に取り返しのつかない神経障害が引き起こされると断言している。その新生児たちは後に、医者が「注意欠陥・多動性障害」と呼ぶ病気になり、知能指数も平均を下回ることになるのである。

　ＰＣＢの毒性による被害が詳細に研究されることになったきっかけは、一九六八年に日本で発生した「カネミ油症事件」である。九州地方および西日本一帯の住民一万四〇〇〇人以上が、ある企業の米ぬか油を摂取し、そのために病気にかかった。その油は、加熱システムから漏れたＰＣＢによって汚染されていたのである。最初、彼らが罹患した病気は「油症」（「油に由来する皮膚病」を意味する）と呼ばれていた。その特徴は、重度の皮膚発疹、唇や爪の変色、関節の腫れである。しかし、後になって、この謎めいた病気の原因が、ＰＣＢであることが明らかにされた。そこで研究者たちは、医学的な追跡調査を試みた。その結果、妊娠中にＰＣＢに汚染された母親から生まれた子どもたちには、早期に死亡する割合が高いうえ、深刻な精神遅滞や行動遅滞が発生することがわかった。また、ＰＣＢ汚染の被害者が肝臓ガンを発症する割合は、通常人の一五倍であった。さらに平均寿命も、通常人より著しく低かった。ちなみに、被害

▼化学渓谷：化学企業が集中する、フランス・リヨン南部の地域のこと。

▼九州地方および西日本一帯の住民一万四〇〇〇人以上：被害者支援センターによれば、最終的に保健所が集計した被害届者は、一万四三二〇人。しかし患者として認定されたのは、わずか二二七六名（二〇一五年三月三一日現在）にすぎない。未認定患者は、高額の医療費を自費負担させられつづけている（川名英之『検証・カネミ油症事件』緑風出版、二〇〇五年などを参照）。被害者は、九州・中国・四国・近畿にわたるが、多いのは県では福岡、地域では長崎の五島である。二〇一二年八月成立のカネミ救済法で、認定患者の同居家族（一緒に油を食べた人）数百人が新たに認定された。なお、原著では被害者数が一三〇〇人と誤記されていたため修正した。

▼加熱システムから漏れたＰＣＢ：米ぬか油は、米ぬかの臭いを脱臭する必要があり、ＰＣＢは脱臭工程の熱媒体として使用された。米ぬか油は直接熱すると変質するおそれがあるため、ＰＣＢ（カネクロール４００）をまず二五〇度まで加熱し、その加熱したＰＣＢを脱臭塔内のステンレス製蛇管に送り込み、蛇管を通して米ぬか油を間接的に温め脱臭する方法が開発された。そのＰＣＢが米ぬか油に漏出したのである（カネミ油症被害者支援センター編『カネミ油症――過去・現在・未来』緑風出版、二〇〇六年、一二頁参照）。

▼謎めいた病気の原因：カネミ油症はＰＣＢとＰＣＤＦの複合汚染であり、量的に多いのがＰＣＢ、毒性の強さゆえに主因とされるのがＰＣＤＦである。すなわち、ダイオキシン類による化学性食中毒である。

者の血液や皮脂腺分泌液からは、事故から二六年も経ってからもＰＣＢが検出されている。

台湾でも一九七九年に同じような事件が起こり、その二〇〇〇人の被害者に関する研究で、日本と同じ結論が確認された（「ユチェン事故」）[*11]。一九九九年一月、ベルギーで「ダイオキシン鶏事件」が発覚した時、ベルギー政府があれほど慌てた理由も、二つの悲劇的事件の後だったことを考えれば、よく理解できる。ベルギーの事件も、食用油にＰＣＢが混入した事故であった。この食用油は鶏の餌だけでなく、集中飼育されていた豚や牛の餌にも使われていたのである。

ＥＰＡの書類に記されていた多くの研究報告のうち、二つの悲劇がとくに私の目を引いた。一つは、アメリカの二四二人の子どもたちに起こった悲劇である。母親たち（アメリカ・インディアンの女性、あるいは地元漁師の妻）は六年間にわたり、そして妊娠中も、ミシガン湖の魚を頻繁に食べていた。子どもたちは皆、誕生時の体重が軽く、その後も認知上の発達遅滞が見られた。もう一つの悲劇は、とりわけ汚染に曝されたハドソン湾の先住民イヌイットたちの生活にまつわる事件である。ＰＣＢによる環境汚染は、食物連鎖の頂点にいるアザラシ、北極グマ、クジラのような海生哺乳類の体内に濃縮される。そのうちのいくつかの種、たとえばシャチなどがＰＣＢにより絶滅の危機に瀕している[*12]……。

相変わらずの否認

「ＰＣＢが、長期にわたって健康への深刻な影響を与えていることを示すような、説得力のある証拠はない」[*13]。ジョン・ハンターはこう言い放った。ソルーシアの取締役社長である彼は、二〇〇二年一月一四日に講演を開き、そこに投資家たちと報道機関の代表者たちを招いた。彼は、『ワシントン・ポスト』[*14]紙で二〇〇二年一月二日に発表された「モンサントは数十年も公害を隠してきた」という記事の衝撃を弱めようとしたのだ。

この記事が発表された日は、ちょうど「アバーナシー対モンサント訴訟」がはじまった日であった。

「多くの科学的な調査研究、内部文書、証言記録がはっきり示しているにもかかわらず、セントルイスのこの企業家たちは、アニストンの生態系と住民の健康に壊滅的な被害を与えたことについて、自分たちに責任はないと主張しつづけたのです」とカーペンター教授は言った。彼は、訴訟の際に科学的な専門家証人として召喚された。ケン・クックは「たしかにモンサントの連中には、犠牲者を哀れむそぶりは、いっさい見られませんでした」とカーペンター教授の言葉を認めた。「彼らは、一言も謝罪しなかったし、申し訳なさそうな態度もみせなかった。ずっと否認しつづけたんですよ。彼らの言いわけは、ようするにこうです。『私たちは、ＰＣＢが危険であることを、一九六〇年代の終わりまで知らなかった。しかし、その危険性を知ってからは、速やかに政府各省とともに問題解決に向けて対処した』というわけです」

訴訟記録を読むと、この会社の幹部たちの横柄な態度には、恐怖さえ感じる。彼らは、自分たちの非を認めるどころか、その反対である。たとえば、一九九八年三月三一日にカルフーン郡裁判所で行なわれた予審での、「ＰＣＢの帝王」ウィリアム・パパジョージに対する質疑応答を引用してみよう。

「モンサントは、工場でアロクロール［ＰＣＢの商品名］を製造する時に二七ポンドの廃棄物が排出されたことを、アニストンの住人に知らせていましたか？」と裁判官が尋ねた。

「そうする理由がありませんでした。たいした量ではありませんでしたので」。ウィリアム・パパジョ

▼ユチェン事故：「台湾油症事件」とも呼ばれ、一九七九年に発覚した。「ユチェン」とは「油症」の中国読み。

▼豚や牛の餌にも：カネミ油症でも、油症事件の直前に「ダーク油事件」という鶏の大量死事件があった。同じカネミ倉庫の製品である。

ージが答えた。

「では、答えはノーということですね」

「そのとおりです」

「モンサント社は、スノウ・クリーク水路とチョッコロッコ・クリーク水路で、工場の排水に含まれるＰＣＢが与えた影響を測定するために、検査をしましたね。その事実を住民に知らせましたか？」

「それは、自動車の修理工場にこう言うのと同じです。『あなたの修理工場から歩道にエンジンオイルが流れ出していますよ。そのことを近所の人たちに知らせなさい』と。まったく無意味なことです……」

「答えはノーなのですね？」

「ええ」

「モンサント社は、ＰＣＢが健康にもたらす危険について、なんらかの情報をアニストンの住人に与えましたか？」

「そんなことを、どうしてしなくてはならないのですか？」


二〇〇二年二月二三日、五時間にわたる討議の後、陪審団が評決を下した。陪審団は全員一致で、モンサントとソルーシアが「アニストン地域とその住民の血液をＰＣＢで[*15]」汚染したことを認め、両社に有罪判決を下した。罪状は「怠慢、放棄、詐欺、個人に対する損害、および公共の福祉に対する損害、公害」であった。この評決は、モンサントに厳しい反省を強いるものであった。つまり、モンサントの行為は「容認できないほどの残虐な行為であり、文明社会において絶対に許されない振る舞い」とみなされたのだ。すぐさま両社は、アラバマ州の最高裁に控訴し、この案件がジョエル・ラード裁判官から取り下げられるように要求したが、その訴えは却下された。その後、陪審員たちは、測定された血中ＰＣＢ濃度を目安に、被害者が受け取る一人当たりの損害賠償額を見積もり、その地域の除染プログラムにかかる費用の合計を出した。これは骨の折れる作業であった。三五一六人の原告の一五％の人々が、二〇ｐｐｍを上回る血中ＰＣＢ濃度を示し、六〇ｐｐｍや一〇〇ｐｐｍの値もざらに見られた。血中ＰＣＢ濃度の正常値の上限は二ｐｐｍである。デヴィッド・ベイカーの場合は三四一ｐｐｍだった。そのため彼は、三万三〇〇〇ドルの損害賠償を受け取ることになった。賠償金の最高額は五〇万ドルであった。

司法判決の一か月後、アメリカ環境保護庁（ＥＰＡ）――二〇年以上も何もしてこなかった――は、ソルーシアと協力して工場敷地内の除染対策を講じる決定を発表した。この決定は、汚染する側の企業にはきわめて好都合で、陪審員たちの努力を水の泡にするものだった。この決定に対して、リチャード・シェルビーというアラバマ州選出の上院議員が激怒して、環境行政の監視を任務とする委員会に乗り込んだ。その時、ＥＰＡの副長官リンダ・フィッシャー▼が、じつはモンサントの元幹部だったという事実が判明した。

それと同じころ、バーミンガムの裁判所は、「トルバート対モンサント訴訟」――ジョニー・コクランが起こした集団訴訟――が、二〇〇二年一〇月に開廷することを発表した。ニューヨーク証券取引所では、ソルーシアの株価が下落した。ここから連邦裁判官Ｕ・Ｗ・クレモンの長い説得がはじまった。この裁判官は、費用のかさむ訴訟を避けて、進行中の二つの案件「アバーナシー対モンサント訴訟」と「トルバート対モンサント訴訟」を一つに合わせ、和解協定のための全体交渉をするよう、両陣営を説得した。それまでモンサントは、このような解決をずっと拒否してきた。おそらくは告発者の経済力が尽きるのを待つ

▼リンダ・フィッシャー：第一期ブッシュ（子）政権でＥＰＡ副長官を務めた。彼女の前歴は、モンサントの政府関係担当副社長（戸田清『環境学と平和学』新泉社、二〇〇三年、三四頁参照）。

ために、司法的な駆け引きを弄し、裁判を引き延ばそうとしたのである。
　デヴィッド・ベイカーはこう説明する。「ところが、この訴訟がテレビで放送され、さらにジョニー・コクランの影響力もあって、モンサントは身動きできなくなりました。モンサントは悪評をこれ以上広めないために、交渉を望むようになりました」。ついに、モンサントは七億ドルを提案した。六億ドルは二つに等しく分けられ、被害者の賠償金に充てられることになった。残り一億ドルは、敷地の除染と、専門診療所への出資に充てられることが決められた。[16]
「〔賠償金は〕いったい誰が支払うのか?」。二〇〇四年二月一七日の『セントルイス・ポストディスパッチ』紙は、このような見出しを掲げた。実際、この事件は厄介な問題を抱えていた。すでに述べたように、一九九七年にモンサントは自社の化学部門を厄介払いし、ソルーシアに売却している。一九九九年一二月には、モンサントは製薬部門と農業部門（遺伝子組み換え種子と除草剤「ラウンドアップ」）を抱えていたが、ファルマシア&アップジョン社と合併し、新たにファルマシアという会社を設立することを発表した。二〇〇二年夏、モンサントは農業部門だけで、ふたたび独立することになった。他方、ファルマシアのほうは、巨大製薬会社ファイザー社に買収された……。こうして賠償金の七億ドルは、ソルーシアが五〇〇〇万ドル、モンサントが三億九〇〇〇万ドル、ファイザーが七五〇〇万ドル支払うことになり、残りは保険が適用されることになった。
　弁護士たちは、被害者の賠償金総額の四〇%を受け取った。そこには素直に割り切れないものがある。「アメリカの制度は、そうやって動いているんですよ」と、デヴィッド・ベイカーは言った。「この種の事件で弁護士たちが報酬を受け取るのは、勝った時だけなんです。たとえばジョニー・コクランは、訴訟の準備のために七〇〇万ドル使いました。つまり私たちが、もしジョニー・コクランという人物を見つけていなかったら、モンサントのような大企業に対して何もすることができなかった、ということです。しかし、私が悔しいと思っているのは、この会社の幹部たちを牢獄にぶち込んでやれなかったことです……」

実際、合衆国で「会社法人」という司法的身分は、道徳的人格をもつとみなされている。それは、企業の幹部たちが個人として訴追されることを避けるための、一種の避難所なのである。ケン・クックは言う。「アメリカの司法制度では、企業の幹部たちが刑事裁判で有罪になることは、めったにありません。反対に、民事裁判で会社を訴えることはできます。ようするに、企業に金を払わせることしかできないわけです。しかしながら、被害者たちが数十年後に企業に損害賠償を支払わせたところで、その賠償額は、企業の利潤全体のわずかな部分でしかありません。だから、企業からしてみれば、秘密にしておいたほうが得なのです……。実際、モンサントはいくつも秘密を抱えていると思いますよ。モンサントのような大企業が、自社の製品や公害問題について、本当のことを言うはずがないのです。彼らの言葉なんて、絶対に信じてはいけませんよ……」

PCBはいたるところに

専門家たちの一致した意見によれば、一九二九～八九年に一五〇〇万トンのPCBが生産された。その大部分は自然環境に放出されている。それがどれくらいの量なのかを、正確に知ることはむずかしい。いずれにしても、PCBはいたるところにあり、私たち市民にとって悪夢であることは疑いようがない。しかし、PCBはモンサントにとっても悪夢である（モンサントの子会社ソルーシアは、モンサントの悪事を引き継いだおかげで訴訟に負け、二〇〇三年に破産した）。

そのごく一部を紹介しよう。二〇〇三年一月、船舶のペンキに使用されていたPCBのために、ノルウェーの海岸地帯フィヨルドが汚染されたという理由で、オスロの環境省は、ドイツのバイエル、日本のカネカ、そしてソルーシアの三社に対して、七〇〇万ユーロの罰金を科した（ついでながら、デヴィッド・カーペンター教授をはじめとする専門家たちは、ノルウェーやスコットランドの養殖鮭を食べないように強く呼びかけている……）。二〇〇六年一月には、ニューヨークのゼネラル・エレクトリック（ＧＥ）の工場の従業員五九〇人が、ＰＣＢによる汚染を理由にモンサントを告訴した。[*17]

二〇〇七年、フランスで、ローヌ川のＰＣＢ汚染が発見されたのと同時期、イギリスのウェールズでは、ある事件が発覚して大騒動になっていた。しかも、その事件は四〇年以上も隠されていたのだ。[*18] 先に述べたように、モンサントはニューポートに子会社があり、その子会社は一九七八年まで、世界中で生産されるＰＣＢの一二％を生産していた。そして一九六五〜七一年に、八〇万トンのＰＣＢ含有廃棄物を、ブロフィッシンという場所にある、石灰岩の切り出し場に廃棄していた。農民たちは、家畜が不自然な死に方をするのを見て、ようやくその事実をつかみ、モンサントを告発したのである。この地域の汚染浄化には、二億ユーロかかると言われている。現在、モンサントとソルーシアは、廃棄物の運搬と投棄を任せるためにニューポートの子会社が契約していた、別の会社に責任をなすりつけている……。

環境問題が新聞の見出しに踊る時、そこには亡霊が隠れている。それはＰＣＢというモンサントに長い間つきまとっている亡霊であり、また同じくダイオキシンという亡霊である。モンサントはＰＣＢだけでなく、ダイオキシンの主要な生産者でもあったのだ。

第2章

ダイオキシン（1）

——ペンタゴンとモンサントの共謀

わが社にとって、グローバルな市民としての企業活動の指針は、人権政策にもとづくものでなければなりません。私たちの従業員はもとより、私たちの活動に賛同してくれる人々に、さらなる敬意を払う必要があります。

——モンサント『プレッジ・レポート』（二〇〇五年、一二五頁）

「ダイオキシン？　その毒物のせいで、私は二五年前から安心して眠れないんですよ」

セントルイスから三〇キロ離れた「ルート66博物館」の前に自動車を停めながら、マリリン・ライストナーはため息をついた。「ご覧のとおり、もうタイムズビーチは跡形もありません。ここに八〇〇世帯以上、一四〇〇人が暮らしていた町があったなんて、もう誰にも想像できないでしょうね」

事実、私にもそんなことは想像できなかった。二〇〇六年一〇月、私たちの目の前には、まったく新しく建て直された建物があった。そこには、ローリングストーンズやエディ・ミッチェルが歌を捧げた、伝説の国道「ルート66」の歴史にまつわる、キッチュな記念品が収められている。このアメリカ最初のアスファルト道路は「マザーロード」とも呼ばれ、イリノイ州シカゴから出発して、四〇〇〇キロ先のカリフォルニア州サンタモニカに到達する。その間に八つの州を通過するのだが、その一つがミズーリ州である。博物館の脇には「ルート66州立公園」と書かれた、西部劇に出てくるような木の看板がある。「あの連中は、汚染防止地域を国立公園にしてしまうことで、タイムズビーチを地図から消したんです。合衆国の最大のダイオキシン事件を忘れさせるためです」。マリリン・ライストナーはそう説明した。彼女は、地図から消えたこの町の、最後の町長だった。

地図から消えた町

「タイムズビーチ▼」と「ダイオキシン」。この二つの名前は、アメリカの新聞の一面に、長い間、二つ並んで載っていた。そのことは、この小さな町を襲った災難に関係している。この町は一九二五年、セントルイスで働く管理職員や従業員たちの保養地として生まれた。

「最初は、誰もここに住んでいませんでした」とマリリン・ライストナーは語る。「人々は、ここにキャンプをするために来たんです。週末にメラメック川で水浴びしたり、釣りやピクニックをしたりしてすごすために」。やがて、この場所に「ビーチ」というあだ名がつくようになり、ずっと住みたいという人々がやってきた。彼らはピロティ式〔一階部分が柱だけの高床式の建築〕の木造家屋を建てた。というのも、この牧歌的な地域は、よく浸水に見舞われるからだ。そうして、しだいにタイムズビーチは「本物の町」になった。商店ができ、自動車整備工場——マリリンの夫が経営していた——ができ、教会が建ち、一三の酒場が開かれ、そして町議会が設けられた。

一九七〇年代の初め、この「あまり資金に恵まれない」町は「厄介なホコリの問題」に直面した。道路がアスファルトで舗装されていなかったため、そこで吹き上げられるホコリが、住民たちの「生活を害して」いたのである。この問題を解決するために、町はブリス・ウェイスト・オイルカンパニーに支援を求めた。この会社は、ミズーリ州の化学工場や自動車整備工場から、産業廃棄物や使用済みオイルを回収していた会社であった。ホコリが吹き上がらないようにするために、その会社の経営者であったラッセル・ブリスは、使い古しのオイルの混じった泥を、タイムズビーチの道路に撒くことを提案した。

「一九七一年の夏を過ぎたころ、たくさんの猫や犬、鳥、アライグマが死んでいるのが見つかったんです」とマリリンは語る。「住民の一人が、環境保護庁（EPA）に知らせました。するとEPAは、動物の死体を冷凍しておいてくれ、係の者が取りに向かうから、と言いました。でも、誰もやってきませんでした……」。しかし、すでにEPAは、この危険な事件を知らされていたのだ。この事件に先立つ一九七一年の三月、セントルイスの北西にある種馬飼育所では、ラッセル・ブリスの会社の社員がやってきて調教場の地面を褐色の泥で覆った後、しばらくして五〇頭ほどの馬が不可解な死を遂げたため、オーナーが不安を抱いていた。数週間後、いつも調教場で遊んでいた彼の二人の子どもが、突然重い病気にかかり、入院する事態になった。その連絡を受けた連邦政府の疾病管理センター（CDC）は、調教場の地面の泥が怪しいと考え、その泥を採取したところ、高濃度のきわめて危険な毒物が見つかった。一五九〇ppmのPCB、五〇〇〇ppmの「2,4,5-T」（強力な除草剤）、三〇ppmのダイオキシンが含まれていたのである。[*1]

▼タイムズビーチ：この町のダイオキシンなどの汚染事件については、ロイス・マリー・ギブス『二一世紀への草の根ダイオキシン戦略』（綿貫礼子監修・日米環境活動支援センター訳、ゼスト、二〇〇〇年）に詳しい。

「鳥かごは、死んだ野鳥でいっぱいだった」。ミズーリ州の厚生省の獣医師パトリック・フィリップス博士は、『ニューヨーク・タイムズ』紙でそう報告している。博士のところには、ミズーリ州の多くの地域から、ラッセル・ブリスの会社が撒布を行なった件について報告が来ていた。[*2] 一九七五年、科学誌『サイエンス』に、この不可解な殺人的公害に関する記事が掲載された。[*3] それでも、その後の数年にもわたって、政府当局は何もしなかった。しかし実は、密かにＥＰＡは調査を実施していた。有毒廃棄物を産出するミズーリ州の某工場に関する調査であった。このことは、ある手紙のやり取りが証言している。その手紙は、一九七二年九月、ＥＰＡの役人とモンサントの「ＰＣＢの帝王」ウィリアム・パパジョージの間で交わされたものである。その手紙によると、ラッセル・ブリスの会社のオイルタンクで調査サンプルが採取され、その分析結果はモンサントに伝えられていた

一九八二年、「黒い秋」が来た。当時の町会議員だったマリリン・ライストナーは小声で言った。「あれは、ほんとうに悪夢でした。一一月一〇日、私は地元のジャーナリストから、ダイオキシンに汚染された一〇〇の地域についてＥＰＡが作製したリストの中に、タイムズビーチが入っていることを知らされました。一二月三日、ＥＰＡの技術者たちが土壌サンプルの採取にやってきました。二日後、この町は設立以来もっともひどい水害に見舞われました。多くの人々が避難を余儀なくされました。一二月二三日、ふたたび住民たちは自分の家に戻ろうとしました。しかしその時、ＥＰＡが私たちに知らせてきたのです。サンプルで見つかったダイオキシン濃度は、基準濃度を三〇〇倍も上回っていると……」[*4]

タイムズビーチは大混乱に陥った。防護服を着て、ガスマスクをつけたＥＰＡの技術者の一団が、町を包囲した。また、ジャーナリストたちが全国から押しかけた。「当時の私たちは、ダイオキシンについて何も知りませんでした」とマリリン・ライストナーは振り返る。「テレビのニュースで、人間がつくってしまったもののうち、もっとも危険な毒物だということは理解できました。しかし、理解できたのはそれだけです。ダイオキシンが私たちの健康にどのような被害を与えるのか、そうしたことを説明できる人は

いませんでした」。それも当然のことだった。後で見るように、当時の生産企業によって、ダイオキシンの強い毒性については、誰もが口止めされていたのである。とくに、モンサントによって……。

疾病管理センターは、タイムズビーチに緊急対策室を設置した。住民たちは健康診断のために、そこへ呼ばれた。私は、当時のテレビニュースを見ることができた。そこには、誰もが不安な顔で立っていた。涙をこぼす人もいる。人々の質問に医師が黙って答えようとしないことに、怒っている人もいる。「私の家族は、全員、検査を受けました」、マリリン・ライストナーは語る。「私の夫は、晩発性皮膚ポルフィリン症▼という病気に苦しんでいました。ずっと治らない皮膚病です。娘二人と息子、そして私自身は、甲状腺機能亢進症に悩んでいました。私は、ガンではなかったのですが、何度か腫瘍の手術を受けました。私の娘の一人は、ひどいアレルギーのために、全身にじんましんが出ました。二番目の娘は極端にやせていて、めまいと脱毛に苦しんでいました。私は疾病管理センターの代表者たちに、こうした症状がダイオキシンと関係があるのかどうか尋ねてみたのですが、彼らからは『わからない』という答えしか返ってきませんでした」

こうしてタイムズビーチでは、パニックが最高潮に達した。町長は重いうつ病になり、辞職した。同じ時期に、助役の一人が失踪した。「その人物は、セントルイス本社で働いていたモンサントの幹部でした」と、マリリン・ライストナーは述べる。「EPAがPCBを検出したことを知ったので、彼は引っ越したんです……」。こうして彼女がこの小さな町のトップに立って、「この騒動に立ち向かう」ことになった。

一九八三年二月二二日、EPA長官アン・バーフォード▼は、政府が「タイムズビーチを総額三〇〇〇万ド

▼晩発性皮膚ポルフィリン症（原注）：主に、手の甲、上腕、顔面にかぶれ、かさぶた、瘢痕ができる皮膚病。ダイオキシンを浴びることで発症する。

取り壊し、その後で汚染された土を焼却炉で燃やし、土壌の汚染浄化策を講じることを予定していた。

ルで買い取る」ことを決めたと発表した。この計画は、賠償に備えて、住民すべてに住居を手配し、町を

追及を免れるモンサント

「見てください。ここには、私たちの家が埋まっているのです」と、青々とした芝に覆われた盛り土の前で、マリリン・ライストナーは悲しげに言った。「私たちの持ち物は、何もかも押しつぶされました。家具、日用品、子どものおもちゃ。ダイオキシンとＰＣＢが、洪水であちこちに撒きちらされたからです。私たちはペストにかかった病人のように、町を出ていきました。誰も私たちのことを受け入れませんでしたから。誰も彼も、私たちを伝染病患者と同じように考えていたのです」

「告訴しなかったんですか？」

「もちろん告訴しました。しかし、却下されました。私たちの苦しんでいる病気がダイオキシン汚染と因果関係があることの証拠を、私たちには提出できないと司法が判断したからです」

「ＰＣＢはどうです？」

「それもダメでした。公式には、ラッセル・ブリスが泥に混ぜたＰＣＢの出所を、ＥＰＡは突き止めることができなかった、とされているのです……」

先ほど見たように、この製品の唯一の製造業者がセントルイスにあり、その郊外にあったタイムズビーチから三〇キロ離れたソーゲット市にその製造工場があるというのに、環境保護庁（ＥＰＡ）が「ＰＣＢの出所を突き止めることができなかった」というのは、呆れるしかない……。マリリン・ライストナーは切り出した。「その後、わかったのですが、ＥＰＡの長官アン・バーフォードの補佐官だったリタ・ラヴェルという人物が、モンサントに関係した書類を破棄していたのです」

実際、この事件は一九八三年のアメリカで話題になった。それは「スーパーファンド・プログラム」をめぐる横領事件の捜査中に浮上した事件だった。「スーパーファンド」は、産業廃棄物により汚染された地域の調査と汚染防止のために、ＥＰＡに対して承認された予算のことである。しかし、その予算の一部が、共和党候補者の選挙キャンペーンの資金として、不正使用されていたのだ。議会は、モンサントに関連した書類が消失しているのを発見した。調査の結果、ロナルド・レーガン政権――ずっと大企業の支援ばかりしていた政権だ――が、アン・バーフォードに、タイムズビーチに関連する書類一式の「凍結」を命じたことがわかった。このハリウッドの元脇役俳優［レーガン大統領］がホワイトハウスに住むようになった直後にＥＰＡの長に任命されたアン・バーフォードは、このスキャンダルの結果、一九八三年三月に辞職を余儀なくされた。バーフォードを補佐していたリタ・ラヴェルは、もっと運がなかった。彼女は「議会の調査で偽りの証言をし、調査を妨害した」[*5]ことにより、懲役六か月を言い渡された。捜査が明らかにしたところでは、彼女はいくつかの証拠物を廃棄したうえ、ひんぱんにモンサントの幹部たちと昼食をともにしていた。しかしモンサントは、まったく損害を被らなかった。一九八三年三月、ＥＰＡの新たな責任者としてウィリアム・ラッケルズハウスが着任した。ラッケルズハウスは、一九七〇年にニクソン政権がＥＰＡを設立した時の中心人物で、一九七三年に短期間だけＦＢＩで「長官代行」になった後、モンサントとソルーシアの理事を任されていた人物である……。

「問題は、ラッセル・ブリスとモンサントが交わした契約について、まったく手掛かりがないことです。

▼アン・バーフォード：レーガン政権のＥＰＡ長官。フルネームはアン・ゴーサッチ・バーフォードで、「アン・ゴーサッチ」とも呼ばれる。有害廃棄物対策に不熱心であるとして、消費者運動団体ラルフ・ネーダー・グループなどから批判された。ラルフ・ネーダー・グループ『レーガン政権の支配者たち』（海外市民活動情報センター訳、亜紀書房、一九八三年、三六三～三八九頁）などを参照。

モンサントは、ミズーリ州セントルイスの郊外、つまりソーゲットとクィンシーに二つの工場を持っていました。ラッセル・ブリスは、そんな契約はしたことがないと終始主張していました……」と、ガーソン・スモガーは二〇〇六年一〇月、私に説明してくれた。彼はサンフランシスコの弁護士で、環境問題に詳しく、タイムズビーチの住民数名の訴訟を引き受けている。

「ラッセル・ブリスがそんなことを言うのは、彼が買収されたからだ、という話もあります」

「ありうることです」と、ガーソン・スモガーは賛同した。「たしかにブリスは何度か、モンサントが彼の顧客だったと証言していました。しかし、書面でそのことを示す証拠が見つかっていません」

スモガーはこう述べて、その推測を裏付けるさまざまな事実を列挙した。一九七七年四月二一日、ラッセル・ブリスは、主にモンサントから産業廃棄物を受け取っていたと述べた。一九八〇年一〇月三〇日、ブリスの会社でトラック運転手をしていたスコット・ロリンズという男は、ミズーリ州検事総長の前で、モンサントの工場のドラム缶を定期的に交換していたと証言している、などなど。「モンサントは、仕事でラッセル・ブリスと関わったことはないと主張しています」とスモガーは言う。「さらにモンサントは、PCBは別の工場で使用している油圧液のものだ、と言いわけしていました。そして、その責任が問題になりました。当時の私たちは、モンサントがPCBの毒性を顧客たちに隠していたことを、まだ知りませんでした。ですから、廃棄物の責任を問われたのは、モンサントの顧客たちでした。タイムズビーチの場合、こうしてPCBの問題は見逃されてしまったのです。公的機関は、ダイオキシンにしか興味がありませんでした。しかも、モンサントの製品の大部分がダイオキシンまみれだということも、まったく見逃されていたのです……」

実際、責任を負うことになったのは、ただ一つの会社であった。シンテクス・アグリビジネス社という、ミズーリ州ベローナの会社である。この会社は、ノースイースタン・ファーマスーティカル・アンド・ケミカルカンパニー（NEPACCO）の子会社で、除草剤「2,4,5-T」を製造していた。これは、不純物としてダイオキシンを含んだ強力な除草剤である。モンサントもまた、同じような除草剤の主要な生産者だった。しかし、幸運なことにモンサントは、ミズーリ州でこの除草剤を製造していなかった。ＥＰＡと和解した結果、シンテクスは、ミズーリ州東部で汚染されたタイムズビーチを含む二七か所の廃棄物処分場の汚染浄化に協力するために、一〇〇〇万ドル支払うことを受け入れた。ガーソン・スモガーは言う。「皮肉なことですが、シンテクス社が有罪になったころ、モンサントは除草剤『2,4,5-T』の毒性を隠すために、捏造した研究結果を発表していたんですよ」

除草剤2,4,5-Tとダイオキシン

この事件が、どれだけ「皮肉」なものであったかを理解するには、ダイオキシンの歴史を知らなければならない。ダイオキシンは、有機塩素化合物の製造過程でも生じるし、それを高温で焼却した時にも生じる有毒物質である。「ダイオキシン」という言葉は、二一〇種類の類似した物質群を指している（「同族」のＰＣＢがいくつもあるように）。ダイオキシンと呼ばれる物質群のうち、もっとも毒性が高いものは、学術名称「テトラクロロ・パラ・ジベンゾダイオキシン」、一般には「2,3,7,8-TCDD」あるいは省略して「ＴＣＤＤ」と呼ばれる物質である。この物質は、長い間、一般大衆の知るところではなかった。ダイオキシンの存在は、企業や軍隊の研究所の秘密であった。それが大衆の耳に入りはじめたのは、一九七六年七月一〇日の「セヴェソの大災害」▼と呼ばれる歴史的事件がきっかけであった。

▼セヴェソ：この町での大災害については、ジョン・Ｇ・フラー『死の夏——毒雲の流れた街』（野間宏監訳、アンヴィエル、一九七八年）に詳しい。なお「セベソ」とも表記される。

この日、スイスの多国籍企業ホフマン・ラ・ロシュの傘下にあるイクメサ社がイタリアに所有する化学工場で事故が起こり、きわめて毒性の高いガスが発生した。そのガスは、イタリアのロンバルディア地方全域に広がり、とくにセヴェソの町を襲った。数日のうちに、三〇〇〇頭以上の家畜がガス中毒のために死んだ。また、数十人の住民がクロルアクネを発症した。この慢性的な皮膚病によって目も当てられない顔になった被害者の姿を見て、世界中がパニックに陥った。この騒動を前にして、ホフマン・ラ・ロシュの責任者たちは、大災害の原因になった化学物質が何であるかを白状せざるをえなかった。それがダイオキシンだったのである。このダイオキシンは、イクメサ社の工場の主要製品である除草剤「2,4,5-T」の製造過程から生じたものであった。

ところで、ダイオキシンという純粋な工業副産物について正確な知識を得るためには、除草剤2,4,5-Tの歴史を振り返る必要がある。この除草剤は、第二次世界大戦中にアメリカとイギリスの研究所で、ほとんど同時に発明された。一九四〇年代の初頭までに、研究者たち▼は、植物の成長を支配するホルモンを特定しており、そのホルモンの分子を化学合成によって生産することを可能にしていた。それらの研究者たちは、化学合成によってつくられた人工ホルモンを植物に少しばかり注入するだけで、植物の成長が大きく刺激されることを発見した。そして大量に注入した場合、植物が死ぬことも確認した。そこから、きわめて効果の高い二つの除草剤が開発された。この二種類の除草剤は、「2,4-ジクロロフェノキシ酢酸」(2,4-D)と「2,4,5-トリクロロフェノキシ酢酸」(2,4,5-T)といい、アメリカの植物学者ジェイムス・トロイヤーの言葉を使えば[*6]、その発明は真の「農業革命と雑草科学のはじまり」であった。この二種類の除草剤▼は、化学肥料や殺虫剤(DDTなど)とともに、第二次世界大戦後の「緑の革命」を推し進める原動力となった。しかし、この二種類の除草剤が、四か所の別々の研究所で発見されたことは、きわめて厄介な特許戦争を招くことになった。その司法的な空白期間を利用して、多くの化学企業が、大西洋の両側でそれらの製造を開始した。そして、この二種の除草剤の需要は急速に拡大した。この二種の除草剤がそなえている「選択的」な機能は、農作業にとても役に立ったからである。つまり、それらの除草剤によって、分量さえ間違えなければ、（双子葉の）雑草を殺しつつトウモロコシや小麦のような（単子葉の）穀物を無傷のまま生かすことが可能になったのである。

一九四八年にモンサントは、2,4,5-Tの製造工場を、ウエストバージニア州のニトロに設立した。一九四九年三月八日、製造ライン上での流出事故により爆発が起き、正体不明の物質が流出した。それらは建物内部に立ち込め、風に乗って外部に流れていった。その翌週から、事故に居合わせた工員たちや、敷地の清掃のために動員された工員たちが、当時はまったく知られていなかった皮膚病を発症した。彼らは胸にむかつきを感じ、吐き気に悩まされ、しつこい頭痛に襲われた。この時、モンサントの指導者たちは、シンシナティ大学（オハイオ州）のケッタリング研究所の医者レイモンド・サスカインドに、病気になった人々の医学的追跡調査を内密で行なうことを依頼した。サスカインドが報告書を提出したのは、一九四九年一二月五日である。しかし、この報告書の内容が明らかにされたのは、一九八〇年代半ば、「ケムナー対モンサント訴訟」が起こった時だった（この件については後述したい）。「七七人の工場従業員が、この事故に由来すると思われる皮膚疾患およびその他の症状を呈していた」とサスカインド博士は記している。彼は、そこに一連の写真を付けているが、それはあまりに衝撃的なものである。その写真には、上半身裸の男たちが写っているが、その顔はただれてひび割れと出来物だらけになり、身体は化膿した発疹でお

▼研究者たち（原注）：英国では、ウィリアム・G・テンプルマン（インペリアル・ケミカル社）、フィリップ・S・ナットマン（ロザムステッド農業試験場）。合衆国では、フランクリン・D・ジョーンズ（アメリカン・ケミカル・ペイント社）、エズラ・クラウスとジョン・ミッチェル（シカゴ大学）。

▼二種類の除草剤：2,4-Dや2,4,5-Tは、米国や日本などでも多くの農地で使われていた（植村振作・河村宏・辻万千子『農薬毒性の事典』第三版、三省堂、二〇〇六年を参照）。

い尽くされている。

一九五〇年四月、サスカインド博士は、病気になった六人の工員について二度目の報告書を書いている。その工員たちは、事故から一年後も謎の皮膚病に苦しんでいた。それだけでなく、彼らは気道・中枢神経系・肝臓組織に疾患があり、さらに性的不能になっていた。博士は、精神的にも深刻な病気になっていた一人の工員に対して、「専門治療」をすすめることにした。というのも、彼の皮膚はまったく黒ずんでおり、そのため彼は「黒人とみなされ、バスや劇場で人種差別的規範に従わなければならなくなった」からである。[*7]

一九五三年、サスカインド博士は三六人の工員に関する研究を行なった。そのうち一〇人は、一九四九年の事故の時にガスを浴びた人々で、残りの二六人は工場の生産工程で働いていた人々であった。博士は、そのうち三一人がきわめて重篤な皮膚疾患を煩っていることを確かめた。さらに、情緒不安定・不眠・抑うつもみられた。二三年後の「ケムナー対モンサント訴訟」で明らかにされた秘密報告書の中で、博士はあいかわらず冷静に、こう記している。三六人の工員のうち、すでに一三人が死亡しており、死亡者の平均年齢は五四歳だった、と。

それでもモンサントの態度は、ＰＣＢの場合とまったく同じだった。モンサントはデータを引き出しにしまいこみ、公的な衛生機関にまったく報告もせず、とりわけ自社の工員たちにはまったく知らせなかった。しかし、モンサントの幹部たちが、一九五七年にハンブルクのカール・ハインツ・シュルツが発表した研究について、まったく無知であったとは思われない。シュルツが追跡調査を行なったのは、一九五三年一一月一七日にドイツの会社ＢＡＳＦの工場で起こった事故に居合わせた工員たちである。この工場もまた、2,4,5-Tを製造していた。そして、前記のモンサントの工場で起こったのと同じような事故が起こったのである。[*8] その調査の過程で、シュルツはＴＣＤＤ（ダイオキシン）分子の正体を突き止め、工員たちが罹患した特徴的な皮膚症状に対して、クロルアクネという名前を与えたのである。

戦争バンザイ！

こうした調査結果にもかかわらず、モンサントが2,4,5-Tの製造の是非を検討し直すことはなかった。それどころか、この会社は何のためらいもなく、ペンタゴン［国防総省］と共同して、それを化学兵器として利用する計画を進めたのである。

情報自由法（市民に対して条件付きで国の資料庫へのアクセスの権利を認める法律）によってペンタゴンに対して文書館の機密解除が要求されたおかげで、一九九八年に『セントルイス・ジャーナリズム・レビュー』は次のことを明らかにすることができた。すなわち、モンサントは一九五〇年代から、化学戦部局との間で、除草剤の軍事利用に関する書簡を定期的に交換しているのである。[*9] 資料庫の責任者であるケリー・コンによれば、五九七ページにのぼるそれらの書類は、四つの項目に分類されて編集されている。そこに「実験室における展開」と「植物のモデル的証明」という項目があるが、しかし、ある奇妙な「偶然」によって、それらの書類――合衆国の安全を直ちに危険にさらすものではない――を閲覧することはできない。なぜなら、一九八三年五月四日の軍部の決定によって、それらの書類は「防衛機密」項目に分類されていたからだ。後で述べるように、この軍部による決定の日付には、重要な意味がある

ソーシャルエコロジー研究所の共同設立者であり、モンサントの犯罪の歴史を特集した雑誌『エコロジ

▼皮膚はまったく黒ずんで…カネミ油症でも、子どもたちが「黒い」といじめられた。胎児性カネミ油症の新生児は「黒い赤ちゃん」と呼ばれた（明石昇二郎『黒い赤ちゃん――カネミ油症三四年の空白』講談社、二〇〇二年を参照）。また、カネミ油症は全身病だが、皮膚症状が目立つゆえに皮膚症状偏重の診断基準がつくられ、いまに禍根を残している。

スト』の特別号に執筆している[*10]ブライアン・トーカーが強調しているように、モンサントの指導者たちは、ペンタゴンの軍人たちと関係をもっていた。このような関係は、二〇世紀のあらゆる巨大化学企業に当てはまる。それらの企業は、二つの世界大戦から大きな利益を得ている。二〇〇三年、トーカーは「農業ビジネス、バイオテクノロジー、戦争」という論文で、次のように書いている。「事実、一部の多国籍企業が化学肥料と化学農薬の市場を独占している。それらの多国籍企業は、戦争によって財をなした企業である。まさしく、そのような多国籍企業が、現在のバイオテクノロジーと種子を支配している。つまり、彼らは食料生産を支配しているのだ」[*11]。たとえば両大戦期に、デュポン社（世界最大の種子企業の一つ）は、連合軍に大砲や爆弾のための火薬を供給していた。同時期に、ヘキスト社（一九九九年にフランスのローヌ・プーラン社と合併し、アベンティスという巨大バイオテクノロジー企業になった）は、ドイツ軍に爆弾とマスタードガス［第一次大戦で使用された毒ガス兵器］を販売していた。このヘキスト社は、一九二五年にＢＡＳＦ社とバイエル社とともに、ＩＧファルベンという世界最大の化学コングロマリットを形成し、チクロンガス（ナチスのユダヤ人絶滅収容所で使用された毒ガス）を製造していた。モンサントは、二〇世紀初めにサッカリンの生産会社として設立されたが、第一次世界大戦の間に、爆弾や毒ガスの製造に使われる化学製品を売ることによって、利益を一〇〇倍に増やしたのである。

時に戦争は、新たな製品を生み出す契機になる。そこで生まれた製品は、その後の数十年の間に、多国籍化学企業にとって大きな利益になった。たとえば、ＤＤＴもそのような製品の一つである。ＤＤＴの化学合成は、すでに一八七四年に実現していた。しかし、ＤＤＴが脚光を浴びたのは、第二次世界大戦時のアメリカ軍のおかげである。当時の西ヨーロッパでは、シラミのせいでチフスが大流行し、兵士が大量に死んでいた。アメリカ軍は、チフスの流行を終わらせるために、現在では禁止されているＤＤＴ殺虫剤を使用した。また南太平洋では、マラリアを媒介する蚊を根こそぎするために、ＤＤＴが使用された。

一九四四年から、モンサントはＤＤＴの大規模な生産に踏み切っている。この時、モンサントとペンタゴンの戦略家たちとの結びつきは、とくに緊密になった。一九四二年、その研究のリーダーであったチャールズ・トマスは、レスリー・R・グローヴス将軍から誘いを受け、極秘プロジェクトに参加した。それは、現代の人類と地球環境にとって大きな災厄を招く原因になった「マンハッタン計画」である。その計画は、歴史上で最初の原子爆弾を、どこよりも早くアメリカが製造することを目的としていた。そして完成した原子爆弾は、一九四五年八月に広島、次いで長崎に投下されることになる。マンハッタン計画には二〇億ドルの予算が付けられ、テネシー州オークリッジにあるペンタゴンの核兵器研究所［オークリッジ国立研究所。ここは当初、クリントン研究所と呼ばれた］に、最高水準の物理学者たちが集結した。一方、モンサントの化学者たちは、チャールズ・トマスの指揮のもと、細かい作業に取り組んでいた。それは、原子爆弾の起爆装置の材料に使うプルトニウムとポロニウムを抽出し、純化する作業であった。モンサントはペンタゴンから絶対的な信頼を受け、この重要な仕事をオハイオ州デイトンにある研究所で行なう許可を得た。

戦争が終わり、モンサントの副社長に昇進したチャールズ・トマスは、クリントン研究所のリーダーを務めるようになった。そこで彼は、アメリカ政府のバックアップを受け、核の民生利用［原子力発電などをさす］を進める役割を担った。しかし同時に、彼はモンサントでの職も維持していた。彼の最終的な職歴は、モンサントの代表取締役である（一九五一〜六〇年）。その当時、モンサントは、世界でもっとも有力な化学グループの一つになっており、モンサントの歴史で最大の契約を実行しようとしていた。すなわち、ベトナム戦

▼雑誌『エコロジスト』の特別号：この特別号は邦訳されている。『エコロジスト』誌編集部編『遺伝子組み換え企業の脅威――モンサント・ファイル』（日本消費者連盟訳、緑風出版、一九九九年）。なお、ブライアン・トーカーの著書は『緑のもう一つの道――現代アメリカのエコロジー運動』（井上有一訳、筑摩書房、一九九二年）が、また、ソーシャルエコロジーの提唱者であるマレイ・ブクチンの著書は『エコロジーと社会』（藤堂麻理子・戸田清・萩原なつ子訳、白水社、一九九六年）がそれぞれ邦訳されている。

争のための「オレンジ剤」の生産である。

ベトナム枯葉作戦

「〔除草剤の使用は〕アメリカ軍の歴史上、ランチハンド作戦だけでした。おそらく、これからも使用されることはないでしょう」

一九七五年四月、フォード大統領は、合衆国がその後の戦争において、除草剤の使用を放棄することを公に宣言した。ウィリアム・バッキンガム少佐は、一九八二年にアメリカ空軍歴史局から出版した「一九六一年から一九七一年の東南アジアにおける除草剤」の使用に関する著作の中で、こう書いている。「この政策が維持されるかぎり、ランチハンド作戦のような出来事は二度と繰り返されることはあるまい」[*12]

この本でバッキンガム少佐は、慎重にも、南ベトナムでの枯葉剤の大量撒布が人間の健康と自然環境に与えた影響について触れることを避けている。それでも、この著作は役に立つ。というのも、この著作は枯れ葉剤がもたらす医学的問題を明らかにしただけではなく、「ランチハンド」（直訳すれば「農夫」）という控え目な名前をつけられたベトナムの化学戦争によって、ダウ・ケミカルやモンサントのような多国籍企業が、どれほど大きな利益にあずかることになったのかを示唆しているからだ。この本を読めば、たとえば「雑草を駆除する化学製品は、だいぶ以前からアメリカの農業で使われていた」ことや、最初の農薬の空中散布は、一九二一年八月三日、オハイオ州トロイの近くで実験されたことがわかる。その目的は、カタルパ（キササゲ属の木）農場を荒らすスズメ蛾の幼虫を駆除することであった。散布した飛行機を操縦していたのはジョン・マクレディ中尉、その隣にはＪ・Ｓ・ハウザーという昆虫学者がいたことも記されている。この試験はルイジアナの綿花農園の葉につく虫を殺すために、翌年も同じ条件で実施された。これは、農薬産業が脚光を浴びるためには、軍と科学の緊密な共同作業が必要だったことの証拠——仮に証拠が必要だとしたら——である。しかし軍と科学のどちらにとっても、環境にやさしい健康的な食物を生産することは、まったく関心の外だった。

一九四〇年代、空軍は撒布用タンクを完成させた。それは軍の飛行機に据え付けられ、西ヨーロッパと太平洋でDDTを撒くことを目的としていた。空軍歴史局に所属するこの著者は、「生命を守るためだ」と強調する。彼はこう言っている。「連合軍と枢軸国は、敵に対して、この兵器を使用することを断念した。それは法律上の制限のためであり、また、報復処置を避けるためでもあった」[*13]

このタブーがベトナム戦争で撤回されたのは、次の二つの要因によると思われる。一つめの要因は、冷戦である。つまり、共産主義の脅威を終わらせるためなら、どのような手段に訴えることも正当とみなされたのである。二つめの要因は、2,4-Dと2,4,5-Tという革命的な除草剤の発明である。すでに見たとおり、2,4-Dと2,4,5-Tは、イギリスとアメリカの実験室で同時期に発明された。研究者たちは、すぐにそれらの化学薬品が、戦時に武器として利用できることに気づいた。それらの化学薬品を使えば、相手国の農業に打撃を与え、敵軍と敵人民の食料を断つことができる、というわけだ。一九四三年、イギリスの農業研究会議は、そのような意図にもとづく秘密の実験計画を立案した。この実験計画は、一九五〇年代にマレーシアで実行された。イギリス軍は、歴史上初めて、共産主義者の暴徒の収穫物を破壊するために、マレーシアで除草剤を使用したのだ。同じ時期、アメリカでは、メリーランド州フォート・デトリックの生物兵器センターが、ダイノクソールとトリノクソールの予備テストを行なった。この二種類の薬物は、2,4-Dと2,4,5-Tを混合したもので、将来のオレンジ剤につながるものである。その後、ペンタゴ

▼ランチハンド作戦：ベトナム戦争で行なわれたアメリカ軍の軍事作戦。ベトコンのゲリラ兵士が潜む森林を失わせ、また食料をも奪う目的で、南ベトナムの農村部一帯に推定一二〇〇万ガロンもの枯葉剤（除草剤）を散布した。この作戦はジュネーヴ条約違反であると非難されている。

ンの機密資料庫の情報が開示され、これらの予備テストは、モンサントとの緊密な共同作業により行なわれたことがわかっている。

　この薬品が初めて実戦に投入されたのは、一九五九年の南ベトナムである。アメリカ軍の映像音響部局は、この新兵器の利用を記録しておくのがよいと考え、二年間にわたって映像で記録した。この異例の記録を、私は閲覧することができた。映像には、アメリカの軍用機が、原生林のすぐ上まで降りていき、乳白色の霧を投下していた。その霧は、軍用機の軌跡に沿って一直線に延びていく。そして画面に注釈が入る。「二週間後、この作戦の効果が明らかになった。そして二年間で森林の九〇％をなくすことができた」。空からのショットには、森に生い茂っていた植物の間に、数キロメートルにわたる裂け目が映っている。この除草剤撒布の映像は――ベトナムの路上を裸で走る少女キム・フックの映像のようなナパーム弾の犠牲者の映像とともに――、二〇世紀でもっとも異議を唱えられた戦争の象徴となるだろう。

　ランチハンド作戦は、公式には一九六二年一月一三日に開始されたことになっている。それは、ジョン・F・ケネディが大統領になった一年後のことである。空軍歴史局の著作によれば、国防総省と国務省のアドバイザーたちが議論を重ね、最後に大統領自身が結論を下したと書かれている。当時、ロバート・マクナマラ国防長官は、この「技術と小道具《ガジェット》」*14の使用を推進した。他方で国務省は、枯葉作戦に対する諸外国の反応を怖れるとともに、アメリカに反抗する「共産主義のプロパガンダ」に利用されることも懸念していた。当時、アメリカのベトナム戦争への参加は、名目上はあくまで限定的なものだったからである。つまり、ホーチミンの率いる共産主義国の北ベトナムが、独裁者ゴ・ディン・ディエム大統領の率いる南ベトナムの領土内にいる反政府勢力のベトコンを支援していたので、アメリカはベトコンを押さえ込むために南ベトナム軍を支援する、という名目に留まっていたのだ。したがって、ランチハンド作戦の目的は、第一段階では、「ベトコンの動きを監視することを容易にする」ために、南北ベトナムの境界線上で、主要な移動ルートと水脈を「片付ける」ことであった。しかし第二段階になると、その目的は、「反逆者」

たちの食料となる「農作物を収穫不可能にする」ことに変わっていく。

一九六一年七月、最初の枯葉剤がサイゴンの基地に届いた。さまざまな種類の枯葉剤は、種類ごとに色の異なる二〇〇リットルの樽に移し替えられた。「ローズ剤」の主成分は2,4,5-Tのみ、「ホワイト剤」は2,4-Dのみ。「ブルー剤」は砒素。最高の毒性をもつ「オレンジ剤」——一九六五年に導入された——は、同一濃度の2,4,5-Tと2,4-Dが主成分だった。

一九六二年一月一〇日、南ベトナム政府の公式声明が、各国の新聞で取り上げられた。「本日、ベトナム共和国は、熱帯雨林の主要な移動ルートを一掃するために、実験をともなう新たな計画に着手することを発表する。この実験にあたっては、アメリカ合衆国の協力のもと、北アメリカやヨーロッパ、アフリカ、ソ連で広く使われている除草剤が使用される。除草剤として使用される化学薬品は、ベトナム共和国政府の要求によりアメリカ合衆国から供給されたものである。ベトナム共和国政府は、この化学薬品が野生動物および家畜、人間、土壌に対して毒性をもたず、有害でないことを強調しておく」[*15]。ゴ・ディン・ディエム大統領——ホワイトハウスは彼にランチハンド作戦の全責任を押しつけた——によるこの発表で、言及されていないことがある。それは、アメリカ軍が一ヘクタールあたりに使用した除草剤の量が、合衆国で試験した時の三〇倍にのぼるということである。しかも合衆国では、農薬として利用される時には、2,4,5-Tと2,4-Dは入念に薄められていたのである。

一九六二年の一月一三日、アメリカ空軍のフェアチャイルドC－123軍用輸送機が、八〇〇リットル以上の「バイオレット剤」を積んで、最初にタンソンニュットの軍事基地を飛び立った。それから一九七一年までの間に、八〇〇〇万リットルの枯葉剤が、三三〇万ヘクタールの森林と大地に散布されたと言われている。三〇〇〇以上の村が汚染され、使用された枯葉剤の六〇%がオレンジ剤であった。その毒性は、純粋なダイオキシン四〇〇キロに匹敵する。[*16]ところで二〇〇三年に発表されたニューヨーク市内のコロンビア大学の研究によると、八〇グラムのダイオキシンが飲料水網に溶けるだけで、八〇〇万の住民の町が全滅するという……。[17]

有毒性の隠蔽とダウ・ケミカルとの共謀

二〇〇六年のある日、死の間際の重病人に特有の、疲れ果てた目つきをした男性が私を迎えてくれた。彼は六七歳だが、それより一五歳は年を取っているように見えた。彼は揺り椅子に座りながら、両足を失った跡を私に見せた。この男性はアラン・ギブソンといい、全米ベトナム退役軍人協会（会員五万五〇〇〇名）の副会長である。「ベトナムから戻ると、目が見えにくくなりました」と彼は話し出した。「それから三年後、末梢性ニューロパチー（末梢神経障害）という病気の最初の症状が出ました。私の骨は石のようになり、足の指を突き破りました。ある日、私が足を洗っていると、手の中に骨の先っぽがあったのです」

「最初、お医者さんたちは痛風だと言ったんですよ」と、彼の妻マルシアが割り込む。「それから彼らは、足の指を切りました。次に足の先のほうを。最後には、両脚を切断することになりました」

「この病気は、ベトナム戦争の退役軍人によく見られるのでしょうか」と私は尋ねた。

「ええ」とマルシアが応える。「私は、退役軍人病院の看護師をしています。一番よくある病気はガンです。とくに、肺ガンと肝臓ガンです。それから白血病や神経系の病気があります。また会員の多くの退役軍人たちの子どもや孫にも、心身の病気が見られます」

アラン・ギブソンは、枯葉剤の撒布を、いつ、どこで、最初に目撃したのか、もう正確におぼえていなかった。彼は言う。「あまりに数多く散布されましたから。ジャングルにいると、突然、雨のような水に打たれたかと思うと、エンジン音が聞こえてくるのです。私たちが聞かされていたところでは、それは農薬で、一般的に使用されている除草剤だということでした……。兵隊仲間の中には、空になったオレンジ剤の樽で体を洗ったり、それをバーベキューに使ったりしていたやつもいました。この除草剤にダイオキシンが含まれているなんて、誰も教えてくれませんでした。しかし、政府は知っていたのです」

誰が、いつから、ほんとうに知っていたのか。ベトナム戦争終了から三〇年以上経っても、この問題については専門家たちのあいだでも意見が一致しない。アメリカ会計監査院（GAO）が一九七九年一一月に起草した報告書によると、「国防総省は、オレンジ剤が人間にとって有毒あるいは危険であるとは考えていなかった。そのため、オレンジ剤の影響を予防する措置については、なんら関心をもっていなかったのである*[18]」

この報告書では、ある公的な証言が引用されている。それを読めば、軍当局がどれほど無茶苦茶だったかがわかる。それは、フロリダの空軍化学兵器部局所轄の研究所で働いていた科学者、ジェイムズ・クラリー博士の証言である。彼は、オレンジ剤の散布のためのADO42タンクを作成した人物である。彼はトマス・ダシュル上院議員への手紙で「一九六〇年代に枯葉作戦を開始した時、ダイオキシン入りの除草剤が人体に被害をもたらす可能性があることを、私たちは承知していました」と書いている。「さらに軍事利用の除草剤は、経費削減と製造期間を短縮するために、民生利用の除草剤に比べて高濃度のダイオキシンを含んでいたことも知っていました。しかし、この資材は『敵』に対して使用されるものだったので、私たちの誰もまったく気にしませんでした。味方が除草剤で汚染されるシナリオは想定外だったのです*[19]」

別の証言によると、ベトナムに駐留していた軍の責任者たちは、オレンジ剤に含まれるダイオキシンの猛烈な毒性をまったく知らなかった。それは、一九六八年九月にベトナム海軍司令官に任命された、エルモ・ズムウォルト・ジュニア提督▼の証言である。彼は、メコン川の河口地域を巡回する艦隊を指揮していた。そして、この地域でベトコンの伏兵から海兵隊を守るために、川岸にオレンジ剤を撒くように命じた。艦隊の一隻の指揮官は、彼自身の息子（エルモ・ラッセル・ズムウォルト三世）だった。この息子は、障害を抱えた子どもを一人残して、ガンと白血病のために四二歳で死亡する。ズムウォルト提督は、その時以来、ダイオキシンを取り巻く秘密を暴くために尽力することになる。彼は、エドワード・J・ダーウィンスキー退役軍人省長官の特別顧問に任命され、オレンジ剤の犠牲者の世話のために奮闘しつづけた。「アメリカ政府は、一九六〇年代末まで、ダイオキシンの有毒性について知らされていなかったと思います」。ガーソン・スモガーは私に断言した。彼は、多くのベトナム戦争退役軍人の弁護士でもある。「その理由は単純です。なぜなら、ダウ・ケミカルとモンサントというダイオキシンの二大製造会社は、高い利益をあげる市場を失うことを怖れるあまり、自分たちの所有するデータを必死に隠しつづけたからです。これは陰謀と言ってもよいくらいです」

先ほど述べたタイムズビーチ住民の弁護活動をしたガーソン・スモガーは、環境汚染問題の専門家としてサンフランシスコの郊外でも仕事をしており、製薬産業やタバコ産業などの巨大企業に対する集団訴訟でも華々しい活躍をしていた。その彼がみずからの生涯を賭けたのが、オレンジ剤だった。スモガーは、自分の事務所の地下室に、長い年月をかけて集めた数千の書類を保管している。番号を付けられ管理された書類の量の膨大さは、私にめまいを覚えさせるほどだった。「そこにある書類にすべて目を通そうとしたら、数か月はかかりますよ」、私が当惑する様子をみて、彼は微笑んだ。「でも私は、ダウ・ケミカルとモンサントの行為が犯罪だという証拠を突き止めることができましたよ。そもそも、両社の幹部たちが証言している内容とは反対に、彼らは実際には製品のダイオキシン含有率を定期的に検査していたのです。しかし、彼らはその検査結果を、衛生機関や軍機関に伝えたことはありませんでした。とくにモンサントはひどかった。モンサントがソーゲット工場で生産していたオレンジ剤は、もっとも高濃度のダイオキシンを含んでいたんです」

スモガー弁護士は、一九六五年二月二二日の日付のある書類を見せてくれた。それはダウ・ケミカルで発見された覚書で、この会社の幹部ら一三人が集まり、2,4,5-Tの毒性について討論した時の様子が記録されている。その際、彼らはオレンジ剤を製造する他社との間に話し合いの場を設けることを決めた。その中にはモンサントやハーキュリーズが含まれていたのだが、話し合いの目的は、2,4,5-T のサンプルのうちに「きわめて有毒な数種類の不純物が混ざっていることから引き起こされる毒性学的問題について討議」することであった。「その話し合いは秘密裏に行なわれました」。ガーソン・スモガーは言う。「ダウ・ケミカルは、社内で行なわれていた研究について話し合おうとしました。その研究で、ダイオキシンを浴びたウサギに、深刻な肝臓の病気が起こることがわかったのです。そして、その事実を政府に知らせるべきか否か、が問題になりました。ある郵便物が証明しているのですが――そのコピーをもっています

▼エルモ・ズムウォルト・ジュニア：ズムウォルト親子が記した著書が邦訳されている。エルモ・ヅムウォルトⅡ／エルモ・ヅムウォルトⅢ『父と、子と――枯葉剤〈エージェント・オレンジ〉闘いの交叉路』（佐治弓子・土屋信子訳、みらいみらい社、一九九〇年）。
▼ダウ・ケミカル：モンサントと肩を並べる農薬企業・軍需企業であり公害企業。その企業犯罪を詳述した文献に下記がある。*Trespass Against Us: Dow Chemical and the Toxic Century*, Jack Doyle, Common Courage Press, 2004。なお、史上最悪の産業災害は米ユニオンカーバイドのインド子会社によるボパール農薬工場事故（一九八四年）と言われ、死者は一万人を超える。そのユニオンカーバイドを買収したのもダウ・ケミカルである（ドミニク・ラピエール／ハビエル・モロ『ボーパール午前零時五分』上下巻、河出書房新社、二〇〇二年参照）。また、米国政府と組んで有害な食品添加物ＯＰＰを日本に売り込んだのもダウ・ケミカルである（高橋晄正『市民のための科学的な見方考え方』三一新書、一九八三年参照）。
▼二大製造会社：この二大会社のほかにも製造会社はあり、一九八四年のベトナム帰還兵による枯葉剤製造会社への集団訴訟では、ダイアモンド・シャムロック、ハーキュリーズ、Ｔ－Ｈアグリカルチャー&ニュートリション、トンプソン・ケミカルズ、ユニロイヤルなどの三六社が、オレンジ剤を生産していたとして訴えられている。なお、アメリカの裁判制度では戦争に関して政府・軍を提訴しにくいシステムなので、主犯である政府ではなく「従犯」である農薬会社を訴えた（北村元『アメリカの化学戦争犯罪――ベトナム戦争枯れ葉剤被害者の証言』梨の木舎、二〇〇五年参照）。

――、モンサントはダウ・ケミカルを非難し、その事実を秘密にしておくよう迫りました。この秘密は、少なくとも四年間は守られました。この間に、ベトナムでオレンジ剤の撒布がピークに達したのです……」

一九六九年になると政府は、もはや知らないと言うことができなくなった。国立衛生研究所のためにダイアン・コートニーが行なった研究によって、2,4,5-Tを大量に受けたハツカネズミの胎児に奇形が生じること、また、生まれた子どもはすべて死産だったことが明らかにされた。[*20] このニュースは大衆の動揺と不安をかきたてた。一九七〇年四月一五日、農務長官は、あらゆるテレビ局とラジオ局を通じて、「2,4,5-Tの使用は健康にとって危険であり、したがって、湖・池・沼・余暇施設・住宅の周囲、そして人間の食料を生産する農耕地において使用を禁じる」[*21] と発表した。

こうしてオレンジ剤は、終焉を迎えることになる。しかしアメリカの退役軍人にとって、これは自分たちの被害を認めさせるための、長い戦いのはじまりであった。

モンサントの言い逃れ

一九七八年、腸にガンを患う一人の退役軍人、ポール・ロイターシャンが、オレンジ剤の製造業者たちを告訴した。やがて数千もの退役軍人たちが集まり、モンサントとその一味に対する最初の集団訴訟を起こした。一年後の一九七九年一月一〇日、七万リットルのクロロフェノール（木を加工するための製品の製造に使用される物質）を運ぶ貨物列車が、ミズーリ州スタージョンで脱線し、積荷の中身をすべて垂れ流した。この積荷がソーゲット工場から運ばれていたことは、すぐにわかった。ソーゲットには、少し前までモンサントがＰＣＢを製造していた工場があった。環境保護庁（ＥＰＡ）の採取調査によれば、この化学製品にダイオキシンが含まれていた。こうしてスタージョンの住民六五人――そのうちフランセス・

ケムナーは集団訴訟「ケムナー対モンサント」の名称の由来となった人物である――が、モンサントを告訴したのだった。

モンサントにとって、この案件は深刻なものだった。セヴェソの大災害（一九七六年）が起こり、TCDDが大衆とメディアの関心の的となっていたので、なおさら深刻であった。モンサントは、多くの訴訟に巻き込まれるのを避けるために、なんらかの対応をしなければならないことをよく理解していた。訴訟になれば、ダイオキシンが健康に与える長期的な影響、とりわけガンについて取り上げられることは避けられない。しかし、モンサントは自分たちが二つの切り札をもっていることも理解していた。一九七〇年代末から、モンサントはその切り札を使いつづけることになる。

第一に、もっともラディカルな環境保護団体の一つであるグリーンピースが一九九〇年の公開報告書で強調しているように、最初はどうであれ、「〔現在〕ダイオキシンは、アメリカの環境と食物のどこにでも存在している」[22]。したがって、特定の個人の生体組織に蓄積されたダイオキシンの濃度が、スタージョンの事故やベトナム戦争時の散布のような特定の出来事と関連していることを、明確に証明することはむずかしい。モンサントの幹部たちは、非難を逃れるためなら、どのような手段も利用した。幹部たちは、セントルイスの死体置き場の職員を共犯にした。つまり、交通事故の被害者の死体を実験台として手に入れて、検査をしたのである。モンサントにとって幸運なことに、やはり死者の皮膚組織にはダイオキシンが含まれていた……。モンサントの手口を雄弁に語るこの事件は、「ケムナー対モンサント訴訟」で明らかにされる[23]――この訴訟については、次章で取り上げる。

第二に、これもグリーンピースが認めているように、「いたるところにダイオキシンが存在するとしたら、疫学的研究を行なうことはむずかしくなる」。なぜなら比較対照グループ（つまり、ダイオキシンへの曝露が確実に起こらなかった人々）を見つけることが、ほとんど不可能だからである。別の言葉で言うと「非曝露集団（対照グループ）と曝露集団を比較することができないので、できることと言えば、曝露の程度に十分な差があり、健康への影響を測定するために統計学的に有意であると確認されるほど十分な人数の集団であることを示したうえで、より多くダイオキシンに曝露した集団とより少なくダイオキシンに曝露した集団を比較することだけである」。この環境保護団体の結論によれば、「疫学的研究において有意な対象となる人々は、きわめて集中的にダイオキシンに曝された人々である。たとえば、

（1）セヴェソ（イタリア）やタイムズビーチのような、偶発的に、あるいは長期間にわたって持続的に汚染されてきた社会集団。

（2）2,4,5-Tのようなダイオキシンに汚染された農薬に曝された人々、除草剤使用者、ベトナム戦争の退役軍人たち。

（3）ダイオキシンを生産している工場、たとえばモンサントの工場やBASFの工場で働く工員たち」

一九七八年以来、モンサントは自分たちの切り札がそこにあるとはっきりと知っていた。実際、モンサントにとって、その切り札を出すことは容易なことだった。というのも、彼らはニトロの工場で事故が起きた一九四九年以来の健康データを所有する唯一の組織なのだから。もしダイオキシンが発ガン性物質であると言われれば、サスカインド博士の検査を受けた工員たちを探し、三〇年後の彼らの健康状態と普通の人々の健康状態とを比較すればよい。こうしてサスカインド博士は、モンサントの二人の科学者の援助を受けながら、三つの疫学的研究を監修することになった。「ケムナー対モンサント訴訟」[*24]で明らかにされたところによると、その研究内容は、一九八〇年、一九八三年、一九八四年の科学誌に発表される前に、あらかじめモンサントの医務部長ジョージ・ラウシュ博士により検閲された。そして発表された研究結果によると、2,4,5-Tの曝露とガンの間に因果関係はない、と結論されたのである。しかし、この結論を疑わない者はいないだろう。それでもモンサントに言わせれば、「見世物じゃないぞ、向こうに行っちまえ」というわけだ……。

「ここまで話せば、最初の集団訴訟を起こした退役軍人たちが、どうして賠償請求を却下されたのか、お

わかりでしょう」。ガーソン・スモガーは言う。「その研究は、発表されるや否や、疑う余地のない参考資料とされました。退役軍人たちは、ダイオキシンを浴びた事実と自分たちを苦しめるガンとの間の関係を証明することができないという壁にぶち当たり、和解で決着をつけるという方法を受け入れざるをえなかったのです」

一九八四年五月七日午前四時、一九七八年からポール・ロイターシャンが取り組んできた訴訟は、この日の公判直前、オレンジ剤の製造会社たちが、テーブルに未払い金として一億八〇〇〇万ドルを積むことで終わりを迎える。ジャック・ウェインスタイン裁判官は、2,4,5-Tに含まれるダイオキシンの量の多さを理由に、賠償金総額の四五・五％をモンサントが支払うように命じ、[*25]その残りの金額については、遅くとも一〇年以内に支払われることが命じられた。ただし支払われる相手は、働くことのできない現在の自分の状況が、かつて戦争で負った傷と無関係であることを証明する書類を提出した退役軍人に限られた。こうして、四万人の退役軍人が、それぞれの事情に応じて、見舞金を含めて二五六ドルから一万二八〇〇ドルまでの金額を受け取ることになった。「モンサントにとっては、小さな事件でした」とガーソン・スモガーは言う。「ただし、モンサントの研究が長期にわたって捏造されていたことが発覚するまでは……」

第3章 ダイオキシン(2)

——情報操作と贈収賄

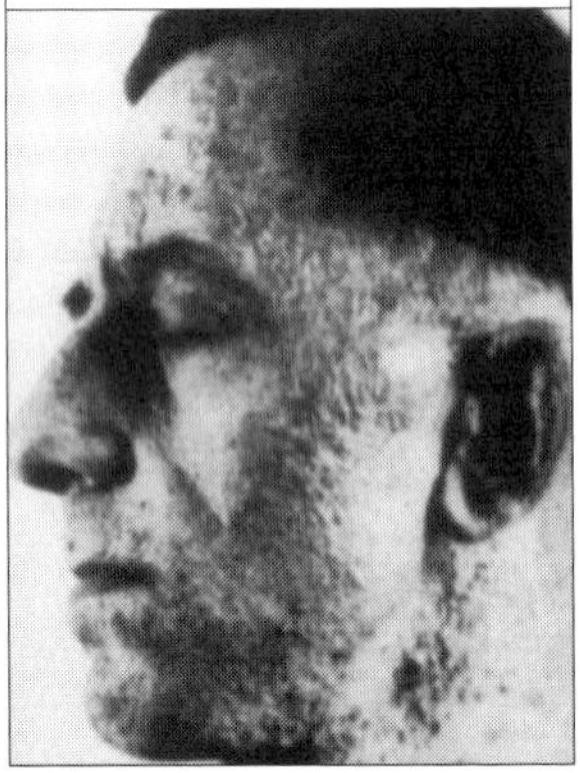

オレンジ剤が長期にわたって健康に悪影響を及ぼさないことは、信頼に足るすべての科学的証拠が示しています。

——ジル・モンゴメリー(モンサントのスポークスマン)、二〇〇四年

一九八四年二月、イリノイ州で「ケムナー対モンサント訴訟」が開始した。それは偶然にも、一九八四年五月にモンサントとの和解によってベトナム戦争の退役軍人たちが、本来自分たちに支払われるべき賠償額を断念しなければならなくなる直前のことであった。この訴訟では三年以上にわたって、一四人の陪審員が一三〇人の証言者に質問し、そのうえでスタージョンの住民が受けた被害と、それに対するモンサントの責任を検討した。

『ウォールストリート・ジャーナル』紙は、「アメリカの歴史上、もっとも時間のかかった裁判」と呼ん

だ。「モンサントは一〇人の弁護士を立て、彼らは法廷で陣形を崩さぬよう、四時間ごとに交代した。〔……〕訴訟の傍聴者たちが語るところによれば、モンサントは不屈の敵という印象を相手に与えるために、無尽蔵と思われるほどの金額を費やすことにより、今後、これと同じような裁判を起こそうなどと、誰にも思わせないことを狙っている」[*1]

でっちあげの科学研究

モンサントが次々とくり出した術策は、この企業の利益に沿ったものであった。つまり、もし微量のダイオキシンを含むモンサントの製品の使用者がすべて敵になれば、自分たちが破産まで一直線であることを、この会社はよく理解していた。だからこそ、モンサントは裁判官の心証が悪くなることも意に介さず、あらゆる術策を利用した。そのために裁判官は、モンサント側の弁護士が申し出た最終上訴の内容を審査する時に、こう言わざるをえなかった。「裁判を長引かせることは、裁判を否定することを意味する」。「裁判所は、このように彼らが上訴権を濫用することを拒否すべきだった、と思う」[*2]

一九八七年一〇月二二日、八週間にわたる討議の後、陪審員は奇妙な評決を下した。原告は、損害賠償として一ドルだけを受け取った。その理由は、モンサントが起こした事故と原告の健康上の問題との因果関係を、原告らが証明できなかったためである。しかし他方で、モンサントに対して一六〇〇万ドルの「懲罰的損害賠償」▼が科された。その理由は、ダイオキシンが健康へ及ぼす危険に関して、モンサントが

▼一六〇〇万ドルの「懲罰的損害賠償」（原注）：モンサントはこの評決について控訴し、そして勝つことになる……。裁判所は、原告が自分たちの病気とダイオキシン被害との因果関係を証明できなかったので、懲罰的損害賠償を求めることはできないと判断したのである（『USニュース』一九九一年六月一三日）。

あまりに無責任に振る舞っていたため、陪審団が憤慨したからである。

しかし陪審団は、この裁判の三年間のうちに次々と新事実を発見した。原告側のレックス・カー弁護士が緻密な仕事をしたおかげで、原告たちは次のことを知った。モンサントは「クロロフェノールを蒸留することにより、かなりの量のダイオキシンを除去、あるいは削減できることを知っていた」が、「一九八〇年以前には、その作業を行なっていなかった」。さらに、「モンサントは、各製品をチェックし、汚染された製品を取り除くことで、ダイオキシン被害を防ぐこともできた」[*3]

モンサントのドナルド・エドワーズ技師の証言によれば、モンサントは、公的機関に知らせることなく、「クリュミック（ソーゲット）工場からミシシッピ川に、一九七〇～七七年に、一日一五から一一〇キログラムのダイオキシンを流していた。その廃棄物は食物連鎖の中に入ったかもしれない」。さらに悪いことに、幹部三人の証言によると――彼らのうち一人は化学者、別の一人はマーケティング部門の代表だった――、モンサントは、子どもの遊具の洗浄用として強く薦めていた清掃用品のライゾールの成分であるサントフェンが、ダイオキシンに汚染されていたことを知っていた。しかしモンサントは市場を失うことを怖れ、この情報を顧客（レーン社とフィンク社）に教えなかった。顧客から質問を受けた時、モンサントは平気で嘘をつきとおした。モンサントの幹部クレイトン・F・カリスが同僚に送った手紙は、この会社がダイオキシン問題をどれほどいいかげんに扱っていたかを証言している。一九七八年三月の手紙で、カリスは木材加工製品について、こう書いている。

「ペンタに含まれるダイオキシンのおかげで、ダウ・ケミカル社は大騒動になっている。私たちの製品には、ダウ・ケミカル社の製品よりも高濃度のダイオキシンが含まれている。したがって、私たちが取らなければならない手段は、ダイオキシンには毒性がないと立証することだ。しかも、一種類の分子だけでなく、複数の種類の分子に関する毒性学研究をしなければならない。これは、まさにミッション・インポッシブル（不可能な任務）と言ってよいだろう」

こうした事例は枚挙にいとまがない。しかし、この訴訟でもっとも重要なことは、先に述べたサスカインド博士が監修した三つの研究（モンサントは一九八〇年から一九八四年までに発表した）が捏造されたものだったことを暴露されたことであった……。その研究が適切に行なわれていたら、まったく正反対の結論、つまり、ダイオキシンは強力な発ガン性物質であるという結論に導かれていたはずだった。レックス・カー弁護士は、この不正行為を明らかにした。その後、アメリカ労働安全衛生研究所[*4]（NIOSH）やアメリカ研究評議会（NRC）などの複数の科学機関がそれを確認した。アメリカ研究評議会は、モンサントの研究が「ダイオキシン曝露群と非曝露群（対照グループ）の間での分類上の誤り▼を犯しているが、これは特定の結果を導き出そうとするものである」[*5]と断言した。これらの科学データの捏造については、後に一九九〇年、グリーンピースが詳細な書類を作成し、報道で広く取り上げられることになる。しかし「ケムナー対モンサント訴訟」の時点では、この捏造はまだ人目を引くことはなかった。[*6]

モンサントのレイモンド・サスカインド博士と彼の同僚であるジュディス・ザックが発表した一九八〇年の研究は、すくなくとも「曝露者」と「非曝露者」（対照グループ）の定義に厳密さを欠いていた。裁判でサスカインドが説明したところによれば、二人の研究者は当初から仮説として「（一九四九年の）事故で曝露した工員たちと、その後でクロルアクネ（塩素挫瘡）を発症した工員たちは、おそらくニトロ工場で働く人々のうちでもっとも曝露した集団であろう」[*7]と考えていた。そして「曝露者」のグループに入れら

▼曝露群と非曝露群（対照グループ）の間での分類上の誤り：これによって被害が過小評価されることはよくある。たとえば、原爆被爆の健康影響は、被爆者と非被爆者を比較しなければならないのに、日米の放射線影響研究所は、近距離被爆者と遠距離被爆者・入市被爆者を比較することによって被爆の影響を小さく見せた（内部被曝の軽視）。長谷川千秋『にんげんをかえせ——原爆症裁判傍聴日誌』（かもがわ出版、二〇一〇年、六三頁）参照。

れたのは、事故の日に居合わせ、かつクロルアクネを発症した工員たちだけであった。こうして、その事故に居合わせながらクロルアクネを発症しなかった人々は、「曝露者」グループから除外されたのである。しかしサスカインド博士は、工員がクロルアクネを発症していないからといって、彼らが曝露しなかったと言えないことも、確実に知っていたのだ。

皮膚疾患（乾癬、アクネなど）を抱える工員たちは、すべて「曝露者」のグループに含められた。反対に、製造ラインで働いている工員で、事故の日に居合わせなかった工員たちは、機械的に「非曝露者」の対照グループに入れられた。たとえ、彼らが皮膚病のクロルアクネで苦しんでいたとしても、である。一九八六年の『ネイチャー』誌に送られた一通の手紙で、毒性学者アラステア・ヘイとエレン・シルバーバーグは、こう記している。「すべての工員を、一つの同じグループに入れるべきであった。事故の時に曝露した工員と、2,4,5-Tの製造ラインで働いていた工員を区別してはならない」。サスカインド博士が一九五三年の研究で集めたデータによれば、「二つのグループでクロルアクネの症状は、ほとんど同じ程度だった」こと、そして「これらの深刻な病気は、ガンのように長い潜伏期間をそなえた、緩慢で慢性的な曝露の結果かもしれない」[*8]ことが示されたのだから、なおさらそうするべきだったのだ。

一九八三年にモンサントの二人の社員、ジュディス・ザックとウィリアム・ガフィーが発表した研究については、まったく呆れるしかない……。この研究では、工場の八八四人の労働者の健康状態が比較された。そのうちに、2,4,5-Tの製造ラインで働いている人々（「曝露者」グループ）と「他のすべて」（対照グループ）がある。しかし、「製造ユニットの責任者である従業員は、すでに曝露している可能性があるとしても、研究上の必要から曝露者とみなさないことにする」と書かれている。この二人は、最初からわかっていたのだ[*9]。そして、曝露者のグループのほうが非曝露者のグループよりもガン発生率が低かった、という結論が導き出される……。この研究で使われたトリックは、工場で現在働いている工員と、一九五五年一月一日から一九七七年一二月三一日までに死亡した工員しか扱っていないことにある。つまり、一九四八年から一九五五年までにニトロで働いていた人々や、一九七七年以降に死んだ人々が除外されているのだ。この恣意的な手法によって、（とくに一九四九年の事故当時に）曝露していたことがモンサントによって把握されていた工員二〇人が、研究対象から除外されている。そのうち九人はガンで死んでおり、一一人は心臓病で亡くなっている。さらに、一九八〇年発表の研究ではガンで死んだ四人の工員は「曝露者」に分類されていたが、一九八三年の研究では「非曝露者」（対照グループ）に入れられている。[10]

それでもレイモンド・サスカインドと、ケッタリング研究所で彼の同僚だったヴィッキ・ヘルツバーグが、一九八四年に『アメリカ医師会雑誌（JAMA）』という権威ある学術雑誌で発表した最後の研究ほど、すさまじい捏造が明らかにされたものはない。「ケムナー対モンサント訴訟」の一環で尋問を受けた時、モンサントの医務部長ラウシュ博士は、曝露者グループで発見されたガンの症例は四つではなく、二八症例だったことを認めた（つまり二四症例が故意に無視された）。[11] サスカインド博士に尋問の順番が回ってきた時、彼は「自分の不正行為」の証拠を突きつけられて慌てふためき、「反対尋問を止めさせるためにイリノイ州に戻ることを拒むほどだった」[12]という。

「内部告発者」狩り

環境保護団体のグリーンピースは書類をまとめると、ケイト・ジェンキンスという、一九七九年から環境保護庁（ＥＰＡ）で働いている女性化学者に送った。当時四三歳だったこの化学者は、有毒物を垂れ流している産業廃棄物の処分場を発見し、監視して規制する任務にあたっていた。彼女はダイオキシンの専門家で、汚染企業に冷徹なことで評判だったが、すでに上司たちと一悶着を起こしていた。上司たちは、彼女のペンタ（ペンタクロロフェノール）——先述したようにダウ・ケミカルとモンサントが製造していた木材加工用製品——に関する調査は、少し行き過ぎていると考えていた。一九九〇年に彼女は、カナダの雑誌『ハロウスミス』で、ペンタについて次のように説明している。「ペンタ生産で放出されるダイオキシンの種類は七五種類にのぼり、そのうちTCDDとヘキサダイオキシンの有毒性は砒素の五〇〇〇倍もある」。一九九〇年、ちょうど破砕機が市場に出始めた時期である。[*13]

ケイト・ジェンキンスは、レックス・カー弁護士が作成し、グリーンピースが再録した書類を読んだ。そして、そこで暴露された事実が、アメリカのダイオキシン規制にどれほどの影響を与えるだろうか、と考えた。実際、EPAは、一九八八年当時に入手可能だった唯一の疫学的研究、つまりモンサントが行なった研究にもとづいて、こう結論づけていた。「ヒトのガンと2,3,7,8-TCDDとの関連が確認されるような証拠はない」[*14]。そこからEPAは、ダイオキシンを、発ガン性物質の分類として「カテゴリーB2」にすることに決めた。つまり、EPAの言葉を引用すると、ダイオキシンは「ヒトにとっておそらく発ガン性がある」物質であるが、現時点では「動物における証拠」しかない。そのためダイオキシンは、とくに優先的に対処すべき汚染源とはみなされなくなり、大気浄化法（大気成分を規制する法律）で定められた大気汚染に関する規制を免れることになった。しかし、モンサントの研究が捏造だったとしたら、EPAの結論（また、アメリカに追随していた海外諸国の結論）も改められなければならない。そのことは、ケイト・ジェンキンスにとって明白だった。

良心的な公務員であった彼女は、「ダイオキシンの健康への影響を測定するためにEPAの使用した疫学的研究において露見したモンサントの不正行為について」という秘密報告書を作成した。彼女はそれを、一九九〇年二月二三日、EPAの科学評議会議長に送り、同時に大統領府の事務室にも送った。[*15]彼女は、そこに「ケムナー」訴訟の書類の断片も付け足し、モンサントの研究の科学的監査が行なわれるよう要請した。しかし、この自発的な行為によって、彼女はその後、おおいに苦しむことになる……。

残念ながら私は、ケイト・ジェンキンスに会うことはできなかった。彼女は、私のインタビューを受けることを拒んだ。彼女に連絡したのは、二〇〇六年五月だった。その時、彼女は「グラウンド・ゼロ」の跡地で、つまり二〇〇一年九月一一日の同時多発テロ▼で破壊されたニューヨークのワールドトレードセンターのあった場所で、有毒廃棄物の分析を行なうために、EPAの活動を組織する業務に就いていた。彼女は少し謎めいた手紙の中で、こう説明した。「とてもデリケートな仕事なので、できるだけ集中したいのです」。しかし同じ手紙で、彼女は熱心に、ウィリアム・サンジュールに会うことを私に勧めた。この人物は、かつてEPAの上級幹部の一人だったが、その後、二〇〇一年に退職するまで、「窓際に追いやられていた」人物である。ちなみに、私が本書を執筆している二〇〇七年九月、『フロード・マガジン』誌▼の表紙を飾っていたのは、この人物だった。ウィリアム・サンジュールは「EPAの見張り番[16]」として、「不正行為監査会賞」を獲得したのだ。

「ケイトは、恐れているのです」。二〇〇六年春に電話をした時、ウィリアム・サンジュールは私に説明した。「彼女が体験したことを知れば、その気持ちがよく理解できるでしょう」。彼とケイト・ジェンキン

▼発ガン性物質の分類（原注）：EPAの分類は、国際ガン研究機関（リヨンのIARC）の推奨する分類を踏襲している。分類には五つのカテゴリーがある。カテゴリーAは、ヒトにとって発ガン性がある。カテゴリーBは、ヒトにとっておそらく発ガン性がある（このカテゴリーには、二つの下位カテゴリーがある。カテゴリーB1は、ヒトにおいて限定された証拠がある。カテゴリーB2は、ヒトにおいて証拠はなく、動物において十分な証拠がある）。そして、カテゴリーEは、ヒトに対して発ガン性がない。

▼九月一一日の同時多発テロ：この事件にともなう環境汚染については、ファン・ゴンザレス『フォールアウト――世界貿易センタービル崩落は環境になにをもたらしたのか』（尾崎元訳、岩波書店、二〇〇三年）を、「テロ廃棄物」の処理にあたった労働者の後遺症については、映画『シッコ』（マイケル・ムーア監督、二〇〇七年）を参照。

▼『フロード・マガジン』誌：*FRAUD Magazine*. 不正に抗している人々を支援している国際的な団体ACFE（公認不正検査士協会）が編集している雑誌。

スは、アメリカでは「ホイッスルブロワー」と呼ばれる種類の人々だ。直訳すると「笛吹き」という意味になるが、フランスでは二〇〇七年秋の「環境グルネル会議」で知られるようになった言葉「警報発令者」、つまり「内部告発者」を意味する言葉である。このような人々は合衆国には多くみられ、一九八八年にはワシントンに「ナショナル・ホイッスルブロワー・センター」が設置されたほどである。「ホイッスルブロワー」の多くは、普段は公的組織や民間の大企業で働く男女である。しかし、彼らの雇用者が法や規制を破って公共の利益を危険にさらし、さらには不正行為や腐敗を重ねる時に、それを認め、告発する人々でもある。彼らは上司の怒りを買って、嫌がらせをされたり、窓際に追いやられたり、中傷されたり、しばしば解雇されたりしている。自分の仕事に対して、あまりに真剣すぎたという理由で。彼らは自分の仕事に大きな意義を感じているだけに、この仕打ちはいっそうつらいものになる。実利主義者たちは、彼らのことを「理想主義者」と言うだろう。モンサントのような企業にとっては、「製造業の妨げになる人々」なのだ。ウィリアム・サンジュールの物語は、その典型例である。

コロンビア大学で物理学を修めた後、彼は一九七〇年に設立されたばかりのＥＰＡに入った。そして、すぐに有害廃棄物管理部の部長に任命された。この部署は、有毒産業廃棄物の処理と保管を監督する役割を担っていた。一九七六年には、その活動の成果として、議会に「資源保全再生法（ＲＣＲＡ）」を採決させている。サンジュールは、汚染企業の怒りを買うことも、彼自身の上司から非難されることも覚悟のうえで、この法律を企業に守らせようと努力した。「残念ながらＥＰＡは、自分たちが規制しなければならないはずの企業の利益を守ることに夢中で、公共の利益を守りませんでした」と、現在の彼は言う。実際、サンジュールは、上司から容赦のない妨害行為を受けた。サンジュールが議会や会議で公然とＥＰＡと巨大産業グループとの結託を告発したので、上司は彼が発言することを嫌ったのである。

ウィリアム・サンジュールも私も、互いにヨットの愛好家だったので、二〇〇六年七月一四日、ワシントン付近の小さな港で会うことになった。「私に嫌がらせをするだけのために、ＥＰＡはこんな規則までつくったんですよ！」。こう語る彼は、どこかしら満足した顔をしていた。この厄介者を黙らせるために、EPAはアメリカ政府倫理局と協力して、ある規則を定めた。この規則によって、就業時間外に軍や民間組織から職員が無料相談を依頼された時、その場合の交通費の支払いが禁じられることになった。「合衆国のいたるところから、専門家として話を聞きたいという依頼があったのです」とウィリアム・サンジュールは言う。「しかし私は、毎日のように依頼を断らなければならなくなりました。あまりにも費用がかかるからです」。そこで彼は、ナショナル・ホイッスルブロワー・センターの支援を受けて、訴訟を起こした。その結果、彼は一九九五年に「きわめて悪質な文書」を無効とする判決を得ることができた。しかも、雇用者が法を犯していることが明白な場合、内部告発者が雇用者を告発する権利を確認する判決も、同時に下されたのである。[*17]

この「EPAの見張り番」は、「政策分析官」という名ばかりの役職に追いやられた。その数年後の一九九四年七月、彼はケイト・ジェンキンスの事件とダイオキシン問題についての報告書を作成するために、自分の役職を利用することにした。彼は、その報告書に「モンサントの調査」というタイトルを付けた。[*18]それは「ダイオキシンの発ガン性に関する科学研究を捏造したことについて、モンサントの主張を精査するにあたり、EPAがどのような失敗を犯していたか」を容赦なく分析したものであった。

「私は、この問題に関係するあらゆる書類を丹念に調べたんです、これを見てください！」と言うと、彼はスーツケースから、すくなくとも五〇センチほどの厚さはある書類の束を取り出した。その山のような書類は、モンサントへの訴訟（「ケムナー対モンサント訴訟」など）やEPAへの訴訟（ケイト・ジェンキンスが労働省に対して起こした訴訟）を調べる過程で、彼が入手したものである。私の目の前に何百枚もの証拠物件が広げられた。その中には、モンサントの内部で交わされた郵便物も多くあった。それらの郵便物が明らかにするのは、地球上でもっとも危険な生産物の一つであるダイオキシンの毒性を隠し、このスキャンダルを果敢に告発する者を潰すために、モンサントが手段を選ばなかったことである。

モンサントに言いなりのＥＰＡ

「モンサントは、ＥＰＡの内部に入り込んでいます。これがその証拠です」。そう言いながらサンジュールは、五ページにわたる手紙を差し出した。それはモンサントのジェームス・Ｈ・センガー副社長から、ＥＰＡのレイモンド・Ｃ・ローア科学諮問委員会委員長に宛てられた手紙だった。「この手紙の日付は一九九〇年三月九日です。ちょうどその二週間前、ケイトは秘密報告書を作製して科学諮問委員会に送ったばかりでした。なぜモンサントは、そのことを知っていたのでしょうか？」

モンサント副社長の手紙は、次のようにはじまっていた。「弊社は、ニトロにあるモンサントの工場について、きわめて扇動的で誤った情報をＥＰＡが受け取ったことを知りました。〔……〕不正行為であるという異議申し立ては、信用するに値しません。〔……〕私たちは、弊社およびサスカインド博士に対する根拠のない非難に、とても困惑しております」

それから三週間も経たないうちに、今度は、モンサントのリチャード・Ｊ・マホーニー社長みずからが、ＥＰＡのウィリアム・レイリー長官に手紙を送っている。その手紙には『カールストン・ガゼット』誌に発表された記事が添えられていた。[*19]「残念ながら、このＥＰＡの内部文書は、すでにメディアに広まっており、ＥＰＡの公的文書とみなされています。このことは、モンサントにとって深刻な事態を招くことを理解していただきたい。そのような事態を私たちは望みません。したがって私たちは、ジェンキンス氏がＥＰＡの名において書いたのではなく、彼女自身の名において書いたということを、あなた方に早急に表明してもらうことをお願いします」と、マホーニーは憤っている。

この手紙に、ドン・Ｒ・クレイ副長官が返事を出しているのだが、その卑屈な言い回しには当惑させられる。「ＥＰＡの内部報告書で述べられた意見は、ジェンキンス博士のものであり、ＥＰＡのものではありません」と彼は弁明する。「メディアがこの報告書を悪用し、モンサントに問題を引き起こしかねない状況については、遺憾に思っております。もし私が御社のお役に立てることがございましたら、何なりと申し付けください」

おそらく内部告発者のケイト・ジェンキンスは、ＥＰＡが彼女の報告書を闇に葬ろうとした場合を想定して、あらかじめメディアに報告書が流れるように図ったのだろう。すでにいくつかの騒動がはじまっていた。その一つは、『アメリカ医師会雑誌』（ＪＡＭＡ）の巻頭を飾ったものである。この学術雑誌は、世界でもっともよく読まれている医学雑誌である。この騒動の六年前、モンサントの三つめの研究論文を掲載したのも、この学術雑誌である。この栄誉ある『ＪＡＭＡ』を発行しているアメリカ医師会の副代表が書いた手紙から、一部を引用しておくのがよいだろう。この手紙は、一九九〇年四月一三日、医学研究のバイブルとも呼ばれる『ＪＡＭＡ』にこれまで発表された研究の信頼性を——正当にも——懸念した、ある臨床家の質問に答えるという形式で書かれている。

「『ＪＡＭＡ』に掲載された科学論文が、どれほど信頼性があるのかという質問は、私たちにとってもきわめて重要な質問です。しかし、ある論文に不正行為が含まれているという意見が本誌編集者に届いたとしても、編集者たちは調査のために必要な手段をもっていません。つまり私たちは、調査に必要となるデータも、関連する人物を確認する手段ももたないのです。こうした調査は、論文の執筆者（通常は大学教員）を雇用している組織の責任で、あるいは執筆者の研究に資金援助を行なった民間組織や政府省庁の責任で、時には両者の責任で行なわれるべきものです」（傍点は引用者。これまで引用してきた内部文書は、すべてウィリアム・サンジュールによる提供書類からのものである）。

ようするにＪＡＭＡは、論文の執筆者が大企業集団から金を受け取っている時であっても、データの有効性を検証することなく、単に送られたものを掲載しているだけなのだ。しかし、ひとたび医学研究の「バイブル」であるＪＡＭＡに論文が掲載されれば、その掲載されたという事実だけで大きな権威が与えられることになる。モンサントの副社長は、一九九〇年三月九日付の手紙で、そのことを利用した。サスカインド博士を擁護するために、副社長はサスカインド論文の結論が「査読（ピアレビュー）」を受けたことを強調した。つまり、この論文は掲載に先立って、サスカインド博士とは無関係の独立した医学者たちによって検証されている、というわけだ。このような汚れたシステムによって、偽りの論文が国際的な科学コミュニティーのうちに広まったのである。後で見るように、バイオテクノロジーも含む科学研究分野でも同じように、汚れたシステムが蔓延している……。

そうこうしているうちに、ＥＰＡの内部では、ケイト・ジェンキンスの報告書が無視できない厄介な問題になっていた。ＥＰＡの科学諮問委員会は、一九八八年にはモンサントの研究を利用して、ダイオキシンを「カテゴリーＢ２」（発ガン性で、ヒトに対しては証拠はなく、動物においては証拠がある）に分類するよう勧めたはずだった。しかし今回は、奇妙なことに、ＥＰＡはケイトの要求した科学監査を行なう権限をもたないと述べ、この問題を別の組織、つまりアメリカ労働安全衛生研究所（ＮＩＯＳＨ）に委託したのである。それと同時に、ＥＰＡ幹部は、犯罪取締局に対して、モンサントが不正行為をしたという主張の有効性を検証することを要請した。おそらくメディアの圧力に押されたＥＰＡは、なんとかして体面を取り繕おうとしたのだろう。

「事件をもみ消すためには、それが一番よい方法だったんですよ」、ウィリアム・サンジュールは吐き捨てるように言った。「ケイトが求めた科学的調査を率先して行なう者が誰もいないということは、未確定の不正行為について意見をあえて述べる者もいない、ということなのですから」。一九九〇年八月二〇日、犯罪取締局の調査が公式に開始された。実際に調査を担当したのは、デンヴァーから特別に委任されたジョン・ウェストとケヴィン・グアリーノという二人の探偵だった。彼らに与えられた任務は、「モンサント・ケミカル・カンパニーの幹部と従業員が、合衆国環境法に違反した容疑」を確かめることだった。これは具体的には、彼らが「毒性物質規制法（ＴＳＣＡ）」に違反したかどうか、またモンサントが「ＥＰＡ

を騙すために共謀し」「虚偽申告」を行なったかどうかを確認することだった。[*20]

「調査は、まったく行なわれなかったんです」と、ウィリアム・サンジュールは述べた。「彼らは、モンサントの不正行為が事実なのかどうかを、まったく検証しませんでした。彼らが行なった唯一の調査は、内部告発をしたケイト・ジェンキンスに対するものでした。すでに彼女はハラスメントやいじめを受けていて、地獄のような生活を送っていたんです」。サンジュールがそれらの書類を私に委ねてくれたおかげで、私はEPAの二人の探偵が作成した、毎月の調査報告書を読むことができた。その報告書の多くのページはほとんど白紙で、ただ次の一言が添えられているだけだった。「今月は、とくに報告すべき重要な調査活動は行なわれていない」。ただし、「聞き取り調査報告書」は二ページあった。その日付は一九九〇年一一月一四日である。これは尻の重い二人が、ケイトの仕事場で彼女と会ったことを証明するものだ。その翌日、二人の探偵たちの無関心なそぶりに不信を抱いたケイトは、彼らに二つめの詳細な報告書を送った。そこで彼女は、「モンサントの不正行為」に関する説明を補足した。さらに彼女は、その報告書の最後のページに、グリーンピースやズムウォルト提督、六二の退役軍人組織からなるベトナム退役軍人協会（CNVV）などの組織や人物に、同じ報告書のコピーを一六通ほど送ったことを明記した。

その三日後、この不屈の内部告発者は、CNVVのセレモニーに招かれ、彼女の勇気と優れた仕事を称えるメダルを贈呈された。その席でケイトは、モンサントの研究上の不正行為についてEPAが調査中であることを述べた。しかし、そのことで彼女は、ますます窮地に陥ることになった。「その後、モンサントは捜査を妨害するために、EPAに絶えず介入しただけでなく、ケイトを処罰し、解雇するように圧力

▼査読（ピアレビュー）：通常学術誌の場合、論文は複数の委員による「査読（ピアレビュー）」のもとに掲載されるシステムになっているとされる。しかし、査読委員が不正を見抜けるとは限らず、また査読委員の人選をめぐって不正が起こらないという保証もない。

をかけました。ここにある内部書類がその証拠です」と、ウィリアム・サンジュールはモンサントのレターヘッドのついた手紙の束を見せてくれた。「これでも氷山の一角にすぎないのです。モンサントは、合衆国でもっとも影響力をもつ会社の一つです。ホワイトハウスにも、議会にも、メディアにも入り込んでいます。信じられないことに、捜査は闇に葬られたばかりか、モンサントの弁護士がＥＰＡの名前で報告書の下書きを作成し、ＥＰＡに自分たちの主張をそのまま発表させたのです！」

私は慎重にそれらの手紙を読んで、モンサントの幹部たちの厚かましさに唖然とさせられた。そこで彼らは、自分の非を認めるどころか、ふてぶてしく開き直っている。ある時には自分たちを犠牲者とみなして、おびえた少女のように振る舞うかと思えば、別のある時には下っ端の子分に話すような調子で、あからさまに脅し文句を突きつけている。一九九〇年一〇月一日、ジェームズ・センガー副社長は、ＥＰＡ副長官ドナルド（ドン）・クレーに宛てた手紙でこう書いている。「弊社は、ＥＰＡが公式に報告書を訂正したことは存じあげています。その訂正では、報告書はＥＰＡの職員が個人的に書いたものであり、ＥＰＡの公的立場を反映したものでないと説明されています。しかし、このＥＰＡ内の報告書で述べられた弊社への非難は、現在もなお引き合いに出され、そのために問題がまだ継続しております。先ほどの訂正は、これに終止符を打つことにはなりませんでした。〔……〕弊社が科学界と強いつながりをもっていることを鑑みれば、弊社の科学研究に対する高い評価を維持することは、弊社のビジネスと研究活動にとって必要不可欠であることを理解していただけると思います」

さらに一九九一年になると、モンサントの顧問弁護士であるジェームズ・ムーアが登場する。ムーアが選ばれたのは偶然ではなかった。彼は、ウィリアム・ラッケルズハウスが経営しているパーキンス&シー法律事務所で働いている。ラッケルズハウスは、すでに第1章で示したように、二度にわたってＥＰＡ長官になっただけでなく、その間にモンサントとソルーシアの幹部も務めていた人物である。ムーア弁護士は一九九二年三月一二日、ＥＰＡの犯罪調査室のハワード・バーマン副室長に主張する。「以前に電話で伝えましたように、不正行為が行なわれたと考える理由はありません。したがって、モンサントへの不正行為の嫌疑が晴らされ、名誉が回復されるために、ＥＰＡの調査をできるかぎり速やかに終わらせていただきたい」

　弁護士による説教は効果があった。一九九二年八月七日、最後の「調査報告書」はこう結論している（以下、書類で抹消されている箇所は×××で示す）。「調査は終了した。モンサントが不正行為とみなされるような研究をＥＰＡに報告していたという疑義については、以上で検討された。ＥＰＡの×××健康・環境評価局×××は、たとえ研究が捏造されたとしても、その影響はほとんどなかったと結論した。なぜならダイオキシン規制が策定された当時、それらの研究は参照されなかったからである」。またもや「ここには見るべきものはありませんよ、さあ、向こうへ行ってください」というわけだ。

　しかし、それでもモンサントは満足しなかった。そのことは一九九二年八月二六日にＥＰＡのある責任者（名前は抹消されている）が作成した手紙が証明している。この手紙は、ジェームズ・ムーア弁護士との最後の電話会談について報告している。

「モンサントの評判を回復し、事態を鎮静化するために、ＥＰＡがどのようなことを発言すればよいかについて、ジム〔ジェームズ・ムーアのこと〕は話をしたがっています。彼は、この要求のデリケートさを理解しています。〔……〕すくなくとも彼には、モンサントの犯罪を裏付ける十分な証拠が見当たらないため、調査が終了したことを述べた文書を、ＥＰＡから受け取る権利があると思われます。〔……〕そこで私はジムに対して、モンサントが要求する内容とその理由を示す手紙を書いて×××宛に送るように提案しました」

政府と企業の共謀

こうしてモンサントが、ＥＰＡにあれこれ指図している間に、内部告発をしたケイト・ジェンキンスは窮地に陥っていた。一九九〇年八月三〇日、彼女は窓際に追いやられ、一九九二年四月八日までその状態がつづいた。その後、彼女は「書記係」――彼女のために特別に設けられた事務職のポスト――に異動を命じられた。彼女の上司エドウィン・エイブラムスが作成したメモによれば、すでに一九九〇年二月末の時点で彼女の運命は決まっていた。「ケイトは、規制関連業務の組織や一般大衆と接触するような役職に就くべきではない。というのも、彼女はダイオキシンについて過激すぎる見解を抱いているからだ。〔……〕彼女の身をほんとうに守るためには、本人の意向はどうであれ、彼女を事務職か（サンジュールのように）管理職に異動させるべきだろう[*21]」。自分がほのめかされていることに、ウィリアム・サンジュールは柔和な顔で微笑んだ。しかし、すぐに彼の眼差しは曇った。「この国で、私たちはソ連のやり口をずいぶん批判してきました」。彼の声からは怒りがにじみ出ていた。「しかし、ＥＰＡの内部の雰囲気は、ＫＧＢ〔旧ソ連の秘密警察〕とまったく変わりません……」

一九九二年四月二一日、ケイト・ジェンキンスはＥＰＡに対する告訴状を労働省に提出した。一か月後に判事は、彼女の異動命令は差別的であり不法であるとして、彼女をもとの職務に戻すことを命じた。この復職命令に対してＥＰＡは上訴したが、二年後に労働省側は最初の復職命令を確認するだけであった。その時、労働省はＥＰＡの行為に釘を刺すことを忘れなかった。「ＥＰＡは内部告発者に対して、たびたびにわたって当人の望まない役職に異動させることによって苦痛を与えようとした[*22]……」

「とてもつらい思いをしたでしょうけれど、ケイトは自分のしたことを誇っていいと思いますよ」と、ウィリアム・サンジュールは言う。「彼女のおかげで、ベトナム戦争の退役軍人たちの声にも耳が傾けられるようになったわけですし、政府とモンサントの間の共謀も明らかになったのですから」。そして、長い沈黙の後でこう付け加えた。「残念なことに、私の友人だったキャメロン・アペルについては手遅れでしたけれどね。まだ三〇歳の時、彼は二人の子どもを残したまま、一九七六年にガンで死にました。彼はベトナム戦争の時、空軍大尉でした。私がダイオキシンの報告書を書いたのも、彼に捧げるためでした。この歴史を織りなしているのは一人一人の人間なのですから。モンサントはそのことを忘れているように思われます。あの会社は、金にしか興味がないんですよ……」

「ＥＰＡの見張り番」サンジュールが言うように、ケイト・ジェンキンスの勇気ある報告書は、パンドラの箱を開いた。そして次々と真実が暴かれ、多くの人が報われることになった。最初に恩恵を受けたのは、アメリカ人のオレンジ剤による犠牲者たちだった。「彼女のおかげで、私たちは一九九一年に新しい法律を制定することができたのです」。一九九二年九月二九日、退役軍人協会の代表であるジョン・トマス・バーチは、労働省の判事の前でこのように証言した。「モンサントの研究が、私たちを阻んでいました。司法当局がその研究を参照しつづけていたせいです。モンサントの研究に問題があったことが明らかにされて、ようやく障害がなくなりました。そして、数千人もの人々が医学的援助を受けることができるようになったのです[*23]」

事実、最初にケイトの報告書に反応した人物は、退役軍人省長官のエルモ・ズムウォルト・ジュニア提督であった。すでに述べたように、彼は息子を亡くした後、エドワード・Ｊ・ダーウィンスキーから特別顧問に任命されていた。『ワシントン・ポスト』のインタビューで、ズムウォルト提督は「化学企業から経済的援助を受けた不誠実な研究」と、「ダイオキシン曝露にもっとも苦しんでいる退役軍人を研究しなければはならないはずの疾病管理センターの無能力」に、ショックを受けたと言っている[*24]。そして、記事の終わりで「真実を知ることが、これほど難しいとは思いもしませんでした」と述べている。一九九〇年五月五日、ズムウォルト提督は、関係者に宛てて報告書を提出した。その中で彼は「モンサントの不正行為は、オレンジ剤被害者とダイオキシン被害者に補償しないための、政府の巨大な陰謀の一部である」と断言している。[*25]

たとえば一九八二年に、合衆国連邦議会は、退役軍人たちのダイオキシン被害を研究するために、退役軍人省に総額六三〇〇万ドルを支給した。しかし退役軍人省のほうでは、その研究をするのは難しいと考え、この仕事を疾病管理センター（ＣＤＣ）に任せた。そして疾病管理センターにはベトナム戦争での枯葉剤の撒布計画と軍事活動の資料がペンタゴンから提供された、と思われていた。さて四年後、疾病管理センターのセンター長であったヴァーノン・ホーク博士は、この研究を「純粋に科学的理由」から中止することを発表した。センターは研究をするために「十分な人数の曝露者」を見つけることができなかった、と言うのだ！[*26]先ほどの報告書で、ズムウォルト提督は、「オレンジ剤被害のあらゆる真剣な研究に対する意図的な妨害」があることを告発し、こう付け加えている。「残念なことに、政府から資金援助を受けた研究に対する政治的干渉が存在することは常態化しており、珍しいことではない。科学的な研究にもとづいた発見であることを強調するために、都合の悪いデータや結果は取り除かれたり、修正されたりする。こうした努力が組織的に行なわれている」

この主張を補足するために、ズムウォルト提督はもう一つ、捏造が明らかにされた別の研究の事例を引き合いに出している。それは一九八九年、議会がオレンジ剤について審議した時に、トマス・ダシュル上院議員が暴いたものである。[*27]ダシュル議員の調べによれば、アメリカ空軍はある研究結果を故意に隠していた。それは、軍がランチハンド作戦のパイロットに対して、ダイオキシン曝露の影響を研究した時の結果である。一九八四年に軍がその研究を発表した時、その結果は人々を安心させる内容だった。しかし実際には、兵士たちの子どもに先天的奇形が見られた割合は、対照グループの二倍以上もあったのである。

ズムウォルト提督は、こう説明する。「残念ながら、政府の資金援助を受けた研究には、捏造、不正、政治的干渉がいたるところにみられる。しかし、独立した研究者による研究にも、そうした捏造や政治的干渉はある。こうして政府による誤った結論が、ますます補強されていったわけである……」。この報告書で彼は、モンサントの研究に加えて、モンサントと同じような企業だったドイツのＢＡＳＦの研究も引用している。一九五三年一一月、この会社の工場の一つで、ニトロで起こったのと類似したダイオキシン曝露の事故を起こしている。しかも一九八二年、モンサントを真似るかのように、ＢＡＳＦから金をもらっていた科学者たちは、事故に居合わせた工員たちには何も特別な病気がみあたらない、という結果を発表したのだった。[*28] しかし七年後、『ニュー・サイエンティスト』誌が暴いた事実によれば、ＢＡＳＦの研究は、モンサントの場合と同じように、背後の権力によって操作されていたのである。その研究では、2,4,5-Tに曝露しなかったはずの二〇人が、曝露グループに入れられていた。こうして、肺ガン、気管ガン、消化器ガンの発生率の高さが隠蔽されたのである。[*29]

ズムウォルト提督が素晴らしい報告書を書いていた時、彼を支持する内容の二つの研究が発表された。一つめは、学術雑誌『キャンサー』［ガンの専門誌］で発表された論文である。そこではミズーリ州の農民たちが事例として取り上げられている。2,4,5-Tや2,4-Dなどの有機塩素系の除草剤を使用していた農民たちは、非ホジキンリンパ腫（リンパ腺系のガン）や、骨髄腫（血液ガン）、そして唇・骨・鼻腔・副鼻腔・前立腺のガンの罹患率が、異常なほど高いことが確認されたのである。[*30] この研究結果は、カナダの農民たちに関する二つめの研究によっても確認されることになった。[*31]

贈賄——リチャード・ドール事件

アメリカ軍でもっとも名声ある将校の一人が書いた、一連の不正を次々と暴露した報告書によって、ジョージ・ブッシュ（父）の共和党政権は、もはや傾く一方であった。一九九一年二月二日、合衆国議会は、米国科学アカデミーに対してダイオキシン曝露が原因とみなされる疾病リストの作成を命じる法律（ＰＬ１０２－４法）を可決した。一六年後の二〇〇七年、そのリストには一三種類の重篤な疾患が掲載されている。最初にガン（呼吸器官、前立腺）が挙げられるが、そのいくつかはきわめて珍しいガン（軟部肉腫や、非ホジキンリンパ腫）であり、さらに白血病、糖尿病（2型）、末梢性ニューロパチー（先に挙げた退役軍人アラン・ギブソンが罹患した病気）、そしてクロルアクネが挙げられている。このような現在も作成進行中のリストによって、退役軍人省は、（ベトナム戦争で兵役についた三一〇万人のうち）数千人の退役軍人に対して賠償と医学的対応をすることができるようになった。

ＥＰＡもまた、根本的な方針転換を迫られた。セヴェソ事件の最初の医学的調査に関する研究報告書が国際社会から注目されるようになったため、ＥＰＡはその内容を再検討しなければならなくなった。ピア・アルベルト・ベルタッツィ博士の指導のもと進められたこの研究では、ダイオキシンに曝露した人々の間に、軟部肉腫、非ホジキンリンパ腫、骨髄腫が異常なまでに高い割合で見られることが確かめられた。[*32] ＥＰＡの幹部の一人リンダ・バーンバウム博士は、嘲笑を怖れることなく、この新たな研究は「ダイオキシンを棺に入れ、その蓋に釘を打ち込むものである」と表明した。さらにバーンバウム博士は、ＥＰＡは「明白な証拠」にもとづいてダイオキシンを「カテゴリーＡ」（人間における発ガン性）の物質に分類するために再評価をしていることを発表した。皮肉なことに、その主張を補足するためにバーンバウム博士が引用したのは、かつてＥＰＡがモンサントへの配慮から意図的に無視していた、一九七九年から一九八八年までに発表されたスウェーデンの科学者による四つの研究であった。その時もやはり、背後でモンサントが動いていたと思われる。

この件はモンサントのやり口をはっきりと示しているのだが、おそらく読者にはすぐに信じることが難しいと思われるので、もう少し説明を加えたほうがよいだろう。それはモンサントが処罰を逃れるために手段を選ばないことが、よくわかる事例である。一九七三年、レンナート・ハーデルという若いスウェーデンの研究者が、まったく偶然にも、ダイオキシンの存在と人間の健康への致命的な影響を発見した。当時ハーデルは、ウメオ大学病院の六三歳の男性患者から相談を受けていた。肝臓とすい臓にガンを患っていたその患者は、スウェーデンの北部森林の管理人の仕事をしていたと自己紹介した。この患者は二〇年にわたって、2,4-Dと2,4,5-Tの混合剤を、茂り過ぎた木に吹きかけていたのである。そこから長い研究がはじまった。スウェーデンの別の科学者三人が、ハーデルに協力した。こうして、軟部肉腫とダイオキシン曝露とのつながりを強調する研究が発表されることになった。[*33]

一九八四年、ハーデルは、オーストラリア政府の調査委員会で証言するために、オーストラリアに招かれた。当時オーストラリア政府は、アメリカ軍の側でベトナム戦争に参加した軍人たちから補償要求を受けていた。王立委員会は一九八五年に「ベトナムにおけるオーストラリア人に対する化学薬品の使用と影響について」という報告書をまとめたが、それは激しい論争を巻き起こした。[*34] ウーロンゴン大学の理工学部で教鞭を執るブライアン・マーティン教授は、『オーストラリアン・ソサエティ』誌で発表した論文で、王立委員会が情報操作によって「オレンジ剤を無罪放免[*35]」したことを告発している。実際、問題の報告書では、驚くほど楽観的に、こう結論されていたのである。「ベトナムで使用された化学薬品の曝露によって被害を受けた退役軍人はいない。これは朗報である。当委員会は、この朗報が広く衆知されるよう願っている……」

マーティン教授は、王立委員会を批判した論文の中で、ベトナム退役軍人協会により引用された専門家たちが、モンサント・オーストラリア支社の弁護士に「激しく攻撃された」経緯を説明したうえで、こう述べる。「王立委員会は、この報告書で専門家の証言を評価するにあたり、モンサントと同じ観点に立っている。委員会は、当該化学薬品が有害である可能性を指摘したあらゆる専門家たちに対して、彼らの科学的貢献を無視して、非難の言葉を浴びせた。反対に、当該化学薬品を無害とみなす専門家たちを諸手を挙げて歓迎したのである」。報告書で、委員会はレンナート・ハーデルとオラフ・アクセルソンの研究結果を評価するにあたり、モンサントが提供した二〇〇ページの文書をほとんど完璧に書き写している。[*36]「この剽窃は、モンサントの立場を、委員会の立場として示すために行なわれた」とブライアン・マーティンは語っている。たとえば2,4-Dと2,4,5-Tの発ガン性に関する重要な部分をみると、「モンサントの文書では『示唆された』と書かれていた箇所が、報告書では『委員会において結論された』と書き直されている程度で、それ以外の部分は完全な書き写しである」

王立委員会の報告書では、ハーデルの研究データが不正に操作されていることをほのめかされ、ハーデルは激しく非難された。しかし、今度はハーデルが委員会の報告書を丹念に調べる側に回った。そしてハーデルは、次の驚くべき事実を発見した。「この報告書における委員会の立場は、一九八五年一二月四日にリチャード・ドール教授が尊敬すべきフィリップ・エヴァット判事に送った手紙で、あらかじめ指示されていた」。ドール教授の手紙はこういうものだった。「私はハーデル博士の結論を支持することができません。私が見るところ、ハーデル博士の研究は科学的証拠になりえません。〔……〕2,4-Dと2,4,5-Tが実験動物にガンを引き起こしたとは、明らかに考えることができません。また、除草剤に含まれるTCDD（ダイオキシン）についても、これまで汚染を引き起こす危険物質とされてきましたが、実際にはせいぜい、動物に対する発ガン性がわずかに存在する程度にすぎないのです[*37]」

このリチャード・ドール教授という人物は、取るに足らない学者などではまったくない。それどころか、二〇〇五年に死去したドール教授は、長い間、ガン研究の世界的権威の一人とみなされてきた。女王から爵位を与えられたこのイギリス人疫学者は、とくに喫煙と肺ガンの関連を明らかにしたことで知られている。タバコ産業界の嘘を勇敢に告発したことで、清廉潔白な人物というイメージが流布している。一九八一年にリチャード・ドールが発表した論文は、ガンの疫学研究でしばしば引用されている。そこでは、ガンの進行に対して環境的原因がきわめて限定的な役割しか果たしていないと述べられているのだ[*38]……。これだけでも十分に眉唾ものだろう。しかし、二〇〇六年になると、彼の権威は地に墜ちてしまう。人々から尊敬されていたドール卿が、じつは二〇年間にわたってモンサントのために秘密で働いていたことを、『ガーディアン』紙がすっぱ抜いたのだ[*39]。二〇〇二年、イギリスの医学研究助成財団のウェルカム・トラストの書庫に置かれていた書類の束から、一通の手紙が見つかった。それは一九八六年四月二九日付で、モンサントのレターヘッドがついていた。それは、ウィリアム・ガフィー（ダイオキシンに関する論争を引き起こした論文の著者の一人で、モンサントの疫学者）からの手紙だった。そこにはドールに対して、一日あたり一五〇〇ドルにのぼる支払い契約の更新を確認する内容が書かれていたのである。この手紙の発見によって、レンナート・ハーデルとその仲間たちによる大きな問題提起が起こされた。彼らは『アメリカ産業医学ジャーナル』で、「ガン研究における産業界との秘密の結びつき、およびその利益相反について」という、きわめて含蓄のある論文を発表したのである。[*40]

しかし私の調査では、オレンジ剤とダイオキシンの被害を隠蔽する驚くべき事例は、これで尽きるどころではない。むしろベトナムで私が知った事実は、恐怖を抱かせるものであった。

ベトナムの奇形児たち

青い制服に身を包んだ看護師は、ポケットから鍵束を取り出し、無言でドアを開けた。私たちが入った部屋は、壁一面が標本棚になっており、そこには何十個ものガラス瓶が置かれていた。それらのガラス瓶に入っていたのは、まるでホラー映画から抜け出したかのような、ホルマリン漬けにされた胎児、それも奇形の胎児だった。その部屋は、まさしくダイオキシンの犠牲になった赤ん坊たちの墓場としか言いようがなかった。額の真ん中にあるペニス。不釣合いな頭を共有するシャム双生児。二つの首がついた胴体。四肢のない小さな体にぶら下がった不定形の塊。一部の瓶には「無脳症、一九七九」「小頭症」あるいは「水頭症」と書かれたラベルが貼られているが、ほとんどの瓶にはラベルがついていない。それらの奇形は、医学的な名前がつかないほど例外的なのだ。

二〇〇六年一二月、私たちは、ホーチミン市（旧サイゴン）のツーズー病院にいた。「ダイオキシンの恐怖博物館」と、ベトナム人が揶揄するこの病院は、一九七〇年代の終わりにグェン・ティ・ゴ・フォン博士によって設立された。フォン博士は、最近退職するまで、長い間、この病院の産科を受け持っていた、国内随一の産科医であった。現在の博士は、誰もが認めるダイオキシンの専門家であり、病院の一階に設置された「平和村」で働きつづけている。これは、ハンディキャップを抱えた子どもたちの世話をするために、ベトナムで開設された一二の施設の一つである。そこにいるのは、オレンジ剤の犠牲になった子どもたちである。フォン博士は、清潔なブラウスを着た、痩せた小柄な女性だった。彼女は毎週、患者の子どもたちのもとを訪れている。子どもたちがすごしているのは、清潔な五つの部屋だった。そのうち何人かの子どもたちは、ベッドから出ることができない。生まれつき手足がないのだ。別の子どもたちがタイルの床の上を必死に這っていく様子を、プラスチックのおもちゃに囲まれた看護師が注意深く眺めている。この施設に暮らしている障害児たちの穏やかな様子に、私はすっかり心を打たれた。それは、子どもたちがきわめて質の高い医学的配慮を（そして愛情も）受けていることの証拠だからである。「ほとんどの子どもたちが、深刻な神経の障害や器官の異常に苦しんでいます」。ヒザの上に男の子を抱えながら、フォン博士は言う。その男の子は、生まれつき眼球がない子どもだった。博士の肩にまとわりついている子どもの体には、小さな頭蓋がついていた。その頭蓋から、私はなかなか目を離すことができなかった。

フォン博士が初めてツーズー病院の産科で奇形の赤ん坊の誕生に立ち会った時、彼女はまだ医学生だった。「一九六五年でした」と、彼女はきれいなフランス語で私に説明した。「当時、私は、ダイオキシンの名前さえ耳にしたこともありませんでした。それから数年後、私たちは、深刻な奇形をもって死産した子どもたちや、重いハンディキャップを抱えて生まれてくる子どもたちが、急激に増加したことを確認しました。その状況はまだつづいています。二〇〇五年に行なわれた調査では、この病院だけでおよそ八〇〇人もの子どもに奇形がみられました。この数値は、世界平均をはるかに超えています」

「たしか、枯葉剤の撒布が禁止されてから四〇年も経っているはずなのに、この子どもたちはどうしてダイオキシンの被害を受けることになったのでしょうか？」と私は質問した。

「それは、ダイオキシンが食物連鎖によって濃縮するからです。またダイオキシンは、親油性があること、つまり脂肪に蓄積することがわかっています」と産科医は答えた。「おそらくこの子どもたちの母親が、すでに赤ん坊の時から母乳を通じて、あるいは食べ物を通じて汚染されていたのでしょう。ダイオキシンが染色体に異常を引き起こすことは衆知のとおりです。ようするにダイオキシンの影響は、世代を越えて伝わるのです」

「この子どもたちの親の体組織にダイオキシンが蓄積されていることは、もう確認したのですか？」

「入所書類によれば、ここに集められた子どもの両親の七〇％が、枯葉剤を撒かれた地域で暮らしていました。残念なことに、ダイオキシンの検出試験はとても高額で、一〇〇〇ユーロもかかります。しかも、その試験をすることのできる研究所がベトナムにはないのです。その試験をしたのは一度だけ、ベトとドクの母親に対してです。ベトとドクは、シャム双生児で、三つの足と、一つの骨盤、一つの肛門と一つのペニスを共有していました。二人を分離する手術▼は成功しました。そして母親の脂肪組織内に高濃度のダイオキシンが発見されました。ベトナムの公的医療機関が算出したデータによれば、現在、オレンジ剤に由来する奇形を抱えている子どもは一五万人、同じ原因で病気になっている子どもは八〇万人もいます」

「ダイオキシンの先天的奇形には、なにか特殊な点があるのでしょうか？」

▼二人を分離する手術：一九八八年に執刀されたが、日本赤十字社が支援し、日本から医師団を派遣した。一九八六年には、ベト（兄）が急性脳症を発症したため、治療のため日本に緊急移送もされている。分離手術後、ベトは腎不全と肺炎の併発で二六歳で死去（二〇〇七年）。ドク（弟）はツーズー病院の事務員となったが、双子の子どもにそれぞれ富士山と桜にちなんだ命名をしている。藤本文朗・桂良太郎・小西由紀編『ベトとドクと日本の絆』（新日本出版社、二〇一〇年）などを参照。

「そういうわけではありません。しかし、ダイオキシンは細胞内にホルモンと同じような仕方で作用し、奇形を生み出したり、既存の病気をさらに悪化させたりするのです」

「モンサントのような企業やアメリカの科学者たちの一部は、ダイオキシン曝露と遺伝的奇形の関係を否定しつづけていますが、それについてどう思われますか？」

「あいかわらず同じことをくり返していますね」と、フォン博士は憤った。「はじめ彼らは、ダイオキシンとガンとの関係を否定しました。今日では、彼らは責任回避のために、ダイオキシンと先天的奇形との関係を否定しているのです……」

実際、合衆国でダイオキシンと関係があると認められた一三人の患者のうち、先天的奇形（二分脊椎症[*41]）に関係しているのは、現在のところ一人だけである。私のベトナム訪問時にホーチミン市にいたアーノルド・シェクター教授は、こう説明してくれた。「問題は、科学的データが私たちの手元にないことです。実施された研究は、動物に関する研究だけです。それらの研究によれば、ダイオキシンに曝露した動物のメスからは、高い割合で深刻な障害や脳も含めた奇形を抱えた子どもが生まれることが明らかにされています」。テキサス大学の教授であるアーノルド・シェクターは、ダイオキシンについては世界でもっとも優秀な専門家の一人である。一九八〇年代の初め、シェクター教授はベトナムに対するアメリカの禁輸措置に敢然と抗議した。その後、彼はハノイの科学者たちと連絡を取り合って、環境中のダイオキシンの広がりについて、長期にわたる研究を行なっている。

そのベトナムの科学者のうち、ホァン・トロン・クィン教授はかつてのベトナム軍で大佐だった人物である。シェクター教授は彼を評して、完璧なフランス語で「最初はフランスから、次は合衆国からの、二度にわたる解放戦争に参加した人物」だと説明した。三〇年にわたり、この二人の研究者はダイオキシン濃度を調べるために、いっしょにベトナムの田園地帯を歩き回り、人間と動物の血液および脂肪組織のサンプルを採取しつづけた。この二人の仕事の多くは、すでに発表されている。最新の研究は、南ベトナムのビェンホア市に住んでいる四三名の調査である。ビェンホア市は、オレンジ剤の散布のために使用された元空軍基地の近くにある町である。[*42] この二人の研究は、住民の血中に高濃度のダイオキシンが含まれていることを示した。住民の血中ダイオキシン濃度は、五pptから四一三pptにまで達しており、その中には幼い子どものサンプルも含まれていた。さらに、ビェンホア市で採取した土壌や堆積物のサンプルのうち、とりわけビェンフン湖の近くで採取したサンプルには、TCDDが異常なまでの高濃度を示すものがあった。それは一〇〇万pptを超えていたのである。

シェクター教授は説明する。「ベトナムでは、私たちが『ホット・スポット』と呼んでいる場所を、早急に除染する必要があります。つまり、ビェンホアの元空軍基地のように、きわめて高濃度のダイオキシンが蓄積された場所です。ダイオキシンは、たとえ野菜に蓄積されなかったとしても、土壌にしみ込みます。土壌では、その半減期〔物質の半分が消失するのに必要な時間〕は、一〇〇年以上になる可能性があります。次に雨が降れば、ダイオキシンは地下水脈に流れ込み、湖や川へと広がります。そうなるとダイオキシンは堆積物に付着しつづけることになり、さらに植物プランクトンから動物プランクトン、魚、家禽、人間へと、食物連鎖をつうじて汚染が拡がります。ひとたび血液中に入り込んだダイオキシンは、今度は細胞へと入り込み、脂肪に蓄積することになります。ダイオキシンが人間の身体内で半減するための期間は、平均して七年です。ダイオキシンを排泄するためには、脂肪を減らすか、あるいは母乳として出すしかありません。そして、母乳としてダイオキシンが排泄されると、赤ん坊が汚染されることになります」

二〇〇六年一二月、この二人の八〇歳代の研究者は、ビンズオン省に赴いた。この地方は、オレンジ剤

▼五pptから四一三ppt（原注）：他の毒物とは異なり、ダイオキシンは一般的にppt〔パーツ・パー・トリリオン、一兆分の一の濃度〕で測定される。西欧諸国の人間の血中ダイオキシン濃度の平均は二pptである。

がもっとも激しく散布された場所の一つで、ホーチミン市から一〇〇キロほど離れたところにある。そこで二人は、ある家族に会った。二〇代の三人の子どもは、精神障害を抱えていた。父親は、一九六二年から一九七五年までをビェンホアで暮らしていた。母親は、ビンズオン省を離れたことはない。

「オレンジ剤を散布するのを見たことがありますか？」とシェクター教授が尋ねた。

「ええ」と父親が答える。「熟れたグヮバの匂いがしました……」

シェクター教授はコメントする。「この家族について、両親の血中ダイオキシン濃度が高ければ、子どもたちの障害がオレンジ剤と関係している可能性は高いと言うことができます。しかし、もしそうでなければ、障害の原因はわかりません。ダイオキシンと先天的奇形の関係について疫学的研究が行なわれていないのです」

「いや、そんなことはないですよ」とクィン教授が反論する。「ベトナム人の同僚たちは、あなたの言うような研究をずっと発表してきました。彼らは、オレンジ剤を撒かれた村の流産と先天的奇形の割合が、撒布されなかった村にくらべて格段に高いことを明らかにしました。しかし、彼らの研究は西欧人が行なった研究ではないので、アメリカの科学者たちは無視するのです[*43]」

「そのことには、どういう意味があると思いますか？」。会話が微妙な問題に入っているのを意識しながら、私は尋ねた。

「ダイオキシンは、きわめて政治的な主題になっているのです」と、シェクター教授は明らかに困りきった顔で答えた。「とても残念なことです。というのも、結局、私たちすべてに関係することですから。私たちの誰もが、体内にダイオキシンを蓄えています。重要なことは、ダイオキシンの分子が人体組織にどれほどの影響を与えるかを、正しく知ることです。しかし残念なことに、科学者たちは自分たちの能力を超えたゲームのうちに囚われてしまっているのです」

さしあたって、次の事実がある。二〇〇五年の三月二〇日、ブッシュ（子）政権は、合衆国とベトナムの和解を果たすために二年前に決定された、二国間研究計画を中止することを発表した。[*44] この研究計画は、数百万ドルの予算を与えられ、ニューヨーク州立大学アルバニー校のディヴィッド・カーペンター教授が指揮するはずだった。私自身、カーペンター教授とはＰＣＢの調査の時に会っている（第1章参照）。「この研究は、ベトナムの人々のために行なわれるはずでした。それはダイオキシン曝露と先天的奇形の関係を明らかにする研究だったのです」と彼は説明する。「表向きは、この研究はベトナム政府の協力が得られなかったので中止された、と伝えられました。たしかに、ベトナム政府の官僚的な対応の鈍さを非難することもできます。しかし私は、政府がオレンジ剤の製造会社に配慮したためだろうと思っています。その当時、新たな告訴が起こっていたのです……」

たしかに、そのとおりだった。二〇〇三年六月九日、合衆国最高裁判所は、一九九〇年代末に脊髄ガンと非ホジキンリンパ腫に苦しんでいた二人のベトナム退役軍人ダニエル・スティーブンソンとジョー・アイザックソンの訴えに対して、原告に有利な判決を下した。この二人の原告は一九八三年の和解協定と無関係だったので、モンサントとその関連会社を訴えることにしたのだ。モンサントたちは上訴したが、最高裁判所はそれを棄却した。こうして、新たな集団訴訟への道が開けた。そこには（原告として）アラン・ギブソンと（弁護士として）ガーソン・スモガーの姿もあった。しかし、それから四年経った現在も、まだ訴訟は開かれていない。

また、二〇〇四年二月、今度はベトナムのオレンジ剤被害者協会が、ニューヨークの連邦裁判所に訴状を提出した。▼ しかしこの訴えは、二〇〇五年三月、ジャック・Ｂ・ウェインシュタイン判事によって却下

▼訴状を提出した：ベトナム人がアメリカの法廷に提訴したこの裁判については、北村元『アメリカの化学戦争犯罪——ベトナム戦争枯れ葉剤被害者の証言』（梨の木舎、二〇〇五年）を参照。

された。ウェインシュタイン判事は、一九八三年の和解協定に関与した人物である。訴えが退けられた理由は、除草剤の軍事利用は当時の国際法で禁止されておらず、したがって、それを戦争犯罪として考えることはできない、というものだった。一九二五年のジュネーヴ議定書は、「人間への窒息効果と有毒効果が知られた」ガスの戦争での使用を禁止している。この八〇歳の老判事は、その条約を引用しつつも、こう述べたのである。「この除草剤は、植物に作用するものであり、たとえ人間に対して副次的な影響を与える可能性があるにせよ」、この条約とは無関係である、と。そして判事は判決理由を、以下のような啞然とする文章で締めくくった。「もし、除草剤を販売することが戦争犯罪であったとしたら、化学メーカーはその販売を拒絶することもできたはずである。私たちは自由な国民であり、政府がみずからに認められた権限を超えた時、抗議することが慣わしとなっている……」[*45]

この一文は、さぞかしモンサントを喜ばせたことだろう。実際、モンサントの態度はこれっぽっちも変わらなかった。二〇〇四年、モンサントのスポークスマンの一人、ジル・モンゴメリーは次の声明を出した。「私たちは、病気で苦しんでいる軍人の方々に同情していますし、彼らがその原因を知りたいと思っていることもよく理解できます。しかし、あらゆる確実な科学的証拠が、オレンジ剤は長期にわたって健康的影響を引き起こすことはないことを示しています」[*46]

モンサントは、いつものように自分たちの責任を否認した。現在のラウンドアップをめぐる問題においても、モンサントは同じ態度を維持している。ラウンドアップ——それは2,4,5-Tが決定的に合衆国で（つづいて海外諸国で）禁止された一九七〇年代の半ばに、モンサントが市場へ投入した新たな除草剤である。

第4章 ラウンドアップ
——雑草も消費者も〝一網打尽〟の洗脳作戦

ラットを使用した実験によれば、グリホサートを大量に摂取しても、食塩より毒性が少ないことがわかっています。

——モンサントの広告

「レックスのようにお庭の雑草にお困りのあなたには、ほら、ラウンドアップ。史上初の生分解性除草剤です。雑草の内側にしみ込んで、根元から一網打尽。地面もレックスの骨も、汚染されません。ラウンドアップを使えば、雑草退治が楽しみになりますよ！」

テレビをよく視聴している読者の中には、かつて流されていたこの調子のよいコマーシャルをおぼえている方もいるだろう。芝生の植えられた庭の雑草にラウンドアップが撒かれ、この除草剤で雑草が枯れると、家の飼い犬が雑草で隠れていた骨を見つける、というコマーシャルだ。その後、どうなるのかはわからないが、レックスの興奮した吠え声から、彼は無事に骨を味わっていることが示唆される。ラウンドアップは絶対に無害だ、というわけだ。この可愛いワンちゃんが、缶に残った「生分解性除草剤」をがつがつと貪る様子を視聴者が想像しなければ、すべては丸く収まるのである。

世界でもっとも売れた除草剤

フランスのテレビの主要局で、二〇〇〇年三月二〇日〜五月二八日に、このコマーシャルは三八一回も流された。モンサントはそのために、二〇〇〇万フランの費用をかけた。その時期、世界各国で同じようなコマーシャルが放送された。というのも、モンサントにタイムリミットが迫っていたからだ。二〇〇〇年は、ラウンドアップの特許が切れる年だった。つまり、世界で最も売られた除草剤の独占が終わり、ジェネリック▼の製造がはじまって、他社との競争がはじまるのだ。それで焦ったモンサントは、後で見るように（第7章参照）、「ラウンドアップ・レディ▼」と名付けられた遺伝子組み換え作物の開発に将来を託したのだった。この商品名は、ラウンドアップに耐性をもたせるために、遺伝子操作を施された作物であることに由来する。この多国籍企業は、この遺伝子組み換え作物に膨大な資金を投入することにより、同時にラウンドアップという名誉ある商品も守ろうとしたのである。

ラウンドアップ——この語は英語で「一網打尽」という意味だ——は、モンサントがグリホサートに付けた商品名である。グリホサートは、モンサントの化学者が一九六〇年代の終わりに発見したアミノ酸（グリシン）の誘導体である除草剤である。その特性は、「非選択的」あるいは「全面的」な作用にある。その点が2,4-Dや2,4,5-Tと異なる。つまり、グリホサートは、あらゆる植物を枯れさせるのである。この除草剤は、植物の葉から吸収され、植物体内の水分によって、すぐに茎や根に届けられる。そこで芳香族アミノ酸の合成に必要な酵素に働きかけることにより、葉緑素やいくつかのホルモンの活動を減退させる。その作用によって植物の成長が阻害され、組織の壊死が起こり、やがて植物は死に至るのである。

ラウンドアップは、一九七〇年に開発され、一九七四年に合衆国、次いでヨーロッパで市場に送り出された。モンサントと、この製品をフランスで配給するスコッツグループの広告サイトの言葉を使うなら、ラウンドアップは「見事な成功」を収めた。[*1] 実際、2,4,5-Tの環境と健康へ与える影響をめぐってスキャンダルが湧き起こっていたころ、モンサントがどうにか危機に耐えることができたのは、この新商品のおかげであった。包装箱には、その長所がこう書かれている――「環境に優しい」「一〇〇％生分解性」「土に残留しない」

「ラウンドアップの活性成分は、土との接触で不活性化します。そのことによって周囲の植物は保護され、撒布後一週間で種蒔き、植え替えができるようになります」。インターネット上の広告でも、はっきりとそう書いてある。この魅力的な宣伝のおかげで、ラウンドアップは農場経営者たちのお気に入りになった。彼らは、大量にラウンドアップを使用して、雑草だらけの畑をきれいにし、それから次の作物の種を蒔いた。エコロジーをうたったラウンドアップは、同じように公共施設の管理者の間でも人気になった（緑地、ゴルフ場、自動車道、ＳＮＣＦ〔フランスの国有鉄道〕の「除草」列車など）。春になると、頭から足までをおおった防水ツナギを着て、ガスマスク、防護ブーツを装着した、宇宙飛行士のような装備の技術者たちが、背中にタンクを背負って私たちの町をうろついている。そのような光景は、もはや珍しいものではなくなった。

二〇〇六年五月、私はパリの南で、いまいましい「雑草」を根こそぎにするという使命を与えられた除

▼ジェネリック：期限切れの特許を利用したコピー製品のこと。この場合は、グリホサートを有効成分とする除草剤をさす。

▼ラウンドアップ・レディ：日本では、この遺伝子組み換え作物の輸入は一九九六年に認可された。ラウンドアップとラウンドアップ耐性作物の「抱き合わせ販売」で利益が大きくなる。

草隊に同行した。そこで私は、除草隊員たちのブーツに、奇妙な緑色の染みがあることが気になった。彼らの説明によれば、このブーツは「二か月おきに」取り替えねばならないそうだ。なぜなら「ゴムが、ラウンドアップでダメになってしまう」からだ。「隊員たちの装備には、とても気をつけています」と、その会社の経営者は、名前を出さないという条件で私に話してくれた。「隊員には、規定量を守るよう細心の注意を払うように命じています。残念ですが、いつもそうしているわけではないのです」。そして彼は、事情を知っているかのような様子で、こう付け加えた。「この製品は、一般に信じられているほどには、まともなものではないようですね……」。この経営者は、この点についてそれ以上は話さず、テレビ画面にくり返し流された、あるコマーシャルについて話し出した。芝生で遊んでいる子どもたちの横で、サンダルと半ズボンの格好をした父親が、「ラウンドアップ／道路・テラス用」で雑草退治している様子を映しているコマーシャルである。

「モンサントは、素人造園家にラウンドアップをお届けできるように、一九八八年に造園部を設置しました。そしてようやく、新しいラウンドアップ・シリーズを皆様のもとにお届けすることができました」と、前述の販売促進サイトは説明している。こうして、グリホサートがフランス人の庭に入っていった。そこでは防護服も身につけないまま、大量のラウンドアップが撒かれた。その土に野菜やサラダの種が蒔かれ、幸せな家庭の食卓に上ることになった。「私たちはみんな、ラウンドアップを使っていますよ」と言ったのは、サンドニ（パリの北部）のスタッド・ド・フランスのそばに、家庭菜園を所有する人物だった。この元気な定年退職者は、小屋の中で畑に散布する「混合剤」を用意しているところだった。「見てください！」と言って、彼はラウンドアップの缶を指した。缶の色は柔らかい緑で、鳥のマークが描かれている。この鳥は、製品の注意書きをそのまま象徴するものである。つまり「使用上の注意が守られるかぎり、ラウンドアップは人間・動物・環境にとって、害はありません」

このイメージのよい除草剤が合衆国でどれほど人気を得たのかは、一九九三年に一五の町が、モンサントが後押しする「都市の美化計画」に参加を申し込んだことからも示される。モンサントは、路上の雑草を駆除する「雑草撲滅自主チーム」（ＳＷＡＴ）のボランティア・メンバーを募集した。「モンサントは人々の間に雑草恐怖症を広めることで、ラウンドアップは社会に奉仕する商品だというブランドイメージをつくろうとしたのですよ」[*2]と、ニューヨーク農薬オルタナティヴ同盟の幹部の一人、トレイシー・フリッシュは説明した。彼女はモンサントの「虚偽広告」を告発するキャンペーンを行なっている人物である。

二つの不正事件

モンサントの新たな人気商品であるラウンドアップには、きわめて早い時期から多くの疑義が呈されていた。それでもモンサントは、アメリカ環境保護庁（ＥＰＡ）の寛大な対処によって、その疑惑をずっとはねのけてきた。ＥＰＡのモンサントに対する姿勢は、いつも変わらない。そのことに読者は、もう驚かないだろう。ＰＣＢ、ダイオキシン、ラウンドアップについて、私がこの本で報告した事実は、どれも一九七五年から九五年までの時期に起こっている。したがって、どの商品についても閉鎖的な同じ防衛策がとられているからといって、まったく不思議ではないのだ。

一九八〇年代の初めに話題になった訴訟を思い出してほしい（第１章を参照）。それは、ノースブルックにある産業バイオテスト研究所（ＩＢＴ）に対する訴訟だった。この民間研究所の幹部の一人に、ポール・ライト博士という人物がいた。ライト博士はモンサントの毒性学者なのだが、健康へのＰＣＢの影響を研究するために、ＩＢＴに雇われたのである。ところでＩＢＴは、ＥＰＡときわめて親密な関係にある。というのもＩＢＴは、化学企業が製品の認可を得るにあたって、企業に代わって農薬をテストする業務を請け負う、北米の研究機関の一つだからである。ＥＰＡの役人たちがこの研究所の資料庫を調査したところ、その数十件もの研究が「でたらめ」な代物であり、この役所の慎重な言い方によれば「深刻な欠陥と不正確さ」をもつことがわかった。とりわけ動物実験で使用された「ラットやハツカネズミのおびただしい死亡数」を隠すために、「データの捏造が慣例的に行なわれている」ことがわかった。[*3]

そこで告発された研究の中に、グリホサートに関する三〇件の研究があった。[*4]「ＩＢＴの行なった研究は、その科学的正当性がおおいに疑われる」と、一九七八年にＥＰＡの毒性学者は記している。「なんとＩＢＴの研究者たちは、オスのウサギの子宮から採取した組織を検査した、と書いているくらいなのだから」[*5]

一九九一年、さらに別の事件がもちあがった。今度はクラヴェン研究所が、残留農薬濃度の測定結果を捏造していたのである。そのうち、ラウンドアップは、プラム、ジャガイモ、ぶどう、テンサイにおいても、また水と土においても残留物が測定されていた。[*6]『ニューヨーク・タイムズ』は「ＥＰＡの説明によれば、未加工あるいは加工済の食物において許容可能な残留農薬濃度を決定するにあたり、これらの研究は重要なものである。そしてＥＰＡは改竄された結果にもとづいて、ラウンドアップは健康に影響を与えないと宣言した。しかし、この農薬が本当に健康に影響を与えないかどうかは、けっして証明されていないのだ」[*7]。このような恒常的な研究結果の捏造により、研究所の所長は懲役五年の判決を言い渡された。

一方、これらの捏造研究を利用していたモンサントや他の化学企業のほうは、まったくお咎めなしであった。またもやＥＰＡは知らんぷりをしたのである。他方で、ＥＰＡの農薬・毒性物質部副部長であったリンダ・フィッシャーは、こう述べている。「私たちは、ラウンドアップが環境や健康に問題を生じさせるものとは思っていません。たしかに異議はありましたが、私たちはそのような問題が起こらないよう予防措置を設けたいと思っています。それは私自身の挑戦でもあるのです」[*8]

リンダ・フィッシャーは、ＥＰＡで一〇年間よく働いた後、一九九五年にはモンサントに雇われることになる。そして彼女は、モンサントのワシントン事務所の中心人物となり、連邦議会へのロビー活動を行なうようになる。その後、二〇〇一年五月に彼女はＥＰＡにふたたび戻り、ＥＰＡのナンバー２になるのだ。これは合衆国で「回転ドア」と呼ばれる事例の典型である。つまり、この事例は大企業と国家機関との間の共謀関係をよく示しているのだ（後でふたたび取り上げる）。

さしあたって、モンサントは、この二つの不正事件が企業イメージに与える影響をはっきりと認識していた。クラヴェン研究所が告発されてから一四年後の二〇〇五年六月、モンサントは一つの文書を発表した。その文書で、モンサントはいつもの厚かましさをもってこう述べている。「この事件がメディアに取り上げられ、また社会活動家たちによって弊社のデータの信憑性を疑うために利用された結果、弊社の評判に大きな傷がつきました。問題となった残留農薬検査は、事件の後にすべて再検査されました。新たな検査結果は信頼できるものであり、EPAもそのデータを信頼に足るものとして受け取りました」[*9]

たしかに、二つのスキャンダルの後、EPAは検査のやりなおしを命じた。しかし、キャロライン・コックスが『農薬改革ジャーナル』で強調しているように「検査結果の捏造は、あらゆる農薬の認可手続きに影を落としている」[*10]。しかし驚くことに、モンサントに「影」が落とされることはなかった。この会社は何もなかったかのように、「生分解性で環境に優しい」除草剤という触れ込みで、ラウンドアップの販売促進キャンペーンを続けていたのである……。

虚偽広告

それでも一九九六年には、ニューヨーク消費者保護・不正行為防止局に告発があったことにより、モンサントはアメリカ司法省との和解交渉を命じられている。その当時、アメリカ司法省は「除草剤ラウンドアップ（グリホサート）の安全性に関する虚偽広告」の調査に着手していた。デニス・C・ヴァッコの手による詳細な判定によると[*11]、司法省は、テレビや新聞で流されていたモンサントの多くの広告を点検した。その広告の中には、いかにももっともらしいものも含まれていた。「ラットを使用した実験によれば、グリホサートを大量に摂取しても、食塩より毒性が少ないことがわかっています」。「ラウンドアップは天然物質に分解されるので、子どもやペットが遊ぶような場所でもお使いいただけます」

これは「嘘のメッセージだ」と、デニス・ヴァッコは断言する。彼の判定によって、モンサントは罰金を課され、除草剤を「生分解性、環境に優しい、無毒、無害」などと宣伝することが禁じられた。さらに二年後、モンサントはカリフォルニアの園芸家が登場する新たな広告で、この除草剤を水源の近くでも使用できるような印象を与えたため、七万五〇〇〇ドルの罰金を支払わされた。[*12]

奇妙なことに、このアメリカ司法省の判定は、欧州委員会で話題になることもなければ、フランスの省庁でも話題にならなかった。ヨーロッパの国々は、モンサントが二〇〇〇年春に展開した広告キャンペーンを、おとなしく受け入れていた。しかし、かわいらしい犬がラウンドアップの染みついた骨にかぶりつくコマーシャルは、ブルターニュ河川協会を慌てさせた。そして河川協会は二〇〇一年一月、虚偽広告の件でモンサントのフランス支社を告訴し証人喚問した。

「科学的研究によって明らかにされたところでは、ブルターニュの河川には大量のグリホサートが混入しています」。二〇〇六年春の電話での会話で、ブルターニュ河川協会の代表者ジル・ユエが私に説明してくれた。[*13]彼は、二〇〇一年一月にブルターニュ健康地域オブザーバーが発表した報告を教えてくれた。実際、一九九八年にブルターニュの水域で実施されたサンプル採取では、サンプルの九五％に、〇・一マイクログラム／リットルという規制値を上回る濃度のグリホサートが見つかった。ヴィレーヌ川の支流であるセーシュ川では、その濃度は三・四マイクログラム／リットルに達した。ジル・ユエは述べる。「二〇〇一年に、欧州委員会がグリホサートを再度認可しました。しかし、その時委員会は、グリホサートを『水生生物に有毒』で『長期にわたり有害な影響を環境にもたらす可能性がある』ものに分類しています。欧州委員会には一貫性がありません。『生分解性』の『環境に優しい』製品が、ブルターニュの河川では『有毒で有害』なのですからね！」

まったくそのとおりだ。二〇〇四年の一一月四日、モンサントのフランス支社があるリヨンの軽罪裁判所で、モンサントの「虚偽広告、あるいは紛らわしい広告」に関する訴訟が開かれた。ブルターニュ河川協会が起こした訴訟は、予審に時間がかかったため、モンサントにとっては幸いなことに、二〇〇三年までその広告は流されつづけた。このリヨンでの裁判で、モンサントは単純なボイコット戦術をくり返し、またも二年の猶予を稼いだ。実際、裁判でモンサントの代表者たちは次々と欠席した。検事の言葉によると、彼らは「フランス本土に住所がないので、郵便を受け取らなかったと主張した」。そのため検事は、訴訟を二〇〇五年六月まで延期することにした。「モンサントは、有罪判決による企業イメージの悪化を避けるために、術策を弄して事務的ミスに見せかけたのではないか?」。二〇〇一年にブルターニュ河水訴訟原告団に加わった「UFC：何を選べばよいのか」消費者協会は、そのように疑問視した。毒舌家たちは「裁判延期のおかげで、モンサントは春の除草キャンペーンを無事に済ませることができたので、さぞかし売り上げを伸ばすことができたことだろう」と皮肉った。モンサント・フランス支社は、二〇〇四年にはグリホサート市場の六〇％を占めていた。これは「ラウンドアップ」の年間売り上げ三二〇〇トン分に相当する。ラウンドアップの販売量は、一九九七年から二〇〇二年の間に二倍になっていた。

ついに二〇〇七年一月二六日、リヨン軽罪裁判所で証人喚問が行なわれた。告訴から六年目のことである。まず、モンサント社およびスコッツ社のフランス支社の幹部たちは、一万五〇〇〇ユーロの罰金を命じられた。これは、引き伸ばし戦術に対する罰金である。判決によれば、「『生分解性』という用語や『土をきれいなままに』という表現を〔ラウンドアップシリーズの除草剤の〕パッケージやラベルに使用することは、〔……〕消費者に対して、使用直後から生物学的分解作用が生じると思わせ、この製品が全面的に無害であると信じ込ませようとするものである。しかし事実はそれと反対であり、この製品は土壌に恒久的に残留し、さらには地下水に浸透する怖れがある」

モンサントは控訴した。しかし、彼らにとっては残念なことに、フランスの司法当局は、モンサントが

「問題になった広告が放送されるより以前から、当該製品が環境に有毒であること」を知っていた、と判断した。というのも、「モンサント・グループの研究によれば、四週間かけて二％程度の生分解作用がみられたにすぎなかった」からである。またもや、この会社は公表した内容とはまったく正反対のデータを隠していたのである。モンサントは、なぜデータを隠しつづけたのだろうか。ここで、ワシントンの環境ワーキンググループの代表ケン・クックが、ＰＣＢについて述べたことを思い出そう（第1章参照）。「秘密にするほうが得なのです。たとえ制裁を受けることになっても、それはとても軽いのですから……」

問題だらけの農薬認可手続き

「このラベルに記載された内容は、市場流通の認可を受けるにあたり、農務省の規制機関に報告・提出された科学研究に依拠している」。二〇〇八年六月八日、価格競争と不正防止の方針を示した文書の中で、モンサント・フランス支社の役員の一人はこう書いた。たしかに、ここに書かれていることは正しい。というのも、そこには弁解じみた仕方はあるが、問題の所在が明らかにされているからだ。それは、フランスにおける（もちろん多くの先進諸国においても同様に）化学製品の認可手続きにかかわる問題である。しかも消費者にとっては困ったことに、そこでは不正と職権乱用がまかり通っているのだ。

もっとはっきり言えば、この「認可手続き」は、まったくイカサマとしか言いようがない。規制当局が信じさせようとしている内容とは反対に、この手続きは化学企業の善意に頼りきりなのである。つまり、製品の無害性を証明するための実験を行なうのは当の化学企業であり、規制当局は化学企業から提出されたデータにもとづいて判断するだけなのだ。もちろん、このデータは、多少なりとも有能かつ熱心で、いちおう利害関係のない「専門家」によって検証されることになっている。しかし、イギリス人のシェルドン・ランプトンとジョン・スタウバーの『われら専門家を信頼せよ！』[*14]や、フランス人ファブリス・ニコリノとフランソワ・ヴェイエレットの『農薬――フランスのスキャンダルを暴く』[15]を読めば、おびただしい数の有毒製品が、こうした「専門家」によって正式に承認された後に、ロングヒットを飛ばしていることがわかるだろう。このような「専門家」たちの名前は、官僚的かつ非民主的で、不透明な手続きによって隠されたままである。

このような事実からも想像がつくように、モンサントの歴史は一連の非常識な出来事から成り立っている。それは産業社会の歴史と不可分である。産業社会はモンサントに対して、有毒な化学物質を可能なかぎり管理することを強く求める。しかし可能なかぎり管理するということは、つまり何も管理しなくてもよいということだ。こうして第二次大戦後、有毒な化学物質が世界中を覆い尽くすことになった。まともな解決策は、人間や環境にとって危険なあらゆる化学物質の使用を禁止することだろう。しかし産業社会にとっては、そんなことよりも、巨大化学企業グループの利益を満足させるほうが重要である。「近代的」生活を営む消費者のことなど知ったことか、というわけだ。たとえ危険物質を規制するはめになっても、直接的な被害があり、しかも公に知られた場合だけにとどめておこうとするのだ。後は野となれ山となれ……。

農薬の歴史を知れば、このきわめて歪んだメカニズムの仕組みをよく理解することができる。ジュリー・マルクは、レンヌ大学に二〇〇四年提出した生物学の博士論文で、「農薬の使用は古代までさかのぼる」と強調している[16]。しかし、二〇世紀まで「虫殺しの薬」は自然由来のものであった。農民や造園家は、古きよき「ボルドー液」▼に使われる銅のように、鉱物から採られたものを使用し、それによって病気や寄生虫に痛めつけられた植物を治療したのである。工業的農業の発達は、化学農薬の大規模な使用とともに

▼ボルドー液：硫酸銅と生石灰でつくる古典的な農薬。フランスのボルドー地方で、ワイン用のブドウに使用されてきた。使用していても有機栽培の認定を受けられる数少ない農薬。

起こった。それらは、すでに見たように、有機塩素化合物の類に属しており、そのうち最初のものがDDTである。「植物治療製品」と名づけられたこれらの製品は――「殺」という概念を「治療」という婉曲な概念に置き換えるという、たいしたレトリックだ――、三つのカテゴリーを含んでいる。殺菌剤（菌類に対抗する）、殺虫剤（寄生虫を殺す）、除草剤（作物と競合する植物を枯らす）である。

それぞれの農薬は、「活性物質」（ラウンドアップの場合はグリホサート）と多数の補助剤からなる。これら補助剤は「不活性物質」とも呼ばれ、たとえば溶剤、分散凝固剤、界面活性剤があげられる。それらの目的は、活性成分の物理化学的特性および生物学的効果を高めることであり、それ自体は農薬としての効果をそなえていない。たとえばラウンドアップシリーズの製品は、一四・五％から七五％までグリホサート塩を含み、残りの成分は、主として一二種類以上の補助剤からなる。それらの「構成はしばしば秘密にされている」とジュリー・マルクは強調している。これら補助剤の役割は、葉に吹きかけられた滴が広がるのを助ける界面活性剤ポリエトキシル獣脂アミン▼（ＰＯＥＡ）のように、植物にグリホサートが染み込むのを可能にすることである。

フランスは、合衆国・日本に次いで世界第三位の農薬使用国であり、毎年一〇万トンの農薬が売られている。そのうち四〇％が除草剤で、三〇％が殺菌剤、三〇％が殺虫剤である。現在のフランスでは、五五〇種の活性成分と二七〇〇種の商業的配合が認可されている。ヨーロッパでは、世界の他の国々と同様、あらゆる新しい植物健康製品が、市場に出る前に認可手続きを経なければならない。農務省がひとたび正式に認可すると、一〇年間の販売が可能になる。この認可を得るために、企業は、製品の化学的・物理的・生物学的特性について研究室での試験や、同じく人間や動物、環境に対する毒性試験などの専門的書類を提出し、その製品の効果と無害性を証明しなければならない。ジュリー・マルクによれば、この「毒性学的書類」に書かれた実験結果は、どれも同じ結論が書かれている。つまり、どのような製品の実験結果にも、その製品が産業界で最高の製品であると賞賛され、その成分について何も心配することはないと書かれているのだ。

規制当局が要請するテストは、EUでも国によって多種多様である。まず、その製品が経口・経皮・吸入によってラット（あるいは別の動物）の体内に吸収された時、どのような影響を与えるかを測定する。とりわけ、取り扱い時の重大事故を避けるために、動物個体による分子の吸収・分布・代謝・排泄が測定され、いわゆる「致死量」が算出される。その数値としては、実験動物の五〇％が死ぬ量（LD50）あるいは濃度（LC50）が使用される。次に「亜急性毒性」が測定される。これは、製品がくり返し吸収された場合に体内器官、とりわけ肝臓と腎臓にもたらされる影響をさす。さらに、通常は九〇日から一年（場合によっては二年）に及ぶ実験を経て、専門家が無作用量（NOEL）と呼ぶ数値が確定される。これは、実験動物が製品を日常的に吸収しても影響がまったく見られない量の最大値である。無作用量の表示は、実験動物の体重一キログラム・一日あたりの摂取可能な上限重量（ミリグラム）で示されることもあれば、食品一キログラム当たり摂取可能な上限重量（ミリグラム）あるいは上限濃度（ppm）で表わされる場合がある。最後に、製品の「発ガン性」、「催奇性」（先天性奇形を引き起こす可能性）、「変異原性」（被験者のDNAを恒久的・伝達的に変化させる可能性）に関する検査が行なわれる。

これらの毒性学的研究のすべてを終えて、ようやく規制のための数値が明示されることになる。たとえば「一日摂取許容量（ADI）」は、使用者や消費者が生涯にわたって健康を害することなく一日に摂取可能な量を示している。しかし、この手続きのバカげていることは明白だ。というのも、その物質が哺乳類にとって有毒であることは最初からわかっているからだ。それを、その動物たちが病気になったり、死ん

▼ポリエトキシル獣脂アミン（POCA）：グリホサートの浸透を助けるとともに、それ自体の毒性も問題となる非イオン系の界面活性剤。日本の業界でいう「ポリオキシエチレンアルキルアミン」に相当する。

だりする前に、毎日どのくらいまで与えることができるかを算出するわけだ……。つづいて、その計算結果を人間の場合に置き換えて数値が決定される。しかし、どうしてラットやウサギで計算された結果が、私たち人間を中毒から守ることを保証できるというのだろうか？　さらに、私たちが日常的に摂取しているさまざまな有毒物質のあいだの相互作用はどうなっているのだろうか？　というのも、問題のADL（すなわち、有毒物質の「一日摂取許容量」）は、単に農薬だけでなく、着色料や保存料のような食品添加物にも関係しているからだ。しかし、この問題は見過ごされている……。いずれにせよ、「一日摂取許容量」がこれほど不安な数値だというのに、その計算は製造者が行なう実験に依拠しているというのだから、いっそう不安である。製造者の目的は、なによりも自分たちの製品を売ることなのだから……。

毒性試験では、新たな物質の人間に対する危険性を測定するだけでなく、その環境における挙動も調査される（たとえば、その物質の残留性、移動性、食物連鎖への吸収性、生分解能力など）。また鳥やミツバチ、魚、水生植物をはじめ、生態系に対する潜在的毒性（生態毒性）の調査も行なわれる。

最後に、この毒性検査の書類は、「農業利用における抗寄生生物製品の毒性研究委員会」によって検討され、この毒性研究委員会の所見が農務省に伝えられる。通常、農務省は、ヨーロッパの「植物健康常任委員会」の決定に従っている。この植物健康常任委員会は、認可された活性成分を有毒性の種類にもとづいて分類し（刺激性、腐食性、有害、有毒、非常に有毒）、その内容をラベルに表記する義務を課したうえで、リストに登録する。「フランスの国内機関および国際機関によれば、グリホサートは刺激性があるとみなされており、重篤な目の病気を引き起こすことがあるだけでなく、水生生物に対して有毒であると考えられている」と、ジュリー・マルクは報告している。「世界保健機関（WHO）、アメリカ環境保護庁（EPA）、そして欧州委員会が述べるところによれば、製造者の指示を守りさえすれば、グリホサートは人間の健康にまったく問題がないとされる。しかし、いくつかの疫学的研究では、グリホサート曝露とガン発生との間の相関関係が示されている……」

「ラウンドアップは、ガンを誘発する最初のステップ」

グリホサートを主成分とした除草剤を、規制機関が「人間に発ガン性はない」物質として分類していたころ、さまざまな疫学的研究が、まさに反対のことを示そうとしていた。たとえば、二〇〇一年にカナダのサスカチュワン大学が発表した研究では、グリホサートに一年に二日以上曝された人々は、まったく曝されたことのない人々に比べて、非ホジキンリンパ腫を発症する「確率」（相対危険度）が二倍以上であることが示された。[*17]

こうした結果は、二〇〇二年にスウェーデンのレンナート・ハーデル（ダイオキシン専門家）とその同僚が発表した研究によっても裏付けられている。彼らは、グリホサートを主成分とする除草剤の使用者四四二名の健康状態を、非使用者七四一名の対照グループと比較した。[*18] また、アメリカ国立ガン研究所（NCI）がアメリカ中西部の農民について行なった疫学的研究でも、同様の結果が認められた。[*19] さらに、合衆国アイオワ州およびノースカロライナ州において、民間で職業的に農薬を使用している五万四三一五人を対象とした疫学的研究も、グリホサートの使用と多発性骨髄腫の関連を示唆している。[*20]

フランスにおいては、ロスコフ生物学研究所の助成ロベール・ベレ教授のチームが、フランス国立科学研究センター（CNRS）とキュリー研究所の助成を受けて、グリホサート配合剤がウニの細胞に与える

▼計算結果を人間の場合に置き換えて：ヒトと実験動物では種差（ラットとヒトの違い）があるので、安全係数一〇をかけて、ラットの無作用量が一〇ppmならヒトへの許容量を一ppmにしようとか、個体差（個人差）もあるため安全係数を一〇〇にしよう、などという「検討」も行なわれる。

▼反対のこと：WHOの専門組織「国際がん研究機関」（IARC）は、二〇一五年三月、ラットの実験をもとに、グリホサートを「おそらく発がん性あり」とし、五段階で二番目にリスクの高い「2A」に分類した。

影響を研究した。ウニの初期発生は、細胞周期の研究にとってよく知られたモデルの一部である」とジュリー・マルクは、ブルターニュの研究所での研究にもとづく博士論文で書いている。実際、「ウニのモデル」の発見は、ガン発生の初期段階を理解するために重要なもので、二〇〇一年には、この発見により、イギリスの科学者ティム・ハントとポール・ナース、そしてアメリカの科学者リーランド・ハートウェルにノーベル生理学・医学賞が与えられている。

二〇〇〇年の初め、ロベール・ベレ教授は、農薬が健康にもたらす影響を調査するために、「ウニのモデル」を利用することにした。当時のベレ教授は、フランスやドイツの河川で確認された汚染がどれくらいの規模であるかを懸念していた。「フランスにおける地下水の水質データは、全体の三五％に汚染の疑いがあることを示していた」。ジュリー・マルクは入手可能なすべての研究を調べたうえで、そう述べている。「海水もまた、除草剤による汚染が広まり、永続化していることが明らかになった。〔……〕果物や野菜の摂取によって、人体にも同じように農薬が入り込むことになる。次の数値は憂慮すべきものである。フランス産の食用野菜の分析サンプルのうち、四九・五％が残留農薬を含んでおり、八・三％は最大値をはるかに超えていた[*21]」

これらの不安な数値の中でも、ブルターニュ地方の汚染を示す数値は記録的だった。この地方ではとくに水の汚染が深刻で、人体への影響が強く懸念される。ジュリー・マルクはこう報告する。「七五％のケースで、物質の併用に関する規制基準を超過している。しばしば一〇種以上の規制対象物質が、同一のサンプルから見つかっており、各物質の濃度は〇・一マイクログラム／リットルという規制値を超えている。この汚染の原因には、耕作地で使用されている農薬に加え、さらに耕作地以外で使用されている農薬も含まれる」。さらに彼は、規制の不十分さを指摘している。規制によれば、規制対象物質の水中の残留許容濃度は〇・一マイクログラム／リットルに定められている。しかし、この規制はたった一種類の除草剤に関するのみで、他の農薬との併用についてはまったく言及されていない。実際には、それらの併用は一般的に行なわれているにもかかわらず。また、それらの規制対象物質の相互作用についてもまったく言及されていないのだ……。

二〇〇〇年代初めにベレ教授は、除草剤が細胞分裂に及ぼす影響を測定することを、ブルターニュ地方議会に提案した。二〇〇六年九月二八日、私がロスコフの研究所を訪れた時、ベレ教授はこう言った。

「皮肉な話です。当時の私たちは、対照実験のためにラウンドアップを使おうと決めていました。この製品が全面的に無害だと思い込んでいたからです。あの骨をくわえた犬のCMが、そのような印象を与えていましたからね。ところが、この除草剤は、本来の実験対象である他の農薬以上に深刻な結果を出しました。びっくりしましたよ。それで私たちは、研究目的を変更することにしました。つまり、研究をラウンドアップのもたらす影響だけに絞ることにしたのです」

「その研究は、どのようなことをしたのですか？」と私は尋ねた。

「具体的には、まずウニに卵を生ませます。ウニは大量の卵子を生み出すことが特徴です。そして卵細胞に精子をかけます。それから、薄めたラウンドアップの液体に受精卵を入れます。断わっておきますが、農業で普通に使用されているよりも、はるかに低い濃度にしておきました。こうして、数百万個の受精卵の細胞分裂に、この製品がどのような影響を与えるのかを観察しました。すぐに私たちは、ラウンドアップが細胞分裂の重要なメカニズムに影響していることに気づきました。それは分裂そのもののメカニズムではなく、それをコントロールするメカニズムでした。この発見の重要性を理解するには、細胞分裂のメカニズムについて知っておかなければなりません。ある細胞が二つの娘細胞に分裂する時、DNAの型にもとづいて遺伝形質が二つに複製されるのですが、ここでとても多くのエラーが起きます。一つの細胞につき五万ものエラーが起こるのです。通常、それらの異常な細胞は、自動的に修復されたり、自然に死んだりといったプロセス（「アポトーシス」と呼ばれる）をたどります。しかし、DNAの損傷をコントロールする部分に問題があると、異常な細胞が自然死や修復のプロセスから逸脱する現象が起こります。ラウンドアップはこの『チェックポイント』を傷つけるのです。だからこそ私たちは、ラウンドアップはガンにいたる最初の段階を引き起こす、と言ったのです。というのも、そのように傷ついた細胞は、修復メカニズムから逸脱することで、永続的に残ってしまうからです。その細胞は、遺伝的に不安定な形のまま残ります。現在では、そのような細胞がガンの原因になり、後に三〇や四〇ものガン細胞へと増殖することがわかっています」

「ラウンドアップのどの成分が細胞分裂に影響するのか、突き止められたのでしょうか？」

「それは重要な質問です！　私たちは純粋なグリホサートを使った実験も行ないました。つまり、ラウンドアップに含まれている補助剤なしで実験したわけです。しかし、この場合には影響が確認されませんでした。つまり、有毒なのはラウンドアップであり、その主要な活性成分であるグリホサートではないのです。ところで、ラウンドアップが認可された時の試験を精査してみたところ、驚くことに、その試験はグリホサートだけで行なわれていたのです……。実をいえば、純粋なグリホサートにはいかなる効果もありません。除草効果さえありません。なぜなら、それだけでは細胞へ侵入することもなく、したがって細胞に影響を与えることもないからです。この事実を考えると、ラウンドアップの認可は、非常に問題なのです。ラウンドアップに使われている多数の補助剤に目を向け、それらの相互作用を真剣に取り上げる必要があるでしょう」

問題の補助剤の中でも、とりわけポリエトキシル獣脂アミン（ＰＯＥＡ）は、その凄まじい毒性が多数の研究で確認されている。しかしラウンドアップには、名前の挙がっていない他の不活性成分も含まれている。というのも、「企業秘密」を盾に、製造者はそれらの正体を明かさないからである。[*22] さらに忘れてはいけないが、グリホサートの生分解作用によって産出される主要物質アミノメチルホスホン酸の半減期は、とても長い。

認可手続きの明らかな欠陥に対して、ある勇敢な科学者たち、たとえば「社会・科学研究所」のメイワン・ホー博士▼（英国）やジョー・カミンズ教授（カナダ）は、世界中でもっとも使用されている除草剤ラウンドアップの規制を早急に見直すよう求めている。[*23] 私が「勇敢な」と言ったのは、ベレ教授の物語が証明するように――証明が必要であればだが――モンサントのような会社の製品に文句を付けるとただでは済まないからだ。

「もちろんすぐに、私たちの研究結果がラウンドアップ使用者にどれほど影響を与えるかを、私たちは理解しました」と、ベレ教授は話す。「なぜなら、最初の実験で細胞分裂に障害を引き起こしたラウンドアップの濃度は、撒布用に推奨されている濃度の二五〇〇倍も薄めてあったのですから。実際、ほんの一滴だけで細胞分裂のプロセスに影響するには十分なのです。具体的にいえば、ラウンドアップを安全に使用するためには、ただツナギを着てマスクをするだけでは不十分で、周囲五〇〇メートル以内に誰もいないことを確認しなければなりません……。お人好しかもしれませんが、私たちは、モンサントはこのことを知らなかったに違いないと話していました。というのも、このようなことは使用注意書では推奨されていませんでしたからね。それで私たちは研究の発表の前に、この研究結果を彼らに伝えてあげたのです。[*24] しかし、モンサントの反応にはまったく驚かされました。私たちの結果を真剣に検討するどころか、あの会社は少々攻撃的な回答を返してきたのです。あらゆる規制機関がラウンドアップには人間に対する発ガン性がないと結論しており、いずれにせよ、ウニのガンは人間には無関係だ、と言ってきたのですから。科学的な議論などまったくありません！『ウニのモデル』の発見がノーベル賞を受けたのは、ウニの細胞で測定された効果が人間に完全に置き換えられることが明らかにされたからだ、ということさえモンサント

▼メイワン・ホー博士：邦訳書として『遺伝子を操作する――ばら色の約束が悪夢に変わるとき』（小沢元彦訳、三交社、二〇〇〇年）がある。

は知らなかったのです……」

「あなた方の助成組織であるＣＮＲＳとキュリー研究所は、どのような反応をしたのですか？」

「実をいえば、そちらの反応のほうに私たちはもっと驚かされました」と、ベレ教授は少し沈黙した後に答えた。「数名の代表たちがロスコフを訪れ、私たちに対して、大衆メディアに研究結果を伝えないようにと頼んできたのです。騒ぎになるといけないから、と……」

「なぜ彼らは、そのようなことを頼んだのでしょうか？」

「私自身、その理由をずっと考えていました……。現在の私はこう思っています。おそらく彼らは、波風が立つことでＧＭＯ（遺伝子組み換え作物）の開発が偏見にさらされたくなかったのだろう、と。ご存知のように、問題になっているモンサントのＧＭＯは、ラウンドアップに耐性をもつように遺伝子を操作されたものですから……」

「あなたの経歴に、傷が付くことはありませんか？」

「私は、なにも恐れていませんよ」と研究者はつぶやく。「どうせすぐに引退する身ですし、もう研究室を運営してもいません。ですから今日、私はこうやってお話することにしたのです……」

「胎児の殺戮者」

「ＧＭＯの開発を妨げないこと」。ジル＝エリック・セラリーニは、ラウンドアップの毒性に公権力がこれほど動きが鈍いことの唯一の理由として、そう述べている。セラリーニはカーン大学の教授であり、生化学者であり、フランス生物分子工学委員会のメンバーである。この委員会は、ＧＭＯの健康への影響をもっと研究することを要求している遺伝子工学独立研究情報委員会（ＣＲＩＩＧＥＮ）と同じく、遺伝子組み換え作物の（畑での）実地試験を要求するための予備的調査研究を行なっている。

セラリーニ教授はいくつかの研究で、人間の健康に対するラウンドアップの影響と効果を測定しようとした。二〇〇六年一一月一〇日、カーン大学の研究室で、彼はその理由を説明してくれた。「私がラウンドアップに興味をもったのは、ラウンドアップを吸収しても枯れないように遺伝子操作されたGMOが、食品として市場に出回ったからです。つまり、ラウンドアップの残留物▼が、遺伝子操作された大豆やトウモロコシの粒に含まれているのです。また、カナダで行なわれた疫学的研究を読んで、ラウンドアップを使用している農業生産者の夫婦に、一般の人々よりも多く、流産や早産が見られることを知ったからです」

カールトン大学によるオンタリオ州の農民家庭に関する研究では、妊娠三か月前にグリホサートを使用した場合、妊娠一二週から一九週にかけて流産する危険が増えることが報告されている。*25 また、北米地域の農民家庭に関する別の研究によると、ラウンドアップを畑で撒布した農民の七〇％に、撒布当日の尿の汚染が発見された。彼らの尿に含まれたラウンドアップの濃度は、平均三マイクログラム／リットル、最

▼ジル＝エリック・セラリーニ：邦訳書に、『食卓の不都合な真実——健康と環境を破壊する遺伝子組み換え作物・農薬と巨大バイオ企業の闇』（中原毅志訳、明石書店、二〇一四年）、出演しているドキュメント映画に『世界が食べられなくなる日』（ジャン＝ポール・ジョー監督、アップリンク配給、二〇一二年）がある。ともに、GMO問題を考えるための基本資料である。

▼ラウンドアップの残留物：通常の大豆に比べて、ラウンドアップ耐性大豆は、ラウンドアップの残留量が必ず増える。小若順一制作『不安な遺伝子操作食品』（VHSビデオ、日本子孫基金〔現・食品と暮らしの安全基金〕、一九九七年）、河田昌東「遺伝子組み換え——理想にほど遠い現実」（『消費者リポート』二〇〇〇年一〇月七日号）、河田昌東「やっぱり、収穫量は落ち、農薬使用量は増えていた」（『消費者リポート』二〇〇一年六月二七日号、日本消費者連盟）などを参照。

高で二三三マイクログラム／リットルであった。[*26]

同様にテキサス工科大学のある研究室は、ライディッヒ細胞（睾丸内にあり、男性生殖器の働きにおいて重要な役割を担う）がラウンドアップに曝された場合、性ホルモンの生産が九四%も減少することを明らかにした。[*27] 最後に、ブラジルの研究者たちは、妊娠中のラットがラウンドアップに曝露すると、きわめて多くの割合で骨格に奇形のある子どもが産まれることを確認した。[*28]

これらの結果は、いずれもセラリーニ教授のチームが行なった二つの研究でも確認された。セラリーニ教授たちは、ラウンドアップの毒性を測るために、まずヒトの胎盤の細胞に関する実験を行ない、次いで胎芽［受精後八週間未満の胎児］の細胞に関する実験を行なった。[*29] 彼は、この実験について詳しく説明してくれた。「この胎芽細胞は、研究室で培養した胎芽の腎臓細胞から取ってきました。そうすると、まったく胎芽を破壊せずに済むのです」

「どのような実験だったのですか？」

「きわめて希釈率の高い〇・〇〇一%から、実際に農作業で使用されている濃度、つまり一～二%に希釈したラウンドアップまで、さまざまに濃度が異なるラウンドアップ溶液に細胞を浸してみました。また、曝露の程度も区別しました。ラウンドアップが性ホルモンの産出に関与する『細胞呼吸』に影響を与える時期を特定するためです。実験の結果、ＧＭＯ食品の規制で残留許容濃度として認められている濃度であっても、ラウンドアップは人間の胎盤細胞を数時間のうちに完全に殺してしまうことがわかりました。ようするに、人間の胎芽に由来する細胞を殺してしまうわけです」

そして教授はノートパソコンを開いて、実験の写真を見せてくれた。最初、それぞれ分離されてある透明の細胞が映った。それぞれの中心に、影のような小さな染みがあり、それが細胞の核である。ラウンドアップに曝露して一日たつと、それらの細胞は溶けて、不定形の暗い塊となる。ジル＝エリック・セラリーニの言葉を借りれば「ピューレのようなもの」だ。「この製品の影響を受けると、細胞は収縮を開始し、それから呼吸することができなくなり、窒息死します。はっきり言いますが、この結果は農業で使用されているより明らかに少ない量でも得られました。というのも、例えばこの写真の場合、〇・〇五％の濃度です。だからこそ私は、ラウンドアップは『胎児の殺戮者』だと言っているのです。もっと濃度を薄めると――店で買ってきた製品を、一万倍から一〇万倍薄めることになるわけですが――、細胞を殺すことはなくなりますが、性ホルモンの生産は阻害されることが明らかになっています。これもやはり深刻なことです。というのも、性ホルモンのおかげで、胎児は骨を発達させたり、将来の生殖器系を形成したりできるからです。これらの結果から、ラウンドアップは内分泌腺にも異常をもたらす内分泌攪乱物質〔一般には「環境ホルモン」の名で知られる〕と結論されます」

「ラウンドアップの場合とグリホサートだけの場合で、結果を比較しましたか？」

「もちろん！　ラウンドアップはグリホサートよりも有毒であることが確認されました。ラウンドアップの認可の前提になった実験は、活性成分〔グリホサート〕だけで行なわれましたけれど。そこで私は、農業を管轄する欧州委員に連絡を取りました。彼らは、それは問題だと認めましたが、その後で何もしませんでした……」

「フランスの行政機関は、どう言いましたか？」

「ああ」と、生物学者はため息をついた。「まず、この種の研究をする場合、制度的予算を得ることは不可能であると知っておかねばなりません。フランスでは、多くの工業国と同じく、一研究室が化学製品の有毒性に関する疫学的研究や科学的な反対鑑定をしようとしても、利益が、つまりお金が出ないのです。化学製品は日常生活に浸透しているというのに。しかし、公衆衛生の観点からすると緊急事態だと思います。というのも、私たちの体組織は、文字どおり『汚染物質のスポンジ』になったのですから。ヒトの胎児のあらゆるゲノムに、数百種もの有毒物質が付着するのです。炭化水素にダイオキシン、農薬、プラスチックや接着剤の残留物……。これらの製品は、水には溶けず、体内の脂肪に蓄積し、濃縮されていきます。その長期的な結果がどのようになるのか、誰にもわからないのです。問題は、公権力がそれをまったく知ろうとしないことです。公権力は、ブタを人工授精させるための注入用ストローを改良する研究には、よろこんで資金を提供します。しかし、世界でもっとも売られている除草剤の有毒性を確認する研究には金を出さないのです。私の場合は、民間の資金提供者を見つけなければなりませんでした。結局、『人間的大地のための基金』から資金を援助してもらえました。しかし、このような冒険に身を投じようとする若い学者がいるでしょうか？　制度的な支援を受けられなくなることを知りながら」

　そもそも、セラリーニ教授にインタビューと撮影をしていた時、カーン大学の彼の研究室には、不思議なことに他に誰もいなかった。「博士課程の学生は、誰も私のそばにいたくないのです」と彼は説明した。「私の発言に関係して、職歴が危うくなることが怖いからです」

　権力から独立した科学の国〔フランスのことを指す皮肉〕へようこそ！「KGBの雰囲気と同じ」とEPAの内部告発者ウィリアム・サンジュールは揶揄したが、それが北米の規制機関だけに限られた話でないことは明らかだ……。二〇〇五年二月に『環境保健パースペクティブ』誌〔米国の国立環境保健科学研究所が発行する学術誌〕で発表されたセラリーニ教授の論文に対するフランス国民議会の反応が、その証明になるだろう。彼の論文は、「GMOの実験上および使用上の問題に関する情報収集」の報告者によって容赦なく批判された。その批判者はクリスチャン・メナールという医師であり、フィニステール県選出の議員である。メナール議員は、二〇〇五年四月の公式報告でこう述べている。

「最近、グリホサートおよびグリホサートを主成分とする製品の毒性に関して、ジル＝エリック・セラリーニ教授が研究を発表しました。しかし、そこでサラリーニ教授が導き出した結論には、どうも釈然としない点があります。〔……〕実験の手続きと結論には、おおいに議論の余地があります。〔……〕とりわけ、内分泌腺を攪乱するという概念それ自体が不明瞭です。国際的な科学委員会の意見が一致するところによれば、内分泌腺を攪乱することが疑われている物質と、ヒトの発症との間の因果関係は、現時点では実験による証明がなされていません」[*30]

この報告者は「複数の除草剤を正しく比較するために、それらの除草剤の使用に関する疫学的研究を行なう必要性〔……〕を強調」しているが、それは自分の尻尾に噛みつく蛇のようなものだ。そもそも、公権力は研究室に「疑いのある物質」の毒性について研究することを勧めてはいない。したがって、「実験による証明」はほとんどない（あったとしても異議を唱えられる）。こうして、結局は「問題なし」という結論が出されるのだ……。

コロンビアでの「枯葉作戦」

政治家、巨大化学企業、国際科学委員会の共謀により、今日もなお、世界中で農薬の使用は増える一方である。見積もりによると、地球上の耕作地では二五〇〇万トンの「植物健康製品」が使用されているが、「対象の作物に接触しているのは、その〇・三％にすぎない。というのも、撒布された農薬の九九・七％は別のところ、すなわち環境・土壌・水に浸透しているからだ」と、ジュリー・マルクは博士論文で述べている。[*31] たとえば、世界で最も使用されている除草剤によって川や池が汚染され、カエルの生息数が減っているという話もある。そのことを明らかにしたのは、二〇〇五年にリック・リライアが発表した研究である。[*32] ペンシルバニア州のピッツバーグ大学の研究者であるリック・リライアは、二種類の殺虫剤（セヴィンとマラチオン）と二種類の除草剤（ラウンドアップと2,4-D）が、池に住む二五種の動物（カタツムリ、オタマジャクシ、甲殻類、昆虫）の生息数に与える影響を観察した。それらの動物は、池の水で満たされた四つの水槽に入れられた。それぞれの水槽には、製造者の推奨する濃度に薄められた農薬が入れられた。その結果は明白だった。「ラウンドアップを加えた水槽では、翌日以降、水面のあちこちに死んだオタマジャクシが浮かんできた」とリック・リライアは報告する。「植物を枯れさせる作用で知られるラウンドアップが、両生類も殺すという事実は衝撃的であった」[*33]。さらに彼は、2,4-Dと二つの殺虫剤が、池の生物たちにまったく被害を与えなかったことも付け加えている……。

しかし、「植物健康製品」のもたらす汚染に苦しんでいるのは動物ばかりではない。「農薬による中毒事故の件数は、世界中で年間一〇〇万件以上と見積もられており、そのうち死亡事故は二万件に達する」とジュリー・マルクは示している。「農薬を使用した自殺も含めると、中毒事故は三〇〇万件に達し、それによって二二万人が死んでいる」。この陰鬱なリストで、ラウンドアップは特別な地位を占めている。というのも、ラウンドアップは、自殺志願者のお気に入りの除草剤だからだ。ラウンドアップ摂取による自殺例一三一件について台湾で行なわれた研究によれば、その大多数が激しく苦しんだ末に死亡した。具体的には、呼吸困難、激しい嘔吐、下痢をともなう水腫である[*34]。日本の研究では、この除草剤の致死量が見積もられている。それは、およそ二〇〇ミリリットル、コーヒーカップの四分の三である……。

一九九六年に雑誌『農薬ニュース』で報告されたところによれば、たとえば英国やカリフォルニア州で記録された農薬中毒の告訴で、ラウンドアップ中毒はもっとも多い割合を占めている[*35]。中毒症状はつねに同じで、目の炎症、視覚障害、頭痛、皮膚の荒れや炎症、吐き気、喉の乾き、喘息、呼吸困難、鼻血、眩暈である。

この文章を書きながら、私は、コロンビアのインディオや農民たちが日々味わっている苦難を思わずにはいられなかった。それは、合衆国政府の「コロンビア計画」がもたらした災厄▼である。二〇〇〇年六月、ボゴタ政権の積極的な支持のもとで準備されたこの計画は、コカ栽培を根絶やしにすることを目的としていた。コロンビアのコカ栽培によって国際市場にコカインが流れ、その利益の一部がコロンビア・ゲリラの運動の資金へと回されている。そこでコカ栽培を根絶するために、ラウンドアップの空中散布が行なわれた。二〇〇〇～〇六年に、三〇万ヘクタールほどの大地がラウンドアップによって覆われた。空中撒布の対象になったのは、主としてカウカ県・ナリニョ県・プトゥマヨ県（いずれの県もエクアドルとの国境地帯）である。その土地に生きる人々も、この「コロンビアの〝オレンジ剤〟〔ラウンドアップのこと〕」の被害を受けた。プトゥマヨ県（いくつものインディオの村落を抱える）だけで、三〇万人が中毒になった。状況はきわめて悲惨であった。そのため二〇〇二年一月、国連ＮＧＯに登録されているアースジャスティス・リーガル・ディフェンス基金は、国連人権委員会および国連経済社会理事会に、この問題への対処を依頼した。このＮＧＯの報告書には、現地で確認された病気のリストが掲載されている。「胃腸障害（激しい出血、吐き気、嘔吐）、睾丸炎、高熱、眩暈、呼吸不全、皮膚炎、深刻な目の炎症。除草剤撒布により流産と奇形児の出産が予想される」[*36]。さらに、「この撒布は、一五〇〇ヘクタール以上の食料耕作地を破壊した（キャッサバ、トウモロコシ、葉バナナ、トマト、サトウキビ、牧草）。また果樹を破壊し、動物（牛やニワトリ）を殺した。〔……〕この状況は、環境破壊と人権問題の関係を明らかに示している。というのも、コロンビア作戦における除草剤の撒布は、空気や水、土、そして生物多様性に対する重大な破壊を引き起こしただけでなく、人権に対する侵害も引き起こしているからである」

　この報告において、使用された除草剤が「ラウンドアップ・ウルトラ」であったことがわかる。さらにコロンビアで製造された二種類の界面活性剤（コスモス・フルックス－４１１ｆとコスモ・イン・Ｄ）が添加されていた。これらの界面活性剤により、モンサントの除草剤の「効率」が四倍にもなるという。さらにアメリカ軍の指導によりコロンビア軍が予行演習を行なった時の濃度は、「合衆国の環境保護庁が空中散布に際して推奨した濃度の五倍」であった。最後に、「使用方法は、製造者の推奨を無視したものであった。製造者は、この製品を、植物の最上部より三メートル以上の上空から撒布しないように注意し

▼「コロンビア計画」がもたらした災厄：「コロンビア枯葉作戦」とも呼ばれている。以下を参照。「時時刻刻　濃度一〇〇倍……除草剤被害、飛び火　コロンビア散布→エクアドルＳＯＳ」（『朝日新聞』二〇〇七年二月四日二面掲載）。

ている。一方、コロンビアの麻薬取締警察によれば、飛行機は一〇メートルから一五メートルの高さで飛行した」。もちろん、このために数百メートルにわたって除草剤が大気中を運ばれていった……。

この事件――またもやモンサントに利益をもたらした――に対して、どう言えばいいのだろうか？　せいぜい、ラウンドアップ・ウルトラの「使用上の注意」の変化について語るのが関の山である。現在、合衆国で売られている缶には、次のような「使用上の注意」が記載されている。「ラウンドアップは、生長途中の緑色植物ほとんどすべてを殺します。ラウンドアップは、池・湖・川のような水場の近くで使用してはいけません。ラウンドアップは、水生生物に有毒である可能性があります。ラウンドアップが完全に乾くまでの間、人や家庭動物（猫や犬）は、撒布した場所の外にいるようにしてください。ウマ、ウシ、ヒツジ、ヤギ、ウサギ、カメなどの家畜に対して、散布後二週間の間はその草を食べさせないことを推奨します。ブドウのような果樹や実のなる木の雑草を駆除するためにラウンドアップを使用する場合、三週間はその果実や木の実を食べないように注意してください」

このような「使用上の注意」は、北米の消費者団体らの告発によって勝ち取られたものである。もちろん、コロンビアの小農民やインディオにとって、その注意書きはなにも役立たなかった。モンサントは、その忌まわしい過去から教訓を引き出し、市民の健康が問題になって以来、現在ではもっと慎重になっていると考える人もいるかもしれない。しかし、それは短絡的な考えである。というのも、これから牛成長ホルモンの歴史を通じて見ていくように、この会社に反省した様子はまったく見られないのだから……。

第5章

牛成長ホルモン問題(1)

——手なずけられた食品医薬品局

ポジラックの使用により、牛乳の化学的成分が変化することはありません。したがって、牛乳の性質と味も変わりません。

——モンサントのウェブサイト

「この事件は、まるで地獄めぐりのようでした……。私は、この国の人々のために働こうと考えてFDA〔アメリカ食品医薬品局〕に入りました。しかし、そこでわかったのは、この役所が、市民の健康の保護者としての役割を放棄して、工業会社の利益の保護者になっていたことです」

二〇〇六年七月二一日、私がリチャード・バロウズ博士に会ったのは、その「事件」から約二〇年後のことだった。バロウズ博士は、終始、話をするのがつらそうだった。「あまりにも苦しいことだったので……」と、彼は締め付けられるような声で述べた。「思い出すたびに、自分が足場を失って消えてしまうような、そんな気分になります。自分が危険だと判断した製品の市販に反対したという理由でＦＤＡを解雇されたことは、今でも受け入れることができません！　私は忠実に職務を実行しただけだというのに！」

バロウズ博士が少し取り乱すのを目にしながら、私は、ダイオキシンに関するモンサントの研究の妥当性に疑いを投げかける報告書を書いたＥＰＡの二人の科学者、ケイト・ジェンキンスとウィリアム・サンジュールの話を思い出していた（第３章参照）。そして、後に本書で紹介する人々に思いを馳せた。カナダ厚生省のシヴ・チョプラ、ロウェット研究所のアーパド・パズタイ、バークレー校のイグナシオ・チャペラ、そしてジャーナリストのジェーン・エイカーとスティーブ・ウィルソン。彼らはみな、自分が内部告発をした時の経験を話しはじめると、同じように声が詰まっていた。なかでもリチャード・バロウズの物語は、その典型的な事例だった。

ＦＤＡからの突然の解雇

コーネル大学で学位を取得したこの獣医師は、はじめニューヨーク州で開業獣医師として働いていた。彼の両親は、この州で乳牛を飼育しながら生活していた。「私は牛が大好きでしてね」と六〇歳のバロウズ博士は、ふと笑顔を浮かべて言った。「牛のために、この仕事を選んだんですよ！」。一九七九年、彼は食品医薬品局に就職し、そこで毒性学の研修を受けることを提案された。「私は、生まれ故郷を離れてワシントンに赴任することになりました。というのも、それは『不可欠な仕事』だったからです！」。たしかに、それは彼にとっても、他の誰にとっても「不可欠な仕事」だった。これまでの人生の中で、誰もが一度は、次のような言葉を耳にしたことがあるだろう。「この製品は合衆国で認可されており、安全です」。誰が認可したのか？　アメリカ食品医薬品局（ＦＤＡ）である。

一九三〇年に設立されたＦＤＡは、人間や動物が消費する食料品や薬品が市販されるにあたり、その認可を行なう機関である。そのバイブルは、一九三八年にフランクリン・ルーズベルト大統領が署名した「連邦食品医薬品化粧品法」である。この強制力のある法律が、FDAの権威の源泉になっている。そもそも、この法律が制定されたのは、アメリカ国内で起きたある事件に対処するためであった。制定の一年前、スルファニルアミド・エリキシール▼を飲んだために、一〇〇人あまりの人々が死亡するという事件が起こった。そして、この薬に使われていた溶剤の致死性が明らかになった。そこで「連邦食品医薬品化粧品法」は、新たな物質を含むあらゆる製品は、市販される前に、企業による試験を経たうえで、FDAの認可手続きを受けることを定めた。一九五八年、この法律は、「デラニー改正法」▼により補完された。これは、もし製品に発ガン性が少しでも認められた場合、その市販を禁じることを明記している。それでも、FDAが動物実験や毒性学的研究を行なうことはなく、製造会社が提供するデータの検証だけで済ませることは、記憶しておかなければならない。

かくして、一九八五年、FDAの獣医学センター（CVM）で働いていたバロウズ博士は、牛成長ホルモンの市販認可申請の検討を行なう業務を担当することになった。牛成長ホルモンは、正式名称はソマトロピン（BST）といい、モンサントの遺伝子組み換え技術によって作られたもの▼で、月に二回ほど牛に注射することで、乳の分泌量を少なくとも一五％増大させるというものであった。「CVMにとって、

▼スルファニルアミド・エリキシール：テネシー州のS・E・マッセンギル社が市販した抗菌剤シロップ。
▼デラニー改正法（原注）：ニューヨーク州民主党議員ジェイムス・デラニーの名にちなんだ法律。もし彼が本書を読むことができたとしたら、墓の下でひっくり返ることだろう。
▼モンサントの遺伝子組み換え技術によって作られた：一九七〇年代には、ほかにも三社が遺伝子組み換えホルモンの製造に成功していた。イーライ・リリー社系列のエランコ社、アップジョン社、アメリカン・シアナミド社である。しかし、このレースで最後に勝ち残ったのはモンサントだけだった。

それはまったくもって革命的な製品でした」とリチャード・バロウズは言う。「なぜなら、私たちが検証した最初の遺伝子組み換え医薬品だったからです」

ソマトトロピンは、分娩の後に牛の脳下垂体で大量に分泌される天然ホルモンで、体組織に作用することによって体内に貯蔵された栄養を動員し、乳の分泌を促進する。一九三六年にソビエトの科学者がソマトトロピンの働きを明らかにして以来、畜産業に関係する研究施設は、家畜の生産性を増大させるためにこのホルモンを再現しようとした。しかし、その努力はむなしい結果に終わった。というのも、一頭の動物に必要な一日分の催乳ホルモンの量を手に入れるために、二〇頭の牛を犠牲にしなければならなかったからだ……。一九七〇年代の終わり、モンサントから資金を提供された研究者たちが、このホルモンを生産する遺伝子を特定した。さらに彼らは、それを遺伝子操作によりエシェリヒア・コリ菌（大腸菌の正式名称で、人間を含む哺乳類の腸内細菌叢に住む細菌）に組み込み、この催乳ホルモンの大規模な製造を可能にした。モンサントは、遺伝子操作を施したこのホルモンに、「遺伝子組み換え牛ソマトトロピン」（ｒＢＳＴ）または「遺伝子組み換え牛成長ホルモン」（ｒＢＧＨ）という二つの名称を与えた。一九八〇年代初頭からモンサントは、この製品を自社農場だけでなく、バーモント大学やコーネル大学と共同して、実験を重ねている。

「モンサントが提出した書類は、積み上げると私の背丈と同じくらいの高さになりました」と、リチャード・バロウズは言った。彼の背丈は一八〇センチはある。「ＦＤＡの規定で、私たちはデータの分析を一八〇日の間に終わらせなければなりません。ですから、膨大なデータを提出するのは、私たちに検討する気を失わせようとする企業側の策略なのです。そのデータが、単にｒＢＧＨにより乳の産出が活性化したことを示すだけのものだったことは、一目瞭然でした。モンサントの科学者たちは、重大な問題を無視していました。つまり、生理学的な見地から見て、自然な許容範囲を超えて乳を出すことが、どのような影響を牛に与えるのか。牛が健康を損なわずに生きていけるために、どのような世話が必要になるのか。どのような病気が生じる可能性があるか。こうした問題です。というのも、牛たちは確実に乳房炎を発症することになるからです。乳房炎というのは、泌乳量の多い牛によく見られる乳房の炎症です。この問題を、モンサントの科学者たちは一切考えていませんでした」

「牛の乳房炎は、消費者にも問題を引き起こすのでしょうか？」

「もちろん。牛がこの病気になると、白血球が増加します。つまり、牛乳に膿が混ざるのです！　また、牛を治療するために抗生物質を使わなければならないのですが、この抗生物質が牛乳中に残留する可能性があります。ですから、とても深刻な問題なのです……。さらに、遺伝子操作されたホルモンのために、牛の自然な周期がめちゃくちゃになることも理解せねばなりません。通常、牛の分娩後にソマトトロピンの生産がはじまります。それで牛は、子牛に乳を与えることができるようになります。子牛が大きくなるにつれて、ホルモンの分泌はゆるやかになり、最終的に停止します。そのため、乳の生産を再開するためには、新しい子牛を産まなければなりません。一方、ｒＢＧＨは、自然の周期とは無関係に、乳の産出を人工的に維持させます。このため、牛にとっては、繁殖に大きな問題が生じますし、そうなると飼育者にとっては金銭的な損害が生じることになります。私がモンサントのデータを検証した時には、そのようなデータがまったく欠けていたのです。そこで私は、モンサントに実験を再検討することを要求しました。これには二、三年かかりました。というのも、有効な研究を行なうためには、すくなくとも三周期にわたって牛たちの変化を追う必要があるからです……」

「新たな結果はどうでしたか？」

▼二つの名称（原注）：現在、「ｒＢＳＴ」と「ｒＢＧＨ」という二つの名称が用いられているが、いずれを使用するかは立場によって異なる。モンサントは、この製品が人工ホルモンであることをごまかそうとして、つねに「ｒＢＳＴ」と呼んでいる。他方、モンサントへの批判者は「ｒＢＧＨ」と呼んでいる。

「科学的な観点から見て、モンサントの研究はきわめて水準の低いものでした。たとえば、遺伝子組み換えホルモン剤が乳房炎にもたらす影響を調べるためには、このホルモン剤を注入された飼育グループと、それと厳密に同じ状況で飼育されながらもホルモン剤を注入されないグループ、つまり対照グループを定める必要があります。ところがモンサントは、ホルモン剤を注入した牛と注入していない牛を、あちこちの実験場に散らばらせていました。そのため、実験結果がごたまぜになっていました。結局、私はふたたび方針を定め直す必要に迫られました。また、牛の器官と組織へのホルモンの影響を分析する研究所の一つを訪れて、とても驚いたことがありました。なんと、腎臓を紛失していることがわかったのです！　こうした技術的欠陥があったにもかかわらず、それでも研究は、明らかに乳房炎の頻度が高いという結果を示していました……」

「そのことを、ＦＤＡの上司に伝えましたか？」

「ええ」とバロウズ博士は答えた。「最初は、上司たちはきちんと対応しました……」

　実際、一九八八年三月四日の日付がある資料で、ＦＤＡの獣医学センター（ＣＶＭ）の医薬品部門の責任者リチャード・Ｐ・レーマンは、部下のバロウズ博士が抱いている懸念を、モンサントのテレンス・ハーヴィーに伝えている。「御社の要求を検討しましたが、御社の提出書類が不完全であることがわかりました」と彼は書いている。「実験は不十分です。〔……〕実験グループにおける乳房炎の臨床的影響が明白に検証されていません。〔……〕乳房炎の治療のためにどのような処置を行なったのかを明らかにしてもらわなければなりません。〔……〕ゲンタマイシンとテトラサイクリン〔両者とも抗生物質〕の使用は、乳牛における乳房炎の治療には許可されていないことを注意しておきます。〔……〕実験においてプロゲステロンとプロスタグランジンが使用されているため、牛の繁殖に関する御社のデータは信頼性に問題があります。今回の実験では別種の繁殖ホルモンが同時に使用されており、そのために医薬品の効果が隠れたり、変化している可能性があるため、牛ソマトトロピンが繁殖に与える効果を測定することが不可能になっています」。

そして最後に、ラットを使用した毒性学的研究に関して、ＣＶＭの責任者は厳しい言葉を投げかけている。研究に使われたラットはあまりに数が少なく（七匹）、しかもメスしかいない。研究期間もあまりに短く（七日）、ラットが摂取したホルモン剤の量も少なすぎる……。

この手紙をきっかけに、バロウズ博士の地獄めぐりがはじまった。「突然、私はお払い箱になったのです」と、彼は語る。「私がモンサントに要求したデータを見ることを禁じられました。結局、私はこの案件の担当を外されました。そして一九八九年一一月三日、上司は私をＦＤＡのドアから外に追い出したのです。こうして、すべてが終わったのです……」

「解雇されたのですか？」

「ええ、無能だという理由で」。リチャード・バロウズはつぶやく。

この獣医師は、これは不当解雇であるとしてＦＤＡを訴えた。彼は第一審で勝訴したが、ＦＤＡは控訴した。しかし最終的に、ＦＤＡに対して彼を復職させる判決が下された。「私は豚をあつかう部署に異動になりました」と彼は述べた。「私は豚についてはまったく素人でした！　いつも自分がひどい失態をするのではないかと冷や汗をかいていました。辞職することも考えました。とても悲惨な時期でした……。私は自分に降りかかったことが理解できずにいて、ボロボロになっていました。訴訟にはとてもお金がかかりましたし、私には他に仕事もありませんでしたから。幸いなことに、妻と二人の子どもがいてくれたので……」

「脅迫されましたか？」

▼テレンス・ハーヴィー（原注）：彼は入局して以来、ＦＤＡで働きつづけ、とくにＣＶＭの運営に携わったが、その後、規制担当重役としてモンサントへと天下りした人物である。

「身体的にですか？　あまり話したくないのですが〔……〕、精神的にならば、確かに脅迫されていました。控訴審では、モンサントの弁護士から、もし私がｒＢＧＨに関する秘密情報を話すようなら告訴すると脅されました。モンサントのいつものやり口です……」

「ＦＤＡは、モンサントに騙されていたと思いますか？」

「『騙されていた』というのは正しくありません。ＦＤＡが事実を知らなかったという意味になりますから。そうではないのです。ＦＤＡは知っていながら、でたらめなデータに目をつぶっていたのです。つまり、ＦＤＡはモンサントの利益を守ろうとしたのです。できるかぎり手っ取り早く、遺伝子組み換えホルモンを市場に送り出せるように、取り計ろうとしていたのです……」

内部告発者から届いたダンボール箱の秘密データ

バロウズ博士が地獄に突き落とされていた頃、いかなる権威も怖れない勇敢さと研究の正確さで知られる一人の科学者が、ある研究テーマに取り組みはじめた。そのテーマは、後に彼の人生で最大の戦いを引き起こすことになる。その科学者はサミュエル・エプスタインといい、現在はイリノイ大学環境医学講座の名誉教授である。彼は多くの優れた論文と著作を発表しているが、とりわけガンの増加が環境汚染と関係していることを立証したことで有名である。一九八九年初め、エプスタイン教授の電話機が鳴った。それは、ｒＢＧＨの臨床試験のために自分の牛の提供に同意した、一人の農民からの電話だった。

「私が遺伝子組み換えホルモンについてまったく知らないことがわかると、彼は怒りました」。教授は二〇〇六年一〇月四日、シカゴの事務所で説明した。「そして彼は、私にこう言いました。『それを調べるのがあなたの仕事でしょう！』と」。こうしてエプスタイン教授は、専門誌『ジャーナル・オブ・デイリー・サイエンス』の一九八七年と一九八八年の巻を読みふけった。その雑誌には、モンサントのためにｒＢ

GHを試験したアメリカやヨーロッパの研究者の手による、多くの「宣伝論文▼」が掲載されていた。「それらの論文はすべて、このホルモンが大きな健康上の問題をもたらすことはないと断言していました」と、サミュエル・エプスタインは思い出しながら語る。「しかし、その根拠として提示されたデータはあまりに貧弱でした。実験は、ほんの一二頭ほどの牛を使っただけで、統計学的に意味がないものでした。さらに、実験期間もきわめて短いものでした。こうしたバイアスがあるにもかかわらず、その実験では乳房炎の著しい増加と、ホルモン剤を注入された牛の繁殖力に低下が見られただけでなく、牛乳の栄養成分とその品質にも大きな変化が生じていたのです」

エプスタイン教授は、このホルモンが公式には認可されていないにもかかわらず、それを使用したアメリカの実験飼育場産の肉と牛乳が食品流通に入り込んでいることを発見した。一九八九年の七月一九日、彼はFDAの長官《コミッショナー》▼フランク・ヤング博士に手紙を書き、自分の懸念を伝えた。さらに、エプスタイン教授はその後すぐに、この懸念を『ロサンゼルス・タイムズ』紙の記事で明らかにすることになる。[*1]一九八九年八月一一日、FDAはようやく回答を返した。その回答書にはジェラード・B・ゲストという署名が

▼サミュエル・エプスタイン（原注）：一九九四年、エプスタイン教授は「ガン予防連盟」を設立した。一九九八年に「ライト・ライブリフッド賞」（オルタナティブ・ノーベル賞）を受け、二〇〇〇年には「プロジェクト・センサード賞」（オルタナティブ・ピュリッツァー賞）を受けている。また、二〇〇五年、「ガン予防のための国際的貢献」を認められ「アルバート・シュヴァイツァー大金賞」を受賞している。
（訳注）「薬物に蝕まれる米国の牛」（DNA問題研究会訳、『技術と人間』一九九〇年三月号掲載）参照。『ガンからの警告』（リヨン社、二〇〇六年）など邦訳書も多数ある。

▼多くの「宣伝論文」（原注）：フランスでは、遺伝子組み換えホルモンは「畜産専門研究所」（レンヌのそば、ルルーにある）および「フランス農学研究所牧場」で試験された（一九八八年一二月三〇日および一九九〇年八月三〇日の『ル・モンド』紙を参照）。

付されていた。この人物はＣＶＭの主事《ディレクター》であり、バロウズ博士の上司である。「ＦＤＡは、ＢＳＴに関して実験を重ねた知見にもとづき、ｒＢＳＴを注入された牛の肉や乳が人間の健康にとって害のないことを断言します」と、彼は木で鼻をくくったような言葉で書いている。「ＦＤＡには、動物用医薬品の評価に精通した、世界でも指折りの科学者が集まっています。私たちは消費者に奉仕することを第一の目的としており、肉や牛乳、卵の消費者に対して最大限に配慮しております」

それから数週間後の「一〇月の終わりごろ」、エプスタイン教授は、「天からの贈り物」を受け取った。ＦＤＡ内部の人物が、ミズーリ州セントルイスのモンサント本社のそばにある実験会社が記録した獣医学データのすべてを詰め込んだダンボール箱を届けてくれたのだ。「そのようなことは、初めてではありませんでした」と、彼はにっこり笑って言った。「この三〇年間、私のもとには、しょっちゅう規制当局や工業会社の内部書類が届けられています。報復を恐れて身分を明かしたくない内部告発者が送ってくるのでしょう。しかし、これはまさしく天の賜物です！」

このガン学者は、すぐさま『ミルクウィード』誌の編集長、ピート・ハーディンに連絡した。この雑誌は、牛乳生産の月刊専門誌で、厳しい編集方針と高い独立性で知られる雑誌である。二人は数時間かけて、数字だらけの生データで占められた数百ページの書類を検証し、突き合わせ、読み解いた。「モンサントの一次資料を使って仕事ができるなんて、思いがけない幸運でした」。ピート・ハーディンは、現在も興奮さめやらぬ様子で語った。二〇〇六年一〇月六日、ウィスコンシン州のブルックリンの自宅に私を招いてくれた時の話だ。「見てください。ほとんどの資料が『機密』に分類されています。この文書はモンサント社の所有物です。〔……〕ここに含まれている機密情報は、モンサントの許可なしに、会社の外へ運ばれたり、誰かが目にしたり、転載されることがありえないものです」。たしかに、その資料は、調査誌のジャーナリストであれば公開したくなるような代物だった！

エプスタインとハーディンが共同で書いた記事は、一九九〇年一月の『ミルクウィード』に公表されるやいなや、大反響を巻き起こした。[*2] この記事で、モンサントは八二頭の泌乳期間（四〇週間）の牛を追跡調査していたことが示された。そして実験用の牛は、次の四グループに分類されていた。第一グループは、対照グループ（ホルモン剤不使用）である。第二グループは、通常量のホルモン剤を二週間にわたって注入された牛たちである。第三グループは通常の三倍の量、第四グループは通常の五倍の量のホルモン剤を注入された牛たちである。観察終了後、この牛たちの半分は、器官と組織を観察するために屠畜された。その観察結果は、きわめて教訓的である。

・ホルモン剤を打たれた牛は、対照グループと比較して体重がとても軽かったにもかかわらず、甲状腺や肝臓、心臓、腎臓、卵巣などの器官はかなり肥大していた。たとえば、五倍量のホルモン剤を注入されたグループの牛たちの右卵巣は、対照グループのそれと比較して、平均して四四％も重かった。
・ホルモン剤を注射された牛たちは、繁殖に重大な問題を示した。実験期間に授精した牛の割合は、対照グループでは九三％だったが、ホルモン剤を注射されたグループではたった五二％だった。
・牛たちの血中ホルモン濃度に大きな差があった。最高濃度は、対照グループに登録された牛の一〇〇〇倍に達していた。

奇妙なことに、モンサントの科学者たちは、乳房炎に関する統計学的データをいっさい公表していない。その代わりに、これらの書類で示されているのは、ホルモン剤を注射された牛は、対照グループの牛と比

▼FDAの長官（コミッショナー）（原注）：FDAの長官はアメリカ政府により任命され、FDAの政策において主要な役割を果たす。フランク・ヤングの在任期間は一九八四年八月～一九八九年一二月。後任のディヴィッド・ケスラー（在任期間一九九〇～九七年）はGMOの規制（あるいは規制緩和）を行なった。

較して、かなり頻繁に抗生物質を投与されているということである。それらの抗生物質には、ＦＤＡが乳牛に使用することを認可していないものがある。たとえば、ある不幸な牛（八五七〇四号）は、一二〇種類もの異なる処方の抗生物質の投与を受けている。最後に、実験用の牛から搾られた牛乳は、モンサントの販売網を利用して市販された。この会社は利益になるものを一銭たりとも見逃さない……。

「この写真を見てください」とピート・ハーディンは、分厚いファイルを開き、皮をはがれた後の牛の死体の写真を指した。「ここに黒ずんだ部分があります。この部分は体組織が壊死しているのですが、ちょうどホルモン注射を打たれた位置と一致します。なんという強力な製品なのでしょう！　この写真を見て、私はある食肉処理場を取材した時のことを思い出しました。そこでは、このあまり食欲をそそらない部分を、ハンバーガー用の肉にしようと話し合われていました……」

『サイエンス』に掲載された改竄論文

常識で考えれば、ここまで事態が明らかになった時点で、アメリカの対抗勢力が活躍し、モンサントに対してホルモン剤を引っ込めさせるはずだ、と読者は思うだろう。ところが、実際にはそうならなかった！

それでも、エプスタイン教授はあきらめなかった。彼は、下院監査委員会のジョン・コンヤーズ議長に連絡を取った。この委員会は、かつて一九七九年、「ホワイトカラー犯罪」関連法案が問題になった時に、エプスタイン教授を議会に呼び、証言を依頼したことがあった。「その時、私は、モンサントの事例について話しました。モンサントは、ニトリロ三酢酸に関する医学データを隠していたのです。この酸は、モンサントがリン酸塩含有洗浄剤の代替物として製造していたものでした」と、ガン学者は思い出しながら語った。「委員会の仕事では、最終的に、ホワイトカラー犯罪に問われるべき会社について二つのカテゴリーを定義しました。一つは、製品の発ガン性などのデータを意図的に隠し、なにも問題がないふりをして販売しつづける会社です。もう一つは、情報を隠したり歪曲したりして、その製品が健康上まったく問題がないと断言する会社です。[*3] モンサントは、この二つのカテゴリーの両方が当てはまります。前者はPCBについて、後者はダイオキシンとrBGHについてです」

一九九〇年五月八日、ジョン・コンヤーズは公式にリチャード・クセロフ保健福祉省（HHS）総監に、牛成長ホルモンの調査を要求した。その理由は、「モンサントとFDAは、rBGHの商業利用を許可するために、獣医学的試験の実験結果を隠蔽し、改竄した」ことであった。この要求により、議会の調査部局である会計検査院（GAO）による調査が開始された。GAOのメンバーは、サミュエル・エプスタイン教授や、リチャード・バロウズ博士（ちょうど『ニューヨーク・タイムズ』[*4]が事件を暴いたところだった）たちを証人として喚問した。

しかし、すぐにFDAとモンサントは反撃を企てた。一九九〇年八月、FDAは、それまで規定によって課されていた義務を、みずから放棄することを決めた。すなわちFDAは、彼らがまだ認可していない製品について、初めて意見を公式に表明したのである。その意見は、有名な『サイエンス』誌に論文として掲載された。その論文でFDAは、rBGHを注入された牛から得られた牛乳は「人間が消費しても健康上問題がない」と断言した。[*5] 一〇ページのこの論文は、公式にはジュディス・ジャスケヴィッチとグレッグ・ガイヤーというFDAの二人の科学者によって執筆されたことになっている。

▼それらの抗生物質（原注）：ここで挙げられている抗生物質は以下のとおり。バナミシン、ジトリム、ゲンタマイシン、イヴォメック、ピペラリン、ロンパン、ベティスラッド。
▼ホワイトカラー犯罪：企業や公的機関における上級役職者など、社会的に高い地位・指導的立場にある者が、自分の職位を利用して行なう犯罪。

その序文で、彼らは、次のように述べることを忘れなかった。「ＦＤＡはすべての化学企業に対して、審査中の製品に関するすべての研究結果を提出することを要請している。〔……〕さらに企業は、健康への影響に関する研究の未加工データをＦＤＡに提出している。それらのデータは製品の審査の基礎資料となるものである」

この論文で執筆者たちは、モンサントが行なった二つの毒性学的研究を参照している。一つめの研究では、ｒＢＧＨが二八日間にわたってラットに注射された。もう一つの研究では、ｒＢＧＨが九〇日間にわたってモルモットに処置された。いずれもｒＢＧＨが動物の消化器系に与える影響を試験するためである。この二つの研究ともに結果は同じであった。すなわち、「有意な変化は認められない」

「この発表は、すべてでっちあげです」と、マイケル・ハンセン博士は怒りをあらわにする。二〇〇六年七月にニューヨークで面会したハンセン博士は、「消費者政策研究所」▼の専門家であり、サミュエル・エプスタインとともに、モンサントの仇敵になった人物である。「まず、この論文の第一査読者はコーネル大学のデール・バウマン博士ですが、この人物はモンサントからお金をもらって、牛でｒＢＧＨの実験を行なっています。明らかに、それは利益相反行為に該当します。その事実を『サイエンス』誌は無視するべきではなかったのです」

このような「査読者」をめぐる話は、門外漢にとっては瑣末なことに思えるかもしれない。しかし、これはとても重要な問題なのだ。権威ある科学誌は、どれも次の方式を採用している。すなわち、ある研究者が論文を投稿すると、編集委員会が一組の査読者（最低でも二人以上）を任命する。専門家としての能力によって選ばれた査読者が、その論文の価値を測ることになる。査読者に報酬は与えられない。そして、査読者が必要と判断した場合には、その論文がもとづいている未加工データの提出を要求することができる。そして、査読者がその論文について肯定的な意見を表明すると、編集者は掲載を認める。ちなみに査読者の氏名や論文の内容も、掲載時まで秘密にされることは言い添えておくべきであろう。それは、あらゆる種類の圧力を避けるためである。しかし、これから見ていくように、この原則はつねに守られているわけではない……。いずれにせよ、「査読済み《ピア・レビュード》」と記載された論文はその質と独立性が保証される▼、とされている。

　さらにハンセン博士は指摘する。「そのうえＦＤＡは、九〇日間の実験について、その結果を無視しています。彼らの主張とは反対に、ｒＢＧＨを摂取したラットには有意な影響が現れていました。ラットの二〇から三〇％が、抗体をつくっていたからです。これは、免疫システムが、病原体を察知し、それを無害化するために動員されたことを示しています」。一九九八年に、カナダでこの事実が暴露されたことにより（次章参照）、ＦＤＡの代表の一人でＣＶＭのジョン・シェードは次のことを認めた。ＦＤＡは研究の元データをまったく参照しておらず、ただモンサントから提供された要約書類を検討しただけだった[*6]……。「ＦＤＡの研究は、牛成長ホルモンの、とりわけＩＧＦ－１の長期的影響について他の研究も参照すべきでした。また、牛成長ホルモンを投与された牛から採られた牛乳の組成と品質に関しても、他の研究を参照するべきだったのです」とマイケル・ハンセンは語る。「しかしＦＤＡは、あえてそうしなかったのです」

　ＩＧＦ－１（「インスリン様成長因子－１」あるいは「組織成長因子」）は、ｒＢＧＨ論争の核心をなす物質である。このホルモン物質は、あらゆる哺乳類において、成長ホルモンの作用により肝臓でつくられる。人

▼消費者政策研究所（原注）：一九三六年に設立された消費者同盟（ＣＵ）の一部門。消費者同盟はアメリカで第二位の消費者雑誌『コンシューマー・レポート』を発行しており、四五〇万人が定期購読している。

▼その質と独立性が保証される（原注）：『サイエンス』が刊行された翌週、『ル・モンド』の科学面を監修するジャン＝イブ・ノー博士は紙面の一面を割いて、こう述べている。「ＦＤＡの研究者は、このホルモンの使用が消費者にとって危険はないと評価している」（『ル・モンド』一九九〇年八月三〇日）

間の場合、この物質は母乳の初乳〔分娩後の数日間に分泌される母乳〕に大量に含まれており、赤ん坊の成長を大きく促進させる働きをそなえている。このホルモンの体内生産は、思春期にピークを迎え、その後は年齢とともに低下していく。人間と牛の成長ホルモンは明らかに別物であるにもかかわらず、人間の成長ホルモンから作られたＩＧＦ－１は、牛成長ホルモンから作られるＩＧＦ－１と完全に同一である。そして、それこそが問題なのだ。ｒＢＧＨの無害性を証明しようとする宣伝者たちは、このことを科学的なごまかしのために利用した。はっきりさせるために、こう言い直そう。牛の脳下垂体とヒトの脳下垂体は、それぞれ別種の成長ホルモンを生産する。しかし、いずれのホルモンも、細胞の増殖を刺激し、生体を成長させる機能をそなえた同一の物質、すなわちＩＧＦ－１の生産を促す。したがって、ジャン＝イヴ・ノーが『ル・モンド』誌でこう書いているのは誤りなのだ。「このホルモン（ＩＧＦ－１）は、それぞれの動物種に特有のものである。そのため、たとえ消費された肉や牛乳のうちにＩＧＦ－１が含まれていたとしても、このホルモンが人間の新陳代謝に影響を及ぼすことはありえない」[*7]

あるデータにもとづいて人々の意見が一致しているとしたら、そのデータの「細部」はいっそう重要だ。ＩＧＦ－１の濃度は、遺伝子組み換え成長ホルモンを投与された牛から採れた牛乳のほうが、そうでない自然の牛乳よりも高いのだ。[*8]『サイエンス』誌に発表された論文によれば、その濃度差は七五％にも達している。しかし、ＦＤＡはこう付け加えている。「ｒＢＧＨは、経口摂取の場合は人体に影響を及ぼさない」。その理由は、ｒＢＧＨは「血中に吸収されることはなく、ひとたび摂取されると、人間の消化器系において他のたんぱく質と同じように分解されると予想される」からである。「それは完全に間違っています」と、サミュエル・エプスタインとマイケル・ハンセンはそろって声を荒げる。「いくつかの研究により、ＩＧＦ－１は消化によっても破壊されないことが確認されています。ＩＧＦ－１はカゼインという、牛乳の主要プロテインによって守られているからです」[*9]

この論文を書いたＦＤＡの科学者たちは、争点がどこにあるかを明確に理解していた。というのも、彼らは最後に次のような主張をしているからだ。「rBGHの作用の九〇％が、牛乳の低温殺菌によって損なわれることも証明されている。したがって、牛乳に残留したrBGHは、人間の健康にとって問題にならない」と。「不誠実きわまりないことです」と、ジャーナリストのピート・ハーディンは言う。彼は私に、この証言が依拠していると思われる論文を読ませてくれた。それはポール・グローネウェーゲンというカナダの博士課程の学生が、モンサントのために行なった研究の論文だった。そこでは、遺伝子組み換えホルモン牛乳が三〇分間、華氏一六二度（摂氏九〇度）で加熱されていた！「低温殺菌▼の通常の加熱時間は、一五秒ですよ」とピート・ハーディンは呆れる。「このような条件で殺菌された牛乳なんて、もはや栄養的価値のない代物です。しかし、その条件であっても、ＩＧＦ－１は一〇％も破壊されないのです！」

ガン発生率の増加、耐性菌の繁殖

世界第三位の牛乳消費国である合衆国▼において、ＩＧＦ－１の問題は、当然のことながら、単なる専門家どうしの争いでは終わらなかった。牛乳を一番消費するのが子どもたちであることを考慮すれば、ｒＢＧＨの反対者たちが不安を抱いた理由もよくわかるというものだ。さらに言えば、この問題は、アメリカの行政機関の病理を示しており、ヨーロッパ人を唖然とさせるだけでなく、ひるがえってヨーロッパの現状にも目を向けさせるものである。この迅速ではあるが不透明な認可手続きのために、いったいどれ

▼低温殺菌：六五度で三〇分あるいは七五度で一五秒で行なわれる。これは結核菌が死滅する加熱条件である。
▼世界第三位の牛乳消費国である合衆国（原注）：二〇〇四年、合衆国における牛乳の年間消費量は、一人あたり八九・一リットルだった。ヨーグルト、アイス、クリーム、チーズなどの乳製品も加えると、年間消費量は二七〇リットルになる。

ほど大量のアメリカの怪しげな乳製品がヨーロッパの市場に流れ込んだのだろうか？

ｒＢＧＨに関する問題は、まったく恐ろしいものである。エプスタイン教授はこう説明する。「数十年前に明らかにされたことですが、生体における高濃度のＩＧＦ－１は、先端巨大症（末端肥大症）や巨人症とよばれる病気の原因になります。これらの病気では、寿命はとても短くなり、一般にはおよそ三〇代でガンで亡くなります。それも不思議ではありません。なぜならＩＧＦ－１は、よい細胞も悪い細胞も含めて、あらゆる細胞が増殖するように刺激する成長因子なのですから……。ｒＢＧＨは、公衆衛生にとってほんとうに危険な物質です。六〇本もの研究論文が、高濃度のＩＧＦ－１によって乳ガン・結腸ガン・前立腺ガンのリスクが大幅に増加することを明らかにしています」

このガン学者は、書棚に几帳面に分類された膨大な数の論文を見せてくれた。もっとも古い研究は一九六〇年代にさかのぼる。それらの研究をＦＤＡは無視できなかったはずである。というのも当時のＦＤＡは、すくなくとも「デラニー改正法」が定めた注意原則を適用していたからである。他方、もっとも最近の研究は一九九〇年代に発表されたものである。その一つに、ハーバード大学の研究チームが一五万人の男性を追跡調査した研究論文があり、そこではＩＧＦ－１の血中濃度が高くなると、前立腺ガンになるリスクが四倍に増えると結論されている。[*10] また『ランセット』誌で発表された研究によれば、五〇歳未満の閉経前の女性のうち、高いＩＧＦ－１濃度を示した女性は、通常の濃度の女性にくらべて、乳ガンを発症する確率が七倍になることが明らかになった。[*11]

今度はピート・ハーディンが言う。「最近、私たちが懸念している問題の根拠を明らかにした二つの論文を、雑誌に載せました。一つはパリス・レイドヘッド氏の論文で、政府の統計書類を調べ上げ、ｒＢＧＨが市販された一九九四年から二〇〇二年の間に、五〇歳以上のアメリカの女性の乳ガン発生率が五五・三％も増加したことを示しています。[*12] また、ニューヨークのアルバート・アインシュタイン医科大学のゲイリー・シュタインマン博士の論文は、日常的に乳製品を消費するアメリカ人はそうでない者と比べて双子を出産する割合が五倍になること、そして双子を妊娠する割合が一九九二年から二〇〇二年の間に三一・九％も増加したことを明らかにしました。こうしたことはすべて、ＩＧＦ－１の影響なのです[*13]……」

「なるほど。しかし、会計検査院（ＧＡＯ）も調査しましたよね。その結果はどうだったのですか？」と、私は仰天しながらそう尋ねた。

「たいした内容ではありません」とピート・ハーディンは言う。「控えめな言い方をすれば、ＦＤＡの協力が、そしてとりわけモンサントの協力が得られなかったために、会計検査院は最終的に屈服したのです……」

議会は、ＧＡＯの調査にあたって、アメリカ国立衛生研究所（ＮＩＨ）に対してｒＢＧＨの科学的書類を検討することを要求した。その要求に応じたＮＩＨは、一九九〇年の一二月五日から七日にかけて、特別に委員会を設けた。この委員会の出した結論はきわめて慎重なものだったが、それでも「ＩＧＦ－１濃度増加が消化器系に与える影響」について「さらなる研究」を勧告する内容になっていた[*14]。それから三か月後、今度はアメリカ医師会（ＡＭＡ）がある論文を発表した。「高濃度のＩＧＦ－１の摂取が、幼児・青少年・成人にもたらす危険性を評価するためには、さらなる研究が必要である」と、ＡＭＡの科学評議会は述べている[*15]。

「ＦＤＡとモンサントは、それらの勧告を完全に無視しました」。エプスタイン教授は怒りを隠さずに言った。「だからこそ私は、彼らの態度は犯罪的だと言っているのです。さらにひどいことに、抗生物質の残留問題の真実を明らかにしようとする研究を、彼らはありとあらゆる手段をつかって妨害したのです」。

ここで思い出されるのは、リチャード・バロウズ博士が乳房炎の発症率に対する遺伝子組み換えホルモンの影響を懸念していたことである。「乳房炎」は乳房が「化膿」することをさしており、その治療には抗生物質が使われる。この抗生物質は、牛乳の中に残留物質として入り込む。その結果、消費者が牛乳を飲むと、この残留物質も摂取されることになる。飲み込まれた残留物は、さらに腸内細菌叢に住む細菌によって吸収される。ここで付け加えておくと、この牛乳を飲んでいる消費者は、しばしば抗生物質を過剰に使用している人物であることも珍しくない。この事実からも、一九二八年のアレクサンダー・フレミングによるペニシリンの発見以来、もはや撲滅されたはずの多くの病原菌が、どうして現在では抗生物質に耐性をもつようになったのか、その理由がわかろうというものだ。すなわち、医学が根絶したはずの病気が復活したのである。このため、早くも一九八三年には、著名な科学者およそ三〇〇人が、畜産における抗生物質の使用をもっと厳しく取り締まることを求め、FDAに対して請願書を送っている。[16]

それ以降、抗生物質への耐性が引き起こす危険性について、多くの論文が発表されるようになった。一九九二年、rBGHについて激しい論争が起きていた当時、二人の科学者が『サイエンス』誌でこう書いている。「合衆国では、過去一世紀の間、発症者数が下降の一途をたどっていた結核が、現在、ふたたび増加している。〔……〕一九九一年にニューヨーク市で発見された症例の三分の一は、医薬品に耐性をもった細菌株が原因である」[17]。同年、疾病管理センターは、国内に入院中の一万三三〇〇人の患者が抗生物質耐性細菌による感染症のために亡くなったことを確認した。[18]

なりふりかまわぬ学術誌への圧力

GAOがきわめて真剣に乳房炎問題を取り上げた背景には、前述のような状況があった。[19] 議会の調査員は、バーモント大学の研究者がモンサントの資金援助を得て、四六頭の牛を対象に遺伝子組み換えホルモンの実験研究を行なったと聞きつけた。そして調査員は、研究者に対してその結果を伝えるように要求した。しかし、研究者たちは議会の要求を拒否した……。この一件が、バーモント公益調査グループというバーモント州の消費者団体（バーモント州のチーズ生産量はアメリカで第一位である）の耳に入り、そこから大騒動に発展した。こうして、ついにFDAは事実を隠しきれなくなり、乳房炎の治療を受けなければならなかった牛の割合が、対照グループでは一〇％以下だったのに対して、ｒＢＧＨを投与された牛では四〇％に達していたことが判明したのである……。

同じ頃、モンサントは英国の五人の科学者と争っていた。そのうちサセックス大学のエリック・ミルストン教授は、最後までモンサントに屈しなかった。この件については詳しく語る価値があるだろう。というのも、それは独立した研究に対するモンサントの態度をはっきりと示すものだからである。争点になったのは、やはり乳房炎である。この病気の程度は、「体細胞数」（ＳＣＣ）と呼ばれる数値によって計測される。つまり、乳房の炎症状態を測定するために、牛の血中の白血球のＳＣＣが測定され、その数値が高ければ、牛乳に多くの膿が含まれることがわかる。また、ＦＤＡがｒＢＧＨの市販を承認することを公表した時、すでにモンサントは同製品の市販申請をヨーロッパ諸国に提出していたことも触れておくべきだろう。つまりモンサントは、海外の二六か所の研究施設を、遺伝子組み換えホルモンの試験に参加させたのである。一九八九年一〇月四日、ミルストン教授はモンサント・ブリュッセル支社のニール・クラベン代表と面会した。その時、クラベン代表は、八か国の研究施設（合衆国、オランダ、英国、ドイツ、フランスを含む。フランスでは牛の畜産技術の専門研究所で試験が行なわれた）で実施された試験の未加工データを、ミルストン教授に渡すことを承諾した。一週間後、同意に必要な条件を伝える書類が届いた（後でこの書類が「事件」の争点になる）。「私たちは、これらのデータをどのような観点から分析する予定なのか、とても関心を抱いています」とニール・クラベン代表は書いている。「すでにご存知のように、当社はこの未加工データが秘密に保たれることを望んでいます。また、このデータの解釈にあたって、第三者に伝えるより先に、私たちと話し合いをすることを希望します……」

こうしてミルストン教授は、八か国の研究所から届いたデータを詳細に検証した。データによれば、六二〇頭の牛のうち三〇九頭がホルモン剤を投与されていた。彼は、そのうち数頭が「あらかじめ統計データから除外されている」ことを発見した。これによって結果に偏りが生まれる。たとえば合衆国のデータンの「三二一号」の牛は、一九八六年三月二八日に死亡したが、実験データに登録されていないのだ！また「三九一号」の牛は、乳房炎を理由に実験から除かれている。アリゾナ州でも、腹膜炎で死んだ「四三二〇号」も除外されている。ユタ州の「五五八六号」は、リンパ肉腫で死んでいた。オランダでは「七〇一号」が乳腺の血管破裂にともなう急性貧血のためにデータから除外されている……。ミルストン教授は、データを検証した結果、ホルモン剤を投与された牛は、非投与の対照グループとくらべて、SCC値が平均して一九％も高いと結論した。そして彼は、イギリス農漁業食品省の動物用医薬品委員会がrBGHの市販申請を検討中であることを知り、その委員会に自分の研究結果の要旨を送付し、その中で次のように強調した。「モンサントが発表した数値の一部は、私たちに直接届けられたデータの数値とは一致していません」。さらに、「rBSTの商業的利用は、牛乳の品質低下を引き起こすと思われます」

ミルストン教授は、一九九一年一二月五日、新たにモンサント・ブリュッセル支社の代表になったダグ・ハードに連絡をとり、モンサントから未加工データの提供を受けた際の取り決めに従って、科学誌に論文を発表することへ事前に同意を求めた。「すべての元データは秘密であり、また、その分析結果も秘密である」とダグ・ハードは一か月後に答えたものの、そこには妥協案も提示されていた。それはミルストン教授が論文を発表するよりも前に、モンサント顧問の署名のある論文を『ジャーナル・オブ・デイリー・サイエンス』誌に発表するという条件を付けたのである。しかし、それから二年過ぎても、モンサントがそのような論文を発表する気配はまったくなかった。そこでミルストン教授は『ジャーナル・オブ・デイリー・サイエンス』に手紙を書き、彼とモンサントの論文を同時に掲載することを提案した。ところが、その交渉中に明らかになったのは、モンサントがrBGHやSCCに関する論文を投稿した事実は、まったくないということだった！

モンサントの策略に引っかかったミルストン教授は、こうしてモンサントとの闘争を開始することになった。その経緯は、科学誌が標榜している「独立」が、現実にはどのようなものであるかを明白に物語っている……。彼は『ヴェテリナリ・レコード（獣医学記録）』誌に連絡を取った。彼の論文を掲載することは受諾されたが、ただし、モンサントの同意を取り付けるという条件が付けられた。次にミルストン教授は、『ブリティッシュ・フード・ジャーナル』誌に連絡した。この雑誌は、あらかじめモンサントの同意を得ることを要求せず、掲載を許可した。しかし、最終的にこの学術誌の編集者は、掲載を断念しなければならなかった。というのも、モンサントが「剽窃」を理由に告訴すると脅してきたからだ。「ある人のデータを本人の同意なしに使用するなら、それは剽窃だ」と、モンサントの「ミスターｒＢＧＨ」ことロバート・コリアーが主張したのである。最終的にミルストン教授の論文は、ロンドン大学ユニバーシティ・カレッジのエリック・ブルンナーと、ロンドン大学衛生学熱帯医学大学院のイアン・ホワイトが預かり、一九九四年一〇月二〇日、米国の『サイエンス』のライバル誌である英国の『ネイチャー』に掲載された。そこでミルストン教授は、すべての経緯を明らかにしている。[*20] この論文の注釈でミルストン教授は、モンサントは彼の研究室で行なわれた分析について、いかなる権利も所有せず、単に彼が契約にしたがって秘密のまま保持している元データに関して権利を所有するにすぎない、と説明している。この論文の公表によって厄介な結果が生じることを避けるために、モンサントは元データの知的所有権を手当たりしだい振りかざした。しかし、このデータには消費者の健康がかかっていることを忘れてはならない……。

▼論文を投稿した事実は、まったくない（原注）：この情報は世間に広まり、モンサントはついに一九九四年夏の『ジャーナル・オブ・デイリー・サイエンス』に論文を発表した。

官／産の「回転ドア」の世界

ここで、合衆国の会計検査院（ＧＡＯ）の調査に話をもどそう。一九九三年三月二日、ＧＡＯの調査員は、厚生省のドナ・シャレイラ長官に手紙を送った。「抗生物質にまつわる危険が真剣に調査されるまで、ｒＢＧＨを承認するべきではありません。この件に関してＦＤＡに与えた勧告は、かならずしも効果があったとは言えないでしょう」。おそらく、ＦＤＡにいかなる勧告を与えたところで、今後も効果はないだろう……。一九九三年一一月五日、ＦＤＡは「ポジラック」（ｒＢＧＨの商品名）の市販を承認した。たしかに、少々の「規制」はあった。使用上の注意に、この製品が二二種類の副作用を牛に対して引き起こす可能性がある、と記さなければならなかったからだ！　それらの副作用には、繁殖率の減少、卵巣嚢種、子宮障害、妊娠期間の短縮と子牛の体重の減少、双生児出生率の上昇、乳房炎とＳＣＣの増加、注射跡にできる半径三センチから五センチ、時に一〇センチにもなる炎症。あきれた話だ……。

「ｒＢＧＨは、ＦＤＡがこれまで認可した商品の中でも、もっとも論争の種になりました」と、消費者政策研究所のマイケル・ハンセンは私に言った。「理解しておかねばならないのは、遺伝子組み換えホルモンは、家畜の病気を治すための医薬品ではないということです。これは、単に経済的利益を目的とした商品であって、動物にも消費者にもまったく利益をもたらしません。ＦＤＡは、市販を許可する前に、この製品が完全に無害であることを要求するべきでした。しかしＦＤＡは、それとは反対に、『管理可能なリスク』という新たな判断基準を設けることで、この製品が健康にとって無数の問題があるにもかかわらず、市販を承認してしまったのです。しかし、この判断基準は『食品医薬品化粧品法』に違反しています」。

実際、ＦＤＡの内部文書によれば、一九九三年三月三一日の会議で、ＦＤＡの獣医学センター（ＣＶＭ）が次のような結論を出したことが明らかになっている。すなわち、遺伝子組み換えホルモンが人間および動物の健康に及ぼす危険は「管理可能」であり、したがって市販を承認するべきだ、というのだ。マイケル・ハンセンがふたたび口を開く。「FDAはモンサントの都合に合わせるために、その規制基準を不正に改変したのです。モンサントは、数名の幹部をFDAの要職に送り込んでおり、巧妙に策を弄することができたのです」

ここで見て取れるのは、合衆国で「回転ドア」と呼ばれる仕組み、いわゆる「イス取りゲーム」や「天下り」のアメリカ版である。つまり民間企業の人材が政府省庁に雇われたり、あるいは政府省庁の人材が民間企業に雇われたりすることである。これはモンサントのお家芸なのだが、詳しくは後の章で見ることにして、ここではrBGHのことだけ述べることにしよう。先ほど紹介した『サイエンス』誌でFDAが発表した論文の匿名の著者の一人が、スーザン・セーチェンであることが明らかになっている。彼女はデール・バウマン教授（この論文の主査）の元学生であり、デール・バウマン教授といえば、コーネル大学で遺伝子組み換えホルモンを検査するにあたり、モンサントから金を受け取っていた人物である。rBGHに関する論文を書いた後で、セーチェンはCVMに雇われ、モンサントが提供したデータを評価することになった。その上司はマーガレット・ミラーで、彼女も一九八五年から一九八九年までモンサントに勤め、その後、CVMの新薬評価部長であるロバート・リヴィングストン博士の補佐官になった。

マーガレット・ミラーが戦略的な役職にいたことは、さらなる波紋を生じさせた。というのも、一九九四年三月一六日――ポジラックが市販された日付でもある――CVMの職員たちがFDAの長官ディヴィッド・ケスラー博士に宛てて匿名の手紙を出し、そのコピーがGAOの監査官と消費者同盟に送られたのだ。

「私たちは、あなたに事実を率直にお伝えすることによって、部長であるロバート・リヴィングストン博士から報復を受けることを怖れています。というのも、局長に反対する意見を述べるだけで、ひどいハラスメントを受けるからです」と、この内部告発者たちは述べる。「私たちが懸念しているのは、リビングストン博士が、乳牛への抗生物質の使用に関する規制文書を、ミラー博士に書かせたことです。ミラー博士は残留許容濃度を一ｐｐｍと定めましたが、それはいかなる根拠もない恣意的な判断です。しかも、消費者の健康に関する予備的調査もまったく行なわれていません。たしかに、この濃度は一種類の抗生物質については妥当かもしれませんが、一頭の牛が複数の抗生物質を投与されることもあり、その場合、それぞれの種類の抗生物質の濃度がまったく予備検査もなく一ｐｐｍまで承認されることになります。それらの抗生物質の複合的な作用をもたらす可能性もありますが、そうした危険性はまったく考慮されていないのです」

「この手紙のことを知って、私たちは希望を取り戻しました」とジェレミー・リフキンは話す。彼はファウンデーション・オブ・エコノミック・トレンズの代表であり、メディアにもよく登場する人物である。二〇〇六年七月、私はワシントン郊外のベセスダにあるリフキンの事務所を訪ねた。『バイテク・センチュリー』[*21]を書いて成功を収めたエコノミストであるリフキンは、もっとも早い時期からｒＢＧＨ——これはモンサントが初めて市場に投入したＧＭＯ製品である——を問題視したアメリカの知識人である。一九九四年二月、彼は「ピュア・フード・キャンペーン」という国内キャンペーンを開始した。このキャンペーンの映像資料を見ると、ニューヨークの排水溝に何度も牛乳缶もぶちまけているリフキンの姿がみられる。またメガホンをもった若い活動家が「遺伝子組み換え牛乳反対！」と書かれたプラカードを掲げながら、通行人に「遺伝子組み換え成長ホルモンは、私たちにＧＭＯを受け入れさせるための実験です」と呼びかけている姿も見られる。その後、ジェレミー・リフキンは、ＣＶＭの内部告発者の匿名の手紙を根拠にしつつ、三名の議員にかけあい、ＧＡＯに調査を行なわせることを依頼した。議会の調査局は、ｒＢＧＨが人間の健康にもたらす危険性の調査を試みて、挫折したばかりであった。▼しかし今度は、ＦＤＡによる認可手続きが「利益相反行為」によって歪められていた可能性を調査することになった。調査の対象者は、スーザン・セーチェン、マーガレット・ミラー、そしてマイケル・テイラーという人物であった……。

マイケル・テイラーは、アメリカの「回転ドア」というカラクリを一身に体現した人物である。そのカラクリによって、彼はモンサントとアメリカの規制省庁の間を往復していたのだ。しかし、正直にいえば、私はすんでのところでこの人物の探索を断念するところだった。実際、彼の二重の役割は、当時の新聞をおおいに騒がせた。履歴書によれば、一九四九年生まれのマイケル・テイラーは、弁護士の資格を取得した後、最初（一九七六〜八〇年）はFDAで働いていた。そこで彼は、『フェデラル・レジスター』誌▼のために、食の安全性に関する記事を編集していた。一九八一年、彼は、アトランタ州にある有名なキング&スポールディング法律事務所に入った。コカコーラ社やモンサント社は、この法律事務所の顧客であった。一九九一年七月一七日、彼はFDAのナンバー2に指名され、政策担当副長官に就任した。彼はその役職を三年にわたって務め上げ、その間にrBGHやGMO——GMOについては第Ⅱ部で詳しく述べる——の規制文書の作成を監修した。一九九〇年代末、彼がUSDA（連邦農務省）に移ってしばらく後、今度はモンサントの副社長に就任した。▼

▼挫折したばかりであった（原注）：一九九四年四月一五日、三人の下院議員が会計検査院（GAO）の院長に手紙を書いた。その手紙では、最初の調査は失敗であったことが述べられ、それは「rBGH（遺伝子組み換え牛成長ホルモン）について参照可能なあらゆる臨床データの提出を、モンサント社が拒否したためである」と書かれている。

▼『フェデラル・レジスター』誌：連邦政府の広報誌であり、FDAが策定したあらゆる規制文書が発表される。現在、それらの文書はウェブサイトで閲覧可能である。

▼モンサントの副社長に就任した：以上の経歴を経たテイラーは、さらに二〇〇九年七月にFDAに戻り食品担当副局長になった（オバマ政権）。典型的な「回転ドア人事」である（成澤宗男「世界で最も悪質な企業モンサントの正体」、『週刊金曜日』二〇一二年二月三日号参照）。

二〇〇六年七月、私はやっとのことでマイケル・テイラーの居所をつきとめた。当時の彼は、リソース・フォー・ザ・フューチャー研究所の所長であった。この組織はワシントンに拠点をもち、「自然資源、環境資源、エネルギー資源の分析」を専門とする「独立研究所」である。秘密主義で知られるこの謎めいた人物は、「撮影の有無にかかわらず」、私に会うことを拒否した。しかし奇妙なことに、電話での会見には応じたのである。私はワシントンのホテルの部屋で、彼に電話をかけた。そして会話を録音することもできた。その時の私は、被害妄想じみた考えに捕らわれ、きっと彼も録音しているのだろうと考えていた……。それはちょうど、モンサント本社からインタビューの可否の返事を待っていた時のことだった。もちろんモンサントの側も私の取材テーマを調査し、インタビューの要請を受け入れるかどうかを検討していた……。

「あなたは、七年間にわたってモンサントの顧問として働いていたと同時に、きわめて問題視されたモンサントの製品の認可手続きを統括していましたね。この事実について、あなたは倫理的な疑問を抱かなかったのでしょうか？」と私は慎重に尋ねた。

「いえいえ」とマイケル・テイラーは答えた。「規則がありますし、私はそれを尊重しましたから……」

「利益相反があったとは思いませんか？」

「まったく思いません。ＧＡＯはとても入念な調査をして、私の潔白を全面的に認めてくれました……」

実際、ＧＡＯは、利益相反行為はなかったと結論して、調査を終わらせた。これはジェレミー・リフキンには残念な結果であった。「ようこそワシントンへ！」と、リフキンは自嘲気味に揶揄しながら、こう述べた。「ＧＡＯの調査に対して、マイケル・テイラーとマーガレット・ミラーは、自分たちはｒＢＧＨに関するすべての会議から自主的に身を引いていたと証言したのです！　それで調査は早々に終了したのです！」

「ＧＡＯの調査はうわべだけです」とサミュエル・エプスタイン教授は言う。「どうしてＧＡＯは、彼らのアリバイをすぐに信用したのでしょうか？　マイケル・テイラーは、天然の牛乳に《ｒＢＧＨ無添加》や《ホルモン無添加》のラベル表示を禁じたＦＤＡの規制文書▼に署名した人物の一人なのですよ。これがどういうことかわかりますか？　食品の安全を司る役所が、まったく前例のない規制文書を発表したのです。それは、消費者が飲みたい牛乳を選べないようにするものです。そのおかげでモンサントは、ホルモン剤入り牛乳を拒絶した乳製品の販売業者を訴えることができるようになりました。この国はとんでもないことになっていると思いませんか？」[*22]。

▼ラベル表示を禁じたＦＤＡの規制文書：二〇一〇年以降の日本のＴＰＰ論議で、ＴＰＰに参加すると、商品に「遺伝子組み換え作物使用」の表示ができなくなる、と指摘されているのは、米国でそうした表示が禁止されているからである。モンサントを含む米国の大企業がＴＰＰを推進していることについては、堤未果『政府は必ず嘘をつく』（角川ＳＳＣ新書、二〇一二年、一七三～一七九頁）がわかりやすい。

第6章

牛成長ホルモン問題（2）

——反対者を黙らせるための策略

ｒＢＧＨは、ＦＤＡの設立以来、もっとも研究された製品です。

——モンサントのプロモーションフィルム

サミュエル・エプスタインの言うとおりである。この信じられない物語を書き進めながら、私自身も悪い夢を見ているような錯覚に陥り、もしかするとＳＦ小説家の空想の世界にいるのではないかと思ってしまうほどだ……。

一九九三年一一月五日、ＦＤＡ（アメリカ食品医薬品局）は、「ポジラック」（遺伝子組み換え牛成長ホルモン「ｒＢＧＨ」の商品名）の市販を承認した。九〇日の猶予期間の後、正確には一九九四年二月四日、宅配業者フェデラル・エクスプレスのトラックが、最初の遺伝子組み換えホルモンを運ぶためにアメリカ全土を走り回った。もう一つ奇妙な点がある。ｒＢＧＨは、獣医用薬局で買うことはできず、入手するにはフリーダイアルを通じて、直接、モンサントに注文するしかないのだ。

訴えられるのが怖ければ、ラベルを貼るな！

ポジラックの販売開始から六日後、連邦政府の広報誌『フェデラル・レジスター』に次のような文章が掲載された。「ｒＢＳＴ非投与の牛から採られた牛乳と乳製品への自主的ラベル表示に関する指令」と題されたその文章の目的は「ｒＢＳＴ問題について、虚偽や誤解を招く情報が流れないようにすること」であった。[*1] この文書の第一節で、「執筆者」は平然とこう述べている。「ＦＤＡは、ｒＢＳＴを投与した牛と非投与の牛の間で、採取された牛乳に関して大きな差異がないことを確認した」。そのようなわけでＦＤＡは「ｒＢＳＴを投与された牛から採れた牛乳に対して、ラベル表示を要求することはできない」。つまり、生産者は遺伝子組み換え成長ホルモンの使用に関して、乳製品の協同組合あるいは販売者に告知する義務はないとＦＤＡは述べているのだ。こうしてｒＢＧＨ牛の牛乳と天然の牛乳はまったく区別されず、混ぜられることになる。

では、どうしても天然の牛乳を望む人々はどうなるのだろう？　供給者には《ｒＢＳＴ不使用》というラベルを張る権利もないのだ。この点についてＦＤＡの説明は、あいかわらず驚かせてくれるものだ。「そもそも、あらゆる牛乳にＢＳＴ（牛成長ホルモン）が含まれているので、いかなる牛乳も《ＢＳＴ不使用》とは言えない。したがって《ＢＳＴ不使用》というラベル表示を行なうことは不正確である。さらに《ＢＳＴ不使用》というラベル表示をすることは、ホルモン剤非投与牛乳のほうが、ホルモン剤投与牛乳よりも健康によく高品質であることを前提としている。しかし、その前提は誤っている」

もちろん、この指令には法的な拘束力はない。ＦＤＡは《ｒＢＳＴ不使用》というラベルを形式上は禁止していない。しかしＦＤＡは、消費者に情報を与える「コンテクスチャル・ステイトメント」（文脈説明文）と呼ばれる説明書きを、ラベルに明記することを強く推奨している。つまり「ＦＤＡによれば、ｒＢＳＴを投与された牛と投与されない牛の牛乳に関して、いかなる有意な差も認められなかった」という文章である。

これを指示したのは誰なのだろうか？　それはマイケル・テイラーである……。[*2]「たしかに、その文書に署名したのは私です。ＦＤＡが発表するあらゆる書類に署名するのが私の仕事でしたから。しかし、私が文書を書いたわけではありません」。マイケル・テイラーは、電話インタビューでそう断言したが、この話題は避けたかったようで、「なぜ一五年前の昔話を、急にもちだすのでしょうか？」と私に尋ねてきた。もちろん、それはモンサントという多国籍企業が全世界を支配し、ＧＭＯ（遺伝子組み換え作物）を押しつけてきた経緯を明らかにするためだ。モンサントは、冷酷な論理にもとづいて、すべてを準備していた。だからこそ私たちは「些細なこと」にも関心を抱く。モンサントがそれを見逃すわけはないからだ。

正確に言えば、この文書を書いたのはマイケル・テイラー自身でないことは明らかだ。ＦＤＡのナンバー2であった彼には、他にすべきことがあった。インタビューの時に彼が認めたように、彼の仕事は「規制手続きの枠組みをつくること」であった。この文書を実際に作成した人物は、マーガレット・ミラーである。先に述べたように、彼女はモンサントの元社員で、後にＣＶＭ（ＦＤＡの獣医学センター）のリーダーの一人となった人物である。ＣＶＭの内部告発者は、一九九四年の匿名の手紙で次のように証言している。「私たちは、先日、ＦＤＡによって下された、ＢＳＴを投与された牛乳にラベル表示をしてはならないという指令を危惧しています。この指令を書いたのは、センター長補佐官であるマーガレット・ミラー博士です。〔……〕しかしミラー博士は、ＦＤＡで働くようになる以前には、モンサント社でＢＳＴの研究者として働いていたのです。彼女は、ラベル表記に関するＦＤＡの指令を書いている間も、モンサントの科学者と共同でＢＳＴに関する論文を発表しつづけていました。私たちは、それは明らかに利益相反行為であると考えています。ご承知のように、もしＢＳＴを投与された牛から採れた牛乳にラベル表示が付けられることになれば、消費者はその牛乳を買わなくなるでしょうし、モンサントが多くの利益を失うことでしょう」

マイケル・テイラーがこの指令を書かなかったことは事実である。しかし、その内容を示唆したのは、彼であった。このことは、一九九三年四月二八日のＦＤＡ宛て秘密文書を注意深く読めばわかる。この手紙はキング＆スポールディング法律事務所からのものだった。すでに述べたように、この法律事務所は、マイケル・テイラーが七年間にわたってモンサントの顧問として働いていた事務所である。しかも、彼の履歴書によれば、当時の彼は、食品のラベル表示、とくに遺伝子組み換え食品のラベル表示に関連する仕事をしていたのである（この点については後述する）。ここで問題にしたいのは、「ソマトトロピン〔ＢＳＴの正式名〕を投与した乳牛から採取された牛乳および食品にラベル表記をすることは、違法であり軽率である」と題されたキング＆スポールディング法律事務所の覚え書きである。この覚え書きは「モンサントの要求によりＦＤＡに提出された」もので、そこには、先ほどの指令文書とほぼ同一の文章が見受けられる。「ラベル表記は、違法であるだけでなく、消費者に誤解を与える。なぜならラベル表記は、ＢＳＴを投与された乳牛とそうでない乳牛との間で、牛乳の品質に違いがあることを示唆するからだ。しかし、両方の牛乳の品質にたいした違いはない[*3]……」

「このＦＤＡの指令は、むちゃくちゃです」と、マイケル・ハンセンは声を詰まらせる。消費者政策研究所の専門家である彼は、一九九四年三月一四日以来、ＦＤＡをこてんぱんに批判しつづけている。「まず――ＦＤＡもよく理解しているはずですが――ホルモンを投与された牛の牛乳は、天然牛乳とは同じではありません。次に、以前からＦＤＡは、《有機農産物》とか、《ウィスコンシン産チーズ》とか、《アーミッシュ産》とか、《アンガスビーフ》といったラベルを認可してきています。しかし、これまでＦＤＡは、それらのラベルが食品の質や安全性に関して一般製品と異なることを含意したり、消費者に対して誤解を与えたりするなどと指摘したことはなかったのです！　どうして《ｒＢＳＴ不使用》というラベルだけ特別なのでしょうか。さらに、この文書はモンサントの利益にぴったり沿うように書かれています。もし牛乳にラベルが貼られたら、消費者たちはみな、遺伝子組み換えホルモンを使った牛乳を避けるようになることを、モンサントはよく知っていたのです」。こう言って彼は、一九九〇年代に行なわれた一一件の調査について教えてくれた。すべての調査▼で、大多数の消費者が、もし選択可能であればｒＢＧＨ不使用の牛乳を買うだろうと回答したのだ。

　モンサントにとって、この指令はおおいに役立った。そして、この指令を盾にとって、あえて牛乳に《ｒＢＧＨ不使用》のラベルを付けた業者を相手に、次々と訴訟を起こした。一九九四年、ダヴェンポートのスイス・ヴァレー・ファームが最初の犠牲者になった。このアイオワ州の乳業協同組合は、二五〇〇人の乳牛飼育者に対して、ｒＢＧＨを使用した牛乳を購入しない旨を通達したのである。「こうしたことがくり返されると、それはモンサントにとって取り返しのつかないダメージを与えます」とモンサントのスポークスマン、トム・マクダーモットは訴訟を起こした理由を説明した。[*4] 最終的に、この訴訟は和解調停によって終結した。その結果、協同組合は牛乳にラベルを貼ることを認められた。ただし、マイケル・テイラーの指令文書で強く「推奨されていた」小さな「文脈説明文」を付け加えねばならなかった――「ＦＤＡによれば、ｒＢＳＴ投与牛の牛乳と非投与牛の牛乳の間にはいかなる有意な差もありません」。その後、合衆国北東協同組合の幹部の一人は、モンサントからの報復を怖れながら、あるインタビューに「牛乳業者はみな、震えあがっています」と匿名で証言している。[*5]

　二〇〇三年、今度は、ニューイングランド最大の乳業会社オークハースト・デイリー社が、被告席に座ることになった。この同族会社は、製品に《私たちの農場では人工成長ホルモンを使用していません》という説明ラベルを貼ったことによって、明らかに売り上げを伸ばし（八五〇〇万ドル）、生産者にもボーナスを支払っていた。モンサントは容赦なくこの会社を訴えた。告発理由は、そのラベルが「牛に対する成長ホルモンの投与を中傷する」というものだった。「私たちは譲りません」とオークハースト・デイリーの社長スタンリー・T・ベネットは述べた。「なぜなら私たちは、なにが牛乳に入っているのかを知る権利が顧客にあると考えているからです[*6]」。しかし、ダヴェンポートの同業者と同じく、この企業も例のフレーズを付け加えることで和解せざるをえなかった[*7]。

二〇〇五年二月には、アメリカの大手チーズ製造業者であるティラムックが、モンサントの怒りを買った。天然の牛乳を供給してほしいという顧客からの要求の高まりにより、この乳業協同組合は一四七人の飼育者に、遺伝子組み換えホルモンの使用をやめるよう要請した。すぐさまモンサントはオレゴン州に、あのキング&スポールディングの弁護士を派遣した。そして運営会議の一部のメンバーに対して、要請を再検討することを受け入れさせた。この協同組合の公式声明には、組合員の間に「不和の種を蒔く」ようなモンサントの「強引な手法」に驚いたことが書かれている[*8]……。

しかし、モンサントの側からすれば、強引な手法を改める必要はどこにもない。というのも、この会社にはつねにFDAという強力な後ろ盾がついているからだ。FDA副長官のレスター・クロウフォード博士による手紙がその証拠である。その手紙は、二〇〇三年にブライアン・ロウリーに宛てられたものであった。ブライアン・ロウリーは、モンサントでrBSTの認可手続きを長い間、担当してきた人物であり、その後はこの会社の人権問題担当部署の責任者になっている。この手紙は、rBGH賛成派の強力な乳業ロビー団体、国際乳製品協会（IDFA）のサイトにさっそく掲載された。そのサイトにはこう書かれている。「rBSTを使用した牛乳の品質と安全に関して消費者の判断を誤らせる取り組みに、貴社は注意を促しました。私も貴社と同様の懸念を抱いておりますので、貴社とともに誤ったラベル表記の検証作業

▼すべての調査（原注）：これらの調査は、アメリカ農務省、コーネル大学、ウィスコンシン大学、『デイリー・トゥデイ』誌などで実施された。

を行なっていきたいと考えています」

違法な宣伝活動

「左側を見てください。この地域でも最大の酪農場の一つですが、間違いなく遺伝子組み換え成長ホルモンが使われています」と、ファミリー・ファーム保護組合幹事のジョン・ペックは言った。「もし撮影したいのでしたら、目立たないようにお願いします。絶対に知られないように……」と注意を伝えながら、この若い農場経営者は道路の端に車をていねいに停めた。彼の不安は、私たちにも伝わった。私たちはすばやく三つの場面を撮り終えた。私たちの前には数百頭の牛を収容する大きな酪農施設が、まっすぐに並んでいる。牛たちはけっして外に出ることはなく、もっぱらGMO大豆のカスなどを餌として与えられている。日焼けした作業員が敷地内を歩き回っている。「あの作業員たちは不法滞在のメキシコ人です」とジョン・ペックは説明した。「こうした搾取のやり方は工場と同じですね。ただでさえ安い労働力を、さらに買い叩いて、こき使っているのです」

二〇〇六年一〇月、私たちはシカゴの北東にあるウィスコンシン州にいた。かつて、この州の酪農業は合衆国でずっと第一位の座を守ってきたが、その後、カリフォルニア州に追い抜かれてしまった。カリフォルニア州では、今述べたようなｒＢＧＨを利用した農場が最近一〇年間で急増しているのだ。ジョン・ペックはこう説明する。「ウィスコンシン州では、一つの農場あたり平均五〇頭の牛を飼っています。それに対してカリフォルニア州では四〇〇頭です。しかし、有機牛乳の生産について言えば、ウィスコンシン州は第一位ですよ」

私たちはふたたび出発した。起伏に富んだ緑の大地を横切っていく。こじんまりとした農場がそこかしこにあり、「アーミッシュ産」と書かれた看板が、次々と目に飛び込んでくる。実際、合衆国のアーミッシュ・コミュニティーの四分の一がウィスコンシン州にあるのだ。アーミッシュの人々は、現在もなお「古くからの決まり」に従った生活を送っている。この「古くからの決まり」は、一七世紀末にフランスのアルザス地方に由来するアーミッシュの人々が合衆国にやってきた当時から変わっていない。男は髭をたくわえ、女は帽子をかぶり、みな伝統的な衣服に身を包んでいる。彼らは「進歩」、すなわち電気に象徴されるような新しい技術をすべて拒絶している。アーミッシュの人々は、ロウソクを灯りとして利用し、馬車で移動し、二頭の牛で大地を耕すのだ。

「アーミッシュの農産物は、現在、大きな成功を収めています。というのも、それらは当然ながら有機栽培だからです」と、ジョン・ペックの家で待ち合わせたファミリー・ファーム保護組合の代表ジョン・キンズマンが説明してくれた。「アーミッシュの人々は、農場で牛乳を直接販売しています。そのため、彼らはモンサントの怒りを買わずに済んでいるのです」。六〇代にして多弁なジョン・キンズマンは、遺伝子組み換えホルモンの反対者である。彼はきわめて早くから遺伝子組み換えホルモンに反対してきたが、それはなにより経済的・社会的理由からだった。「ｒＢＧＨは、まったくひどい代物です」と、彼は激しい口調で語りながら、食卓に分厚い資料を広げた。「モンサントがＦＤＡにｒＢＧＨの資料を提出した時期、アメリカ政府は飼育者たちに牛を屠畜するためのお金を支払っていました。なぜなら、すでに四半世紀も前から、牛乳は過剰に生産されていたのですから！」

▼国際乳製品協会（ＩＤＦＡ）のサイト（原注）：アドレスは〈www.idfa.org〉。とりわけ以下の記述を読んでいただきたい。「モンサントは、農場の生産性と食品の品質を向上させる農業製品の供給者である。この会社が製造・販売しているポジラックは、牛一頭につき一日あたり八リットルから一二リットルの牛乳を増産することを可能にするテクノロジーであり、その採算性も証明されている」

当時、過剰牛乳問題への対策費は、連邦予算のうち毎年二〇億ドルにすぎなかった。一九八五年、この問題にケリをつけるため、議会は「食品安全法」を可決した。この法律は、価格支援プログラムの支払額を減らすために、酪農場の数を削減することを目的としていた。こうして一万四〇〇〇軒の酪農家が補助金を受け入れ、一五〇万頭以上の牛が食肉処理場に送られた（その費用は一八億ドルだった）……。「成長ホルモンは、工業的農業の論理がつくりあげた産物です。工業的農業は、生産を限りなく集中させます。そして、この集中的な収奪モデルに耐えるだけの資金をもたない無数の農家が消えていくことになります」と、ジョン・キンズマンは言う。「このモデルは、持続可能な発展や良質な食糧の生産とは正反対の方向に向かうものだと、私たちは考えています。結局、持続可能で良質な食糧を生産することができる農業は、家族経営の有機農業にかぎられるのです」

私たちは、別の農民と会うためにふたたび出発した。この農民は、ｒＢＧＨをしばらく使っていたのだが、深刻な獣医学的問題が起こったため、その使用を止めることになったというのだ。「失敗経験を証言してくれる農民を見つけるのは、とても難しいのです」とジョン・キンズマンが述べる。「そもそも、ほとんどの農民は、このような薬を牛に与えることを恥じていますから。それは顧客の健康を危険にさらすことでもありますし。さらに、成長ホルモンを手に入れるために、契約にサインしなくてはなりません。その契約には、問題が起こった時に秘密を守ることを定めた条文があります。公的に発言したせいでモンサントに訴えられた農民たちを、私はよく知っています……」

私たちを迎えてくれた農民は、名をテリーといった。彼が飼っている四〇頭ほどのホルスタイン種のメス牛は、家からそう遠くないところでのんびりと草を食べている。黒ぶちの牛たちは、二匹のペルーリャマ〔ラクダ科の家畜〕に見守られていた。私が驚いた様子でいると「リャマはすごいんですよ。犬よりも優秀です！」と、彼はおもしろがって言った。それから突然低い声になり、こう告げた。「私があなた方の来訪を受け入れたのは、あなた方は信頼できるとジョンに説得されたからです。また、モンサントのような会社が合衆国に領土を拡大していくのを食い止めるためには、誰かが証言しなければならないからです。残念ながら、私の話はまったくありきたりなものです。ある日、一九九二年か一九九三年ごろですが、私の獣医さんが奇蹟の薬のことを話したのです。獣医さんによれば、その薬はすぐに市販されるだろう、そして、それを使えば収入は格段に増える、ということでした。私たちの仕事は経済的基盤が危うくなることもありますから、私はそれを試してみたいと思ったのです」

「獣医師がｒＢＧＨの宣伝をするのは、普通のことなのですか？」と、ちょっと驚いた私は尋ねた。

「ええ」とジョン・キンズマンが答える。「モンサントはずっとｒＢＧＨを宣伝していました。しかも、認可される前からですよ！　あの会社は、ｒＢＧＨを使うことを農民たちに説得した獣医師に対して、一件につき三〇〇ドルの報奨金を与えると言っていました。また、酪農業が盛んなあらゆる州で、宣伝のためのパーティーを開いていました。そこでは、成長ホルモンの長所を紹介するビデオが配られました」

これは事実である。モンサントが制作したビデオの一つを、私は入手した。そのビデオでは、大学教授のような風貌をした紳士が酪農場を歩きながら、ｒＢＧＨを「ＦＤＡ創設以来、もっとも研究された製品」と紹介し、ｒＢＧＨのメリットを説明している。「この薬の試験は何年もかかっていますが、順調に進んでいます」と紳士は言う。彼の側には別の男性がいて、驚くほど従順な牛たちに注射してまわっている。

ところが、一九八〇年代末に農家向けに配られたこのビデオは、なんとＦＤＡの怒りを買うことになった！　一九九一年一月九日、ＦＤＡの獣医学センター（ＣＶＭ）センター長であるジェラルド・Ｂ・ゲストは、モンサントのデヴィッド・コワルシクに手紙を送っている。「最近数年間で貴社が開いた数多くの催しの中に、ＢＳＴが人間の健康に安全で牛乳の生産量を増やす効果があると宣伝するパンフレットやビデオの配布、集会があります。〔……〕しかしながら、合衆国においてＢＳＴは試験中であり、まだ市販商品として法的に承認されておりません」。さらに、ＦＤＡの代表はこう書いている。「条項21ＣＦＲ１の（b）（8）（iv）によれば、認可以前の医薬品について、こうした類の活動は認められておりません」。

その活動には、獣医師たちと「ＣＶＭのスタッフ」のために催された「カクテルパーティー」などのお祭り騒ぎも含まれるが、ＣＶＭスタッフは「いつも参加を拒んでいた」そうである。さしあたり、ＦＤＡの代表はモンサントに違法な宣伝活動を止めるよう命令し、それに従わないのであれば制裁を加えることを申し渡したのだ……。

牛たちの「大殺戮」

「見てください」と、ジョン・キンズマンが言った。「モンサントが配布したポジラックの広告チラシを取っておいたのです」と、この農民の指導者はそれを読み上げた。「ポジラックを投与された牛は、とても健康です。〔……〕投与された牛から産まれた子牛たちもたいへん健康です」。「まったく嘘っぱちですよ！」とテリーが抗議した。「私は一二頭の牛に成長ホルモンを使いましたが、すぐに牛たちの体重が驚くほど減っていることがわかりました。それからずっと飼料を増やしましたが、それでも状態は悪化するばかりで、牛たちはどんどん痩せていきました。授乳期が終わって、私は牛たちに種付けしようとしました。四、五回くりかえしましたが、ダメでした。私が注射を打った牛たちは、どれも子牛を生まなかったのです。最終的に、私は牛たちを処理場へ送りました。他の牛たちには薬を節約していたのが、不幸中の幸いでした。そうしていなければ、すべての牛を失っていたでしょう……」

「これが、ウィスコンシン州の酪農場で起こっていることです」とジョン・キンズマンは言いながら、ある報告書を私に手渡した。それは、かつてウィスコンシン州農民組合のために働いていた、マーク・カステルという独立コンサルタントが一九九五年に発表したものであった。[*9] この報告書によれば、一九九四年の夏の終わり、つまりポジラックが市場に出回った六か月後に、ウィスコンシン州農民組合は、コロラド州デンバーにある全米農民組合と協力して、ポジラック使用者のためにフリーダイアルを開設することに決めた。そのきっかけは、ジョン・シャムウェイというニューヨーク州の農民が地元の週刊誌に語った失敗談だった。[*10] 彼は、自分の牛たちにポジラックを注射してから二か月もたたないうちに、全体の四分の一、つまり五〇頭ほどの牛を乳房炎のために失うことになった。一年後の一九九五年九月、彼はふたたび取材を受けた。そこで彼は、二〇〇頭中一三五頭の牛がポジラックのために死んでしまったことを語り、さらに牛乳生産量の低下による損失や、新たな牛の購入のために一〇万ドルも支払わなければならなかったことを告白した。

フリーダイアルを開設すると、すぐにアメリカじゅうの酪農家から電話が殺到した。たとえばミネソタ州で七〇頭の牛を保有するメルビン・ヴァン・ヘールは、乳房炎や注射痕にできた大きな出来物に苦しむ牛たちを、もはやどう扱えばよいのかわからない、と嘆いた。フロリダ州で一五〇頭の牛の世話をするアル・コアは、牛たちが肥大した乳房の重みのために歩けなくなったり、足や蹄の傷のせいで足を引きずったりするようになったこと、三頭の牛が奇形の子（頭の上に足があったり、胃が体外にあったりした）を産んだことを訴えた。ニューヨーク州で二〇〇頭の牛を保有するジェイ・リビングストンは、五〇頭の牛を失ったと語った。そのうち数頭は、突然死したという。彼はポジラックの投与を中止し、生き残った牛たちに種付けをした。三五頭が双子を出産したが、そのほとんどが「まったく使い物にならない」ほど、とても弱い体質であった。

この悲惨な報告書を読みながら、私はＦＤＡの獣医師リチャード・バロウズ博士の衝撃的な考察を思い出していた。「牛たちに注射されているものは恐ろしい薬です。牛たちは牛乳工場に変身し、蓄えていた栄養は永久に吸い上げられます。このため、牛の骨は弱くなります。乳房は奇形化し、牛たちは足を引きずるようになり、かろうじて立っているだけです……」

マーク・カステルの報告で引用されている農民たちは、あらかじめ彼らが署名した契約書で指示されていたとおり、モンサントに報告書を送った。しかし、この会社はまったく返事もしなかった。なお悪いことに、カステルによれば、この会社はポジラックが現場で引き起こした副作用を報告しなければならないのに、この件をまったくＦＤＡに報告しなかったようだ……。しかし、たとえモンサントがＦＤＡに報告していたとしても、事態は変わらなかっただろう。一九九五年三月一五日、新たにＣＶＭのセンター長に就任したスティーヴン・サンドルフは、物騒な情報が届いていたにもかかわらず、冷たくこう言い放った。「報告書は読んだ。しかしＦＤＡとしては、心配する理由はないと考えている」[*11]

現在、農畜産物の大手販売業者は、消費者の需要に応じるために有機牛乳、あるいはせめて天然牛乳を供給しようとしている。しかしながら、遺伝子組み換えホルモンの使用について、公的機関は、現在も総括をしていない。「ＦＤＡは、見て見ぬふりをしつづけています」とジョン・キンズマンは嘆く。「しかし、ＦＤＡの無責任な振る舞いは、その思惑とは裏腹に、有機農業を広める原動力になりました。消費者は、なんとしてもｒＢＧＨ牛乳を避けようとして、有機乳製品を選ぶようになりました。また、消費者は食料の品質についても考えるようになりました。公的機関はこれからもホルモンの使用を中止しないと思います。私たちの農場からｒＢＧＨをなくしてくれるのは、結局、消費者なのです。しかし、それによって、大殺戮が起きてしまうのですが……」

「大殺戮というのは、どういう意味ですか？」と驚いて私は言った。

「ｒＢＧＨは、まさしく麻薬です」と、キンズマンは答える。「注射を止めると、牛は禁断症状に陥って、ほんとうに倒れてしまうのです。ですから、ポジラックは『牛クラック』〔クラックは、覚醒剤の隠語〕と呼ばれています。仮に、大手の飼育業者の牛乳を求める消費者がなくなり、そのために業者が牛への注射を止めるとしたら、どうなるでしょう。その時、業者は牛たちを処理場に送らなければならなくなるでしょう。その数は、私たちの見積もりによれば、この国の乳牛の三分の一に達します……」

「なんて恐ろしい」と私は呟いた。「しかし、このような異常事態がどうして起こったのでしょうか？」

「マネーの魔力は目をくらませるのです」、ジョン・キンズマンは答えた。「モンサントは、反対者の声を黙らせる術をよく心得ています」

ロビー活動とメディア・コントロール

「貴社からBSTの進歩と世論の状況について、私を含むアメリカ医師会（AMA）にお知らせいただき、まことにありがとうございます。この製品に関するモンサントの発表は、とてもすばらしいものでした。〔……〕この製品の人間と牛乳（原文ママ）に対する安全性については、医学界も納得しないはずがありません。BSTについて、今後も連絡を取り合いましょう。モンサントのますますの発展をお祈りいたします」

この親愛の情にあふれた手紙は、一九八九年六月三〇日、アメリカ医師会（AMA）の副会長ロイ・シユヴァルツ博士が、モンサントの科学事業担当副社長であるヴァージニア・メルドン博士に宛てたものである。この手紙は、モンサントが交渉力と影響力を駆使して、自社の製品に対する批判を封じ込めるための「戦闘兵器」をつくりあげたことをよく示している。

「戦闘兵器」と述べたのは、AMAは強大な組織だからである。AMAは一八四七年に設立され、現在は二五万人の医師、すなわち合衆国の医師全体の三分の一が会員になっている。「患者を助ける医師の助けになる」というスローガンを掲げるこの団体は、『アメリカ医師会ジャーナル』（JAMA）という世界で

▼大手販売業者（原注）：二〇〇六年六月六日の『乳製品&食品市場アナリスト』で報告されたように、ディーン・フードやウォルマート、クロガーのような有機農業を積極的に支持していない小売りチェーン店も、rBST使用の牛乳を販売しないと約束している。

もっとも読者の多い医学雑誌を刊行している。「AMAはrBGHを認可させる方向でずっと動いてきました」とサミュエル・エプスタイン教授は説明する。「また、米国ガン協会やアメリカ栄養学会などの組織も同じです。それらの団体は、一九九三年に設立された『酪農連合』という強力なロビー団体の科学的説明に賛同しています。この団体は、一九九三年というのは、FDAがポジラックを認可した年です。このロビー団体に参加しているのは、酪農企業の代表や、食品販売チェーン、アメリカ五〇州の各農務省の連合、そしてモンサントが後援する科学者などです。酪農連合はこうしたネットワークを駆使してrBGHに関する嘘の情報をメディアに垂れ流しました。そして、私のように遺伝子組み換えホルモンの危険について警鐘を鳴らす人々を中傷する活動を広めたのです」

「メディアは、どのように対応したのですか？」と私は尋ねた。

「メディアですか！」とエプスタイン教授は笑った。「メディアは、この問題にほとんど踏み込みませんでした。遺伝子組み換えホルモンについてまったく無知だったのか、あるいは権威あるFDAを盲目的に崇めていたのか、そのどちらかでしょう。実際、あの有名な行政機関がこれほどの背任行為をするなど、とうてい想像できないでしょうからね。さらに、数少ない本物のジャーナリストも厳しい制裁を受けました。たとえば、ジェーン・エイカーやスティーブ・ウィルソンのようなジャーナリストが」

それは、アメリカの報道検閲を象徴する事件の一つである。[*12] この二人の記者は、一九九六年一一月一八日、WTVT（ニューワールド・コミュニケーション・オブ・タンパ）グループに属するテレビ局『チャンネル13』に雇われ、ある報道番組を制作することになった。この番組は、このチャンネルの新たなスクープ番組として、大々的に宣伝された。「調査員が真実を暴露し、皆さんを守ります！」という番組予告のコマーシャルが数多く流された。ジェーン・エイカーとスティーブ・ウィルソンは、この報道番組の顔として雇われたのだ。この二人は、エミー賞を三回、ナショナルプレスクラブ賞を一回受賞するなど、数多くの権威ある賞を受けた記者だった。

「白紙の状態からテーマを選び、二人でいっしょに調査しながら番組にしていくことができるというので、私たちはとても喜んだのです」と、ジェーン・エイカーは語った。二〇〇六年七月、私はフロリダ州ジャクソンヴィルの彼らの家を訪れた。「私たちが最初に提案したのは、ｒＢＧＨをめぐるテーマでした。この製品に関する論争を耳にしたことがあったからです。私は取材を担当し、スティーブが番組制作を担当しました。最初の現地取材のことは、今でも思い出します。ある農民の牧場で牛に注射している場面を映像に収めることができました。九センチの注射針が脇腹を刺すたびに、牛は激しく体を震わせました」。ジェーンは倉庫にしまってあったフィルムの焼き増しを見せてくれた。そこには牛の肥大した乳房を押す農民の姿が映っている。褐色の濃い液体が彼の手にほとばしる。彼は手の平をカメラに差し出しながら言う。「ここに小さな塊が見えるでしょう。これが乳房炎というやつです」。数分後、カメラが全景を映し出すと、そこにはあらゆる種類の抗生物質が棚に押し込められていた……。

ジェーン・エイカーは、一か月間にわたって撮影を行なった。その間、フロリダ大学の科学者やモンサント幹部のロバート・コリアーのような遺伝子組み換えホルモンの擁護者に会い、同時に、サミュエル・エプスタインやマイケル・ハンセンなどの反対者にも会った。さらに《ＢＳＴ不使用》というラベルを牛乳に貼ったためにモンサントに訴えられた牛乳販売業者の代表にもインタビューを行なった。しかし、ＦＤＡは彼女のインタビューを受けることを拒否した。「そのころの私たちは、あまりに初心《うぶ》でした」と彼女は笑う。「インタビューを拒否されたことに驚きました。ＦＤＡが医薬品を認可したからには、当然、それなりの理由があるはずだと思っていましたから。それで、この薬は危険なものだと思いました。ステ

▼米国ガン協会（原注）：サミュエル・エプスタインが「ガン対抗同盟」を設立したのは、まさしく、この米国ガン協会と多国籍製薬企業の間の癒着を告発するためである。

ィーブと私は、娘のアリックスには有機牛乳しか飲ませないようになりました」

番組制作の途中、WTVTグループとチャンネル13が、フォックスニュース社に買収された。フォックスニュース社の所有者は、ルパート・マードックというオーストラリア系アメリカ人で、数多くの報道機関を牛耳る、きわめて商業主義的（かつ保守的）なジャーナリズム観で知られる人物であった……。

編集が終わり、二人は完成したルポルタージュを、情報局長のダニエル・ウェブスターに見せた。彼はとても興奮し、それを四回に分けて放送することを決めた。そして、番組を告知するために、かなりの金額をかけてラジオで広告キャンペーンを行なった。最初の放送は、一九九七年二月二四日月曜日のゴールデンタイムに決まった……。

「放送前の金曜日、私たちはダニエル・ウェブスターの部屋に呼び出されました。そこで彼は、私たちに送られてきたファックスを見せました」と、ジェーンは語る。ファックスで送られてきた手紙には、ジョン・ウォルシュという署名があった。有名なニューヨークの弁護士事務所（キャドワレーダー・ウィッカーシャム&タフト）の代表者である。宛先は、フォックスニュースのロジャー・アイルス社長になっていた。

「御社のフロリダ州タンパの放送局について、モンサント社がとても心配していることをお知らせしたいと思い、お手紙を差し上げることにしました」と、ルポルタージュを一度も見たことがないはずの弁護士は書き出している。「御社の記者たちにrBSTという科学的に高度な主題に関してルポルタージュを制作する能力があるかどうか、また、彼らの制作する番組が客観的であるかどうかについて、私たちは大きな疑いを抱いております。〔……〕事実、この製品を検証し、認可したFDAや世界保健機関（WHO）のような科学・医学団体はすべて、rBSTを投与された牛から採られた牛乳には人体の健康に危険性はないと結論しています。〔……〕タンパで行なわれていることは重大な問題です。それはたんにモンサント社にとって問題であるというだけでなく、フォックスニュースとその所有者にとって、さらにはrBST

などのバイテク農業製品の使用によって今後恩恵を被ることになるアメリカ国民にとっても、重大な問題なのです」

この文章につづいて、この多国籍企業の弁護士は、相手の弱点をよく心得ているかのように、こう述べている。タンパの二人のジャーナリストの振る舞いは、それが「フードライオン事件の判決の直後」であるだけにいっそう残念である、と。つまり「不幸が訪れますよ、ご注意を」と、ほのめかしているのである。

この放送局の取締役ボブ・フランクリンが、ルポルタージュを見たいと申し出た。「彼はとても評価してくれました」と、ジェーン・エイカーは思い出しながら言った。「モンサントに新たなインタビューを申し込む、ということで私たちの意見は一致しました。この会社は、あらかじめ質問リストを送るように要求したので、私たちはそうしました。しかしモンサントは、最終的に私たちの申し出を拒否しました」

数日後、新たな手紙がフォックスニュースの本社に届いた。今度は明らかに脅迫じみた書き方だった。「私どもの顧客であるモンサントが懸念を抱いていることについて、私は最初の手紙で説明しました。しかしその一週間後に、ふたたび手紙を書かなければならないことに、私はとても驚いております。エイカー女史の無責任なアプローチによって、状況が改善されるどころか悪化する一途です」。弁護士はこのように書き、とくに「牛クラック」に関する質問をはじめ、彼女たちが提出した八つの質問を「それらの主

▼フードライオン事件の判決（原注）：一九九二年、ＡＢＣニュースのゴールデンタイムに放送されたルポルタージュで、フードライオン・チェーンの店主が、古い肉と新鮮な肉とを混ぜてミンチにしている場面が、隠しカメラによって撮影された。この放送の後、フードライオンの株価は下がり、一〇〇店舗が閉鎖に追い込まれた。会社はＡＢＣニュースを告訴し、第一審で五五万ドルの賠償金を勝ち取った！　この判決は、アメリカの番組制作者たちに大きなショックを与えた……。

題は中傷を含んでいます」と非難している。「仮にテレビ番組で、それらの主題を扱うようなことがあれば、それは私の顧客であるモンサント社に大きな偏見をもたらすことになり、フォックスニュースにとっても深刻な結果をもたらすことになるでしょう」

「フォックスニュースが脅える理由はあるのですか？」と、注意深く二つの手紙を読んだ後、私は尋ねた。

「広告を失うことです！」とジェーンは答える。「モンサントは大きなスポンサーです。とくにラウンドアップとニュートラスイート▼という二つの製品の広告料は、予算額の大きな部分を占めています」

「それで、スティーブとあなたは内部告発をしたのですね」

「そうです。しかし、世界でもっとも民主的な国家を自負しているアメリカで、私たちがあのようなひどい思いをすることになるとは、その時は夢にも思いませんでした」とジェーンはため息をついた。

こうして戦いがはじまった。タンパのテレビ局側の指揮官は、チャンネル13の買収を機に、新たに取締役の地位に就いたデイヴ・ボイランである。彼は、二人のジャーナリストに対して、無期限の放送延期措置がとられたルポルタージュをつくり直し、新たなバージョンを提出するように求めた。「八三回も脚本を書き直しました！」と、すべてのバージョンの草稿を保存していたジェーンは、少し楽しそうに言った。[*13]

「しかし、どれも納得できるものではありませんでした。たとえば、私たちは『発ガン性』という言葉を使うことが禁じられました。その代わりに『健康に影響を及ぼすかもしれない』という言葉を使わなければなりませんでした。また、サミュエル・エプスタイン博士の科学者としての能力を貶めなければなりませんでした。酪農連合がｒＢＧＨの無害性を証明する書類と称するものを大量にフォックスニュースに送りつけていたことを私たちが知ったのは、その後のことでした。新しいバージョンを提出するたびに、フォックスニュースの弁護士キャロライン・フォレストが細かくチェックしました。ある日、彼女はとても激昂しながら、こう口を滑らせました。『わからないの？　真実なんて問題じゃないのよ！　このルポルタージュは、モンサントと訴訟して何十万ドルも費やすリスクに釣り合わないわ……』」

一九九七年四月一六日、ディヴ・ボイランは、この二人のジャーナリストに対して、もしフォックスニュースの「勧告」どおりにルポルタージュをつくり直すことを拒むなら、会社への「反抗」とみなして二人を解雇すると脅しをかけた。「私たちはこのテレビ局を買収するために、三〇億ドルも支払ったんだぞ」と、ディヴ・ボイランは怒りをあらわにした。「どのような内容の情報を視聴者に届けるのかは、私たち経営陣が決めることだ！」。これに対してスティーブ・ウィルソンは、このルポルタージュが自分たちの同意なしに放送された場合、それは一九三四年のコミュニケーション法に違反しており、連邦通信委員会▼に訴えるだろうと返事をした。

五月六日、デイヴ・ボイランは戦術を変えて、スティーブたちのために「顧問」という形だけのポストを用意し、給料を一年間上乗せして支払いたいと提案した（二〇万ドル）。その代わり、フォックスがルポルタージュを検閲したことや、彼らがｒＢＧＨについて発見したことについて口外しないことを約束してほしい、というのだ。スティーブは「あなた方の提案を書面で提示していただけるなら、検討してもいいでしょう」と答えた。このスティーブの回答にジェーンは唖然としたが、すぐに彼女はその理由を知ることになる……。

結局、二人は「公式の理由もなく」フォックスニュースを解雇された。一九九七年一二月二日、二人がフォックスニュースを訴えた時に提出した証拠物件には、貴重な資料がそろっている。ジェーンとスティ

▼ニュートラスイート：人工甘味料アスパルテームの商品名。日本では、味の素が「パルスイート」という商品名で販売している。
▼連邦通信委員会（原注）：ラジオ放送局への周波数の割り当て、および視聴覚メディアの監視（選挙キャンペーン時の発言時間の平等や反論権など）を役割とする連邦機関である。フランスの視聴覚最高評議会（ＣＳＡ）と同じく、違反者に懲罰処置をとることもできる。

ーブは、自分たちが訴訟を起こした根拠として、最近フロリダ州で制定された「ホイッスルブロワー（内部告発者）関連法」▼にもとづいていることを強調した。さらに、雇用主がルポルタージュ番組にさまざまな虚偽の情報を付け加えることを強制したことは公共利益に反していること、また、雇用主は連邦通信委員会の定めた規制に反していることを示した。ジャーナリストがこの法律に依拠して裁判を起こしたのは、今回が初めてのケースだった。フォックスニュースはこの案件を深刻に受けとめ、一〇人もの弁護士を雇った。その中には、モニカ・ルインスキー事件の裁判で、ビル・クリントン大統領の弁護をしたウィリアムズ&コノリー法律事務所の弁護士たちもいた。

　弁護士たちは裁判開始を妨げるために、二年間にわたって細かい書類を大量に提出した。ジェーンとスティーブは、自分たちの弁護にかかる費用を算段するために家を売らなければならなかったが、第一審は二人に有利な方向に進んだ。判決は、タンパの裁判所で二〇〇〇年七月に下されることになった。五週間にわたる審問が終わり、陪審員たちが直面したのは、次のような問題である。すなわち原告（ジェーン・エイカー）によれば、「被告（フォックスニュース）が原告のルポルタージュの情報を捏造し、歪曲し、偏向的な内容に変えたうえで放送しようとした。しかし、原告ジェーン・エイカーはその事実を連邦通信委員会に手紙を書くと述べた。その言葉に脅えた被告は、原告との労働契約を終了させた」とされている。はたして原告は、十分かつ説得力のある証拠を提出することによって、それが事実であると証明したのだろうか？　この問いに対して、裁判所は「イエス」と回答した。ジェーンは四二万五〇〇〇ドルの損害賠償を受け取ることになった（スティーブは弁護を自分で行なうことにしたが、それはまさしくベテラン弁護士顔負けの熱弁であった。しかし陪審員たちは、この事件の最大の被害者はジェーンだと考えたのだ……）。

「報道メディアの支持は得られましたか？」。この質問は、明らかにジェーンを悲しませたようだった。彼女はこう嘆いた。「いいえ、国内の大手メディアはこの訴訟を無視しました。『60ミニッツ』というCB

Sの番組と『ニューヨーク・タイムズ』が採りあげるようなことを言っていましたが、そのような報道がなされることはありませんでした。信じられない情報操作もありました。たとえば、フロリダの有名な新聞『セントピーターズバーグ・タイムズ』のジャーナリストは、私たちの古くからの知り合いだったのですが、とても熱心にこの訴訟を追いかけてくれました。しかし、彼女の記事を読んで仰天しました。こんな文章が載っていたのです。『陪審団は、フォックスニュースがモンサントの圧力に屈し、ルポルタージュを捏造したと訴える二人の申し立てを信じなかった』と。知人のジャーナリストが知らないうちに、編集長がこの一文を書き足したのです！　さらにこの文がCNNの番組にまったくそのまま再録されました。CNNは、私たちが反論する権利をまったく認めようとしませんでした……。ひどいことに、私たちの苦しみはまだ終わらなかったのです……」

フォックスニュースは控訴した。二〇〇三年二月一四日、状況は激変した。フロリダの控訴院が一審判決を覆したのだ！　陪審団は、テレビ局や報道グループが大衆に嘘をつくことは法律で禁じられていないと判断した……。もちろん、連邦通信委員会が定めた規則では、偽りの情報を流すことは禁止されている。しかし、この規則には法的効力がないのだ。こうして控訴院は、ホイッスルブロワー関連法は、ジェーンとスティーブの事件に適用できないと判断した。裁判所は、フォックスニュースが視聴者を偽ったという根本的問題には触れず、まったく技術的な仕方で判決を下した。その結果、二人のジャーナリストは、テレビ局側に最低でも二〇〇万ドルに達する弁護士費用の支払いを命じられた！

「控訴院は、法律では情報を歪曲することは禁止されてない、と恥も外聞もなく叫びつづけた相手側の弁

▼ホイッスルブロワー（内部告発者）関連法（原注）：この法律の定義によれば、ホイッスルブロワー（内部告発者）とは、会社の不法な活動に加担することを拒否したり、あるいはそうした活動を政府機関に告発すると述べたために、会社から報復を受けた被雇用者をさす。

護士の意見に従ったのです……。私たちは上告しました。最終的に、フロリダ州の最高裁判所は、フォックスニュースの裁判費用の賠償請求を却下してくれたのです。しかし、いいですか、私たちの身の上に起こったことは、この国の報道ジャーナリズムが、もはや死んでいることを示しています。いかなるジャーナリストも、もはやモンサントの振る舞いを止めることはできないのです……」

カナダ政府への贈賄未遂事件

こうして私は、二人のジャーナリストの証言が大騒動を引き起こしたフロリダを離れることにした。というのも、その時の私は浅はかなことに、モンサントが自社製品を押しつける特別な手法を十分に理解したと思ったのだ。しかし、その考えは甘かった。飛行機がオタワへ向かっている間に、私は過去に収集した新聞記事を読みふけった。それはカナダにおけるｒＢＧＨの認可手続きに関する記事である。「カナダ厚生省の科学者たちが企業を告発——疑わしい動物用医薬品の承認をめぐる贈賄で」と、一九九八年一〇月二三日の『オタワ・シティズン』紙の見出しにある。「上院議会での科学者たちの証言は、テレビシリーズ『Ｘファイル』の一場面を思い出させた」と書いているのは、一九九八年の一一月一一日の『グローブ・アンド・メイル』紙であった。

それらの記事を通じて、一九八五年、モンサントがカナダのＦＤＡに相当するカナダ厚生省に、遺伝子組み換えホルモンの市販認可申請を提出していたことを知った。たいていの場合、カナダ厚生省はアメリカ政府の決定に追随している。しかし、この事件について言えば、モンサントの武器は特に手入れされていたものの、うまく機能しなかったようだ……。この事件で内部告発者の辛い役割を担ったのは、カナダ動物用医薬品局（ＢＶＤ）の三人の科学者だった。ｒＢＧＨが認可されそうになったため、公的に告発したのである。一九九八年六月、彼らは上院委員会で証人として発言を求められた。この委員会は数か月にわたって開かれ、カナダでモンサントの製品を認可しないことを求める報告書を提出した。私は、この委員会で行なわれた証人喚問の筆記録と映像記録を入手していた。その雰囲気は、たしかに『Xファイル』のエピソードを思い出させるものだった……。

証人喚問が行なわれた委員会は、開始早々まったく荘重な雰囲気に包まれた。というのも、三人の内部告発者たちは、聖書かカナダ憲法のいずれかにもとづいて、宣誓することを要望したからである。この三人は、シヴ・チョプラ博士、ジェラール・ランベール博士、マーガレット・ヘイドン博士で、それぞれ三〇年、二五年、一五年にわたってカナダ厚生省で働いていた人々であった。彼らは明らかに興奮した面持ちで、順番に立ちあがり、片手を上げて、「すべて真実を述べ、真実以外のことはいっさい語らない」ことを誓った……。

聴衆の間に驚きと困惑が広がり、長い沈黙がつづいた。ストラットン上院議員が第一声を発した。「あなた方は宣誓することを望みましたが、それによってあなた方の職業生活が危険にさらされないことを確信しておられるのでしょうか？　別の言い方をすれば、あなた方は自分たちに危害が加えられることを怖れているのではないですか？〔……〕あなた方が報復を怖れずに正直かつ率直に事実を証言することができるように、厚生大臣からそれを確約する手紙を委員会は受け取っています。これで安心して証言していただけますか？」

「神に宣誓をしたうえでお話すれば、私の話が真実であり、真実以外のことは含まれていないと思ってい

▼モンサントの振る舞いを止めることはできないのです（原注）：その後、ジェーン・エイカーとスティーブ・ウィルソンはいくつもの権威ある賞に輝いている。プロ・ジャーナリズム学会職業倫理賞、市民としての勇気を称えるジョー・A・キャラウェイ賞、民主主義同盟によるジャーナリズム英雄賞、北米のゴールドマン環境賞。二人がこれらの賞を与えられることも、アメリカ的であると言えるだろう。

ただけるでしょう」、シヴ・チョプラ博士は答える。「しかし問題は、どのような真実を言うべきかということです。私が知っている真実を話すべきでしょうか、それとも大臣が私に要求する真実を話すべきでしょうか。それが私を悩ませている問題です。〔……〕先ほど、私たちが報復を受けないことを保証してもらいましたが、皆さんに聞いていただきたいことがあります。私自身に関して言えば、rBSTについて黙っていることを命じられています。その命令を守らなければ、rBSTに関係する会議に参加する権利を奪われるのです。たとえば私が夕食の席でrBSTについて発言し、誰かがその発言を厚生省の私が所属する部署に報告したら、それだけで厄介な問題が私に降りかかってくるのです……」

「いずれにしても、あなた方が、この委員会の手続きを信頼していないようには見受けられません」と、ストラットン上院議員は答えた。「あなた方の身の上に問題が生じたり、上司から脅迫されるようなことがあれば、この委員会にすぐに知らせていただければ幸いです……」

「現在、私の部署ではいつもこう言われています。クライアント――文書にもそう書かれています――は企業であり、私たちはクライアントに仕えなければならない」とシヴ・チョプラは述べる。「BVD（カナダ動物用医薬品局）、とくに人間安全部で、私たちは葛藤に苛まれていました。というのもrBSTのような安全性の疑わしい動物用医薬品を認可させようとする強い圧力がかかっているからです。〔……〕ついに私は、現在と前任の厚生大臣と副大臣に手紙を書きました。この秘密と陰謀に関する重大な問題を訴え、対処してもらいたかったからです。大臣と副大臣には、公衆の利益を守るために、早急に介入することを求めました。しかし、返事はまったくありませんでした……。一九九七年一一月、私たちはパターソン博士に会いました。パターソン博士は、カナダ厚生省の最高幹部の一人です。私たちは、rBSTの書類に関する入念な科学的分析を行ないたい、と彼に伝えました。〔……〕私たちに渡された書類に掲載されていたのは、たんなるFDAや欧州委員会から提供された要約にすぎず、生データは掲載されていないことを確認しました。〔……〕生データは、rBSTの指定審査官に任命されたイアン・アレクサンダー博士が独占管理しており、彼以外にはそのデータを見ることが許されていないのです……」

次に、マーガレット・ヘイドンに対する質問が行なわれた。彼女は一九八五年から九四年まで認可申請の審査を任されていたが、現在はその職務から外されていた。「一九九四年五月、私の研究室から、書類が盗まれました。鍵はかけてあったはずです」と小さな声で彼女は語る。「多くのものが失われていました。大きなショックを受けました。〔……〕一〇年間にわたるrBST研究の書類の大部分が消えていました。すぐに報告書を書き、上司に届けようとしました。週が明けて私が研究室に入ると、いくつかの書類が戻っていました。〔……〕カナダ厚生省の保安部が調査しました。フィーゲンワルド主任が指紋検証のためにいくつかの書類をもっていきました。彼は、消失したものをすべて記入したメモを作成し、心当たりのあることも書き留めておくように私に指示しました。私はメモを作成し、その原本を渡し、コピーを手元に保管しておきました。〔……〕さらに数か月後、一九九七年一一月、病気のため私が家で休んでいると、保安部の職員から電話がありました。その職員は、私の家までやってきて、メモのコピーを要求しました。それ以来、私が書いたメモは二度と私の手元には戻らず、それっきりでした。とても驚きました……」

「盗まれた書類は、rBSTに好意的なものでしたか、それとも懐疑的なものでしたか」、テイラー上院議員が尋ねる。

「盗まれたのは、私がrBSTに関する疑義を記した多くの書類に加えて、補足情報の要求書、つまり製造者に対して補足情報を求める手紙でした」、マーガレット・ヘイドンは答える。「当時の私は、この製品には安全性と効用に問題があったので、市販を認可すべきでないと考えていました……」

「もしrBSTを投薬された牛の牛乳を差し出されても、あなたは飲むつもりはないように見受けられますが、いかがですか?」、テイラー上院議員は質問した。

▼所属する部署（原注）：カナダ厚生省動物用医薬品局（BVD）の人間安全部をさす。

「これまでのお話を全部聞いて、自分がカナダにいるとはとても信じられなくなりました！」、ユージン・ウィーラン上院議員が発言した。「この国の制度は、いったいどうなってるのでしょう？　私が農務大臣を一一年も務めていた間、もっとも重視したテーマは研究だったというのに。〔……〕これでは、私だって何を信じたらよいのかわからなくなるでしょう。公共のための研究はますます減っていき、モンサントのような金を稼ぐことしか関心をもたない企業に依存した研究が増えています。ところで、あなた方にモンサントから何らかの接触がありましたか？」

「ありました」、最初にマーガレット・ヘイドンが答えた。「それを『ロビー活動』と言うべきなのかどうかはわかりません。いずれにしても一九八九年か九〇年に、ある会議に出席していた時のことです。そこにはモンサントの幹部たちに加え、私の相談者であるドレナン博士、そして私の上司であるメシエ博士が参加していました。この会議で、モンサントは一〇〇万から二〇〇万ドルの額を提示しました。私はその後どうなったかは知りませんが、メシエ博士は上司と相談してみると答えていました……」

「ヘイドン博士は、この会議でモンサントから一〇〇万から二〇〇万ドルが提示されたと話しましたが、この件については『フィフス・エステート・チャンネル』がテレビで放送しました」、シヴ・チョプラが口を開いた。「テレビ局の記者たちは、現在は退職しているドレナン博士に会い、こう尋ねました。この申し出は本当にあったのでしょうか？　と。ドレナン博士は『あった』と答えました。記者たちが『それは贈賄未遂だったと思いますか？』と聞くと、ドレナン博士は『そうです』と答えました。次に記者たちが『その後であなたはどうしたのですか？』と聞くと、博士は『笑い飛ばしました』と答えたので、さらに記者たちは『笑った後でどうしたのですか？　報告書でも書きましたか？』と質問し、博士は『ええ』と答えました。最後に記者たちが『それで、どうなりましたか？』と聞くと、博士は『知りません』と答えました……」

「そうですね。私に関して言いますと、口をつけるつもりはありません」

傍聴席の緊張が最高潮に達した。委員会のメンバーはしばらく沈黙していたが、やがてスピヴァク上院議員が、問題の核心を指摘するために口を開いた。「合衆国でFDAがこの製品の市販認可にあたって使用した要約資料は、不正確であることが判明しました。というのも、生データが入手されていなかったか、あるいは送られていなかったからです。現在、世界保健機関（WHO）と国連食糧農業機関（FAO）による合同食品添加物専門家委員会（JECFA）は、rBSTに問題はないと言っています。しかし、明らかにJECFAもまた、この要約資料にもとづいてそう発言しているのです。生データはまったく考慮に入れられていません。はたして、私たちはそのような機関を信頼してよいのでしょうか？」

この質問の重要さを理解するには、JECFAが一九九五年に、国際連合の二つの組織、すなわちWHOとFAOによって設けられた科学的諮問委員会であることを知っておかなければならない。この委員会は、新たに開発された食料製品の市販認可について検証するために、定期的に招集される。委員会のたびに、加盟国によって適性と公正性を基準に選ばれた専門家たちが、集められることになっている。JECFAの意見は国際食品規格委員会（コーデックス委員会）――この委員会については次章で詳しく述べる――に伝えられる。この委員会もWHOとFAOの下部組織で、食品の規格を統一し、食品関連のテクノロジーのあり方について衛生面と安全面から国際的勧告を行なうため、一九六二年に設置されたものである。コーデックス委員会が発行する文書は、国連が発行する国際的な科学的鑑定書として崇められている……。

カナダの上院委員会がJECFAとコーデックス委員会のあり方について検討した内容は、きわめて示唆的である。というのも、その検討を通じて、一部の人々しか知らなかった事実、すなわちモンサントによる研究妨害が明らかにされたからである。一九九八年一二月七日の朝、上院委員会は消費者政策研究所の専門家マイケル・ハンセンを証人として喚問した。マイケル・ハンセンは、消費者組織の代表として国連のさまざまな会議に出席しており、国連組織の内情に詳しかったからだ。彼が明らかにしたことによれば、一九九二年にJECFAが遺伝子組み換え成長ホルモンを評価するにあたり、最初のパネル調査［無作為抽出された一定の対象に関する長期間の継続調査］のために集めた科学者には、六人のFDA幹部が含まれていた。その中には、モンサントから移籍したマーガレット・ミラーや、『サイエンス』誌で論争になった論文の著者であるグレッグ・ガイヤーとジュディス・ジャスケヴィッチがいた。一九九八年、二度目のパネル調査の報告者は、ほかならぬマーガレット・ミラーだった。このような人々が選ばれていたのだから、JECFAがrBGHの認可に好意的な意見を提出したのは当然である。マイケル・ハンセンの後に証人喚問を求められたカナダ・モンサント副社長のレイ・モウリングは、おおげさに誇張しながら、それとまったく同じ意見を述べている。「国連の報告書によれば、BSTを牛に投与しても、まったく健康に問題がないことが確認されています。その報告書の結論にも、ホルモン剤を投与された牛の肉や牛乳などのBST残留物についても、健康や安全性にまったく影響がないと書かれています」

GMOの前哨戦

一九九八年一二月七日の午後、マイケル・ハンセンの証人喚問と同じ日に、モンサントの規制部門担当者デヴィッド・コワルシクの証人喚問が行なわれた。上院委員会はこの人物については、ある証拠を握っていた……。「私たちが入手したある報告書によれば、あなたはJECFAのパネル調査に誰を出席させるべきかについて、カナダ厚生省に対して意見を提出していますね」と、スピヴァク上院議員は相手をじっと見すえながら言った。「JECFAのパネル調査のカナダ代表について意見を出すなど、カナダ厚生省に対する越権行為だとは思いませんか？」

「それは初耳です。私はJECFAのために誰かを推薦したことはありません」と、モンサントの幹部は口ごもりながら答えた。

「報告書にそう書いてあるのですよ。この報告書には、あなたの会社が提供した生データの独占管理者であるイアン・アレクサンダー氏とあなたが交わした会話が、記録されているのです。あなたと同様、アレクサンダー氏も否定していますが」と議員は問い詰めた。

カナダ厚生省の三人の内部告発者を証人喚問した委員会で、最後にウィーラン上院議員はこう結論を述べた。「私たちは、もっと調査を行なうべきです。このほどモンサントはラウンドアップ耐性小麦に関連して、カナダ農務省に六〇万ドルの資金を提供しました（第11章参照）。私は、この件について一〇か所の大学に手紙を書きました。ある大学は、助成金の見返りがどのようなものかを知りたいという私の質問に対して、よけいなことに首を突っ込むなと答えました。別の二つの大学は、私に電話をかけてきて、こう言いました。『あなたは正しいことをしていると思いますが、私たちはあなたに情報をお伝えすることはできません』と。この研究者たちは恐怖に負けてしまったのです。しかし、あなた方は恐怖に負けませんでした。そのことを私はとても誇らしく思います。もしあなた方の身に何かが起こるようでしたら、私たちにお知らせください……」

しかし、この元カナダ農務大臣の言葉も、あまり効果はなかった……。上院委員会による国内浄化作戦が終わると、すべてがもとに戻ってしまった。たしかに、カナダ政府は自国の領土からｒＢＧＨを完全に追放した。そのことをきっかけに、ＪＥＣＦＡの意見にもとづいて一九九〇年以来の猶予令を終わらせようとしていた欧州委員会も、牛成長ホルモンを完全に拒否▼することになった。さらにつづいて、オースト

▼欧州委員会も、牛成長ホルモンを完全に拒否（原注）：一九九九年三月一〇日、欧州委員会の動物健康福祉科学会議は、九一ページの分量がある報告書を発表し、「乳牛にｒＢＳＴを使用しない」ことを求めた。しかし、このホルモンが人間の健康にもたらす危険性については一言も述べなかった……。このホルモンがＥＵにおいて公式に禁止されたのは、二〇〇〇年一月一日以降である。

ラリアとニュージーランドでも、この製品は葬り去られた。しかし、その後のカナダ厚生省は、ふたたび過去の習慣を復活させたのである。二〇〇四年七月、シヴ・チョプラ、マーガレット・ヘイドン、ジェラール・ランベールの三名は、不服従を理由に解雇されたのだ……。「委員会で証言した後の私たちは、ハラスメントを受け、窓際に追いやられ、排除されました」と、シヴ・チョプラは私に説明した。それは二〇〇六年六月、オタワから五〇キロ離れた地域にある、インド系カナダ人に特有の造りをした彼の自宅を訪問した時のことだ。「なにもかも、私たちが怖れていたとおりでした。誰一人として私たちを助けようとする者はいなかったのです！　私たちは訴訟を起こしましたが、しかしカナダには内部告発者を保護する法律はありません……。この国は隅々まで腐りきっています！　それが現在の私が書いている本のタイトルです」

「あなたが直面した不幸な事態に、モンサントは関係していたと思いますか？」

「その質問に答えるためには、かなり注意を払う必要がありますね」とシヴ・チョプラは笑う。「たしかに言えることは、私たちが上院委員会で証言したのは、モンサントにとってきわめて都合の悪い時期だったということです。あの会社は当時、カナダにＧＭＯを投入しようと企てていたところでした。遺伝子組み換えホルモンは、いわばＧＭＯの前哨戦だったのです。この前哨戦は、すべてうまくいったわけではありませんでしたが、モンサントにとっては市場征服の策略を試すためのよい機会になったのです……」

第Ⅱ部

遺伝子組み換え作物

アグリビジネス史上、最大の陰謀

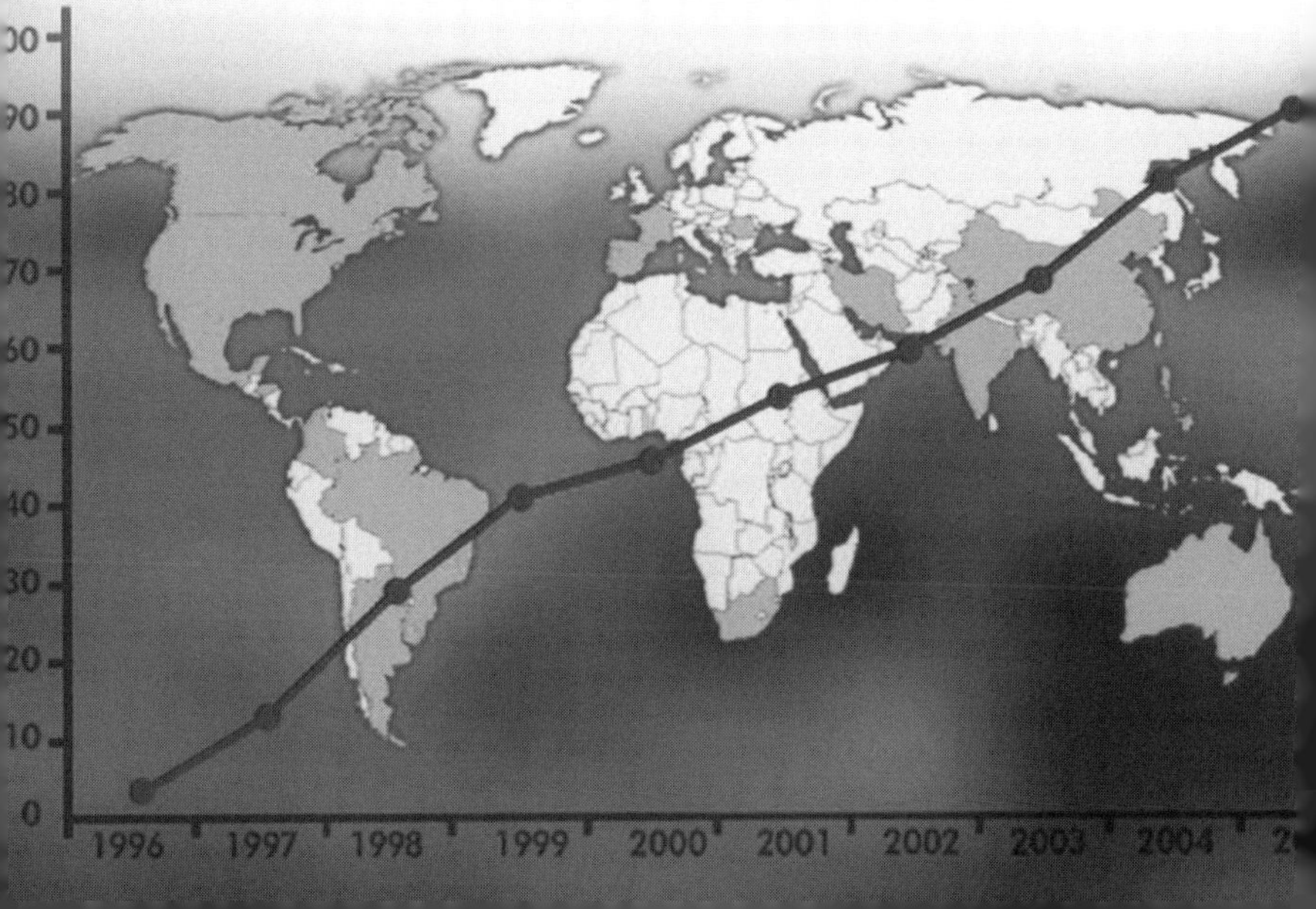

第7章

GMOの発明

遺伝子組み換え作物の信頼性と安全性は、議論すべき問題ではない。GMOの人体と環境に対する安全性は、この生産物が農業の生産と流通のシステムを統合するようになる時までに、おそらく証明されるはずである。

——モンサント『プレッジ・レポート』(二〇〇五年、三一頁)

「食料生産の分野でバイオテクノロジーが最初に応用されたのは、牛成長ホルモンでした。そしてモンサントは、国家中枢部に対して強力に働きかけた多国籍企業の一つでした。バイオテクノロジーの発展は連邦政府にとって非常に重要な懸案だったので、牛成長ホルモンが牛や消費者の健康にどのような影響を与えるのかについては、あまり問題にされませんでした。そして、さまざまな危険性が指摘されていたにもかかわらず、このホルモンは認可されたのです」

『ミルクウィード』誌の記者であるピーター・ハーディンは、私にこう語った。

実際、合衆国食品医薬品局（FDA）がrBGH（モンサントの牛成長ホルモンで、製品名はポジラック）を認可した時、モンサントをはじめとするバイオテクノロジー企業の実験室では、数十種類もの遺伝子組み換え作物（GMO）が開発されているさなかにあった。その当時のモンサントは、同社の除草剤「ラウンドアップ」に耐性をもつように遺伝子操作を施した大豆「ラウンドアップ・レディ」の市販認可のために必要な書類を、まさに届け出ようとしていたところであった。モンサントが安全性の疑わしいホルモンを何としてでも認可させるために試みた策略と、この会社が「バイオテクノロジー界のマイクロソフト」として市場を牛耳ろうとする計画との間に関係があることは、意外なことに、かつてモンサントの顧問として働いていたマイケル・テイラーが証言してくれた。彼はモンサントの顧問をした後、一九九一年に食品医薬品局の副局長になり、その数年後にはモンサントの副社長の座に就いた人物である。

私の電話取材に対して、彼は口を滑らせてこう話した。

「消費者に対しては、いくつもの失敗を重ねたと思います。新しいテクノロジーを人々に受け入れさせるために、最初にそのテクノロジーを応用しようとしたのが、すでに生産量が需要を大幅に超えていた牛乳市場で、そこで人々に与えたのが……」

「不信感？」と、私は口を挟んだ。

「そう、不信感を与えたのです」とマイケル・テイラーは答えた。そして彼はこうつづけた。「さらに言うと、議会は法律を変えるべきだと思いますね。あらゆる新しい遺伝子組み換え作物は、FDAによって正しく検査され、安全性が保証されなければならないという法案を、議会は採決するべきだと思いますよ」

現在も私は、マイケル・テイラーがこの驚くべき告白をした理由がよくわからないままだ。遅まきながら、彼は良心の呵責を感じるようになったのだろうか？　それとも彼は、アメリカの遺伝子組み換え作物に関する規制——後で見るように、彼は規制案の監修者であり、その規制は欧州共同体も含めて世界中のあらゆる政府組織に影響を与えた——の名誉を回復したいと思ったのだろうか？　この点については謎のままだ……。

産業と科学の結婚による遺伝子工学の誕生

これから農業関連産業《アグリビジネス》史上で最大の陰謀の一つと思われる出来事の経緯について語る前に、遺伝子工学の信じられない物語を振り返っておこう。モンサントが、この先端領域におけるリーダーの地位を死守するために、あらゆる困難にも挫けず、多くの競争相手の計画を妨害しつづけてきた執拗さと熱心さには、私も一度くらいは敬意を表すべきだろう。

周知のとおり、遺伝子操作の歴史は、一九五三年、つまりアメリカのジェームズ・ワトソンとイギリスのフランシス・クリックが、DNA（デオキシリボ核酸）の二重らせん構造を解明した時にはじまる。あらゆる生物の細胞内にはDNAという分子の一群があり、遺伝情報はそこに書き込まれていたのである。この発見によって、この二人の遺伝学・生物化学者は一九六二年にノーベル生理学・医学賞を受賞し、分子生物学という新たな研究分野を確立したのである。

分子生物学は、私の同僚であるエルヴェ・ケンプ▼が著作『GMOの秘密の戦争』〔二〇〇三年、改訂二〇〇七年。未訳〕の中で強調しているように、ある種の「信仰《クレド》」を出現させることになった。その信仰によれば、「生物とは一種の機械」であり、固有の遺伝子に完全に従属したものとみなされる。そして分子生物学は、生物のメカニズムを理解するための崇高な鍵となったのである。このような「信仰」は――「教義」とは言わないまでも――、一九五八年にノーベル生理学・医学賞を受賞したエドワード・テータム▼によって、次のように完全に要約されている。すなわち「（1）あらゆる生物のあらゆる生化学的プロセスは、遺伝子によってコントロールされている。（2）そのような生化学的プロセスは、個々の反応の連鎖には還元されないものである。（3）一つ一つの反応は、一つの遺伝子によってコントロールされている。〔……〕多くの実験結果が、次のような潜在的仮説の正しさを示している。すなわち、遺伝子の一つひとつが個々の酵素の生産や機能、特徴をコントロールしている」[*1]という仮説である。

この考え方を別の言葉で言い換えてみると、生物個体の機能を特徴づける生物学的反応のそれぞれは、一つ一つの遺伝子が個々のタンパク質の生産開始を命令することによって生じる、というものである。このような偏狭な考え方――ようするに「すべてが遺伝子によって決まる」という考え方――は、大きな誤解を生み出す原因になっており、現在に至るまでバイオテクノロジーの発展はその誤解に支えられているのだ。

「実際、フランスのグリーンピースに所属する生物学博士で、GMO関連文書の責任者であるアルノー・アポテケールが一九九九年に指摘したように、GMOにかかわるさまざまな現象は、日々その複雑さが明らかにされている。一つの遺伝子は、その生物のさまざまな組織や組織構造ごとに、きわめて多様な仕方でタンパク質をコード化しており、それによって生物個体の生物学的特徴やタンパク質の一次構造［アミノ酸の配列］を定めているからである。生物の分子構造はきわめて複雑であり、私たちはそれをかろうじて推測できるようになったにすぎない」[*2]

現在では、次のようなことが明らかになっている。たとえば、ある種の遺伝子は他の遺伝子との相互作用をつうじて活動するものがあり、その遺伝子をある生物体から取りだし、別の生物体に入れるだけでは、その遺伝子に特定のタンパク質をつくらせるために十分ではない。したがって、遺伝子を利用して選別さ

▼エルヴェ・ケンプ：一九五七年生まれ、フランスのジャーナリスト。邦訳書に、『金持ちが地球を破壊する』（北牧秀樹・神尾賢二訳、緑風出版、二〇一〇年）、『資本主義からの脱却』（神尾賢二訳、緑風出版、二〇一一年）がある。

▼エドワード・テータム：ノーベル生理学・医学賞の授与理由は「遺伝子が厳密に化学過程の調節によって働くことの発見」だった。

れた機能を果たさせようとすることは、その遺伝子を注入された生物に対して、予想できない生物学的危険を引き起こす可能性がある。

一九六〇年代前半から、分子生物学者たちは、遺伝子の構成要素を操作する技術の開発に血道をあげ、とうとう自然界の力だけではけっして生み出されないような「キメラ生物」をつくりだした。分子生物学者たちによる遺伝子のツギハギ遊びは、しばしば寛大かつ人道主義的な見地から正当化された。モンサントの研究責任者で副社長であったキャロル・ホックウォルトは、一九六二年にセントルイスのワシントン大学の会議で、次のように発言している。

「分子レベルの遺伝情報の操作によって、コメのような植物のタンパク質比率を高めるための知識が得られることも、十分すぎるほど考えられる。そのような知識は、世界から飢えと栄養失調がなくなるという奇跡をもたらすだろう」*3

ちなみに、この当時のモンサントは、ベトナムのジャングルで大儲けしている最中であって、DNAの解読は対して重要ではなかった……。

遺伝子操作を最初に行なったのは、セントルイスの企業［モンサント社のこと。セントルイスに本社があるため］ではなくて、カリフォルニアのスタンフォード大学であった。それは一九七二年、モンサント社がラウンドアップを売り出すための準備をしていた時であった。ポール・バーグ▼は、種の異なる二つの生物のDNAの断片を貼り合わせてハイブリッド分子をつくることに成功し、「組み換え」という言葉を使ってよい地点に到達した。その後すぐに、スタンリー・コーエン▼は、ヒキガエルの遺伝子をバクテリアのDNAに埋め込み、そのバクテリアを培養することに成功した。この発見は、当時まだ侵してはならないと考えられていた掟を破った。つまり、「生物種の壁▼」を乗り越えることはできないという固定観念を破壊することになった。

そして、このニュースは世界中の科学者たちの間に活発な議論を引き起こすことになったと同時に、大きな不安を呼び起こした。この不安がはっきりとした抗議に転じたのは、サルの発ガン性ウイルスである

SV40をヒトの消化器内で繁殖しているバクテリアに埋め込むという計画を、ポール・バーグが発表した時である。「仮に運悪く、遺伝子を操作された生命体が実験室から逃げ出してしまったら、いったい、どのようなことが起こるのだろうか？」と述べた発ガン性ウイルスの専門家であるロバート・ポラックをはじめ、科学的な観点から懸念を表明する人々が現われたのである。[*4]

このような抗議を受けて、遺伝子操作の実験は一時的な中断を余儀なくされ、そして一九七五年二月二五日、DNAの分子組み換えに関する最初の国際会議▼が開催された。この会議は、カリフォルニア州の太平洋岸の海水浴場で知られるアシロマという場所で、二日間にわたって開催された。そこでは、遺伝子工学という新しい科学がもたらした遺伝子操作のリスクが主題とされ、実験の安全性を確保することと、遺伝子工学により扱われた生物を閉じ込めるための基準など、いくつかの規則を定めることに議論が集中した。しかし、倫理的な問題については誰も問題にせず、そのような話題はたちまち消え失せた。エルヴェ・ケンプが記しているように、事態はあたかも生物学者たちが「大衆や政府による自分たちの仕事への関与

▼ポール・バーグ：一九八〇年、ノーベル化学賞受賞。授与理由は「遺伝子工学の基礎としての核酸の生化学的研究」。

▼スタンリー・コーエン：一九八六年、ノーベル生理学・医学賞。授与理由は「成長因子の発見」。

▼生物種の壁：その後、自然界でもウイルスの媒介などにより「生物種の壁」を越える遺伝子の移動（水平移動）があることがわかった。しかし自然界の水平移動と人為的な水平移動を同列に扱うべきではない。自然放射能があるからといって原発からの垂れ流しを正当化できないのと同じである。

▼最初の国際会議：通称「アシロマ会議」。ニコラス・ウェード『人類最後の実験――遺伝子組み換えは許されるか』（磯野直秀訳、ダイヤモンド社、一九七八年）などを参照。会議では、物理的封じ込め（実験室から逃げ出せないようにする）と生物的封じ込め（実験室から逃げ出しても生きられないようにする）について議論された。

を最小限にとどめよう」[*5]とするのを望んでいたかのように進んでいった。その後すぐに、将来のバイオテクノロジーのリーダーとなる五名全員が、一つのメッセージを受け取ることになる……。

アシロマ会議の後、合衆国では遺伝子工学の実験が増加し、アメリカ国立衛生研究所（ＮＩＨ）の調査によれば、その数は一九七七年に三〇〇件以上にのぼった。この新しい科学――きわめて危険性の高い――の活動は、法的に規制しようとする動きがあったにもかかわらず、着々と進められた。このカリフォルニア州は、ベンチャー企業や投資会社が華々しい成果を挙げた地域である。とりわけ「シリコン・バレー」では、もう一つの前途有望なテクノロジーであるＩＴが誕生した。他方、カルジーン社やプラント・ジェネティック・システム社といった企業は、その当時まで公立大学で働いていた生物学者たちが設立した企業である。彼らは研究に夢中になるとともに、それが将来に多額の富をもたらす果実であると考え、みずから経済の舞台に飛び込んだのである。そして彼らは、ニューヨーク証券取引所で巨額の資金をかき集め、みずから重役として経営に参加することもあった。

こうしてはじまった「遺伝子ラッシュ」は、かつてなかったほど科学と産業の間の距離を近づけることになり、科学研究のあり方を根底から変えてしまった。このような事態について、社会学者であるスーザン・ライトは、一九九四年に出版されたバイオテクノロジーの歴史をまとめた著作の中で、「遺伝子工学が投資対象として認められた時、この科学の規範と実践は、企業の基準に従うようになった。遺伝子工学の開始は、商業活動によって根底から決定される新しい倫理の登場と一致している」[*6]と説明している。後でみるように、その発展がモンサント社によって推進されたことは明白である。モンサント社は特許というシステムを駆使して、遺伝子工学の研究とその成果を利用した生産を我がものとしたのである。

「緑の革命家」と「ユーフォリア」（多幸症者）たち

多くのカリフォルニアの新興企業が長い間、潤沢な資金を得ていた時、セントルイスでは、一人の男が孤独な闘いを開始しようとしていた。彼の名前はアーネスト・ジャウォースキーといい、モンサント社に一九五二年に入社した人物である。グリホサートの専門研究者である彼は、植物細胞の活動様式を分析し、老齢の化学者の同僚たちには想像もつかないようなアイデアを思いついた。つまり、彼は新しい除草剤を開発する代わりに、選択した植物の遺伝形質を操作し、現在の除草剤が散布されても生き残るような植物をつくりだせばよい、と考えたのである。

ジャウォースキーを支援したのは、一九二七年当時のモンサント社のCEO（最高責任経営者）で、化学企業の将来が生物学にあることを確信していたジョン・ハンリーであった。ジャウォースキーは、カナダの研究所で植物細胞の知識を学んだ後、三〇人からなる分子生物学の若い猛者たち――ロバート・フレイリー、ロバート・ホーシュ、スティーヴン・ロジャーズなど――のチームを率いることになった。ジャーナリストのダニエル・チャールズが著書『バイテクの支配者』［脇山真木訳、東洋経済新報社、二〇〇三年］で述べたところによれば、「若い遺伝学者たちの一部は、自分たちの仕事が地球にとって有用で、農業の生産高を上げながら化学薬品への依存を減らすことができるとまったく信じていた」。この著作をみると、バイオテクノロジーのパイオニアたちは、後に世間から閉じこもって沈黙するようになる以前には、まだインタビューに答えていたことがわかる。「彼らはしばしば自分たちを〝緑の革命家〟▼とみなしていた。つまり彼らは、化学企業の中心で働きながらも、化学者たちの偏狭な権力を打ち負かそうと考えていたのである。そのような権力は、彼らにとっては、落ちぶれた、時代遅れのものと映ったのである」[*7]

▼法的に規制しようとする動き（原注）：一九七七年と七八年には、一六件の法案が合衆国議会に提出されたが、どれも可決されるにいたらなかった。

チームは、セントルイス郊外のクリーブコアにあるモンサント旧本社のＵ棟四階に集められた。このチームは、批判的な同僚たちから「ユーフォリア（多幸症者）」というニックネームを付けられることになったのだが、それは同僚たちの目から見ると、チームの若者たちが滑稽なほど熱狂的で、しかも経済観念を欠いているように思われたからであった。こうした自発的な政治集団が「クレムリン〔旧ソ連政府〕」――かつてモンサントの経営陣がいたＤ棟のあだ名である――によって率いられたことは、この企業にとって初の試みであり、旧来のあり方を打破するものであった。というのも、それは研究がもたらす成果を明確にしないまま、目的のない基礎研究を進めることだったからである。ロバート・ホーシュの証言によれば「科学的に飛び抜けていることが、一番重要なことでした。具体的な商品をつくらなければならないという圧力は、まったくありませんでした。たとえばペチュニア〔ナス科の植物〕の研究をしている時でも、『ペチュニアだって？　おまえたちはどういうつもりだ？　ここは大学じゃないんだぞ！』という言葉が私たちに向けられることはありませんでした。実際、私たちは経営陣によって保護された、一種の企業家集団だったのです」[*8]

こうして「ユーフォリア」の研究者たちは、ペチュニアを実験モデルとして選んだ。信じがたいほど短い時間の間に成果を挙げていたカリフォルニアやベルギー、ドイツの研究機関と同じように、彼らの研究計画も三つの段階に分けられた。最初の段階では、遺伝子操作によって有用性を示しそうな遺伝子――彼らの言葉によれば「役に立つ遺伝子」――を採取する。次の段階では、植物細胞に存在するそれらの遺伝子を組み換える。最後の段階では、組織培養し、遺伝子操作を施した宿主細胞を再生産し、成長させる。この最初の段階は「制限酵素」、つまり分子生物学者にとっての「ハサミ」となるような、ＤＮＡ鎖を切断する酵素が発見されることによって、問題を解決することができた。

しかし第二の段階になると、まったく別の問題がもちあがった。というのも、バイオテクノロジーの推進者たちが主張していたことに反して、遺伝子操作を行なうための技術においては、系統的選択▼――一九世紀半ばにルイ・ド・ヴィルモランの研究以来行なわれてきた選択による方法——が、まったく役に立たないからである。実際、一万年前にメソポタミアで農業が発明されて以来、育苗業者がしたことといえば、祖先の農民たちが実践してきたことを合理化し、体系化する程度のことにすぎなかった。言い換えれば、自分の収穫物からもっとも実りの多かった穂を選び、その種を翌年ふたたび畑にまくという仕方を守りつづけてきたのである。そのような職業的な選択者たちの目的は、二種の植物の交配——系統的には「親戚」どうしの交配——を「引き起こす」ことにあった。彼らは、ある植物の農産物としての性質を補う（たとえば病気への耐性や、穀物の収穫効率などの点で）ことを目的として、また遺伝の法則によって子孫にも同じ形質が発現することを期待して、選択を行なった。そして第二世代の中で最良の個体を選んで、それを互いに交配させるということを幾世代にもわたって繰り返した。このような系統的選択がもとづいているのは自然法則、つまり植物個体の有性生殖である。そこで人間の行為が果たす役割というのは、「同一」の遺伝子プール内の可能な範囲で、その植物の変化が意図した方向に向かうことを狙うことでしかない。その植物が「改良」——日常的な用語を使うなら——されたといっても、その土地に生えていた古い祖先の植物からつくられたことに変わりはない。こうした系統的選択が生物多様性に与えた役割については後で述べるとして（第11章参照）、さしあたって理解しておくべきことは、このような農学的手法を遺伝子操作の技術と同じように考えることはできない、ということである。遺伝子操作は、植物の生殖に作用

▼緑の革命：農薬への依存を深めた「緑の革命」と、その後のバイオ革命については、下記を参照。ヴァンダナ・シヴァ『緑の革命とその暴力』（浜谷喜美子訳、日本経済評論社、一九九七年）、同『生物多様性の危機——精神のモノカルチャー』（戸田清・鶴田由紀訳、明石書店、二〇〇三年）。

▼系統的選択：特定の性質をそなえた植物種の個体を選択し栽培を繰り返すと、その特徴が強化された個体がつくられる。

している自然法則を尊重するどころか、反対に、自然法則をありとあらゆる仕方で破壊するものである。

実際、植物個体には体内に侵入しようとする異物を撃退する防衛メカニズムがそなわっており、その異物の中には他の生物種に由来する遺伝子も含まれていることを、分子生物学者たちは身に沁みて理解している。さらに、遺伝子を操作するためには、対象となる細胞の中に「力ずく」で入り込み、特定の遺伝子を送り込むための「雑種《ミュール》」がどうしても必要である、ということを生物学者たちはよく知っている。生物学者が土壌中に繁殖している「アグロバクテリウム▼」と呼ばれるバクテリアの一種を利用するのは、そのためである。このバクテリアは、植物細胞の中に自分の遺伝子を挿入し、腫瘍をつくりだす能力をそなえている。別の言い方をすれば、このバクテリアは、植物に感染して遺伝形質を変化させる病原菌なのである。

一九七四年、ベルギーの研究チームは、プラスミド（環状DNA）を特定することに成功した。このプラスミドは、腫瘍の原因となる遺伝子を細菌から植物へと移す時のベクター▼（運び屋）として機能する。それからというもの、当時のあらゆる研究所と同じように、セントルイスの研究者〔モンサント社の研究者のこと〕たちも、このプラスミドから腫瘍の原因となる遺伝子を抽出し、「プロモーター」（遺伝子発現を開始させるDNA配列）を利用することによって、それを「有用」な遺伝子と置き換えることに熱中した。後で詳しく触れるが、問題は「35S」と呼ばれるプロモーターで、「カリフラワー・モザイク・ウイルス▼」というウイルスから抽出されたものである。遺伝子工学に反対する人々は、このウイルスがヒトB型肝炎のウイルスに類似していることを懸念している……。

しかし、不安の種はこれで尽きるわけではない。仮に腫瘍を引き起こす遺伝子が取り除かれたとしても、プラスミドが別の遺伝子を植物細胞に挿入することができたかどうかを、どうすれば知ることができるのだろうか？　ここで見習いの魔法使いたちが思いついた唯一の方法は、雑種遺伝子の中に「選択マーカー」と呼ばれる遺伝子、たとえば抗生物質（通常はカナマイシン）への耐性をそなえた遺伝子を付加することであった。置き換えが起こっていることを確認するには、細胞を抗生物質の溶液に浸せばよい。その衝撃に耐えて生き残った「エリート」細胞には、置き換えが生じたことが確認されるわけである。しかし、ここにも新たな保健衛生上の不安が潜んでいる。抗生物質への耐性を高めた遺伝子は、公衆衛生に深刻な問題を引き起こす懸念がある。また、ヒトの腸内微生物が「選択マーカー」を吸収すると、病原菌に対する抵抗力が失われる可能性もある。

一九八三年一月一八日、マイアミで分子生物学のシンポジウムが開催された時、すでに三つの研究室——ベルギーの研究室とロバート・ホーシュの率いるモンサント社の研究所を含むアメリカの二つの研究室——が、タバコやペチュニアの細胞をもちいてカナマイシンへの抵抗力をそなえた遺伝子をつくりだすことに成功した、と発表していた（タバコとペチュニアは、アグロバクテリウムに感染しやすい性質がある）。この三つの研究室は、ほぼ同時期に自分たちの発見に関する特許を申請した。この時からモンサント社は厳しい状況に直面するようになり、そして戦いに明け暮れるようになる。

▼アグロバクテリウム（原注）：*Agrobacterium tumefaciens*. さまざまな植物の根に腫瘍をつくりだす性質をもつバクテリアで、植物の「クラウンゴール（根頭腫瘍）」の病因になる。このバクテリアは一九〇七年に米国の二人の研究者によって発見された。

▼ベクター：ベクターとしては、プラスミドのほかに、ウイルスも使われる。ガンウイルスであることもある。

▼カリフラワー・モザイク・ウイルス：植物に感染するウイルスで、遺伝子工学の材料としてよく利用される。略語は「CaMV」。

「ラウンドアップ・レディ」――初のGMO作物の特許申請

「私たちの仕事は、知識を発展させることではなく、製品をつくることだ、と私が初めて語った時のことは忘れられません。聞き手たちは私の言葉に怒っていましたが、それでも水を打ったように、静かに聞いていました」[*9]

一九八四年、モンサントの社長に任命されたリチャード・マホーニーは、こう語った。彼は一九九五年に社長の座を降りるまで、「ユーフォリア」のチームの尻を叩きつづけた。ペチュニアをいじり回していた基礎研究の時期が終わると、次の目的はまったく明白だった――「カネになる遺伝子組み換え植物をつくれ！」。『フォーチュン』誌上でアメリカのもっとも激しい経営者の一人に数えられたマホーニーは、何の先入観も抱かず、次のように述べることをためらわなかった。「言いわけや引き伸ばしは、もうたくさんだ！　考えなければならないことはただ一つ、目的を達成することだ」[*10]

その時からアーネスト・ジャウォースキーの研究チームは、かつてないほどのストレスにさらされることになった。彼らは、自分たちが目的を達成するかどうかは企業の存亡にかかわる問題であること、そして、一つの失敗さえもが大学の化学者たちの勝利を意味することを理解した。それからというもの、彼らのすべての研究は、除草剤「ラウンドアップ」――商品化されて一〇年のうちに、世界中でもっとも販売数の多い除草剤になった――に耐性をもつ植物を開発することに集中した。当時、彼らの情け容赦のないボスは、自社の独占を保証しているグリホサート（「ラウンドアップ」の主要構成物）の関連特許が二〇〇〇年には期限切れとなり、パブリック・ドメインに移行することを念頭に置いていた。つまりマホーニーは、除草剤の特許が期限切れになっても「ラウンドアップ・レディ」（「ラウンドアップへの耐性をもつ」という意味）と名付けられるはずの遺伝子組み換え作物は、類似品を製造する他の業者から利益を奪うための重要な手段になるはずだ、と考えていたのである。それこそが具体的な目的であった。ジャウォースキーは大喜びだった。というのも、それこそは彼の出発点になったアイデアだったからだ。つまり、除草剤を散布しても生き残る植物を、遺伝子操作によってつくりあげることである。そのようなトウモロコシ、大豆、綿花、アブラナ、そして小麦が開発されれば、いつでも畑に除草剤を散布して、雑草だけを取り除くことができるようになる。

しかし、当時の技術は、まだそこまで到達していなかった。一九八五年には、セントルイスの研究者たちには、たった一つのことしか考えられなかった。すなわち、ラウンドアップに対する免疫をそなえた植物細胞の遺伝子を発見することである。それはカリフォルニアの新興企業であるカルジーン社にとっても緊急の課題であり、同社は『ネイチャー』誌上でグリホサートに耐性のあるタバコの開発に成功したと公表したばかりであった[*11]［査読論文ではなく「手紙」の頁に掲載された短文］。また、すでにフランスのローヌ・プーラン社との間に、グリホサートに耐性のある農作物に関する協定を結んだという話も出ていた。また同じ時期にドイツのヘキスト社も、自社の除草剤「バスタ」に耐性のある遺伝子を発見しようと努力していた。さらにデュポン社（製品名「グリーン」）、チバ・ガイギー社（製品名「アトラジン」）も同様であった。ようするに、あらゆる巨大化学メーカーが同じ目的に向かって邁進していたのである。しかし、その競争は協力を生み出すことはなく、ただひたすら反目しか生まなかった。というのも、そこで追い求められていたのは科学的な目的ではなく、経済的な目的だったからである。どの企業も、自分たちが世界の食糧生産を思いのままにすることができるような特許を手にすることを、当時から夢見ていたのである。

セントルイスでは、ずっと緊張状態が続いていた。目的の遺伝子がまだ見つからなかったからである。ジャウォースキーの研究チームは徒労を重ねていた。それでも彼らは、植物組織を壊死させるグリホサート分子の活動によって妨げられる酵素の遺伝子が何であるかを特定することはできた（第4章参照）。あとは、その遺伝子が除草剤に反応しなくなるように操作し、それを植物体の細胞に入れ込むことができれば目的は達成されるはずなのだが、しかし、その方法が見つからなかった。研究チームの一員であったハリー・クレーは、当時のことを次のように述べている。

「まるで、マンハッタン計画〔一九四〇年代のアメリカの原爆開発計画〕のようでした。この研究は、大学の研究室とはまったく反対の仕方で進められました。通常の科学研究は、まず一つの実験を行なって、次にその実験を評価し、何らかの結論を引き出した後、次の別の実験に取りかかります。しかし、ラウンドアップへの耐性を研究していた時には、二〇以上もの別々の実験を同時に行なっていました。雑多な植物種の突然変異体やプロモーターを、同時に扱っていたのです[*12]」

この探索は二年以上、つまり一九八七年までつづけられた。最後にエンジニアたちは、セントルイスから七〇〇キロも南のルーリンにある工場の廃棄所を調査することを思いついた。ミシシッピ川沿いにあるその工場は、モンサントが毎年数百万トンものグリホサートを生産していた拠点であった。その生産にあたって生じた不要物を扱っている浄化水槽には、グリホサートに汚染された土壌や水が部分的に存在しているはずだ。その環境の中で生き残った微生物を採取し、グリホサートに耐性のある遺伝子を特定することができれば……。こうして彼らはさらに二年を費やし、特殊な装置を利用して収集したバクテリアの分子構造を分析し、とうとう発見したのである。「あの瞬間を忘れることはできません。ほんとうに大発見でした」と、スティーヴン・パジェット——ラウンドアップ・レディの「発明者たち」の一人であり、現在はモンサント社の副社長である——は述べている[*13]。

それでも、まだ成功と呼ぶには早すぎた。というのも、さらに、植物細胞（この場合には大豆）の内部に組み込まれることで機能を果たすような遺伝子を見つける必要があったからである。そのために彼らは、まずトマトで実験し、次に大豆に取りかかることにした。それは大きな賭けだった。当時、大豆とトウモロコシはアメリカの農業の主要産物であり、国民経済に占める額は年間一五〇〇億ドルもの規模に達していた。一九九三年に遺伝子組み換え大豆「ラウンドアップ・レディ」が公式に発表されるまで、スティーヴン・パジェットは「ラウンドアップ・レディ計画」の仲間とともに、温室と研究室の間を往復して過ごした。その温室は、モンサント社のバイテク事業の本拠地であるセントルイスの近くにある高級住宅地のチェスタフィールド・ヴィレッジに設けられていた。彼らが最終的に成果を挙げるまで、「時間にして七〇万時間、投資額は八〇〇〇万ドル」が必要となった。[*14] 最終的に彼らが手にしたのは、目的の遺伝子である「CP4 EPSPS」の遺伝子構造に加え、カリフラワー・モザイク・ウイルスに由来するプロモーター遺伝子「35S」、さらにタンパク質の生産を制御するペチュニア由来の二種類のDNA配列であった。日本の生物学者である名古屋大学の河田昌東はこう述べている。「ラウンドアップ・レディの遺伝子カセット▼は、完全に人工的な産物である。それは、これまで自然界にはけっして存在したことがなく、いかなる生物進化によっても生み出されないものだ[*15]」

実際、この遺伝子カセットを大豆の細胞に導入するのは、かなり厄介な作業だった。モンサントの研究者たちは、最初アグロバクテリウムの変異種を利用しようと考えた。しかし、次の問題に直面する羽目になったため、そのアイデアを断念しなければならなかった。つまり、「遺伝子カセット」を詰め込まれていないアグロバクテリウム細胞を抗生物質に浸したら、たしかに細胞は粉々になるのだが、しかし、それらはロバート・ホーシュが「コロペラティブな死（colloperative death）」と呼んだ現象に陥って、「有益な遺伝子を破壊してしまうのである。ちなみに「コロペラティブ」というのは、「コラテラル」（「巻き添え」を意味する）と「コオペラティフ」（「協同の」「協調性」を意味する）を組み合わせた言葉で、いっしょに死ぬことを意味する造語である。[*16]

自然からの抵抗に手を焼いた研究チームは、巨大装置の使用に踏み切った。すなわち「遺伝子銃▼」であ

▼遺伝子カセット：異種生物の遺伝子の断片をつなぎ合わせたもの。

る。これはコーネル大学の二人の科学者が、ウィスコンシンのバイテク企業であるアグラシータス社（一九九六年にモンサント社が買収する）の援助のもとで発明した装置である。この最終兵器をジョン・スタンフォードとテッド・クラインが使うことを思いついた時、周囲の人々は彼らを狂人扱いした。当時の研究室では、選択されたＤＮＡを細胞内に注入するためには手段を選ばないことが前提とされていたにもかかわらず、である。このような手段は、バイオテクノロジーがかつての人為的選択のような古き良き技術とはまったく関係がないことを示すものである。特定のＤＮＡを細胞壁の内部に組み込むために、ある研究者たちは極小の針を使用し、別の研究者たちは電荷を利用した。しかし、それらの手段はまったく役に立たなかったのだ。

現在では、遺伝子工学の「狙撃手」たちが細胞内にＤＮＡを組み込むにあたり、「遺伝子銃」はもっともよく利用される道具である。その仕組みはこうである。まず金あるいはタングステン製のミクロの弾丸の中に組み換え遺伝子を埋め込み、宿主細胞の培養層にその弾丸を打ち込む。その技術がどれほどいい加減なものであるかを示すために、二〇〇一年、スティーブン・パジェットにインタビューをした『ロサンジェルス・タイムズ』のステファニー・サイモン記者による記事を引用しよう。

「問題は、遺伝子銃を使って細胞内にＤＮＡを組み込めるかどうかは、偶然に頼るしかないということだった。遺伝子パケットが細胞に到達する前に壊れてしまうこともあれば、二つがいっぺんに命中することもある。まずいことに、細胞機能に影響を与える箇所に命中してしまうこともある。うまくいきそうな植物体を数ダースそろえるためには、遺伝子銃を数万回も操作しなければならなかった。そして、畑で三年間それらのサンプルを試験栽培した後、ようやく一系統の大豆が優秀な成績を残した。そこで温室実験で確認したところ、その大豆はグリホサートの大量散布にも耐性をもっていた……。『その大豆は、遺伝子的な〝装甲〟をそなえていた』とパジェットは誇らしげに回想した。こうして一九九三年、モンサントは成功宣言を出したのだ[*17]」

しかし、その結果はどれほど大きな問題を引き起こしたことだろう！　アルノー・アポテケールが著書『イチゴの中の魚』で述べたように、「人類は、自然を思い通りにするために、暴力的なテクノロジーを使って、細胞の中に異種の遺伝子を無理やり組み込んだ。ある植物に対しては、細胞に細菌やウイルスを感染させようとして、化学的手段と細菌学的手段を利用した。別の植物に対しては、古典的な装置で十分だと判断して、遺伝子銃を使った。どちらの方法であれ、そこで失われるものはとてつもなく大きい。というのも、そのようにして遺伝子に変更を加えられた一〇〇〇もの細胞の一つだけが生き延び、遺伝子組み換え植物として種を残せるのだから」[*18]

いずれにせよ、一九九四年、モンサントは「ラウンドアップ・レディ大豆」（RR大豆）の承認申請を提出した。これは主要作物の遺伝子組み換え作物の申請としては最初の事例になった。ここから私たちは、モンサントの副社長の言葉を借りれば、この企業の「装甲」がどれほど分厚いものであるかを思い知ることになる。

ホワイトハウスへの工作

チェスタフィールド・ヴィレッジの研究チームが、グリホサート耐性遺伝子を探し求めていた間、その実験の成否がどうなるかわからないうちに、モンサント社が将来に向けて取った行動は驚くべきものであった。二〇〇一年の『ニューヨーク・タイムズ』が詳しく調べた記事によれば「一九八六年の終わりごろ、

▼遺伝子銃：VHSビデオ『不安な遺伝子操作食品』（小若順一制作、日本子孫基金〔現・食品と暮らしの安全基金〕、一九九七年）を参照のこと。

モンサント社の四人の指導者たちは、まったく異例のでたらめな話をするために、ホワイトハウスにいるジョージ・ブッシュ副大統領（当時）のもとを訪れた[*19]」

当時の規制対応部門の代表レオナルド・ガライアを中心とするモンサント社の振る舞いの巧妙さを理解するためには、ジョージ・ブッシュ（父）がロナルド・レーガン政権の副大統領であったことを思い出す必要がある。レーガンは、一九八〇年に大統領に選ばれ、さらに四年後に再選された。この共和党の二人組のスローガンは「規制緩和」であり、それは「国家管理という怪物」を退治することによって、「市場の力を開放」するものとみなされた。この新自由主義の信条は、ホワイトハウスのタカ派が「官僚主義の弊害」を一掃することによって、アメリカの産業に恩恵を与えようとする意図をもっていた。彼らの目からすると、その弊害の象徴は、市場に投入される生産物の健康面や環境面への影響を検査し、規制を行なう機関であった。つまり、医薬品と食品については「食品医薬品局」（FDA）であり、農薬については「環境保護庁」（EPA）であり、農作物については「農務省」（USDA）であった。

当時の合衆国は、新しいテクノロジーの分野で、また農業の分野で日本とヨーロッパに対して自国の優位を示すために、容赦のない戦いをはじめていた。この激しい戦いの中で、バイオテクノロジーは重要な鍵を握っていたのである。一九八六年の六月二六日、ホワイトハウスが「バイオテクノロジーの規制に関する調整枠組」と題した文書を公開したのは、そのような事情に由来する。この文書の第一の目的は、先ほど述べた微妙な国際政治上の問題を考慮しようとしない連邦議会に対して、遺伝子組み換え作物を規制するための特殊法案を提出させないことだった。実際、この文書は合衆国の三つの規制機関（FDA、EPA、USDA）に対して、バイオテクノロジーを利用した生産物は「既存」の連邦法の枠内で規制されるべきであると定めており、さらに「最近になって発展した諸技術」は動植物への「伝統的操作の延長線上にある技術にすぎない」と位置づけている[*20]。言い換えれば、遺伝子組み換え作物は特別な規定にもとづいて扱われるべきではなく、非遺伝子組み換え作物と同じ許可制度に従うものとされたのである。

この文書はモンサント社のために書かれたわけではなかった。むしろモンサント社は、はっきりと別の考えを抱いていた。レオナルド・ガライアはこう述べている。「当時の私たちには、まだ販売できる〔遺伝子組み換え作物の〕製品がありませんでした。それでも、いずれ販売されることになる製品が規制されるために、ブッシュを説得したのです。私たちはブッシュに、私たちの商品はいずれ規制を受けなければならないと話したのです」[*21]。すなわち、『ニューヨーク・タイムズ』の元同僚の言葉を借りるなら、この「でたらめ」な会合は、きわめて「異例」な内容のものだったのである。

二〇〇六年七月、牛成長ホルモンの問題で以前から私と親交の深い、コンシューマーズ・ユニオン〔消費者同盟〕の活動家で事情通のマイケル・ハンセンは、次のように説明してくれた。「モンサント社は、規制に従っていると見せかけたいのです。あの会社は、かつてPCBとオレンジ剤についてデータを捏造して社会問題になったことがあるので、遺伝子組み換え作物が健康にも環境にも危険性がないと言ったところで信用されない、ということを理解しているのです。だから彼らは、政府機関、とくにFDAの口から、モンサント社の製品は安全だと言ってほしいのです。FDAからお墨付きをもらったら、仮に問題が起こっても、モンサントは『FDAは、遺伝子組み換え作物にはまったく危険はないと保証した』と言えるわけです。こうして事態が悪化しても、彼らは責任を逃れることができるわけです……」

『ニューヨーク・タイムズ』の記事によれば、ワシントンでの会合はモンサント社にとって好ましい結果をもたらした。「その数週間から数か月の間に、ホワイトハウスはモンサント社を支援するために暗躍し、モンサント社が望んだとおりの規制を定めた。このシナリオは何度も繰り返され、三つの規制機関が陥落するまで続いた。モンサント社――さらにバイオテクノロジー産業全般――は、政府に要求したものを、そのまま手に入れることができた」[*22]

このような巨大企業モンサントの振る舞いの、どこが「異例」なのかを理解するためには、当時のFDAの高官の中には遺伝子組み換え作物を規制することに反対し、たとえ「偽りの規制」であっても認めなかった人々がいた、という事実を知っておく必要がある。たとえばバイオテクノロジー企業の代弁者であったヘンリー・ミラーは、遺伝子組み換え作物に反対する人々を正面から「原始人」「ナチスの知識人」と呼んでいた。ホワイトハウスは、ミラーのような人物とも戦わなければならなかった……。[*23]

それだけにとどまらない。『ニューヨーク・タイムズ』の記者たちは、一九八六年一〇月一三日の日付の入った秘密文書の草稿を入手した。そこには、モンサント社の指導者たちが、合衆国に遺伝子組み換え作物を押しつける計画を立てていたことがはっきりと示されていた。その草稿にはいくつかの目的が記されているが、たとえば次のように書かれている。「アメリカ国内でもっとも高度な規制を設けて、バイオテクノロジーを保護する」ことの必要性を「一九八八年の大統領選挙に合わせて、共和党と民主党の首脳部」に説明しなければならない、と。[*24]

さらに私自身も、この会社の底知れない野心を示す記録映像を見つけた。官僚組織の抵抗を感じ取ったモンサントの面々が、ジョージ・ブッシュ（父）に対して脅しの言葉を吐いているのだ。私が視聴することができたのは、AP通信が撮影した一九八七年五月一五日付の記録映像である。その映像には、ロナルド・レーガン大統領の右腕であったブッシュが、選挙運動の最中に、セントルイスにあるモンサント社の研究施設内を白衣姿でうろついている様子が映っていた。将来のアメリカ大統領になるこの人物は、周囲に記者たちの群れを従えながら、遺伝子操作について説明を受けていたのである。

その映像で、スティーヴン・ロジャーズ――先に述べた「ユーフォリア」の三人の若き狼たちの一人――は、片手に試験管をもちながら、ブッシュにこう語っていた。「これから、ある生物から別の生物に遺伝子を移し替える手順について説明しましょう。まずDNAを採取して、それを細かく切り刻みます。次にそれらの断片を別の種類の断片と混ぜ合わせて、接合し直します。この試験管には、ある種のバクテリアから抽出されたDNAが入っています。植物のDNAでも動物のDNAでも、同じように扱うことができます」

その試験管を見つめながらジョージ・ブッシュはこう尋ねた。「そんなことを何のためにするのかね？強い植物をつくるためかね、それとも何かに抵抗する作物をつくるためかね？……」

「この場合、除草剤に耐性のある植物をつくるためです」とスティーヴン・ロジャーズは答えた。さらに周囲から「私たちの除草剤は、ものすごく強力なのです」と興奮した声が入った。

次に、ブッシュはチェスタフィールド・ヴィレッジの温室の屋上を大股で歩いていた。ネクタイをしたモンサント社の重役の一人がブッシュに遺伝子組み換えトマトの苗を見せている時に、今回の興味深い訪問の真の目的が明らかにされた。そこでは唖然とするような会話が繰り広げられていた。ネクタイをした人物は述べた。「私たちは今年、イリノイ州で新品種の植物の最初の試験栽培を認めてもらいたいと農務長官にお願いしたのです」

「それが私たちの願いなのです！　私たちはずっとお金を投資しつづけているのに、彼は何もしてくれないのです！」とスティーヴン・ロジャーズは悔しがった。

「私たちは農務長官に文句を言うことができないのですから」とネクタイをした幹部が答えた。「彼は新しいテクノロジーにとても注意を払ってくれていますが、七月になっても許可が下りないようなら、私たちも態度を変えないといけませんね！」

その時ジョージ・ブッシュは、満面に笑みをたたえてこう答えた。「それなら私を頼ってくれたらいいんだよ。規制緩和が私の仕事だからね。皆さんの力になろうじゃないか……」

この驚くべき訪問のちょうど二週間後にあたる一九八七年六月二日、モンサント社の研究者たちは、イリノイ州のジャージーヴィルの畑一面に、遺伝子組み換え作物の最初の圃場試験を行なった。ある写真に、スティーヴン・ロジャーズとロバート・フレイリー、ロバート・ホーシュの三人が、一台のトラクターの前で農民風の帽子をかぶってポーズを取っている様子が写っている。そして彼らの前には、アグロバクテリウムの魔法の力を利用して遺伝子操作を施されたトマトの苗が、カゴに詰め込まれて並んでいる……。

「見せかけの規制」

一九八九年一月、ジョージ・ブッシュは大統領の座に登りつめた。そして三月には、副大統領であるダン・クエールを競争力評議会の議長に任命した。この評議会は、「経済活動を妨げる規制を減らすこと」[*25]を目的にしていた。一九九二年五月二六日、クエール副大統領は、遺伝子組み換え作物を合衆国の公的な議題にするつもりであることを明らかにし、大勢の企業経営者と高級官僚、記者たちを前にしてこう宣言した。

「この決定は、大統領による規制緩和に向けた計画の第二段階です。合衆国はバイオテクノロジーの分野ですでに世界のトップであり、今後もトップでありつづけるはずです。一九九一年にバイオテクノロジー業界は、四〇億ドルを稼ぎ出しました。仮に無駄な規制によって業界が妨げられないとしたら、おそらく二〇〇〇年には五〇〇〇億ドルの収益に達すると思われます」

その三日後の一九九二年五月二九日、モンサント社はようやく念願を果たした。すなわち、アメリカ食品医薬品局による「新種の植物に由来する食品」[*26]に関連する規制方針が、官報で発表されたのである。およそ二〇ページからなるこの文書は、後に世界の各国から「バイブル」のように扱われるようになったのだが、そこにはホワイトハウスが六年前に発表した勧告にぴったり沿った内容が書かれている。そこでは、バイオテクノロジーはたんなる従来の系統的選択法の延長にすぎないものとみなされ、バイオテクノロジーそれ自体に言及することは注意深く避けられている。「遺伝子組み換えという新しい方法で開発された植物種に由来する食用品種は、伝統的な交雑法でつくられた植物種に由来する食用品種と同じ枠組によって、また同じ観点から規制される」

「さらなる情報」を求める人々は、たとえばジェームズ・マリアンスキー▼のような人物と接触することを勧められた。彼は、一九八五年から二〇〇六年まで、FDAの「バイオテクノロジー・コーディネーター」という重要なポストに就いていた人物である。ここで私は、彼を見つけるために長い間、苦戦を強いられたことを告白しなければならない。微生物学者であったマリアンスキーは、一九七七年からFDAで仕事をするようになったのだが、二〇〇六年には現役のまま退職し、現在では各国の政府を相手に「GMO食品の安全性」に関する「独立コンサルタント」として働いている――私が彼から受け取った略歴には、そのように書かれている。

余談になるが、彼の居場所がつかめないことに落胆した私は、FDAのある幹部に一九九二年の規制についてインタビューを申し込んだ。その時、私は、モンサントのドキュメンタリーを作成するために、とくにラウンドアップ・レディ大豆の認可について話を聞きたいとはっきりと伝えた。その返事として私に送られてきたのは、FDAの広報担当者であるマイク・ハーンドンからの次のような手紙であった。「あなたの映像インタビューの申し出については、残念ながらお断わりしなければなりません。FDAは、農業・食品企業と中立的な関係を維持する義務があります。FDAとしては、FDAの規制下にある一企業についてのドキュメンタリーのために、インタビューを受けることは適切でないと考えています」

この返事はとても興味深いものであった。というのも、一九九二年の規制がモンサント社との緊密な協力のもとで作成されたことも、またモンサント社の望みがFDAによって「見せかけの規制」（マイケル・ハンセンの言葉を借りるなら）が公布されることであったことも、すでに私たちは知っているからである。そして、まさしくジェームズ・マリアンスキーこそは、マイケル・テイラー――当時のテイラーはFDA

▼ジェームズ・マリアンスキー（原注）：コンサルティング・ビジネス会社「J. H. Maryanski I. L. C.」の創立者［なお、来日講演の要旨が、「くらしとバイオプラザ21」のウェブサイトにある。http://www.life-bio.or.jp/topics/topics104.html］。

のナンバー2として牛成長ホルモンの事件に関わっており（第5章参照）、その後の一九九〇年代の終わり頃にはモンサント社の副社長に就任した（後述）――の指示の下、このデリケートな仕事を任された人物なのである。

二〇〇六年七月、私はとうとう、FDAの元幹部であるマリアンスキーに会うことができた。それは彼が日本でのコンサルタント業務を終えて、ニューヨークに到着した時である。正直に言えば、私は偶然であっても彼に会えるとは思ってもいなかった。そして会ってみると、彼は背が低く、気が弱そうだったが、とてもきれいな目をしていて、優しいけれどもしっかりとした語り方をする人物だった。その後、しばらくして、私は三時間のテレビ放送の取材で、もう一度彼に会うことになった。その時の彼は、神経質そうに目をきょろきょろさせて、どこかに恐怖心を隠しているかのような様子をたびたび見せていた……。

その時、私は、マリアンスキーに一気に質問をたたみかけた。遺伝子組み換え作物から製造された食品への規制に関して、あなたはホワイトハウスからどのような指示を受けたのか、と。「おおざっぱに言えば、政府は新しい法律をつくらないという決定を下したのですよ」と、彼は慎重に答えた。「FDAは、食品の安全性を規制するための法律である『食品・医薬品・化粧品法』（農務長官の管轄である牛肉・豚肉・鶏肉・卵は除外される）は、新しいテクノロジーにも適用可能だと考えたのです……。FDAには、デヴィッド・ケスラー長官によってつくられた委員会がありますが、私も科学的観点から委員会にアドバイスをしていますし、また法律家たちもアドバイザーに加わっています。ケスラーの委員会は、バイオテクノロジー由来の食品をどうやって既存の『食品・医薬品・化粧品法』の枠内で規制するかを検討する役割を担っています……」

「しかし、GMOを特殊な法律によって規制しないという決定は、科学的データにもとづいて下されたわけではないですよね。やはり、それは政治的な決定なのでしょうか？」と私が質問すると、彼は顔を軽くひきつらせながらこう答えた。

「ええ、そうです。それは政治的な決定です。この決定は単に食品だけでなく、多くの領域に及んでいます……。この決定は、あらゆるバイオテクノロジーの生産物に適用されます」。FDAの元担当者は渋々ながら、このように言葉を結んだ。

「実質的同等性の原則」——陰謀の核心

次に、GMOをめぐる論争の中心となっているこの規制について、その内容の解釈に踏み込んでみることにしよう。すなわち問題は、「多くの場合、遺伝子操作を施された植物からつくられた食物の構成要素は、タンパク質や脂肪、炭水化物をはじめとして、一般的な食物の構成要素と同じであるか、あるいは実質的にほぼ同じである」[*27]（傍点は引用者）かということだ。

この数行の短い文章には、GMO規制の基本となる論理として世界中のいたるところで採用されている一つの観念、すなわち「実質的同等性の原則」という観念が記されている。その観念は、先ほど私が「農業関連産業《アグリビジネス》史上で最大の陰謀の一つ」と呼んだ出来事の核心にあるものなのだが、そのことの理由を説明する前に、ジェームズ・マリアンスキーの言葉を紹介しよう。彼はこの観念に頑固なまでにこだわって、次のように説明している。

「すでに明らかになっていることですが、バイオテクノロジーによって植物内に組み込まれた遺伝子がつくりだすタンパク質は、何世紀にもわたって私たちが食べつづけている植物がつくりだすタンパク質ときわめて類似したものです。たとえばラウンドアップ耐性大豆を例にすると、この大豆の酵素は遺伝子が組み換えられていても、自然界に存在する大豆の酵素と実質的に同じものです。その違いはごくわずかで、だから安全面について言えば、遺伝子操作された酵素と天然酵素の間に大きな違いはないのです……」[*28]（傍点は引用者）

別の言い方をしてみよう。遺伝子組み換え作物は、自然界にある同種の作物とほとんど同一である。この「ほとんど同じ」という言葉は、微生物学者たちからすると驚くほどいい加減な言葉である。批判者の中には、「実質的同等性の原則」という考え方に疑念を抱き、その原則の無意味さを告発する者もいる。それは先に触れたジェレミー・リフキンのような人物である。彼は経済動向研究財団の理事であり、またバイオテクノロジーに対して最初に異論を唱えた人物の一人である。

「その当時のワシントンで、もし、あなたがロビイストがたむろしているバーに通っていたら、彼らが大笑いしているのを耳にしたことでしょう。誰もが『実質的同等性の原則』には、何の意味もないことを知っているのです。それは、とりわけモンサントのような企業にとって、できるかぎり迅速に、また政府の干渉を受けずに生産物を市場で売るための手段にすぎないのです。彼らは自分たちの利益の守り方をじつによく知っている、としか言いようがありません[*29]」

コンシューマーズ・ユニオン（消費者同盟）のマイケル・ハンセンも、次のように釘を刺している。

「実質的同等性の原則というのは、単なるアリバイにすぎません。この原則には科学的な裏付けがまったくないのです。ようするに、遺伝子組み換え作物が食品添加物と同じように扱われることを避けるために、最初からでっち上げられた原則なのです。それによってバイオテクノロジー企業が、食品医薬品法の定める毒性試験から逃れられるようにしただけでなく、彼らの生産物にラベルを貼る必要がないようにしたのです。だから私たちは、アメリカの遺伝子組み換え食品の規制は連邦法に違反していると主張しているのです[*30]」

科学者でもあるマイケル・ハンセンは、この説明を補足するために、一九五八年に国会で採決された「食品添加物法」と題された食品医薬品法の修正条項の文書を私に見せてくれた。題名が示すとおり、この法令が目的としているのは、着色料や保存料などの食品添加物を規制することである。すなわち、「人為的な方法によって、あるいは合理的な理由から直接もしくは間接的な仕方で混入されたすべての物質であり、あらゆる食品の特徴に影響を与える構成要素〔食品の生産、加工、維持……、処理、包装、輸送、保存のために人為的に利用される物質を含む〕」を規制するための法令である。

この文書の定めにより、食品添加物とみなされる多くの物質は、二八日間から二年間にわたる毒性試験を経る必要があるなど、厳格な手続きによって評価されることが義務づけられるようになった。議会が要求した「予防原則」▼に応えるために、食品添加物に施される試験は「専門研究者の判断にもとづき、その物質が想定された使用条件のもとで有害でないことが確認される」ことを証明するものでなければならない。しかし、遺伝子組み換え作物は、「食品添加物」のカテゴリーから除外され、したがって毒性学的試験を行なう義務はなくなり、「一般的に安全と認められる」（GRAS）というカテゴリーに分類されたのである。その理由は、遺伝子組み換え作物の成分は「一九五八年一月より以前から食品で使用され」ており、また「科学的手続き」によって遺伝子組み換え作物の成分には実質的に健康上の問題を引き起こさないことが認められている、というものである。

「食品添加物で『GRAS』とみなされている例はありますか？」。私はジェームズ・マリアンスキーにこう尋ねた。

「ええ……。たとえば、現在の食品生産物で使用されているさまざまな酵素や、あるいは塩、コショウ、酢がそうですね。こうした添加物は、科学者たちが安全性を確認する以前から、ずっと使用されてきた物質です……」

▼予防原則：公害問題の経験をふまえ、「有害性が証明されなければ安全とみなす」のではなく「安全性が証明されなければ安易に使わない」という考え方。欧州環境庁編『レイト・レッスンズ　14の事例から学ぶ予防原則——欧州環境庁環境レポート2001』（松崎早苗監訳、七つ森書館、二〇〇五年）、大竹千代子・東賢一『予防原則——人と環境の保護のための基本理念』（合同出版、二〇〇五年）などを参照。

「それなら聞きますが、どうしてＦＤＡは、遺伝子操作を施された植物に組み込まれた遺伝子を『ＧＲＡＳ』として定めることができたのでしょうか?」。私はインタビューの相手の目をまっすぐに見つめて、さらに問いかけた。

ここで私たちは議論の核心に達した。遺伝子組み換え作物（ＧＭＯ）に関する私たちの意見は、ここで敵と味方に分かれる。ここで私が述べた疑問は、当時いかなる科学的研究によっても確認されていなかった。それにもかかわらず、ＦＤＡは「最初から結論ありき」の仕方で、組み換え遺伝子（外来遺伝子）を食品添加物のカテゴリーから外す決定を下したのである。その決定は、ＧＭＯが事前の毒性学的試験を経ずに市場に出荷される道を切り開いた。興味深いことに、ＦＤＡが「規制」を公表した時点で、その公表を待っていたかのような動きがあった。すなわちカリフォルニアのバイテク企業であるカルジーン社（この会社は、モンサント社が『ネイチャー』誌上でラウンドアップに耐性のあるタバコを開発したことを公表したことに脅威を感じていた）が、日持ちするように遺伝子操作を施したトマト「フレーバー・セーバー」の認可を求める書類を提出したのである。

ここで私は、スーパーマーケットの棚に長い期間置けるように遺伝子操作を施されたこのトマトについて長々と述べるつもりはない。ただし重要なことは、このトマトが抗生物質カナマイシンに耐性のある遺伝子を組み込んだものであり、そのトマトの発明者たちはまったく正当にも、その技術が「食品添加物」と同じように扱われるべきだと考えていたことである。だからこそ彼らは、この遺伝子組み換えトマトについて、ある研究機関（ミシガン州の国際研究開発会社）にラットを使用した毒性学的試験を依頼し、公衆衛生学的な影響を評価することを求めたのである。ところが、ＦＤＡはこの試験結果がどうなったのかを知る前に、前記の規制を公表したのであった。その後に明らかになったところによれば、この毒性試験で使われた四〇匹のラットのうち七匹が第二週の終わりに不可解な原因により死亡し、多くの個体の胃に異変が生じていた。しかしＦＤＡは、そうしたことにおかまいなく、一九九四年五月一八日、カルジーン社に正式な販売許可を与えたのである。

ジェームズ・マリアンスキーの話に戻る前に、フレーバー・セーバーが迎えた悲惨な結末について話しておくべきだろう。このトマトの栽培は、実験室ではうまくいくように思われた。しかし、実際に農地で栽培してみると、さんざんな結果に終わった。カリフォルニアでは収穫率があまりに低かったので、カルジーン社は栽培地をフロリダに移すことを決めた。しかし、今度は疫病のために壊滅的な被害を被った。しかし、カルジーン社と契約していた農家の一人はこう述べた。「植物がダメになる原因はたくさんある。いつも小さなことが原因だ[*31]」

こうしてフレーバー・セーバーはメキシコで栽培されることになった。しかし、そこでも収穫率はたいして伸びなかった。国連の食糧農業機関（ＦＡＯ）による二〇〇一年の調査報告は、控えめにこう述べている。「一九九六年以後、フレーバー・セーバー〔トマト〕は、合衆国の生鮮食品市場から姿を消した。この遺伝子組み換え野菜は、脆弱な表皮、奇妙な味、組成上の変化など、明らかに当初は予想されなかった結果に直面した。それらの結果を考えれば、この遺伝子組み換えトマトは、遺伝子操作を施さないトマトよりも高くついたのである[*32]」

最終的にカルジーン社はモンサントの傘下に落ちてしまい、この呪われたトマトは埋葬されてしまったのである……。

トリプトファン事件——遺伝子操作による死の食品公害

ジェームズ・マリアンスキーは、私の話したことを理解したのだろうか？　ＦＤＡが遺伝子組み換え作物を「ＧＲＡＳ」であると宣言したが、いったいどのような科学的データを根拠にしたのかを示してほしい。このように私が要求した時、彼は明らかに当惑した表情で、言葉を選びながらこう答えた。「ＦＤＡ

が言っているのは、こういうことです。つまり、ある植物に何らかの遺伝子を組み込む場合であっても、この遺伝子はDNAから構成されており、そのDNAは私たちが長期にわたって消費してきたものなので、その植物は『GRAS』だと結論することができる、ということです」

私は身体が震えるのを感じながら、こう尋ねた。「ふたたびモンサントの大豆を例にとると、この大豆に使用されているのは、強力な除草剤に耐性をもつバクテリアから抽出された遺伝子ですが、その遺伝子が着色料よりも安全であることは最初から明らかなことだ、そうFDAは判断したということですか？」

「まったくそのとおりです」。かつての「バイオテクノロジー担当責任者」は答えた。

ここでマリアンスキーが擁護するFDAの「主張」を、マイケル・ハンセンは激しく批判する。マイケル・ハンセンは、私の疑問を解決するために、モンサントとその仲間たちがつねに避けようとしている「問い」を示してくれた。

「ある食品の中に、ほんのわずかでも保存料や化学製品が入っていたとしたら、それは『食品添加物』とみなされ、その食品はあらゆるテストを受けて『毒性をもたないことが確実視される』ことが示されなければなりません。それなのに遺伝子操作を施された植物の場合、遺伝子操作が植物にありとあらゆる変化を引き起こす可能性があるというのに、私たちはいかなるテストも要求することができないのです！FDAが遺伝子操作の技術だけでなく、その最終的生産物を評価することさえも拒否したことが、あらゆる混乱とは言いませんが、あらゆる誤解を生じさせる原因になっているのです。FDAは、バイオテクノロジーそれ自体は本質的に価値中立的であるという原則から出発していますが、他方ではもっと慎重になるべきという危険信号も受け取っていたはずなのです」

コンシューマーズ・ユニオンに所属している遺伝子組み換え作物の専門家は、こう述べて私に「トリプトファン事件」の顚末を聞かせてくれた。この事件は、アイオワ州のフェアフィールドに本部を置く「レスポンシブル・テクノロジー研究所」の代表者であるジェフリー・スミスによって、詳しく報告された事件である。その報告で、ジェフリー・スミスはGMOを断罪しているが、ここでは彼の調査結果を要約して紹介することにしよう。[*33] L‐トリプトファンは、七面鳥や牛乳、ビール酵母、ピーナッツバターのうちに、ごく普通に見つかるアミノ酸の一種〔ヒトの必須アミノ酸の一つ〕である。これはセロトニン生成の前駆物質であることが知られており、不眠やストレス、鬱病の治療のための補助食品として利用されている。一九八〇年代の終わりごろ、数千人ものアメリカ人の間に奇妙な病気が広まった。この病気は「好酸球増加筋痛症候群（EMS）」と命名され、患者に共通していたのは、とくに筋肉痛に悩まされるという点であった。さらに患者は、さまざまな症状の悪循環に苦しめられていた。すなわち浮腫、咳、皮膚の発疹、呼吸障害、皮膚硬化、口の潰瘍、吐き気、視覚障害、記憶障害、脱毛、麻痺などである。

この奇妙な流行病は、『アルバカーキー・ジャーナル』の記者タマール・スティーバーによる一九八九年一一月七日の記事によって、初めて注意を向けられることになった。彼の記事は、この病気の患者たちの全員がL‐トリプトファンを摂取していたことを明らかにした（この調査によって彼は一九九〇年にピューリッツァー賞を受賞している）。その四日後には医療機関によって一五四症例が確認され、FDAはL‐トリプトファンの入った栄養補助食品を摂取しないように人々に呼びかけた。それでも犠牲者の数は増えつづけた。一九九一年の最初の報告では、三七人が死亡し、一五〇〇人が身体障害者になった。[*34] 後に疾病予防管理センターがまとめた報告によれば、EMSによって合計一〇〇人近くの患者が死亡し、五〇〇〇人から一万人もの患者たちが障害あるいは麻痺を患った。

▼ジェフリー・スミス：トリプトファン事件について書かれている邦訳書には以下がある。『偽りの種子――遺伝子組み換え食品をめぐるアメリカの嘘と謀略』（野村有美子・丸田素子訳、家の光協会、二〇〇四年）。また「レスポンシブル・テクノロジー研究所」のウェブサイトは下記である。http://www.responsibletechnology.org/

ところでジェフリー・スミスの報告によれば、当時の合衆国では、Ｌ-トリプトファンは日本から輸入されており、日本では六つの企業が市場を奪いあっていた。公衆衛生機関の調査によれば、この流行病に関与していたのは、昭和電工が製造したＬ-トリプトファンだけであった。そこから調査者たちは、この企業がＬ-トリプトファンの生産高を上げるために、バイオテクノロジーを使用した製造プロセスに変更を加えていたことを突き止めた。つまり、発酵後にＬ-トリプトファンが抽出されるバクテリアの内部に、ある遺伝子を組み込むというプロセスがあったのだが、この企業はしだいにその遺伝子の組成を修正していった。一九八八年一二月に生産された最終的な株（Strain V）は五種類の組み換え遺伝子と、多くの不純物を含んでいたことが明らかにされたのである[*35]。

　こうして、この病気の原因について奇妙な議論が起こった。その議論は、遺伝子操作が病気を引き起こす原因となったという仮説を否定しようとするものであった。ある研究者たちは、昭和電工が生産物の不純物を抜き取るためのフィルターに変更を加えたことが病気の原因である、と主張した。ところが、そのような変更が行なわれたのは一九八九年一月だけだったこと、つまりフィルターの変更は病気が発生した後に行なわれたということが明らかになった。別の研究者たちは、Ｌ-トリプトファンそのものが病気の原因であると推測した。しかし、アレルギー専門家のジェラルド・グライクはこう述べている。「ＥＭＳの原因は、トリプトファンではない。なぜなら昭和電工の製品ではなく他社の製品を消費していた人々は、ひどいＥＭＳを患っていないからである」[*36]。実際、裁判にかけられたのは昭和電工だけであり、一九九二年には二〇〇〇人以上の被害者に対して二〇億ドルの慰謝料を支払うことになった。

　この事件により、一九九一年、ＦＤＡはＬ-トリプトファンの販売を、通常の方法で生産されたものも含めて、完全に禁止した。そして、その後に公刊されたレポートでは、原因が遺伝子組み換え菌株にあることは触れられていない[*37]……。しかしＦＤＡには、ＥＭＳが遺伝子操作技術によって引き起こされた可能性を真剣に検討している人物がいた。その人物こそ、ジェームズ・マリアンスキーである。

私が手元に保存しているＦＤＡの機密解除文書のコピーによれば、一九九一年九月、つまりＦＤＡが遺伝子組み換え作物の規制を公開する半年前、マリアンスキーは会計監査院（ＧＡＯ）、すなわち議会の調査機関の「要求に応えて」、その代表者たちと会談した。その文書でマリアンスキーはこう書いている。「彼らが望んでいたのは、新しいテクノロジーについて彼らが調べた範囲内で、遺伝子組み換え作物に関連している問題について議論することであった。彼らは私に、遺伝子操作がＬ‐トリプトファン事件を引き起こした可能性について質問した。私はその質問に対して〔……〕、私たちはＥＭＳの原因を特定していないが、生物の操作が原因である可能性も否定できない、と答えた」[*38]

二〇〇六年七月、私がＦＤＡの元幹部（マリアンスキー）に会った時、この文書を私が読んでいたことを彼は知らなかった。彼ははっきりと私にこう述べた。「当時のＦＤＡは、遺伝子操作の利用を検討していましたが、遺伝子操作の技術が品質や安全性の点で問題のある製品をつくりだす可能性があることを示す情報は、まったく手に入れていませんでした」

▼昭和電工が製造したＬ‐トリプトファンだけ：Ｌ‐トリプトファンは味の素や協和醗酵なども製造していたが、この公害事件の原因になったのは昭和電工製造のもののみであった。発生から一〇年後の段階で、死者三八人、被害者一万人となった。遺伝子工学が産業に応用されて以来、初めて起きた大規模な食品公害事件を日本企業が引き起こしたことになるが、その教訓は、日本の厚生行政にも生かされていない。内山充（元国立衛生試験所）は、トリプトファンの取り過ぎ、個人の体質、昭和電工の特定のロットの不純物の三者の複合作用がＥＭＳの原因であると示唆している。なお、昭和電工は新潟水俣病の原因企業でもある。以下を参照。内山充「Ｌ‐トリプトファン摂取によるＥＭＳ（好酸球増多筋痛症候群）事例の概要と我が国における研究経過について」（『食品衛生学雑誌』第四〇巻第五号、三三五～三五五頁、一九九九年）、戸田清「昭和電工トリプトファン食品公害事件」（『社会薬学』第一二巻第一号、三～一六頁、一九九三年、社会薬学研究会〔現・日本社会薬学会〕）。

「あなたは、一九八九年のL‐トリプトファン事件で起こったことを覚えていますよね？」。私はある種の不安を覚えつつ、彼に質問した。

「ええ……」と口ごもりながら彼は返事をした。

「あの事件は、遺伝子操作を施されたアミノ酸によるものでした。当然、このアミノ酸のことをよくご存じですよね……」

「もちろん……」

「このアミノ酸は、EMSと呼ばれる原因不明の流行病の原因になりました……」

「そのとおり……」、突然、神経質に両目をまたたかせながら、マリアンスキーは答えた。

「この病気で何人の患者が亡くなったか、ご存じですか？」

「ええ、多くの方々が……」

「この病気のために少なくとも三八人が死亡し、一〇〇〇人以上が障害に苦しむようになりました。覚えていますよね？」

「よく覚えています……」

「FDAの機密解除文書によれば、あなたはこう語っています。『私たちはEMSの原因を特定していないが、生物の操作が原因である可能性も否定できない』。いま私が述べたようなことを、あなたは語りましたよね？」

「ええ……」

しかし、FDAがこのようにGAOの代表たちに発言した六か月後、ジェームズ・マリアンスキーはGMOを認可する文書にためらうことなく署名している。その文書は、はっきりと次のように断言している。

「FDAは、新しい手法によってつくられた食物がそうでない食物とはっきりと区別されるという情報を入手していない。また、新しい技術に由来する食物のほうが、伝統的交雑によって品種改良された食物にくらべて、安全性上のさまざまな懸念や大きな問題があることを示すような情報も、入手したことがない」[*39]

L-トリプトファン事件は、さまざまな点でFDAの「無分別」をよく示す典型的な事例である。ジェフリー・スミスは、著書『遺伝子ルーレット』で次のように強調している。

「ある流行病が人々に認められるようになるまでには、数年かかる。その流行病が人々に発見されるのは、その病気が珍しく、激しい病気で、急速に広がり、また原因が特殊である時だけである。この四つの特徴の一つでも欠けると、その病気はけっして発見されないだろう。これと同じように、遺伝子組み換え作物に含まれている成分が副作用をもたらすものであるとしても、その問題や原因が特定されないことも十分にありえる」[*40]

これから私たちが明らかにしていくのは、ジェームズ・マリアンスキーの主張とは反対に、FDAの科学者たちがバイオテクノロジーとGMOに未知のリスクがあることをはっきりと認めていたにもかかわらず、FDAは科学者たちの警告をすすんで無視したという事実である。

▼三八人が死亡し、一〇〇〇人以上が障害に苦しむ（原注）：当時の私が知っていたのは、最初の調査で見積もられた人数だった。しかし、そこで示されていた人数が実際の犠牲者数よりかなり少なく見積もられていたことを、私はまだ知らなかった。

第8章 御用学者とＦＤＡの規制の実態

グリホサート耐性大豆の組成は、在来大豆の組成と同等である。

——『栄養ジャーナル』（一九九六年四月号）掲載のモンサント社の論文タイトル

マリアンスキーは、突如、落ち着きを取り戻して、私にこう述べた。

「私たちが、〔ＧＭＯに関する〕規制文書を書き終えた時、その文書の内容については、ＦＤＡの科学者全員が同意しました」

「ようするに、実質的同等性の原則について合意があったと言いたいのですか？」

「ええと……、いずれにしても、ＦＤＡの最終決定は、必要な手続きに従ってあらゆる意見を考慮して下されたのです……」

FDAの専門家たちの同意はなかった

マリアンスキーは運が悪かった。というのも、私はマリアンスキーと会う前日、「生物保全のための同盟」のウェブサイトを見ていたからである。[*1]これはアイオワ州のフェアフィールドに本部を置く非政府組織で、この組織を率いている弁護士のスティーブン・ドラッカーは、これまでFDAが「食品・医薬品・化粧品法」に違反していることを告発した人物である。[*2]彼は、科学者や宗教家、消費者たちを集め、食品安全センター（一九九七年に設立されたNGO）[*3]の協力のもと、一九九八年にワシントン連邦裁判所に訴状を提出した。読者が予想するとおり、この告訴は二〇〇〇年一〇月に却下された。裁判官たちは、FDAの規制が連邦法を意図的に侵害したとみなすには、証拠が足りないと判断したのである。[*4]

告訴は却下された。しかし、この訴えによって、遺伝子組み換え作物に関するおよそ四万ページものFDAの内部資料が機密解除されることになった。この膨大な文書を読むかぎり、これほどデリケートな問題をFDAが扱った仕方は、アメリカ人消費者の健康を守るという本来の使命から逸脱しているとしか思われないものである。一九九三年一月の文書には、FDAの幹部たちがそろって「FDAの方針は、政府の政策に従い、合衆国のバイオテクノロジー産業の『発展』を目指すことだ」と認めている。[*5]しかし、この膨大な機密書類の核心は、FDAの科学者たちが作成した報告書にある。そこには、規制がもたらす混乱について意見が表明されているのである。「生物保全のための同盟」はその報告書を裁判の資料として提出しようと考えていた。[*6]その報告書類の中には、当然ながら「バイテク産業のコーディネーター」であるマリアンスキー宛の文書もあった。

報告書によれば、一九九一年一一月一日、ジェームズ・マリアンスキーは、食品化学技術部門からメモを渡されていた。そのメモには、遺伝子操作の技術が引き起こす可能性のある「望ましくない結果」が強調されていた。つまり「既知の有害物質が異常に高い水準で生じたり、あるいは未知の有害物質が産出されたり、環境に由来する物質〔農薬や重金属〕の蓄積量の増加により、食品に望ましくない変化が生じる」ことについてである。[*7]

また、一九九二年一月三一日には、ＦＤＡの毒性学担当のサミュエル・シブコは、次のように書いている。「あらゆる遺伝子組み換え製品、とりわけ食品以外のものに由来する遺伝子を含む製品が消化可能であるとは言いきれない。たとえば、ある種のタンパク質が消化に抵抗する性質をそなえたり、生物学的に活性化した状態で吸収されたりすることが明らかにされている」[*8]

その数日後、「獣医学センター」（ＣＶＭ）の所長であるジェラルド・ゲスト博士は、こう警告している。「遺伝子組み換え食用植物の規制方針に関する質問にお答えします。私を含めたＣＶＭの科学者たちの結論を言いますと、科学的観点から見て、遺伝子組み換え野菜は、市場に出荷される前に検査を行なうべきだと考えます……。ＦＤＡは、毒性学および環境の観点から見て、憂慮すべき植物成分に対処する必要に迫られるでしょう」[*9]

ＦＤＡの微生物学グループのルイ・プリビル博士も、バイオテクノロジーの推進者たちによるありふれた議論を払いのけて、こう述べている。「伝統的交雑方法によって偶然に生じた形質と、バイオテクノロジーによって生じた形質の間には大きな違いがある。それにもかかわらず、この資料ではその違いが無視されているようだ。従来の人為選択にくらべて、遺伝子組み込みにはいくつもの危険な点がある」[*10]

このような事例は枚挙にいとまがない。ＦＤＡのあらゆる部局が、その専門分野にかかわらず、遺伝子操作のプロセスが未知の衛生問題を引き起こすかもしれないと、不安を表明していたのである。つまり、現在ジェームズ・マリアンスキーが主張しているのとは反対に、ＦＤＡが提案したＧＭＯの規制法案について、その発表の数か月前でさえ、ＦＤＡの内部にはまったく合意がなかったのである。しかも、当時「コーディネーター」だったマリアンスキーもそのことをよく認識していたようで、彼にとっては思い出したくないことかもしれないが、彼はカナダ食品評議会の代表であるビル・マレー博士に次のような手紙を出していた。「実際、〔FDAにおいて〕毒性試験を行なう必要性の有無について合意はありません。〔……〕私自身は、いくつかの物質がアレルギー反応を引き起こすおそれがある件については、検証することが難しいと思っています*11」

私はジェームズ・マリアンスキーの前で、一九九二年一月八日、リンダ・カール博士〔彼女は、重要案件に関して同僚たちの意見をとりまとめる「コンプライアンス職員」の立場にあった〕が、彼に宛てた覚え書きの一部を読み上げた。そこにはこう書かれていた。

「この文書は、特定の結論を強引に引き出そうとしています。そこでは、遺伝子操作を施された食物と、伝統的な交雑法によってつくられた食物の間に違いはないとされています。ということは、プロセスではなく結果を規制することが目的とされているわけです」。この女性科学者は、その規制が一つの「ドクトリン」を目的としていることを示したうえで、こう付け加えている。「FDAの専門家たちによれば、遺伝子操作のプロセスと伝統的交雑法のプロセスは異なりますが、それぞれが別の危険性をもつものとみなされます*12」〔傍点は引用者〕

「あなたは、リンダ・カールにどう答えたのですか？」と、私はジェームズ・マリアンスキーに問いかけた。私が資料を読みはじめたあたりから、彼の表情はこわばっていた。

「私の仕事は、すべての科学者から相談を受けることでした……。それは、私たちが規制しなければならない諸問題について、彼らに鑑定してもらうためです。しかし、最終決定を下したのは私ではなくて、FDAの長官であるデヴィッド・ケスラー博士でした」と、彼は早口に述べた。

「そうでしたね。それでもリンダ・カール博士は、次のような適切な疑問をあなたに提起していました。『はたして専門的科学者たちに対して、科学的データをまったく欠いたまま規制に根拠を与えてくれと依頼できるものでしょうか』、と。あなたは彼女にどう答えたのですか？」〔傍点は引用者〕

「ええと……、しかし、私と彼女は最初から議論をしていました……」

「それは嘘でしょう。リンダ・カールがあなたに向けてこの覚え書きを書いたのは一九九二年の一月ですが、これは規制案の公表の数か月前のことですよ。これほどわずかな時間のうちにＦＤＡが科学的データを手に入れることができたとは、私にはとても信じられないのですが……」

「たしかに……。しかしＦＤＡの指令は、企業に対して必要な検査の種類を指示し、企業を導くために策定されたものです……」

「規制」の裏側

ようやく肝心の話にたどり着いた。実際、ジェームズ・マリアンスキーも認めたように、一九九二年にＦＤＡが公表した文書は「規制」と呼べるような代物ではまったくない。というのも、この文書の目的は、ＧＭＯを規制しない理由を正当化することにあった。したがって、この文書は単なる「指令」であり、それは行政指導を通じて企業を方向付けし、必要があれば企業を「支援（ガイダンス）」することをうたうものであった。このことは、文書の最後の部分にはっきりと明記されており、企業が望めば「自発的な相談」のための制度を設けることも示唆されている。「製造業者は、タンパク質が異常もしくは未知の作用を示した時、あるいはタンパク質が毒性をもつことがわかった時、それらの科学的な問題や適切な試験の手順について、ＦＤＡに非公式に相談することができる。その相談の内容により、ＦＤＡは食品添加物の手続きを適用するかどうかを決める」[*13]

この一文は、食品安全センターの法務責任者であるジョゼフ・メンデルソンを憤慨させることになった。二〇〇六年七月、私がメンデルソンとワシントンで会った時、彼はこう述べた。

「事実上、アメリカの消費者の健康は、バイテク産業の善意にゆだねられることになりました。というのも、バイテク産業は政府のコントロールを離れて、自分たちのGMO商品が安全かどうかを確認する資格を手に入れたわけですからね。こんなことは合衆国の歴史上、前代未聞のことです！　FDAがあのような指令を起案したのは、バイオテクノロジー産業に『GMOは規制を受けている』という神話を与えるためでした。しかし、GMOが規制を受けているというのは、まったくのでたらめです。この国は、一つの巨大な人体実験施設になってしまいました。潜在的に危険な生産物が自由に出荷されるようになったにもかかわらず、消費者たちに選択の余地を与えないまま、一〇年前から野放しになっているのです。というのも『実質的等価性の原則』を理由にして、GMO商品であることを表示ラベルによって示すことが禁じられてしまったからです。そのうえ、追跡研究がまったく行なわれていないのです」

さまざまなアンケートで、遺伝子組み換え食品が表示ラベルによって明示されることを八割以上のアメリカ人が望んでおり[14]、また六割以上のアメリカ人が遺伝子組み換え食品を選びたくないと回答していた[15]。その結果を受けて、二〇〇〇年三月、食品安全センターは、GMOに関する政策の見直しを求めて、「市民による請願書」をFDAに提出した。その内容は、市場に出荷される前にGMOを評価し、GMOであることをラベル表示によって明記する義務を要求するものであった[16]。しかし、FDAがまったく回答しなかったため、二〇〇六年春、食品安全センターはついにFDAを告訴した。この件について、ジョゼフ・メンデルソンは次のように説明した。

「私たちは、FDAを厳しく追及するつもりです。そもそも『自発的な相談の制度』そのものが、FDAが機能していないことのはっきりした証拠なのです」

彼はそのように述べて、ダグラス・ガリアン＝シャーマン博士の研究内容を私に紹介した。その人物は、かつてFDAで遺伝子組み換え作物の評価を担当し、その後、ワシントンにある公益科学センター（CSPI）に移った科学者である[17]。ガリアン＝シャーマンは、一九九四年から二〇〇一年にかけて、FDAがバイオテクノロジー企業から受けた「自発的な相談」（全部で五三件）の資料のうち、一四件の資料を入手することができた。そのうち五件は、モンサント社に関連するものであった。彼によれば、製品の安全性の評価を補足するために、ＦＤＡが企業に追加データを要求したのは、一四件のうち六件であった。しかし、その六件のうち「ＦＤＡの要求が企業によってまったく無視されたり、あるいは拒絶されたりしたケースが三件〔つまり半分〕あった」。その三件のうち、二件はモンサント社の遺伝子組み換えトウモロコシ〔とくに後述するＭＯＮ８１０〕に関係していた。つまり、ＦＤＡはモンサント社に対して、同社の遺伝子組み換えトウモロコシが伝統的トウモロコシと実質的に同等であることを示す追加データを要求したにもかかわらず、モンサント社はＦＤＡにデータを渡さなかったのである。このようなモンサント社の振る舞いに対して、ＦＤＡの側は文句を言うこともできなかった。というのも、ガリアン＝シャーマンによれば、「ＦＤＡは、食品添加物の規制枠組みにもとづくかぎり、遺伝子組み換え植物の評価を決定するために追加データを企業に要求する権限をもたなかったからである」

この点について言えば、ＦＤＡが遺伝子組み換え植物に評価を下したのは、たった一件にすぎない。それは、すでに述べたカルジーン社の遺伝子組み換えトマト「フレーバー・セーバー」の事例である。しかし機密解除文書によれば、それでも状況はたいして変わらなかった。というのも、フレーバー・セーバーの毒性試験の結果がひどかったにもかかわらず、ＦＤＡはこの遺伝子組み換え食品を認可したからだ。一九九三年六月一六日、フレッド・ハインズ博士は、この遺伝子組み換えトマトの毒性試験について、三つのメモをリンダ・カール博士に手渡した。その検査では、ラットに二週間にわたってフレーバー・セーバーを摂取させることになっていた。「二つめの研究では、二〇匹のメスのうち四匹の胃に重篤な病巣が確認されていた。〔カルジーン社の〕研究所は、この疾患を環境要因によるものと結論したが、『環境要因による』疾患と評価するための指標は、製造者の報告書にはまったく記されていなかった」[*18]。それでも一年後、ＦＤＡは、この長期保存可能なトマトの市場出荷を認めたのである……。

さらに、ダグラス・ガリアン＝シャーマンは、企業が「自発的な相談」に際してＦＤＡに提出した「データの概要」を検討したところ、一四件のうち三件に、FDAの科学者たちが検証時に見落としていた「重大な過失」があったことが認められたとする。この点はとても重要である。というのも、食品や化学物質の認可における欠陥——彼は控えめな態度で強調しているが——は、世界中のどこにでも見られることだからである。実際、実験の生データを企業が明らかにすることはめったにない。一般には、企業は試験結果の「概要」を示すにとどまり、評価者もそれにざっと目を通すだけである。ところで、ガリアン＝シャーマン博士の次の言葉はきわめて有益である。「データがすくなく、また粗くてもよいというのであれば、企業は自社製品の植物が安全であると結論しやすくなり、反対に、FDAはそのような企業の結論を鵜呑みにするようになる……」

さらにこの科学者は、製造者が実施した試験の内容を分析しているのだが、その結論を読むと不安を抱かざるをえない。というのも、ガリアン＝シャーマン博士によれば、いくつかの基本的な保健衛生上の項目——遺伝子組み換え作物に含まれているタンパク質の毒性や潜在的アレルギー性など——が、つねに抜け落ちていることが確認されたからだ。

最後に、ダグラス・ガリアン＝シャーマン博士は、技術的な問題よりも重要な問題に注意を促している。その問題は、製造企業——とくにモンサント社——による遺伝子組み換え作物の毒性試験の有効性を否定するものである。具体的にいえば、特定の遺伝子を組み込まれた植物のタンパク質の毒性や潜在的アレルギー性を測定するにあたって、製造企業が使用しているのは、遺伝子操作を施された植物のタンパク質ではなく、元のバクテリア中に存在するタンパク質なのである。つまり、それは遺伝子組み換えに利用されるバクテリアのタンパク質であって、そのバクテリアの遺伝子が移し替えられた植物、すなわち遺伝子組み換え植物のタンパク質ではないのだ。公的には、そのような手順を踏むことになるのは、遺伝子組み換えを施した植物から十分な量の純粋なタンパク質を抽出することは難しく、一方でバクテリアから必要な分量を採取することは難しくないからだ、とされている。

一部の科学者たちは、モンサント社のような企業にとって認めたくない事実を人為的に隠すために、このような手法が利用されていると考えている。というのも、ある植物に組み込まれた遺伝子やその遺伝子が産出するタンパク質は、元の遺伝子やその遺伝子が産出するタンパク質と同じではなく、むやみに遺伝子の組み込みを行なうと未知のタンパク質が出現する可能性があるからだ。ところで、ガリアン＝シャーマン博士は次のように結論づけている。仮に「バクテリアがつくりだすタンパク質が遺伝子組み換え植物のタンパク質と同じでないとしたら、それらが引き起こす保健衛生上の事態も同じではなくなる……」

どのようにFDAは骨抜きにされたか?

ＦＤＡの科学者たちが、指令文書の草案に異議を呈していたにもかかわらず、その内容は一九九二年五月二九日に公表された。公表の二か月前、正確には一九九二年三月二〇日、ＦＤＡ長官デヴィッド・ケスラーは、米国保健福祉省（ＤＨＨＳ）長官に対して、急いで官報に指令文書を掲載することの許可を求めて、次のような奇妙な文書を書き送っていた。

「新しいテクノロジーは、生産者に強力な道具を提供し、食用植物によりよい特質を導入することを可能にします。これによって食品は進歩し、農業生産者や食品産業だけでなく、消費者も利益を受けることでしょう。各企業は、すでに改良済みの食品を市場に投入する準備をしています。しかし各企業は、それらの食品を商品化するにあたって、どのような規制を受けなければならないのかを知る必要に迫られています。企業にとっては、政府がどのような仕方で規制を行なうのかを知るだけでなく、新しい商品が消費者に受け入れられるために政府がどのような支援を行なうのかを知ることは、とても重要なことです。〔……〕また、競争力委員会のバイオテクノロジー部会は、規制案ができるかぎり早急に策定されることを望んでいます。〔……〕規制の概要を公表することは、合衆国のバイオテクノロジー産業を確実かつ速やかに発展させたいというホワイトハウスの意向に沿うものです」

ＦＤＡのケスラー長官によるこのメモは、結果としてジェレミー・リフキンのグループをはじめ、さまざまな「環境保護グループ」に「論争の種」を蒔く内容で締めくくられている。ケスラーのメモによれば、ジェレミー・リフキンは「私たちの規制文書が企業の側に過度に決定権を与えるものであり、また、消費者に適切な情報を与えないような内容になっていると批判するでしょう」。最後に、このメモに付されていた規制文書のコピーには、とても興味深い次の一文が記されていた。「草稿：Ｊ・マリアンスキー　推敲：Ｍ・テイラー」

「この記録がはっきりと示しているのは、ＦＤＡによる規制文書はアメリカ人の健康を守るためではなく、産業上および商業上の要求を満たすために起草されたということです」。「生物保全のための同盟」の弁護士であるスティーブン・ドラッカーは声を荒げながらこう述べた。「その目的を果たすために、アメリカ政府は、アメリカ人だけでなく世界中の人々を騙してきたのです。政府は、実質的同等性の原則は、学界でも多くの科学者によって合意されており、多くの科学的データがその正しさを支持していると言いつづけていますが、どちらも真っ赤な嘘です。そしてモンサント社と積極的に共謀しながら高い権限のある立場で決定を下し、この犯罪的な企てを実行したのは、あの黄金コンビ、つまりジェームズ・マリアンスキーとマイケル・テイラーなのです」

「どのような役割を、ジェームズ・マリアンスキーは果たしたのですか？」と、彼の言葉に少しばかり衝撃を受けた私は尋ねた。

「彼の仕事は、ＦＤＡの中枢部だけでなく、組織の外部に向けて、遺伝子組み換え技術のよいニュースを宣伝することでした。私は彼と何度もやりとりをしたことがありますが、政治家を前にした時でさえ、彼はありきたりの説明をするだけでした」

実際、「生物保全のための同盟」による告訴が話題になっていた一九九九年一〇月七日、ジェームズ・

マリアンスキーは上院の「農業・食料・森林委員会」で証言を求められた。マリアンスキーは、ＦＤＡの指令文書の基本的な内容について長々と述べた後、次のように話を結んだ。「大統領閣下、ＦＤＡは、合衆国の国民の健康を守り、世界でも有数の食料備蓄システムを維持するという使命を果たすために、真剣に取り組んでおります……。私たちは、自分たちが進めている方針が適切であると確信しております。私たちの方針は、新しい食品の安全性を保証し、生産者には最高の品質の製品を生産することを、消費者に選択の機会を与えることを可能にするものです」

「マリアンスキーのもう一つの仕事は、ＦＤＡの中枢部で第一バイオリンを奏でながら、必要があればマイケル・テイラーの助けを借りて、不協和音を一掃することでした」。スティーブン・ドラッカーはこう述べて、彼の組織が入手した別の非公開資料を私に見せてくれた。それは、「バイオテクノロジー・コーディネーター」であるマリアンスキーから「規制担当副長官」であるテイラーに宛てられた、一九九一年一〇月七日付の手紙である。そこにはこう書いてあった。「この年末までに、遺伝子組み換え食物の規制に関するあなたの意図について、獣医学センター（ＣＶＭ）のゲスト博士と話しあう機会を設けたいと思っています。新しい技術によって開発される植物の多くは、家畜用飼料としても利用されることになるでしょう……。ＣＶＭはあなたの見解を高く評価し、受け入れるものと思っております[*19]」（傍点は引用者）。

明らかにマリアンスキーは、マイケル・テイラーを利用して、獣医学センターに巣くっている反対派を彼に粉砕させようと目論んでいた。獣医学センターの所長であるジェラルド・ゲストは、彼らの主張をそのまま繰り返すようになるのだが、そのことについては先に述べたとおりである。この資料から、モンサント社の元弁護士であるマイケル・テイラーこそが、指令文書の作成過程で、「規制」の目的を定めた人物であることが浮き彫りになる。

「マイケル・テイラーは、モンサント側の人物としてＦＤＡの中枢にいました。思い出してみると、ＦＤＡはＧＭＯの規制の枠組みをつくるために、わざわざ彼のためにポストを設けて、特別にリクルートしたのでした。これらの機密解除文書によれば、彼が指令案に含まれていた科学的主張を骨抜きにしてしまい、ＦＤＡ職員の側に強い不満を引き起こしたことがわかります」とスティーブン・ドラッカーは説明した。

しかし、モンサント社の副社長――彼がＦＤＡの仕事から退いた後で用意されたポスト――に就任したマイケル・テイラーは、私と電話で長時間にわたって会話した時には、規制案の作成について直接的な関与はまったくしなかったと繰り返し主張したうえで、はっきりとこう述べた（会話の録音がある）。「私が作成したというのは、事実ではありません。私は文書を作成していません。私は副長官だったのですから。つまり、文書の作成過程で助言をしたのは事実ですが、文書そのものは〔……〕法律と〔……〕科学にもとづいて、ＦＤＡの専門家によって執筆されました」

この話を、コンシューマーズ・ユニオン（消費者同盟）の専門家であるマイケル・ハンセンにしてみたところ、彼は椅子から飛び上がるほど驚いて、「国際食品バイオテクノロジー評議会」（ＩＦＢＣ）が一九九〇年に発行した資料を取り出した。この団体は、一九九八年、国際生命科学研究機構（ＩＬＳＩ）によって組織されたもので、反ＧＭＯ運動の活動家にはよく知られている。一九七八年に主要な農業食品企業《アグリビジネス》――ハインツ財団、コカコーラ、ペプシコーラ、ジェネラルフーズ、クラフト（フィリップ・モリス傘下）、Ｐ＆Ｇ――から出資を受けていたＩＬＳＩは、そのサイト[*20]の声明によれば、「公衆衛生の決定者のために科学的知識を発展させることを目的とする科学者たちの国際ネットワーク」からなる「非政府組織」として登場した。二〇〇三年にイギリスの日刊紙『ガーディアン』が暴いた[*21]ように、この組織は、世界保健機関（ＷＨＯ）と、食糧農業機関（ＦＡＯ）という二つの国連組織に対して、ＧＭＯを賞賛するためにロビー活動を行なっていた。そこで使われたのは、国際食品バイオテクノロジー評議会が一九九〇年に発表した文書、すなわち「バイオテクノロジーと食品――遺伝子組み換えによりつくられた食品の安全性の保証のために[*22]」という文書であり、そこにはＧＭＯの規制方針が記されている。マイケル・ハンセンが取り出してきたのは、この文書だった。

「マイケル・テイラーが、一九九一年七月にFDAへやってきたことを思い出してください」と彼は語った。「この日まで、彼はキング&スポールディング弁護士事務所で働いていました。そのクライアントの中には、モンサントだけではなくIFBC、つまり国際食品バイオテクノロジー評議会もいました。テイラーはIFBCのために、この文書を書いたのです。テイラーがIFBCのために提案している内容と、FDAが発表した文書を比べてみてください。まったく似通っています。テイラーがFDAの文書を書いたわけではないでしょうが、誰かがこの文書をもっていて、それを元に書き直したのです」。このIFBCの「匿名」のテクストは、奇妙にもウェブ上で見つけることができない。しかし、それはFDAの規制方針を定めた指令文書の付録で最初に引用されていた「参考文献」なのである。[*23]

「あらためて言いますが、それは違います」とマイケル・テイラーは言い張った。「私はその件に、まったく関係ありません。なぜなら私は科学者ではありませんから……。ジェームズ・マリアンスキーをはじめ、FDAの方針を定めた人々から話を聞くべきです……」。明らかにFDAの元ナンバー2であるテイラーは、その時点では、彼の元同僚の「バイオテクノロジー・コーディネーター」ことマリアンスキーへのインタビューに私が成功するとは想像していなかっただろう。ところでマリアンスキーの側も、この新たに発覚した厄介な事実に困惑していた。「当時、テイラーは副長官で、彼が草案を作成したのです……。彼が規制の〔……〕リーダーでした。草案を締め切りまでに仕上げる責任を負っていたのです」と、ジェームズ・マリアンスキーはしぶしぶ白状したのだ。

「彼がモンサントの弁護士として働いていたことは、ご存知でしたか?」と私は言った。

「ええと、彼が、その、モンサントにいたことは知っていたと思います」と彼はたどたどしく答えた。「しかし、外部から人が来て、長官や副長官の座に就くことはまったく珍しくなかったので……」

「モンサントは、FDAでどのような役割を担っていたのですか?」

「ええと、モンサントはFDAのために、とても積極的に働いてくれました。それはこの会社がバイオテクノロジーを食用植物に適用することの真の意味を、私たちに理解させてくれたということですが……。私の覚えている会合の一つで、ＦＤＡの科学者たちがモンサントの科学者たちと話をしました……。モンサントの科学者たちは、自分たちの仕事がもたらす変化について話し、私たちはどのようにモンサントの製品を規制していくのがよいのかを質問しました……」

モンサントの四つの「回転ドア」

「それは陰謀だったと思いますか？」。二〇〇六年一〇月、フェアフィールド（アイオワ州）で私がこの問いを発すると、ジェフリー・スミスはしばらく考え込んだ。彼はレスポンシブル・テクノロジー研究所の所長であり、また先に引用したＧＭＯに関する非常に綿密な二冊の本の著者でもある。[*24] その沈黙の理由が私にはわからなかった。というのも、私がインタビューをしている間、その時まで彼はほとんど私の言うことにうなずいていたからである。人々の果敢な告発に対して、いつもモンサントは、すぐに脅しをかけるために高額な訴訟を仕掛け、意に沿わぬ者を黙らせようとしてきた。ジェフリー・スミスはそのことをよく理解していた。彼は、自著を自費出版しなければならなかったが、それはモンサントに刃向かう覚悟のある出版社が見つからなかったからである。モンサントは裁判の勝ち負けに関係なく、訴訟のために何百万ドルも費やすことだろう。なぜなら、敵対者を経済的に追い詰めることが重要なのだから。したがって、公衆に語りかけるにあたって、事前に一つひとつの言葉を吟味しなければならない。それは本書の執筆にあたって私も従っている原則である……。

「『陰謀』という言葉は、少々きつすぎる言い方かもしれませんね」と、ジェフリー・スミスはようやく私に答えた。「しかしモンサントの側からすれば、それは完全無欠の権力を手に入れるための算段だった、と言うことはできます。あらゆる手段と能力を使って、この国のあらゆる決定機関に入り込むために」。

この「算段」の中には、モンサントがまったく合法的手段で行なった、大政党の選挙キャンペーンに対する経済的支援も含まれる。連邦選挙委員会が一九九四年に発表した数字によれば、モンサントは民主党（当時の与党）と共和党の二大政党に対して、両者にほぼ同額の寄付（合計二六万八七三二ドル）を行なった。一九九八年の寄付額は一九万八九五五ドルにのぼり、そのうち三分の二以上が共和党への寄付であった。二年後の二〇〇〇年、モンサントはジョージ・W・ブッシュ（子）の共和党に九五万三六六〇ドルを寄付したが、他方でアル・ゴアの民主党には二二万一〇六〇ドルを寄付したにとどまった。最後に二〇〇二年、ホワイトハウスが「国際的テロリズム」に対して十字軍を派遣［二〇〇三年三月一七日のイラク攻撃のこと］しようとしていた時期、モンサント社は共和党に一二一万一九〇八ドルを寄付し、民主党には三二万二〇三八ドルを寄付した。また、モンサントが一九九八年から二〇〇一年の間にロビー活動のために費やした額▼は、公式発表だけでも二一〇〇万ドルにのぼっている。ちなみにジョージ・W・ブッシュ（子）の選挙があった二〇〇〇年には、七八〇万ドルという記録を残している。

　これらの「政治的」支出——といっても、アメリカの基準からすれば慎ましいものだが——よりも重要なのは、すでに牛成長ホルモンの章でも触れたように、組織的で巧妙な「侵入能力」であろう。ジェフリー・スミスは言う。「モンサントがアメリカ国内の王者になった理由は、『回転ドア』の仕組みにあるのです」。彼はいくつかの冊子から引用して説明する。

「たとえばブッシュ政権▼では、重要な地位にある四人の高官が、モンサントに近い立場にありました。彼らはモンサントから経済的支援を受けていたか、あるいは直接モンサントのために働いたことがあった人々です。司法長官のジョン・アシュクロフトは、ミズーリ州での再選の時にモンサントから資金援助を受けていました。ＦＤＡを管轄する厚生省のトミー・トンプソンも同じです。農務省のアン・ベネマンはモンサント傘下のカルジーンを経営していました。国防総省のドナルド・ラムズフェルドは、モンサントの子会社であるサールのＣＥＯでした。忘れてはならないのは、クラレンス・トーマスです。彼はモンサントの弁護士でしたが、何と、その後に最高裁判所の判事に任命されています！」ジェフリー・スミスが作成したリストの一部は、ウェブサイトで閲覧可能である。[*25] このリストによれば、少なくとも四つの「回転ドア」があることがわかる。

第一に、ホワイトハウスからモンサントへの回転ドアである。たとえば、ビル・クリントン元大統領の秘書であり、政府間関係局の代表だったマルシア・ヘイルは、一九九七年にモンサントの国際政府事業部長に任命された。彼女の同僚で、ホワイトハウスの大統領行事ディレクターであったジョッシュ・キングも、モンサントのワシントン支社に国際コミュニケーション部長として迎え入れられた。一九九六年から九七年まで商務長官を務めたマイケル・カンター▼は、その後すぐ、モンサントの経営評議会のメンバーに選ばれている、などなど。

第二に、議会の元メンバーやその近しい協力者が、モンサントのロビイストになり、政府組織に正式に登録されるという回転ドアがある。民主党の元下院議員トビー・モフェットの場合、彼はモンサントの「政治戦略担当者」になっている。あるいは、エレン・ボイルやジョン・オーランドは、当選した当初は議員として働いていたが、その後「ロビイスト」として雇われている、などなど。

▼ロビー活動のために費やした額（原注）：二〇〇〇年、二〇〇一年、二〇〇二年に関しては、二〇〇〇年にモンサント社の農薬部門を買収し、二〇〇二年に厄介払いされたファルマシアのロビー活動も費用に含まれている……。これらの数字はキャピタル・アイのサイトで照会することができる（www.capitaleye.org/bio-monsanto.asp）。

▼ブッシュ政権：ブッシュ（子）政権一期目の閣僚と諸企業のつながりについては、戸田清『環境学と平和学』（新泉社、二〇〇三年、三一〜三五頁）を参照。

▼マイケル・カンター：「ミッキー・カンター」という方が馴染みがあるだろう。商務長官になる前はクリントン政権の通商代表であった。一九三九年生まれの弁護士。

第三に、規制機関からモンサントへの回転ドアがある。このドアの回転ぶりは凄まじい。すでに挙げたリンダ・フィッシャーは、一九九五年にモンサントの副社長に就任し、政府交渉部門を担当したが、それ以前は環境保護庁（EPA）の副長官として働いていた。ウィリアム・ラッケルズハウスは、一九八三年五月から八五年一月までEPAの長官であったが、その後、モンサントの経営評議会に参加した。同じく、EPAのナンバー2だったマイケル・フリードマンは、その後、モンサントの子会社である製薬会社サールに雇われている、などなど。

しかし第四に、別の方向へ回転するドアがある。つまり、モンサントから政府機関や政府間組織へと向かうドアである。マーガレット・ミラーが一九八九年にモンサントの研究所からFDAへ移ったことを思い起こそう。それと同じ時期に、彼女の同僚であったリディア・ワトラッドがEPAに入っている。モンサントの元渉外部門の代表だったヴァージニア・メルドンは、クリントン政権に加わっている。さらに最近では、会社の元法律顧問リュフス・ヤークサが、二〇〇二年の八月にWTO（世界貿易機関）の合衆国代表に任命された。マーサ・スコット・ポインデクスターは、二〇〇五年一月に「上院農業・栄養・林業委員会」に任命されているが、それ以前はモンサント・ワシントン支社の政府関連事業を統括していた。ロバート・フレイリーも忘れてはならない。彼はラウンドアップ耐性大豆の「発見者」の一人だが、モンサントの副社長になった後に、農務省（USDA）の技術顧問に任命されている、などなど。

「私は激しい圧力にさらされていた」

「そうです、回転ドアの仕掛けは農業部門だけでなく、金融や衛生など他の多くの領域にもあるのです」

これは、急進的な反GMO運動の活動家の言葉ではない。ダン・グリックマン、すなわち一九九五年三月から二〇〇一年一月まで、ビル・クリントン政権の農務長官を務めていた人物の言葉である。二〇〇六年七月一七日、ワシントンで私はこの人物にインタビューを行なった。この著名な人物は、かつてバイオテクノロジーの信奉者であり、農務省（ＵＳＤＡ）の古参でもある。農務省のトップに就任する以前の彼は、一八年間にわたって農村地方であるカンザス州議会の代議士であり、そこで農業委員会の幹事を務めていた。

彼が農務長官に就任した当時、農務省には年間七〇〇億ドルの予算があり、全国に一〇万人以上の職員がいた。これは一八六二年にエイブラハム・リンカーン大統領が農務省を創設して以来の、たゆまぬ発展の成果である。かつてリンカーンは、この省を「人民省」という別名で呼んだが、それは合衆国人口の五〇％に相当する農家とその家族のために奉仕する役割を農務省が担っていたからである。それから一四〇年後、農務省を批判する人々は、この省を「農業ビジネス省」やあるいは「ＵＳＤＡ株式会社」と呼ぶようになった。このような呼び名は、現在の農務省が食品の生産・加工・流通にかかわる企業の利益に奉仕していることへの皮肉である。「企業と関係のある幹部が、ＵＳＤＡの規制を無効にする政策を推進する役割を果たした。こうして一部の企業が、巨大な経済力を背景に、独占的に利益を受けるようになったのである」。二〇〇四年にフィリップ・マッテラが「ＵＳＤＡ株式会社――アグリビジネスは、いかに農務省の規制政策をゆがめてきたか[*26]」と題された記事の一文である。

当時、ワシントンの「グッド・ジョブ・ファースト」という団体で働いていたこの元経済ジャーナリストは、バイオテクノロジーを例に取り上げて、こう説明している。つまりＵＳＤＡはバイオテクノロジーのもっとも熱心な推進者の一つであり、共和党のジョージ・ブッシュ（父）政権の時代にはじまったこの方針は、ビル・クリントン民主党政権にも継承された。その時の指揮官がマイケル・カンターだった。彼は一九九六年に商務長官になり、その後、先に見たとおり、モンサントの経営評議会の一員になる。一九九九年、この商務長官は、ヨーロッパの交渉相手に冷淡な態度をとり、脅しをかけたことで有名になった。当時のヨーロッパでは、商品に遺伝子組み換え製品であることを示すラベル表示を義務づける提案が出されていた。この闘いでマイケル・カンターの盟友だった男が、ダン・グリックマンである。

当時の『セントルイス・ポストディスパッチ』紙は、グリックマンをこう評している。「言うことを聞かないヨーロッパ人に対して、われわれの進路をふさぐなと叱りつけた、バイオテクノロジーの擁護者[*27]」。実際、このクリントン政権の農務長官は、遺伝子組み換え技術の恩恵を固く信じていた。「バイオテクノロジーは、消費者、農家、そして発展途上国にいる数百万人もの腹を空かせ、食べるものがない人々にとって、途方もない可能性を秘めていると思います」。このように彼は、二〇〇〇年四月、バイオテクノロジー情報評議会の講演で語った[*28]。しかし、この熱意のために、彼は深く傷つけられることになった。それは、国連食糧農業機関（ＦＡＯ）の支援により一九九六年一一月にローマで開催された世界食料サミットの時である。この会議で、各国政府は二〇一五年までに食料不足に陥っている人口を半分に減らすことを約束し、アメリカ代表がその記者会見を行なった。ここで、偽の取材許可証を手に入れていたグリーンピースの活動家たちが立ち上がり、服を脱いで、反ＧＭＯのスローガンに覆われた裸体を披露した。そして、ラウンドアップ耐性大豆の粒をいっせいに投げつけたのだ……。

モンサントの遺伝子組み換え大豆が市販された直後に農務長官の座に就いたダン・グリックマンは、それにつづくあらゆるＧＭＯの栽培を認可した人物である。しかし、私が二〇〇六年七月に会った時の彼は、まったく別の仕事に就いていた。というのも、二〇〇四年九月、彼はアメリカ・モーション・ピクチャー協会のＣＥＯに任命されていたのだ。この協会は、ブエナ・ビスタ・ピクチャー・ディストリビューション（ウォルト・ディズニー）や二〇世紀フォックスなど、ハリウッドの六つの主要映画産業が結成したものである。私が彼にインタビューを申し込んだのは、もちろんクリントン政権時代の彼の仕事について聞くためだったが、それだけではなく、彼が二〇〇一年七月一日の『ロサンジェルス・タイムズ』のある記事で、いくらかの悔恨を口にしていたからである。「規制を担っていた者たちは、自分たちをバイオテクノロジーの守護者とみなしていました。というのも、バイオテクノロジーは科学の進歩だと考えていたからです。そしてこの進歩を拒む人々を、ラッダイト▼とみなしていたのです」

「このような発言の真意は、どのようなものだったのですか?」。私はこの文章を彼の前で読み上げ、質問した。

「私が農務長官になった時〔一九九五年〕、規制部門を取り巻く雰囲気は、だいたい遺伝子組み換え作物を認可する方向にありました。このテクノロジーが国内農業に広まることを促し、輸出を増大させることが目指されました。この方向性は、農業食品業界《アグリビジネス》や合衆国政府にも共有されていました。バイオテクノロジーと遺伝子組み換え作物をいち早く広めることに賛成しない人物は、反科学主義者や反進歩主義者とみなされたのです」

「モンサントの大豆を認可する前に、もっと注意する必要があったと思いますか?」

「率直に言えば、もっと試験を行なう必要があったと思います。しかし、農業関連の企業がそれを望みませんでした。彼らは製品開発のために莫大な投資をしたのですから。農業を規制する組織の代表者として、私は多大な圧力にさらされていました。つまり、あまり多くの要求を課さないように、という圧力です……。一度だけ、私はクリントン政権にいる時に、この話をしたことがあります。その時は企業からだけでなく、政府の人々からも非難されました。実際、私はある講演で、GMOの規制をもっと真剣に検討しなければならないと言ったことがあるのです。クリントン政権の内部、とくに対外貿易の専門家の中には、私にひどく腹を立てた人もいました。彼らは、私にこう言ったのです。『農務省で働いている君が、どう

▼ラッダイト（原注）：この言葉は、一九世紀初めのイギリスで使われはじめたものであり、織物工だったネッド・ラッドの名にちなんでいる。彼は、自動織機のせいで自分の仕事が失われると考え、反乱の意思表示のためにこれを破壊した。以降、機械化や技術的進歩がもたらすものに反対する人々を指す言葉として使われている。

して私たちの規制システムを問題にすることができるのかね』と」

当時の商務長官であり、その後にモンサントの経営評議会の一員になるマイケル・カンターも、この圧力と無関係ではなかったように思われる。グリックマンの講演が衝撃的だったというのは事実であろう。なにしろ、それまで彼が従ってきた方針を、彼自身が批判したのだから。一九九九年七月一三日、グリックマンは、ワシントンのアメリカ記者クラブで記者会見を開いた。その記者会見で彼は、最初に「バイオテクノロジーがもたらす希望」に感動的な賞賛の言葉を捧げ、遺伝子組み換えバナナによって「いずれ発展途上国の子どもたちにワクチンが提供される時が来るだろう」と語った（ついでながら、この魔法のGMOの開発は一九八〇年代から予告されているが、数十年を経った現在も実現していない。除草剤に耐性があったり、殺虫毒素を生成したりするGMO以外の製品は、まったく日の目をみないままである……）。

「バイオテクノロジーが私たちにどのような約束をするにしても、これを受け入れてもらわなければ、どうにもなりません」。記者会見でダン・グリックマンは、このように話をつづけた。その直後に、対外貿易担当の同僚と、おそらくはモンサント社を激怒させた例の言葉を発したのである。「つまり信頼が問題なのです。遺伝子組み換え作物の背景にある科学に対する信頼、そして規制手続きに対する信頼です。利害関係のある人々から離れたところで規制手続きが定められなければなりません。いく人かのオブザーバー――私もその一人ですが――は、何らかの仕方でラベル表示を義務づけるべきだと考えています[*29]」

この言葉は控えめなものであるが、翌日の新聞でまさにこの言葉が取り上げられた。しかも、モンサント社にとって具合の悪い仕方で取り上げられたのである。「産業界は利益を追求するだけでなく、広い視野で業務を行なう必要がある。企業は環境に対して危険を与えないために、市場出荷後も製品の追跡を継続し、製品のリスクを測定しなければならない。さらに企業は、発見した事実をすべて、一般の人々が理解できる仕方で公表しなければならない。〔……〕バイオテクノロジーがどのような可能性を秘めているかはわからない。それが良いものであるか、悪いものであるかも未知である。バイオテクノロジーが社会に役立つものになり、その逆にならないように、私たちはできるかぎりのことをするべきだ」

現在のダン・グリックマンは、一九九九年の講演での言葉を撤回するつもりはないと断言した。「問題は」と彼は言う。「議会がまったく、この問題に取り組まないことです……」

「なぜ議会は、取り組まないのですか？」

「何よりも、この主題を扱うことが難しいからです。こうした複雑な技術的問題は、立法府では扱われません。ヨーロッパでも合衆国でも、ほとんどの代議士は科学者ではありませんから……」

御用学者の使い方

グリックマンの説明は、あまりに手短すぎるかもしれない。しかし、なぜ政治家がバイオテクノロジーの問題にあれほど無関心なのか、グリックマンがその理由を説明していることが、私にはよくわかった。私自身、遺伝子組み換えに関して根拠のある合理的な見解を抱くためには、数か月にわたって徹底的に勉強する必要があった。モンサントがいとも容易に彼らの製品を押し付けることができたのは、ＧＭＯが科学者にしか判断することのできない「複雑な問題」のように思われていることを盾に取ったからなのだ。モンサント社の支配を確実にするために、遺伝子組み換え作物について意見を述べる科学者たちを管理下に置き、ふさわしい場所――たとえば国連が後援する国際フォーラムや有名大学、有名学術誌など――で彼らの意見を述べさせる必要があることを、モンサントはよく知っていた。そして認めなければならないのは、モンサントがこの目的を見事に達成したことである。

その証拠を示そう。「秘密書類」に分類されているモンサントの内部文書がある。これは、どこからともなく（もちろん内部告発者のおかげで）「ジーンウォッチ」の事務所に舞い込んできた書類である。[*30] ジーンウォッチは、その名前が示すとおり、ＧＭＯの問題を熱心に監視しているイギリスの団体である。二〇〇〇年九月六日に公開された一〇ページほどの「月例報告書」には、同年の五月から六月までの、この会社の「規制対応および科学問題」担当部署の活動記録が並べられている。「この文書は、モンサントが自分たちの利益のために、世界中の遺伝子組み換え食品の規制を操ろうとしていることを示している」とジーンウォッチ代表スー・マイヤー博士は、公式声明文の中で述べている。「明らかに、モンサントは影響力のある重要人物を買収し、自社の御用学者たちを委員会にもぐりこませ、科学的判断を誤らせようとしている」

その文書は、この担当部署の活動が成功したことを賞賛している。この部署は「先月ジュネーブで、FAOおよびWHOの開催した会議に、国際的水準で著名かつ重要な科学専門家たちが名前を連ねることに貢献した。その最終報告は、植物に関するバイオテクノロジーに好意的な評価を与えるものとなり、食品安全性評価において実質的同等性の原則が重要な役割を果たすことを支持する内容になった。〔……〕植物バイオテクノロジーの利点と安全性に関する情報が、主要な医学者やハーバード大学の学生たちに提供された。〔……〕ジョン・トマス博士〔テキサス大学医学部名誉教授〕による論説が医学雑誌に公表されることになった。これは医学界に影響を与える計画の第一歩である。〔……〕国際的に有名なガンの専門家ダヴィド・カヤ博士〔フランス国立癌研究所所長〕と会談を行ない、遺伝子組み換え食品とガンの間に関連がないことを示す論文の執筆者に加わるよう依頼した。〔……〕モンサントの幹部たちは食品コーデックス委員会に働きかけ、遺伝子組み換え作物の表示ラベルに関する二つの提案を却下させることに成功した……、などなど」

また、この部署の活動に協力する用意があった科学者として、スペインの科学者ドミンゴ・チャモロ、フランスの科学者ジェラール・パスカル〔INRA〕、クローディヌ・ジュニアン〔INSERM〕、ノーベル生理学・医学賞受賞者ジャン・ドーセの名が引かれている。彼らは、この部署が企画した「バイオテクノロジー・フォーラム」に参加している。

この文書を読むと、一九九〇年から、WHOとFAOが組織し、その年の一一月五〜一〇日にジュネーブで開催した「会議」（先ほどの報告書で記載されたものと同じもの）が、どのように企画されたものであったかがよく理解できる。「バイオテクノロジーにより生産された食品の安全評価のための戦略」と題されたこの会議には、専門家に加え、健康問題の国際的権威たちが集められた。ジェームズ・マリアンスキー▼もその中の一人として、会議の書記を務めている。まだＧＭＯがまったく世間の話題に上っていなかったこの時期に、この「会議」が次のような断言的な主張からはじまっているのは、とても興味深い事実である。「どのような生物組織のＤＮＡであれ、その構造はどれも類似したものである。したがって、食料品に使用される遺伝子組み換え作物のＤＮＡは、消費者にいかなる危険も与えない」。添付文書には「参考文献」として、モンサントの科学者たちがその少し前に『ネイチャー』誌で発表した、遺伝子組み換え成長ホルモンに関する論文が引用されていた。ただし、このホルモンはじつに厄介な議論を巻き起こしたのだが[*31]……。

ここで引用した文書からも、モンサントが、科学的に疑問視されている「実質的同等性」の原則を世界中に流布させるために、重要な役割を担ったことは明らかである。この実質的同等性の原則は、一九九三年以後、経済協力開発機構（ＯＥＣＤ）による「現代のバイオテクノロジーに由来する食品の安全性評価――概念と原理」と題された文書にも登場する。この七一ページにもおよぶ文書の内容はこうである。つまり「バイオテクノロジー」は人間が植物の選択をはじめた時から存在していたという主張を長々と述べ、遺伝子組み換え技術が先祖伝来の技術の「現代的」延長にすぎないと論じる。さらに、「現代のバイオテクノロジーの利用により開発された食品の安全を判定するにあたり、もっとも実践的なアプローチは、既存の類似食品がある場合、両者が実質的に同等であるかどうかを評価することである」と結論づける。こ

▼ジェームズ・マリアンスキー（原注）：彼の履歴書によると、ＷＨＯとＦＡＯのために専門家として働き、ついでＯＥＣＤの食品コーデックス委員会のために合衆国代表として働いている。

の「実質的同等性」という新しい概念を補強するために、報告書がその根拠としているのは、カルジーン社の熟成遅延トマト（しかし先に見たように、これは後に市場から回収されることになる）やモンサント社のラウンドアップ耐性トマト（いまだ実験段階にとどまっている）のようなGMOの例である……。

この文書の執筆者の中には、いつものジェームズ・マリアンスキーのほか、ジョージ・ブッシュが策定した競争力評議会の代表者もいる。最後に、この文書には付録として、参考にするべき一〇冊の出版物のリストがついている。そのうちの一つは、国際生命科学研究機構（略称ILSI。私の記憶によれば、農業食品産業《アグリビジネス》によって創設された組織）の文書や、先ほどのマイケル・テイラーが起草した国際食品バイオテクノロジー会議（IFBC）の文書、そして世界保健機関（WHO）と国連食糧機関（FAO）による一九九〇年の「会議」の文書がある……。ただし、これらの出版物で、GMOの無害性を証明した科学的実験を紹介した文書は一つもない。その理由は単純だ。なぜなら、当時そうした実験は一切行なわれていなかったからだ……。

その一年後にWHOが、このプロパガンダ文書をふたたび取り上げることになる。一九九四年一〇月三一日から一一月四日にかけて、WHOが後援した「ワークショップ」のタイトルは、実に率直である。それは「新たなバイオテクノロジーにより生まれた植物に由来する食品および食品成分の安全性評価に対する実質的同等性原則の応用」というものである。ここでも「実質的同等性原則」が、科学的な正当性がまったく立証されないまま、堂々と掲げられているのである。それでも、この「ワークショップ」の参加者たち――その中には「モンサント社」のロイ・フックス博士もいるが――は、あくまで正当な概念であることを訴えるために、「この比較の手法は、最初にWHOとFAOによって提示され、次に経済協力開発機構（OECD）が発展させた」と述べている……。

さらに二年後、WHOとFAOは仕上げに取りかかる。この二つの国連組織は、一九九六年一〇月四日に、二回目の合同会議を開催した（そこにもジェームズ・マリアンスキーとロイ・フックスが参加している）。この開催時期も絶妙のタイミングだった。というのも、それはまさに、ラウンドアップ耐性大豆の最初の積荷がすでにヨーロッパへ向けて出発していた時期だったからだ。この会議の最終報告書は、奇妙にも一般には入手不可能になっている。しかし、私はそのコピーを入手することができた。この報告書は、実質的同等性原則の国際的な参照文献として、つねに引用される文書である。そこには、とりわけ以下のような科学的情報を読むことができる。「実質的同等性の原則が生物あるいは食品について確立されれば、その食品は、既存の同等食品と同様に安全とみなされ、いかなる試験を行なう必要もなくなる。〔……〕実質的同等性が成立しない場合、それでも該当食品が安全でないことが結論されるわけではなく、したがって、かならずしも試験が必要とされるわけではない……」

「研究」の実態

サセックス大学の政策科学会議議長のエリック・ミルストンが、一九九九年に強調したように、「これまで実質的同等性が厳密に定義されたことはなかった。天然食品とその代替物である遺伝子組み換え食品の違いについて、それらの『実質』が十分に『同等』であると言えるような条件は、どこにも定義されていない。また司法の側も、実質的同等性の厳密な定義を示したこともない。このいい加減な概念は、企業にとっては便利かもしれないが、消費者にとっては受け入れがたいものである。さらに言えば、実質的同等性という概念を使う人々にその概念の定義を任せることは、遺伝子組み換え食品のリスクに関するあらゆる研究を不可能にするという障害をもたらす[*32]」

この概念をモンサントは乱用している。彼らはＧＭＯの無害性を立証するために、「実質的同等性」という概念に国連組織のお墨付きを与えてもらい、この概念の歴史を躊躇することなく書き換えたのである。「バイオテクノロジー由来の食品および飼料の規制に関する基本概念は、『実質的同等性』という概念です。

これは一九九〇年代の初めに食品農業機関（FAO）、世界保健機関、経済協力開発機構により定められました」（傍点は引用者）と、一般農家向けの一九九八年四月のラウンドアップ耐性大豆の広告文書で説明されている。当然のことながら、モンサントの公式文書でも同様に、この主張が利用されている。モンサントはそこに科学的根拠を与えるために、たいていの場合、次の一文を付け加えている。

「『実質的同等性』を定義するにあたり、ラウンドアップ耐性大豆の成分が、従来品種の大豆の成分と比較されました。〔……〕一八〇〇以上の分析が行なわれた結果、ラウンドアップ耐性大豆の成分が、現在、市販されているほかの大豆の成分と同等であることが明確に証明されました。〔……〕さらに、非常に広範囲の動物種（ニワトリ、乳牛、ナマズ、ラット）で行なわれた実験では、ラウンドアップ耐性大豆の栄養面での同等性が示されました」

ここで先に紹介した、一九八六年一〇月の「アクションプラン」（前章参照）の最終局面を取り上げよう。当時のモンサントは、ラウンドアップ耐性大豆を市場に投入するにあたり、この大豆が今後のGMOの流れを決定することが明らかだったので、絶対に失敗が許されないことを自覚していた。そこで同社は、FDAの指示書で定められていた「任意相談」という手段を利用することにした。国連「ワークショップ」に熱心に出席していたモンサントの科学局長ロイ・フックス博士は、次に述べる二つの研究を計画した。その目的は、実質的同等性の原則にとって明確な根拠になるような科学的証拠を提出することである（これは、FDA、WHO、OECDの文書が理論的・科学的データにまったくもとづいていないことの証拠である）。

第一の研究は、ラウンドアップ耐性大豆の組織成分を、従来の非遺伝子組み換え大豆の成分と比較する研究であった。そこでは、両者に含まれるタンパク質・脂質・繊維・炭水化物・イソフラボンの比率が測定された。それは大豆の既知の構成要素の測定であり、言い換えるなら、遺伝子組み換え作物に分子構造レベルで未知の物質が含まれているか否か、あるいは遺伝子組み換え技術によって少しでも変化した物質が含まれているか否か、といったことは調査されなかったのである。スティーヴン・パジェットが指導したこの研究は、最終的に一九九六年に関連科学誌『栄養ジャーナル』で発表されたが、結果は何の変哲もないものである。つまり、「グリホサート耐性大豆の穀粒の成分は、従来大豆の穀粒の成分と同等である」と、結果はその論文のタイトル（「グリホサート耐性大豆の組成は、在来大豆の組成と同等である」）が示すとおりである。[*33]

しかし、この研究を手放しで認めるわけにはいかない。というのも、その著者たちは、そこにいくつかのデータを含めることを「怠った」からである。たとえば、著名な毒性学者で、グワララ（カリフォルニア州）のCETOS（倫理・毒物センター）創設者マーク・ラッペは、二〇〇一年の『ロサンジェルス・タイムズ』で、「示されないデータは何を意味しているのか」と疑問を投げかけている。「まず、ラウンドアップ耐性大豆におけるタンパク質と脂肪酸の著しく低い含有率がある。次に、フェニルアラニンの著しく低い含有率がある。これは必須アミノ酸で、エストロゲンの生産――このためにしばしば大豆由来のものが処方されたり、摂取されたりする――のために必要なフィトエストロゲンの含有率に影響を与える物質である。さらにラウンドアップ大豆からは、火を通した後に、従来型の大豆よりも高濃度のトリプシン阻害物質が検出されるが、これは既知のアレルギー物質でもある[*34]」

これらの技術的データは、素人にはわかりにくいかもしれない。それでも、私がこの文章を引用したのは、食品の安全性に照らして、実質的同等性の原則に関する証明が不十分であることを強調したいからである。つまり、遺伝子組み換え作物が厳密に従来の類似品種と同一の性質をそなえているのか否かが、示されていないのだ。そうであれば、どのような健康への影響が考えられるのだろうか。

その問題をはっきりさせるために、マーク・ラッペ（二〇〇五年に逝去した）は彼の同僚ブリット・ベイ

▼マーク・ラッペ：邦訳書に、『皮膚――美と健康の最前線』（川口啓明・菊地昌子訳、大月書店、一九九九年）がある。

リーとともに、スティーヴン・パジェットが行なった実験を再現（追試）することにした。ブリット・ベイリーは、二〇〇六年一〇月、サンフランシスコでのインタビューで、私にこう説明した。「私たちの実験では、ラウンドアップ耐性大豆と、在来種の大豆を植えました。この二種類の大豆の唯一の違いは、片方にはモンサント社のラウンドアップ耐性遺伝子が含まれているという点だけです。二つのグループの大豆は、厳密に同じ土壌で、同じ気候の条件で栽培されました。私たちはモンサントの言うとおり、遺伝子組み換え大豆が芽を出した時に、ラウンドアップを撒きました。最後に二つのグループの大豆を収穫し、それらの組織成分を比較しました」

「結果はいかがでしたか?」

「私たちの分析では、ラウンドアップ耐性大豆は在来品種の大豆とかなり違う結果になりました。とりわけイソフラボン含有率と、フィトエストロゲン含有率について言えば、ラウンドアップ耐性大豆は、在来品種より一二％から一四％下回りました。これは明らかに、ラウンドアップ耐性大豆の成分が、従来の大豆とは同等でないことを示しています。私たちはこのデータをＦＤＡに送りました。しかし、返事はもらえませんでした……」

「モンサントはどのように反応しましたか?」

「私たちは、この研究論文を『薬効食品ジャーナル』に提出しました。そこで論文は査読者に回されました。結果として論文は受理され、一九九九年七月一日に発表されることになりました。[*35] 奇妙なことに、この発表の一週間前、まだ論文が公表されていないはずなのに、モンサントとのつながりでよく知られるアメリカ大豆協会（ＡＳＡ）が、私たちの研究が厳密ではないと主張する広報文書を発表したのです。私たちの論文がどこから流出したのか、まったくわかりませんでした……」

この協会（私はその副代表とすぐ後に会うことになる）の文書を私が発見したのは、何とイギリスのモンサント社のウェブサイトである！　そのフランス語版の文書には、こう書かれている。「アメリカ大豆協会は、合衆国や世界の規制部門が行なったラウンドアップ耐性大豆の分析を、そしてそれらを支え、ラウンドアップ耐性大豆と従来の大豆との同等性を示す科学的研究を信頼しています[*36]……」

「二つの大豆が同等であるとモンサントが結論したことを、あなたはどう考えますか？」と、私はブリット・ベイリーに尋ねた。

「彼らの研究には重大な欠陥があると思います。それは、彼らがラウンドアップを耐性大豆に撒布しなかったということです。これでは彼らの研究は完全に無意味です。というのも、ラウンドアップ耐性大豆は除草剤撒布を前提につくられているからです」

「そのようなことを、どうしてご存知なのですか？」

「モンサントの法務部門が、うっかり漏らしたんですよ！」

そう言ってブリット・ベイリーは私に、モンサントの弁護士の一人トム・カラトがヴァイタルヘルス・パブリッシングに宛てた手紙を見せてくれた。その宛先は、当時ブリットがマーク・ラッペとGMOに関する共著を出版しようとした出版社である。一九九八年三月二六日の日付があるこの手紙は、長々とモンサントの仕事について語っている。この顧問弁護士は、この手紙の書き出しで、『ウィンター・コースト・マガジン』の記事でブリットたちの本が出版間近だということを知った、と前置きしたうえで、意外なほどの自信でもってこう書いている。

「著者たちは、ラウンドアップが有毒であると言い張っています。しかし『有毒』とはどういうつもりで言っているのでしょうか。周知のとおり、合成物であれ天然素材であれ、あらゆる物質は度を過ぎれば有毒です。〔……〕コーヒーを飲んだり酒を飲んだりしている人を眺める人々は、問題は限度を超えた量を摂取しないことだと知っています。〔……〕このような誤りは、出版以前に訂正されなければなりません。というのも、それは〔……〕私たちの製品を暗黙のうちに中傷し、名誉を傷つけるからです」

さらに後のところでトム・カラトは、スティーヴン・パジェットが行なった実験を擁護するなかで、まったくお見事な自白を行なっている。「〔ラウンドアップを撒布しなかった〕ラウンドアップ耐性大豆による実験では、エストロゲンの含有率にいかなる差異も示されませんでした。この結果は、一九九六年一月の『栄養ジャーナル』に査読論文として発表されています……」（傍点は引用者）

「いずれにせよ、この手紙の効果がありました」と、ブリット・ベイリーはため息をついた。「私たちの出版社は、本を出版することをあきらめたのです。私たちは、別の出版社を探さなくてはなりませんでした[*37]……」

「健康保護の観点から、遺伝子組み換え大豆に残留するラウンドアップが測定されていたかどうかは、ご存知でしょうか？」

「いいえ、まったく測定されていません！　本を書いている時に知ったことですが、一九八七年に大豆について許容されているグリホサートの残留基準は六ｐｐｍでした。それが奇妙なことに、一九九五年、つまりラウンドアップ耐性大豆を市販する一年前に、ＦＤＡはこの基準を二〇ｐｐｍまで緩和したのです。ＥＰＡのグリホサート担当班の班長であるフィル・エリコと話しましたが、彼はこう言いました。『モンサントが私たちに提供した研究報告では、二〇ｐｐｍでも健康に危険がないことが示されたので、許容量が変更になりました』。これがアメリカですよ！」

実際には、ヨーロッパも五十歩百歩である。一九九九年九月の『農薬ニュース』が発表した情報によると、アメリカの遺伝子組み換え大豆の輸入に応じて、欧州議会は、グリホサートの残留基準を二〇〇倍に緩和した。すなわち〇・一mg／kgから、二〇mg／kgまで上限を引き上げたのだ……。

「最悪の科学」

「遺伝子組み換え食品の安全性を保証することは、モンサントの役割ではない」

一九九八年一〇月に、モンサントの広報部長フィル・アンジェルはこう断言した。「私たちの関心は、可能なかぎり遺伝子組み換え食品を販売することであって、その安全性を確保するのはＦＤＡの仕事です[*38]」。遺伝子組み換え大豆を毎日欠かさず食べていると述べたジェームズ・マリアンスキーは、この話を聞いて、にこりともしなかった。「なぜなら合衆国では、倉庫に保管されている食品の七〇％がＧＭＯを含んでいるからです。ＦＤＡは、遺伝子組み換え大豆が他の品種と同じくらい、安全な食品であることを確信しています」。二〇〇六年七月のインタビューで彼は断言した。

「どうしてＦＤＡは、そのような確信を得たのですか？」

「企業がＦＤＡに提供したデータにもとづいてです。そのデータをＦＤＡの科学者たちが評価したのです。後から結果を隠さなければならないような研究をしても、企業にとっては何の利益もないでしょう」。このようにＦＤＡの元「バイオテクノロジー・コーディネーター」は私に答えた。

このジェームズ・マリアンスキーの楽観主義は、私にも分けてほしいくらいだ。しかし、実際にはすべて疑わしい。それがイアン・プライム博士への長いインタビューを経て私が抱いた感想である。二〇〇六年一一月二二日、私はノルウェーのベルゲン大学生化学・分子生物学部にあるイアン・プライム博士の研究所を訪れた。二〇〇三年、このイギリス出身の科学者は、デンマーク人の同僚ロルフ・レンブケ博士（すでに逝去）とともに、これまであまり研究されていなかった、遺伝子組み換え食品の毒性学的研究に着手した[*39]。それ以前には、一九九六年にモンサントの研究者が発表した、ラウンドアップ耐性大豆の毒性を評価しようとした二つめの研究がある[*40]。

▼この基準を二〇ｐｐｍまで緩和：ラウンドアップ耐性品種には、グリホサート（ラウンドアップの有効成分）の残留量は増えることになる。したがって、資本の論理を貫徹するためには、残留基準の規制緩和が「必要」になるのである。

「過去の科学文献を調べたら、たった一〇件しか研究例がないことを知って、私たちはびっくりしました」とイアン・プライムは説明してくれた。「問題の重要性を考えれば、これはほんとうに少ない数です」

「どういう意味ですか？」

「まず、遺伝子組み換えの試料サンプルを手に入れることは、きわめて困難だということを理解してください。なぜなら、企業がそのサンプルを管理しているからです。研究者がサンプルを要求すると、企業は研究計画の詳細を知らせろ、と言ってきます。ようするに、彼らは自社のＧＭＯのサンプルを、科学者に差し出すことを嫌がります。何の得にもなりませんからね。しつこく迫ると、彼らは『企業秘密』を盾に拒否します。そのうえ、遺伝子組み換え食品の長期的影響を研究しようとしても、その資金を手に入れることはとても難しいのです。私自身、ヨーロッパの六か国の研究者とともに、欧州連合に資金を要求したことがあります。しかし、そのような研究は、民間企業が行なっているという口実で、却下されました……」

「モンサントが、ラットやニワトリ、ナマズ、乳牛で行なった研究についてはどうでしょうか？」

「とても重要な研究です。なぜなら、それが実質的同等性の原則の基礎となっているからです。また、ある意味では、それこそは補足研究が行なわれない理由でもあります。しかし、科学的観点から言えば、モンサントの研究はまったく期待はずれです。あの会社の論文が学術誌に掲載されるにあたって、私が査読者だったら掲載を許可しなかったでしょうね。提示されたデータがあまりにも不十分だからです。最悪の科学と言ってよいかもしれません……」

「この研究の実験データの入手を試みましたか？」

「ええ、しかし残念ながら、モンサントは、企業秘密という理由で、生の実験データを渡すことを拒否しました……。論文のデータについて、このような主張を聞いたのは初めてのことでした……。普通は、ある研究が発表されると、どのような研究者も、実験を再現（追試）して科学的発展に寄与するために、生の実験データを照会することができます。モンサントがそれを拒否したという事実は、この会社が何かを隠しているという印象を抱かせるのに十分です。実験結果が十分に説得的でなかったのか、都合の悪い結果だったのか、あるいは使用された手法や手続きが厳密な科学的分析に堪えられないものだったのか。ですから、私たちが実験する時には、モンサントが規制省庁に提出した要約だけで満足しなければなりませんでした。それでも、とても気がかりなことが見つかったのです。

　たとえば、ラットの研究では、執筆者たちは次のように書いています。『茶褐色になっていることを除けば、死体解剖の時点での肝臓は正常であった。〔……〕この色は遺伝的な変化に結びつくものとは考えられない』。肝臓を切開せず、顕微鏡で観察もせずに、どうして茶褐色の肝臓が正常だと主張できるのでしょうか？　明らかに、彼らは臓器を外観で評価しただけです。これは、科学的な病理学的研究の方法ではありません。また、この著者たちはこうも言っています。『肝臓、精巣（睾丸）、腎臓は重量を増して』おり、『いくつかの差異が観察された』。それなのに彼らは、これらの差異を『遺伝的な変化と結びついたものとは考えられない』と結論するのです……。もう一度言いますが、どうしてこのように結論することができるのでしょうか？　明らかに、彼らは腸や胃の分析をしていません。これは毒性学の研究としては重大な欠陥です。また、彼らは四〇か所の組織を採取したと言っていますが、どの部分の組織かはわからないのです！　そもそも私は、皮膚・骨・脾臓・甲状腺など全部あわせても合計二三か所の組織しかないと思うのですが……。残りの組織はいったい何なのでしょう？

　さらに、実験で使われたラットは、生まれてから八週目のものでした［ラットの寿命は二年程度］。あまりに年を取りすぎています！　通常の毒性研究では、若い実験動物を使って、成長中の臓器の発達に試験物質が影響を及ぼすかどうかを見ます。ですから、毒性があることを隠す最上の方法は、老いた実験動物を使用することなのです。たとえ異常が確認されても、実験は四週間しか続かないので、なおさら悪い結果は出現しにくくなります。これでは実験期間も不十分です。論文の最後には、一般的な感想がまとめられています。『この毒性研究においては、遺伝子組み換え大豆によって、いかなる大きな変化も生じないことの、ある程度までの保証が得られた〔……〕』。しかし、『ある程度までの保証』など誰も望んでいません。一〇〇%の保証を望んでいるのです！　この研究が食物連鎖の中にGMOが入り込むことを合法化させたと知れば、誰だって不安になります……。しかし、どうすればいいのでしょう？　最近、私の同業者であるマヌエラ・マラテスタに起こったことを知っておいてください」

世界中に張り巡らされた恐怖のネットワーク

二〇〇六年一一月一七日、イタリアのパヴィア大学で、私はマヌエラ・マラテスタと会った。その時の彼女は、まだ自分に降りかかったばかりの出来事に傷ついていた。彼女は一〇年以上も勤めていたウルビーノ大学を辞めなければならなくなったのだ。「すべては、私が遺伝子組み換え大豆の影響を研究したからなのです」[*41]と彼女はため息まじりに言った。実際、この若い研究者は、これまで誰もしなかったことを試みた。つまり、モンサントが一九九六年に行なった毒性研究を再現したのだ。チームの成員とともに、彼女は一方のグループのラットは通常の餌で飼育し（対照グループ）、別のグループのラットは、同じ餌にラウンドアップ耐性大豆を混ぜて飼育した（実験グループ）。実験には離乳したばかりのモルモットを使用し、それらが死ぬまで（平均して二年後）観察した。「私たちは電子顕微鏡でラットの臓器を調べました」とマヌエラ・マラテスタは説明してくれた。「すると統計学的に有意な差が確認されました。とくに、遺伝子組み換え大豆で飼育されたラットの肝臓の細胞核に、違いが見つかりました。こうした結果は、その肝臓がもう一方のグループのラットにくらべて、より高い生理学的活動性があることを示しているように思われました。膵臓や精巣（睾丸）の細胞にも同様の変化が見つかりました」

「両グループの違いは、どのように説明されるのですか？」

「私はこの研究をつづけたかったのですが、残念ながら、それはできなかったのです。研究費の供与が止まってしまったからです……。それで、私たちは仮説しか立てられませんでした。両者の違いは大豆の成分、もしくは残留ラウンドアップに原因がある、というのがその仮説です。正確を期すために言いますと、両者のグループに違いが見られたからといって、その違いが病気の原因になるわけではありません。私たちが明らかにしたかったのは、長期的に両者の違いがどのような生物学的な意味をもつのか、ということです。そのためには、別の研究を展開させる必要があったのですが……」

「それは、どうして実現しなかったのですか？」

「そうですね……」と、マヌエラ・マラテスタは言葉を探して口ごもった。「実のところ、ＧＭＯの研究はタブーなのです……。ＧＭＯの研究にお金は出ません、私たちはあらゆる手を尽くして資金の助成先を探しましたが、いつも同じ理由で断わられました。つまり、ＧＭＯの危険性を証明する科学的データがない以上、そのような研究はまったくの無駄だ、というのです。厄介な問題に回答するようなことは、誰も望まないのです……。それがモンサント、そしてＧＭＯから広がった恐怖の帰結なのです……。そのうえ、同僚たちに私がこの研究結果について話すと、彼らは私が発表しないよう引き留めました。彼らは正しかったのです。なぜなら私は、研究室もチームも、すべてを失ってしまいましたから……。私は他の大学でゼロから再出発しなければならなくなりました。それができたのも、私を支えてくれた一人の同僚のおかげですが……」

「あなたは、ＧＭＯに不安を抱いていますか？」

「現在は、不安を抱いています。しかし、以前の私は、ＧＭＯは安全だと思い込んでいました。ＧＭＯを取り巻く秘密や圧力、恐怖によって、私はＧＭＯの安全性に疑いを抱いています……」

次に見ていくように、世界中のあちこちにモンサントが張り巡らすネットワークの犠牲になった他の科学者たちのあいだにも、この感覚は共有されている。「異端者」のアーパド・パズタイのように……。

第9章 モンサントの光と影
――一九九五〜九九年

みなさんが眺めているのは、種苗企業の統合というだけではありません。それはあらゆる食物連鎖の統合でもあるのです。

――ロバート・フレイリー（モンサントの農業部門共同代表）
（『ファーム・ジャーナル』一九九六年一〇月）

「この領域で仕事をしている科学者として、私は、イギリス市民をモルモットとみなすことはよくないと思います」

一九九八年八月一〇日に放送されたBBCの番組『ワールド・イン・アクション』で、GMOに関する意見を述べたことによって、アーパド・パズタイの経歴は台無しになってしまった。彼は三〇年（一九六八〜九八年）もの間、アバディーン（スコットランド）のロウェット研究所に勤めていた、世界的に有名な生化学者であった。「私が言ったことを、彼らは許さなかったのでしょう」と、二〇〇六年一一月二一日に彼の自宅で行なったインタビューで彼は語ってくれた。八〇歳に届くその顔には、皮肉な笑みが浮かんだ。

「〝彼ら〟とは誰です？」と答えをすでに予感しながら、私は尋ねた。

「モンサント、そしてイギリスにいるバイオテクノロジーの狂信家たちです」とパズタイ博士は答えた。

「この私が、まさか共産主義体制下の異端派への仕打ちの犠牲者と同じ目にあうとは、夢にも思っていませんでした」

遺伝子組み変えジャガイモ

アーパド・パズタイは、一九三〇年、ブダペストに生まれた。彼の父親は、ナチ占領下のハンガリーでレジスタンス活動をしていた。一九五六年、ソ連の戦車がハンガリーの首都を蹂躙した時、彼はオーストリアへと亡命し、政治難民になった。化学を専攻した彼は、その後フォード財団の奨学金を受けて、自分の好きな国で勉強することを許された。彼が選んだのはイギリスであった。この国は彼にとって、「自由と寛容の国」だったからだ。ロンドン大学で生化学の博士号を取り、その後、伝統のあるロウェット研究所の研究員になった。この研究所は、栄養学の分野ではヨーロッパで随一の研究所とみなされている。その研究員になった彼は、レクチン▼の研究に取り組んだ。レクチンとは、ある種の植物に自然状態で含まれるタンパク質であり、殺虫作用をもち、アブラムシの攻撃から植物を守る働きをそなえている。ある種の

▼レクチン（原注）：アーパド・パズタイは、レクチンに関して二七〇本の科学論文を、国際的な学会誌に発表している。

レクチンには毒性があるが、別のレクチンは人間や哺乳類にとって無害である。たとえば、マツユキ草から取られる「GNA」というレクチンがそうであり、アーパド・パズタイはこの研究に三六年間にわたって取り組んだ。この生化学者の研究は大いに評判になったため、一九九五年、ロウェット研究所は、彼がすでに退職の年齢に達していたにもかかわらず、彼に契約の延長を申し出た。こうして彼は、スコットランド農業環境漁業省の資金援助を受けた研究プログラムを指揮することになったのだ。

一六〇万リーブル（二〇〇万ユーロ）の融資を受けたこの巨額のプロジェクトの目的は、三〇人もの研究者を動員して、人体の健康へのGMOの影響を評価することだった。「私たちはみんな、とても気合いが入っていました」とアーパド・パズタイは言う。「なぜなら当時は、最初の遺伝子組み換え大豆の種子が合衆国で使用されはじめたばかりで、このような主題について科学的研究がまだ公表されていなかったからです。農業環境漁業省は、GMOをイギリスやヨーロッパの市場に導入するにあたり、私たちの研究がそのために有利な科学的根拠を与えるものと期待していました。というのも、その当時は熱心なバイオテクノロジー支持者だった私も含めて、自分たちの研究がGMOの問題を明らかにするとは、誰も思っていなかったのですから」。当時の彼は、一九九六年にラウンドアップ耐性大豆についてのモンサントの研究が『栄養ジャーナル』に掲載された時、こう考えていた。確かにモンサントの研究は『悪しき科学』かもしれないが、しかし自分ならもっと上手にやれるはずだ、と。「正真正銘の科学的研究によって、GMOが実際に無害であることを示すことができれば、私たちはヒーローになれるだろうと思ったのです」と、現在の彼は語っている。

ロウェット研究所は、農業環境漁業省と相談して、すでに研究員たちが開発を進めていた遺伝子組み換えジャガイモの研究をすることに決めた。このジャガイモには、マツユキ草のレクチン（GNA）を生成する遺伝子が組み込まれていた。「事前の研究により、このジャガイモがアブラムシを撃退することはわかっていました」とアーパド・パズタイは説明した。「さらに、非遺伝子組み換えジャガイモのGNAについては、遺伝子組み換えジャガイモが生産するGNAの八〇〇倍の量をラットに摂取させても、毒性がないことは明らかになっていました。ですから、残された仕事といえば、遺伝子組み換えジャガイモがラットに与える影響を評価することだけでした」

実験では、四グループのラットを離乳から一一〇日目まで追跡する予定だった。「人間にたとえると、幼児を一歳から九〜一〇歳まで追跡することになります。つまり、臓器が成長中の時期に相当します」とアーパド・パズタイは付け加えた。まず「対照グループ」のラットは、従来のジャガイモを使って飼育される。次に、二つの実験グループのラットは、二種の異なる先祖をもつ遺伝子組み換えジャガイモを使って飼育される。最後に、四番目のグループは、（マツユキ草から直接に抽出された）一定量の天然レクチンを添加した従来品種のジャガイモを使って飼育された。パズタイ博士は実験を思い起こしながら、こう述べた。

「最初に驚いたのは、遺伝子組み換えジャガイモの化学成分を調べた時でした。まず、その成分は従来のジャガイモと同等でないことが確かめられました。次に、二種の遺伝子組み換えジャガイモも、互いに同等とは言えませんでした。発現したレクチンの量は、この二種の間で二〇％の差があることもありました。この時、私は、遺伝子組み換え操作をテクノロジーとみなしてよいのかどうか、最初に疑いを抱いたのです。なぜなら、私のような古い科学者にとって、テクノロジーと呼ばれるものは原則に必ず従うものであり、同じ条件で同じ手続きを行なえば、まったく同一の効果が得られなければなりません。しかし、この実験はそうではありませんでした。同一の効果を生み出さないのですから」

「そのことを、どうお考えですか？」

「残念ながら、私が言えることは仮説でしかありません。検証する手段がなかったのです……。『バイオテクノロジー』というのは不適切な呼び方ですが、このテクノロジーでは、一般に遺伝子銃が利用されています。それがどれほど不正確な技術であるかを理解してもらうためには、ウィリアム・テルを思い浮かべてもらうのがよいでしょう。標的に目がけて矢を放つ前に目隠しをされた、あのウィリアム・テルです。つまり、発射された遺伝子が標的の細胞のどこに到達するかを知ることは、不可能なのです。遺伝子が行き当たりばったりに到達することが、タンパク質の、この場合にはレクチンの発現に変化が生じる理由でしょう。別の例を挙げると、『プロモーター35S』も同じことです。これはカリフラワー・モザイク・ウイルスから採られた遺伝子で、タンパク質の発現を促進します。しかし、これがどのような付随的効果を引き起こすかについては、誰も検証したことがないのです。いずれにしても、遺伝子組み換えジャガイモは、ラットの臓器に予期せぬ効果をもたらしたわけです」

「どのような効果を観察したのですか？」

「まず、実験グループのラットたちは、対照グループと比較すると、脳・肝臓・睾丸の発達が未熟でした。また、とりわけ膵臓と腸の組織に萎縮が見つかりました。さらに、胃の細胞の異常増殖が確認されました。これは憂慮すべきことです。化学的生産物によって腫瘍が引き起こされやすくなる、ということだからです。最後に、胃の免疫システムが過敏になっていました。つまり、ラットの臓器は、遺伝子組み換えジャガイモを異物として扱っているわけです。私たちは、これらの機能障害の原因が遺伝子操作にあることを確信しました。レクチン遺伝子が原因なのではありません。天然レクチンが無害であることは、あらかじめ実験で確認されていますから。ＦＤＡが主張しているのとは反対に、遺伝子組み換え技術が無害なテクノロジーでないことは明らかです。このテクノロジーが原因としか考えられないような、不可解な効果が生じているのですから」

批判する者は吊るし上げ――アーパド・パズタイ事件

困惑したアーパド・パズタイは、ロウェット研究所の所長であったフィリップ・ジェームズ博士に悩みを打ち明けた。ジェームズ博士は、イギリスでGMOが販売される前に、GMOの安全性を評価する「新しいプロセスと食品の諮問委員会」の一二人のメンバーの一人でもあった。パズタイの実験結果の重要性を理解したジェームズ所長は、一九九八年六月に撮影予定のBBCのバイオテクノロジーの特集番組に、アーパド・パズタイがロウェット研究所の渉外部長と参加することを許可した。放送の七週間前のことだった。この件についてアーパド・パズタイは、次のように説明した。「インタビューで、私はこの実験の詳細にまったく触れませんでした。まだ発表されていなかったのですからね。しかし、私は質問に率直に答えました。健康へのGMOの未知の影響について、イギリス社会に警鐘を鳴らすのが私の道義的義務だと思ったからです。すでに当時、最初の遺伝子組み換え食品が合衆国から輸入されていたところでした」

一九九〇年四月二三日、欧州連合は、ヨーロッパでのGMOの拡散を規制する指令（「遺伝子組み換え生物の環境放出に関する指令」、理事会指令90／220／EEC）を採択した。この指令で定められた手続きは、それから八年後にも（そして二〇〇八年現在も）効力をそなえていた。つまり、遺伝子組み換え食品または遺伝子組み換え植物の市販認可を得るためには、企業は専門家による書類を参加国に提出し、その参加国の国内機関は人体や環境に対する製品のリスクを評価しなければならない。その評価の後、この書類は評価を行なった国の委員会から他の参加国へと送付される。これを受け取った諸国は、必要と判断すれば六〇日の間に補足的な鑑定を依頼することができる。こうしたわけで、一九九六年一二月に欧州連合は、モンサントが同年発表した研究結果を信頼して、ラウンドアップ・レディ大豆（ラウンドアップ耐性大豆）の輸入を認可した（それと同時に、ノバルティス社のBt▼トウモロコシも）。この事実は、ヨーロッパが一九九三年のGATT協定に従って油糧作物（大豆・菜種・ひまわり）の栽培面積の制限を受け入れることにより、ア

▼Bt：細菌由来の殺虫毒素をつくりだすように遺伝子操作された品種。

メリカの食料在庫の処分先になったことで、さらに大きな問題を引き起こしつつある。いずれにせよ農民たちは、大西洋の向こう側から飼料を買うことを強いられることになった。[*1]

「GMOについて試験がないことに、懸念はありますか？」と、BBCの番組で記者がアーパド・パズタイに尋ねた。

「あります」と科学者は即答した。

「あなたは、遺伝子組み換えジャガイモを食べますか？」

「いいえ！　この分野で精力的に仕事をしている科学者として言わせてもらえば、イギリスの人々をモルモットにしてはならないと思っています……」

当初、ロウェット研究所の運営者たちは、一九九八年八月九日の『ワールド・イン・アクション』の予告編で繰り返し流れたこのフレーズに、とくに文句をつける気はなかった。翌日、研究所にインタビューの要請が殺到し、ジェームズ教授は嬉々としてパズタイの研究の見事な成果を宣伝した。番組が放送された夜（八月一〇日）、ジェームズ教授はアーパド・パズタイに電話をして、テレビでの振る舞いを絶賛したほどであった。「彼はとても興奮していました」と、アーパド・パズタイは思い返して言った。「しかし、それから突然、何もかも変わりました……」

八月一二日、記者の一群がアーパド・パズタイの家の前に押しかけていた時、パズタイは会議に呼び出されていた。その会議で、ジェームズ教授は弁護士とともにパズタイが引退するまで契約を中断すると彼に告げた。研究チームは解散した。パソコンと研究関連の書類は押収され、電話回線は切られた。「緘口令」が敷かれ、アーパド・パズタイは報道機関に話すことを禁じられた。さらに、もし命令に従わなければ訴えると脅された。そこから彼の名声を汚そうとする情報操作がはじまった。いくつかのインタビューでジェームズ教授はこう述べた。つまり、ロウェット研究所の研究員が間違えて、マッユキ草のレクチンではなく、実は「コンカナヴァリンA」（ConA）という、南アメリカの枝豆から抽出された、毒性をもつことで知られる別のレクチンを使用した、というのだ。

ようするに、ラットで観察された効果は遺伝子組み換え操作によるものではなく、「ConA」というレクチンによるものだ、というのである。イギリスのモンサントのスポークスマン、コリン・メリット博士の談話によれば、「ConA」は「天然の毒」[*2]である。「パズタイ博士は、遺伝子組み換えジャガイモで飼育されたラットの代わりに、毒を盛られたラットの実験データを使用したのです」と『スコティッシュ・デイリー・レコード&サンデー・メール』でメリット博士は述べる。[*3]「ベルモットとシアン化物を混ぜたカクテルを作って、それが健康に悪いということが確認されたからといって、飲み物に何かを混ぜることをすべて禁止するべきだ、と結論するわけにもいくまい」[*4]と皮肉を述べたのは、イギリス政府の科学顧問ロバート・メイ卿である。フランスでも『ル・モンド』が、レクチンの世界最高の専門家のあまりに奇妙な、この「情報」を取り上げた。「パズタイ博士は、ほとんど研究が行なわれていない遺伝子組み換えジャガイモに関するデータを、ラットの餌に殺虫タンパク質を混入した実験データと取り違えた。したがって、告発を受けたのは、遺伝子組み換えジャガイモではなかった……[*5]」。「本当にひどい話でした」とアーパド・パズタイは、痛ましい声でつぶやいた。「私には、自己弁護する権利も与えられなかったのです……」

ジェームズ教授は、自分が述べたことが矛盾だらけであることもおかまいなしに、次の攻撃作戦を開始した。つまり彼は、科学委員会に、例の研究についての監査を行なうように要求したのである。これは首を傾げたくなる奇妙な話である。実験の誤りの原因が、使用するレクチンの種類を間違えたことに由来するのだとしたら、実験結果を詳細に検討する理由はないはずだ……。しかし、一九九八年一〇月二八日、ロウェット研究所は、監査の結論を発表している。「委員会は、既存のデータによれば、ラットの遺伝子組み換えジャガイモの摂取がその成長および臓器や免疫システムの発達に影響を及ぼすようなことはありえないと考える。このような影響は〔……〕根拠をもたない[*6]」

しかし、この事件の騒ぎが大きくなったので、とうとう下院がこの「反乱者」の聴取を要求することになった。そのためジェームズ教授は、アーパド・パズタイに実験データの利用を認めなければならない羽目に陥った。そこでアーパド・パズタイは、実験データを二〇人の国際的に有名な科学者たちに送付した。彼らは、パズタイが長い研究生活を通じて協力してきた科学者たちである。この科学者たちは、有名なロウェット研究所が行なった監査とパズタイの実験データを比較検討し、その報告書を作成することに同意した。一九九九年二月一二日、日刊紙『ガーディアン』の一面で発表された報告書の結論は、ジェームズ教授が指導する「委員会」にとって、とうてい無視することのできない内容だった。報告書の著者たちは、監査報告がいくつかの実験結果を故意に無視したことに触れたうえで、パズタイの実験結果は「遺伝子組み換えジャガイモが（ラットの）免疫機能に重大な影響を及ぼすことを示している。これはパズタイ博士の主張を完全に裏付けている」と断言したのだ。[*7] さらに著者たちは、「ロウェット研究所がパズタイに課した処置の乱暴さ」を指摘しただけでなく、「この事件のすべてにわたって不可解な秘密がある」ことを告発し、遺伝子組み換え作物の導入に猶予期間を設けることを呼びかけたのである。

数日後、議会の科学技術委員会による意見聴取がはじまった。パズタイに矛盾をつかれたジェームズ教授は、モンサントのスポークスマンであるコリン・メリットが新聞『スコッツマン』のインタビューで述べた新たな理屈を盾にして、こう切り返した。「ピアレビュー（査読）で検証される前に、このような実験の結果に関する情報を発信することは許されない」。[*8] つまりジェームズ所長は、正式に実験結果が発表される前に、パズタイが実験について話したことを非難したのだ。

このようなジェームズ教授の主張には、委員会のメンバーの一人アラン・ウィリアムズ博士は納得しなかった。彼は、遺伝子組み換え食品の認可を決定する諮問委員会（ジェームズ教授もメンバーの一人である）の役割について述べつつ、イギリス人らしい皮肉を込めてこう述べた。「発表されていない研究について語ることは不適切である、というジェームズ博士の主張は、深刻な問題を提起しています。というのも、私の理解が正しければ、これまで諮問委員会が決定したすべての事柄は、企業が行なった研究にもとづいていますが、それらの研究はどれも学術誌に発表されていないのです。これは、じつに民主主義に反することですよね？　研究が発表されていないのだから、私たちは研究について話す権利はない。しかし、すべての研究がそもそも発表されていないのです。となると、私たちは、営利を追求する企業の研究をひたすら信頼する委員会とその立派なメンバーの意見に従って、その委員会の名のもとに下された決定に従うほかにない、ということになります。しかし、これは明らかに民主主義に反していると思いませんか？」[*9]

この言葉は、アーパド・パズタイ事件からはじまった大論争の核心を突いている。当時一九九九年二月の一か月間だけで、七〇〇を超える記事が書かれた。たとえば『ニュー・ステイトメント』紙はこう述べている。「GMO論争は、私たちの社会を二つの陣営に分けてしまった。遺伝子組み換え食品を恐ろしいもの、つまり『フランケンシュタイン食品』と考える人々が、〔バイオテクノロジーの〕擁護者と真っ向から対立しているのだ[*10]」。「誰もが私たちを憎んでいます」とは、モンサントのヨーロッパ支社のスポークスマン、ダン・ヴェラキスの嘆きである[*11]。

事実、モンサントが一九九八年一〇月に内密に行なった調査報告書のコピーを、ある報道機関が入手したのだが、それによれば「バイオテクノロジーに対する市民の支持は連続的に失墜」しており、「三分の一の意見が極端に否定的」である[*12]。この傾向は、七か月後にイギリス政府が命じた新たな調査により確かめられた。そこでは「GMOが社会に役立つと考えている市民は、全体の一％にすぎない」ことが確認されたのである。また調査対象者の大多数が「公正な情報を正直に提供する」という点については、政府機関をまったく信頼していないことも明らかになった[*13]。

バイオテクノロジーに疑いを抱く人々に、正当な理由があることを認めなければならない。ユニリーバ・イングランドやネスレ、レスコ、センズベリー〔英国の大手スーパーマーケット〕、ソマーフィールド、さらにマクドナルドやバーガーキングのイギリス支社のような大手農業食品販売会社は、いかなる遺伝子組み換えの原材料も使わないことを公表している。しかし、トニー・ブレア政権は「大衆の信頼をふたたび取り戻すために」、とても奇妙な策を弄した。『サンデイ・インディペンデント』が入手した機密書類によると、彼らは「アーパド・パズタイ博士の研究を中傷する」ための計画を立て、その計画への参加を「テレビのインタビューを受け、論文を執筆することができるような、優秀な科学者たちに要請している」[*14]。この文書では、とくに有名な王立協会の科学者たちの名が引用されている。実際、この中傷作戦に彼らはとても積極的に協力したのである。

モンサント→クリントン大統領→ブレア首相――圧力のネットワーク

「王立協会はひどすぎました」と、アーパド・パズタイはため息をついた。彼の隣で、かつて放送のインタビューに同席していたスタンリー・イーウェン博士が頷いている。現在は六〇代のイーウェン博士は、高名な組織学者で、アバディーン大学で働いており、遺伝子組み換えジャガイモの研究にずっと付き添ってきた。彼は、実験でラットの消化器系への影響を評価する責任者だった。国会に提出した評価結果の覚え書きの中で、彼が強調したのは「腸陰窩の伸び、および腸壁を構成する細胞の炎症」である[*15]。

現在でもまだ、イーウェン博士は、科学の独立性への信頼を失わせたこの「事件」について、うまく語ることができないままである。「まるで、足下から地面が消えてしまったかのようでした」と彼は、詰まった声で私に語った。「わけがわかりません。月曜日、私たちの仕事はすばらしい成果を挙げたのに、火曜日にはゴミ箱に捨てられることになったのですから……。私も辞めさせられたのです。まるで私が重大な過ちを犯したかのように……」。悲痛な空気の中で、彼は、公正で誠実であるはずの王立協会がその信頼を平然と裏切ったことを説明し、王立協会が行なった研究を非難しはじめた。

一九九九年二月二三日、『デイリー・テレグラフ』と『ガーディアン』に、王立協会の一九人のメンバーが一通の公開書簡を発表した。そこで彼らは、「査読を受けていない研究結果を発表したことで、遺伝子組み換え食品に関するパニックを引き起こした」研究者たちを非難した。しかし、これはおかしなことだった。なぜなら、インタビューが行なわれた一一〇秒の間、アーパド・パズタイは一言も研究結果について述べていないからだ。彼は単に、GMOに警戒する必要があると一般論を述べたにすぎない。三月二三日、王立協会は、その三五〇年の歴史の中で初めての振る舞いに出た。つまり、パズタイの実験を批判的に分析した論文を発表し、そこで「この研究は、実験結果の評価だけでなく、そこで使用された概念や方法にも問題がある」という結論を出しているのだ。

王立協会がこれほど熱心な様子を見せていることを怪しんだ『ガーディアン』紙は、王立協会が「誹謗と中傷のための部署」をつくっていたことを明らかにした。この部署の目的は、「GMO認可のために有利になるような科学的意見と世論のモデルを形成しつつ、GMOに反対する環境グループや科学者を妨害する」ことである。[*16] 王立協会のこのような対処はきわめて異例である。一九九九年五月二二日、世界でもっとも権威ある学術誌の一つである『ランセット』誌は、とうとう沈黙を破って「どの政府も、健康への影響に関する厳密な試験を行なわないまま、GMO製品を認可すべきではなかった」と主張した。この雑誌は、そこから論争に踏み込むことになる。そして、アーパド・パズタイとスタンリー・イーウェンの研究を公表することを告知した。慣例にしたがい、この雑誌は、論文のコピーを六人の「独立査読者」に送った。すでに述べたように、この論文が公表されるまで、査読者はその内容を誰にも知らせてはいけないことになっている。この論文の公表は、一九九九年一〇月一五日と予告された。[*17]

しかし、その決まりはことごとく破られた。「六人目の査読者」だったジョン・ピケットは、乱暴なことに、公表の五日前に『インディペンデント』紙の記事で批判を行なった。[*18] さらにひどいことに、ピケットは論文のゲラ刷りを王立協会に送付していた。王立協会は『ランセット』の編集長リチャード・ホートンを名指しで非難した。「論文の公表を取り消すよう、強い圧力がかかった」と、編集長は『ガーディアン』紙に打ち明け、ピーター・ラックマン教授（王立協会の生物学部門の元副会長兼書記であり、医科学アカデミーの会長）の「きわめて攻撃的な電話の内容」を紹介した。ラックマン教授は編集長に、論文を公表すれば「編集長の地位にも影響があるかもしれない」ことをほのめかした[*19]（その後、ラックマン教授はその言葉を取り消した）。

「意外ではありません」と、スタンリー・イーウェン博士は語る。「王立協会は最初からGMOの開発を支持してきました。その会員の多くが、ラックマン教授のように、バイオテクノロジー企業の顧問として働いているのです」

「モンサントの顧問もいます」とアーパド・パズタイが付け加えた。「そもそもモンサントは、ロウェット研究所の民間スポンサーの一つなのです。さらにスコットランド農業研究所のスポンサーでもあります。研究所の幹部の一人で、現在モンサントのCEO、ヒュー・グラントは、スコットランド出身です。研究所がモンサントと近い関係にあるのも当然です……」

「この事件に、モンサントは関与していたと思いますか？」と私は言った。

「私たちの研究の中止が、きわめて高次の意志決定によることは確実だと思います」と、スタンリー・イーウェンはつぶやいた。「一九九九年の九月に、そのことを確信しました。あるダンス・パーティーで、私の隣のテーブルに、ロウェット研究所の理事の一人が座っていました。『アーパドの身に恐ろしいことが起きたね』と私が話しかけると、彼はこう答えました。『ああ、そうだね。ところで君は、所長にダウニング街〔イギリス政府首脳の公邸がある〕から二度も電話があったことを知っているかね？』と。その時、私は、この事件には超国家的な事柄が絡んでいるのだと理解したのです。ブレア首相もアメリカから圧力を受けていたのです。アメリカは、私たちの研究がアメリカのバイオテクノロジー産業に、とくにモンサントに損害を与えると考えたのです……」

実際、この情報は、ロウェット研究所の元理事であるロバート・オルスコフ教授によって事実であることが確かめられた。彼は、二〇〇三年に『デイリー・メール』に次のように話した。「モンサントがクリントン大統領に電話をかけ、それからクリントンがブレア首相に、そしてブレアがジェームズ所長に電話をかけた……」[20]

モンサントの〝導師《グル》〟ロバート・シャピロ

このような事件を、読者は信じられないかもしれない。しかし、すでに私たちは、モンサントが政府機関や国際機関の上層部に介入してきた事実を何度も見てきた。そこでモンサントが押し付けたのは、一九九七年の活動報告書で「モンサントの掟」と呼ぶものであった。[21]このモンサントの告白めいた文書が出たのは、ちょうどパズタイのチームが苦境に陥る数か月前のことだ。その当時、モンサントの経営を指揮していたのは、一九九五年四月にロバート・マホーニーの後を引き継いだ、ロバート・B・シャピロである（二〇〇一年一月まで就任）。「バイオテクノロジーのトップ伝道師」[22]「イメージ職人」[23]「モンサントの導師《グル》」[24]と呼ばれ、マンハッタンの裕福な家庭に生まれたこの元弁護士は、この会社の歴史でも珍しい特徴をそなえていた。つまり、彼は民主党支持者であり、ビル・クリントン政権に近いところにいたのだ。そのような理由から、一九九六年、

▼ラックマン教授（原注）：『ガーディアン』紙によれば、ラックマン教授はジェロン・バイオメド社やアドプロテック社、スミスクライン・ビーチャム社などの顧問をしている。
▼ロウェット研究所の民間スポンサーの一つ：一九九九年二月一六日に発行された広報誌で、ロウェット研究所は、モンサントとの契約に署名したことを公表した。モンサントから与えられる資金は、研究所の年間予算の一％に相当する。

モンサントはクリントン大統領の再選キャンペーンに気前よく寄付を行なったのである。大統領のほうでは、一九九七年二月四日の一般教書演説でモンサントに敬意を表している。その後しばらくして、ロバート・シャピロはホワイトハウスの通商政策交渉諮問評議会のメンバーに任命された。彼はそこで商務長官であり、やがてモンサントの経営評議会のメンバーとなるマイケル・カンターと密に協力して働いた。一方、一九九八年一二月には、ビル・クリントンみずからが、ラウンドアップ耐性大豆の四人の「発明者」であるアーネスト・ジャウォースキー、ロバート・フレイリー、ロバート・ホーシュ、スティーヴン・ロジャーズに栄えある科学技術勲章を渡している。

ダン・グリックマン元農務長官が証言したように、当時の民主党政権は、「バイオテクノロジーは、農業・食品・健康に革命をもたらし、未来を約束する」というシャピロの言葉に魅了されていた[*25]。モンサント社CEOのシャピロは、ワシントンを訪れるたびに、バイオテクノロジーが「ポスト産業時代の世界を変革し、人間に幸福をもたらす」という話を振りまいた。彼の話には、頑固な敵対者さえ納得するほどの説得力があった。一九九七年一月一日、ビル・クリントンが再選された直後の『ハーバード・ビジネス・レビュー』に、シャピロがめずらしく許可したインタビューの一つが掲載された。そこで彼は、いささか大げさに、ＧＭＯは地球の未来の問題にとっての解決策となるだろうと説明している。現在一五億の人間が「哀れな貧困」の状況下で生きており、この人口は二〇三〇年には二倍に膨れ上がる、と彼は強調する。そして人類を脅かす災いの数々について、ほとんど預言者のような口調で批判した。

「数え切れないほど多くの移民、そして環境破壊が起こります。最善の場合でさえ、悲惨と暴力から守られるのは、ごく少数の恵まれた人々に限られるでしょう。〔……〕システム全体を変える必要があるのです。そして今日、私たちは、思いがけないことに、すべてを発明し直す可能性を手にしました。〔……〕モンサントは持続可能な開発の概念にもとづいて、新たなビジネスを発明しようと試みています。〔……〕現在の農業は、持続可能な開発を保証するものではありません。過去二〇年のうちに、私たちは地球の表面積の約一五％を失いました。また灌漑により土壌の塩分は増加し、取り返しがつかないほど石油化学製品に依存するようになりました。耕作に適した土地のほとんどが、すでに畑となっています。新たな土地を開拓する試みは、深刻な環境破壊をもたらすでしょう。最大限に開拓しても、それで養えるのは現在の二倍の人口までです。利用可能な資源の生産性が問題なのです。〔……〕唯一の選択肢は新たなテクノロジーにある、というのが結論です[*26]」

このようにロバート・シャピロは、第三世界と地球環境について意見を述べた後で、哲学的な議論に移る。そのインタビューの様子を紙上で再現するのは難しい。シャピロによれば、バイオテクノロジーは一種の「情報テクノロジー」である。このテクノロジーを使えば、環境破壊をもたらす原料とエネルギーを使用する代わりに、もっとスマートに遺伝情報を利用することができる、というのだ。「情報の活用は、自然破壊をともなわずに生産性を増大させる手法の一つです」と、このインタビューで彼は述べている。この言葉は、彼が言う「新たなモンサント」の所信表明とみなされる。「土地という閉じたシステムは、物質のシステマティックな増加に耐えることができません。しかし、情報や知識の指数関数的な増加には耐えることができます。経済成長と持続可能な開発は両立しないという考えが正しいのは、経済成長がより多くの物質を必要とする場合だけです。〔……〕しかし、私たちが生産のための物質の使用量を減少させながら、情報成分を増大させ、価値をつくりだし、人々の欲求を満たすことができるとしたら、経済成長と持続的発展は両立するのです[*27]」

さらに説明するために、シャピロは農薬を例に挙げる。農薬は、九〇％が害虫や雑草に到達することなく自然界に拡散するが、「もし植物のうちに有用な情報を与えておけば、無駄な消費を減らし、生産性を増大させることができます。〔……〕情報テクノロジーは、私たちにとって最高の道具になるのです」

「オレンジ剤の製造者に私たちの食物の遺伝子組み換えを任せておいて、安心できるのだろうか」と『ビジネス・エシックス』誌は問うている。この雑誌もまた、一九九七年の初めに、ロバート・シャピロにインタビューを行なっている。[*28] 実を言えば、当時のシャピロの言い分を読んで、私も同じ疑問を抱いていた。彼は誠実な人物なのだろうか？　本当に自分の言っていることを信じているのだろうか？　私はその答えを見つけるために、ハーバード大学での学生時代には、ベトナム戦争の抗議デモで反戦歌手ジョーン・バエズとともにギターをかき鳴らしたシャピロの経歴を調べることにした。この時代には、彼はネクタイを嫌い、民主党を支持していた。ジミー・カーター（後に熱心なバイオテクノロジーの擁護者となる）政権の時代に、彼は一九七九年に製薬会社サールの法務部長として雇われた。この会社を経営していたのが、ドナルド・ラムズフェルドである（彼は、一九七五年から七七年までジェラルド・フォード政権の国防長官を務め、また後の二〇〇一年から二〇〇六年にかけてブッシュ〔父〕政権で同じ地位にあった）。

当時、サール社はFDAと衝突していた。合成甘味料のアスパルテームが脳に腫瘍を引き起こす可能性があるという激しい議論▼が起こり、その販売差し止めをFDAが決定したのである。興味深いことに、「ニュートラ・スイート」の名で販売されたこの製品は、一九八一年、誕生したばかりのロナルド・レーガン政権にドナルド・ラムズフェルドが加わると、ふたたび販売が認可された。そうした状況の中で、「アスパルテーム論争」を取りまとめる役目にあったロバート・シャピロが、ニュートラ・スイート事業部長に任命された。シャピロは、コカコーラ社と交渉して、新製品「コカコーラ・ライト」にこの甘味料を導入させることに成功した。この事実は、彼のたぐいまれな能力を示すものと言ってよい。コカコーラ・ライトのビンには「ニュートラ・スイート」の文字とともに、サール社のロゴマーク（小さい渦巻き）が印刷されるようになった。その結果、アスパルテームを製造する競合他社は、コカコーラ社に製品を売ることができなくなった……。

一九八五年、サール社はモンサントに買収され、モンサントの医薬品部門となった。これは、モンサントが牛成長ホルモンの市販認可を要請していた時期にあたる。そこでロバート・シャピロは能力を発揮し、一九九〇年にモンサントの農業部門の部長となる。商品名「ポジラック」、すなわち牛成長ホルモン

（rBGH）の事案を処理したのは、この当時のシャピロであった（第5章・第6章参照）。

彼のこうした経歴の詳細は、その後の彼が語ったエコロジー的第三世界論に疑いを抱かせるものだった。このことに悩んだ私は、このモンサントの元CEOに接触を試みた。二〇〇六年にシャピロは、セントルイスで一九八四年に創設されたベル・センターというNGOのシカゴ支部を運営していた。これは障害のある児童の社会参加を支援する事業を行なっている組織である。マイケル・スペクターは『ニューヨーカー』誌で、「アメリカの最高額所得経営者」の一人であるシャピロ（一九九八年には二〇〇〇万ドルあった）は、「電子メールの返事をその日のうちに、時には数分後に出す」と書いていた。そして、私はそれがまったくの事実であることを確認した。[*29] 二〇〇六年九月二九日、私が彼に最初のメールを出した時、その三〇分後に私は返事をもらったのだ。そのメールで彼は、インタビューの要請をていねいに辞退した。「私が職業としてバイオテクノロジーに関わっていた頃から数年経っています。〔……〕現在の私には、バイオテクノロジーについてお話しする権限はないと思っています」

私は、六〇代のシャピロが、二人の息子が成人した後に、新たな家族を設けていたことを知っていた。そこで翌九月三〇日、ほんとうに気になっている質問を一つだけ彼に送った。「私は三人の若い娘をもつ母親として、あなたが自分の子どもたちに、どのような牛乳を与えていたかを知りたいと思っています。一般的に販売されている牛乳〔これは遺伝子組み換えのものとの区別なしに売られている。というのもそれらは混ぜ合わされており、表示を義務づける法律もない〕だったのでしょうか？　それとも有機酪農の牛乳だったのでしょうか？」。返事はすぐに届いた。「私には二人の幼い息子がいます。一〇歳の子は乳糖を受け付けま

▼アスパルテームが……激しい議論：これをめぐる論争については、藤原邦達『アスパルテームは有用か――論争・新規ダイエット甘味料』（芽ばえ社、一九八六年）、高橋暁正『新甘味料アスパルテーム――「パル」の陰謀』（薬を監視する国民運動の会、一九八四年）などを参照。商品名「パルスイート」（味の素）。

せん。八歳の子は乳脂質二%の冷えた牛乳をがぶがぶ飲んでいます。わが家では有機酪農乳製品を買ったことはありません」。この手紙を読んだ私は、一九九七年一月の『ビジネス・エシックス』誌に掲載されていた記事を思い返さずにはいられなかった。「明らかに、シャピロは二つの声色で話している。持続可能な開発について説明する時の彼の希望に満ちた口調は、はっきりと心の底から響いている。しかしポジラックについて質問された時の彼は、質問をはぐらかし、ウォールストリートの投資家たちが聞きたがるような、ありきたりの内容を語るだけなのだ[*30]」

「新たなモンサントは、世界を救う!」——シャピロの夢

ロバート・シャピロは、一九九五年四月にモンサント社のCEOに任命されると、すぐに「文化大革命」を開始した。「生命科学」の時代に突入していたにもかかわらず、当時あいかわらず古くさい化学企業であったモンサントは、この時以来、その基盤が大きく転換することになる。そこで打ち出された新たな方針は、農業と健康の分野に分子生物学を応用することだった。この新機軸が公にされたのは、「導師《グル》」シャピロが一九九五年六月にシカゴのホテルで開催した「グローバル・フォーラム」である。モンサント社のすべての子会社から五〇〇人の幹部が、新たな方針を聞かされるために招かれた。そこでのリラックスした雰囲気は、厳格さで知られたモンサントからすると、まったく異例のことであった。「再生の人[*31]」シャピロは背広も身につけず、参加者には自分を気軽に「ボブ」と呼ぶように促した。そして、社員の中には自分が何のために働いているのか恥ずかしく思っている者もいる、と涙を見せて話した。

しかし、もはやそのような時代は過ぎ去った。なぜなら「新たなモンサント」が、これから「世界を救う」のだから。「食糧・健康・希望」という新たなスローガンを掲げ、ロバート・シャピロは仲間たちを鼓舞するために、生分解性プラスチック製造工場や、ガンに対する抗体を生産するトウモロコシ、心臓血

管系の疾患を防ぐ菜種油や大豆油を紹介した……。この集会の証言者によれば、彼の話に興奮した社員レベッカ・トミナックは、シャピロの前に進み出て、「私は、あなたについていきます」と言ったという。そして彼女は、自分の首元からＩＤバッジを外し、それをシャピロの首元に押し当てた。この忠誠を誓う仕草は、さらに数人の社員によって繰り返された……。

「ロバート・シャピロの想像力豊かな話は、まったく感動的でした。それを聞いた私たちは、世界をよりよくするために働こうと心から思いました」。一九九六年から九八年までモンサント社員だったカーク・アセヴェドは私にそう語った。二〇〇六年一〇月一四日、彼がカイロプラクティックの専門家として働く、西海岸の小さな町でインタビューをした時のことである。化学の修士号をもつ彼は、以前はアボット研究所で農薬の新製品を検査する仕事に就いていたが、ヘッドハンティングされて辞職し、新たにモンサントで仕事をするようになった。当時の彼は、モンサントの仕事を「未来の事業」と信じていたのだ。彼の業務は、カリフォルニアの種子仲買人や農家に向けて、モンサントが販売する予定だった二種類の遺伝子組み換え綿花を宣伝することだった。二つの品種の綿花のうち、一つはラウンドアップ耐性綿花であり、もう一つは「Bt」と呼ばれる綿花であった。後者は、昆虫病原菌の一種バチルス・チューリンゲンシス由来の殺虫毒素のある遺伝子を組み込んだ、殺虫レクチンを生産するように遺伝子組み換えを施された綿花である（アーパド・パズタイが実験した遺伝子組み換えジャガイモと同様の製品）。

「ほんとうに夢中になりました」とカーク・アセヴェドは語った。「この二種のＧＭＯは除草剤や殺虫剤の消費量を減らすだろう、と考えていたのです。しかし、私が仕事をはじめてから三か月後、最初の不協和音が聞こえました。新人研修に参加するために、セントルイスの本社に呼ばれた時のことです。当時の私は、バイオテクノロジーによって世界の環境汚染や飢餓をなくすことができると思い込んでいました。ですから、バイオテクノロジーを擁護する考えをもっていたのです。しかしモンサントの副社長の一人が私を脇に呼びつけてこう言ったのです。『ロバート・シャピロが話したことも事実だが、私たちにとって重要なことは、何より金を稼ぐことなんだ。確かに彼は人々を魅了しているようだが、私たちには彼が何を話しているのかさっぱり理解できないんだよ』と……」

「それは、誰だったのですか？」

「名前を言いたくはありません」とカーク・アセヴェドはためらった。「いずれにせよ、その当時、私はこの幹部だけが例外なのだろうと思っていました。〔……〕一九九七年の夏までは。その時、私は二度めの大きな幻滅を味わったのです。私は畑にいて、まだ栽培が認可されていなかったラウンドアップ耐性綿花の実験用農地のテストをしているところでした。そこには私とともに、綿花を専門とするモンサントの科学者がいました。私たちは、収穫した綿花をこれからどうするかを話し合っていました。私は『GMO賛成派』だったので、『カリフォルニア・プレミアム』と同じ価格で売れるだろう、と言いました。その時、私は、この遺伝子組み換え綿花は、元の品種と一つの遺伝子しか違わないので、したがって品質にも違いはないと思っていたのです。すると彼は言いました。『いいや、他にも違いがある。遺伝子組み換え綿花の苗は、ラウンドアップ耐性タンパク質しか生み出さないわけではないんだ。遺伝子組み換えの操作によって、他の未知のたんぱく質も生み出されているんだよ』と」

「私は唖然としました。当時、牛の脳が海綿状になる病気、つまり『狂牛病』〔BSE、牛海綿状脳症〕が大きな話題になっていました。それが人間で起こる時には『クロイツェフェルト・ヤコブ病』と呼ばれていますが、この病気は『プリオン』と呼ばれる分子量の大きなタンパク質によって引き起こされる重篤な疾患です。その時、私は、この遺伝子組み換え綿花の種子が家畜の飼料用として売られることを知っていました。ですから、その科学者の言う『未知のタンパク質』が『プリオン』である可能性をまったく検証していなかったのか、と驚いたのです……。私は、この科学者に自分の不安を伝えましたが、彼の返事は『そのような話に付き合う時間はない』というものでした……。その後、私は同僚に警告を与えようと試みました。しかし、そのおかげで私は仲間はずれにされました。カリフォルニア大学や州の農務省の代表にコンタクトを取りました。しかし、つれない返事しかもらえませんでした。私はひどく嫌がらせを受けていたこともあり、とうとう辞職を決意しました。無責任な振る舞いの片棒を担ぐ気にもなりませんでしたから。しかし、その決断は容易ではありませんでした……。高い給料もあきらめねばなりませんでしたし、巨額のストックオプションを手に入れる機会も失いました。モンサントは、社員の沈黙をカネで買っているのです……」

「ロバート・シャピロの話の内容について、今ではどのように考えますか？」

「ただの口車でしたね！　その当時の私の仕事の内容を振り返ると、いつもやっつけ仕事ばかりしていました。できるかぎり早く種子を市場に投入することしか、目的はありませんでした。ほんとうに世界を救いたいのであれば、まず自分の会社の商品に毒性があるかどうかを慎重にテストするはずでしょう」

種子争奪戦と急拡大するモンサント

実際、ロバート・シャピロは「輝かしいイメージの伝道師」であるばかりでなく、恐るべきビジネスマンでもあることを認めなければならない。ビジネスマンとしての彼は、電光石火の早業で、巨大化学企業だったモンサントを、世界の種苗市場の独占企業へと変貌させたのだ。しかし、まだ勝利したとはいえなかった。というのも、一九九三年にスティーヴン・パジェットのチームがまだラウンドアップ耐性大豆をモンサント内で開発していた時期でさえ、誰一人としてそれから何をすればよいのかがわからなかったのだから……。もちろん条件反射として、この貴重な遺伝子の特許を出願したのだが、その後はどうすればよいのだろう？

モンサントは種苗業者ではなかったので、唯一の解決策は、この宝を「その道のプロ」に売ることだった。当時社長の座に就いていたリチャード・マホーニーは、すぐにパイオニア・ハイブレッド・インターナショナル社に売ることを思いついた。この会社は、アメリカの種子市場の二〇％を支配している（トウモロコシでは四〇％、大豆では一〇％である）。一九二六年にデモイン（アイオワ州）でヘンリー・ウォレス（後に一九四一年から四五年まで合衆国の副大統領となる）が設立したこの会社は、トウモロコシの交雑品種を開発し、大きな利益を上げたことで知られている。その時の方法は、風による自然受粉の代わりに自家受粉させることで、純粋な系統のトウモロコシを確保し、安定した遺伝的特性を取り出すというものだった。その結果、高収穫率の「ハイブリッド品種」［一代雑種。F1種とも呼ばれる］が生まれた。ただし、この品種の種子は、蒔いてもほとんど芽を出すことはなかった。しかし種苗業者としては、これは予想外の幸運であった。というのも、そのおかげで、農家は彼らの種子を毎年買わねばならなくなるからだ……。この交配技術は、いわゆる「他家受粉」植物の場合にしか使えなかった。つまり、めしべに別の個体の花粉が受粉することで繁殖するタイプの植物である。反対に、小麦や大豆などのいわゆる「自家受粉」植物の場合、その個体自身のめしべとおしべを使用して繁殖するので、この方法は使えないのである。ちなみに後に見るように、このような「些細なこと」もモンサントは見逃さない。この会社は特許制度を利用することで、問題をうまく回避したのだ……。しかし、その話は後で触れることにしよう。

二〇〇二年、アメリカの記者ダニエル・チャールズは、すでに引用した彼の著作『バイテクの支配者』（第7章参照）で、一九九〇年代にモンサントが驚くべき変貌を遂げた様子を詳細に語っている。しかし、ここでは簡潔にまとめることにしよう。一九九三年、当時モンサントの農業部門の部長であったロバート・シャピロが、パイオニア・ハイブレッド・インターナショナル社のオーナーであるトム・アーバンと面談した。これは、ラウンドアップ耐性遺伝子をトム・アーバンに商品化させるためだった。しかし、トム・アーバンは冷ややかにこう述べた。「おめでとう！　遺伝子を一つ手に入れただなんて！　ちなみに私たちは五万種類の遺伝子を手にしているけどね。市場のカギを握るのは君たちじゃない、私たちだ！　私たちの品種に君たちの遺伝子を入れる権利がほしいというのなら、君たちがいくらか支払うべきだろう」[*32]。

この当時、シャピロに選択肢はなかった。資金に苦労しながら長期にわたって研究をしたあげく、金を払えと言われたのだ。最初の契約はパイオニア社と締結された。パイオニア社は一回きりの特別価格で五〇万ドルを、同社の大豆品種にラウンドアップ耐性遺伝子を組み込むために支払うことを受け入れた。その代わり、すでに「コカコーラ・ライト」におけるニュートラ・スイートの成功に学んでいたロバート・シャピロは、種子の袋に「ラウンドアップ耐性」と表記してもらう約束を取り付けた。それでも最終的に、勝利を叫ぶようなことは起こらなかった。ダニエル・チャールズが強調するように、「ラウンドアップ耐性大豆は、モンサントがこれまでより多くの除草剤を売る助けになっただけで、それ以上のものではなかった[*33]」からだ。

それから二度目の交渉がはじまる。これはモンサントが当時倉庫に抱えていた、別の「遺伝的形質」に関する交渉であった。つまりBt遺伝子である。これは急ぐ必要があった。というのも、いくつかの他の企業が特許を申請していたからだ（そこから果てしない特許紛争が起こることになった）。今回の交渉では、GMOは農薬の売り上げとは結びつかない。なぜなら、遺伝子そのものが農薬なのだから。Bt植物には、穀物の寄生虫として猛威をふるっているアワノメイガを殺すため、あらかじめ植物の体内に農薬（細菌由来の殺虫毒素）が仕込まれているのだ（これについては、後にまた取り上げる）。そこでロバート・シャピロは、この遺伝子の性能に対する支払いを取り付け、最終総額三八〇〇万ドルを受け取った。ただし、後に明らかになるように、この二つの交渉でパイオニア社から支払われた総額は、この二種類のGMO（とくにラウンドアップ耐性大豆）が後に引き起こす大成功にくらべると、まったく取るに足らない額だった。一九九五年にモンサント社のCEOになったシャピロは、この二つの契約について再交渉を試みているが、これは失敗に終わっている……。

「農業の歴史上、新たに発明された技術がこれほどすばやく、またこれほどの熱狂をもって応用されたことはなかった」。こう述べながらダニエル・チャールズは、一九九六年以来、ラウンドアップ耐性大豆が合衆国で四〇万ヘクタールに広がり、さらに一九九七年には三六〇万ヘクタール、一九九八年には一〇〇〇万ヘクタールに広がったことに言及している。[*34] ラウンドアップ耐性作物が最初に引き起こした熱狂を理解するためには、アメリカ農民の心情を理解する必要があるだろう。たとえば、モンサントとの親密な関係で有名な、アメリカ大豆協会の副代表ジョン・ホフマンの心情に迫ってみよう。

二〇〇六年、刈り入れの時期に、私はアイオワ州にあるジョン・ホフマンの広大な農場を訪れた。その面積がどれくらいなのか、彼は私に教えてくれなかった。「ラウンドアップ耐性技術を使用する以前は、まず種蒔きのための準備として土地を耕し、その後は栽培中に生えてくる雑草を根絶やしにするために、いくつかの除草剤を選んで使用しました。刈り入れの前になると、畑のすみずみを調べて、刈り入れ直前まで残った雑草を手で抜き取らねばなりませんでした」と、数十ヘクタールの遺伝子組み換え大豆畑のまん中で、ホフマンは私に話した。「しかし、現在ではもう畑を耕さなくてよいのです。最初にラウンドアップを撒き、それから、以前に収穫した後の畑に種を蒔きます。『直接播種』と呼ばれていますが、これにより土壌の侵食も抑えることができるのです。それから栽培期間中に、二度目のラウンドアップ撒布を行ないます。これで通常は刈り入れまで大丈夫です。ラウンドアップ耐性遺伝子のおかげで、時間も金も節約することができるのです……」

一九九五年の夏以来、アメリカ中西部《ミドルウエスト》の大平原では、いくつもの宣伝イベントが企画され、不思議な力をもつ植物に興味を抱いた農民たちが、どっと押し寄せた。「集まった農家の人々には、撒布機を自分で使ってもらいました」と、ある種苗仲買業者は語る。「それから彼らは休憩を取り、ふたたび畑を眺めました。それは素晴らしい眺めでした。〔……〕彼らはいつまでも眺めつづけ、自分の目を疑いました。最後には、誰もがこれを買いたがったのです」。[*35]「とても信じられないことでした」と述べるのは、ミネソタの別の仲買業者である。「こんな光景は二度と見られない、と私は思いました。農家の人々は、ラウンドアップ耐性大豆の種子を買うためなら何でもしたことでしょう。彼らはありったけの袋を買い占めていきました」[36]

このランドアップ・レディ大豆の引き起こした熱狂はすさまじく、この魔法の遺伝子を手に入れるために、アメリカ中の主要な種苗業者がセントルイスまで押しかけるほどであった。しかしロバート・シャピロは、パイオニア・ハイブリッド社との経験から教訓を引き出していた。その後は、シャピロのほうがゲームの主導権を握るようになる。つまり、モンサントにライセンス契約を申し込まなければ、種苗業者が自社の品種に遺伝子を挿入する権利を手に入れられないようにしたのである。このライセンスにより、モンサントは、販売した遺伝子組み換え種子のロイヤリティを取り立てることができるようになった。さらにシャピロは、種苗業者に対して、ある条項を押し付けることを思いついた（後に競争規制機関から告発される）。種苗会社がモンサントとのライセンス契約に署名すると、その会社が販売する除草剤耐性GMOの九〇％に、ラウンドアップ耐性GMOを含めなければならない義務を負わされるのである。これは、ドイツのアグレボ社のような、競合相手の足を引っ張るためである。実際、アグレボは、ヨーロッパでは「バスタ」という名で知られる除草剤「リバティ」に耐性をもつGMOの市場投入を断念することになった。というのも、取り引きしてくれる種苗業者が見つからなかったからである。

しかし、一九九六年からシャピロは戦略を変えはじめる。最大の利益を手に入れるためには、種苗業者を所有する必要があると考えたのだ。シャピロは、種苗業者の買い取りに乗り出した。そこから世界の農業は大きな変化を被ることになる……。シャピロは、目的達成のために手段を選ばなかった。まず、アメリカのトウモロコシ市場の中堅種苗企業、ホールデンズ・ファウンデーション・シーズを一〇億ドルで買

▼九〇％（原注）：最終的に、この比率は、規制機関の介入によって七〇％に下げられた。
▼除草剤「リバティ」：有効成分はグルホシネート。日本でも販売されている。

収した。これは年間利益が数百万ドルにも届かない会社だったので、経営者ロン・ホールデンは「一夜にして大金持ち」[*37]になった。その後もシャピロは、次々と企業を買収していく。合衆国の大豆育種業の大手アズグロウ・アグロノミックス社。アメリカで二位、世界で九位の種苗会社デカルブ・ジェネティックス社（買収額は二三億ドル。この会社は、とくにアジアに多数の支社やジョイントベンチャーを擁している）。コーン・ステイツ・ハイブリッド・サービス社（トウモロコシ）。カスタム・ファーム・シーズ社およびカナダのファーム・ライン・シーズ社。さらに、ブラジルのトウモロコシ市場で一位だったセメンテス・アグロセレス社、ブラジルの大豆市場で一位のモンソイ社。アルゼンチンのシアグロ社。インドでは綿花種子業の大手であるマヒコ社（マハーラーシュトラ・ハイブリッド・シーズ・カンパニー）のほか、エド・パリー社、ラリス社の三つの企業。南アフリカのセンサコ社（小麦、トウモロコシ、綿花）。マラウイのナショナル・シーズ・カンパニー。フィリピンのアグロ・シード・コーポ。さらにアジア、アフリカ、欧州、中南米に根を下ろす世界的な種子仲買業者カーギル社の国際部門を、モンサントは一四億ドルで買収している。

たった二年間で、ロバート・シャピロは八〇億ドル以上を費やして、モンサントを世界第二位の種苗会社に仕立て上げたのだ（当時の第一位はパイオニア社▼）。この計画にかかる巨額の支出を支えるために、シャピロはモンサントの化学部門を一九九七年、ソルーシアに売却した（第1章参照）。しかし、それでも資金は足りなかった。シャピロは膨大な借金をしなければならなかった。この借金を支えたのは、当時「バイオテクノロジーの約束」をずっと信じていた、ニューヨーク証券取引所の人々であった。モンサントの株式相場は、一九九五年に七四％、一九九六年には七一％も急上昇していた。投資家たちは「セントルイスの導師《グル》」を疑うどころか、彼の一挙一動に従ったのだ。しかし、一九九八年三月のささいな出来事をきっかけに、とんとん拍子に山頂へと駆け上っていたモンサントは、一転して奈落の底へと落ちていくことになる。

ターミネーター特許――シャピロの挫折

一九九八年三月三日、『ウォールストリート・ジャーナル』の記事で、USDA（アメリカ農務省、当時の長官はダン・グリックマン）とアメリカ最大の綿花種苗業者デルタ&パイン社が共同で、「植物における遺伝子発現の管理」という名前の特許を取得したことが発表された。この不思議な特許名に隠されていたのは、植物の遺伝子を改造し、その種子が実を結ばないようにする技術であった。メルビン・オリバーという、ラボック（テキサス州）にあるUSDAの研究所で働くオーストラリアの科学者が開発したこの技術は、またの名を「〔遺伝子組み換え〕テクノロジー保護システム」という。なぜなら、この技術の目的は、収穫物の一部を種として使用できないようにすることで、毎年、農家の人々が種子を買わなければならないようにさせること、言い換えればGMO製造業者に使用料を支払わなければならないようにすることだからだ。この技術によって遺伝子組み換えを施された植物は、成長の終わりに毒性タンパク質を生成するため、種が実を結ばなくなるのだ。

『ウォールストリート・ジャーナル』の記事は、カナダのNGOであるRAFI（国際地域開発財団）の研究部長ホープ・シャンド▼の目にとまった。このNGO（現在は、ETC〔侵食・テクノロジー・集中〕グループに名前を変えた）は、生物多様性を守るために、農業関連企業が引き起こしている問題と闘っている。ホー

▼当時の第一位はパイオニア社（原注）：モンサントは、二〇〇〇年代初めにパイオニア社の獲得を仕掛けている。モンサントが世界第一位の種苗会社になったのは、二〇〇五年のセミニス社（野菜種子）を買収する直前である。

▼ホープ・シャンド：邦訳書に、『生命の所有権――特許と倫理が衝突するとき』（マーティン・テイテルとの共著、戸田清監訳、市民フォーラム2001事務局、一九九八年）がある。

プ・シャンドは、すぐに上司のパット・ムーニーに知らせた。パット・ムーニーは驚いてこう言った。「何と、これはターミネーターじゃないか！」。この「ターミネーター」というのは、アーノルド・シュワルツェネッガーが演じた有名なSF映画の未来のロボットの名前である。それ以来、この言葉は、種子の不毛化技術を指し示すために使用されるようになり、さらにGMO製造業者の全体構想も指すようになった。二〇〇四年九月、オタワで、パット・ムーニーは語った。

「ご承知のように、この技術は食品の安全性を直接的に脅かしています。種子を自家採取して一五億人以上の生命を養っている、発展途上国ではなおさらです。考えてみてください。ターミネーター植物が周囲の作物と交配し、農民たちの収穫する種が実を結ばなくなったらどうなるか。彼らは一巻の終わりです。さらに、農民たちが毎年、その地方の気候や土壌に適した在来品種の種を蒔きつづけて維持されている生物多様性も、大きな被害を被ることになります」

一九九八年三月一一日、国際地域開発財団（RAFI）は「ターミネーター技術は、農民・生物多様性・食品安全を大きく脅かす」と題された公式声明を発表した。しかし、これはほとんど注目されなかった。「実を言えば、私たちのキャンペーンが世界中で成功したのは、モンサントのおかげなのです」と、パット・ムーニーは笑いながら話した。事実、その二か月後、ロバート・シャピロは総額一九億ドルでデルタ&パイン社を買収するために交渉中であることを発表した。このニュースは世界中の人々に反感を呼び起こした。というのも、その交渉によってモンサントは「ターミネーター特許」も手に入れることになるからだ。反対の声を上げたのは、エコロジー団体や開発団体だけではなかった。ロックフェラー財団（一九六〇年代に「緑の革命」を支援し、現在はバイオテクノロジーを支援している）や、国際農業研究協議グループ（CGIAR）も異議を唱えた。国際農業研究協議グループは、種子の研究にあたり「ターミネーター遺伝子」は絶対に使用しないと公式に約束している。この反発の予想外の激しさにより「国連生物多様性条約」で、ターミネーター遺伝子を組み込んだ植物の圃場試験または商業的利用の中止が採択されたほどだった。これは現在も依然として有効である。おまけに、アメリカの反トラスト（独占禁止）委員会が、この買収に「待った」をかけた。

モンサントにとって事態は最悪だった。一九九七年秋以来、ヨーロッパのいたるところに赤信号が灯っていた。最初の遺伝子組み換え大豆は、ヨーロッパの港で妨害運動が起こり、出荷が停止していた。この妨害運動は、「フランケンシュタイン食品」反対キャンペーンで知られる環境保護団体グリーンピースが中心になって起こった運動である。北米ではGMOのラベル表示や在来作物との区別をさせないことに成功したモンサントにとって、グリーンピースという一粒の小石が事態の進行をこれほどまで妨げるなどということは、想定外の出来事だったのである。一九九八年五月二六日、ヨーロッパは「1139／98条例」を採択し、遺伝子組み換え製品のラベル表示を義務付けた。この年の最初から、モンサントは、セントルイス、シカゴ、ロンドン、ブリュッセルで緊急会議を開き、大規模な広告キャンペーンを打ち出すことに決めた。一九九八年六月以来、ドイツ、フランス（二五〇〇万フラン）、イギリス（一〇〇万リーブル）にかけて一大広告キャンペーンが展開された。

イギリスの広告代理店バートル・ボーグル・ヘガティ社は、三つの国で広告を作成した。イギリスの最初の広告チラシには「食品向けバイオテクノロジーは、選択の問題です」というコピーが書かれている。

▼パット・ムーニー：邦訳書に、『種子は誰のもの――地球の遺伝資源を考える』（木原記念横浜生命科学振興財団監訳、八坂書房、一九九一年）がある。

▼ターミネーター植物：この技術については、渡辺雄二『あなたも食べている遺伝子組み換え食品――ターミネーターテクノロジーの恐怖』（実教出版、一九九九年）を参照。

▼デルタ&パイン社を買収（原注）：ようやく二〇〇六年になって、モンサント社はデルタ&パイン社の買収にこぎつけ、この特許を獲得した。

そして「モンサントは考えます――皆さんはあらゆる意見を聞くべきだ、と」と書かれ、その後に、地球の友やグリーンピースなど、モンサントに敵対する主なＮＧＯなどの電話番号と住所が記載されている。フランスでの最初の広告チラシは、やや皮肉っぽいものだ。「フランス人の六九％は、バイオテクノロジーを信用していない。六三％は、バイオテクノロジーが何なのかを知らない。しかし幸いにも、九一％は字を読むことができる」。他の広告メッセージは、ロバート・シャピロの世界救済のイメージを利用して、彼が好んだ言い回しが使われている。「新世紀《ミレニアム》の夜明け前にいる私たちは、誰一人として飢えに苦しむことがない未来を夢見ています。この夢を実現するためには、希望を約束する科学を受け入れるべきです。バイオテクノロジーは未来の道具です。それを拒むことは、飢えた人々には許されない贅沢です」。雑誌『化学と産業』でのインタビューで、モンサントの幹部の一人ジョナサン・ラムズレーは、人々から尊大と受け取られたこのキャンペーンについて、こう語っている。「バイオテクノロジーが正しい情報にもとづいて公衆のまじめな議論の対象になっていれば、私たちのキャンペーンは成功したでしょうし、迷信的なラッダイト運動の対象にならずに済んだでしょう……」[*38]

イギリスではすぐに大失敗が明らかとなった。そこには有機農業を実践するチャールズ皇太子の介入がある。キャンペーンがはじまった後、皇太子は『デイリー・テレグラフ』誌に「破滅の実」と題した記事を発表した。「自然には限界がある。自然は、私たちの野心のすべてを受け入れることはできない。つねづね私は、農業は自然と調和しつつ取り組まれるべきものである、と考えてきた」と彼は述べる。「このような仕方で選択された植物は、長期的に人間の健康や環境にどのような帰結をもたらすのだろうか？私たちはそれを知ることができない。彼らは、この新しい植物は厳密に検証され、規制を受けていると言う。しかし、このような評価手続きは、遺伝子組み換え植物が危険であることが証明されないかぎり、それを禁止する理由はないという考えを前提にしていると思われる。〔……〕個人的に、私は遺伝子組み換え植物からつくられたものを食べたいとはまったく思わない。また、私の家族や来客に、この種の製品を振る舞うこともない」[*39]。皇太子の言葉がイギリスの報道で取り上げられるにいたって、ようやくモンサントは問題の深刻さに気づいた。そして、みずからそのことを告白しなければならなくなった。「私たちは強引でした」と、国際政府関連事業の責任者で副社長のトビー・モフェットは認めた。「まるで私的なパーティーに割り込もうとする人のようでした。私たちはヨーロッパ人ではなかったのです」[*40]

このような状況で、アーパド・パズタイの事件が起こった。一九九八年八月一〇日、BBCで彼のインタビューが放送された翌日、広告を監督するイギリスの政府機関は、モンサントを「虚偽広告」の疑いで告発する四件の訴えを認めた。たとえば、あるキャンペーン広告でモンサントは、自社のGMOがイギリスを含む二〇か国で規制にもとづいて認可されたと述べていたのだ……[*41]。悪いことは重なるもので、一九九八年九月、イギリスの雑誌『エコロジスト』は、モンサントの一九〇五年の創設以来の歴史を紹介する七五ページにわたる特集号▼を組んだ[*42]。しかし、この雑誌を二五年にわたって発行してきたペンウェルズ社は、その特集号の一万四〇〇〇部を廃棄処分にした。何らかの「圧力」があったのだが、その詳細を同社は明らかにしていない。『エコロジスト』誌の編集長ザック・ゴールドスミスは、別の出版社を見つけなくてはならなかった。しかし、この新たな版も、イギリスの二つの大運送会社によって配送を拒まれた……[*43]。

▼モンサントの……特集号：『遺伝子組み換え企業の脅威——モンサント・ファイル』（『エコロジスト』誌編集部編、日本消費者連盟訳、緑風出版、一九九九年）。チャールズ皇太子のエッセイも収録されている。

モンサントの危機

いずれにせよ、ロバート・シャピロにとって栄光の時代は終わりを告げた。一九九八年秋以降、モンサントはニューヨーク証券取引所からの寵愛を失った。「モンサントの株は、この一四か月のうちに三分の一も価値が下がった」と、一年後に『ワシントン・ポスト』は報じている。「何人かのアナリストは、モンサントが会社の分割も視野に入れた根本的な改革を余儀なくされると予想している」[*44]。同じころ、『ル・モンド』はこう書いている。「モンサントはもはや、植物バイオテクノロジー業界の若手企業の一つにすぎない。一九九八年には、八六億ドルの取引高と二億五〇〇〇万ドルの損失があった。このところモンサントが巨額を費やして企てた多数の種苗業者の買収も、成果を出すにはいたっていない。投資家は、モンサントの株を買い控えている〔……〕。昨日の友は、いまや自分の評判が落ちることを恐れ、モンサントから離れていっている[*45]」

この敗戦によって、ロバート・シャピロは最悪の敵との停戦に応じなければならなくなった。一九九九年一〇月六日、彼はロンドンでグリーンピースが企画した「ビジネス・カンファレンス」への参加を承諾した。個人的な事情で会場に行けなかった（あるいは、あえて行かなかった）ため、彼の講演はセントルイスで撮影され、衛星中継で巨大スクリーンに映し出された。『ワシントン・ポスト』の表現を借りれば、その時、シャピロは「やつれて灰色の」顔付きをしていたという[*46]。この数か月後にCEO職を解任される運命にあったシャピロは、緊張した大衆を前にして、栄誉ある謝罪に応じた。「モンサントは、私たちの主張を理解してくれた人々よりも、さらに多くの人を怒らせ、敵にしてしまったようです。私たちのテクノロジーへの信頼と情熱は、厚顔無恥で尊大な印象を人々に与えてしまったと思います」。そして、イギリスのグリーンピース代表で元農務長官のピーター・メルチェットに呼びかけて、「一般に『ターミネーター』と呼ばれる、種子を自殺させるテクノロジーを商品化しない」ことを誓い、こう約束した。「私たちは、この新たなテクノロジーの誕生に関して世界中の人々が抱いている疑問に対して、建設的な答えを見出すための手助けをするつもりです。つまり私は、注意深く、敬意をもって、あらゆる立場の意見に耳を傾ける術を身につけなければならない、ということです」

その当時、ロバート・シャピロは、モンサントを助けてくれる企業を必死に探していた。まず、アメリカン・ホーム・プロダクツ社と、次にデュポン・ド・ヌムール社（デュポン社▼）とに交渉をもちかけた。しかし、交渉はうまくいかなかった。最終的に一九九九年一二月一九日、モンサントは、ニュージャージー州にあるスウェーデン発祥の製薬会社、ファルマシア&アップジョン社との合併を発表した。「『合併』という言葉は、モンサントの経営方針の失敗と、ロバート・シャピロの失敗を示しています」と、ハーバード・ビジネス・スクールの研究員であるマイケル・ワトキンスは述べる。[*47] 実際、ファルマシアと合併した新たな企業体は、一見したところ、モンサントのかつての製薬部門であったサールと変わらない。ちなみに当時のサールの価値は、二三〇億ドルと見積もられる（サールは当時大ヒットした、関節炎に効く薬品「セレブレックス」を製造していた）。こうしてモンサントの農薬部門の早急な切り離しが進められた。この部門は「新モンサント」と呼ばれ、二〇〇二年夏に厄介払いされることになる（それと同じころ、ファルマシアもまた、ファイザー社へ吸収されることになる）……。

「生命科学」に奉仕する会社を夢見たロバート・シャピロの世界救済のヴィジョンは、ものの見事に葬り去られた。そして一九九九年末にファルマシア&アップジョン社と合併し、シャピロがCEOの座から降りてから、モンサントはその本性をむき出しにするようになる。モンサントは、もちろん遺伝子組み換

▼デュポン社：一八〇二年創業のアメリカ最大の化学企業。早い時期から軍需産業にもかかわり、モンサント社やダウ・ケミカル社と同様に、第二次大戦時に原爆開発を行なった「マンハッタン計画」の参加企業でもある。岡倉古志郎『死の商人』（新日本新書、一九九九年）などを参照。

え種子の世界第一の供給会社であるが、しかし、その売上げの四五％はラウンドアップ除草剤によって得られている。いまや、そのラウンドアップが、後発のジェネリック▼除草剤の出現により、脅威にさらされている。「イメージ豊かなＣＥＯ」の後を引き継いだベルギー人ヘンドリック・バーファイリーも、二〇〇二年一二月に「業績不振」を理由に解任されることになる。[*48] その次にモンサントを立て直す困難な役割を背負うことになるのは、スコットランド人ヒュー・グラント（二〇〇八年初めの現在までモンサントＣＥＯ）である。当時の北米でＧＭＯは、もはや農民たちからも疑惑の目を向けられはじめていたのである。

▼ジェネリック：特許保護期限の切れた薬品を、他の企業が製造した類似商品のこと。

第10章

生物特許という武器

モンサント社とその製品は、持続可能な農業に積極的に貢献しています。

——モンサント『プレッジ・レポート』（二〇〇五年、一四頁）

「私がもっとも気にしている問題の一つは、バイオテクノロジーが農家に何をもたらすのか、ということです」

一九九九年七月一三日、ダン・グリックマンは、先に述べたアメリカ商務省の多くの同僚から反感を買った講演で、こう語った。「遺伝子組み換え植物については、所有者は誰なのか、何が所有物なのか、という問題があり、すでに厄介な議論の種になっています。バイオテクノロジー企業は、合併する時点でさえ、特許をめぐって相手の企業を起訴しています。また農業者たちも、多国籍企業の知的所有権▼保護のために、隣人同士で対立する事態に直面しています。〔……〕農家と交わされる契約は、農家の人々を自分の土地に縛られた農奴にしてしまうものであってはならず、正当なものでなければなりません」

認められた生物への特許

このビル・クリントン政権時代の農務長官は、ＧＭＯに対する反対意見の核心の一つに触れている。それは特許の問題である。「私たちはずっと、バイオテクノロジー企業の二枚舌を告発してきました」と語るのは、コンシューマーズ・ユニオン（消費者同盟）の専門家マイケル・ハンセンである。「彼らは一方で、遺伝子組み換え植物は同品種の在来種と厳密に同じ性質をもつのだから試験は必要ないと言いながら、他方で、ＧＭＯは独自の創造物であると主張し、その特許を要求しています。正しく知る必要があります。ラウンドアップ耐性大豆は従来の大豆と同じなのか、それとも違うのかを！　モンサントの利益のために、この矛盾した二つの主張が同時に認められることなど、許されるわけがありません！」

実際、一九七〇年代の終わりまで、一つの植物品種に関する特許を取ろうとすることなど、想像できないことだった。合衆国もその例外ではなく、一九五一年の特許法では次のように明記されている。すなわち、特許は産業にかかわる機械と手続きのみを対象とするもので、いかなる場合にも生物（したがって植物も）を対象とするものではない、と。そもそも特許は公共政策の手段であり、その目的は、製品の発明者に対して、その製造と販売の独占権を二〇年間だけ認めることにより、技術開発を促進することである。「特許付与の判断基準は通常はきわめて厳密です」と、二〇〇四年七月、分子生物学の研究者ポール・ゲプツは、カリフォルニア大学デービス校のオフィスに私を迎えて、こう語った。「その基準は、三つあります。第一に、発明された製品が新しいこと。つまり発明者がつくる以前に、その製品が存在していないこと。第二に、その着想の新しさ。最後に、その製品を使用することが産業界に与える影響の可能性です。一九八〇年までの法律分野では、生物は特許が認められる領域から除外されていました。というのも生物は、第一の判断基準を満たさないと考えられたからです。人間が生物の発達に介入したとしても、生物はその介入の〝前〟から存在していました。そのうえ、生物は自然に増えていくからです」
しかし種子改良業者が現われると、先に述べた「系統的選択」（第7章参照）によって「改良された」植物種をめぐって、さまざまな問題が生じた。投資金額の回収に不安をおぼえた種子改良業者は、自分たちが開発した植物に「植物開発証明」▼（合衆国では「植物品種保護」と呼ばれる）を付けさせることに成功した。この証明書によって、種子改良業者は、仲買業者に利用免許を販売したり、自分たちの販売する種子の価格に一種の「税金」を上乗せしたりすることができるようになった。しかし、この「植物開発証明」は、まだ特許の遠い親戚にとどまっていた。というのも、農民が翌年の畑に種を蒔くために、収穫物の一部を保存しておくことは禁止されなかったし、またポール・ゲプツのような研究者や種子改良業者にとっても、既存品種を使用して新品種をつくることが許されていたからである。これは「農家および研究者控除」と呼ばれるものである。

状況は一九八〇年に一変した。この年、合衆国の最高裁判所が重大な判決を下した。つまり、遺伝子組み換えが施された微生物への特許が認められたのだ。その八年前、ジェネラル・エレクトリック社で働いていたアナンダ・モハン・チャクラバーティという遺伝学者は、残留炭化水素を食べて石油を分解するように遺伝子操作したバクテリアに関する特許を申請した。ワシントン特許局は、「一九五一年法」にもと

▼知的所有権：生物の知的所有権や特許の問題については、下記を参照。天笠啓祐編『生命特許は許されるか』（緑風出版、二〇〇三年）、森岡一『バイオサイエンスの光と影——生命を囲い込む組織行動』（三和書籍、二〇一一年）、森本誠一「バイオ特許と倫理学」（二〇〇六年、http://mrmts.com/jp/docs/academic/2006/biopatent20060427.files/frame.html#slide0009.html）など。

▼植物開発証明（原注）：この制度は、一九七三年に三七か国が署名したＵＰＯＶ（植物新品種保護同盟）協定によって保障されている。

づいて、この申請を却下した。チャクラバーティは控訴し、とうとう最高裁で勝訴したのだ。最高裁はこう言い渡している。「人間が手を加えたものは、それがどのようなものであっても特許の対象となる」と。

この驚くべき決定により、「生物の私有化」への道が開かれた。実際、ミュンヘンにあるヨーロッパ特許局は、アメリカの判決に依拠して、一九八二年には微生物に関する特許を認め、次いで植物（一九八五年）、動物（一九八八年）、人間の胎芽（二〇〇〇年）に関する特許を認めた。これらの特許は、理屈のうえでは、その生物が遺伝子工学の技術によって遺伝子が組み換えられた場合に限定されている。しかし実際には、その解釈はしだいに拡大されている。現在では、遺伝子組み換えでない植物、とりわけ薬効のある植物についても特許が認められている。これは現行の法律を真っ向から否定するものである。「バイオテクノロジーが生まれてからというもの、従来の特許法体系からの逸脱が見られるようになりました」と、二〇〇五年二月、ミュンヘンのグリーンピース代表のクリストフ・テンが語ってくれた。「もはや特許を獲得するために、発明した製品を提示する必要はありません。単に、発見するだけで十分なのです。たとえば、インドの植物であるインドセンダンの薬効を発見し、それを記述すれば、自然界での位置づけとは無関係に、その特許を要求することができます。その発見が研究室で記述されることが重要なのです。この植物の薬効が現地では何千年も前から知られていたという事実は、まったく考慮されないのです」[*1]

現在、ワシントンの特許局は年間七万件以上の特許を承認しているが、そのうち約二〇％が生物関連の特許である。アメリカ商務省の管轄にあり、七〇〇〇人の職員を擁するこの巨大組織の代表者と面会を果たすために、私は長い闘いをつづけた。ワシントン郊外にある城砦さながらの特許局は、一九八三年から二〇〇五年の間に六四七件の植物関連の特許を獲得したモンサントにとって、まさに戦略上の要と言ってよい。

「チャクラバーティ裁判は、新しい時代への扉を開いてくれました」。このように熱狂的に語ったのは、特許局のバイオテクノロジー部門で働くジョン・ドールである。彼は、二〇〇四年九月に私のインタビューに応じてくれた人物である。「あの判決以来、私たちは遺伝子やその配列、遺伝子組み換えの動植物、ようするに遺伝子工学に由来するあらゆる生産物の特許を認めています」

「しかし、遺伝子は生産物ではないと思いますが」と、語り手の得意気な口調に少し驚いた私は質問した。

「もちろん」とジョン・ドールは認める。「しかし、企業がその遺伝子を取り出し、その効果を記述することができたという点で、特許が認められるのです……」

収穫した種子を植えると訴えられる

先に述べたように、モンサントの研究者たちが大豆に除草剤ラウンドアップへの耐性を与えるために「遺伝子カセット」を開発すると、モンサントがその特許を出願し、何の問題もなく承認された。合衆国では、この特許は二〇一四年まで有効である。一九九六年六月、続いてミュンヘンのヨーロッパ特許局が、ラウンドアップ・レディ大豆の特許▼を認めた。現在、この特許は拡大解釈され、この遺伝子カセットを注入されたすべての植物種に適用されている。「トウモロコシ、小麦、コメ、大豆、綿花、サトウキビ、ビート、菜種、リネン、ヒマワリ、ジャガイモ、タバコ、トマト、ウマゴヤシ、ポプラ、松、リンゴ、ブドウ」。そこには、モンサントの意図がはっきりと見て取れる。

モンサントは、自社の「知的所有権」を尊重させるために、その手段を探した。まず、種子の仲買業者

▼インドセンダン：英名の「ニーム」でも知られる。下記を参照。国際開発のための科学技術委員会編・石見尚監訳『ニームとは何か？——人と地球を救う樹』（増補改訂版、緑風出版、二〇一〇年）。
▼ラウンドアップ・レディ大豆の特許（原注）：「グリホサート耐性５‐エノールピルビルシキミ酸‐３‐リン酸合成酵素」と題された特許「ＥＰ５４６０９０」のこと。

に販売免許を売り、次いで大手種子企業を買収するという作戦により、十分に「投資額の回収」を図ることができるだろう、と思われた。しかし、実際はそうではなかった。モンサントにとって、真の問題は農民たちだったのである。世界中の農民が、前年に収穫した種の一部を取っておき、翌年に蒔くという、困った習慣を守っていたのだ（ただし、大豆や小麦などの自家受粉植物ではない植物のハイブリッド品種は、その特徴が一代かぎりであるため、保存されて翌年に蒔かれることはない）。

この会社が「新たなモンサント」の誕生以来、定期的に発刊しているパンフレット『プレッジ・レポート』の二〇〇五年版では、次のように控えめな言い方で述べられている。「いくつかの国では、農民たちは翌年に蒔くための種子を保存しています。しかし、このような伝統的実践は、その種子にラウンドアップ耐性遺伝子のような特許対象が含まれている場合、この品種を開発した企業にとって厄介な問題になります」[*2]。それとは別に、アメリカ証券取引委員会などの株主に毎年送らなければならない詳細な活動報告書『10Kフォーム』では、もっと率直な言い方で述べられている。二〇〇五年の報告書の「競合」という見出しの記事には、「グローバル市場は、私たちの製品にとって、きわめて競合的」であり、「いくつかの国々で、私たちは国営種子会社と競合している」うえ、「種子を翌年まで保管する農家たちは、私たちの競争力に影響を与えている」と述べている。

この会社の報告書を読むと、種子を保存する行為は、遠く離れた海外諸国でしか見られないかのような印象を受ける。しかし、実際はそうではないのだ！　というのも、かつてのモンサント社長であったロバート・シャピロが、ラウンドアップ・レディ大豆の種子を購入したアメリカの農民に対して「技術使用同意書」に署名させようとした時、彼は大きな抵抗にさらされたのだから。あまり熱心でない仲買業者が義務的に渡していたこの同意書には、「技術料」の支払い項目が盛り込まれていた。最初、その支払いは大豆一エーカー（〇・四ヘクタール）あたり五ドルに設定されていたが、しだいに値上がりして六・五ドルになった。また、収穫物を次年度に種子として使用することを禁じる内容の契約条項も含まれていた。その後、使用可能な除草剤をモンサント社のラウンドアップに限定し、二〇〇〇年に特許が切れた後に市場に出回るはずのジェネリック除草剤の使用を禁止する条項も付け加えられた。

　現在でも、モンサント社の種子の購入にあたって、この同意書に必ず署名する必要がある。しかし、その実情は過酷を極めている。同意書の契約条項に違反した農民は、強制的にセントルイス裁判所に引っ張り出される（モンサント御用達のこの裁判所については後述）。この裁判を免れるためには、多額の罰金を支払わなければならない。さらにモンサントは、顧客の口座を過去三年にわたって調べたり、少しでも疑いのある農民の畑を検査したりする権利を手にしている。「生産者の収穫物のうちモンサント製品の遺伝的特徴をもつ種子を生産者が保存し、それを植えていると合理的に判断される場合、モンサントは生産者に詳細な情報を要求するか、あるいは、生産者の畑に最近購入された種子が蒔かれていないかどうかを検証する。モンサントが通告して三〇日の間に生産者から情報が提供されない場合、モンサントは、生産者のすべての耕作地を検査し、保存された種子が蒔かれていないかどうかを調査することができる」[*3]（傍点は引用者）

　このような脅迫は、種子仲買業者にも及んでいる。かつての種子仲介業者の活動の一つに、農民が翌年に保管した種子を蒔く前に、その穀物種子についているゴミを取り去り、「清掃」する仕事があった。しかし、それも北米では過去のことになった。ダニエル・チャールズが『収穫の王』▼で報告しているように、

▼二〇〇五年の報告書（原注）：一一四ページの報告書で、ヒュー・グラント（モンサント社ＣＥＯ）の署名がなされており、二〇〇四年九月一日から二〇〇五年八月三一日までの税制上の年度の業務内容について書かれたものである。

▼『収穫の王』：邦訳は『バイテクの支配者――遺伝子組換えはなぜ悪者になったのか』（脇山真木訳、東洋経済新報社、二〇〇三年）。

たとえばオハイオの仲買業者ロジャー・ピーターズは、モンサントが「泥棒」呼ばわりする人々から身を守るために、次のような看板を店に掲げねばならなかった。「前年に収穫した種子を植えている人々に重要な情報があります。収穫後のラウンドアップ耐性大豆の種子を植えることはできません。この種子は合衆国特許4535060号・4940835号・5633435号・5530196号により権利が保護されています。ラウンドアップ耐性種子の清掃を依頼する農家は、仲買業者と自分自身を危険にさらします[*4]」

ダニエル・チャールズの本にはこう書かれている。「最終的に農民たちは断念した。彼らは渋々ながら同意書に署名することにより、農業の新しい秩序に組み込まれていった[*5]」。ウィスコンシン大学マディソン校の経済学者であるピーター・カーステンセン教授にとって、モンサントがはじめたこの実践は「二つの革命」を意味していた。二〇〇六年一〇月のインタビューで、彼は次のように説明した。「第一に、バイオテクノロジーが出現するまでは完全に禁じられていた、種子に関する特許を取得することが可能になりました。第二に、製造者に対して特許によって与えられる権利が拡張されました。モンサントが好んで利用するイメージを使って説明してみましょう。モンサントは、遺伝子組み換え種子をレンタカーにたとえています。つまり、それを使用した後は、もとの所有者に返さなければならない、というのです。別の言い方をすると、モンサントは種子を販売しているのではなく、種子を一シーズンの間、貸しているだけだ、ということです。種子に含まれる遺伝情報は、未来永劫にわたってモンサントの所有物だ、というわけです。この考え方にもとづくと、遺伝子情報は生物という地位から引き離されて、単なる『製品』になります。こうして農民たちは、モンサントの知的所有権の手先になったのです。世界中の食糧が穀物の種子に由来していることを考えると、とても心配な話ですよ……」

「モンサントはどのような方法を使って、農民たちに掟を守らせているのでしょうか？」

「信じられないような方法ですよ！」と、カーステンセン教授は私に答えた。「私はこの会社がピンカートン探偵社▼を雇っていると知って、愕然としました。モンサントは彼らを雇って農村に派遣し、違反している農民を暴き出し、必要があれば密告を奨励しています。モンサントは誰もが隣人を密告できるように、専用ダイヤルを設置しました。モンサントはあらゆる農地で掟を守らせるために、大量のエージェントを使っているのです……」

もちろん、こうしたことは、仮にロバート・シャピロがターミネーター技術を利用することができたら、避けられていたかもしれない。というのも、その技術を使えば、モンサントは一銭も使わず、また、きわめて不人気な戦闘組織に頼むこともなく、悩みを解消することができていたからだ……。

「遺伝子警察」モンサント

「GMOは、アメリカの特許法に守られています」と、アメリカ大豆協会（ASA）の副会長ジョン・ホフマンは、言葉の切れ目にも笑みを絶やさず、私に説明した。「ですから、私には来年の種蒔きのために種子を保存する権利がないのです。それはモンサントなどのバイオテクノロジー企業を保護するためです。

▼ピンカートン探偵社（原注）：一九世紀末に合衆国の企業が労働者ストライキつぶしのために利用した探偵社で、傭兵のような凶暴な仕事ぶりで知られている。一八五〇年、アラン・ピンカートンにより、ピンカートン・ナショナル探偵社が創設された。彼はエイブラハム・リンカーン大統領の暗殺計画を暴いたことで有名になり、その後、リンカーンはピンカートン社の職員を雇い、南北戦争の時も自分を護衛させた。派手なロゴマーク（人間の目が描かれ、その下に「私たちはけっして眠らない」といううたい文句が書かれている）を掲げるこの探偵社は、労働組合や工場に入り込むスパイとして企業に雇われていた。彼らの仕事ぶりは「ブラッディ・ピンカートン（血まみれピンカートン）」という言葉に示されている。この言葉は「労働組合を叩き潰すやつ」という意味で用いられている……。

というのも、私たちが幸運にも利用することができるようになったこの新しい技術を開発するために、彼らは何百万ドルものお金をつぎ込んだのですから」。このアイオワ農民の話を聞きながら、私はモンサント社CEOのヒュー・グラントを思い浮かべた。というのも、このインタビューでダニエル・チャールズの話した内容は、まさにヒュー・グラントが述べた次の言葉と同じだったからだ。「私たちの関心は知的所有権を守ることであり、そのことを私たちが弁解する必要はまったくありません。まったく耐え難いのは、モンサントの所有物である遺伝子を、農家が二度目の収穫で再生産することです。それは法律に背く行為なのです[*6]」

「ところでモンサントは、ある農民が収穫した種子を畑に蒔いていることを、どうやって知るのでしょうか?」と、私はジョン・ホフマンに尋ねた。

「ふーむ」と、彼は少し困った表情を浮かべた。「その質問には答えることができません。モンサントに質問してみるのがよいと思います……」

残念ながら、本書の最初に述べたように、モンサントの幹部たちは私との面会を拒否した。このことを私に伝えたのは、セントルイス本社の渉外担当代表であるクリストファー・ホーナーである。ただし、クリストファー・ホーナーにインタビューすることはできた。それは興味深いインタビューだった。『シカゴ・トリビューン』の記事によれば、二〇〇四年一一月にワシントンの食品安全センターが公表した報告書の内容をめぐる論争が起こった時、ホーナーは、モンサントの行為を弁護する役割を果たした人物だったのだ。食品安全センターの報告書は、「モンサント対アメリカ農民」と題された八四ページに及ぶ労作である。そこで、北米に「遺伝子警察」と呼ばれる組織が存在していることの証拠が挙げられた[*7]。実際には、それはアメリカのピンカートン探偵社やカナダのロビンソン社が行なっている活動である。また、この報告書によれば、一九九八年以来、モンサントはアメリカの大平原で「魔女狩り」と呼ぶべき行為を行なっていることが暴露された。つまり、モンサントは農民に対する「数千件の調査と数百件の訴訟」を行ない、その結果として「膨大な人数の農民が破産」したことが示されたのだ。[*8]
この報告書に対して、クリストファー・ホーナーは次のように反論した。「それらの訴訟は、モンサントの技術を利用する約三〇万人のうち、ほんのわずかな割合しか占めていません。私たちの企業にとって、訴訟はあくまで最後の手段なのです」。[*9]一方、食品安全センターの法務部長ジョセフ・メンデルソンは、モンサントの「独裁」を告発し、この会社が「あらゆる農業制度の支配」を実現するために手段を選ばないことを批判している。メンデルソンが編集したこの報告書を読めば、読者は背筋が凍りつくことだろう。この報告書では最初に、二〇〇五年に合衆国で栽培された大豆の八五％、菜種の八四％、綿花の七六％、トウモロコシの四五％が遺伝子組み換えであることが示され、そのうえで「いかなる農民も、モンサントの傍若無人な調査と容赦ない訴訟から逃れることはできない。ある農家は、隣人の畑に植えられた遺伝子組み換え植物から花粉や種子が自分の畑に飛来したために、モンサントから告発されることになった。また、前年に作物を育てた畑に遺伝子組み換え種子と交配した種子が残り、それが翌年、非遺伝子組み換え作物を植えた畑の中で芽吹いた事例もある。ある農民たちは、モンサントの技術契約にまったく署名していなかったにもかかわらず、訴えられた。どのような場合であれ、特許法が適用されるかぎり、農民の側に技術的責任があるとみなされる」
この報告書を作成するにあたり、食品安全センター（CFS）は、モンサントの公開データを利用した。モンサントは、アメリカ国内で発見した「種子の海賊行為」の事例を定期的に公表しているのだ。モンサントにしては珍しく、このような透明性のある振る舞いをしているのは、あくまでモンサントの鉄の掟を農民たちに破らせないためである。そのデータを通じて、一九九八年にモンサントが「海賊行為」四七五件の調査を行なっており、二〇〇四年までに調査件数が年間平均で五〇〇件を超えたことが明らかになった。食品安全センターはこれらのデータを、連邦裁判所書記課で記録されている『モンサントによるアメリカの農家に対する訴訟』[*10]の目録と照らし合わせた。この目録には、二〇〇五年の照会当日までの九〇件の訴訟が記録されていた。会社が勝ち取った違約金の総額は一五二五万三六〇二ドルに達し、その平均は四一万二二五九ドル、最高額は三〇五万二八〇〇ドルであった（訴訟には、例外的に農民が敗訴しなかった事例もいくつか見られた）。これらの訴訟により、八軒の農場が破産している。ジョセフ・メンデルソンは私に説明してくれた。「これらの数字は、氷山の一角にすぎません。というのも、ここで示された数字は、裁判沙汰になった事例に関するものだけですから。モンサントの攻撃はしばしば不正な言いがかりにすぎないのですが、攻撃を受けた農民のほとんどは示談交渉を選びます。モンサントと裁判をすれば多額の費用がかかることを、農民たちは恐れているのです。しかし、示談で決着した事例については、その内容はほとんど明らかになっていません。こうした決着には守秘義務条項がともなうからです。私たちが調べることができたのは、単に裁判で判決が下された案件だけにかぎられているのです」

食品安全センターの報告書では、モンサントが年間一〇〇〇万ドルの予算と七四人のスタッフを使って「調査」していることがわかる。第一の情報源は、フリーダイヤル「1－800ラウンドアップ」である。一九九八年九月二九日、このフリーダイヤルは正式に運用が開始され、出版物を通じて告知された。「このフリーダイヤルに電話をかけていただくと、次の音声が流れます。『種子の利用に関する法律違反、または他の関連情報を報告する場合は、この留守番電話にメッセージを残してください』。なお、携帯電話は盗聴される可能性がありますので、固定電話回線をお使いください。匿名で電話をかけることもできますが、後で問い合わせに応じていただける方は、お名前と電話番号を残してください」[*11]。ダニエル・チャールズによると、「スパイ回線」は一九九九年に一五〇〇件の電話を受け取り、そのうち五〇〇件が「調査」の引き金となった[*12]。『ワシントン・ポスト』は慎重な言葉遣いで「地域共同体を支える社会的な絆を解体しようとしている」と批判した。モンサントの広報担当者カレン・マーシャルは、この「スパイ回線」について質問された時、次のように言いわけするのがやっとだった。「これは農業革命の一部なのです。あらゆる革命には苦痛がともないます。しかし、このテクノロジーは、よいテクノロジーなのです[*13]」

訴えられ破産する農民たち

ＣＦＳが接触した、裁判にかけられた農家のほとんどが、同じことを語っている。ある日、一人の職員――たいていはピンカートン社の探偵――がドアを叩く。警官が同伴している場合もある。その職員は、モンサントから購入した種子と除草剤の請求書を見せるよう要求し、その農民の畑を見てみたいと申し出る。職員は、畑で植物のサンプルを採取し、写真を撮る。その口調はしばしば威嚇的で、乱暴な時もある。時には職員が訪れないまま、裁判への召喚状を受け取ることもある。その場合、農地の航空写真と、農民の知らぬまに農地で採取された植物の分析結果が記された「書類」が付属している。モンサントから告訴を受けた農家が「技術使用同意書」に署名していなかった場合も珍しくない（九〇件中二五件）。農民に種子を売った仲買業者が手続きを忘れていた場合もあれば、農民が同意書をろくに読まないまま署名していた場合もある。いずれにしても、この署名手続きがそれほど周知されていないことがわかる……。二〇〇〇年にミズーリ州の農民ホーマン・マクファーリングは、「ラウンドアップ・レディ大豆の種子を保存していた」として告訴された。その事実については彼も否定しなかった。第一審で、彼は、「同意書」に明記された規約にもとづき、保存した種子の市場価格の一二〇倍に相当する額の支払いを命じられた。これは七八〇万ドルにもなる。しかし彼は、この「同意書」に署名したことを明確に記憶していなかった。彼は控訴した。一件だけなので大目に見られたのか、彼は違約金の削減を認める判決を勝ち取った。法廷で問題になったのは「きわめてささいな損害に対して、膨大な損害賠償を請求する契約の合憲性」だった。[*14] 彼が最終的に支払った額がどれほどなのか、今のところ明らかになっていない……。

違約金の判決を受けた他の農家の中には、自分が遺伝子組み換え作物を栽培していることを知らない人もいた。一九九八年、オランダ人のヘンドリック・ハートカンプは最悪の選択をした。つまり、オクラホマの農場を購入したのである。そして、その農場に保管されていた大豆種子を見つけて、それを畑に蒔いたのである。二〇〇〇年四月三日、彼は「特許法の侵害」でモンサントから告発された。育てていた作物の一部が遺伝子組み換え作物だったのだ。弁護士への支払いのために彼は破産し、農場を売却しても借金は消えず、その後、きっぱりと合衆国から去っていった。「恐ろしいのは、裁判所は故意に種子を再利用する人々と、そうでない人々を区別しないということです」とジョセフ・メンデルソンは私に語った。「裁判所が唯一区別するのは、あの有名な遺伝子が畑で見つかったかどうかだけです。事情はおかまいなしに、畑の所有者に責任があるとみなされます」。けっして契約に署名をしなかったと断言し、一〇万ドルで示談した（それゆえ匿名の）ある農民に、モンサントの幹部は驚くべき率直さで、こう述べた。「私たちは、あなたを所有しているのです。私たちは、私たちの製品を買ったすべての人々を所有しているのです*15」

　さらに、この食品安全センターの報告書には、次のようなことも書かれている。モンサントが起こした九〇件の訴訟のうち、すくなくとも六件については、モンサントが提出した「同意書」の署名が捏造されたものだった。このような署名の捏造は、「種子仲買業者の間では常識になっている行為」であった。たとえば、モンサントが送り込んだ「視察官」の罠に引っかかったイリノイ州の農民、ユージン・ストラトメイヤーの事例がそれに当たる。一九九八年七月、一人の男が彼の農場に現われ、少量の種子を売ってくれと頼んだ。この男性は、播種の時期が終わったので、土壌浸食の試験をしたいのです、と説明した。ユージン・ストラトメイヤーは彼の依頼を受け入れた。その結果、特許違反として一六八万七四二八ドルの賠償金の支払いを言い渡された彼は、モンサントによる署名の捏造に関する訴訟を起こした。

　農民たちが自己防衛することを決意し、収穫した種子の一部を播種のために保存することを禁じる条項に反対しようとした時、農民たちはすさまじい嫌がらせを受けることになった。メディアでは農民たちを中傷するキャンペーンが組織的に展開され、農業関連のあらゆる中間業者もそこに巻き込まれた。ミシシッピ州の農場経営者ミッチェル・スクラグスの身に起きたことも、その一例である。彼は、ラウンドアップ・レディ大豆とBt綿花の種子を保存していることを公言していた。ミッチェル・スクラグスが種子を保存したのは、彼自身がその権利は不可侵であると信じていたからでもあるが、もっと単純に、モンサントの要求に従うと経済的損失が生じるからである。その計算は簡単で、二〇〇〇年に、彼が耕作した五二〇〇ヘクタールの大豆のうち、七五%が遺伝子組み換え大豆である。一エーカー［一エーカーは〇・四ヘクタール］の畑にRR大豆（ラウンドアップ・レディ大豆）の種子を蒔くにあたり、彼は五〇リーヴル［一リーヴルは〇・五キログラム］の大豆一袋あたり、二四・五ドルを支払わなければならない。ところが在来種の大豆であれば、たった七・五ドルで済むのだ。彼が、もし在来種の収穫の余りを「合法的に」種子として売れば、一袋あたり四ドルの収入になるのだから、モンサントは莫大な利益を上げているのだ、と説明する。*16 Bt綿花であれば、在来種と遺伝子組み換え品種の比率は、一対四になるという。

二〇〇三年に六万五〇〇〇ドルの賠償金の支払いを言い渡されたミッチェル・スクラグスは、その後に集団訴訟を起こし、アメリカの反トラスト法（独禁法）に違反しているとしてモンサントを糾弾し、遺伝子組み換え作物が「育成者権▼」と同じ制度で取り扱われることを要求している。このように彼は、「モンサントの掟」に正面から反旗を翻した。しかし、そのために彼は地獄を見ることになる。モンサントが送り込んだエージェントたちは、彼の農業用品倉庫の前にあった廃倉庫を買い取り、監視カメラを設置した。そしてヘリコプターが彼の敷地の上空を定期的に飛ぶようになった*17……。

▼区別しない：「植えた」かどうかどころか、昆虫や風が花粉や種子を運んで、あるいはトラックの荷台からこぼれて「生えた」場合も「責任あり」とされる。後述のシュマイザーも「植えて」はいない。

▼育成者権：従来の方法で新品種の植物を開発した者に与えられる知的所有権。近年の遺伝子組み換え作物の特許においては、発見した「遺伝子」に知的所有権が与えられる点が、従来の育成者権と異なる。

時に、裁判が禁固刑で幕を閉じるという、本当の悲劇を経験する人々もいる。たとえば二〇〇〇年の一月、テネシー州の農民ケン・ラルフは、四一トンの遺伝子組み換えの綿花と大豆を保管したかどで告訴された。セントルイス裁判所のロドニー・シッペル判事は、彼に一〇万ドルの賠償金を支払うことを命じたうえで、モンサントが被った「損害」の正確な金額を測定するために、告発対象になった種子を保管するように命じた。憔悴しきったこの農民は、モンサントから提示された「同意書」に添えられた署名が捏造されたものだったことを証明できたので、保管した種子を焼却処分することにした。「モンサントの嫌がらせには、うんざりしています」と、彼はAP通信の記事で話している。「私たちはまるで道ばたの犬っころのように、首輪を付けられて、引っ張られているのです」[*18]。最終的に、シッペル判事は彼に一七〇万ドルの支払いを命じた。他方、別の判事は「裁判の妨害と証拠隠滅」を理由に、彼に八か月の禁固刑および一六万五四六九ドルの追加賠償金を科した。

この事件は、大論争を引き起こした。というのも、この事件を通じてモンサントの不当な振る舞いが暴露されたからである。有名な「技術使用同意書」には、訴訟になった場合はセントルイスの法廷に持ち込まなければならないと記した項目がある。アメリカ全土に散らばる犠牲者たちの立場からすると、この条項のために余計な弁護費用がかかることになる。他方でモンサントの側は、自社に有利な地で裁判を進めることができるようになる。このことを、二〇〇五年に『シカゴ・トリビューン』は、「地元の利」[*19]と呼んだ。一世紀以上も前からセントルイスにあるこの会社は、ハッシュ&エッペンバーガーのような、いつも同じ弁護士事務所と仕事をしてきた[*20]。セントルイスのロドニー・シッペル判事は、特許を侵害する「海賊」に強硬な態度で挑むことで知られているが、彼が司法家としてのキャリアの出発点も、やはりハッシュ&エッペンバーガー法律事務所である[*21]。

さらに付け加えると、二〇〇一年に種子特許への不満がアメリカ全土の農民たちに広がった時、当時ブッシュ（子）政権の法務長官で、かつて一九八三年から九四年までミズーリ州知事の座に就いていたジョン・アシュクロフトは、合衆国の最高裁判所に、種子特許の是非に関する意見の提出を要求した。一二月一〇日、最高裁判所は意見書を提出した。その執筆者は、クラレンス・トーマス（すでに触れたように、かつてのモンサントの弁護士）であり、意見書では種子特許に好意的な見解――賛成六名・反対二名――が示されていた[*22]……。

「モンサントから身を守るのは不可能なんです」

「特許のせいで、すべてが変わりました」と嘆くのは、インディアナ州の農夫トロイ・ラウシュである。「遺伝子警察」の犠牲者になった彼は、二〇〇六年一〇月、ヴァン・ビューレンの農場で私を迎えてくれた。「遺伝子組み換え作物の栽培を手がける前によく考えたほうがいい、とヨーロッパの農家の人々に忠告しておきます。ひとたび手がけると、もはや以前とは何もかもが違ってしまうのですから……」。二メートルの身長があるこのたくましい好人物は、かろうじて怒りと涙を抑えながら、そうつぶやいた。今もなお、私は彼の言葉を聞いた時の自分の気持ちを思い出すことができる。

一九九九年の秋、彼のもとに「モンサントに雇われた、一人の私立探偵」が訪れた。それが悪夢のはじまりだった。この訪問者は、「種子を保存している農家に関する調査をしています」と言った。父と弟とともに家族農場を経営していたトロイは、二〇〇ヘクタールの畑にRR大豆の種を蒔き終えたところだった。それは、ある種子仲介業者▼から依頼された仕事で、トロイはその業者との契約に署名していた。さ

▼ある種子仲介業者（原注）：トロイにRR大豆の栽培を依頼したこの業者は、自社が手がけている種子の品種の一つにRR大豆の遺伝子を導入し、その種子を増やして農家に売ろうとしていたのである。

らにトロイは、前年に収穫した在来品種の大豆の種子を保存して、それを五〇〇ヘクタールの土地に植えていた。

「契約のためにどの畑を使用しているかは、すぐにわかりました。契約書にはっきりと明記されていましたから」と、彼は私に説明する。「私は探偵に、その契約書や除草剤の明細書を見せてもいい、と申し出ました。しかし、彼はそれを断わりました」。二〇〇〇年の五月、トロイは裁判所から呼び出しを受けた。その書面には彼の所有地の地図と、そこで許可なしに採取されたサンプルの分析結果が付いていた。「いくつか重大な間違いがありました」とトロイは述べる。「たとえば、容疑をかけられた畑の一つは、ウィーバー・ポップコーン社の注文で、遺伝子組み換えでないトウモロコシを植えていたのです。それを証明するのは簡単でした……」

「どうして、モンサントとの示談に応じたのですか?」

「私たちの無実を証明するために、すでに四〇万ドルも使っていました」と彼は答えた。「裁判に二年半もかかっているうちに、私たちの家族はめちゃくちゃになってしまいました……。当時の私には、もはや出口の見えない訴訟をつづける気力はありませんでした。残念ながら、これまでの判例もモンサントに有利なものでした。モンサントは、種子の特許裁判ではあらゆる手段を利用するし、まったく抜け目がありません。もしこの会社が勝訴すれば、私たちはすべてを失うことが明らかでした。モンサントは私たちのすべてを奪おうとしたのです……。訴訟を継続した場合、私たちが手に入れるものは何だろうか、と私は弁護士に尋ねました。すると弁護士は言いました。『無実が認められたという栄誉だけですね』と」

この面談中に、デヴィッド・ラニヨンという別の農夫が訪れた。彼も二〇〇三年七月に「探偵」の訪問を受けていた。探偵たちは、マクドウェル&アソシエーツという社名が記された名刺を彼に渡した。その名刺には大きな「M」の文字が、ケープと黒帽子を身につけた人々の絵の上に描かれていた。デヴィッド・ラニヨンによれば、このモンサントのエージェントたちは、「海賊行為」の容疑のある農民の畑を調査する業務はインディアナ州農務省から承認されている、と説明した。ラニヨンは、それが事実であるかどうかを確認するために、すぐにエヴァン・バイ議員に手紙を書いた。議員はそれを調べ、それはまったくの嘘である、という手紙を返してくれた。この手紙は現在、私が預かっている。

「特許のせいで、農村共同体の生活はむちゃくちゃになりました」と、ラニヨンは明らかに興奮した様子で私に話した。「特許のせいで、隣人同士を結んでいた信頼が失われました。私自身について言えば、現在の私が話をすることができる農家は、たった二軒だけです。ついでに、あなたのことも言いましょう。私は、あなたと電話で話すことと会うことを了承する前に、グーグルの検索サイトで、あなたが何者なのかを調べたのです……」

「農家の人たちは、ほんとうに怖がっているのですね？」

「怖がっているのは事実です」と、トロイ・ラウシュが私に答える。「モンサントから身を守るのは不可能なんです。ご承知のように、アメリカ中西部では、農業で得られる利益は減る一方です。この状況の中で生き残るための唯一の方法は、農地の面積を増やすことです。そのために一番よい方法は、隣人がいなくなることです。そういう状況で、モンサントのスパイ回線に電話を一本かければ何が起こるのか、すぐに想像がつくことです……」

「今後、モンサントから告発を受けることはないと安心できますか？」

「もちろん無理ですよ！」とデヴィッド・ラニヨンが答える。「そもそも私たちは、インディアナ州で『最後のモヒカン族』のような存在なのです。その理由は、私たちが遺伝子組み換え帝国の中心部で、現在も在来品種の大豆を栽培しているからです。さらに、私たちの畑が周囲のＧＭＯに汚染されることもあります。これは私の隣人に起こったことです」

そう言ってこの農夫は写真を取り出し、トロイに手渡した。その写真には、黄色く枯れた大豆畑に、まばらに青い苗が紛れていた。「この在来大豆の畑には、隣人の息子が区画を間違えて、ラウンドアップを撒いてしまったのです。青い苗は、すべてモンサントの大豆です。私の計算では、汚染はおよそ一五％に達しています」

「どうして、そのような汚染が起こるのですか？」

「合衆国では、遺伝子組み換え大豆も在来種の大豆も、取り扱いに区別はありません」とラニヨンが答えた。「隣人の在来品種の大豆が、前年にラウンドアップ耐性大豆の畑で使用した刈り取り機の内部に残っていた大豆と混ざったのかもしれません。あるいは、種子を洗う時に仲買業者のところで混ざったのかもしれません。ＧＭＯの花粉が虫や風によってばら撒かれることもあるでしょう。この隣人は、モンサントが彼を特許侵害のかどで告発するのではないかと感じています」

「それはありえることです」とトロイが頷いた。「カナダの農民、パーシー・シュマイザーの身に降りかかった事件のように……」

パーシー・シュマイザー裁判

パーシー・シュマイザー▼は、一九三一年、カナダのサスカチュワン州（「生きている空の大地」と呼ばれる地域）の中部にあるブルーノという人口七〇〇〇人の村で生まれた。彼は『ル・モンド』紙の記者エルヴェ・ケンプの言葉によれば、「モンサントからの嫌われ者、目の上のたんこぶ」の代表である[*23]。この気骨ある人物は、一九世紀末に北米の大平原へ移住してきたヨーロッパ開拓民の子孫であり、あるいは彼の言い方によると「生き残り」である。その力強い態度は、彼が人生の苦難に何度も立ち向かったことのある人間であることを感じさせる。実際、彼は、仕事中に大きな事故にあって数年間も働けなくなったり、アフリカで重い肝炎を患ったりしたが、それでも生き延びてきた。この大平原の反逆者は、農作業をするかたわら、カトリックの信念にもとづく活動も行なっている。彼は二五年間にわたって自分の住む地域で長として働いた後、州議会の議員となった。そして、アフリカやアジアの「人々を助ける」という人道的な目的をもって、五人の子どもを祖父母に預けて、妻とともに何度も旅に出ている。最後に、彼はスポーツマンでもあり、長く厳しい冬の寒い時期に、キリマンジャロに登ったり、エベレストに挑戦（三回、いずれも未成功）したりしている。

残念ながら、私は彼に会うことはできなかった。私が二〇〇四年九月にサスカチュワン州を訪れた時、（私の記憶によれば）彼はバンコクにいたからだ。「モンサントに対する反逆者[*24]」になった彼は、世界中から多くの招待を受けるようになった。私が訪れた時も、彼はその招待の一つに応じて、バンコクにいたのである。五〇年前から六〇〇ヘクタールの家族経営の農場を耕していたパーシー・シュマイザーに災難が降りかかったのは、一九九七年の夏のことだった。彼は、アブラナ（菜の花）の花畑の周りの溝に生えていた雑草に、除草剤のラウンドアップを散布した。しかし、彼はそれが役に立たなかったことに気づいた。栽培区画の外に生い茂っていた雑草には、除草剤の効果がなかったのである。不思議に思った彼は、モンサントの代表者に連絡を取った。その時彼は、それらの雑草が二年前に販売されたラウンドアップ耐性ア

▼パーシー・シュマイザー：彼の活動については以下を参照。映画『パーシー・シュマイザー――モンサントとたたかう』（ドイツ、二〇〇九年、http://www.bekkoame.ne.jp/ha/kook/percypage1.html）、安田節子のGMOコラム「パーシー・シュマイザーさん講演要旨」（http://www.yasudasetsuko.com/gmo/column/030708.htm）、平木隆之「遺伝子組み換え作物をめぐる生命特許と農民特権――シュマイザー・モンサント事件を中心に」（『広島平和科学』二六号、一三三～一五八頁、二〇〇四年、広島大学平和科学研究センター）、平木隆之「遺伝子組み換え作物をめぐる生命特許と農民特権（2）――「シュマイザー事件」最高裁判決を受けて」（『広島平和科学』二七号、一五五～一八八頁、二〇〇五年）、天笠啓祐「モンサント社と闘う農家――シュマイザー事件とは？」（『技術と人間』二〇〇三年八月号）など。

ブラナであることを知らされた。それから数か月が過ぎた一九九八年の春、アブラナの種子を上手に改良することで地域で有名だったシュマイザーは、以前に収穫した種子を畑に蒔くことにした。その年の八月、彼が刈り入れの準備をしていると、カナダ・モンサントの代表者から連絡があった。そこで彼は、調査員たちが彼の畑に生えているアブラナが遺伝子組み換え品種であったことを発見したと告げられ、告発しない代わりに示談に応じるよう促された。

しかし、パーシー・シュマイザーはその申し出を拒否した。彼は弁護士に、その畑が一九九七年にラウンドアップ耐性菜種が栽培されていた畑であり、それを彼が購入したことを証明する書類を送った。その文面で、彼は、アブラナ科の植物にはすぐに雑草として平原にはびこるだけの生命力があり、五年以上も土中で休眠することができるうえ、その種子はきわめて軽く、鳥によって数キロも離れた場所に運ばれた事例もあることを説明した。彼は、自分の畑に遺伝子組み換えアブラナが広く繁殖していることを認めたが、それは遺伝子組み換えアブラナを使用するようになった隣の畑から飛んできたか、あるいはトラックに積まれていた遺伝子組み換えアブラナの種子が路上にこぼれ落ちたか、そのいずれかに違いないと結論した。そのころ、モンサントの傍若無人な振る舞いがしだいに明らかにされていた。その情報は、さらにシュマイザーの抵抗の意志をかきたてた。この地域の農民エディ・クラムとエリザベス・クラムの証言によれば、モンサントは「海賊行為」の疑いのある農民の畑に、ヘリコプターでラウンドアップ除草剤を撒き散らすこともあった。エルヴェ・ケンプが暴露したこの「奇妙な」行動を、モンサントは否定していない。それどころか、モンサントは「警察への供述で、研究所で分析するために、モンサントのエージェントにエディ・クラムの菜種のサンプルを採取させたことを認めている」[*25]

いずれにせよ、カナダ・モンサントは聞く耳をもたなかった。報道陣の前で、彼らはパーシー・シュマイザーの農場で（彼に無断で、つまり違法に）採取したというサンプルの分析結果を振りかざした。その分析によれば、「汚染」率は九〇％以上ということになる。[*26]モンサントは、シュマイザーが和解を受け入れるように圧力をかけつづけたが、とうとう訴訟に踏み切ることを決めた。「一九九九年は、ほんとうにひどい年でした」と、シュマイザーは、エルヴェ・ケンプに語っている。「よく自動車から数人の男たちに見張られました。彼らは何も言わないし、ただそこにいて、私を監視しているのです。三日間も自動車で張り込んでいたこともありました。彼らに近寄ると、すごい勢いで立ち去りました。匿名の電話がかかってくることもありました。『ただではすまないぞ』と言うだけでした。たいへん怖くなり、私は銃を買いました。畑に出る時は、トラクターに銃を置くようにしていました」[*27]

とうとう二〇〇〇年の六月、この事件の裁判が、州の首都サスカトーンで開かれた。二〇〇一年三月二九日、アンドリュー・マッケイ判事は判決文を読み上げた。その内容は、シュマイザーの支持者を唖然とさせるものだった。その判決文によれば、シュマイザーは一九九七年に収穫された種子を畑に蒔き、そのためにモンサントの知的所有権を侵害したが、そもそも彼は「その種子のラウンドアップ耐性について知っていた、もしくは知っているべきであった」とされたのだ。そして判事は「ラウンドアップ耐性アブラナがどこから来たかということは、この件の審理の関与することではない」とはっきり述べ、さらにこう言った。「農家は、蒔かれたものにせよ、隣人の畑から風で飛ばされたものにせよ、虫や鳥、風が運んだ花粉によって芽生えたものにせよ、種子あるいはその種子から生じる植物が自分の畑に存在する時、たとえ栽培する意図をもたないとしても、その種子や植物を所有することができる。しかしながら農家は、特許を与えられた遺伝子を利用する権利をもつわけではなく、また特許が与えられた遺伝子または細胞を含む種子あるいは植物を所有する権利をもたない」。なぜなら、それは「原告の発明の本質を、原告の許可なしに使用することにより、横領することになる」からである。[*28]

こうして判事は、弁護側の主張を全面的に退けた。弁護側の主張はこういうものだった。すなわち、モンサントのGMOの使用によって得られる本質的な利益は、農作物へのラウンドアップ除草剤の使用が可能になることである。しかるに、シュマイザーがラウンドアップ除草剤を使用していなかったことは、明細書からも明らかである。したがって、彼がモンサントの利益を害しているという主張は不当である、という主張だったのだが……。さらに判決文は、モンサントがサンプルを採取するために不法にシュマイザーの所有地に足を踏み入れたという事実も、シュマイザーが専門家に依頼して実施したテストでは低度の汚染しか示されなかったという事実も、まったく考慮しなかった。まさしくエルヴェ・ケンプが述べたように、「この判決は常軌を逸している。ある農民が、自分の畑を遺伝子組み換え植物に汚染されたら、それはGMO種子を生産する会社の特許を損なうことになる、というのだから」。この判決は、モンサントを安堵させた。「とても素晴らしいニュースがあります」と、カナダ・モンサントの代表トリッシュ・ジョーダンは勝ち誇った。「判事は、シュマイザー氏に、私たちの特許を侵害した罪を認め、私たちに損害賠償を支払うように言い渡しました[*29]」。この損害賠償は、一万五四五〇カナダ・ドルにも上る。つまり、一九九八年に収穫を行なった畑で計算すると、一エーカーあたり一五ドルの額に相当する。収穫の一部だけが汚染されていたにしては、あまりに重い賠償金である。さらに賠償金には、モンサントが支払った訴訟費用も加わる。

パーシー・シュマイザーは控訴した。しかし、二〇〇二年九月四日、マッケイ判事の判決がふたたび認められた。彼は、すでに貯金していた年金と土地の一部を弁護費用（二〇万ドル）のために失っていたが、それでも諦めることはなかった。「これはもはや、私つまりシュマイザー個人の問題ではありません。これは世界中にいるすべての農民の問題なのです[*30]」。そして彼は、カナダ最高裁判所に向かった。この裁判に、GMOの広まりに懸念を抱いている世界中の人々が期待をかけた。二〇〇四年五月二一日、判決が出された。最高裁の判事たちは、五対四で、先の二つの判決を追認した。ただし不思議なことに、シュマイザーは損害賠償およびモンサントの訴訟費用の支払いを免除された。この判決はじつに悲劇的だった。というのも、遺伝子組み換え作物によって農地が汚染された場合、それは農民たちの責任にされてしまうのだから。他方でこの判決は、判事たち自身もどう考えればよいのか困っていたことを証明している。「彼らは一方の手で取り上げたものを反対の手に移していた」と、モントリオールのマギル大学の知的所有権の専門家、リチャード・ゴールドは述べている。[*31] しかしモンサントにとって、これは一つの勝利であった。モンサントはこの判決を将来も利用しつづけるだろう。「この判決によって、知的所有権の侵害に対する私たちの取り組みが正しかったことが認められました」と、カナダ・モンサントの代表トリッシュ・ジョーダンは述べている[*32]……。

GMO汚染による「スーパー雑草」の誕生

モンサントが何かを言う時、同時にそれと正反対のことを実行する能力については、まったく見事と言うしかない。モンサントがパーシー・シュマイザーに嫌がらせをしていた時、モンサントの渉外担当者はパンフレット『プレッジ・レポート』にこう書いていた。「農家の方々の意図に反して、私たちが権利を所有する植物品種が畑の中に現われた場合は、当然ながら、農家とモンサントの双方が満足する仕方でこの問題を解決するために、私たちは協力を惜しまないつもりです[*33]」。これは単に、顧客と株主を安心させるための宣伝文句にすぎない。現実にモンサントがしていたのは、これとはまったく別のことである。当時、すでにGMOの汚染は、北米の平原で主要な問題になっていた。

「遺伝子組み換えアブラナは、私たちが予想した以上のスピードで広まった」。これは二〇〇一年にマニトバ大学（カナダ）のマーティン・エンツ教授が述べたことだ。「この事実は、バイオテクノロジーの副用に関する教訓の一つである[*34]」。同じ年、マーティン・フィリップソン教授は、遺伝子組み換え作物について次のように評価している。「この州の農家は、自分が植えていないアブラナを取り除くために数万ドルも費やしている。彼らは、このテクノロジーに対抗するために、いっそう多くの除草剤を使用する羽目に陥っている[*35]」。この二つの証言は、二〇〇二年九月にソイル・アソシエーション（一九四六年に設立されたイギリスの有機農業促進協会）が出版した報告書『疑惑の種子』で引用されている。その報告書には、北米でのＧＭＯの農業状況の詳細がまとめられている。序文にはこう書かれている。「ＧＭＯによる汚染は激しさを増しており、有機農業も含む非ＧＭＯ農業に対して、すでに深刻な影響を及ぼしている。この汚染は市場を破壊し、北米地域における農業の競争力を根底から脅かしている。さらにＧＭＯ農業は、農家をさらに除草剤へと依存させる結果を招いており、多くの訴訟が発生している」[*36]

カナダのサスカチュワン州農務省が助成した二〇〇一年の研究では、ラウンドアップ耐性アブラナの花粉がすくなくとも八〇〇メートルは移動することが明らかにされた。この距離は、遺伝子組み換え農地と在来農地が隔てられるべき距離として行政機関が推奨する値の八倍である。[*37]『ウエスタン・プロデューサー』誌の記事によれば、合衆国の有機農業認証団体は、次のことを認識するようになった。すなわち、ＧＭＯによる汚染は進行する一方であり、すでに二〇〇一年の時点で、アブラナ、トウモロコシ、大豆の種子で汚染されていないものを見つけることは不可能である、と。また、この記事では、カナダ種子取引協会が在来品種のすくなくとも一％が、すでにＧＭＯに汚染されていることを認めた、と記されている。[*38]現在、状況はどこまで悪化していることだろうか……。

二〇〇三年、イギリスの大手農業保険会社は、ＧＭＯによる汚染がコントロール不能になる状況が到来することを見越して、ＧＭＯ作物の生産者を汚染事故から保護するような保険を拒否する方針を発表した。保険会社はその理由として、この災害をアスベスト問題やテロ行為になぞらえ、金銭的負担が予想不可能であることを挙げている。『ガーディアン』誌の調査記事によれば、ナショナル・ファーム・ユニオン・ミューチュアルやルーラル・インシュランス・グループ（ロイド社）、ＢＩＢアンダーライターズ（アクサ社）のような保険会社は、次のように強調している。「〔遺伝子組み換え〕作物の、環境および人体の健康に対する長期的な影響はほとんどわかっていないため、そのための保障サービスを提供することは不可能である」[*39]

しかし、確実な事実がある。北米地域におけるGMO汚染は、ソイル・アソシエーションの言葉を使えば、本格的な「裁判の泥沼化」を引き起こしているということだ。ソイル・アソシエーションによれば、この裁判の泥沼化には「農家、加工業者、販売業者、消費者、バイオテクノロジー企業など、あらゆる領域の活動に及ぶ[*40]」。望まれないGMOがどこかに現われるや、すぐさま人々の間に敵対が生じるというわけだ。報告書『疑惑の種子』では、この不条理な状況を説明するために、二〇〇〇年五月にヨーロッパの検疫所で発見された、カナダの在来アブラナの積荷の汚染を取り上げている。その積荷の中に、モンサント製品の遺伝子が見つかったのだ。そのためにアドヴェンタ社は、数千ヘクタールもの畑を放棄する羽目になっただけでなく、農家に賠償金を支払い、種子生産をカナダの西部から東部へと移さなければならなくなった。カナダ東部のほうが、交差受粉を避けることができると考えたのだ。その結果、次々と訴訟が起こった[*41]……。

GMO汚染が提起している問題は、訴訟だけにとどまらない。自然環境にも問題は生じている。たとえば、遺伝子組み換えアブラナの種子が風に運ばれて小麦畑にまぎれると、農家はそれを雑草として扱うことになる。しかし実際には、この「雑草」を取り除くことはきわめて困難である。というのも、「このアブラナは、ただでさえ強力なラウンドアップ除草剤に耐性をそなえており、それを取り除く唯一の手段は、手で引っこ抜くか、あるいは、きわめて毒性の高い除草剤２‐４Ｄを使用するしかない[*42]」。同じように、たとえばラウンドアップ耐性アブラナとラウンドアップ耐性トウモロコシを輪作し、交互に栽培しようとするGMO生産者も、これと同じ問題に直面するだろう。この場合、アブラナの特性のために、雑草を取り除くことはいっそう困難になる。というのも、アブラナはすべての莢がそろって成熟するわけではないので、生産者はアブラナを刈り取り、畑で乾燥させ、それから実を収穫するのが通例だからである。その時数千もの種子が畑の土に残ってしまうことは避けられない。そうした種子は翌年、あるいは五年後に芽を出すことになる。「自然発生アブラナ」や「反乱アブラナ」と呼ばれるこれらの種子が、「スーパー雑草」へ変身していくのである……。

GMOによって除草剤使用が増加していく

皮肉なことに、このような「反乱」植物が経済的利益を生むことを、モンサントは早くから理解していた。二〇〇一年五月二九日、モンサントは「混合除草剤」に関する特許（6239072号）を取得した。これは、「グリホサートに反応する雑草とグリホサートに耐性のある自然発生変異種」を同時に管理することを可能にするものである。[*43] ソイル・アソシエーションの報告書で強調されているように、「この特許によって、モンサントは、自社の製品がもたらした問題から、利益を引き出すことができるようになった……」[*44]

北米の大平原におけるGMOの急速な広がりを考えれば、この「混合除草剤」がモンサントにとって新たな「金のなる木」になることは、十分に予想される。実際、「スーパー雑草」の広がりは、北米地域の農学者の大きな悩みの種になっていた。彼らは、このスーパー雑草は次の三つのパターンで出現すると考えている。第一に、すでに見たように、ラウンドアップ耐性のあるGMOが「自然発生」的に広がっていき、雑草化するパターンがある。このような雑草を根絶するには、より強力な除草剤に頼らなくてはならない。第二に、GMOが、遺伝子レベルで近縁関係にある雑草と交配するパターンがある。このパターンにおいては、在来品種の雑草に対してラウンドアップ耐性遺伝子が伝達される。これは、とくにカブとキャベツの天然雑種であるアブラナに生じやすい。アブラナは、農家にとって雑草であるセイヨウノダイコンやカラシ、ルッコラのような、同じアブラナ科の野生種と遺伝子を交換しやすい性質がある。たとえば、リーディング大学のマイク・ウィルキンソンというイギリス人研究者による二〇〇三年の研究では、ブラッシカ・ラパ▼という広く繁殖する雑草は、容易にアブラナと遺伝子を交換することが確認されている。

その点で『インディペンデント』紙が強調するように、「GMO植物とそれらの野生の近縁種との交差受粉は避けられず、強力な除草剤にも耐性をもつスーパー雑草が生まれる可能性がある」[*45]

第三に、年に複数回ラウンドアップを集中的に撒布することによって、雑草が除草剤への耐性をつけ、スーパー雑草が出現するというパターンがある。このパターンでは、除草剤に対してGMOにも劣らないほどの耐性をもつ雑草が出現する。奇妙なことに、長く除草剤を扱ってきたはずのモンサントは、この現象をいつも否定してきた。「二〇年使用をつづけた後でも、ラウンドアップに耐性をもつようになった雑草が出現したという話は、これまで聞いたことがありません」と、ラウンドアップ・レディ大豆の広告でも断言されている。[*46] またモンサントは、二〇〇五年の『プレッジ・レポート』において、GMO農業によって「農家は除草剤の使用を減らすことができる」と断言している。[*47]

「それはまったくの嘘である」と、アメリカの農学者チャールズ・ベンブルック▼は、二〇〇四年に発表した「合衆国におけるGMO栽培と農薬の使用――最初の九年間」と題する論文で、モンサントの主張に反駁している。[*48] 彼によれば、一九九五年にGMO栽培を実施してから、最初の三年間はたしかに「使用する農薬が減少した」。しかし「一九九九年からは、もはやそうではなくなった」のである。ベンブルック

▼ブラッシカ・ラパ：ブラッシカ（Brassica）は、アブラナ科アブラナ属の学名。ブラッシカ・ラパ（B. Rapa）という学名の適用範囲は、アブラナ（在来品種）、ミズナ、カブ、ノザワナ、コマツナ、ハクサイ、チンゲンサイと広い。

▼チャールズ・ベンブルック：彼の指摘については、下記も参照。河田昌東「遺伝子組み換え作物――深まる健康と環境への懸念」（『世界』二〇〇二年一〇月号、岩波書店）、ベンブルックほか「一九九八年度、大学ベースの品種別栽培試験で得られたRoundup Ready大豆の収量低下の程度とその結果」（河田昌東訳、http://www2.odn.ne.jp/~cdu37690/benbrook.htm）。

は述べる。「これは不思議なことではない。科学者たちは、一〇年かけて、ＧＭＯ栽培で除草剤を集中散布することにより、雑草の個体数と除草剤耐性に変化が生じることを明らかにした。このような雑草の特性変化のために、農民は別の除草剤を使用したり、除草剤の散布量を増やしたりする必要に迫られている。〔……〕アメリカ中西部の農民たちは、かつてラウンドアップ耐性技術が簡単に効果を挙げていた時代を懐かしみ、『古きよき日々』を惜しんでいる」

　チャールズ・ベンブルックは、そのことがどのような問題を引き起こすかを認識していた。ベンブルックは、カーター政権時代のホワイトハウスと国会議事堂で農業専門家として勤めた後、七年間ほどアメリカ科学アカデミーの農学部門長を務め、最終的に独立し、アイダホ州サンドポイントに顧問事務所を構えた。一九九六年から、ベンブルックはアメリカ農学統計サービス（ＮＡＳＳ。農務省の下位組織）が記録した除草剤消費量のデータを丹念に調べ、モンサントが提供しているデータと照らし合わせた。その結果、ベンブルックは、モンサントのデータが「不誠実きわまりない虚偽のデータである」と判断した。[*49] 二〇〇一年の論文で、早くも彼は「一九九八年にラウンドアップ・レディ大豆に使用された除草剤の平均消費量は、在来品種の大豆（アメリカの大豆生産の六分の一を占めるアイオワ州など六つの州で生産された）に使用された除草剤の平均消費量より、すくなくとも三〇％も多い」と述べている。[*50]

　二〇〇四年の研究で、合衆国の三つの主要作物（大豆・トウモロコシ・綿花）に使用された除草剤の量が、一九九六年から二〇〇四年の間に五％増加したことを確認した。これは重量にして一億三八〇〇万ポンド〔六二〇〇万キログラム〕の増加である。在来品種の作物に使用された除草剤量が減少しているのに対して、ラウンドアップの消費量は激しく増加している。二〇〇六年の『10Ｋフォーム』で、モンサントはその事実を大いに喜んでいる。グリホサート（ラウンドアップ）の売り上げが、二〇〇五年には二〇億五〇〇〇万ドルだったのが、二〇〇六年には二二億ドルになったことを強調したうえで、モンサントはこう述べている。「ラウンドアップ耐性の形質をそなえた作物の広まりによって、ラウンドアップの売り上げは急激に増加しました」

これは、かねてからの計画が実を結んだ結果である。モンサントは、一九九八年の年次報告書の七ページにこう書いている。「ラウンドアップの売り上げを増やすために重要なことは、売り上げの増加にともなう価格低下と価格弾力性を考慮して戦略を立てることだ」。ここで、「ラウンドアップの売り上げの増加は、GMOが除草剤の消費量を削減しないことの証拠ではないか」と私たちがモンサントに指摘したとしても、おそらくモンサントはこう反論するだろう。ラウンドアップの売り上げが増加するのは、ラウンドアップ耐性作物栽培の面積が増えつづけているからであり、それは当然の結果なのだ、と。GMOが市場に登場してから九年の間に、合衆国全体でGMOを栽培する農地の面積は約五〇〇〇万ヘクタールにまで広がり、その七三％がラウンドアップ耐性作物だった（二三％がBt作物）。しかし、それらの農地ではGMOが登場する前から耕作が行なわれ、したがって農薬も使用されていたはずなのだが……[51]。

さらにチャールズ・ベンブルックは、次の点を付け加えている。モンサントがグリホサート入り除草剤の市場を独占しようとしたために価格競争が起こり、二〇〇〇年の時点でラウンドアップの単価は四〇％近くも落ち込んだにもかかわらず、売り上げの総額は影響を受けなかったのである。ベンブルックによれば、「広大な農地に広がる雑草を管理するために単純な手段、すなわち単一の除草剤に依存していることこそ、管理水準を維持するために必要な除草剤の総量が増加することの最大の理由である」[52]。ここで彼は、GMOが導入される以前には、科学者が特定していたグリホサートに耐性をもつ雑草は、二種しかなかったことに触れている。ライグラス（オーストラリア・南アフリカ・合衆国）およびヤエムグラ（マレーシア）である。しかし今日では、大平原を大暴れしているトクサをはじめとして、アメリカ国内だけでもアマランサスやブタクサなど六種の雑草が確認されている。たとえば、デラウェア大学による研究では、RR大豆畑で採取されたトクサが、推奨されるラウンドアップの一〇倍の量を撒布しても生き残ったことが明らかにされている[53]。すでにラウンドアップ耐性をもつことが特定されたこれらの雑草に加えて、いわゆる「グリホサート寛容性」をもつ雑草もある。つまり、耐性をもつとまではいかないが、根絶のためにはラウンドアップの使用量を三～四倍に増やす必要のある雑草である……。

バイオテクノロジーの隠された側面

「雑草の抵抗性は、農場の収益を一七％減少させる」。この書き手は、モンサント社の競合企業の一つ、シンジェンタ社（スイス）である。二〇〇二年一二月、同社が農業関係のすべてのパートナー企業に宛てた文書の一節である。[*54] この化学＝バイテク企業大手は、アメリカの農家で実施された調査にもとづく報告書で、アメリカの農家のうち四七％が「輪作と化学製品」の農業に戻ることを強く求めている……。二〇〇二年の初めにチャールズ・ベンブルックが強調したように、「悪い知らせ」は、収益の低下だけではなかった。ベンブルックはこう告げている──バイオテクノロジーに「隠された側面」があることに、「科学者と農民たちが気づきはじめた」[*55]

まず、モンサントがいつも広報文書で述べている「新しい遺伝子組み換え品種の収量は、高収量の在来品種と同じ水準である」[*56]という言葉は、事実に反している。「残念ながら、私たちはそれと正反対のことを証明しました」と、ロジャー・エルモアは私に説明した。エルモアは、二〇〇一年にネブラスカ大学の同僚とともに、この実験結果を発表した農学者である。[*57] 現在アイオワ大学に勤める彼は、二〇〇六年一〇月、デモインから約五〇キロのところにある自宅に私を招いた。「私たちは四つの地域で、二年がかりで研究しました。いくつかの州から、遺伝子組み換え大豆が在来大豆よりも収量が少ないという情報が寄せられたからです」と彼は言った。「調査の結果、収量はすくなくとも五％減少することが証明されました」「その理由は、どのように説明されるのですか？」。この農学者が見せてくれたグラフに目を向けたまま、私は質問した。

「私たちは、その理由を『収穫高の足かせ』と呼んでいます。まず、遺伝子組み換え植物の収穫高の『足かせ』を説明する二つの仮説がありました。一つは、ラウンドアップ除草剤が植物の代謝に与える影響に原因があるという仮説で、もう一つは、遺伝子組み換え操作そのものに原因があるという仮説です。最初の仮説を検証するために、同一種のラウンドアップ耐性大豆を使い、三つのグループに分けて栽培しました。第一グループにはラウンドアップを撒布しました。第二グループにはラウンドアップの効果を強める硫酸アンモニウムも散布しました。そして第三グループには、単なる水を撒きました。これら三つのグループの収量は、完全に同一でした。つまり、一エーカー〔約四〇〇〇平方メートル〕あたり五五ブッシェルです〔約一九三六リットル〕。したがって、この『収穫高の足かせ』の原因は、遺伝子組み換え操作にあることがわかりました。遺伝子を乱暴に組み換えたことにより、植物の生産能力が阻害されているのです」

「つまり、遺伝子組み換え大豆は、在来大豆と同等ではないということですね？」

「とにかく、私たちの研究で示されたのはそういうことです」

「モンサントはどのような反応を返しましたか？」

「モンサントは、私たちの研究をまったく気にしていないでしょうね」。ロジャー・エルモアは、慎重な言葉で答えた。

「しかし、モンサントも大豆の収量を研究していますよね？」

「モンサントが発表しているデータは、科学的観点から見ると信頼できるものではありません。単に商売に使うためのものでしょう……」と、農学者は言葉を結んだ。

ロジャー・エルモアの研究結果はこうして、チャールズ・ベンブルックによる「メタ分析」の結論を裏付けた。ベンブルックは、一九九八年に合衆国のいくつかの農科大学の調査で測定された八二〇〇件の収穫率をもとに分析した。その結果、「収穫高の足かせ」は平均六・七％であり、アメリカ中西部では最高一〇％に達した。そして一九九九年だけで、失われた大豆の収量は八〇〇〇万から一億ブッシェル〔二八一・六万

〜三五二万キロリットル」にも達する。[*58]

チャールズ・ベンブルックが強調するように、「収穫高の足かせ」が大きな被害をもたらす可能性もある。その根拠としては、二〇〇一年、アーカンソー大学の研究者が明らかにした現象が挙げられる。[*59] 彼らの研究では、根粒菌――大豆の根に住みつき、大気中の窒素を固定して大豆の生長を促進する働きがある――に対してラウンドアップが影響を与えることが確認された。ラウンドアップ・レディ大豆の収量減少は、除草剤に対する根粒菌の感受性にも起因する。大気の乾燥状況によっては、この減少率は二五％にもなる。チャールズ・ベンブルックはこう述べる。「残念なことに、現在ではラウンドアップ耐性作物がいくつかの病気にきわめて弱いことも明らかにされている。とりわけ低温や害虫の被害、土壌中のミネラルや微生物のバランスの悪化など、ストレスがかかると病気になりやすい。このようなことが起こるのは、ラウンドアップへの耐性を与えるために導入された外来遺伝子によって、免疫反応をコントロールする代謝過程の作用に変化が生じるからである」[*60]。さらに彼は、こう付け加える。「残念なことに、このことが明らかになったのは、すでにアメリカでは四〇〇〇万ヘクタールの農地に遺伝子組み換え作物が栽培された後のことだった……」

科学誌や農業雑誌を丹念に調べてみれば、このような現象はラウンドアップ耐性作物が承認されている国では珍しくないことがわかる（Bt作物についても同じような問題があるのだが、それは後で取り上げる）。一九九九年、ジョージア州のある科学者に、大豆生産者から連絡があった。大豆が不可解な仕方で枯れ、収量が大幅に下がっているというのだ。▼研究の結果、遺伝子組み換え大豆は、在来品種の大豆にくらべて、二〇％も多くのリグニンを生成することがわかった。そのために通常より高温の気象下では、大豆の茎がきわめて脆くなってしまうのだ[*61]……。

GMO農業は「経済的災害」

「畑で大収穫！　アズグロウのラウンドアップ耐性大豆で確かめよう」。二〇〇二年一月、モンサントの子会社が農業誌に掲載した広告のうたい文句に、ソイル・アソシエーションは納得しなかった。ここの報告書『疑惑の種子』には、こう書かれている。「私たちが集めた証拠は、遺伝子組み換え作物の実態が、成功物語のイメージとはかけ離れていることを示している。このバイオテクノロジー企業が与えているイメージとは反対に、遺伝子組み換え作物によっては、宣伝されるような利益が得られないことは明らかである。むしろ遺伝子組み換え作物は業務上の災害であり、あるいは経済的災害である」

このような強力な告発を受けても、モンサントは、ヨーロッパで有機農業を推進する有力団体の言うことなど信頼するに値しない、という態度を崩さなかった。しかし、先ほど引用した一文は、遺伝子組み換え農業に安易に飛びつくことのリスクを厳密に経済的観点から評価するために、あらゆる側面から苦労して調査を行なった研究者たちが下した結論でもある。たとえば、アイオワ大学の経済学者マイケル・ダフィーは、ＵＳＤＡ（アメリカ農務省）の農業統計局と協力して、次のような調査を企てた。つまり、アイオワ州の農家の帳簿を調べるために各役所をまわり、二〇〇〇年に在来品種の大豆を栽培した六四か所の農地とラウンドアップ・レディ大豆を栽培した一〇八か所の畑について、その支出と利益を比較したのである。その結果は一日瞭然だった。生産に関連するあらゆる要因（種子の購入費、除草剤消費量、収量、燃料代、肥料など）を考慮すると、一エーカーあたりの赤字額は、在来大豆の生産者が〇・〇二ドルであるのに対

▼リグニン：木質素と呼ばれ、植物の細胞壁の間に蓄積される高分子重合体で、これによって植物の細胞は木化し、硬くなる。

して、遺伝子組み換え大豆の生産者は八・八七ドルであった。[*62] この調査が行なわれた時期が、除草剤の「価格戦争」が熾烈を極めた時期だったことに注意するべきだろう。除草剤の値下げにより、おそらく請求書の額は例年より減っていたはずである。また当時は、雑草のラウンドアップ耐性がそれほど問題になっていない時期でもあった……。さらに、マイケル・ダフィーは、Btトウモロコシと在来種のトウモロコシについても同様の調査を行なった。するとBtトウモロコシの生産者は一エーカーあたり二八・二八ドルの赤字であるのに対して、在来品種のトウモロコシ生産者は二五・〇二ドルの赤字だった。

いずれにせよ、農民たちが穀物を生産することによって赤字を出していることには驚かされる。その点については、GMOに関する別の事情を考慮に入れなければならない。GMOは、アメリカからヨーロッパへの輸出を停滞させ、そのために価格の下落を招いた。欧州委員会は当初、合衆国やカナダで生産された遺伝子組み換えの大豆、トウモロコシ、菜種（アブラナ）の輸入をためらうことなく承認した。しかし消費者の圧力を前にして、一九九九年六月二五日、GMO作物の輸入に五年の猶予を設けることを宣言せざるをえなくなった。[*63] その後、一九九九年一〇月二一日には、GMO製品に表示ラベルを付ける義務を課した。この二つの決定によって、欧州委員会はアメリカとカナダから激しい抗議を受けることになり、また北米大陸の平原でも大混乱が起こった。一夜明けると、仲買業者は農家に対して、遺伝子組み換え品種と在来品種の収穫物を分別して渡すよう要求するようになった。さらに、仲介業者は在来種の収穫物には特別手当を上乗せして農家に支払うようになった。

当時の『ワシントン・ポスト』紙によれば、アイオワ州やイリノイ州のような穀物輸出に頼っている州では、人々の怒りはとくに激しかった。農家の人々は、まるで自分たちが詐欺にあったような感覚を抱いた。「アメリカの生産者は、遺伝子組み換え作物が無害であることを確信し、それを栽培することに自信をもっており、自分たちの努力が報われることを疑っていませんでした」と、トウモロコシ生産者の代表は訴えた。「それがいまや、努力が報われるどころか、種子や化学の多国籍企業や職業組合によって誤った方向に誘導されていたことがわかりました。遺伝子組み換え作物に潜むリスクについて、私たちは何も知らされないまま、どんどんそれを育てるように促されてきました。しかし、ふたを開けてみると、消費者には受け入れられなかったのです[64]」

こうして事態はどんどん悪化した。アメリカ農務省によれば、一九九六年から二〇〇一年にかけて、ヨーロッパへのトウモロコシの輸出は九九・四％も落ち込んでいる。これは年間三億ドルの損失である。また、一九九八年にアメリカから輸出された大豆の二七％がヨーロッパで消費されていたが、一九九九年にこの数字は七％に落ち込んだ。アブラナの世界最大の輸出国であるカナダについて言えば、そのヨーロッパ市場はすっかり失われてしまった。これはアブラナだけでなく、ハチミツについても同様である[65]。

その結果、アメリカ政府は農民の所得を補償するために、予算を切り崩してでも特別補助金を支払う必要に迫られた。一九九九年から二〇〇二年の間に、総額一二〇〇億ドルの特別補助金が支払われたと推計されている[66]。二〇〇二年五月、アメリカの連邦議会上院では、その後一〇年間にわたって一八〇〇億ドルの補助金を支出することを定めた新「農業法」をめぐって投票が行なわれた。ソイル・アソシエーションの言い方を借りれば、これも「ＧＭＯ農業の経済的失敗を農家に隠すため」の手段の一つであった。

二〇〇〇年初めにカナダと合衆国の農民たちがモンサントと衝突した事件も、これと同じ背景に由来している。そしてモンサントは、ＧＭＯの拡大戦略が大失敗であったことを認め、遺伝子組み換え小麦の開発断念を迫られたのである。

第11章
遺伝子組み換え小麦
――北アメリカでのモンサントの敗北

私たちは、問題をさらに深く理解し、社会のニーズと不安をさらに考慮するために、多様な意見に注意深く耳を傾け、誠実な対話を心がけています。

――モンサント『プレッジ・レポート』（二〇〇一～二〇〇二年、序文）

二〇〇四年五月一〇日、オタワのグリーンピース事務所、そして環境保護に取り組む北米のあらゆる団体の事務所で、またカナダ西部およびアメリカ中西部のGMOが広がる大平原で、祝杯があげられた。この日モンサントは、短い公式声明を出した。そこでモンサントは「小麦業界の顧客や指導者」たちと「徹底的に議論」し、「ラウンドアップ耐性小麦の市場への出荷に向けた、あらゆる努力を一時的に延期することを決めた」[*1]と報告した。二〇〇四年のモンサントのパンフレット『プレッジ・レポート』では、この事実について「対話を通じて小麦に関する決定が導かれました」と述べている。[*2]

モンサント最大の敗北

『プレッジ・レポート』のもったいぶった文章は、モンサントに最大の敗北をもたらした人々の並々ならぬ努力を隠している。この多国籍企業は、その歴史で初めて、数億ドルもの研究開発費を注ぎ込んだ新製品の市場出荷を断念しなければならなかった。「私たちにとって、これは予想外の勝利でした。GMO農業の経済的失敗が認められたのです」。二〇〇四年一〇月、私のインタビューに応じてくれたデニス・オルソンは、そう説明した。デニス・オルソンは、ミネアポリス（ミネソタ州）の農業貿易政策研究所（IAPR）の経済学者で、アメリカでラウンドアップ耐性小麦の反対キャンペーンに精力的に取り組んできた人物である。「GMO発祥の地、北米で勝利したことは象徴的です。この勝利は、GM作物を栽培する農家たちが忍耐強く支持してくれたおかげです」

二〇〇二年のクリスマス・イヴの日、モンサントは、オタワとワシントンで同時に、ラウンドアップ耐性春小麦を市場に出荷するために申請書を提出したと発表した。この発表が、すでにモンサントが支配していた地域でも大騒動が起こるきっかけになった。この時モンサントは、ある「小さなこと」を忘れていたのだが、それが致命傷になった。それまでモンサントのGMOはすべて、おもに飼料作物や、油・衣類の原料となる作物（大豆▼・アブラナ・綿花）に限定されており、人間が直接に口にするもの（トウモロコシ）は例外であった。しかし小麦となると、話は別である。古代では神話の主題としても取り上げられてきたこの植物は、世界の耕作面積の約二〇％を占める作物であり、全人類の人口の三分の一にとっての基

▼大豆：大豆は東アジアでは食品のイメージが強いが、欧米では飼料のイメージが強い。

礎的食料である。モンサントはこの黄金の穀物に操作を加えることで、一万年前にメソポタミア近辺で農耕文明とともに生まれた文化的・宗教的・経済的シンボルを手に入れようとしたのである。[*3]

この「シンボル」は、現実的にも比喩的にも、北米の広大な穀物生産地域の「日々の糧」である。そこで栽培されている春赤小麦（春蒔き赤小麦）に、モンサントはラウンドアップ耐性遺伝子を組み込んだのだ。春赤小麦は、タンパク質とグルテンが豊富な「小麦の王様」と呼ばれ、合衆国北部の四つの州（ノースダコタ州・サウスダコタ州・モンタナ州・ミネソタ州）で栽培されている。また国境の反対側、カナダ西部のサスカチュワン州▼でも栽培されている。ちなみにサスカチュワン州は、先に述べたパーシー・シュマイザーの故郷であり、GMO抵抗運動が早くから開始された地域である。もちろん、これらの広大な小麦生産地域では、遺伝子組み換え品種の大豆・アブラナ・トウモロコシも栽培されている。しかし、そこでモンサントが反対運動に直面することになったのは、根本的には経済的理由のためである。「カナダは、小麦の年間生産量の七五%を輸出しており、総量は平均二〇〇〇万トンになります」と、カナダ小麦委員会（CCB）の副会長イアン・マクレアリーが私に説明してくれた。小麦生産者たちが運営するこの組織は、一九三五年の連邦法にもとづき、カナダの平原で生産されたあらゆる穀物の出荷と販売を監督している。「小麦の輸出は、毎年二〇億ユーロの収入になります。しかし、日本やヨーロッパを筆頭に、私たちの国際市場のあらゆる顧客が、遺伝子組み換え小麦を望んでいないことを表明しました。モンサントの小麦が市場に出回ったら、カナダ西部の八万五〇〇〇軒の生産者たちが夜逃げする羽目になってもおかしくないのです」

四二歳のイアン・マクレアリーは、七〇〇ヘクタールの農場の経営者である。彼の農場は、広大で平坦だが曇りがちなこの州の真ん中、その地形から「パン籠」と呼ばれるブラッドワースの近くにあった。私が彼に会ったのは、二〇〇四年九月だった。彼は妻メアリーとともに、コンバインの調整を終えるところだった。数千ヘクタールの小麦畑が広がる風景を見て、私はあたかも世界の果てにいるような感覚を抱いた。青い大空の下には見渡すかぎり小麦畑が広がり、そのあちこちにレゴのブロックを思い起こさせる巨大な穀物サイロが、大平原から天空へと伸びている。

「ここでは、あらゆるものから遠く離れています」。イアン・マクレアリーは、朝食前の祈りを家族全員で唱えた後で、微笑みながら言った。「何より多額の輸送費用がかかります。ですから、私たちの仕事で利益を出すためには、小麦の品質を高めることに専心しなければなりません。世界中の製粉業者が、私たちの小麦を高く評価してくれていて、パン用の低品質小麦に私たちの小麦を混ぜて使っています。もし遺伝子組み換え小麦を栽培すれば、アブラナやトウモロコシの場合と同じように、私たちの小麦の価格も下落するでしょう。だからといって、私たちは小麦を飼料として売ることもできません」

「しかしモンサントによれば、遺伝子組み換え小麦は、雑草の問題を解決するという話ですが」と、私は尋ねてみた。

「大豆とは違って、小麦の場合、雑草はまったく問題にならないのですよ」。イアン・マクレアリーは答えた。「雑草が問題になるのは、私たちの側じゃなくて、モンサントの側でしょう。あの会社のラウンドアップの特許は、ちょうど期限が切れたところですからね。つまりモンサントは、世界最大の食糧生産地帯の一つに除草剤や種子を売り込んで、挽回したいのです。小麦生産者の側では、ラウンドアップ耐性小麦を栽培すれば「自然発生」の雑草が出現するので、除草剤の使用量が増えることを懸念しています。そもそも、あんな高い値段で特許取得済みの種子を買うなんて、お話にもなりません。この大平原では、すくなくとも新たな種子を買う必要が生じるまでの一〇年間、自家採取した小麦の種子を利用するのが習慣

▼カナダ西部のサスカチュワン州（原注）：カナダでは、一〇〇〇万ヘクタールの農地で小麦が栽培されており、そのうち六〇〇万ヘクタールが同州である。

なのです……」

こうしてカナダ小麦委員会は、二〇〇三年二月の『トロント・スター』紙の記事に書かれたように、「GMO小麦に対抗する共同戦線」を張るために、「過去に衝突したこともある二つの組織」、すなわちグリーンピースとカナダ市民評議会とともに闘争を開始した。[*4]『トロント・スター』の記事では、イギリスの大手製粉業者であるランク・ホビスの代表からカナダ小麦委員会へ宛てられた手紙が引用されている。「あなた方が遺伝子組み換え小麦を栽培するなら、遺伝子組み換えであるか在来品種であるかを問わず、今後あなた方の小麦を購入することはできなくなります。〔……〕なぜなら、そのような小麦からつくられた製品を、私たちは販売することができないからです」。同じころ、イタリアの大手製粉業者であるグランディ・モリーニ・イタリアーニは、北アメリカの小麦生産者に同じようなメッセージを送っている。[*5]すぐにその後、日本の製粉協会も合流した。協会専務理事である重田勉は、もし多数の消費者が望まないモンサント小麦が北米の平原で栽培されれば「市場が崩壊する」と予言する内容の声明を発した[*6]（二〇〇三年五月、資源評議会西部機構の依頼で行なわれた調査によれば、調査に応じた日本・中国・韓国の小麦輸入業者の一〇〇%が「遺伝子組み換え小麦の購入を拒否する」と回答した）。

国内で生産される小麦の五〇%を輸出することで当時五〇億ドルほどの年間総売上を誇っていた合衆国では、これらのメッセージはすべての小麦生産者（春小麦を栽培していない生産者も含む）に明確に伝わった。「市場の動揺は、あらゆる生産者に影響を与えます」[*7]。こう説明するのは、米国小麦協会会長のアラン・トレイシーである。二〇〇三年一〇月、この協会は、アイオワ大学の経済学者ロバート・ウィズナーが発表した研究に衝撃を受けた。ロバート・ウィズナーは、新たな遺伝子組み換え小麦が市場に出荷された場合にどのような経済的影響が予想されるかを検討したところ、絶望的な結果を得たのだった。春蒔き小麦の輸出は三〇〜五〇%も落ち込み、デュラム小麦にいたってはそれ以上の落ち込みが予想された。価格が三分の二まで下落するだけでなく、関係するあらゆる領域で失業が起こり、農村生活にも影響が及ぶことも懸念された。「大多数の外国の消費者は、遺伝子組み換え小麦を望んでいないのだ」と経済学者は説明している。「消費者が正しいか否かはともかく、ＧＭＯの表示が義務づけられている国では、商品を選択する消費者こそが決定者なのである」[*8]

こうして、一〇年前にはＧＭＯを手放しで歓迎していた（この協会の）数百人の農民たちは、「バイオテクノロジーと対決」するために「北部の平原」を奔走することになった。ノースダコタ州やモンタナ州では、この抵抗運動は「政治運動になるまでに進展した」[*9]。モンサント小麦の市場出荷を延期させようとして、農民たちは住民投票を要望した。他方、モンサントはあらゆる手段を尽くして、この抵抗運動を転覆させようとした。さまよえる羊たちを羊小屋に連れ戻すために、モンサントは飛行機を借りて、ノースダコタの反対運動の代表団を、ミズーリ州の本社に招いた。そこで代表団を出迎えたのは、何とラウンドアップ・レディ大豆の「発明者」の一人で、当時は副社長になっていたロバート・フレイリーだった。フレイリーは「モンサントに反対するなんて、過激な環境保護団体を喜ばせるだけです」と説いた。その場に招かれていた農民の一人、ルイス・カストラーはこう証言する。「その時、私は、すごく頭にきました。そこで私はフレイリーの目をにらみつけ、こう言いました。『環境保護団体の話なんて、どうだっていいでしょう。私たちも金を稼ぐ必要があるのですよ』[*10]」

▼カナダ市民評議会：the Council of Canadians. カナダで最有力の消費者団体。代表のモード・バーロウは日本でも著名であり、邦訳書に以下がある。『ウォーター・ビジネス——世界の水資源・水道民営化・水処理技術・ボトルウォーターをめぐる壮絶なる戦い』（佐久間智子訳、作品社、二〇〇八年）、『「水」戦争の世紀』（トニー・クラークとの共著、鈴木主税訳、集英社新書、二〇〇三年）。公式サイトは、http://www.canadians.org/

反GMOのシンボルとなったオオカバマダラ

二〇〇三年に北アメリカの農民たちが起こした予想外の反乱を正しく理解するためには、当時のモンサントが陥っていた不利な状況を知っておく必要がある。フランスの科学技術社会学の研究者ピエール＝ブノワ・ジョリとクレール・マリスが述べているように、GMOへの抵抗運動は、アメリカ大陸とヨーロッパで別々に生じた。どちらの運動も、それぞれが直面していた「災害」と「課題」にもとづいて組織されていたが、二〇〇〇年初頭になって、両方の運動が共同でラウンドアップ耐性小麦を拒否する運動を展開するようになった。[*11]

ヨーロッパでの、反GMO運動のきっかけとなった最初の「災害」は、一九九六年に出現した狂牛病（BSE）であった。ちょうど、それは合衆国からラウンドアップ耐性大豆の最初の積荷が届いた年でもあった。当時、グリーンピースによる反GMOキャンペーンが成功したのは、致死性プリオン［狂牛病の原因物質といわれるタンパク質］の騒動によって人々が不安になっていたことが挙げられる。というのも、この騒動を通じて、工場畜産についても工業的食料生産についても、政府機関にリスクを評価する能力がないことが暴露されたからである。ピエール＝ブノワ・ジョリとクレール・マリスが述べるように、「二〇〇六年一一月一日付『リベラシオン』紙の見出しは、『狂大豆警報』だった。GMOのイメージは、それに先立つ狂牛病問題に大きな影響を受けていたのである」[*12]

こうした状況の中、オルター・グローバリゼーション運動は次第に勢いを増し、世界中の農業をモンサントのような多国籍企業が支配することを告発した（一九九九年一二月のシアトルでのWTO閣僚会議）。そこでは、ターミネーター遺伝子特許をめぐる問題が多国籍企業による農業支配の象徴になった。フランスでは「ジャンクフード」が問題視されるようになり、一九九九年八月、農民ジョゼ・ボヴェたちがミロー（フランス）のマクドナルド店舗を解体したり、GMOの試験作物を引き抜いたりする非暴力的な直接行動を実行したが、これらの活動を指揮したジョゼ・ボヴェに多くの人々が喝采を叫んだ。

「ジャンクフード」が生活様式の一部になっている北米大陸では、GMOが普及した「静かな時代」にジャンクフードが大きな問題になることはなかった。しかし、ターミネーター遺伝子と遺伝子特許が大きな問題になるにつれて、この二つの「災害」をめぐって世論が大きく変化していく。人々は急に、バイオテクノロジーに由来する食品のリスク管理について、規制機関の信頼性と公平性を疑いはじめたのだ。その時「オオカバマダラ」という、オレンジ色のステンドグラスのような羽をした蝶が人々の関心を惹いた。カナダの国虫であり、合衆国の多くの州の州虫にも指定されている、北米でもっとも人気のある蝶である。渡り鳥のように北米大陸を集団で大移動する習性がある。そのオオカバマダラが、突如として反GMO運動のシンボルになったのだ。

一九九九年五月二〇日、科学誌『ネイチャー』に、コーネル大学（ニューヨーク）の昆虫学者、ジョン・ロージーの研究が発表された。[*13] ロージーは二人の同僚と協力して、ノバルティス社（現シンジェンタ社）が開発した、アワノメイガ（穀物の寄生虫）を撃退するはずのBtトウモロコシの花粉が、オオカバマダラの幼

▼オルター・グローバリゼーション運動：多国籍企業や金融資本が主導する新自由主義的なグローバリゼーションに対して、「オルタナティブな（もう一つの）グローバリズム」を目指す国際的な民衆運動。スーザン・ジョージ『オルター・グローバリゼーション宣言！——もう一つの世界は可能だ！　もし……』（杉村昌昭ほか訳、作品社、二〇〇四年）ほか参照。

▼ジョゼ・ボヴェ：フランス・ラルザックの酪農家で活動家、欧州議会議員を務める。一九五三年生まれ。邦訳書に、『地球は売り物じゃない！　ジャンクフードと闘う農民たち』（共著、新谷淳一訳、紀伊國屋書店、二〇〇一年）、『ジョゼ・ボヴェ——あるフランス農民の反逆』（共著、杉村昌昭訳、柘植書房新社、二〇〇二年）など。

虫に及ぼす影響を調べた。この「Bt」という接頭語——Bt作物はモンサントが発明した——は、自然界の土壌中に存在し殺虫剤のような振る舞いをするバクテリア、バチルス・チューリンゲンシスに由来している。一九〇一年に日本の細菌学者が、カイコを使用した実験で、この細菌が殺虫作用をもつことを発見した。有機農家たちは、このバクテリアを霧状に散布して使用している。というのも、このバクテリアには日光に当たると急速に死滅するという特性があり、環境にも駆除対象以外の虫にも悪影響を与えないうえ、ほんの一瞬の使用で済むからだ。ところがバイオテクノロジー企業は、このバクテリアをまったく別の仕方で利用した。このバクテリアの毒素をつくる遺伝子を、植物の遺伝子に組み込んだのである。この毒素は、植物のあらゆる体組織で生まれてから死ぬまで生成され、その影響は害虫だけでなくクサカゲロウのような益虫（Btトウモロコシに寄生するアワノメイガの捕食者）にも、あるいは他のあらゆる虫にも及ぶ可能性がある。ロージー博士がオオカバマダラを調べようとした時、すでに多くの研究によって、Btトウモロコシがテントウムシなどの益虫、土中の微生物、虫を補食する鳥類に対して致死的な効果をもつことが示されていた[*14]。

コーネル大学のチームは、オオカバマダラの幼虫を研究所で飼育し、大好物のノゲシの葉にBtトウモロコシの花粉をまぶした餌を与えた。その結果、「四日後には幼虫の四四％が死滅し、生き残った幼虫は食欲を失っていた。反対に、在来品種トウモロコシの花粉をまぶした葉を与えた幼虫は、一匹も死ななかった[*15]」。この論文は、北米の人々に大きな衝撃を与えた。この論文が発表された当日、欧州委員会は、Bt遺伝子組み換え作物（モンサント製品も含む）の市場出荷について、その承認を保留すると発表した。ノバルティス社の広報担当者、クリスチャン・モランはこう弁明した。「そのような結果が出たのは、オオカバマダラに強い負荷がかかる条件で実験が行なわれたせいです」。そして彼は、研究室内ではなく、畑で実験を行なうよう要求した[*16]。しかし、結果は同じであった。アメリカ人が愛するオオカバマダラの不幸は、ヨーロッパへのトウモロコシ輸出に最初の打撃を与えた。たった一日で状況は変わったのだ。「憂慮する科学者同盟」（UCS）のマーガレット・メロン博士▼は、こう憤った。「このような研究が、なぜBtトウモロコシが認可される以前に行なわれなかったのでしょうか。Btトウモロコシは、すでに八〇〇万ヘクタールの農地で栽培されているのです。今回の研究結果は、今後さらに悪いことが起こると警告しています」[*17]

当然ながら、モンサントを筆頭とするGMO企業は、一九五四年以来オオカバマダラの研究をつづける昆虫学者リンカーン・ブラウアーが、二〇〇一年に述べたように、「この結果を矮小化し、あざ笑う」キャンペーンを張って応戦した。[*18] 時には「博物学者から見ると、オオカバマダラの生態に関する無知をさらけだすような、嘘っぱちでいいかげんな情報」をばらまいた。オオカバマダラの専門家であるブラウアー博士の論文を読めば、政府機関や科学界の一部と民間企業の利害が結びつくことで、純粋に科学的な議論が完全に歪められてしまうことの理由を、とてもよく理解することができる。ブラウアー博士は嘆く。「コーネル大学の発見に関する議論は、アグリビジネス企業によって歪曲された結果、さらに重大で深刻な問題を見失わせることになった。というのも、この発見が示す真の危険は、遺伝子組み換え植物が生物多様性を失わせることにあるからだ」。彼の報告によれば、ラウンドアップの集中的な散布によって、オオカバマダラの餌であるノゲシをはじめ、あらゆる野生の草花が消え去ってしまったという。

さらにブラウアーは、自分自身が証人となって、企業による科学研究の「操作」について述べている。ジョン・ロージーの論文が掲載されてまもなく、バイオテクノロジー大手たちは、「農業バイテク業界ワーキンググループ（ABSWG）」という名の「企業連合」を結成した。その趣旨は、大学でジョン・ロー

▼日本の細菌学者：バチルス・チューリンゲンシスは、一九〇一年に石渡繁胤（いしわた・しげたね）により、カイコの病原細菌として発見された。

▼マーガレット・メロン：邦訳書に『遺伝子組み換え作物と環境への危機』（共著、阿部利徳ほか訳、合同出版、一九九九年）がある。

ジーと同じような研究をしている科学者たちに向けて、資金援助を行なうことである。一九九九年一一月二日、この組織から資金援助を受けた研究がまだ準備段階にあったころ、ＡＢＳＷＧは、デリケートな問題を「自由に」議論しようと呼びかけ、シカゴで「科学会議」の開催を企画した。そこにはＡＢＳＷＧから資金援助を受けた多くの研究者のほか、リンカーン・ブラウアーなど独立した研究者たち、さらに『ニューヨーク・タイムズ』のキャロル・ユン記者が参加した。そして議論がはじまった矢先、ユン記者は本社から連絡を受けた。その日の朝、新聞社にバイオテクノロジー業界団体から公式声明が届いた、というのだ。しかも、その公式声明のタイトルは「科学会議は、オオカバマダラに対する危険はまったくないと結論した」というものだった。[19]唖然としたユン記者は、科学会議の参加者たちに「皆さん、この公式声明を知っていますか」と質問した。参加者たちは「とんでもない！」と口をそろえて答えた。ユン記者は、この出来事をそのまま新聞の記事に書いた[20]（なんという模範的な記者だろう！）。しかし、それ以外の新聞社は、この虚偽に満ちた声明をそのまま記事に書いたのである……[21]。

それにもかかわらず、コーネル大学の研究結果は、アイオワ大学の研究によって追認された。この研究は二〇〇〇年八月一九日『エコロジア』誌で発表された。[22]「Bt花粉を浴びたオオカバマダラの幼虫は、五日間で七〇％が死滅した[23]」と、研究代表者のジョン・オブリッキは述べている。この研究では、遺伝子組み換え作物を栽培する畑の近くで採取されたノゲシの葉が使用され、実験は屋外で行なわれた。この研究によって論争がふたたびはじまった。しかし、その直後に起こった大事件のせいで、人々の注目はそちらに移ってしまう。その事件は、ＧＭＯが人体の健康と環境に与える影響という点で、さらに大きな衝撃を人々に与えたのである。

スターリンク事件

この一大事件は、二〇〇〇年九月一八日、アメリカの環境保護団体「地球の友」▼が発行する一冊の広報誌からはじまった。この団体がスーパーマーケットで購入したトウモロコシ（トウモロコシの実、チップス、タコス、トウモロコシ粉、スープ、ケーキなどの加工品）を分析した結果、アベンティス社▼が開発したBtトウモロコシ「スターリンク」▼が発見されたのだ。人間の食糧としての使用を禁止されているこのBtトウモロコシは、殺虫効果を向上させるために、アベンティス社によって「Cry9C」（Btタンパク質）が組み込まれていた。Cry9Cはきわめて安定性の高いタンパク質で、『ワシントン・ポスト』紙が説明するように、「熱や胃液への強い耐性があるため、生体組織に過剰反応を引き起こしやすく、アレルギーの原因になる怖れがある」*24。このような理由から、環境保護庁はスターリンクの販売を家畜飼料とエタノール製造の用途に限定していたのだ……。ところが、GMOトウモロコシと在来トウモロコシを見た目で区別しようとしても、実際には不可能に近い。そこで細かい手続きに不慣れな穀物仲買業者が、スターリンクを（黄色トウモロコシの）別品種と取り違えてしまったのだ……。

この悲惨な事件の結末を話す前に、ピエール＝ブノワ・ジョリとクレール・マリスが指摘した、アメリカの「規制枠組の不当性」*25について説明しておきたい。それこそ、この事件が暴露したものだからである。

▼地球の友：日本での問い合わせ先は、http://www.foejapan.org/

▼アベンティス社（原注）：当時の同社は、ドイツのヘキスト社、フランスのローヌ・プーラン社、ルーセル・ウラア社、アメリカのロレアル社、マリオ社、イギリスのフィソンス社の合併によって、一九九九年に誕生したヨーロッパの一大製薬企業だった。二〇〇四年にサノフィ・サンテラボに買収され、サノフィ・アベンティス社となった。

▼スターリンク：天笠啓祐「スターリンク事件を追って——食品に入り込んだ危険な未承認組み換えコーン」（『技術と人間』二〇〇〇年一二月号）、河田昌東「トウモロコシ種子からスターリンク」（『週刊金曜日増刊 買ってはいけない2』二〇〇二年一一月二二日）などを参照。

すでに述べたように、当時の共和党政権は「GMOの規制に関する指針」を発表した後、規制業務を三つの機関に割り振った。こうして合衆国の食品薬品局（FDA）は遺伝子組み換え食品を、環境保護庁（EPA）は殺虫作用のあるGMOを、農務省（USDA）は遺伝子組み換え作物を担当することになった。このいい加減な割り振りによって、Bt植物は、食卓にのぼる可能性がある作物（トウモロコシなど）も含まれるにもかかわらず、FDAではなくてEPAが監督することになった。ようするに、Bt植物は農薬とみなされたのだ。

この矛盾こそがスターリンク事件の原因になるのだが、一九九八年の『ニューヨーク・タイムズ』のマイケル・ポーランによる記事は、その矛盾を明快に描き出している。[*26] この記事でポーラン記者は、「自分の菜園に新しい作物を植えた」ことの話を語っている。それは当時モンサントから販売がはじまったばかりの「ニューリーフ」というBtジャガイモで、「自分自身で殺虫剤」を生成すると宣伝されていた。注意書を読んだポーランは、このジャガイモがEPAによって「農薬」として登録されていることに気づいた。そのラベルには有機成分、栄養素、さらに「微量の銅」が含まれていることが記載されていた。しかし、このジャガイモが遺伝子組み換え製品であることについても、さらには「殺虫剤を含んでいること」についても、まったく触れられていなかった。驚いた彼は、FDAのバイオテクノロジー・コーディネーターであったジェームズ・マリアンスキーに電話をかけた。「Btジャガイモは農薬です」と電話の相手は説明した。「ですからFDAの規制の対象外で、EPAの管轄になります」。しかし、ポーランは食い下がった。「私は自分で栽培したBtジャガイモを食べようと思っているのですが、EPAは食品としての安全性をテストしたのでしょうか」。「いいえ、実際にはテストしていません」とマリアンスキーは答えた。なぜなら、そもそも「農薬は有毒製品」であり、したがってEPAは人体への「許容水準」しか定めないからだ……。ポーランは、今度はEPAに電話をかけた。するとEPAは、ニューリーフは「安全なジャガイモと安全な農薬の集大成」なので、人間の健康にとって完全に無害であると考えている、と説明した。「私のジャガイモが農薬であること、しかもきわめて信頼できる農薬であることは認めることにしよう」とポーランは皮肉を述べる。「ところで、私が菜園で使用している農薬は、Btスプレーも含めて、どの製品にも長々と使用上の注意が書かれている。とりわけBtのボトルに貼られた注意書には、この製品の吸入や傷口への接触を避けるように、とまで書かれている。しかし、このジャガイモ『ニューリーフ』には、ＥＰＡに登録された農薬と同じ成分が含まれているにもかかわらず、どうしてそのような注意書が付いていないのだろうか？」

このようなアメリカの規制システムの支離滅裂ぶりには、まったく空いた口がふさがらない。しかもＥＰＡが、スターリンクにアレルギーを引き起こす危険性があることを知っていながら、早急に販売禁止の措置を取る代わりに、用途を家畜飼料に制限する▼にとどめ、あいかわらず販売を認めているのは、まさしく荒唐無稽としか言いようがない。この問題について、ＦＤＡがまったく無関心であったことも示しておこう。ＦＤＡのアラン・ラリスは、アベンティスの子会社でスターリンクの販売会社アグレボに送った一九九八年五月二九日の手紙で、事件に触れることもなく、こう述べているだけである。「ご存知のように、アグレボ社には、同社の販売する食品が健康に安全で、なんら規制に反しないことを確認する責任があります[*27]……」

▼マイケル・ポーラン：邦訳書に、『雑食動物のジレンマ――ある四つの食事の自然史』（上下、ラッセル秀子訳、東洋経済新報社、二〇〇九年）、『フード・ルール――人と地球にやさしいシンプルな食習慣64』（ラッセル秀子訳、東洋経済新報社、二〇一〇年）ほか。http://michaelpollan.com/

▼用途を家畜飼料に制限する：たとえば、狂牛病（ＢＳＥ）対策で肉骨粉を牛の飼料には禁止したが、豚・鶏の飼料には禁止しなかったため、製造工程の分離不完全から牛の飼料も汚染する恐れがあるといった事態に類似している。

このＦＤＡの役人は、この手紙だけでは十分でなかったことを思い知ったにちがいない。というのも、二〇〇〇年九月、合衆国のいたるところでパニックに陥った消費者から、ＦＤＡに電話が殺到したからだ。その一人、グレイス・ブースは、朝食でエンチラーダ［トウモロコシのトルティーヤを使用したメキシコ料理］を食べたところ、突然発熱し、激しい下痢に襲われ、また唇が膨れ上がり、声が出なくなったという事件を電話で語った。「死んでしまうかと思いました」とＣＢＳ放送の番組で彼女は語っている。[28] カリフォルニアの病院に担ぎこまれた彼女は、抗アレルギー剤を早急に投与したおかげで、かろうじて生き延びた。ＦＤＡに届いた報告のすべては、トウモロコシ製品によって発作が起こったことを示していた。そのトウモロコシ製品は、基本的にはメキシコ料理で使用されるものであった。ＣＢＳは、この事件の行政側の相談役だったアレルギーの専門家、マーク・ローゼンバーグ博士に問い合わせた。ローゼンバーグ博士によれば、今回の症状は「腹痛や下痢、皮膚のかゆみにはじまり、場合によっては命にかかわる発作が起こる」ということだった。

二〇〇一年七月に「地球の友」が報告書で述べたように、「スターリンク事件は、政府による規制の歪みを示す、典型的な事件である。政府の規制機関は、本来バイオテクノロジー企業や農業・食品企業を規制しなければならないのに、実際にはそれらの企業にほとんど全面的に依存しているため、まったく役に立たないのだ」[29]。さらに報告書は、ＦＤＡがスターリンクの鑑定結果を出すのに一週間もかけたことに触れ、こう述べている。「スターリンクは二年前に販売され、すでに数十万エーカーの土地で栽培されているにもかかわらず、この鑑定結果が出るのにずいぶん時間がかかった。事実を言えば、ＦＤＡには、アレルギー誘因の可能性のあるこのタンパク質を検出するための設備がなかったのである」[30]。食品テストをするために、権威あるＦＤＡはアベンティス社の助力を求めなければならなかった……。これと同じようにＥＰＡも、Btタンパク質のアレルギー性を測定する試験を行なうために、製造会社に分子サンプルの提供を求めなければならなかった。この会社は、植物からタンパク質を十分な仕方で抽出することができなかったという理由を付けて、大腸菌から合成した代替物質を提供した。専門家たちは、この試験は歪曲されているると主張する。というのも、すでに触れたように、「同種のタンパク質だからといって、それらを同一のタンパク質とみなすことはできない」▼からである。[*31] 数か月も引き延ばした後、環境保護庁は慎重に「スターリンクがアレルギー物質を含む可能性は通常と同程度」と結論した……。[*32] その後、さまざまな衛生機関はこの問題を葬り去った。こうして、タコスを食べたことで深刻な病気が生じた理由も、数百人のアメリカ市民が死にかけた理由も、わからずじまいになったのだ……。

「小麦で繰り返すな!」

このスターリンク事件のために、アベンティス社は一〇億ドルを費やした。まず同社は、食品販売業者に賠償しなければならなかった。食品販売業者は一〇〇〇万個のトウモロコシ製品を棚から撤去する羽目になったからだ。次に、すべての顧客（仲買業者・農民・製粉業者）の倉庫に保管されていたスターリンクの在庫を買い取る必要に迫られた。しかし事件の規模は、同社が見積もった最悪の想定をはるかに上回った。USDA（合衆国農務省）による調査で、アメリカのトウモロコシの二二%がこの忌まわしいタンパク質に汚染されていることが明らかになったのだ。[*33] これは、すでにオオカバマダラ事件によって激減したGMO輸出に、さらなる追い打ちをかけた。『ネイチャー』誌の記事では、USDA代表によるとスター

▼数十万エーカーの土地（原注）：当時、スターリンクの栽培面積は約一五万ヘクタールであり、これはトウモロコシの総栽培面積の一%に相当する。
▼同一のタンパク質とみなすことはできない：たとえば、ヒトインスリンの遺伝子を大腸菌や酵母に入れてタンパク質をつくらせた場合、アミノ酸配列は同じでも立体構造が異なる可能性がある、という指摘がある。

リンクは日本や台湾のパン製品にも見つかったことが報告されていた。[*34]

「みなさんの疑問は承知しています。はたしてこの騒ぎにいつか終わりが来るのだろうか、と」。アベンティス社の経営陣の一人、ジョン・ヴィクトリッチは、サン・アントニオ（テキサス）で開かれた北米製粉業組合の集会で、腹立たしげに言った。「残念なことに、答えは『ノー』です。食品中のCry9Cタンパク質の含有割合をゼロにしなければならないとしたら、けっして終わりません」[*35]

これまでの説明で、北米の大平原で抵抗運動が組織された理由をようやく示すことができる。つまりモンサントは、この「スターリンク事件」の最中に、ラウンドアップ耐性小麦の販売計画を発表したのだ。モンサントの側も追い込まれていた。二〇〇二年一二月末、まさにモンサントがこの発表をした時、ヘンドリク・ヴェルフェイユCEOは「経営不振」を理由に退任を迫られた。二〇〇二年度のモンサントは、一七億ドルの損失を抱えていた。しかし、こうしたことはCCB（カナダ小麦委員会）にとって関係のない話である。CCBは二〇〇三年六月二七日、モンサントと行政機関の同盟軍に対して宣戦を布告した。「遺伝子組み換え小麦を、カナダに持ち込まないことを約束させるために、私たちは死力を尽くすつもりだ」と、CCB代表エイドリアン・メスナーは宣言した。[*36]

その少し前、このデリケートな問題を議論するために、カナダ下院に農業・食品常設委員会が設けられた。この議論のカヤの外に置かれたカナダ・グリーンピースは、農業・食品常設委員会の委員長ポール・ステッケルに宛てた手紙を公開し、そこで「モンサントとカナダ政府の協力関係がもたらした利益相返」を告発した。[*37] この手紙は、カナダ農務農産食品省（AAFC）が「公的な所有物である一級の遺伝子素材をモンサントに提供し、モンサントの遺伝子組み換え小麦の開発を支援した」こと、そしてAAFCが「契約にもとづき、モンサントの遺伝子組み換え小麦の品種登録のために圃場試験を行なった」ことを明らかにした。さらに、AAFCは「合同出資案にもとづき、モンサントにすくなくとも八〇万ドルを提供した」。[*38] このような状況では、もはやAAFCとその補助機関であるカナダ食品検査局（CFIA、ラウンドアップ小麦の共同開発者）が完全に独立性が保たれるような仕方で「人間の健康、農業、環境に対する農業バイオテクノロジーの安全性を適切に」[*39]評価し、規制すると言ったところで、その言葉を信じる者はいないだろう。

さらにグリーンピースは、その手紙の多くの箇所で、ラウンドアップ耐性小麦の販売が引き起こしかねない遺伝子汚染の問題について語っている。グリーンピースの専門家は、「尊敬すべき委員会」がモンサント代表を聴取するにあたって、次の三つの質問をするように提案した。

（1）モンサント社は、ラウンドアップ耐性小麦が在来小麦および有機栽培小麦に対する遺伝子汚染を引き起こした時、その件に公的かつ法的に責任を負うことを約束するつもりがあるか？

（2）もし約束するつもりがあるとしたら、モンサントはその被害者に補償金をどれくらい支払う用意があるのか？

（3）もし約束するつもりがないとしたら、この被害を補償する当事者は誰だと考えるのか？

「遺伝子汚染の問題は、たしかに私たちがラウンドアップ耐性小麦を拒絶することを決める大きな要因になりました」と、カナダ小麦委員会のイアン・マクレーリー副委員長は私に述べた。「私たちの頭の中には、スターリンク事件の忌まわしい記憶が焼き付いていました。ついでに言えば、私たちは、遺伝子組み換えアブラナが在来アブラナを消失させた事件を、すでに経験していたのです」

遺伝子汚染は避けられない――GMOアブラナによって消滅した在来種

遺伝子汚染の最初の犠牲者は、有機農業を行なっている農民たちだった。彼らは自分たちが栽培している小麦にGMO遺伝子が混入していないことを証明することができず、ついに有機農業を断念しなければならなくなった。そのことを詳しく知るために、私はマルク・ロワゼルに会うことにした。ロワゼルは、モンサント小麦に反対する運動の代表者の一人で、二二年にわたって有機農業をつづけていた人物である。[*40] 彼は、妻のアニタとともに、祖父母からつづく農場を経営している。彼の祖父母は、一世紀ほど前に、フランスのアキテーヌから移住し、サスカトーンから一〇〇キロほど離れたボンダに農場を開いた。同じ地方に「モンサントに立ち向かった男」パーシー・シュマイザーも住んでいる。

二〇〇四年九月のある日、ロワゼルの胸に不安が広がった。まだ夏も終わらないというのに、この地域をマイナス九度という異例の低温が襲ったのだ。一部の小麦は凍りつき、収穫も危うかった。ロワゼルにとって、小麦は彼の命そのものである。それは、彼が小麦をつくって生活しているから、というだけではない。小麦は、彼を祖父母以来の一族の偉業に、ひいては人類の偉大な冒険に結びつけているからだ。この敬虔なカトリック信者は、どのような小麦でもお構いなしに栽培していたわけではない。毎年、彼は四五ヘクタールの畑に、古くから伝わり絶滅が危惧されている小麦の種を蒔いていた。それは「レッドファイフ」という小麦で、パン職人にとても重宝されている品種である。大平原の彼方にまっすぐ延びる道を、私たちは自動車で駆け抜けた。その途中、ロワゼルは、ヨーロッパの入植者がカナダに小麦の種子をもちこんだ歴史を教えてくれた。入植者たちがカナダに入り込んだ当時、この大平原の厳しい気候条件では、小麦栽培は不可能だと思われていた。しかし一八四二年のある日、デヴィッド・ファイフというオンタリオに住み着いたスコットランドの農民が、試しに小麦の種を蒔いてみた。それはダンツィヒを出発した船の積荷からグラスゴーの友人が手に入れた、ウクライナ小麦の種だった。「発見者」の栄誉をたたえ「レッドファイフ」と名づけられたこの赤小麦は、すぐに大平原に広まった。というのも、このレッドファイフは、錆病に強い耐性をそなえているうえ、成長がとても早いため、秋に寒くなる前に収穫できるのだ。その後、品種改良業者が、収量とパンの品質を向上させるために、「ハードレッド・カルカッタ」というインド原産の品種と交配させた。こうして新たな品種「マルキス」が生まれた。マルキスは、二〇世紀初頭に南のネブラスカ（合衆国）から北のサスカチュワン（カナダ）まで広大な地域に広まった。現在、この地域は世界屈指の小麦生産地帯の一つとみなされている。

「この話は、人類が地球上の各地で繰り広げてきた、小麦の一大叙事詩の好例ではないでしょうか」とマルク・ロワゼルは言った。「その当時は、種子の交配を禁じる契約も、ターミネーター特許もありませんでした……」

その時、私たちの自動車は、レッドファイフ小麦を栽培している広大な畑に到着した。その畑は、日差しにぐったりした様子のラウンドアップ耐性アブラナの畑に取り囲まれていた。ロワゼルは語った。「これまで私は、小麦とアブラナとカラシを輪作していましたが、それもできなくなってしまいました。隣人の遺伝子組み換えアブラナに汚染されてしまったからです。おそらく風で花粉が運ばれたのでしょう。有機栽培の認証機関は、すくなくとも五年間にわたってアブラナ科植物をいっさい栽培しないように私に伝えました。その期間は、アブラナの種がずっと残りつづけるからです。いずれにしても私は、もう有機アブラナの栽培を再開することは諦めました。汚染を防ぐことは不可能だからです」

「行政機関が推薦しているように、囲いや緩衝地帯を設けることはできないのですか？」と私は尋ねた。

「そんなことをしても無駄です！」とマルクは答えた。「鳥や蜂、風の動きなど、自然の振る舞いをすべて予測することはできません。農業は生きものたちとの共同作業です。紙切れに書かれた遺伝子の組み合わせとは話が違うのです！　モンサントが宣伝していることとは反対に、ＧＭＯが導入されてからというもの、農民たちは農業の方法を選ぶ自由も失われてしまいました。ＧＭＯがすべてを占領したからです。

GMOは、育てたい作物を育てたい場所に植えるという、独立農家にとっての自由を侵害しています。私たちは、このような災難が小麦にも降りかかる事態を防ごうとしたのです……」

二〇〇二年一月、ロワゼルは、サスカチュワンのほとんどの有機農家が集まって起こした集団訴訟に加わった。モンサント社とアベンティス社に、アブラナ栽培の損害賠償を求めたのである。[*41] 二〇〇七年一二月一三日、カナダ最高裁判所は制度的な理由を挙げて、この訴えを棄却した。最高裁は、農民たちの告訴の理由を否定することはなかったが、集団訴訟においてではなく、各個人の訴訟において扱われるべきだと判断したのである……。

ここでロワゼルたちの告発内容は、マニトバ大学の農学者ルネ・バン・アカーがカナダ小麦委員会から依頼された科学的研究によって確認されている。[*42]「私たちは、二七棟のサイロに保管され、非遺伝子組み換えアブラナとして認められている種子を調査しました。すると、それらの八〇％の種子がラウンドアップ耐性遺伝子に汚染されていることが確認されたのです」と、この農学者は二〇〇四年九月のオタワでのインタビューで私に答えた。「この事実が意味することは、現在のカナダのアブラナ畑では、ほとんどすべての場所にラウンドアップ耐性植物が生えているということです。在来アブラナは、もはやカナダでは消滅しました。カナダでGMOの生えていない農地は、たとえ五平方キロメートルの農地であっても、もはや見つからなくなったのです」

「アブラナの研究は、小麦の研究ではどのように役立ちましたか？」

「カナダ小麦委員会が私たちに依頼したのは、ラウンドアップ耐性遺伝子が小麦耕作地の間を移動する可能性があるかどうかを検証することでした」と農学者は答えた。「そこで私たちは、遺伝子の流出プロセスをモデル化しました。私たちはこのモデルを、アブラナの研究で『遺伝子の橋』と名付けたものから作成しました。そして、このモデルのあらゆる要素を一つひとつ検討した結果、アブラナで起こった遺伝子の流出は小麦にも起こる可能性がある、という結論が得られたのです」

「遺伝子組み換え小麦と在来小麦をきちんと分けておけば、互いに交配することは避けられるのではないですか?」と、私はバイオテクノロジーの賞賛者たちが決まって口にする主張を述べてみた。

「それは不可能です」と農学者は答えた。「畑で汚染が生じるのは避けられません。あらかじめ分離したところで、すべて無駄になってしまいます」

実際、この農学者の述べた内容は、すでに穀物サイロの所有者たちに広く共有されている。そのことは、二〇〇三年にミネアポリス農業交易政策研究所が実施した調査によって裏付けられる。[*43] この調査によれば、穀物サイロ業者の八二%が、ラウンドアップ耐性小麦の販売に「大きな懸念」を抱いていた。というのも、「遺伝子組み換え種子と在来種子を完全に分離するシステムをつくることは不可能」だからである。また、二〇〇一年にグリーンピースは、農務大臣ライル・ヴァンクリフに宛てられたカナダ農務農産食品省部局内部のメモを入手し、役人たちも分離に関する議論に疑問を抱いていることを明らかにした。「遺伝子組み換え小麦が認可されるとしても、生産・商品管理・輸送のあらゆる領域で在来品種と遺伝子組み換え小麦を分離することは、困難なだけでなく、費用もかかるだろう[*44]」

ヨーロッパの行政機関の意見もこれと同様である。ただし、ヨーロッパの行政機関は強情な市民たちを安心させるために、公式には別の主張をしている。二〇〇二年一月、グリーンピースは、欧州連合に提出された秘密報告書のコピーを入手した。その報告書によれば、ヨーロッパが遺伝子組み換え作物を受け入れた場合、アブラナの「有機農業および家族農業」や、「在来トウモロコシの大手生産者」にとって致命傷になるだろうと予測されている。また、「同一の農場」において在来農業とGMO農業を行なうのは、「たとえ巨大農場であっても非現実的であろう」。欧州連合研究センター長のバリー・マクスウィーニは、この結論が「デリケート」な問題を含んでいることに気づき、委員会で配布する時に手紙を付けておくのがよいと考えた。その手紙で彼はこう書いている。「問題がデリケートであることを考慮し、この報告書は委員会の内部での使用に限ることを提案する[*45]」

「ＧＭＯによる遺伝子汚染を元に戻す方法はあるのでしょうか？」。このような情報に驚いた私は、ルネ・バン・アカーに尋ねた。

「残念ながら、そのような方法はありません」と彼はため息をついた。「もはや後戻りする道はないのです。ひとたびＧＭＯが自然界に解き放たれたら、もう元に戻すことはできません……。カナダ西部では遺伝子組み換えアブラナを駆除しようとしています。しかし、そのためには、すべての農民にすくなくとも一〇年間はアブラナ栽培をやめさせなければならないでしょう。このようなことは現実には不可能です。アブラナは、カナダでは二番目に生産額の多い作物ですし、遺伝子組み換えアブラナは四五〇万ヘクタールの農地に広がっているのですから……」

「生物多様性に対して、どのような影響が起こりますか？」

「とても重要な質問ですね。とくにトウモロコシの原産地であるメキシコや、小麦栽培がはじまったメソポタミア周辺の諸国にとっては。カナダと合衆国は、それらの地域にも輸出していますからね。ところで、もしＧＭＯの組み換え遺伝子が野生種や在来品種のトウモロコシや小麦に入り込むと、生物多様性は急激に失われていくでしょう。さらに、知的所有権の問題も起こるでしょうね。パーシー・シュマイザーの事件が示したように、モンサントは、遺伝子の特許を取得している以上、その遺伝子をもつあらゆる植物をモンサントの所有物とみなす、と主張しています。このような考え方が見直されないかぎり、世界の共有財産であるはずの遺伝子資源は、すべてモンサントに支配されることになるでしょう。メキシコで起こったことを考えてください。私たちは、いまや岐路に立たされているのです……」

第Ⅲ部

途上国を襲うモンサント

第12章

生物多様性を破壊するGMO

——メキシコ

偶発的な出現は、自然の秩序の一部である。

——モンサント『プレッジ・レポート』(二〇〇五年、一五頁)

「企業が望んでいるのは、時とともに市場を独占し、消費者がなすすべもなく従うようになることです」[*1]

これは二〇〇一年初頭、ドン・ウエストフォールが述べた最初の言葉である。彼は、バイオテクノロジー企業を顧客とするワシントンのコンサルタント会社、プロマー・インターナショナルの副社長である。

二〇〇六年一〇月、メキシコ南部のオアハカ市に降り立った私は、この言葉を何度も思い起こしていた。緑の山に囲まれた景色の美しいこの都市は、メキシコ有数の観光地に数えられている。しかし私が訪れた日、そこでは激しい社会闘争が起こっている真っ最中だった。

紀元前五千年からの伝統品種トウモロコシがＧＭＯに汚染される

植民地時代のアーケードに囲まれた壮麗なソカロ広場では、何百人もの家族連れがテントを張り、ストライキをしている最中で、いたるところにオアハカ人民集会（ＡＰＰＯ）と書かれた旗が立ち並んでいる。古い歴史をもつ町の中心部の通路はバリケードで封鎖されていた。このメキシコでもっとも貧しい地域の一つであるオアハカ州では、知事官邸、裁判所、地方議会、そして全学校が何週間も閉鎖されていた。この闘争は、教師のストライキからはじまり、オアハカ州のあらゆる場所に広がった。人々はＡＰＰＯを中心に団結し、ウリセス・ルイス・オルティス州知事の辞任を要求した。この制度的革命党の首長は、不正にあけくれ、強権を振るい、ついに彼自身の政党からも非難されるようになっていた。

「例の事件の取材にいらっしゃったのですか？」と、ホテルのフロント係は私に尋ねた。全世界のジャーナリストがこの地に殺到している様子を眺めていたからだ。

「いいえ、私が来たのは、トウモロコシの汚染を調べるためです……」。この返答は明らかに意外だったようで、フロント係はとても驚いていた。

二〇〇一年一一月二九日、科学誌『ネイチャー』に一つの論文が掲載された。それは大きな波紋を引き起こし、モンサントに強烈な打撃を与えることになった。その著者は、カリフォルニア大学バークレー校の二人の生物学者、デヴィッド・クウィストとイグナシオ・チャペラである。彼らは、オアハカ州の「クリオーリョ（伝統的）」のトウモロコシが、ラウンドアップ遺伝子およびBt遺伝子に汚染されていることを明らかにしたのだ。[*2] 一九九八年、メキシコを発祥の地とするトウモロコシの特別な生物多様性を保護するために、メキシコ政府は遺伝子組み換えトウモロコシの認可を延期する法令を出していたため、このニュースは大きな衝撃を与えた。メキシコでは、トウモロコシは紀元前五〇〇〇年頃から栽培されて、マヤやアステカの人々の主食になった。彼らは、トウモロコシを聖なる植物として崇めた。というのも、インディオの伝説によれば、神々は黄色いトウモロコシと白いトウモロコシの果実から、人間を創造したからである……。

正直に言えば、ヨーロッパで生まれ育った私は、トウモロコシは黄色（金色）であると思い込んでいた。しかし、さまざまなメキシコ品種の存在を知り、その思いがけない多様性に魅了された。暴動の荒れ狂うオアハカから、でこぼこ道を車で四、五時間かけてインディオ村落に向かいながら、私はあちこちで色とりどりのスカートをまとった女性の姿を見かけた。彼女たちは、質素な家屋の前で、薄黄色、白、赤、紫、黒、ダークブルーのトウモロコシを干していた。その中には、交差受粉のために、一つのトウモロコシに複数の色の実がついているものもあった。

「オアハカ州にかぎっても、一五〇種類以上の在来品種があります」とセクンディノは教えてくれた。彼はサポテカ・インディオで、白トウモロコシを収穫しているところだった。「この品種は、トルティーヤにするとおいしいですよ。ほら、この果実にはとても大ぶりのきれいな実がなっているでしょう。来年に蒔くために、この実は取っておくつもりです」

「他所から種は買わないのですか？」

「買いませんね」とセクンディノは答える。「困った時には、近所の人たちと交換しています。食用のトウモロコシをあげる代わりに、種をもらうのです。昔ながらの物々交換ですね」

「いつも、地元のトウモロコシでトルティーヤをつくるのですか？」

「ええ、いつも」とこの農民は微笑む。「ここで採れるトウモロコシは栄養がたっぷりあります。大量生産のトウモロコシよりもずっと品質もよくて、健康にもよいのです。トウモロコシの栽培に、化学製品はまったく使っていませんから……」

「大量生産のトウモロコシ」について言えば、合衆国では毎年およそ六〇〇〇万トンのトウモロコシが生産されている。そのうちGMOは四〇％を占めている。一九九二年に強国アメリカとカナダとの間に北米自由貿易協定（NAFTA）を結んだため、メキシコは、トウモロコシを大量に輸入しなければならなくなった。アメリカ政府が多額の補助金［農産物輸出補助金など］を注ぎ込んだアメリカ産トウモロコシは国内の農業を脅威にさらす▼ことになった。というのも、輸入トウモロコシは国産のほぼ半額で売られるからである。一九九四年から二〇〇二年の間に、メキシコ産のトウモロコシの価格は四四％も下落した。そのために多くの貧しい農民は、スラムに向かうしかない状況にある。

「見てください」とセクンディノは、あたかも捧げ物を手に乗せるかのように、美しい紫色の果実を私に見せながら言った。「これは、私の祖先のお気に入りだったトウモロコシです……」

「スペインが侵略する以前からあったのですか？」

「ええ」と農民は微笑む。「今日では、新たな侵略者がやってきていますが……」

「新たな侵略者？　どういうことですか？」

「GMOという侵略者です。GMOによって、伝統的トウモロコシが消滅し、新たに大量生産されたトウモロコシが支配者になろうとしています。そうなれば、私たちは種を手に入れるために、多国籍企業に頼るしか手がなくなるでしょう。また、肥料と農薬を多国籍企業から買うことを強いられるでしょう。化学肥料と農薬がなければGMOのトウモロコシは育たないのですから。化学製品を使わなくても元気に育つ私たちのトウモロコシとは違って……」

▼メキシコ国内の農業を脅威にさらす：二〇〇七年、合衆国で生産されたトウモロコシのうち、一一％がメキシコに輸出され、五億ドルの収益があげられている。また、メキシコで消費されたトウモロコシの三〇％がアメリカ産である。

メディアからリンチを受けた生物学者――イグナシオ・チャペラ

「メキシコの農民は、遺伝子組み換え作物の汚染の問題点をよくわかっています。トウモロコシは彼らの主食であるだけでなく、文化的シンボルでもあるからです」と、イグナシオ・チャペラは説明する。チャペラは、先ほど述べた『ネイチャー』誌に発表された論文の著者である。私はサンフランシスコ、カリフォルニア大学バークレー校の有名な広場で彼と待ち合わせた。一九六四年、この広場からベトナム戦争への反対運動が起こり、オレンジ剤（枯葉剤）の撒布と「死の商人」――そこにはモンサントも含まれる――が告発されたのだ。

二〇〇六年一〇月の日曜日、いつもなら三万人の学生と二〇〇〇人の教員であふれる広大なキャンパスは閑散としていた。そこに一台の警察車両が幽霊のようにうろついている。「私のせいでしょう」とイグナシオ・チャペラは私に言った。「例の事件の後、私はずっと監視されています。とくにカメラマンと一緒にいる時には……」。私が信じられない様子でいると、彼はこう言った、「証拠が必要ですか？　それならお見せしましょう！」。私たちは車に乗り込み、サンフランシスコ湾が見える小高い丘へとやってきた。見晴らし台のほうに進んでいくと、先ほどの警察車両が道路の脇に停まっていることに気がついた。この車両は、インタビューの間も、そこにずっと停車していたのだ……。

「メキシコのトウモロコシは、どれくらい汚染されていたのか、わかりましたか？」。私はひどく動揺しつつ、彼に尋ねた。

「私は一五年間、オアハカのインディオの村落で、彼らといっしょに調査をしました。私は、インディオたちに環境分析の方法を教えました」と生物学者は述べた。彼もまたメキシコ出身で、かつて数年間スイスのサンド社（後のノバルティス社、さらにその後シンジェンタ社になる）で働いたことがあった。「デヴィッド・クウィストは、私の学生の一人です。彼はその村を訪れ、GMOの勉強会を開きました。インディオたちに生物多様性の原理を説明するために、彼はアメリカから持ち込んだ保存箱の中にあった遺伝子組み換えトウモロコシのDNAと伝統的な在来品種（クリオーリョ）のトウモロコシのDNAを比較することを、彼らに提案しました。在来トウモロコシは、比較するのに都合がよいと思っていました。というのも私たちは、世界にこれほど純粋なトウモロコシはないと考えていたからです。ところが、この伝統的トウモロコシのサンプルに、遺伝子組み換えDNAが含まれていることが見つかりました。何という衝撃だったことでしょう！　その時私たちは、在来トウモロコシの汚染を研究しようと決心したのです」

二人の研究者は、オアハカ州シエラ・ノルテの二つの地域でトウモロコシの果実を採取した。そして四つのサンプルのうちに「プロモーター35S」の痕跡があることを確認した。これは先に見たとおり（第7章・9章）、カリフラワー・モザイク・ウイルスから抽出されるものである。二つのサンプルからは、「アグロバクテリウム・ツメファシエンス」という細菌のDNAの断片が、別のサンプルの一つからはBt菌の遺伝子が見つかった。[*3]イグナシオ・チャペラは言った。「このような結果が出たので、私たちはメキシコ政府に警告を伝えました。メキシコ政府は独自の調査を行ない、やはり汚染が確認されました」

二〇〇一年九月一八日、メキシコの環境大臣は、専門家による二二か所の農村調査により、一三の村で三〜一〇％の遺伝子汚染トウモロコシが見つかった、と報告した。[*4]奇妙なことに、この報告は当時ほとんど注目されなかった。しかし、それから三か月足らずしてから、イグナシオ・チャペラとデヴィッド・クウィストに対する突然の攻撃がはじまった。その年の一一月末に掲載された『ネイチャー』誌の論文のせいであろう。しかし、二人が『ネイチャー』誌に論文を送った時、彼らはその研究の質の高さを賞賛され、掲載手続きも通常どおりであった。論文は四人の査読者に渡され、八か月後に掲載許可が出されている。二〇〇二年五月に『イースト・ベイ・エクスプレス』誌は次のように強調している。「当時は誰も、その論文がどれほどの論争を引き起こすのか予想もしていなかった」[*5]。それは前代未聞の野蛮な出来事だった。

メディアによる彼らへのリンチがはじまったのだ。しかも、その多くは、やはりセントルイスのモンサントが組織していたのだ。

イグナシオ・チャペラは話した。「まず、私たちの論文がバイオテクノロジーを無条件に推進する人々の怒りを買った理由を知っておかなければなりません。この論文は二つの真実を明らかにしました。一つめの真実は、遺伝子汚染が起こっているという事実です。このことについては誰も驚きませんでした。ですから、なぜなら、いつかそれが起こることは周知のことだったからです。モンサントも知っていました。ですから、モンサントはいつもその衝撃を最小限にとどめるよう努力してきたのです」。実際、広報誌『プレッジ・レポート』において、モンサントはこの微妙な問題をかぎりなく慎重に取り扱っている。モンサントは「汚染」という言葉は使わず、「偶発的な出現は、自然の秩序の一部である」[*6]と述べているのだ。このバークレーの研究者は話をつづける。「ところが、私たちの研究が示した二つめの真実は、モンサントとその一味にとって、かなり厄介なものだったのです。遺伝子組み換えDNAの断片がどこにあるのかを調べているうちに、私たちは、それらの断片はまったく無秩序な仕方で、植物遺伝子内のバラバラな場所に組み込まれていることを確認しました。この事実が明らかにしているのは、GMO業者が主張することとは反対に、遺伝子組み換え技術は不安定だということです。ひとたびGMOが別の植物と交雑すると、GMOの組み換えられた遺伝子は、その植物のゲノムの中に制御不可能な仕方で散らばり、書き込まれるということですから。私たちの論文に対する激しい攻撃は、この点に集中しました。私たちの技術は未熟であり、私たちはこの現象を評価するだけの専門知識を欠いている、とまで言われたのです」

二〇〇二年三月の『サイエンス』誌は、「組み換え遺伝子が不安定である」という事実は「深刻な帰結」をもたらす、と書いている。「ある遺伝子の挙動がゲノムにおける位置によって決まるとしたら、本来の位置から外れた場所に組み込まれたDNAは、予想不可能な結果を引き起こす可能性があるからだ」[*7]。その三か月後に『イースト・ベイ・エクスプレス』誌のジャーナリストは、さらに付け加えて、こう述べる。[*8]「そうであれば、遺伝子操作が安全で確実な科学であるという根本前提が覆ることになる」。このような意見に対して、マシュー・メッツは、こう反論する。「チャペラたちの研究は、まったく神秘主義的であり、科学の衣装をまとっているにすぎない」。[*9] メッツは、かつてカリフォルニア大学バークレー校でチャペラに師事していたが、その後、ワシントン大学で微生物学者になった人物である。彼は、イグナシオ・チャペラとデヴィッド・クウィストは「自分の研究室が汚染されていた」ために「実験を誤った」のだと非難している。[*10]……。

「いったい、どのような人々から攻撃を受けたのですか?」と、私はイグナシオ・チャペラに質問した。「二つのグループからです。一つはバークレー校の同僚たちです。一九八八年に私の所属先である生物学部がノバルティス＝シンジェンタ社――私の昔の雇用主ですが――と二五〇〇万ドルの契約を結ぼうとした時、私は彼らと対立したことがありました。それは五年間の契約で、私たちが発見した事柄の三分の一について、その特許を自由に取得する権利をこの会社に認めるというものでした。このことが原因で、バークレー校に二つのグループができ、両者の科学観が対立することになりました。片方は、私のように科学が利害から独立したものであると考える人たちでした。もう一方は、資金を手に入れるためには魂を売ってもかまわないと考える人たちでした……」

二〇〇二年六月、『ニューサイエンティスト』誌は、チャペラたちの論文を攻撃したバークレー校の「同僚たち」を特定した。この人々は二〇〇一年一二月、『ネイチャー』誌に扇動的な手紙を送り、チャペラたちの論文掲載を取り消すように求めるという、前代未聞の行動を起こしていた。この手紙を書いたのは、先ほどのマシュー・メッツを筆頭に、ニック・カプリンスキ、マイク・フリーリング、ヨハネス・フッテラーである。このヨハネス・フッテラーの「ボス」は、ウィルヘルム・グリュイセムというスイス人の研究者である。彼は、かつてバークレー校に所属しており、そこで「バークレー校にノバルティス社を紹介したとみられていた」[*11] 人物である。

「もう一つは、モンサントです。この会社は、もっとひどいキャンペーンを展開しました」とイグナシオ・チャペラは話す。「明らかにモンサントは、私たちの論文が掲載される以前に、そのコピーを受け取っていたのです」

モンサントの「卑劣なやり口」

この時モンサントが行なった行為は、にわかには信じがたいものである。これから私が述べることを聞いたら、誰もが悪い夢を見ているような感覚を抱くだろう。二〇〇一年一一月二九日、チャペラとクウィストの論文が『ネイチャー』誌に掲載された当日、メアリー・マーフィーとかいう人物が、掲載された論文の内容を明らかにあらかじめ知っていた様子で、GMO推進者のウェブサイト「アグビオワールド（AgBioWorld）」に一通の電子メールを送った。「活動家たちは、どうやらメキシコの在来トウモロコシがGMOの遺伝子に汚染されていたと主張し、騒ぎを起こそうとしています。〔……〕『ネイチャー』誌の論文を書いたイグナシオ・H・チャペラという人物は北米農薬アクションネットワーク（PANNA）という活動集団の幹部の一人なのです。〔……〕とうてい、公正な著者とみなすことはできません」[*12]

同じ日に、アンデュラ・スメタセクという人物も、このサイトに次のような電子メールを送っている。「イグナチオ〔原文ママ〕・チャペラは、科学者になる以前は活動家でした」。このメールにはまったく偽りの情報ばかりが並んでいた。「残念なことに、『ネイチャー』誌は、最近イグナチオ〔原文ママ〕・チャペラというバークレー校のエコロジストからの手紙（独立した科学者による分析ではなく、とても論文と呼べる代物ではありません）を発表しました。その研究内容は、ある病気がバイオテクノロジーに関連していると主張するために、科学技術に反対する活動家（グリーンピース、地球の友、有機消費者協会など）や有力メディアによって改竄されていました。〔……〕チャペラとこれらの過激な環境保護団体の関係の歴史を少し調べてみれば、チャペラがバイオテクノロジー・自由貿易・知的所有権などの政治的問題を攻撃するために、それらのグループと結託していることは明らかです」[*13]
イグナシオ・チャペラの経歴に対する「中傷キャンペーン」[*14]が口火を切っていたころ、この二つのメールがある男の目に留まった。その男の名はジョナサン・マシューズといい、イギリス南部のノリッジを拠点とするGMO情報サービス「GMウォッチ」の運営者だった。二〇〇六年一一月に私が訪れた時、彼は自分のパソコンの前に座りながら、こう話した。「その当時、私はAgBioWorldについて調べていました。調べれば調べるほど、めまいがしましたよ。メアリー・マーフィーとアンデュラ・スメタセクから送られた二つのメールは、AgBioWorldの名簿に登録された三四〇〇人の科学者に転送されました。こうしてキャンペーンが広がったのです。たとえば、エディンバラ大学のアントニー・トレワヴァス教授をはじめとする数名の科学者は、『ネイチャー』誌にチャペラの論文掲載を取り消すように訴えたり、あるいはバークレー校にイグナシオ・チャペラの解雇を求めたりしました」
「AgBioWorldの背後にいるのは、何者なのでしょうか?」
「この組織は、公式には非営利組織とされています。インターネット・サイトの趣意書によれば、『世界中の統治機関にバイオテクノロジー農業に関する科学的情報を提供することを目的にする』と主張しています」とジョナサン・マシューズは答え、そのサイトの文章を見せてくれた。[*15]「この組織の運営者は、アラバマ州にあるタスキギー大学の植物バイオテクノロジー研究センター長、チャナパトナ・S・プラカシュ教授です。彼はインド出身ですが、アメリカ合衆国国際開発庁（USAID）の顧問になっています。プラカシュ教授はこの肩書きを使って、絶えずインドやアフリカに、バイオテクノロジーを受け入れさせようと介入しつづけています。プラカシュ教授を有名にしたのは、二〇〇〇年の『農業バイオテクノロジー支援宣言』です。彼は三四〇〇人の科学者に署名させたのです。その中には二五人ものノーベル賞科学者が含まれていました。[*16]このAgBioWorldのサイトで、プラカシュ教授は環境保護論者を『ファシズム』

『コミュニズム』『テロリズム』、さらに『ジェノサイド』といった言葉を使って糾弾しています。ある日、私がアグビオワールドのアーカイブを参照していた時、一通のエラーメッセージを受け取りました。そこにはアグビオワールドのサイトが置かれているサーバーのアドレスとして、『appollo.bivings.com』というアドレスが記されていました。それはビヴィングス社のサーバーでした。これはワシントンに本拠地を置くコミュニケーション会社で、インターネット上でのロビー活動を専門にしている会社です。そして、モンサントはこの会社の顧客なのです*17」

このように述べて、ジョナサン・マシューズは一枚の記事を差し出した。それは二〇〇二年に『ガーディアン』誌に掲載された、ジョージ・モンビオットの記事である。その記事には、ビヴィングス社が「ウイルス・マーケティング――世界を感染させるために」という文書で、自分たちのノウハウを明らかにしている箇所が引用されていた。「キャンペーンの種類によっては、あなた方の会社が直接そのキャンペーンに関与していることを大衆に知られることが、望ましくないばかりか災厄を招くこともあります。広報活動の観点から言えば、それはよくないことです」と、ビヴィングス社は顧客に説明する。「この時重要なことは、問題に『耳を傾ける』ことです。〔……〕ひとたびそのような環境に入り込んでしまえば、あなた方の会社はそれらのサイトを利用して、第三者の立場を装いながら、あなた方の立場を示すことができるようになります。〔……〕ウイルス・マーケティングの最大の利点、それは、あなた方のメッセージがもっと真剣に受け止められる機会が増えることです」。さらに『ガーディアン』の記者は、この文書でビヴィングス社は、自社の「仕事を賞賛している」人物として、「モンサントの幹部」を紹介している*18。

「メアリー・マーフィーとアンデュラ・スメタセクの正体はわかりましたか?」と、私はまるで推理小説を読んでいるような感覚に襲われながら、ジョナサン・マシューズに質問した。

「ええ、わかりましたよ!」とマシューズは笑いながら答えた。「私がこの発見を伝えた『ガーディアン』誌の記者が、そのことを記事にまとめてくれました*19。この記事に書かれているように、彼女たちは『幽霊』、あるいは別の言い方をすると『模造市民』なのです！　私は、イグナシオ・チャペラの中傷キャンペーンをはじめたこの二人の『科学者』がいったい誰なのか、長い時間をかけて探りました。メアリー・マーフィーについて言えば、彼女はAgBioWorldのサイトに一〇〇〇通ものメールを送っていました。とくに『反ＧＭＯ活動家』を批判するＡＰ通信のでっちあげ記事にこだわっていました。そこで、彼女のメールアドレスが使用しているサーバーのアドレスをさかのぼっていくと、Bw6.BivWood.comというサーバーにたどり着いたのです！　ようするに『メアリー・マーフィー』という人物は、ビヴィングス社の社員なのです！　『アンデュラ・スメタセク』について言いますと、はじめ私は、この科学者はすぐに見つかるだろうと思っていました。とても珍しい名前ですし、どうやらロンドンからメールを出していたようですから。とりわけ彼女は、ジョゼ・ボヴェの投獄を最初に要求した人物でした。私はありとあらゆる電子データベース、選挙人登録簿、銀行カード登録簿を調べました。しかし、彼女の痕跡は見つかりませんでした……。私は合衆国の私立探偵も雇いましたが、それも徒労に終わりました。最後に、私は電子メールのヘッダー部分に残っている技術情報を調べました。すると、そこには『199.89.234.124』というＩＰアドレスが記録されていました。このアドレスをインターネット上で調べると、『gatekeeper2.monsanto.com』というサーバーの名前が現われました。さらに、その所有者を調べると、やはりセントルイスのモンサント社だったのです！」

▼……といった言葉を使って糾弾：そうした言説の例として、浜野喬士『エコ・テロリズム――過激化する環境運動とアメリカの内なるテロ』（洋泉社新書y、二〇〇九年）を参照。
▼ジョージ・モンビオット：環境ジャーナリストで、原発容認の立場をとる。邦訳書に、ジョージ・モンビオット『地球を冷ませ！――私たちの世界が燃えつきる前に』（日本教文社、二〇〇七年）。http://www.monbiot.com/

「それなら、メアリー・マーフィーという人物の背後にいたのは、誰なのでしょうか？」

「私は、『ガーディアン』のジョージ・モンビオットと一緒に検討しました。そして、おそらくジェイ・バーンだろうと結論しました。モンサントのインターネット戦略の責任者です。二〇〇一年末の業界団体の集まりで、彼はこう発言しています。『インターネットは、テーブルに置かれた銃とみなされるべきです。つまり、それを自分が手に入れるにせよ、あるいは敵の手に渡るにせよ、どちらかは確実に殺されることになるのですから[*20]』」

「結局、記事だけでなく科学者もでっち上げだったわけですね。とても信じられない！」

「まったくです」とジョナサン・マシューズは答える。「ほんとうに卑劣なやり口です。『プレッジ・レポート』でモンサントが自画自賛している『対話・透明性・共有[*21]』という美徳とは、正反対の振る舞いです。こうした汚い手口は、モンサントの真の姿を示しています。つまり、あの会社は初めから議論によって相手を説得する気などさらさらなく、世界中に自社の製品を押し付け、邪魔者を押しつぶすためなら手段を選ばないのです……」

屈伏する科学誌と大学

『エコロジスト』誌の言葉を借りるなら、この「陰謀[*22]」は成功した。二〇〇二年四月四日、『ネイチャー』誌は、著者たちが自ら論文掲載の取り消しを求めることを要請し、それが聞き入れられないことがわかると、この権威ある科学誌の一三三年の歴史の中で「前例のない非難を内容[*23]」とした「異様な論説[*24]」が掲載された。そこには「本論文が提出した証拠だけでは、本論文の掲載を十分に正当化することはできない」と書かれている。この「科学誌の歴史でもユニークな[*25]」の掲載取り消し事件は、世界中の科学者コミュニティに波紋を呼んだ。

ている。カリフォルニア大学バークレー校のアンドリュー・スアレスは、『ネイチャー』誌への手紙の中で驚く象を与えました。貴誌にこれまで掲載された論文には、誤りが明らかにされたり、別の解釈が提起されたりしたものはいくらでもあります。それなのに、なぜ貴誌はそれらの論文についても掲載を取り消さなかったのでしょうか?」[26]。この質問に対する回答を示唆したのは、もう一人のバークレー校の研究者であるミゲル・アルティエリである。「『ネイチャー』誌の運営資金は、大企業に依存しています。この雑誌の最後のページを見てください。そこには求人広告が掲載されていますが、その八〇%がテクノロジー企業です。それらの企業はこの雑誌に広告費として二〇〇〇ドルから一万ドルを支払っているのです」[27]

こうした『ネイチャー』の「臆病ぶり」[28]は、その一か月前の『サイエンス』誌で次の報告が掲載されていたことを考えれば、いっそう奇妙に思われる。その報告によれば、「メキシコの二つの研究チーム」によって「生物学者イグナシオ・チャペラの驚くべき結論」が正しかったことが確認されたのである[29]。一つのチームは、メキシコ生態学研究所の有名なエゼキエル・エズクラ所長が指揮していた。このチームは、プエブラとオアハカの二二か所の村落でトウモロコシのサンプルを採取し、分析を行なった。すると、そのうち一一のサンプルで三〜一三%の遺伝子汚染が、さらに四つのサンプルでは二〇〜六〇%の遺伝子汚染が確認された。エズクラ博士はこの研究を論文にまとめ、『ネイチャー』誌に投稿したが、却下された。二〇〇二年一〇月のことである。「私たちの論文が却下されたのは、まったくイデオロギー的な理由によるものだ」と、博士は査読者たちの「説明の矛盾」を根拠にして告発した。というのも、一方の査読者は、研究結果が「明白」だと述べているのに、他方の査読者は「信じがたい」と述べているのである……[30]。

いずれにせよ、イグナシオ・チャペラは高い代償を支払った。二〇〇三年一二月、カリフォルニア大学バークレー校の運営陣は、彼をテニュア付教員（任期制でない准教授や教授）に任命する決定（三二対一で可決されたにもかかわらず）を取り消したことを伝えた。そして、半年後の契約終了時に大学を去らねばならないことも告げた。ようするに、チャペラは解雇されたのである。彼は訴訟を起こし、二〇〇五年五月に勝訴した。「それ以来、私は見張られるようになったのです。私の関心に沿った研究をしようとしても、資金は得られません。というのも、バイオテクノロジー企業からの資金援助を拒否したら、もはや合衆国では生物学者として研究することができないからです。かつての大学と科学者は、政府機関や軍、企業からの独立をはっきりと求めていました。しかし、そのような時代は終わりました。科学者として生きるためには企業に依存しなければならないから、というだけではありません。科学者も企業の一部になっているからです……。つまり私たちは、多国籍企業に支配された、全体主義の世界に生きているのです。多国籍企業が責任を感じるのは、株主の前にいる時だけです。この絶対的な権力に抵抗することは困難です。エゼキエル・エズクラに起こったことを見てください……」

残念ながら、私はメキシコ生態学研究所の元所長（エゼキエル・エズクラ）に会うことはできなかった。エズクラは、在来トウモロコシの汚染に関する論文を『ネイチャー』誌に拒否されたことに抗議した直後の二〇〇四年、サンディエゴ博物館（カリフォルニア）の科学研究ディレクターの地位に就いた。サンディエゴは、かつて彼が一九九八年から二〇〇一年に運営していた生物多様性研究センターがある町である。ところで、驚くべきことにエズクラは、二〇〇五年八月に『米国科学アカデミー紀要（PNAS）』に掲載された論文の共同執筆者に名前を連ねている。この紀要は、その名が示すとおり、米国科学アカデミーによって発行されており、セントルイスのワシントン大学が編集を担当している。そして、この紀要の掲載論文では、「オアハカの在来トウモロコシのうちにGMO遺伝子は見つからなかった」[*31]と結論されていた。エズクラに会うことはできなかったが、その代わりに私は二〇〇六年一〇月、彼の同僚だったエレナ・アルバレス＝ブイラに、メキシコ生態学研究所の彼女の研究室で会うことができた。

「エズクラ博士が、以前の仕事とまったく矛盾する内容の論文に名を連ねているのは、いったいなぜなのでしょうか？」

「その理由を知る人物は、彼本人以外にはいないでしょう」と生物学者は慎重に答えた。「最初、私たちは一緒に仕事をはじめましたが、途中で私は追い出されてしまったのです。そして、私の代わりに、アリソン・スノウというアメリカ人女性がオハイオ大学からやってきました。この研究を進めたのは彼女なのです……。エズクラたちは予備研究の結果を発表しました。しかし、それは科学的な厳密性を欠いていると私には思われました」。そのように考えたのは彼女だけではない。五人の世界的に有名な研究者——その一人のポール・ゲプツに、私は二〇〇四年七月、カリフォルニア大学デービス校で生物特許についてインタビューを行なった（第10章参照）——もまた、「この論文の結論には科学的な根拠がない[*32]」と考えている。それにもかかわらず、エズクラたちの研究は、『ル・モンド』のような国際的に知られる媒体で、数多く紹介されたのだ[*33]……。

「彼のチームから追い出された後、私の研究室は、メキシコ全体を対象とした新たな研究に取り組みました。その結果、メキシコ全体の汚染濃度は、平均で二％から三％になることがわかりました。GMO遺伝子の種類によっては、汚染濃度がもっと高い場合もあります」

「エズクラたちの研究結果については、どう思いますか？」

「彼らの研究が立脚しているのは科学的な厳密性ではないのでしょう。そこには別の利益が隠されていると思います……」と生物学者は答えた。「これからの私にとって重要なことは、在来（クリオーリョ）トウモロコシへの汚染がこのまま進行すると、中期的観点からどのような結果が引き起こされるかを明らかに

▼多国籍企業に支配された：こうした状況については、たとえば下記を参照。シェルドン・クリムスキー『産学連携と科学の堕落』（宮田由紀夫訳、海鳴社、二〇〇六年）。
▼ワシントン大学（原注）：ついでながらモンサントは、自社の資料をセントルイスのワシントン大学に預けている。残念ながら、その資料を閲覧することは禁じられている。

することです。そのために私のチームでは、とても単純な植物であるシロイヌナズナ（Arabidopsis thaliana）を使って実験しました。この植物のゲノムは植物界でもっとも小さいのです。この植物に、私たちは操作した遺伝子を組み込みました。[*34] そして、その遺伝子組み換え種子を蒔き、成長を観察しました。すると、遺伝学的に完全に同一――まったく同じゲノム、同じ染色体、同じ組み換え遺伝子をもっている――のシロイヌナズナの間で、まったく異なる表現型が見られたのです。あるタイプは、四枚の花弁と四枚の萼《がく》をもつ花を咲かせる、自然界に見られるのと同じものでした。しかし別のタイプは、異常なほどの体毛と奇妙な花弁をもつ、いびつな花を咲かせました。さらに別のグループは、明らかに奇形でした……。これらのシロイヌナズナの間の唯一の違いは、ランダムに組み込まれた組み換え遺伝子の位置だけです。その位置の違いによって、植物の代謝が変化するのです」

「このシロイヌナズナの研究は、どのような点でトウモロコシの研究に役立つのでしょうか？」と、私は彼女がパソコンのモニタに示した奇形の花を凝視しながら、質問した。

「この実験モデルによって、遺伝子組み換えトウモロコシと在来品種が交配した時に起こるリスクを推定することができます。これはまったく憂慮すべきことです。GMO遺伝子のランダムな組み込みのために、それが在来トウモロコシの遺伝的土台に与える影響は、まったく制御不可能なのですから……」

奇形トウモロコシの繁殖

「すでに怪物は私たちの山に入り込んでいます」と、オアハカ州の「シエラ・フアレス山脈先住民連合」の指導者の一人、アルド・ゴンザレスは答えた。それは、私がアルバレス＝ブイラ博士から聞いた話を、彼に伝えた時のことだった。二〇〇六年一〇月の早朝、私たちはオアハカ市を出発し、シエラ・フアレス山脈の低地にあるサポテカの村落に向かった。自動車の後部座席で、ゴンザレスはノートパソコンを開いた。「ここに私の戦利品が入っています」と彼は微笑んだ。「三年間の仕事の成果です」。二〇〇三年、先住民連合は、ある村の農民たちから連絡を受けた。農民たちは、畑の中に「病気にかかっているように歪んだ」トウモロコシが生えていたのを見つけ、不安になったのだ。いくつかのトウモロコシは異常に背が高く、別のものは果実の形が歪んでおり、あるいは葉に異常が見られた。ゴンザレスはその様子を写真に収め、サンプルを採取し、ある研究所に調査を依頼した。その研究所は、大豆やトウモロコシの組み換え遺伝子の探知機をもっている。それは、ヨーロッパの税関が北米からの輸入穀物の検査に使用しているのと同じ装置であった。「すべてのサンプルが汚染されていました」とゴンザレスは語った。「今日は、これまでシエラ・ファアレス山脈のあちこちで撮った三〇〇枚ほどの写真をもってきました」

私たちが到着したのは、ゲラタオという小さな村だった。村長にあいさつを済ませると、ゴンザレスは拡声器を手にした。力強い声が、この大自然の渓谷に響き渡った。「今から組み換え遺伝子の汚染がトウモロコシに引き起こした新しい病気の件で、集会を開きますから、どうぞご参加ください」。村の広場にスクリーンを設置しながら、彼はそう呼びかけた。するとベルトに大きな鉈《なた》をぶら下げた男たちが、広場へ集まってきた。女たちはまだら地の布で包んだ荷物を手にしている。先ほど収穫したトウモロコシの果実を入れているのだろう。

「私の住んでいる地域で撮影したトウモロコシの写真をお見せします」と、ゴンザレスは参加者を前に話した。「みなさんがこのような植物を見たことがあれば、私に教えてください。この写真を見ればわかるように、とても不思議なことが起こっています。たとえば、このトウモロコシは、ここで一度分岐し、さらにあそこでもう一度分岐しています……。普通のトウモロコシは、一枚の葉から一つの穂が出てきます。これは絶対にこんなふうにはなりません。しかし、この写真では一つの葉から三つの穂が出ています。これは怪物です！　こうした怪物のほとんどは、私たちが道端や庭先で見つけたものです……。誰かが食料品店で買った帰りにトウモロコシを落とし、その種から育ったのかもしれません。こうして伝統的なトウモロコシが汚染されたのです」

「昨年、それと似たトウモロコシを見かけました」と若い農民が言う。「それを父親たちに見せたところ、彼らも『こんなのは見たことがない』と言っていました。新しい病気なのでしょうか？」

「そうです。ただし問題は、この病気は治せないということです」

「正しく理解できているとしての話ですが」と別のインディオが発言する。「私たちの畑でこうした奇形が増えていくのを防がなければ、いずれ私たちは自分のトウモロコシを買わなければいけなくなりますよね。というのも、私たちのトウモロコシが食べられなくなるのですから。とても心配です。どうしたらよいのでしょうか？」

「みなさんが奇形トウモロコシを見つけたら、すぐに引っこ抜くことです。そうしないと、その花粉が他のトウモロコシと受粉してしまうことを防げません。とにかく、みなさんのトウモロコシの状態に十分な注意を払って、つねに警戒を怠らないようにしてください」

「もし汚染が広がったら、どうなってしまうのでしょうか？」と私は尋ねた。

「在来（クリオーリョ）トウモロコシはお終いでしょうね。それは同時に、在来トウモロコシの栽培で成り立っている農村経済が崩壊することを意味しています」とゴンザレスは答える。「しかし、考えれば考えるほど、こういう事態は最初から仕組まれていたように思われます。というのも、このようなトウモロコシの汚染は、モンサントのような多国籍企業を有利にするだけですから。すべてのトウモロコシが汚染されてしまえば、彼らは世界でもっとも多く栽培されているこの穀物を手中に収めることができます。アルゼンチンやブラジルで行なっているように、ロイヤリティー［特許権の使用料］を取り立てながら……」

　このようにゴンザレスが述べるのも、ＧＭＯ被害が起こっているのは北米やメキシコだけではないからだ。ＧＭＯは南米大陸、とりわけアルゼンチンを襲っている。この数年のうちに、遺伝子組み換え大豆は同国にとって、もっとも重要な経済資源になったと同時に、おそらく最悪の災害をもたらしたのである。

第13章

「罠」にはめられたアルゼンチン

ＧＭＯの作付面積がつねに増加しているという事実は、ＧＭＯ農業が利益をもたらすものであることの証拠であり、とりわけ環境に影響を与えないことの証拠です。

――モンサント『プレッジ・レポート』（二〇〇五年、一八頁）

二〇〇五年四月一三日、ブエノスアイレスのミゲル・カンポスは、怒りを隠すことができなかった。アルゼンチン農牧水産庁の長官であった彼は、数週間前から、モンサントと危険な勝負をつづけていた。とはいえ、農業技術者でもあるカンポスは、バイオテクノロジーの反対者ではない。それどころか、彼がこのポストに任命されたのは、この一〇年の前任者たちと同様、彼もＧＭＯの全面的賛同者だったからにほかならない。二時間ほどのインタビューの間、カンポスはラウンドアップ耐性大豆の農業・財政における長所を賞賛しつづけた。しかし、彼はまた、モンサントの行為が、どれほど下劣で信じがたいものであるかを説きつづけた。

「モンサントは、アルゼンチンでラウンドアップ耐性遺伝子の特許を取得することができませんでした。アルゼンチンの法律がそれを禁じたのです」とカンポスは強い口調で語った。「そのためモンサントは、ラウンドアップ耐性種子のロイヤリティー〔特許権の使用料〕を支払わせることを断念しました。そして、農民たちがこれまでどおり収穫物の一部を種子として使用しても、告訴しないことを約束しました。しかし、現在のモンサントは、その約束を破っています。アルゼンチンを出港する（穀粒あるいは粉末の）大豆に対して一トンにつき三ドル、ヨーロッパの港に到着した大豆には一五ドルを要求しているのです。まったく許せない話です！」

モンサントの「罠」

ミゲル・カンポスの困惑した表情は、まるで尊敬する師匠に不当に非難された生徒を思わせた。しかし、モンサントが何もかも思い通りにできる国があるとしたら、それはアルゼンチンをおいてほかにない。私が農業技術者カンポスと会った当時、アルゼンチンの全耕作地の半分にGMO大豆が蒔かれていた。それは、一四〇〇万ヘクタールの土地と三七〇〇万トンの収穫物に相当する。そのうち九〇％以上がヨーロッパと中国へ輸出される。もしモンサントの要求が認められれば、ヨーロッパへの輸出分だけで年間に一億六〇〇〇万ドルをモンサントは手に入れることになる。まるでギャンブルの胴元のようだ。

「それは罠だったと思いませんか？」と私は質問した。しかし、ミゲル・カンポスは私の質問が理解できない様子をしていた。

「罠ですか？」と彼は口ごもる。

「つまり、モンサントは、最初にラウンドアップ耐性大豆を国全土に普及させるのに都合のよい条件を作り出し、その後で金をもってこいと要求する……」

「もし、それがモンサントの戦略なら、われわれは大失敗をしでかしましたね。一〇年後も、そのゲームのルールは変わらないでしょうから……」

「アルゼンチンは支払うのですか？」

「モンサントとの対立は深刻です。モンサントは、アルゼンチンから輸出される産物のすべてを対象にする、と脅しています」

二〇〇五年三月一七日、雑誌『ダウ・ジョーンズ・ニュースワイアーズ』の記事によれば、ミゲル・カンポスは慎重さもかなぐり捨てて、モンサントの「チンピラ」のような振る舞いを告発している。

その一〇年前、アルゼンチンで最初に遺伝子組み換え作物への取り組みがはじまった時、その時点ではまだ夢物語にすぎなかった。しかし、一九九四年にFDAが北米向けにRR大豆（ラウンドアップ・レディ大豆）の出荷を認可するずっと以前から、モンサントは「コーノ・スール」〔南米大陸の南回帰線より南の地域〕を獲物にしようと狙っていた。もちろん、標的は世界第二位の大豆生産国、ブラジルである。しかし、この企みはうまく運ばなかった。ブラジル憲法によれば、GMO作物が承認されるためには、あらかじめ環境影響調査を受けておくことが必要になるからだ。そこでモンサントは、標的をアルゼンチンに変更したのである。当時のアルゼンチンでは、合衆国のブッシュ政権の二番煎じのように、カルロス・メネム政権が「規制緩和」を唱えていた。メネム大統領――その後、この大統領は武器密輸をめぐる汚職を追及され、チリに亡命した――は、その任期の一〇年間（一九八九〜一九九九年）の間に、軍事独裁政権（一九七六〜一九八三年）の時代から着手されていた大事業を終わらせることに尽力した。つまり、過去の福祉国家アルゼンチンを解体し、強引に民営化を進め、リオ・デ・ラ・プラタ〔アルゼンチンを中心とする地域の古い呼び名〕の港を広く外国資本に開いたのである。この政権の超・新自由主義的な政策によって、それまで力をもっていた農業部門は崩壊した。農業保護制度は根絶やしにされ、市場メカニズムを唯一の法とする政策が採用された。

その好機をモンサントは見逃さなかった。一九九〇年代初頭、モンサントは時代の変わり目に入り込み、

GMOを規制するという口実でメネム大統領が設置した「農業バイオテクノロジー国家諮問委員会（CONABIA）」の特権的な相談役に収まった。この委員会は、農牧水産庁の諮問委員会という位置づけにとどまっているが、その構成メンバーを独占していたのは、アルゼンチン国立種子研究所（INASE）やアルゼンチン国立農牧技術研究所（INTA）などの公的機関の代表者と、シンジェンタやノバルティス、そしてもちろんモンサントのような民間のバイオテクノロジー企業である。この委員会でそれらの企業がどのような影響力を発揮したのかは容易に想像がつく。実際、CONABIAが出した見解は、北米で採用された見解をそのまま踏襲している。つまり、最初からCONABIAは「実質的同等性の原則」を採用しているのだ。CONABIAのインターネット・サイトでは、こう説明されている。「アルゼンチンの農産物規格は、バイオテクノロジー生産物の検証された特徴と危険性にもとづいており、同生産物の獲得を可能にするプロセスにもとづくものではない」。わかりやすく言えば、この委員会は、多国籍企業から提供されたデータを分析するだけで、それ以上のことはしないのだ。実施される試験は、単に遺伝子組み換え種子がアルゼンチンの農業条件に適合しているかどうかを調べるだけのものだ。

一九九四年、モンサントはこの国の主要な種苗会社（ニデラ社やドンマリオ社など）にライセンスを売りはじめた。種苗会社のカタログに、ラウンドアップ耐性種子が載るようになった。幸運なことに、アルゼンチンの大手新聞の二社、すなわち『クラリン』（同紙はアルゼンチン最大の発行部数を誇る）と『ナシオン』が、バイオテクノロジーの推進者▼——「プロパガンダ」と言うべきかもしれないが——としての役割を引き受けた。それらの新聞社は、GMOに対するあらゆる反対意見は、さらには中立的意見も、興奮した反進歩主義者の興奮——ビル・クリントン政権の農務長官ダン・グリックマン（第8章参照）の表現を使えば「ラッダイト」［産業革命で機械化に反対してこれを打ち壊した手工業者たちのこと］——とみなした。また新聞の社説では、バイオテクノロジー革命のメリットを長々と論じた。それらの社説は、奇妙にもモンサントのキャンペーンに書かれていた文章とそっくりだった。「飢餓との戦いで、科学はGMOによって決定的な役割を果たしました」と、ある農業雑誌でカルロス・メネム大統領は述べている。[*1] またモンサントの「バイオテクノロジーの教育係」であるウィリアム・コンシンスキーは、「バイオテクノロジーによって、高品質の収穫物と高い生産性が可能になるだけでなく、環境に優しい持続的農業が可能になります」と保証している。[*2]

「GMOがアルゼンチンで承認を受けるにあたって、まったく公的な議論もなければ、議会で検討されることもなかった」と、ワルテル・ペンゲは憤慨する。彼はブエノスアイレス大学の農学技官で遺伝子選択の専門家である。[*3] 二〇〇五年四月、私がペンゲと会った時のことである。「GMOの市場への出荷を規制する法律がないのです。そのうえ、CONABIAには市民社会の代表もいません。あらゆる決定から市民が排除されているのです。一九九六年にラウンドアップ耐性大豆が承認されると、それはアルゼンチンの農業の歴史で見たこともないほど、すさまじい勢いで広がりました。平均して、年間一〇〇万ヘクタールの早さで広がっているのです！　世界有数の穀倉地帯であるアルゼンチンは、いまや〝緑の砂漠〟によって浸食されているのです」

経済危機と「魔法の種子」

実際、ブエノスアイレスを離れて北へ向かうと、すぐに驚くべき風景が広がる。見渡すかぎり、大豆、大豆、大豆。時おり牛の群れがうろついている牧場が、その風景を途切れさせる程度である。南半球の秋、私がこの地を訪れた時には、ずいぶん前に大豆の刈り入れは終わり、大豆のサイロとパラナ川の港を結ぶ

▼バイオテクノロジーの推進者：アルゼンチンでもっとも熱心なGMO賛成者は、『ナシオン』が発行する雑誌『クラリン・ルーラル』の責任者ヘクトル・フエルゴである。

国道9号線は、トラックで埋まっていた。私たちが訪れたのは、「パンパ」の中心である。パンパというのは、チャコ地方の北、パラナ川の東、コロラド川の南、アンデス山脈の西に位置する大平原の名前である。パンパの面積は六五万平方キロメートルで、これはアルゼンチンの国土の二〇%に相当する。合衆国の「コーンベルト」に並ぶほど肥沃なこのパンパ平原は、世界最大の牧草地の一つで、一九世紀から集中的に開拓されてきた。GMOが登場するまで、この平原では、穀物（トウモロコシ・小麦・サトウモロコシ）や油が採れる作物（ひまわり・落花生・大豆）、さらに野菜や果物が栽培されてきた。もちろん、牛乳生産も忘れてはならない。パンパは、アルゼンチンの人口の一〇倍の食糧を生産することができ、したがって農産物の輸出を支える、アルゼンチンが世界に誇る大平原である。アルゼンチン国民は、そう思っている。アルゼンチン農村協会本部の入口にも、「土地を耕すことは、祖国に仕えること」という言葉が掲げられている。

ブエノスアイレスから五時間もかけて到着した私を迎えてくれたのは、ヘクトル・バルチェッタという、まさしく農民の鏡と呼ぶべき四〇代の男性だった。父から伝統的な農業観を受け継いだ彼は、ロザリオ市〔サンタフェ州、同国で三番目の人口〕から六〇キロ離れた場所で、一二七ヘクタールの農地を耕してきた。ロザリオ市は、バイオテクノロジー企業が集結している都市である。「まったく、どうしたらよいのかわかりません」。七万人の小中農家からなるアルゼンチン農場連盟のメンバーであるバルチェッタは、そう告白した。彼の農地の七〇%を占めるラウンドアップ耐性大豆の畑を歩きながら、彼は語りはじめた。それは、かつては奇跡と呼ばれ、今や悪夢になった物語であった。

一九九〇年代、彼も含めたパンパの農民たちは、誰もが問題を抱えていた。あまりに集約的な栽培によって、土地が瘦せていたのである。アルゼンチンの国立農牧技術研究所（INTA）の調べによれば、収量は三〇%も落ち込んでいた。「私たちは途方に暮れていました」とバルチェッタは語る。「そんな時RR大豆が現われたのです。最初、それは本当に魔法の種子でした。私たちの収量は上がり、生産コストは減り、仕事も楽になりました」。合衆国と同じように、ＧＭＯ農業は「直接播種」農法とともに広まった。これは、あらかじめ農地を耕さなくても、前の収穫した農地にすぐ種を蒔くことができる技法である。ＧＭＯと直接播種農法にお墨付きを与えたのは、アルゼンチン大豆生産者協会（ＡＡＰＲＥＳＩＤ）である。この協会は、北アメリカのアメリカ大豆協会ＡＳＡ（第8章参照）と区別できないくらい、よく似ている。一五〇〇の大生産者を抱えるＡＡＰＲＥＳＩＤは、ラウンドアップ耐性大豆の重要な推進者であり、モンサントのアルゼンチンにおけるもっとも忠実な仲間である。「直接播種法は、ＧＭＯ農業モデルに不可欠な要素です」と、農学者ワルテル・ペンゲは語る。「たしかに、この技法によって痩せた土地は回復するのですが、しかし、それは最初だけです。この農法では、表面に水が溜まり、その残留物によって有機化合物が増加するので、痩せた土地が回復するように見えるのです。直接播種法は、モンサントの『テクノロジー・パック』、つまりＧＭＯ種子とラウンドアップのセットの一部です。当初、モンサントは狡猾にも、この『パック』を合衆国の三分の一の価格で市場に投入しました」。その価格は、すでに十分な補助金〔農産物輸出補助金など〕を受けている北米の生産者たちも「不当な競争」だと金切り声で告発したほどだった……。

ヘクトル・バルチェッタも、熱狂してモンサントの撒いた餌に飛びついた農民の一人だった。「以前は雑草退治のために、四種か五種の除草剤を使っていました。しかしラウンドアップ耐性大豆は、ラウンドアップを二回使用するだけで済むのです。また、幸運なことに、狂牛病問題で大豆相場が高騰しました。ヨーロッパでは肉骨粉の使用が禁止され、植物性タンパク質、すなわち大豆の絞りカスの需要が急増した。私も近所の農家と同じように、トウモロコシや小麦、ひまわり、レンズ豆の栽培をやめてしまいました」。大豆の相場価格は上がり、これまでの歴史的記録を大きく書き換えた。こうしてパンパでは、ゴールドラッシュならぬ「グリーンラッシュ」が起こったのである。「大豆ブームのおかげで、私は危機を乗り切ることができました」とバルチェッタは話をつづけた。「あらゆる状況が、農家を儲けさせるように進んでいました。ちょうど利益率が跳ね上がるころ、私たちはモンサントのテクノロジー・パックを手に入れることができました。しかも、その支払いは収穫後でよかったのです」

二〇〇一年、アルゼンチン経済は破綻寸前だった。人々は路上で抗議の声を上げ、フェルチンド・デ・ラ・ルア政権は退任を余儀なくされた。ピケテーロ（蜂起した失業者）は投石を繰り返したが、それでも国中の状況が悪化することは止められず、人口の四五％が最低生活水準を下回る生活を強いられていた。巨額の対外債務に苦しめられたエドゥアルド・デゥアルデ政権と交代したネストル・キルチネル政権は、大豆に救いを求めた。「大豆はアルゼンチン経済の牽引力なのです」と、農牧水産庁のミゲル・カンポスは断言する。「アルゼンチン政府は、大豆油に二〇％、乾燥大豆には二三％の税金を課しています。この税収は年間一〇〇億ドルになり、それは国内外貨取引の三〇％に相当します。もし大豆がなければ、アルゼンチンは破産していたでしょう……」

大豆が国を乗っ取る

モンサントにとって、アルゼンチンの経済危機は予想外の幸運であった。ラウンドアップ耐性大豆はすぐさまパンパ全体に広がり、さらにその北にあるチャコ州、サンティアゴ・デ・エステロ州、サルタ州、フォルモサ州まで広がった。それらの地方の大豆栽培面積は、一九七一年には三万七〇〇〇ヘクタールだったが、二〇〇〇年には八三〇万ヘクタール、二〇〇一年には九八〇万ヘクタール、二〇〇二年には一一六〇万ヘクタールになり、二〇〇七年には一六〇〇万ヘクタールに広がった。これは総耕作面積の六〇％に相当する。この現象は、この国の「大豆化」と呼ばれるほどである。この新しい用語は、アルゼンチン農業が根本から再編されたことを意味している。しかし、その再編は、すぐに悲惨な結果をもたらすことになる。

アルゼンチンの国民経済が恐慌に苦しんでいた時も、地価は高騰していた。投資家たちが資金を避難させるために、投資先を土地に変えたのである。ヘクトル・バルチェッタは語る。「私の住んでいる地域では、一ヘクタールの土地が以前は二〇〇〇ドルだったのが、八〇〇〇ドルにまで値上がりしました。そのため経済的基盤の弱い小規模生産者は土地を売り払うようになり、その結果として土地所有の集中が起こったのです」。実際、パンパ地域では一〇年間で各農場の平均面積は二五〇から五三八ヘクタールに増えたが、他方で農場数は三〇％も減少していた。アルゼンチンの国立統計調査研究所（ＩＮＤＥＣ）が実施した農業調査によれば、一九九一年から二〇〇一年に一五万人の農民が、農業をやめてしまっている。そのうち一〇万三〇〇〇人は、遺伝子組み換え大豆が登場した後である。これと同じ期間に、六〇〇〇人ほどの土地所有者たちが、この国の耕作面積の半分を所有するようになった。しかも、すでに一六〇〇万ヘクタールの耕作地は外国資本のものである。この流れは現在もますます強まっている。

「私たちが目の当たりにしているのは、輸出を目的としたアグリビジネスと工業的農業が拡大している、これまでに見たこともない光景です。他方で、家族農業はその犠牲になり、どんどん消えているのです」と、アルゼンチン農場連盟代表エドゥアルド・ブッツィは嘆いている。「立ち去った農民たちに代わって現われたのは、農業とは無関係の奴らです。年金ファンドや投資会社が『種子向け合同出資』に投資し、カーギル社▼やモンサントのような多国籍企業とつるんで、ラウンドアップ耐性大豆のモノカルチャーを推

▼アルゼンチン経済は破綻寸前：内橋克人『新版　悪夢のサイクル――ネオリベラリズム循環』（文春文庫、二〇〇九年）、内橋克人・佐野誠編『ラテン・アメリカは警告する――「構造改革」日本の未来』（新評論、二〇〇五年）などを参照。

▼カーギル社：穀物メジャーの一つ。同族企業で、非上場企業としては世界最大の売上高。秘密主義で、情報の公開が義務付けられる公開会社になることを避けている。ブルースター・ニーン『カーギル――アグリビジネスの世界戦略』（中野一新監訳、大月書店、一九九七年）などを参照。

し進めています。その結果、食料生産のための農業は衰退してしまったのです」

実際、ラウンドアップ耐性大豆がこの世界的穀倉地帯をヨーロッパの家畜用飼料の生産地に変えていくにつれて、アルゼンチンの食糧生産はますます減りつつあった。一九九六年度と二〇〇一年度の公的資料を比較してみると、「タンボス」と呼ばれる牛乳生産所の数は、二七％も減少している。そのためにアルゼンチンは、「牛の国」として知られているにもかかわらず、その歴史上初めて、ウルグアイから牛乳を輸入しなければならなくなったのだ。同じようにコメの生産は四四％、トウモロコシの生産は二六％、ひまわりは三四％、豚肉は三六％も落ち込んでいる。このような食料生産の落ち込みに加えて、消費者物価の目もくらむほどの上昇が追い打ちをかける。たとえば二〇〇三年には、小麦粉の価格は一六二％上昇し、レンズ豆――アルゼンチン料理には欠かせない――は二七二％、コメは一三〇％も上昇した。「中流層の人々の食事は、三〇年前に比べると、ずいぶん貧しくなりました」とワルテル・ペンゲは強調する。「皮肉なことですが、これまでアルゼンチン人の主食だった牛乳と牛肉を、今や豆乳と大豆ステーキに変えるように奨励されているのです……」

このアルゼンチンの農学者が報告していることは、趣味の悪い冗談ではなく、まったくの事実である。かつて、この国の文化には牛肉とドゥルセ・デ・レチェ（牛乳からつくられたキャラメルのようなジャム）が欠かせなかった。しかし現在では、農牧水産庁のミゲル・カンポス長官が直々に、ブエノスアイレスでお勧めの「大豆レストラン」を教えてくれる。さらに彼は、「連帯大豆計画（Programa Soja Solidaria）」がいかにすばらしいものであるかを教えてくれるだろう。それは二〇〇二年にアルゼンチン大豆生産者協会（AAPRESID）が提案したキャンペーンで、一〇〇〇万人もの栄養不足に苦しむ人々――そのうちの六人に一人が子ども――を救うために、「大豆の輸出一トンにつき一キロの大豆を寄付する」という単純なものである。このキャンペーンはすぐに大手メディアによって支援され、「連帯大豆計画は歴史を変えるアイデア」だと宣伝された[*4]。先に紹介した『クラリン・ルーラル』の責任者ヘクトル・フエルゴについて言えば、彼は政府に対して次のように催促している。「現行の社会福祉政策に代えて、大豆の流通ネットワークを整備すれば、費用のまったくかからない連帯の鎖になるだろう。完璧な食品の一つである大豆には、私たちの文化に加わるだけの十分な資格がある」[*5]

このキャンペーンにＧＭＯの推進者たちは全面的に協力した。シェブロン・テキサコが気前よく提供したガソリンとオイルのおかげで、トラックの荷台に積まれた大豆が、民間スープ配給所、貧しい地区、貧民地区の学校食堂、病院、救貧院など、アルゼンチンで慈善事業に数え入れられるあらゆる場所に届けられた。この国のあちこちで作業場が設けられ、そこでボランティア――コルドバ・カトリック大学では「大豆旅団」と呼ばれる――が、「調理人」に豆乳や大豆ハンバーガー、大豆カツレツなどの作り方を教えた。「連帯大豆計画」のインターネット・サイト「nutri.com」では、サン・フアン州の奥地にあるチンバスでは「市の計画」で六〇〇〇人に「大豆食」を教えた、一〇〇〇人のボランティアを動員して一万二〇〇〇人の子どもたちに「豆乳」を配給した、といったことが報告されている……。

こうして「連帯大豆計画」は一周年を迎え、ＡＡＰＲＥＳＩＤのビクトル・トゥルッコ代表は大いに満足した。『クラリン』紙で彼はこう述べている。「将来、二〇〇二年は大豆がアルゼンチン人の主食になった年として人々に記憶されるだろう」[*6]。さらに彼は次のようにまとめている。「私たちは七〇万トンの大豆を生産した。これは、二八万キロの高品質タンパク質、すなわち八〇〇万リットルの牛乳、二八〇〇万キロの卵、一五〇〇万キロの肉に相当する」。しかし、この怪しい勘定書は、ある構想を隠しているように思われる。その構想は、連帯大豆計画のサイトでは次の一言でまとめられている。すなわち、「この計画は〔アルゼンチンにおける〕大豆の普及を支援しました」と[*7]……。

RR大豆の雑草化と痩せ細る大地

その日、農学者のワルテル・ペンゲは、一九九七年からラウンドアップ耐性大豆を栽培しはじめたパンパの農民、ヘスース・ベリョと会う約束をしていた。この農学者は七年前からこの地域のさまざまな農場を訪れ、収穫物の収支を調べあげていた。

ペンゲは述べる。「最初、私は遺伝子組み換え大豆に好意的でした。というのも、輪作とグリホサート〔ラウンドアップの有効成分〕の使用を適切に行なえば、環境にもそれほど影響を与えず、生産者にも利益になると考えたからです。雑草退治の費用は、総生産費の四〇％も占めていますからね。しかし現在の私はとても心配になっています。どこもかしこも危険な状態になっていますから……」

ベリョは、この農学者の言うことにまったく同意して、こう述べた。「現在では壁にぶち当たっています。しだいに出費が増え、土地は疲れきっています」。ベリョは、そこから三〇〇キロほど離れた場所にいる先ほどのヘクトル・バルチェッタと同じように、ある問題に突き当たっており、しかも年々その問題は深刻になっていた。それは、雑草がグリホサートに耐性をもつようになったことである（第10章参照）。

「農学者たちは、以前から予想していたのですが」とペンゲは嘆く。「遺伝子組み換え大豆▼が登場する前は、生産者は四種か五種の除草剤を組み合わせて使用していました。その中には、2-4Dやアトラジン、パラコートのような、きわめて毒性の強い製品も含まれていました。しかし、いくつもの製品を交互に使用することにより、雑草の耐性が強まることは防がれていたのです。それが今ではラウンドアップしか使用されなくなったので、グリホサートに『寛容性』をもつ植物が出現しました。これらの雑草▼を根絶やしにするためには、除草剤の量を増やさねばなりません。しかし寛容性をもつ雑草につづいて、今度は耐性をもつ植物が出現しました。こうした雑草の出現は、すでにパンパのあちこちで確認されています」

「モンサントは、ラウンドアップ耐性技術によって除草剤の使用を減らすことができると宣伝していますが、それは嘘なのでしょうか?」

「まったくの嘘ですよ!」とベリョは答える。「私は、グリホサートを二度ほど使用しています。一度目は種蒔きの後に、そして収穫の二か月前にもう一度。当初は一ヘクタールにつき二リットルの除草剤を使っていました。現在ではその二倍は必要になっています!」

「ラウンドアップ耐性大豆が登場する以前は、アルゼンチンでは年に平均して一〇〇万リットルのグリホサートを消費していました」とワルテル・ペンゲは説明する。「それが二〇〇五年には、一億五〇〇〇万リットルにまで増えたのです! モンサントはグリホサート耐性植物の存在自体は否定しておらず、さらに強力な新しい除草剤を新世代のGMOと一緒に発表しました。しかし、そのために悪循環から抜け出せなくなっているのです!」

生産者の支出も法外な額にはね上がった。モンサントは、最初のうちはGMOを普及させるために、ラウンドアップを通常の三分の二の割引価格で販売したが、その期間が終わると、すぐに通常価格に戻したのである。生産者たちは、モンサントの特許が二〇〇〇年に期限切れ(第4章参照)になってからは、おもに中国製の類似品(ジェネリック製品)に頼るようになった。しかし、それと同時に、生産者の収支を悪

▼2-4D(原注):すでに述べたオレンジ剤の成分の一つで、現在のヨーロッパや合衆国では原則として使用禁止になっている。アトラジンは、EUでは二〇〇三年に禁止された。パラコートは、ラウンドアップに並んで世界でもっとも普及している除草剤の一つだが、EUでは二〇〇七年七月一〇日に使用が禁止された。

▼これらの雑草(原注):とくに以下の雑草が、グリホサート耐性雑草として知られる。パリエタリア・デビリス、ペトゥニア・アクシラリス、ベルベナ・リトラリス、ベルベナ・ボナリエンシス、ヒバントゥス・パルビフロルス、イレシネ・ディフサ、コメリナ・エレクタ、さらにイポモエア属の植物。

化させる新たな問題が起こりはじめた。アルゼンチンでは「反逆大豆」（カナダでは「自然発生大豆」）と呼ばれている、ラウンドアップ耐性大豆の雑草化現象である。ようするに北米大陸でも南米大陸でも、同じ原因から同じ結果が生じているのだ。この点について言えば、合衆国でパラコートとアトラジンを製造しているスイスのシンジェンタ（モンサントの商売敵）が述べていることは誤りではない。二〇〇三年、シンジェンタは広告の一つでこう主張している――「大豆は雑草だ！」

さらに、ラウンドアップの集中的使用は、土地を痩せさせる傾向がある。「私はいつも大量の肥料を使っています」とベリョは認める。「そうしないと収量が大きく下がってしまうからです」。たしかに、どのような植物も殺してしまう「広域除草剤」が、土地を肥えさせるために不可欠な微生物群だけを見逃すわけがない。「ある種のバクテリアが消えると、土地は活性を失います」とペンゲは説明する。「そうなると分解プロセスが妨げられ、ナメクジやフザリウム（植物に病気を引き起こすカビの一種）が大量発生することになります」

ついに二〇〇四年、大豆相場▼は下落傾向を示した。この傾向は二〇〇五年に底をついたが、ベリョやバルチェッタのような小中生産者をつねに心配させている。そういえばヘクトル・バルチェッタは、もうじき刈り取りの季節に入る畑を見つめながら、こう語っていた。

「いったい私たちは何をしているのでしょうか？　以前は、一五種類もの食料作物をつくっていました。しかし現在は、もはや遺伝子組み換え大豆しかつくっていません。どうやら罠にかかったのでしょう……。もしかすると私たちは、大地と子どもたちの未来を犠牲にしているのではないでしょうか……」

むしばまれる健康

「見てください！」。――自動車のハンドルを握るダリオ・ジャンフェリチ博士は、道端にまで植えられた大豆を指して声を荒げた。「これでは、農薬散布期間には、誰もがずぶ濡れになってしまいます。この国の衛生省は無責任すぎます」。二〇〇五年四月に私が訪れた時、ダリオ・ジャンフェリチ博士はセリートという町で医者として働いていた。セリートは、エントレリオス州の大都市パラナから五〇キロほど離れた、人口五〇〇〇人の小さな町であり、「大豆帝国」の中心地である。このパンパ内の一地域は、農業多様性で以前は知られていた場所である。その大豆栽培面積は二〇〇〇年に六〇万ヘクタールから三年後に一二〇万ヘクタールへと倍増した。しかし、その代わりにコメの生産は一五万一〇〇〇ヘクタールから五万一七〇〇ヘクタールへと三分の一にまで減少した。[*8] 現在では、年に最低二回、飛行機あるいは「モスキート」▼と呼ばれる機械によって、この地域は家のドアまでラウンドアップ漬けにされる。というのも、ここではラウンドアップ耐性大豆があらゆる場所を侵略しているからである。

「まるで伝染病のようです」とダリオ・ジャンフェリチは嘆きながら、フロントガラスの先の「チョリソ」と呼ばれる有名なサイロを眺めた。大豆栽培のインフラ整備が追いつかないため、収穫した大豆を保存する場所に困った生産者たちが、チョリソ（ソーセージ）型のサイロを発明した。このチョリソが道路の脇に点々と立ち並んでいる。この医師が反ＧＭＯの闘士になったのは、何らかのイデオロギーのためではなく、彼自身が診察室で目の当たりにした病気の広がりを懸念したためである。「バイオテクノロジー

▼大豆相場（原注）：二〇〇三年に一トンあたり二三〇ドルまで上昇した後、二〇〇四年に二〇〇ドルに下がり、さらに二〇〇五年中旬には一五〇ドルまで落ち込んだ。しかし二〇〇六年になると、大豆相場は急上昇をしはじめ、二〇〇七年に頂点を迎えた。この急上昇の理由は、大豆がバイオディーゼルの燃料として注目されたことによる。

▼モスキート：除草剤撒布器の俗称。トラクターで牽引して使用される。長い翼のような設備から除草剤を撒布するので、その姿から「モスキート（蚊）」という名で呼ばれるようになった。

が健康にとって危険なのかどうかは、私にはわかりません」と、彼は慎重に述べる。「私が告発しているのは、ラウンドアップの大量撒布やラウンドアップ耐性大豆の大量消費が健康被害を引き起こすことです」。そして彼は私に、グリホサートの毒性について、とりわけPOEA（ポリオキシエチレンアルキルエーテル）のような界面活性剤（グリホサートを植物体に浸透させるために使用される）の毒性について語った。アルゼンチンでは、モンサントが広告を通じて除草剤ラウンドアップが「生分解性であり、環境に優しい」と大宣伝をしたために、ラウンドアップの大量撒布が空気・土壌・地下水層などの環境汚染を引き起こすことに対して、他国とくらべても無警戒のままだった。当時、農牧水産省のミゲル・カンポス長官も、「ラウンドアップは、もっとも毒性がすくない除草剤です」と保証していた……。

　ダリオ・ジャンフェリチの意見は、はっきりしている。

「この地域の仲間たちと一緒に確認したのは、何より流産や死産など、出産関連の異常がきわめて増加していることです。加えて甲状腺機能障害や肺水腫などの呼吸器障害、腎機能や内分泌機能の障害、肝臓病や皮膚病、深刻な目の障害も確認されました。さらに心配なのは、大豆に残留するラウンドアップを摂取することで、大豆消費者の側に生じる被害です。というのも、ある種の界面活性剤は、内分泌腺の異常［いわゆる環境ホルモン、外因性内分泌撹乱物質］を引き起こすからです。この地域の若い男性には潜在精巣と尿道下裂▼が、若い女性にはホルモン機能障害が多く見つかりました。このうちの数人は三歳から月経がはじまっています……」

　ダリオ・ジャンフェリチのように、大豆政策の被害に立ち上がった人物は珍しい。たしかにグリーンピースなどの環境保護団体や「地方の問題を考える会」の急進的エコロジストたちは、バイオテクノロジーの危険性を告発し、GMOの市場出荷に反対してきた。しかし彼らがいくら訴えても、砂漠で説教をするようなものだった。「恐慌とともに、無数の問題が起こりました」と、左派日刊紙『パヒナ12』の編集者ホラシオ・ヴェルビツキーが私に語ってくれた。彼は、遺伝子組み換え大豆に関する記事を一度も書いたことがない。「告白しますと、私でさえ何も知らないのです」

奇妙なことに、「連帯大豆計画」が最初に問題視されたのは、GMOの危険性に関してではなく、大豆の過剰な消費が子どもに及ぼす危険性に関してであった。二〇〇二年七月、社会政策調整国家審議会は討論会を開催し、そこで「大豆ジュースは『大豆ミルク』と呼ばれるべきではなく、いかなる場合でもミルクに置き換えられるべきではない」と警鐘を鳴らした。健康問題の専門家は、大豆は牛乳と比べてカルシウムを多く含まないこと、また、そのフィチン酸濃度▼の高さのために、体内で鉄や亜鉛などのミネラルの吸収が妨げられ、貧血の危険性が増すことを強調した。とりわけ、五歳以下の子どもに大豆を大量に摂取させないよう強く勧めた。その理由は、先に見たとおり、大豆はイソフラボン▼を豊富に含んでいるが、これは閉経期前の女性にとってホルモンの代替物となるもので、成長中の子どもに重大なホルモン障害を引き起こす可能性があるからだ。

「私たちは、深刻な健康被害を防がなければなりません」と、ダリオ・ジャンフェリチは述べる。「しかし、不幸なことに、公権力は事態の深刻さを知ろうとしません。この問題について話すと、国の福祉政策に逆らう変人とみなされてしまうのです」

この日、博士は、ドイツ人修道女が運営するカトリック学校を訪れた。桃色と黄土色の立派なコロニアル様式の建物が、果てしなく大豆畑が広がる平原の中に建っている。その校長の修道女が説明した。「先週、雨が降る直前にラウンドアップが撒かれました。それからかんかん照りになり、ラウンドアップは蒸

▼潜在精巣と尿道下裂：ともに男性器の先天性奇形で、前者は陰嚢に睾丸が下りておらず、後者はペニスの下部が裂けていて尿がそこから出てしまう疾患。
▼フィチン酸濃度：リン酸化合物で、鉄などのいくつかの金属と結びつき、それらの腸への吸収を妨げる。
▼イソフラボン（原注）：しばしば「植物性エストロゲン」と呼ばれ、女性ホルモンのエストロゲンによく似た性質をもつ。

発しました。その後です。多くの生徒たちが吐き気と頭痛を訴えたのです」。この修道女は、すぐに州の衛生課に問い合わせた。すると、厚生課は「ウイルス」のせいだろうと結論した……。「しかし、彼らは学校の水道水を分析しましたが、何も見つからなかったのです」と修道女は訴えた。

「厚生課は、化学薬品による中毒の可能性について検査しましたか？」と、ダリオ・ジャンフェリチが尋ねた。

「いいえ、私たちもその可能性を伝えたのですが、聞き入れてもらえませんでした……」と、教師のアンジェラが答えた。

アンジェラは、自分が話している問題をよく理解していた。彼女は大豆畑に囲まれた小さな家に住んでいる。そしてラウンドアップが撒布されるたびに、激しい頭痛や吐き気、目の炎症、関節痛に襲われるのだ。「私は専門家にも相談しました。しかし、除草剤を撒こうとする前に知らせてくれるようになったことを除けば、何も変わりませんでした。ラウンドアップの撒布日には、家族を連れて二日ほど家を離れるようにしています。家を売ればよい、とも言われました。しかし、どこへ行けというのでしょう？　大豆が、私たちの生活よりも重要だなんて……」

閉ざされている救済への道

ラウンドアップ撒布による環境と人体の健康への影響について、私が質問した時、ミゲル・カンポス長官の憤慨ぶりを見て、この問題を政府がまったく軽視していることがわかった。「ひどい話です。それは、ヨーロッパのジャーナリストが言いはじめたことですよ」と、彼は気色ばむ。「私たちが使用している除草剤の量は、フランスよりかなりすくないのです！　アルゼンチンは世界でもっとも汚染のすくない国です！」

この農牧水産庁の長官が、ろくに新聞を読んでいないことは、明らかだった。もし丹念に読んでいれば、たとえば、ロザリオ市内の大豆畑に囲まれた家に住んでいる夫婦からの告発を受けて、裁判官が予審を開いた事例も知っていただろう。告発した夫婦のアクセルという名の息子は、生まれた時から左足に指がなく、また睾丸と腎臓に重い障害を抱えていたのだ。[*9] またコルドバ州では、イトゥサインゴ地区に住む母親たちが、周囲の畑でラウンドアップの撒布を停止することを求めて、集団訴訟を起こしていた。というのも、とくに子どもや若い女性のガンの発生率が異常に高いことが明らかになったからだ。この裁判は泥沼化していったのだが、その前に国会でも波乱を巻き起こした。「いつものことですよ」と、アルゼンチン北部フォルモサの農業開発団体で働く農学者ルイス・カステジャンは、ため息をつく。「深刻な環境問題が起こった後でさえ、専門家は大豆業者のロビー活動に立ち向かおうとしないのです」

二〇〇三年二月、カステジャンは、パラグアイとの国境にあるフォルモサ州の田舎の村、コロニア・ロマ・セネス村の農民たちから連絡を受けた。村の三〇ヘクタールの農地にラウンドアップと2－4Dが撒かれ、そのために雑草化した「反逆大豆」に悩まされていたのだ。そこで農民たちは、彼らの農作物に与えた損害を評価してくれる専門家を必死に探していたのである。その農地は、近所のパラナに住む人物の所有地だったが、それをサルタ州の企業が借りており、さらに播種と農薬散布を別の会社に委託していたのだ……。

この村の農民たちのところには、ある土曜の朝、「技術者」たちが乗り込んで、日曜の朝までラウンドアップの散布をつづけたという。たいていの場合、こうした「技術者」たちは、わずかな賃金のために何の保証もなく働かされている、日雇い労働者である。「とても暑い日で、この地域には強い風が吹いていました」と、一〇ヘクタールほどの農地を耕しているフェリペ・フランコは、記憶していることを話した。「揮発性の除草剤が、風に吹かれて四〇〇メートル以上も広がっていきました」。こうして小さなレンガ造りの家に住んでいた二三世帯の家屋が汚染された。ルイス・カステジャンは語る。「私が到着した時には、彼らは真っ赤な目をしており、顔や胴に大きな染みができていました。多くの人が、激しい頭痛と吐き気に苦しみ、高熱や喉の痛みを訴えていました」。そのまま回復しなかった者もおり、ある老女はブエノスアイレスで八か月も治療を受け、その後も骨と関節の耐えがたい痛みに苦しんだ。村の人々は、州の厚生課に連絡し、この事件の報告を求めた。しかし、厚生課は、村民の病気はどれも不衛生が原因であると結論した……。村民たちはエル・コロラド裁判所に訴状を提出した。しかし、衛生報告書がなかったため、裁判は泥沼化した。ルイス・カステジャンだけが、農作物への被害に関する科学的な証明書を作成することを引き受けたのだった。

「私たちは、すべてを失いました」とフェリペ・フランコは言う。「キャッサバ、サツマイモ、綿花はだめになりました。ニワトリとアヒルは死んでしまい、メスブタは流産するか、クル病の子豚を産みました。除草剤を撒布する日は、耕作用の馬は下痢になって地面に倒れ込んでいます。なかには死んでしまう馬もいます」。ルイス・カステジャンは、病気になった植物の写真とサンプルを、サンタフェ大学の研究所で分析してもらった。「この仕事を引き受ける前は、かなり悩みました」と彼は告白する。「危険にさらされることがわかっていたからです」。フェリペ・フランコがうなずきながら述べる。「経済産業省の農学者たちは、誰もが私たちの依頼を拒否しました。警察や政治家が私たちを黙らせようとするので、彼らと対決しなければならなくなりました。村民の中には、裁判に持ち込むことを諦めて、フォルモサの貧民街へ移住した者もいます」

「〝遺伝子組み換え大豆は食用作物と共存できる〟とモンサントは主張していますが、どう思いますか？」

「不可能ですよ」とルイス・カステジャンが答えた。「とくにこの地域のように、大規模なＧＭＯ農地に小生産者が取り囲まれているような地域ではね。こうした事故がまた起こったら、小生産者はもはや自分たちの土地にとどまれなくなるでしょう」

「問題は、この生産モデルの目的なのです」と、フェリペ・フランコがつづいて語りはじめる。「遺伝子組み換え大豆をつくる人たちには商業的な目的しかありません。彼らはその場で生活していないので、環境被害に悩む必要はないのです。けれども私たちは生活するために栽培していますから、環境にも作物の質にも注意を払うのです。私たちはその作物を食べ、市場に卸すのですから。遺伝子組み換え技術は農民のためのものではなく、大企業のためのものです。ようするに、推進者たちを肥え太らせるためにあるのです」

原生林が大豆畑へ、そして不毛の土地へ

アルゼンチン北部のサンティアゴ・デル・エステロ市からおよそ六〇キロにある、ミリという田舎の村では、半乾燥気候の三〇〇〇ヘクタールの土地で九八世帯が暮らしている。その村に伸びる赤い道は、くねくねと曲がりながら潅木の茂るステップを横断していく。ときどき「ケブラッチョ」▼という木が茂みから飛び出している。これは貴重な木材になる樹種なのだが、現在は消滅の危機に瀕している。これはボリビアの国境まで広がるグラン・チャコ地域では、よく見られる光景である。

「このあたりの人々は、単に『山《エル・モンテ》』と呼んでいます」とルイス・サントゥチョが説明する。二〇〇五年四月に私が訪れたMOCASE農民団体の弁護士である。「この土地には数世代前から多くの小農民たちが住んでいましたが、GMOが登場するまで、この貧しい土地を欲しがる者は一人もいませんでした」。ルイス・サントゥチョは、ミリ村の村長たちに私を会わせようとしてくれた。現在、村の人々の生活は、

▼ケブラッチョ：アルゼンチンを代表する木。これから採れる「渋」は、植物タンニン剤として昔から皮のなめしに使われ、日本にも輸入されている。木材としては、鉄道の枕木や牧場を囲うフェンスの杭に利用されてきた。

大豆生産者たちの私利私欲によって脅かされている。大豆生産者たちは、自分たちの農地を北へ北へと広げていき、とうとうこの村にやってきたのである。私の訪問の一年前、チャコの判事が、武装した人々とブルドーザーを連れて現われた。「ここは共同の土地です。誰にもこの土地を所有する資格はありません」とルイスは話す。「しかし、大豆マネーがありとあらゆる陰謀を巡らせるようになったのです」。その日、村の人々は道路を封鎖し、侵略者たちを撃退することに成功した。そこで「大豆屋」たちは戦法を変えた。彼らは、いくつかの家族に対して一〇ヘクタールの土地を現金で買い取りたいと提案し、村民たちを分断しようとしたのである。提案を受けた家族は、これまで想像したこともない大金を目の前にして、迷いが生じた。

「これが不和の種となりました」とルイスは語る。「しかし、私たちは彼らの提案を受け入れませんでした。というのも、この土地は村のものであって、特定の人間の所有物ではないからです。それから、私たちはどうなってしまったか？　たしかに、ここの生活は苦しいです。しかし、毎日好きなだけ食べることはできます」。中庭の踏み固められた土に、ニワトリやアヒル、まだ子どもの黒豚が駆けまわっている。質素な家の裏にある小川のそばで、牛と馬が牧草を食べている。それぞれの家でキャッサバ、ジャガイモ、コメとトウモロコシを栽培している。「エル・モンテとは、一つの生き方なのです」とルイス・サントゥチョは説明する。「また、それは植物と動物の生物多様性にあふれた場所です。今日、それが脅かされているのです」

悲しむべきことに、サンティアゴ・デル・エステロ州は、世界でもっとも森林減少率の高い地域の一つである。世界全体の森林減少率の年平均は〇・二三％だが、この州では年平均〇・八一％の森林が伐採されている。一九九八年から二〇〇二年に、ラウンドアップ耐性大豆を栽培するために、二二万ヘクタールの森林が煙のように消え失せた。▼「一九九八年から二〇〇四年まで、アルゼンチンでは八〇万ヘクタールの森林が伐採されています」と説明するのは、環境・持続的開発庁の森林局長、ホルヘ・メネンデスである。「状況は、私自身も眠れないほど憂慮すべきものです。原生林すべてが危機に瀕しています。それらの森は、かつては見事な生物多様性を示していました。どの動物相や植物相も、アメリカ大陸が発見される以前から存在していたものです。ピューマやジャガー、アンデスネコ、バクなど動物種は、特定の生態系の内部でしか生息できません。すぐに大豆栽培を規制しなければ、被害は取り返しがつかなくなるでしょう」

「その規制を定めるのが、あなたたちの庁の仕事ではないですか？」

「たしかにそうなのですが、私たちにその力はないのです……」

この被害がどれほど大規模であるかを知るためには、国道16号線をサルタあるいはチャコ方面に向かって車を走らせるだけで十分だ。道路脇には規則的に伐採された木が積み重ねられている。ときどき、黒く立ちのぼる煙が「炭焼き人」の活動を教えている。たいていの場合、この炭焼き人は、かつて生きるために仕方なく土地を手放し、雇われ仕事をするようになった零細農民である。

何と皮肉なことだろう！　彼らは、人の皮をかぶった野獣たちに土地を追われたばかりか、その野獣たちを肥え太らせるために働いているのだ。ガードマンが土地に入ろうとする者を監視している。交渉の末、ガードマンは私を通してくれた。四輪駆動車で狭い道に入り込んでいくと、あたり一面に荒々しく砕かれた木の幹、粉々になった小枝が無造作に積まれている。「まるでブルドーザーにやられたようだ……」と、ギド・ロレンツは締めつけられたような声でつぶやいた。ギド・ロレンツは、サンティアゴ・デル・エステロ大学のドイツ人地理学者である。彼は河川・森林技官のペドロ・コロネルとともに、定期的にこの地

▼森林が煙のように消え失せた：同時期、隣のチャコ州では一一万八〇〇〇ヘクタール、サルタ州では一七万ヘクタールの森林が伐採された。

域を歩き回り、森林伐採の被害を調査している。私たちは炭焼小屋に近づいた。煤で真っ黒になった男たちが、多量の木材を荷台から降ろしているところだった。タンゴの音楽が聞こえる。その「リーダー」は、自分が失業したこと、そして二年契約で炭焼き人の仕事を見つけたことを話してくれた。この一六〇〇ヘクタールの「エル・モンテ」の自然を破壊しているのは、この土地の所有者であるトゥクマン州知事の息子だという。知事自身もここから遠くないところに、数千ヘクタールの土地を所有している。「木を切って燃やし、その後、大豆を植えるのです」と、年齢不詳の男は言った。

私たちはさらに車を走らせた。ギド・ロレンツとペドロ・コロネルは、その一〇〇キロ先の場所で、不法な森林伐採が行なわれていることを嗅ぎ付けていたのだ。それは、最近ある投資家が手に入れた二万四〇〇〇ヘクタールの土地だった。理屈のうえでは、アルゼンチンの法律は厳密にこう規定している――伐採するにあたって、土地の所有者は、土壌の種類ごとに森林伐採率が定められた伐採許可証を、あらかじめ取得しておかなければならない。この地域は「土壌軟弱」と分類されており、森林伐採率が一五％を超えることは許されていない。「しかし、大豆マネーは、どんなことだって可能にするのです」とペドロは嘆く。実際には、定められた上限を超えて伐採しても制裁が定められておらず、しかも賄賂が横行しているので、この悲しい森林破壊ブルドーザーを止めることはできないのだ。

「彼らは、耕作可能な土地を増やしていると言っていますが、現実には不毛の土地が残されるだけです」と河川・森林技官は言う。「最初の一年か二年は、彼らは大豆を栽培しようとします。しかし、その後、彼らは立ち去ってしまうことになります。この地域の土壌が肥えているのは、数千年前からの植物相と結びついているからです。しかし森林が消えてしまえば、土壌は急速に痩せ衰えていきます」

「壊れやすい環境なのです。乾燥地帯、あるいは半乾燥地帯なのですから」とギド・ロレンツが説明する。「森林伐採は、土壌に蓄えられた有機物を失わせます。すると、土壌は保水力を失い、侵食されていきます。土地が水面と同じ高さになり、他の地域にも洪水被害を及ぼすようになります。最近、サンタフェ州で起こった異常な大洪水も、森林伐採が原因なのです。さらに、直接播種法がもちいられている農地では、撒布されたラウンドアップが地表に残留します。すると雨が降るたびに水があふれ、残留した除草剤が他の地域の水源も汚染するようになります。その水を飲む哺乳類が汚染され、ひいては牛乳も汚染されます」

「残念なことに、そういうことを『大豆屋』たちは、まったく気にしないのです」とペドロがつづける。「サンタフェやコルドバからやってくる大企業の経営者たちは、大豆を単なる原料としか考えていないのです。彼らの下請会社から、播種機と作業員が送り込まれます。次に送り込まれるのは、ラウンドアップを撒布する飛行機と操縦士です。最後に送り込まれるのは、刈り取り機と作業員です。企業が現場で働き手を雇うことは、はじめに伐採して木材を集める時以外、一切ありません」

「私たちは、ほんとうの緊急事態に直面しています。しかし、役人たちはまだ問題を理解していません」とギド・ロレンツは結論する。「じつに深刻です。この被害は取り返しがつかないのですから……」

第14章
GMO大豆に乗っ取られた国々
——パラグアイ、ブラジル、アルゼンチン

よいお知らせです。現地調査で明らかになったことによれば、GMO農業と在来農業や有機農業を同時に行なうことは可能であるばかりか、少しずつ世界各地に広がっています。

——モンサント『プレッジ・レポート』(二〇〇五年、三〇頁)

その穏やかで小柄な女性は、身をもって遺伝子組み換え大豆が宿敵であることを理解していた。私は彼女に会うために、二〇〇七年一月、パラグアイの首都アスンシオンからアルゼンチンの国境に向かって、八時間も車を走らせた。

イグアス大瀑布に向かう国道7号線は、青々としたパンパ平原を横切っていく。たくさんの家畜の群れが草を食んでいる平地にはヤシの木が点在し、ところどころ見える小高い丘に森がある。途中でイタプア県エンカルナシオンへと進路を変えると、一面にラウンドアップ耐性大豆の畑が数百ヘクタールにわたっ

て広がっている。この畑は、北は隣のブラジル、南はアルゼンチンのフォルモサ州にまでつながっているのだ。

ラウンドアップに殺された少年——パラグアイ

ペトロナ・タラヴェラは、四六歳。私は、彼女の小さな家を訪れた。道路の脇に建てられた彼女の家は、モンサントのGMOが広がる赤い大地の真っただ中にあった。「この道路で、私の息子シルヴィノは、死神と会ったのです」と彼女は私にマテ茶をふるまいながら、つぶやいた。「殺人農業がパラグアイの子どもたちに毒を浴びせるのを止めさせるために、私は徹底的に闘います」。彼女と一緒に一一人の子どもを育てた夫のファンが、私たちの横で静かに話を聞いている。

二〇〇三年一月二日。一一歳のシルヴィノ少年は、家から数キロ離れたこの地域に一軒しかない店でパスタと肉を買い、自転車で帰宅しているところだった。その途中でシルヴィノは、ヘルマン・シェレンダーという「大豆屋」が運転していた除草剤撒布機が吐き出すラウンドアップを浴びた。「シルヴィノは、ずぶ濡れになって帰ってきました。そして、ひどい吐き気と頭痛を訴えはじめました」とペトロナは語る。「私はシルヴィノに、布団に入るように言いつけました。それからパスタと肉で食事をつくりました。その製品〔農薬〕が危険だとは知らなかったからです……。午後に、家族全員が嘔吐と下痢に苦しみました。シルヴィノは、しだいに具合が悪くなって、とうとう入院しなければならなくなりました」。三日間にわたる集中的な治療を受けた後、この少年は家に戻ることになった。しかし翌日、別の大豆生産者アルフレド・ラオステンラーガーが、彼女の家から一五メートル離れた畑でラウンドアップを撒布した。シルヴィノはふたたび中毒になり、もはや生き延びることはできなかった。一月七日、彼は病院で亡くなった。

その時以来、この犯罪の処罰を求める彼女の厳しい闘いがはじまった。CONAMURI〔地域住民および先住民の女性労働者団体の国民支援組織）の支援を受け、彼女はエンカルナシオン裁判所に提訴した。二〇〇四年四月、二人の「大豆屋」は二年の禁固刑と二五〇〇万グアラニーの罰金を命じられた。国内初のラウンドアップ被害をめぐる訴訟だった。裁判所は、少年が農薬の中毒のために死んだと認定した。判決文には「シルヴィノは口や呼吸器、さらに皮膚から毒物を吸収した」と書かれている。敗訴した二人の「大豆屋」は、大豆生産者組合（CAPECO）の支援を受け、控訴した。これはアメリカ大豆協会（ASA）やアルゼンチン大豆生産者組合（AAPRESID）のパラグアイ版である。二〇〇六年七月、控訴審でも彼女は勝訴した。しかし「大豆屋」たちは、さらに上告した。

二〇〇六年一二月、この上告は却下された。しかし、私がペトロナ・タラヴェラの家を訪れた二〇〇七年一月の時点で、彼らはまだ自由の身であった。この訴訟の三年間のうちにNGO団体が組織され、この事件が忘れ去られないようにするため、定期的に行動を起こしている。「『大豆屋』たちは大きな権力をもっています」と彼女は嘆く。「政府よりも力をもっています。彼らは私を殺すと脅してきました。近所の数軒を買収し、私たちが生活できないようにして、ここを立ち去らせようとしました。しかし、どこへ行けばいいのでしょう？　スラムでしょうか？　シルヴィノの同級生の一人が、最近この中毒のために亡くなりましたが、家族は提訴しませんでした。『大豆屋』の報復を怖れ、彼らに立ち向かう手段がなかったからです。パラグアイでは、いったい何人の子どもたちが、このひどい無関心の中で亡くなっているのでしょう？」

この問いに答えるのは難しい。厚生省のグラシエラ・カマラ博士は、ラウンドアップ汚染が今や公衆衛生上の大問題になったことを認めたが、現時点で被害者を調査することは不可能だと言う。「私たちは監視体制をつくり、疑わしい事例があれば情報が伝わるようにしようと考えています。しかし、それは簡単な仕事ではありません」と博士は言う。「私は、農薬のかかった果物を食べて死んだ二人の子どもの事例を知っています。さらに、報道でも取り上げられた、アントニオ・オカンポ・ベニテス少年の事例があります。この少年は、ラウンドアップで汚染された川で水浴びをしたせいで、危うく死にかけたのです。サン・ペドロ県にある先住民の村では、別の事例もあります。三人の少年がラウンドアップの撒布のために死亡したのです。厚生省では、農務省の同僚たちに、農薬の適正使用の規則を業者に守らせるよう訴えています。しかし、彼らも『大豆屋』たちの力にはかなわないのです……。それでも、この問題は私たち全員にかかわることです。ここ、アスンシオンも例外ではありません。私たちが買う果物や野菜は、すべて田舎からやってくるのですから……」

種子の密輸によって広まったGMO

「この地域の大豆生産は世界的な水準にあり、一人当たりの平均は七二七キログラムです」。二〇〇四年六月一二日、アルゼンチンの新聞『クラリン』のインタビュー記事で、トランキロ・ファヴェロは平然と証言している。すでに述べたように、『クラリン』はGMOの熱心な支持者として知られる新聞である。このパラグアイの「大豆王」は、自分がこの記録に大きく貢献したと説明している。というのも、彼はアルト・パラナ県とアマンベー県で、五万ヘクタールの農地を、自分だけの力で開墾したからだ……。

パラグアイは一〇年の間に、大豆の生産国として世界で第六位、輸出国として世界で第四位にまで成長した。一九九六年から二〇〇六年にかけて、大豆の栽培面積は一〇〇万ヘクタールから二〇〇万ヘクタールに倍増した。これは年間一〇％の増加率である。ブエノスアイレスの大手日刊紙の記者によれば、この「パラグアイのにわか景気」は、モンサントの側近であるアルゼンチン大豆生産者協会（AAPRESID）が気前よく教えた「栽培モデル」のおかげであった。この記者がもっと率直であれば、こう書いたことだろう。すなわち、アルゼンチンの大豆生産者協会がパラグアイの大豆生産者組合（CAPECO）に伝えたのは、直接播種の技法とともに、非合法のラウンドアップ耐性大豆の種子だった、と。事実、二〇〇四年の時点で——二〇〇七年の時点でも——、パラグアイでGMO栽培を承認する法律はまったくなかった。それにもかかわらず、パラグアイでは大豆耕作地の半分をGMOが占めているのだ。

「どうしてそんなことが起こっているのですか?」。この質問は、二〇〇七年一月一七日、ロベルト・フランコを椅子から飛び上がらせた。アルゼンチン農務次官のフランコに会ったのは、アスンシオンでのことだった。三〇年以上もアルフレド・ストロエスネル（任期一九五四～一九八九年）の独裁▼の下にあったこの国に関心をもつヨーロッパのジャーナリストは珍しいのだろうか、彼は、私の訪問を喜んでいる様子だったのだが。

「遺伝子組み換え種子は、非合法なルートで入ってきます」と、彼は緊張した笑みを浮かべながら話してくれた。「私たちは、〝白カバン《ボルサ・ブランカ》〟と呼んでいます。それは白い袋に入っていて、どこで生産されたかも書いていないからです……」

「それは、どこから入ってくるのですか?」

「ほとんどはアルゼンチンからですが、ブラジルからも多少入っていますね……」

「この密輪を取り仕切っているのは、誰なのでしょうか?」

「パラグアイの大豆生産業者たちです。彼らはアルゼンチンの仲間と緊密な関係をもっているのです」

「この密輪に、モンサントが何らかの役割を果たしていると思いますか?」

「その証拠はありませんね……。しかし、遺伝子組み換え技術に関与している企業が、自分たちの開発した品種を売りさばこうとしているというのは、ありえることです……。政府はこの状況に対処する必要がありました。というのも、パラグアイは生産した穀物のほとんどを輸出しているからです。その二三%はEU諸国に出荷されるのですが、EUはGMOを含む農産物にラベル表示を義務づけています。ところが、私たちには大豆が遺伝子組み換えであるかどうかを調べる方法がありません。大豆輸出はパラグアイの国民総生産の一割を占めています。EUという重要な市場を失わないために、私たちは不法な栽培を合法化しなければなりませんでした……」

「つまり、政府が気づいた時には、もう状況は手遅れだったというわけですか？」

「そうです。現在も私たちは、Bt綿花に関して同じ問題を抱えています。政府の承認も、規制する法律もないまま、Bt綿花が国内に広がっているのです」

「これは、仕組まれた罠だとは思いませんか？」

「うーむ。たしかに私たちだけでなく、ブラジルも同じような事態に直面していますからね……」

パラグアイで起こっていることは、ブラジルで起こったことと不思議なほど一致している。一九九八年、ラウンドアップ耐性大豆が北米のプレーリー地帯やアルゼンチンのパンパ平原に広がっていたころ、モンサントは、世界第二位の大豆生産国のブラジルに手を出しはじめた。グリーンピースとブラジル消費者保護研究所（IDEC）の告発によって、さしあたりGMOの市場出荷は停止された。停止された理由は、「これまでのところ〔GMOの〕環境への影響および消費者の健康へのリスクに関する研究がまったく行なわれていないため」、GMOの出荷は、一九九二年にリオデジャネイロで署名された「生物多様性条約の予防原則に反する」というものであった。

ある幸運な偶然によって、ブラジルのリオグランデドスル州で密輸が行なわれた。そのGMO種子は、隣国のアルゼンチンから密輸されたものだったため、「マラドーナ▼」と名付けられた。アルゼンチン大豆生産者協会（AAPRESID）の支援を受け、リオグランデドスル州種子生産者組合（AAPASSUL）

▼独裁：ストロエスネル将軍は、一九五四年に軍事クーデターで権力を掌握。一九八九年にロドリゲス将軍のクーデターにより失脚した。その後、一九九三年にワスモシ大統領の文民政権が発足。
▼マラドーナ：アルゼンチンを代表するサッカー選手の名だが、ディフェンスをかいくぐってゴールする姿を「密輸」に重ねたものだと思われる。

は大盤振る舞いのバーベキュー・パーティーを企画し、遺伝子組み換え作物を宣伝した。彼らは公権力を無視し、その目と鼻の先でこの会合を開いたのだ。「ブラジルの畑でアルゼンチン技術者が手助けしている姿は、よく見られる」と、二〇〇三年に仏紙『ル・モンド』の記者ダニエル・ヴェルネは報告している。彼はその記事で、リオ・グランデ・ド・スル州の農務長官オダシル・クラインの証言を引いている。「州警察が農場や道路を監視し、違反者の調書をとります。それから司法に告訴状を送りますが、ほとんどの場合、起訴にはいたりません」[*1]

二〇〇二年、「ルラ」すなわちルイス・イナシオ・ルーラ・ダ・シルヴァが、四度目のブラジル大統領選でようやく当選を果たした〔任期二〇〇三～二〇一一年〕。その選挙でルラは、ＧＭＯに反対するキャンペーンを展開したのだが、その時点でＧＭＯは、すでにリオ・グランデ・ド・スル州の全体に広がっており、さらにパラナ州やマトグロッソ・ド・スル州にも広がっていた。ブラジル労働者党から出馬したルラの当選から九か月後の二〇〇三年九月二二日、欧州委員会はＧＭＯに関する二つの規制案を採択した。一つめは人間や動物が消費する遺伝子組み換え食品の表示を義務づけることであり、二つめは遺伝子組み換え食品の追跡を義務づけること（追跡可能性《トレーサビリティー》）▼である。パラグアイの場合と同じく、ブラジルもこの決定により輸出が脅かされることになった。というのも、ブラジルには遺伝子組み換え大豆が公式には存在しないことになっており、在来大豆と遺伝子組み換え大豆を区別することができないからだ。

その三日後、二〇〇三年のラウンドアップ耐性大豆の販売、および二〇〇四年の植え付け・販売を暫定的に認める政令▼に、ルラ大統領が署名した。政府は遺伝子組み換え大豆を選択する必要に迫られたため、すべてのＧＭＯの生産者に恩赦を下すことで、正々堂々と自分の収穫物を申告させようとしたのである。農民組合や環境保護団体から抗議が起こっただけでなく、労働者党の内部からも異論が噴出した。というのも、労働者党は、ＧＭＯの環境や健康、社会への影響がまともに検証されていないため、ＧＭＯの自由化に反対していたからである。

市場の「大豆化」が引き起こす悲惨な結果をよく理解していた「土地なき農民運動（MST）」の指導者ジョアン・ペドロ・ステディレは、ルラ大統領の決定を「遺伝子組み換え政策」と罵倒した。また当時のマリナ・シルヴァ環境相は、真剣に辞職を考えた。GMOに反対する人々にとって、ルラ大統領の決定は、ロベルト・ロドリゲス農業相に象徴されるアグリビジネス（とりわけモンサント）の前に、新政権が白旗を掲げることを意味していた。

モンサントの戦略に陥落してゆく国々

モンサントが最初に準備をはじめてから、長い時間が経っていた。モンサントのブラジル戦略は、この会社がブラジルの「大豆化」――さらに「遺伝子組み換え化」――をずいぶん前から計画していたことを示している。モンサントがブラジルに姿を現わすのは、一九五〇年代に除草剤の販売を開始してからである。一九七六年、この会社はサンパウロにグリホサート〔ラウンドアップの有効成分〕の生産工場を開設した。そして一九九〇年代になり、非合法のラウンドアップ耐性大豆が密輸によって普及していたころ、この会社は新たな生産拠点を置くことを決めた。モンサントのブラジル支社のホームページでは、次のように大げさに宣伝されている。「二〇〇一年一二月、カマサリ〔バイア州〕の石油化学工業地域で新たな施設の操業を開始しました。これは除草剤『ラウンドアップ』用原料の生産工場で、当社にとってラテンアメリカでは初の施

▼追跡可能性（トレーサビリティー）：食品がいつ、どこで生産され、どのような経路で食卓に届いたかという生産履歴を明らかにする制度。

▼暫定的に認める政令（原注）：この暫定措置令は、二〇〇四年一〇月に更新された。二〇〇五年三月、ブラジル下院はGMOを完全に承認する法案を可決した。

設です。建設費に五億ドルを投じたカマサリ工場は〔……〕当社がアメリカ合衆国以外で建設した工場としては最大の規模を誇ります。〔……〕カマサリ工場は、ラウンドアップの成分を生産する唯一の工場です。ここで生産された原料が、サンホセ・ドス・カンポス、サラテ〔アルゼンチン〕、アンヴェール〔ベルギー〕の工場に送られます。カマサリ工場の操業以前は、それらの工場は原料を合衆国から入手していました」[*2]

ラウンドアップの生産能力を引き上げることにより、モンサントはラウンドアップの市場を拡大していく準備を整えたのである。他方、モンサントはブラジルの種子市場にも手を伸ばしていた。一九九七年、モンサントはブラジル種子企業の最大手であるアグロセレス社を買収した。さらに合衆国では、カーギル社やデカルブ社、アズグロウ社のようなブラジルに子会社をもつアメリカの種苗会社を傘下に入れた。こうしてモンサントは、トウモロコシ種子に関してはブラジルで第一位の販売会社になった。また大豆種子に関しては、第一位のブラジル国立農牧研究公社（ＥＭＢＲＡＰＡ）との厳しい戦いを経て、とうとう第二位の販売会社になった。

この綿密に計算された戦略の最終段階は、ロイヤリティー〔特許権の使用料〕の回収である。モンサントは、最初にブラジル、次にパラグアイ、最後にアルゼンチンへと侵攻した。さあ、戦闘開始だ！　ちょうどブラジルでは、ルラ大統領がそれまで違法だったＧＭＯを合法化したところだった。モンサントは、生産者・輸出業者・種子改良業者との交渉で、ラウンドアップ遺伝子の知的所有権を振りかざした。種子の供給を停止すると脅されたブラジル側の抵抗は、それほど長くはつづかなかった。二〇〇四年一月にブラジルの生産者たちが署名した同意書には、こう書かれていた。ロイヤリティーの支払いは、生産者が収穫物をブンゲ社やカーギル社〔いずれも穀物メジャー〕のようなアメリカの大手仲介・輸出業者に引き渡す時点で発生する、と。ようするにモンサントは、仲介業者や輸出業者をロイヤリティーの回収部隊として利用するために、あらかじめ買収していたのである……。ロイヤリティーの額は、二〇〇三年の収穫物については一トンあたり一〇ドルに固定されていたが、二〇〇四年の収穫物については二〇ドルに値上がりした。二〇〇三年にブラジルで生産された大豆の約三〇%をラウンドアップ耐性大豆が占めており、それは約一六〇〇万トンに相当することを知れば、この契約でモンサントが得た利益を簡単に計算することができる。「知的所有権」のおかげで、最初の一年だけでモンサントはブラジルの生産者たちから一億六〇〇〇万ドルを手に入れたのである。

二〇〇四年一〇月には、パラグアイの生産者たちもモンサントとロイヤリティーの契約を結ぶことになった。実際、パラグアイの生産者たちはモンサントに強く抵抗したわけではなかった。というのも、公式にロイヤリティーを支払うことは、政府に対する違法GMO生産者の勝利を意味していたからだ。同意書には、初めのうちは大豆一トンあたり三ドルを支払うと書かれていた。しかし、五年の猶予期間が終わるとその額は二倍に引き上げられることが定められていた。そしてブラジルの業者の場合と同じように、収穫物を仲買業者に引き渡した時点でロイヤリティーの支払いが発生し、それを受け取った仲買業者は手数料を差し引いた後で、モンサントに返金することになっていた。一週間後の二〇〇四年一〇月二二日、アントニオ・イバネス農相は、モンサントが特許を所有する四種類の遺伝子組み換え大豆の販売を承認する通達を出した。

「政府は違法GMOを合法化して、この件は終わりにしたのですか?」、私はロベルト・フランコ農務次官に尋ねた。

「ええと、いわば私たちは事態に身をゆだねたのです」と農務次官はたどたどしく答えた……。「大手の生産業者たちが、直接にモンサントと交渉しました。この点についてはアルゼンチンの場合と違います。アルゼンチンでは、最初から政府がロイヤリティーの問題を取り仕切っていましたからね……」

その通りだ。アルゼンチン政府がGMO種子のロイヤリティーを認めなかったことは、モンサントにとって予想外のトラブルだったのだ。二〇〇四年、モンサントとリオデラプラタの顧客の関係に暗雲が立ちこめたのは、そのせいだった。思い出してみると、ラウンドアップ大豆をアルゼンチンに投入する時、モンサントは気前のよさを示して、生産者たちに種子のロイヤリティーを要求しないことを認めた。八年後、栽培されているＧＭＯのうち、正当なモンサント製品は一八％にすぎないことが明らかになった。モンサントから販売許可を受けた仲介業者（つまり、もっとも高い値段でモンサントの種子を販売している業者）から購入された種子よりも、保存された種子や闇で売られている種子のほうが多く使用されていたのである。それまで静観していたモンサントは、二〇〇四年一月になって突然、すべての生産者が「技術料」を支払わなければアルゼンチンから撤退する、と脅しはじめたのである。

当初、アルゼンチン農牧水産庁のミゲル・カンポス長官は、モンサントの主張がおかしいとは思わなかった。カンポスは「ロイヤリティー基金」の設置を提案した。生産者から徴収した税金によって基金をつくり、それによって政府がモンサントに技術料を支払えるようにするためだった。支払総額は年間三四〇〇万ドルに達する……。この提案が実行されるためには、議会の同意が必要だった。しかし、議会は農民たちの圧力を怖れ、同意を渋った。「私たちが支払うなんて論外です」と、二〇〇五年四月、アルゼンチン農場連盟のエドゥアルド・ブッツィ代表は私に述べた。「まず、モンサントはアルゼンチンで遺伝子の特許を取得していません。次に、農民は法律２２４７号によって守られています。この法律は「農民除外の原則」を保障しています。つまり、たとえ業者が権利を主張している種子であっても、農民はその収穫の一部をふたたび種として使用する権利が保障されているのです。モンサントが特権を受ける理由はありません」

「しかし当初、アルゼンチン農地連盟は、遺伝子組み換え大豆の栽培を奨励していましたね？」

「その通りです。私たちはそれがよいことだと完全に思い込んでいました。何という皮肉なことでしょう！　モンサントはずっと以前からすべてを計画していました。モンサントは、アルゼンチン大豆生産者協会――モンサントが自社製品の販売促進のために資金提供している協会です――の支援を受けつつ、政府官僚やマスメディアと共謀していました。すべて計算づくだったのです。パラグアイやブラジルへの密輸も含めてね。私たちは、まんまと罠にはめられたわけです！」

「まるで戦争のようですね」

「そう、種子戦争です。ただし私たちにとっては、株主のために配当金を貯えるための戦争ではなく、単に生きていくための戦争なのですが……」

　このインタビューの数日後、エドゥアルド・ブッツィは、モンサントと闘うために、ヨーロッパ特許局が置かれているミュンヘンに向けて飛び立った。二〇〇五年三月一四日、モンサントは大豆輸出業者に一通の手紙を送っていた。その手紙には、モンサントは今後「アルゼンチンの港を出発し、ラウンドアップ耐性遺伝子の特許が認められている他国に到着する船舶に積まれた、すべての大豆および大豆粉、大豆油を追跡する」と告げられていた。そしてモンサントは「サンプル取得と遺伝子検査のために、税関の支援」を求めている。検査結果が陽性であれば、輸出業者はヨーロッパの裁判所に起訴され、裁判費用のほか一トンあたり一五ドルの罰金が要求されることになる。現時点では、たとえヨーロッパ特許局がラウンドアップ耐性遺伝子の特許を承認したとしても、この特許を承認している国はほんの五か国（ベルギー、デンマーク、イタリア、オランダ、スペイン）にすぎない。それでも、この五か国だけで、二〇〇四年にアルゼンチン産大豆は、穀粒が一四万四〇〇〇トン、大豆粉が約九〇〇万トンも輸入されている。「モンサントの要求は、完全に違法です」とミゲル・カンポスは声を詰まらせる。「この会社の特許は、大豆の種子に関係するだけであって、穀粒や大豆粉や大豆油には関係がないのです。しかもヨーロッパの法律は、モンサントがアルゼンチンの生産物からロイヤリティーを取ることを認めていないのですから！」

　この争いの結果はどうなるのだろうか……。というのもモンサントは、ラウンドアップ耐性遺伝子の所有権がモンサントにある以上、植物体内であれ植物に由来する製品内であれ、その遺伝子がどこかに含まれていれば、それはモンサントの所有権を侵害している、と主張しているのだから。そして生命特許をめぐる悪魔のような仕組みの中に身を置いたとたん、モンサントの屁理屈も正しいように思えてくるのだ……。この多国籍企業は、この脅しをすぐさま実行に移した。二〇〇五年六月、モンサントはオランダとデンマークの港で船の荷物検査を行なった。二〇〇六年の初めには、スペインの港でも大豆粉の検査を行なった。それらの事件は、ブリュッセルにあるヨーロッパ法廷にもちこまれた。こうした事例に、アルゼンチンの輸出業者は心底から震えあがった。厄介ごとに巻き込まれるのを怖れたヨーロッパの仲買業者は、アルゼンチン産大豆を避け、他国産の大豆を探すようになったからだ。「許しがたいことです」とミゲル・カンポスは強い調子で述べた。「アルゼンチンは、モンサントの種子が大問題になっていた時に、あえて承認したのです。そのおかげでモンサントは大きな利益を得たはずなのです。モンサントが他のラテンアメリカ諸国に進出することができたのも、アルゼンチンのおかげだというのに……」

共同体と生活を破壊する新たな征服者

パラグアイに話を戻そう。アルゼンチン農牧水産省のカンポス長官が控えめにも「進出」と呼んだことは、パラグアイでは環境と社会の破壊という姿をとっている。「新たな征服です」と嘆くのは、人民農地運動（ＭＡＳ）の代表、ホルヘ・ガレアノである。「誰にも大豆屋たちを止めることはできないでしょう。大豆屋たちは、かつてのコンキスタドーレス［一六世紀にアメリカ大陸を征服したスペイン人たちを指す］と同じように、ラテンアメリカで帝国を拡大しようとして残虐のかぎりを尽くしています」。二〇〇七年一月に私が訪問した時、この農民たちの指導者は「大豆境界」の最前線に案内してくれた。大豆栽培の境界線は、パラグアイの内陸に向かってますます進行している。私たちは四輪駆動車に乗り込んで、アスンシオンの北東二〇〇キロにあるカアグアス県の小さな町、ヴァケリアを出発した。美しい木々の風景を見ながら、起伏のある赤い道を進んでいく。途中、薪を担いだグアラニ・インディオたちに出会った。ところどころ、わらぶき屋根の家が、豊かな生態系の中に埋もれそうになりながら建っている。川では照りつける太陽の下、子どもたちが裸になって水浴びをしている。「ここで育たない植物はありません」とホルヘ・ガレアノは、私に言った。「トウモロコシ、キャッサバ、サツマイモ、インゲン豆、マニオク、サトウキビ、柑橘類やバナナなどの果物、マテ。ここの人々は、とても狭い土地で自給自足しながら生きています。というのも、私たちはずっと農地改革を期待しているからです。しかし、大豆屋たちがそれを脅かしているのです」

そして彼は、パラグアイについて話しはじめた。ラテンアメリカでもっとも貧しい国の一つであるパラグアイでは、人口の二%が土地全体の七〇%を所有している。このあからさまな不公正な格差は、スペイン人に征服された時代にまでさかのぼるが、一八七〇年に三国同盟戦争▼に敗北したことで、いっそうひどくなった。この戦争で、パラグアイは、アルゼンチン・ブラジル・ウルグアイの三国同盟に敗北し、膨大な賠償金を支払うために、パラグアイ政府は公有地を投げ売りした。一八七〇年から一九一四年の間に、およそ二六〇〇万ヘクタールの土地が私有化され、ブラジルやアルゼンチンの企業や民間人の手に渡った。現在まで残っている当時の公有地は、たった八万ヘクタールにすぎない。一九五四年以降、アルフレド・ストロエスネル大統領の独裁政権は、さらに大土地所有化を進め、零細農民たちは大きな被害を受けた。一二〇〇万ヘクタールの土地が大統領の関係者の手に渡り、彼らは私腹を肥やすために、その土地を地域ボスや外国企業に売り払ったのだ。一九七〇年代になり、この国で初めて大豆栽培（まだ当時は遺伝子組み換えではない）が普及しはじめた頃、それまで見向きもされなかった農地改革案が、新たな形で実行された。広大な公有地が、リオグランデドスル州やパラナ州のブラジル人生産者たちに売却されたのである。その時土地を購入した人々こそ、その二〇年後にラウンドアップ耐性種子の密売を計画する「ブラジグアイ

▼三国同盟戦争：パラグアイが敗北した結果、戦前にパラグアイの農地の九八%を占めていた公有地は、アルゼンチンやブラジル人に買い取られ、パラグアイにも他のラテンアメリカ諸国と同じような大土地所有制が導入された。

人」たちだ。推計によれば、現在パラグアイでは六万人の生産者が遺伝子組み換え大豆を栽培しており、そのうち二四％がパラグアイ人の生産者、残りはブラジル人やドイツ人、日本人などの外国人生産者――農務次官ロベルト・フランコの言い方によると「目新しいものと農産物に金をつぎ込む国際投資家たち」――である。GMO栽培のために広大な所有地を買った外国企業が、ためらいもなく、あらゆる手段を使って零細農民を追い立てるのも不思議ではない。

「見てください」とホルヘ・ガレアノが指差した。「現在、大豆境界はここまで来ています」。驚くべき光景だった。そこで私たちは、数キロほどのまっすぐな小道を歩くことにした。左手の東側には、見渡すかぎり大豆畑が広がり、まれに小さな木立が顔をのぞかせている。右手には、私たちが二時間かけて車を走らせた、豊かな生物多様性をうかがわせる風景が広がっている。「すくなくとも二年前まで、この広大な土地には先住民の農村がありました。しかし、彼らはみんな出ていかなければなりませんでした」とホルへ・ガレアノが説明する。「大豆屋の手口は、いつも同じです。まず、大豆屋は農民に接触してきて、食べ物や、子どもの誕生日のおもちゃを差し出します。そして次に大豆屋は、土地を三年契約で借りたいと申し出るのです。その時点では、まだ農民たちはその場所で暮らすことができ、食料をつくるための小さな土地も残っています。しかし、すぐに農民たちの土地は、大豆屋たちがばらまく農薬で汚染されてしまいます。すると大豆屋が現われて、農民たちの土地を買いたいと提案してくるわけです。このあたりの土地は、通常は所有権が定められていません。いつの日か農地改革を実現するために、所有者を定めないままにしてあったのです。大豆屋たちは、アスンシオンの役人らを買収することで、彼らの言い方を借りると『解放された』農地の合法的所有者となるわけです。そうなると、次にブルドーザーがやってきて、この豊かな土地の自然環境を完全に破壊します。その翌年にはモノカルチャーが導入されます。先ほど私が『新たな征服』と言ったのは、そういう意味なのです。このような遺伝子組み換え大豆の生産拡大は、人人の共同体と生活様式を壊滅することによって成り立っているのですから」

「元に戻すことはできないのでしょうか?」

「残念ですが、それは不可能です! いつの日か小農民たちがこの土地を取り戻すことができたとしても、土壌が化学製品にひどく汚染されているでしょう。土壌が元に戻るためには、何年も待たねばなりません。じつに、遺伝子組み換え大豆は死神のようです。それで私たちは、何が何でも遺伝子組み換え農業に反対することを決意したのです……」

GMO反対運動への暴虐な弾圧

とくに大きな組織的抵抗にあうこともなくラウンドアップ耐性大豆の生産拡大が進んだアルゼンチンとは異なり、パラグアイでは二〇〇二年からラウンドアップ耐性大豆に対する集団訴訟が激増した。「主権と生活のための国民戦線」を中心として、ホルヘ・ガレアノの人民農地運動(MAS)やパラグアイ農民運動(MCP)などの農民団体、また、ペトロナ・タラヴェラが所属するCONAMURI(地域住民および先住民の女性労働者団体の国民支援組織)のような市民団体が、国の「大豆化」に反対するキャンペーンを展開したのである。一週間もしないうちにデモが組織され、モンサントのGMOの「進出」を阻止するための道路封鎖や土地占拠が行なわれた。

これに対してニカノル・ドゥアルテ大統領は、反大豆運動の人々を犯罪者とみなし、抑圧することを選んだ。二〇〇二年以来、数百人の農民が投獄され、数十人が殺された。時には地方警察が公然と「大豆屋」の傭兵のように振る舞うこともあった。警察はGMO反対を訴える人々に向けて、容赦なく発砲した。

▼日本人(原注):日本の国際協力機構(JICA)は、日本人の入植を奨励している。

二〇〇四年二月、一台のトラックが五〇人の農民を運んでいた。この農民たちは、カアグアス県での「モスキート（除草剤撒布機）」の稼働を阻止するためにやってきていた。しかし、このトラックはM16ライフルの銃撃を浴び、そのために二人が死亡し、一〇人が重傷を負った。パラグアイのいたるところで、ドゥアルテ政権に雇われた「ならず者」たちが武装して、ラウンドアップの撒布用飛行機と大豆畑を守っていたのである。一部の「大豆屋」たちは、自分たちがどのようなことをしても罪に問われないのをいいことに、かつてのストロエスネル政権をまねて、やっかいな反対運動の指導者を排除する道を選んだ。二〇〇五年の九月一九日、二人の警官がパラグアリ県のブーヤペイでベニト・ハビランの頭に銃弾を撃ち込み、殺害しようとした。彼は奇跡的に生き延びたが、片目を失った。大豆屋たちが国の内陸部にまで進出した「大豆境界」の周辺では、しつこく反対する小生産者たちを力ずくで追い払うための作戦が展開された。二〇〇四年一一月三日、アルト・パラナ県では、土地を失った二〇〇〇人の農民が、アグロペコ社――ドイツ出身のパラグアイ人とイタリアの投資家が所有する会社[*3]――が獲得した六万五〇〇〇ヘクタールのラウンドアップ耐性大豆の畑の近くで、キャンプ生活をしていた。その報せを受けた警察は、農民たちを追い払うために七〇〇人の警官を派遣した。その土地は、以前は独裁者ストロエスネルの息子がもっていた広大な農地だったのだが、それをアグロペコ社の二人の所有者が買い取ったものである。ところで、ストロエスネルの息子がその土地を手に入れたのも、先に述べた農地改革の方向転換のおかげだったのだ！　農民たちは、国道6号線沿いの土地を耕作して暮らしていたのだが、この作戦によって一三人の農民が投獄され、耕作地とキャンプは打ち壊された。

しかし、遺伝子組み換え農業がもたらした圧政を象徴的に示しているのは、テコホハの田舎の一農村で起こった事件だろう。この村は、カアグアスから七〇キロの場所にあり、「大豆境界」から数キロしか離れていない。その村に住む五六家族は、ブラジルからやってきた二人の強力な「大豆屋」の野望に対抗するために、絶望的な闘いを試みた。この二人の「大豆屋」は、一人はこの地方の権力者アデミル・オッペルマンであり、もう一人は国内に五万ヘクタールの農地を所有し、この地域に五つの大サイロをもつアデルマル・アルカリオである。二〇〇四年一二月三日、この二人は共謀して、村民を力ずくで排除するために最初の攻撃を仕掛けた。二人は、村民の家を焼き払い、二〇ヘクタール分の収穫物を廃棄したのだ。[*4] しかし、「人民農地運動」の支援を受けた村民たちは抵抗をつづけ、ふたたび土地を奪回した。

二〇〇五年六月二四日午前五時、二五人の警官が、オッペルマンに雇われた民兵団を連れて、この村を襲撃した。その後、二人の弁護士が、判事の署名のある追放命令を村民たちに提示した。「追放命令の根拠になっていたのは、彼らがINDERT（パラグアイ国立農村土地開発院）で非合法な仕方で手に入れた、偽の所有者証明書だったのです」と、当日この村へ駆けつけたホルへ・ガレアノが説明してくれた。「二〇〇六年七月、アスンシオンの最高裁は、その証明書が不正なものであると認めました。しかし現在もなお、村民はとても不安定な生活を強いられています」

二〇〇七年一月、村民たちは現在の住居であるビニール・テントを出て、生活をめちゃくちゃにされた悲劇の地に集まってくれた。新たな暴力行為をやめさせるために、彼らは私のルポルタージュに期待したのである。「ひどい事件でした」と歯のない老女が話す。「警官たちは一六〇人を逮捕しました。そのうち四〇人は子どもたちです。私たちは牢屋で数日を過ごしました。釈放された時、私たちの住んでいた家は焼かれ、畑は壊され、動物は殺されていました。そのうえ、二人の仲間を失いました……」

村民たちは黙り込んだまま、森の開けた場所で、花が飾られていた二つの墓に近づいた。「ちょうど二〇歳だったアンヘル・クリスタルドと、四九歳で一家の長だったレオンシオ・トレスは、ここで殺されました。二人はブルドーザーの進路を封鎖しようとしたのです」と、ホルへ・ガレアノは語る。「初め警察は、治安部隊と武装農民が衝突し、その混乱の中で二人が死んだと思わせようとしました。しかし、私たちはこれが殺人であるという証拠を手に入れたのです」。襲撃の日、テコホハ村でたまたま調査していたカナダの人類学者クレッグ・ヘザリントンが、この事件のすべてを目撃し、写真を撮っていたのである。ホルへ・ガレアノは、証拠写真の焼き増しを私に見せてくれた。そこでは、制服姿の警官たちが家財道具が積まれたトラックを取り囲んでいる。その家財道具は、焼き討ちする前に、オッペルマンの配下が村民の質素な家の中から持ち出したものである。また、畑を壊しているトラクターの周囲では、武装した男たちが忙しそうに歩き回っており、武器ももたない農民たちがトラクターの進行を止めようとしている。その横に、一人の青いTシャツの男が、胸を血に染めて地面に横たわっている。もう一人、同じく青いTシャツの男は、片腕を吹き飛ばされ、苦痛で顔が歪んでいる。「私も青いTシャツを着ていたのです」とホルへ・ガレアノは話した。「オッペルマンの部下は相手を誤ったのです……」。クレッグ・ヘザリントンの証言のおかげで、「大豆屋」の一人に逮捕状が出された。私がテコホハ村を訪れた時、まだ彼は捕まっていなかった……。

しかし、この場所を去らなければならない時間がきてしまった。というのも、ここから一〇キロ先にある別の村でも取材を予定していたからである。その村の人々も、不法な仕打ちを証言したいと望んでいた。そのパリリ村では、GMOの畑に囲まれながらも、数百世帯がやっとのことで生活をつづけていた。GMO畑が広がるアメリカ大陸を北から南へと旅してきた私でさえ、これほどの大豆畑を見たことはなかった。緑色の大豆の海が、村の人々が集まる小さな教会の庭先まで、すき間なく埋め尽くしている。ホルへ・ガレアーノのそばに、一人の男性が一〇歳くらいの息子を連れてきた。少年の足は、火傷のような傷跡に覆われている。この少年は、学校に通うために、ラウンドアップが撒き散らされた大豆畑を横切らなければいけないのだ、という。ある女性は激しい頭痛を訴えた。別の女性は嘔吐に苦しんでいると語った。ある男性は、ラウンドアップが定期的に撒布されるようになって以来、体がだるくなり働けなくなったと話した。「私たちはどうしたらよいのでしょう?」と年老いた男性が嘆いた。「すでに立ち去った四〇家族のように、私たちも立ち去るべきなのでしょうか？　スラムでゴミ箱を漁って生きていかなければならないのでしょうか？　どうか、私たちを助けてください！」

ホルヘ・ガレアノは痛ましい表情を浮かべていた。私は怒りをおぼえていた。私がタバコに火をつけると、ガレアノは不意に村民たちに向かって話をはじめた。この村の人々は、ヨーロッパの豚やニワトリに大豆を食べさせるのと引き換えに、命を奪われつつある。ヨーロッパでは、もはや地域の産物で家畜を養うことはできなくなったからだ。「ここを立ち去るべきではありません！」とホルヘ・ガレアノは叫んだ。「モンサントのような多国籍企業が押しつけてくるGMO農業に対して、私たちは抵抗しなければなりません。GMO農業が最終的にもたらすのは、農民のいない農業なのですから。私たちの家族農業は、一ヘクタールの畑で五人は働いています。しかし、ラウンドアップ耐性大豆を生産するためには、耕作地二五ヘクタール▼につきフルタイムの労働者一人を雇うだけです。モンサントの目的は、世界の食糧生産を支配することです。そのためにモンサントは、私たちが自分で食料を生産できないように仕向けているのです。私たちはGMO農業を望みません。それは犯罪的なのですから。環境を汚染し、自然を破壊し、職を奪い、貧困と不安、暴力をつくりだします。GMO農業は、私たちに食料だけでなく、それ以外の重要なものも外部に依存させようとします。そして、私たちの命を奪います。しかし、ひとたびGMO農業を受け入れてしまうと、もはや元に戻ることは難しくなります。だからこそ、私たちは闘わなければなりません。私たち自身のために、そして何よりも子どもたちの未来のために……」

▼耕作地二五ヘクタール（原注）：ちなみに、アルゼンチンの農務省が定めた基準によれば、耕作地二五〇ヘクタールにつき、労働者一人を雇用するだけでよい……。

「食料支配によって、民衆を政治的に従わせる……」

二〇〇七年一月二三日、私はトマス・パラウに会うために、アスンシオンから一〇〇キロほど離れた彼の家を訪れた。読書と執筆作業のために、トマス・パラウが首都の喧噪を離れ、この家に引きこもってから、長い年月が過ぎていた。この日、農地問題を専門とするこの社会学者は、「大豆連合共和国」に関する論文を書きはじめていた。「大豆連合共和国」とは、二〇〇四年、モンサント社の商売敵であるスイスのシンジェンタ社が配布した宣伝用冊子のうたい文句である。この冊子は、コーネ・スール諸国▼で配布されたのだが、そこにボリビア・パラグアイ・ブラジル・アルゼンチンを一つにまとめた緑色の地図が描かれており、その輪郭は大豆の実の形をしている。タイトルには「大豆連合共和国」とある。また冊子の二ページ目には「大豆に国境はありません」と題された文書があり、ラウンドアップ耐性大豆の生産者に対して肥料と植物健康製品を供給するシンジェンタ社の技術支援の利点が宣伝されている。

「コーネ・スールの『大豆化』とは、よく言ったものです」とトマス・パラウは語る。「というのも、現在、冊子の地図に描かれた四か国で、モンサントのGMOは四〇〇〇万ヘクタールも覆っているのですから。しかし、そのようなGMOの驚くべき普及は、地域の小農民の犠牲のうえに成り立っています。したがって、もはやGMOの普及は、単に農業で起こった出来事というだけでなく、政治的な支配を実現する計画と結びついているわけです。その意味で、シンジェンタの広告スローガンは正しい。というより、真実を告白しています。実際、現在のモンサントは、ブラジル・パラグアイ・アルゼンチン・ボリビアの農業食糧政策と商業政策を支配しています。その支配は、いずれウルグアイにも及ぶでしょう。モンサントの権力は各国政府の権力を大きく上回っています。その国でどのような種子を使い、どのような化学製品を使用するのか、どのような作物を優先させるか、ようするに、人々が何を食べるか、そして何を犠牲にするか――こうしたことすべてを決めるのは、モンサントなのです。反抗する人々は、裁判所に引っ立てられます。というのも、この全体主義的な計画は、特許を中心に成り立っているからです。こうしたことは、アルゼンチン大豆生産者協会（AAPRESID）やパラグアイの生産者組合（CAPECO）と連携して進められています。さらに、それらの組織は、セントルイスのアメリカ大豆協会（ASA）とたえず緊密な関係を維持しています」

すでに私自身も、それらの三つの組織とモンサントの関係を確認していた。トマス・パラウとの面会が終わろうとする時、ロベルト・フランコ農務次官は、その翌日に開かれる予定のパーティーに私を誘ってくれた。そのパーティーは、CAPECOのホルへ・アイセック代表の豪邸で開かれるという。その夜、ジョン・ホフマンを団長とする、アメリカ大豆協会の会員二〇人からなる代表団が、アルゼンチンを出発してパラグアイに到着することになっていた。アイオワの開墾者、ジョン・ホフマンのことはよく知っていた（第9章参照）。このチャンスを逃すわけにはいかない。私は予定を変更して、アイセックのパーティーに出かけることにした。ところが、六時間もかけて訪れたのに、しかも農務次官の取りなしにもかかわらず、アイセックの広大な所有地に、武装ガードマンは私を入れてくれなかった。農務次官はありふれた言いわけをした……。いやはや、「大豆連合共和国」バンザイだ！

「パラグアイで、どれくらいの人数の小農民が、大豆のせいで農業をやめたのかわかりますか？」と私はトマス・パラウに尋ねた。

「政府による最近の調査によれば、国の全人口六〇〇万人のうち、毎年一〇万人が農村を離れ、都会に移

▼コーネ・スール諸国：南米大陸の南部地域のアルゼンチン・ウルグアイ・パラグアイ・チリ。英語では、サザンコーン。

住しています」と社会学者は答えた。それを聞いた私は幻滅したが、彼はそれに驚かなかった。「これは一万六〇〇〇世帯から一万八〇〇〇世帯の人口に相当します。移住者の約七〇％が大豆のせいで故郷を離れた、と見積もる人もいます。それらの移住した家族は、たいていの場合、スラムにたどり着き、ひどく貧しい生活をしています。そう考えると毎年一〇万人というのは、驚くべき数です。しかし、GMOがもたらしたのは社会問題ばかりではありません。もっとも重大な問題は、食料の安全保障が失われたことです。自分の土地を離れた小農民たちは、自分のために生産することをやめました。それは、他人のために生産することもやめたということです。一九九五年以来、パラグアイの食料収支は、黒字から赤字へと転じました。つまり、現在では食料輸出よりも、食料輸入のほうが増えているのです。だからこそ私は、モンサントとその同業者――いずれライバルのシンジェンタ社やノバルティス社も、モンサントに飲み込まれるかもしれません――は、帝国主義的で独裁主義的な戦略を進めていると主張しているのです。つまり、彼らの戦略が目指しているのは、食料支配によって民衆を政治的に従わせることなのです。一九八〇年に公表された、有名な『サンタフェ報告』を思い出してください。これは『レーガン・ドクトリン』の基盤になった報告書です。そこで国家安全保障の専門家が提案しているのは、敵国の政府を壊滅するために、食料を政治的武器として利用するべきだ、ということでした。それこそ、まさに現在のモンサントが実行していることですよ……」

飛行機でフランスに帰るためにアスンシオンへ戻る途中、私は二年ほど前にワルテル・ペンゲと交わした会話を思い返していた。アルゼンチンの農学者である彼は、遺伝子組み換え大豆の影響について世界でもっとも詳しい専門家になっていた（第13章参照）。

「遺伝子組み換え農業は、工業化した農業のなれの果てですよ」と、アルゼンチン産の白ワインを飲みながら、彼は説明した。「それは集約化した農業が、最後にたどり着いた姿です。遺伝子組み換え農業は、単に種子と除草剤だけで成り立っているのではありません。生産性を上げるために肥料や殺虫剤も必要になります。ようするに、遺伝子組み換え農業というのは、それらすべてを含んだ『テクノロジー・パック』なのです。それこそ、北の多国籍企業が南側の諸国に売りつけているものです。GMOが『第二次農業革命』と呼ばれるのも、そのためです。最初の革命は、第二次大戦から数年後、アルゼンチン農牧技術研究所（INTA）のような国家の農業研究機関が指導しました。この革命は、国民の食料生産能力を引き上げる目的で進められ、農民階級も支持しました。これに対してGMO農業にもとづく第二の革命は、超国家的な利益集団〔多国籍企業〕が推し進めているもので、従来の国民の食料を生産する農業から海外輸出のための農業へと転換させようとするものです。その農業は、北側の国々の産業化した牧畜業界に、低価格で飼料を供給するという目的に特化したものです。その結果、大規模なモノカルチャー化を引き起こし、南側の国々の食料の安全保障を脅かしています。この二年間で、アルゼンチンの経済は一世紀前の状態に逆戻りしてしまい、一次産品の輸出に依存するようになりました。しかも、その価格は、グローバル市場で多国籍企業の思いどおりに決められています。いずれ大豆相場が暴落するようなことがあれば、最悪の事態が訪れるでしょう……」

「ラウンドアップ耐性大豆によって、これまでの慣行的農法〔化学肥料や農薬を使う農法〕や有機栽培の大豆はどうなったのでしょうか？」

「それも、遺伝子組み換え農業の重要な問題です。遺伝子組み換え農業は、最終的に生物多様性ではなく、生物均一性〔多様性の喪失〕をもたらします。これは食料の安全保障を脅かすもう一つの危険です。GMO大豆は、在来大豆を実質的に消滅させつつあります。というのも在来大豆は汚染され、価格が大きく下がってしまいました。しかし、もっと大きな問題があります。仮に国土の半分が同一品種の栽培地で占められるようになれば、もはや大惨事が起こることを止められなくなるでしょう。国内の農業生産が全滅する事態が起こるかもしれません。現在、大豆栽培を脅かしているのは、さび病です。これには農薬が効かないのです。さび病はブラジルで発生し、パラグアイ、それからアルゼンチンへと拡がりました。植物の多様性が失われると、病気の発生に対応できなくなります。一九世紀のアイルランドで起こったジャガイモ飢饉を思い出してください。この大飢饉で、一八四五年から四九年の間に、アイルランド人口の多くが餓死し、国外脱出を余儀なくされました。その主な理由は、ジャガイモの単一栽培が広がりすぎて、生物多様性が失われたためです。病気の広がりを防ぐ自然界の障壁が消失したため、ベト病が大流行したのです」

「モンサントは、いったい何を目指しているのでしょうか？」

「世界中の食料を支配することでしょうね。そのために種子を手がけるようになり、種子の撒かれる場所、つまり農業者たちの畑に手を出しているわけです。モンサントは種子・改良種子・スーパーマーケットの順に次々と支配して、最後に食物連鎖のすべてを支配するでしょう。種子は食物連鎖の出発点です。種子を支配する者は、食物の供給を支配し、ひいては人類を支配するのです……」

この恐るべき論理がもたらした悲惨な結果を、すでに私は二〇〇七年一月にパラグアイを訪れる前、地球の反対側で目にしたことがあった。インドでは、モンサントの遺伝子組み換え綿花の栽培が広がり、人人に死をもたらしているのである。

第15章 農民を自殺に導くGMO綿花
——インド

私たちの製品は、大規模農家だけでなく、小規模農家にとってもまた、大きな経済的利益を提供します。私たちの製品によって生産品質は向上し、収量も増加します。

——モンサント『プレッジ・レポート』(二〇〇六年、二九頁)

二〇〇六年一二月、私たちが到着した時、太陽が照りつけるこの村の倦怠を破るように、石灰で真っ白に塗られた路地の角から、葬列が現われた。伝統衣装——チュニックと白い綿ズボン——に身を包んだ太鼓奏者たちが、すぐ近くの河原に向かって歩きはじめた。河原にはもう薪が用意されている。葬列の真ん中では、女たちがさめざめと泣き、暗いまなざしをした屈強な男たちが、豪華な花に飾られた棺を運んでいる。私は心を揺さぶられながら、白い布をかぶった死者の若々しい顔つきを眺めた。閉じたまぶた、とがった鼻、茶色の口ひげ。私はその時の光景をけっして忘れないだろう。それはモンサントの「すばらしい約束」が欺瞞に満ちていることを示した光景だったからだ。

次々に自殺に追い込まれる農民たち

「撮影してもよろしいでしょうか?」。私が依頼していたカメラマンに促されて、少し動揺しながら、私は尋ねた。「もちろん、かまいませんよ」とカテ・タラクは答えた。タラクは、有機農業のNGOを運営する農学者である。私たちは、インド南西のマハラシュトラ州のヴィダルバ地方を訪れていた。その目的は、この地方の綿花栽培地域を取材するためであった。カテ・タラクはその取材に同行していたのだ。「そのためにキショル・ティワリは、私たちをわざわざこの村に連れてきたのですから。彼は、この村で自殺した農民の葬儀が今日行なわれることを、あらかじめ知っていたのです……」

キショル・ティワリは、ヴィダルバ・ジャン・アンドラン・サミティ（VJAS）という農民団体の指導者である。かつて、この地域は「白い黄金」と呼ばれるほど品質の高い綿花が栽培されていることで有名だったが、現在は殺虫成分を分泌する遺伝子組み換え綿花であるBt綿花が広がっている。VJASは、Bt綿花によって「大量殺戮」が起こっていると告発し、そのために警察からさまざまな嫌がらせを受けるようになった。先ほどの農学者カテ・タラクの答えに、ティワリは同意してこう言った。「安全上の理由から、私は今日の葬儀について、あらかじめ皆さんに伝えないことにしたのです。農民が自殺すると、村の人たちがVJASに知らせてくれます。ですから、私たちVJASも埋葬に参加しています。じつを言えば、この地域では平均して一日あたり三件も自殺があります。この若い男性は、農薬を一リットル飲んで死にました。農民たちは化学製品を使って自殺するわけです。遺伝子組み換え綿花で節約されるはずの化学製品を使って」

葬列は川のあたりに到着した。河原では、この若くして苦しみ抜いて亡くなった農民も、すぐに荼毘にふされることだろう。すると、男性の群れが私の撮影チームに近づいてきた。彼らは私たちを疑い深く見つめていたが、キショル・ティワリがいることがわかると、安心した様子をみせた。「Bt綿花は、災厄だ。世界中の人たちに伝えてくれ」と、老人がいきり立って叫んだ。「この村で自殺が起こるのは、収穫期がはじまって二度目だ。状況は悪くなるばかりだ。遺伝子組み換え種子で得るものは何もないんだ！」「私たちはだまされたんです」と村長が言った。「やつらは、この魔法の種子を使えば金が儲かると言いました。しかし現実には、私たちはみんな借金まみれになり、収穫もゼロです！　いったい私たちはどうなってしまうのでしょう？」

私たちが次に車を向かわせたのは、バードゥマリの近くにある村だった。そこでキショル・ティワリは、二五歳の未亡人を紹介した。夫は三か月前に自殺したのだ。「彼女はすでに『ニューヨーク・タイムズ』[*1]の記者から取材を受けました」とティワリが説明する。「しかし、彼女はもう一度話したいと言っています。このようなことは、とても珍しいことですよ。通常は、自殺は家族の恥と思われているのですから……」。青いサリーを身にまとった品のあるこの若い女性は、質素な家の土間で私たちを迎えてくれた。彼女のそばには三歳と、生後一〇か月の息子がいる。彼女は話しながら、ときどき赤ん坊が眠るハンモックを揺らしている。彼女の後ろには、義母が亡くなった息子の写真を抱えて黙り込んでいる。「この土間で彼は自殺しました」と若い未亡人は語りだした。「私が家を空けている間に、ブリキ缶の農薬をすべて飲んだのです。私が帰った時には、もう手の尽くしようもありませんでした」

彼女の言葉に耳を傾けながら、私は二〇〇六年五月の『インターナショナル・ヘラルド・トリビューン』紙に掲載された記事を思い返していた。それは、ある医師が遺伝子組み換え作物のために自殺した人人を説明した記事である。「農薬は神経系に作用します。まず痙攣が起こり、次に胃が化学物質に荒らされ、出血します。そして呼吸困難が起こり、最後に心臓が停止します」[*2]

この若い未亡人の夫、アニル・コンダ・シェンドは三五歳だった。彼は三エーカー半、つまり一ヘクタールより少し大きな畑をもっていた。二〇〇六年、彼は有名なモンサントのBt綿花を試してみることにした。商品名「ボルガード」というそのBt綿花は、テレビのＣＭで大々的に宣伝されていた。大きく太った毛虫がBt綿花を怖れて近づけない、という内容のこのＣＭは、こううたっている。「ボルガードはあなたを守ります！　農薬はすくなく、利益は多く！　ボルガード綿花は虫を倒します！」。在来綿花の四倍の価格で売られているボルガード綿花の種子を入手するため、この農民は借金をしなければならなかった。

「三度も試してみたのです」と未亡人は言う。「というのも、夫がその種を蒔くたびに、雨でダメになったからです。夫が仲買人に六万ルピーの借金をしたのは、それが理由だったと思います。私は借金のことを知りませんでした。夫を殺した種子のことを、私には話してくれなかったのです。夫は借金のことで頭がいっぱいでした」

「仲買人は、どのような人たちなのですか？」と私は尋ねた。

「遺伝子組み換え種子を売っている人たちですよ」と、キショル・ティワリが私に答えた。「彼らは肥料や農薬も売りますし、高い利子で金も貸します。農民たちは、モンサントの仲買人に借金で縛られています……」

「悪循環としか言いようがありません」とカテ・タラクが言う。「これは人災です。問題は、ＧＭＯが私たちの地域の土壌にはまったく適さないということです。モンスーンの時期になると、この地域は水びたしになりますから。またＧＭＯのせいで、農民たちは完全に市場の力に支配されるようになりました。種子を手に入れるために多額の金を支払わなければならないだけでなく、肥料も買わなくてはいけません。肥料がなければ栽培が失敗に終わりますから。農薬も同じです。ボルガード綿花はワタミゾウムシ〔綿花につく害虫〕を撃退しますが、他の害虫を防ぐわけではありませんから。付け加えると、広告で宣伝しているのとは反対に、ボルガード綿花はワタミゾウムシさえ十分に撃退できません。これはひどいことです。さらに農薬が必要になるのですから」

「モンサントは、ＧＭＯは小規模農家に適していると言っています。どう思いますか？」と、二〇〇六年の『プレッジ・レポート』に書かれていた文章を思い返しながら、私は尋ねた。

「経験から言えば、それは嘘です」と農学者は否定した。「百歩譲って言うなら、土壌の質が高く、しっかりした排水と灌漑の設備をもっている大規模農家であれば、ＧＭＯは適しているかもしれません。しかし、インド人口の七〇％を占める小規模農家にとっては、まったく適していません」

「これを見てください」とキショル・ティワリが割って入った。そして、車のトランクから取ってきた一枚の地図を広げた。

私は圧倒された。地図には自殺者一人ひとりの顔写真が貼られ、ヴィダルバの「コットン・ベルト」と呼ばれる地域をびっしり覆い尽くしている。「マハラシュトラ州にBt綿花が導入された二〇〇五年六月から二〇〇六年一二月までの自殺者たちです▼」とティワリは説明した。「自殺者は一二八〇人になります。八時間ごとに一人が自殺している計算になります。他方で、地図の白い部分はコメを生産している地域です。その地域では自殺が起こっていないのです！　この事実を見れば、Bt綿花は大量殺戮を引き起こしている、という私たちの主張の正しさがわかるでしょう……」

カテ・タラクも私と同じく、この地図を目にするのは初めてだった。彼はしばらく地図を見つめて、自殺者の写真が貼られていない小さな空白を指した。「ここはヤヴァトマル地方にあるガンタンジ地区です」と彼は微笑みながら説明した。「私の組合は、そこで二〇か所の村に住んでいる五〇〇世帯の家族に、有

▼六万ルピー（原注）：一ユーロは約五五ルピーなので、六万ルピーは約一〇九〇ユーロに相当する。インドに最低賃金法は存在しないが、二〇〇六年の労働者あるいは被雇用者の月収は、だいたい六〇〇〇ルピー以下である。
▼自殺者たち（原注）：二〇〇七年一月から一二月の自殺者は、ＶＪＡＳの調査によれば一一六八人である。

機農法を勧める運動をしています。ご覧ください、私たちのところで自殺は起こっていません……」

「たしかに、そのとおりですね。しかし、綿花生産者の自殺は新しい現象ではなく、GMOが売られる以前にもあったのではないですか？」

「たしかに、昔から自殺はありました」と農学者が答える。「しかし自殺者の数が急増したのは、Bt綿花が導入された後です。これと同じような増加は、アンドラプラデシュ州でも確認されています。この州は、遺伝子組み換え種子を承認した最初の州です。現在ではモンサントと対立していますが」

マハラシュトラ州政府によれば、二〇〇一年一月一日から二〇〇六年八月一九日までの農民の自殺者は一九二〇人だった。これは、Bt種子が市販された二〇〇五年六月以降に自殺者が急増したことを裏付けるデータである。[*3]

いかにGMO綿花を普及させたか？

インドの東南に位置する広大なアンドラプラデシュ州へ向けて飛び立つ前に、キショル・ティワリはパンダールカワダの綿花市場に、私を案内した。そこは、マハラシュトラ州で最大の市場の一つである。その途中で私たちは、荷車の列とすれ違った。その荷台には綿花袋が積まれ、それを水牛が牽いていた。その様子を眺めながら、キショル・ティワリが言った。「あらかじめ言っておきますが、この市場の人々は爆発寸前です。農民は憔悴しきっています。収量は絶望的なまでに低いうえ、綿相場がこれほど下がったことはないのですから。アメリカ政府が農業者に補助金をばらまいているせいで、世界中で不当廉売（ダンピング）が横行しているのです」

パンダールカワダ市場の立派な門をくぐって中に入ろうとした時、私たちは怒りをあらわにした数人の綿花生産者に取り囲まれ、身動きがとれなくなってしまった。そのうちの一人が、両手で綿花袋を振り上げながら言った。「私たちは収穫した綿花を抱えたまま、もう何日もここにいるのです。仲買人は、とうてい受け入れられないほど低い金額しか提示しません。みんな借金を返さなければならないのに……」

「あなたは、どれくらい借金したのですか？」とカテ・タラクが尋ねる。

「五万二〇〇〇ルピーです」と彼は答える。

するとと数十人の農民たちが自発的に、次々と自分の借金の額を叫びはじめた。

「五万ルピー……、二万ルピー……、一万五〇〇〇ルピー……、三万二〇〇〇ルピー……、三万六〇〇〇ルピー……」。その叫びはうねりとなって広がり、もう止めようがなかった。

「もうBt綿花はいらない！」と一人の男性が叫んだが、もう誰の声なのか区別ができなかった。

「いらない！」と何十人もの声が一斉にとどろく。

「来年はBt綿花を植えないと決めた人は、どのくらいいますか？」とカテ・タラクは、明らかに興奮しながら、声を張って言った。

すると森のように多くの手が挙がった。カメラマンのギヨーム・マルタンは、その状況を奇跡的に映像に収めることができた。というのも、その時、私たちは人込みで身動きの取れない状況にあったので、撮影どころではなかったからだ。「問題は、農民たちが非遺伝子組み換え綿花の種子を探しても、なかなか見つからないということです」とカテ・タラクがため息をついた。「モンサントが、市場をほとんど支配してしまったからです……」

▼アメリカ政府が農業者に補助金をばらまいている（原注）：補助金（農産物輸出補助金など）の総額は、二〇〇六年には一八〇億ドルに上昇している。詳しくは二〇〇六年九月一九日付『ニューヨーク・タイムズ』のファウザン・フセインの記事「インドの畑で自殺者が大量発生」を参照。私たちが取材した三日後、この市場で暴動が起こった。数人の農民が警察に逮捕され、その中にはキショル・ティワリもいた。

実際、モンサントが世界第一位の大豆生産国ブラジル（第14章参照）に進出した一九九〇年代初頭から、この会社はインドへのGMO投入を準備していた。インドは、中国と合衆国に次ぐ、世界第三位の綿花生産国である。インドにとって綿花は、象徴的な植物である。かつてマハトマ・ガンジーは、イギリスの支配に抵抗するために「非暴力・不服従」を訴えたが、その時抵抗の手段になったのは綿花農業である。綿花は、インドの南部で五〇〇〇年前から栽培されてきた。現在、綿花は主にインド南部の州（マハラシュトラ、グジャラート、タミル・ナードゥ、アンドラプラデシュ）で栽培され、すくなくとも一七〇〇万世帯が綿花栽培によって生計を立てている。

一九四九年にインドに入り込んだモンサント社は、この国で最初に農薬を販売した会社の一つである。除草剤の需要の高いインドは、殺虫剤の巨大市場でもある。というのも、綿花は害虫（ワタミゾウムシやカイガラムシ、ナミハダニ、ケムシ、アブラムシなど）に、とても弱いからだ。高い収量の一代雑種（ハイブリッド種）によって綿花栽培をモノカルチャー化した「緑の革命」が起こる以前、インドの農民たちは輪作とインドセンダンの葉から抽出した天然成分によって、害虫被害を防いでいた。インドセンダンは、インドでは「ニーム」と呼ばれ、南部の村では「恵みの木」としてあがめられており、その多彩な薬効は一〇〇〇年以上も前からインドの人々に伝えられてきた。その薬効の高さは国外でも評判になり、多国籍企業が提出した一〇件の特許の対象になったほどである。それらの「生物特許の海賊たち《バイオ・パイレーツ》」▼の行為は、各国の特許局で果てしない紛争を引き起こしている。たとえば一九九四年九月、モンサントの商売敵であるアメリカの化学企業W・R・グレース社は、インドセンダンの殺菌作用に関する特許をヨーロッパで取得した。そのためにインドの企業は、自社の製品を海外で販売することができなくなった。販売するためには、この多国籍企業にロイヤリティーを支払う必要があるのだ。しかもW・R・グレース社は、インドを農薬まみれにした張本人である[*4]……。

一九九〇年代の終わり、借金に苦しんだ農民の自殺が急増し、「第一次自殺ブーム」が起こった。その原因は、農薬である。昆虫学者が熟知しているように、合成殺虫剤を集中的に使用すると、その殺虫剤に対する害虫の耐性を強めることになる。そうなると農民たちは、殺虫剤の使用量を増やすか、さらに毒性の強い薬品に頼らざるをえなくなる。実際、インドでは、綿花栽培は国内の耕作地の五％しか占めていないのに、綿花栽培で使用された農薬が全体の五五％に及んでいる。

皮肉なことだが、モンサントは、農薬（この会社も販売していた）が引き起こした悪循環をうまく利用した。当時、綿相場の下落（一九九五年には一トンあたり九八・二ドルだったが、二〇〇一年には四九・一ドルに下落した）が重なって、数千人の農民たちが自殺に追いやられた。そこでモンサントは、インド支社のホームページに書かれているように、「農薬の使用を減らしたり、なくしたり」する究極の方策として、Bt綿花を宣伝したのである。

すでにモンサントは、一九九三年からインドの大手種苗会社のマヒコ社（正式名称は「マハラシュトラ・ハイブリッド・シーズ・カンパニー」）とBt技術のライセンス契約に関する交渉をはじめている。交渉開始から二年後、インド政府は合衆国で栽培されたBt綿花（名称は「Cocker312」といい、Cry1Ac遺伝子を含んでいる）の輸入を承認した。そのおかげでマヒコ社の技術者は、この綿花を在来品種と交配させ、一代雑種（ハイブリッド種）をつくることができるようになった。一九九八年四月、モンサントは、マヒコ社の株式の二六％を買収し、マヒコ社との間で合弁会社を設立したことを発表した。この合弁会社は新たな遺伝子組み換え綿花の商品開発を目的としており、マヒコ・モンサント・バイオテック社（ＭＭＢ）と名付けられた。それと同じ頃、インド政府はモンサントによるBt綿花の試験栽培に、最初の許可を与えた。

▼生物特許の海賊たち（バイオ・パイレーツ）：ヴァンダナ・シヴァ『バイオパイラシー――グローバル化による生命と文化の略奪』（松本丈二訳、緑風出版、二〇〇二年）などを参照。

「その試験栽培の許可は、まったく非合法な仕方で決まったのです」と、ヴァンダナ・シヴァは告発する。二〇〇六年一二月、ニューデリーにある科学・テクノロジー・エコロジー研究財団の一室で、ヴァンダナ・シヴァは私を迎えてくれた。物理学者であり科学哲学の博士号ももつ彼女は、世界を代表するオルター・グローバリゼーション活動家でもある。彼女は一九九三年、「もう一つのノーベル賞」である「ライト・ライブリフッド賞」を受賞した。彼女の環境保護分野での仕事に加え、多国籍企業によるインドの農業支配に抵抗する活動が評価されたのである。「一九九九年、私の団体は、マヒコ・モンサントが実施した試験栽培の違法性を告発するために、最高裁判所に訴状を提出しました」と彼女は言った。「二〇〇〇年七月、私たちの訴状がまだ精査されていないにもかかわらず、この試験栽培が大規模に、つまり、六つの州の六〇か所で承認されてしまったのです。しかし、その結果は企業秘密という理由で、まったく公表されませんでした。インド遺伝子工学審査委員会は、Bt綿花の種子が牛や水牛の餌として使用された場合の安全性についても、試験するように要求していました。食用の牛乳や綿花油の成分に影響する可能性があるからです。しかし、そのような試験は一切行なわれませんでした。その数年の間で、モンサントはインドの綿花農業を支配してしまったのです。政府も同罪です。これまでインドが守ってきた予防原則を平然と捨て去り、GMOに門戸を開いてやったのですから」

「どうして、そんなことになったのでしょうか?」と私は尋ねた。

「モンサントは、とても積極的にロビー活動を行ないました」とヴァンダナ・シヴァは嘆いた。「たとえば二〇〇一年一月に、アメリカの役人と科学者たちの代表団が、どういうわけか最高裁長官のA・S・アナンド裁判長と面会し、バイオテクノロジーの恩恵を訴えました。それは、この裁判官が私たちの訴状について回答しなければならなかった時期と重なっています。『アインシュタイン科学・健康・裁判研究所』(EINSHAC)が率いるこの代表団は、GMO問題に詳しい裁判官を養成するために勉強会の設置を提案しました。[*5] モンサントもまた、セントルイスの本社への視察旅行を数回ほど企画し、インドの記者や科学者、裁判官を招待しました。そして報道機関に対して、よい評判を広めるよう依頼しています。たくさんのお偉方が、明らかに何も知らないくせに、しつこくバイオテクノロジーを擁護している様子には、心底からうんざりさせられます……」

ついでながら、モンサントの手中に落ちたのは、インドの「お偉方」だけではない。二〇〇二年七月三日に発刊されたモンサントの広報誌では、「ヨーロッパ代表団」が、セントルイスのバイオテクノロジー研究の中心地、チェスタフィールド・ヴィレッジへの「ツアー」に参加したことが満足げに報告されている。「訪れた代表団は、バイオテクノロジーと食料安全保障に関心をもっている一二か国の政府省庁・非政府組織・科学研究所・農家・消費者・記者の代表者から構成されていました」と、広報誌の筆者は述べている。[*6]

「賄賂が贈られたと思いますか?」と、私はヴァンダナ・シヴァに尋ねた。

「ふふ、そうですね……」と彼女は笑いながら、明らかに言葉を探していた。「証拠はありません。しかし、賄賂がなかったとも言いきれません。インドネシアで起きたことをご存知ですか?」

二〇〇五年一月六日、金融市場の規制と監視を行なうアメリカ証券取引委員会(SEC)は、モンサン

▼ヴァンダナ・シヴァ：バンダナ・シバとも表記。一九五二年生まれ。インドの科学者・市民活動家。物理学で博士号を取得後しばらく核関連の基礎研究をしていたが、食糧農業関係の調査研究に転じた。邦訳書に、『食とたねの未来をつむぐ――わたしたちのマニフェスト』(小形恵訳、大月書店、二〇一〇年)、『食糧テロリズム――多国籍企業はいかにして第三世界を飢えさせているか』(浦本昌紀監訳、明石書店、二〇〇六年)、『生物多様性の危機――精神のモノカルチャー』(戸田清・鶴田由紀訳、明石書店、二〇〇三年)、『生物多様性の保護か、生命の収奪か――グローバリズムと知的財産権』(奥田暁子訳、明石書店、二〇〇五年)ほか。http://www.navdanya.org/

トがインドネシアで贈賄を使ったことを告発し、この会社に二つの処分を下した。SECの書類によると——その処分はインターネットで見ることができる[*7]——、ジャカルタのモンサントの代表たちは、一九九七年から二〇〇二年に、インドネシアの一四〇人の官僚に対して、Bt綿花の承認に便宜をはかってもらうために、七〇万ドルに相当する賄賂を贈っていた。たとえば農務省のある高官の妻は、豪邸を建築するために、三七万四〇〇〇ドルを「提供」されていた。モンサントはその支出を農薬販売の経費として、帳簿を偽っていた。さらに二〇〇二年、政令によってBt綿花の市場出荷前に環境影響評価をすることが義務づけられたが、この支社はその政令を取り消してもらうために、環境省の高官に五万ドルの賄賂を贈っていた。告発されたモンサントはそれらの容疑を認め、二〇〇五年四月、司法による和解調停に署名し、一五〇〇万ドルの罰金を支払うことに同意した。「モンサントは、これらの不正行為に関する全責任を認めます」と、モンサント社の法務部長チャールズ・バーソンは広報誌で述べている。「わが社の従業員がこのような振る舞いに及んだことは、まったく残念なことです[*8]……」

実際には収益が上がらないGMO綿花

いずれにせよインド政府の遺伝子工学審査委員会は、二〇〇二年二月二〇日、環境保護運動家や農民組織の反対を無視し、Bt綿花の栽培を承認した。しかし、その承認に先立って、すでに「第一次自殺ブーム」がインドの村を襲っていた時期から、マヒコ・モンサント・バイオテックの仲買業者たちは、インド南部の畑を訪れ、Bt綿花を売るための準備をしていた。顧客を惹きつけるために、この会社は手段を選ばなかった。インド映画界のスターを起用してテレビでGMOの宣伝を流す一方（インド人はテレビが大好きな国民である）、国内に何万枚もの広告用ポスターを貼って回った。そのポスターでは、真新しいトラクターの横で農民たちが笑顔でポーズを取っているが、その図は暗に、Bt綿花のおかげで新品のトラクターが手に入ったという印象を与えることを目的にしている。

最初の年、インドの綿花生産者の二%に相当する五万五〇〇〇人の農民たちが、遺伝子組み換え農業を受け入れた。「農薬の奴隷状態から解放してくれる奇蹟の種子がある、という噂は聞いていました」と、二〇〇三年に『ワシントン・ポスト』紙の取材に対して、アンドラプラデシュ州の二六歳の農民が証言している。アンドラプラデシュ州は、GMOの商品化を承認した最初の州の一つである（二〇〇二年三月）。「昨年は害虫の被害がひどくて、パニックに陥った私は、すくなくとも二〇回は農薬を撒きました。ところが、今年はたったの三回で済みました[*9]」

この明らかなメリット（後述するように、このメリットは、害虫がBt植物に耐性をもつようになるので、すぐに失われる）を除けば、Bt綿花はそれほど評価されていない。『ワシントン・ポスト』の取材を受けた別の農民は、初年度に収穫されたGMOについて、こう報告している。「Bt綿花はそれほど高い値では売れません。買い手によれば、Bt綿花の繊維はあまりに短すぎるそうです。収量は増えていませんし、種子の価格がとても高いので、これからも栽培をつづけるかどうか、悩んでいるところです[*10]」

実際、インドでは種子に関する特許取得が（現時点では）禁止されているので、モンサントは北米と同じ商売をするわけにはいかなかった。つまり、農民たちを裁判で脅しながら、種子を毎年買わせるわけにはいかなかった。その「損失」を埋め合わせるために、モンサントは種子の価格を四倍にしたのである。在来種子の価格は一袋四五〇グラムあたり四五〇ルピーだが、GMO種子の価格は一八五〇ルピーもするのだ。『ワシントン・ポスト』の記者が書いているように、結局「ワタミゾウムシが消えることもなく、多額の費用が必要になりつづける」のだ……。農民たちのはかばかしくない評判にもかかわらず、インド・モンサントの広報代表ランジャナ・スメタセクは、ずうずうしくもこう発表した。「Bt綿花は、栽培された五つの州で大好評です[*11]」

しかし、『ワシントン・ポスト』の報告が正しいことは、いくつかの研究で確かめられている。最初の研究は、二〇〇二年にアンドラプラデシュ州の生物多様性保護連合（ＣＤＢ）の支援で行なわれた。この連合には一四〇の市民団体が集まっており、その中にはデカン開発協会（ＤＤＳ）のように、合理的農業と持続可能な開発を目的とした、きわめて評価の高い団体も含まれている。ＣＤＢは、アンドラプラデシュ州農務省の元幹部であるアブドゥル・カユム博士とキラン・サッカリという二人の農学者に、ワランガル地方のBt綿花「ボルガード」と在来綿花の栽培について、その農業面および経済面から比較することを依頼した。ワランガル地方では、一二〇〇人の農民がBt綿花を栽培していたのだ。

この二人の農学者は、きわめて厳密な方法論を守りながら、両者の比較を行なった。彼らは三つの実験グループをつくり、播種（二〇〇二年八月）から収穫（二〇〇三年三月）にかけて追跡調査を行なった。その調査対象として、二か所の村の二二名のＧＭＯ栽培者から、四名を抽選で選んだ。またシーズン半ば（二〇〇二年一一月）、一一か所の村のＧＭＯ栽培者二一名に対して、彼らの畑を訪問して状況調査を行なった。最後に、シーズンの終わり（二〇〇三年四月）、この地方のＧＭＯ生産者一二〇〇名からランダムに抽出された二二五名に関して、詳細な調査を行なった。その内訳は、五エーカー（二ヘクタール）以下の土地所有者が三八・二％、五〜一〇エーカーの土地所有者が三七・四％、一〇エーカー以上の土地所有者は二四・四％であった（この最後のグループはインドでは大農民とみなされる）。もちろんこれらの調査と平行して、同じ手法で、在来綿花の栽培者の調査も行なわれた（対照グループ）。私がこのように調査の細かい内容まで書いたのは、これが御用学者のプロパガンダ研究ではなく、正真正銘の科学的研究であることを示したいからである。

この大規模な調査の結果は衝撃的であった。「在来綿花と比較すると、Bt綿花の生産費用は平均して（一エーカーあたり）一〇九二ルピーほど高くなった。その理由としては、農薬の消費量がさほど減少しなかったことが挙げられる」と二人の農学者は書いている。「さらにBt綿花においては、収量がいちじるしく低下している（三五％の低下）。これは一二九五ルピーの純損失に相当する。在来綿花の純利益は五三六八ルピーであった。Bt綿花を栽培していた農業家の七八％は、来年は栽培しないだろうと述べている」[*12]

これは科学的に見て、非の打ちどころのない報告であった。この報告の内容をもっと具体的に示すために、環境保護団体のデカン開発協会（ＤＤＣ）は、Ｐ・Ｖ・サティーシュ博士▼の言い方を借りると、「裸足のカメラウーマン」チームをつくった。その六人の女性たちは、みな無学な「ダリット」（伝統的社会階級の底辺に位置する不可触賤民の一つ）である。二〇〇一年一〇月、ＤＤＣはパスタプルという小さな村に「コミュニティ・メディア・トラスト」という養成所をつくり、そこで彼女たちにビデオ撮影の技術を学ばせた。二〇〇二年八月から二〇〇三年三月まで、彼女たちは毎月、ワランガル地方のBt綿花の小生産者六人を訪れ、その栽培の記録を撮影した。さらに先ほどの二人の農学者も、その小生産者たちの追跡調査を行なった。

こうして、ＧＭＯ農業の失敗を描き出したすばらしいドキュメント映画が完成した。この映画でよくわかるのは、最初に農民たちがBt種子に希望を抱いていたことである。はじめの二か月はすべてが順調だった。植物は健康に育ち、害虫は寄りつかない。しかし、その後に失望がやってくる。Bt綿花の背丈はとても低く、在来品種の綿花とくらべて、実の数もすくない。一〇月に乾季がやってくると、在来品種の畑か

▼ランジャナ・スメタセク（原注）：メキシコのトウモロコシ問題の時に科学者を偽ってイグナシオ・チャペラを中傷するキャンペーンを展開した人物を覚えているだろうか（第12章参照）。その一人が「アンデュラ・スメタセク」という名であった。英国人ジョナサン・マシューズはその「とても珍しい名前」に不信感を抱き、それが偽名であることを暴いた。もしかするとモンサントの策謀家たちは、この人物から偽名をでっちあげたのかもしれない……。

▼Ｐ・Ｖ・サティーシュ（原注）：このＤＤＣ代表者の氏名は、正確にはペリヤパトナ・ヴェンカタスバイア・サティーシュだが、一般にはこの名前で呼ばれている。

らは害虫がいなくなるのに、Bt綿花にはアザミウマやシロバエがたかっている。一一月に収穫がはじまるころになると、もはや農民は不安を隠せなくなる。在来品種よりも収量は低く、実は摘み取りにくい。しかも繊維が短いため、販売価格は二〇％も下回る……。

二〇〇六年一二月、ワランガル地方の綿花畑で、私はこのカメラウーマンたちに会った。彼女たちは撮影のために、農学者アブドゥル・カユムとキラン・サッカリを連れていた。私は彼女たちのプロ意識に感心した。彼女たちは、赤ん坊を背負いながら、カメラ・三脚・マイク・レフ板を広げ、Bt作物の悲惨な結果に絶望している農民たちにインタビューを行なう準備をしていた。

二人の農学者が最初の報告を発表した後も、状況は悪化するばかりだった。マハラシュトラ州にはすぐに「第二次自殺ブーム」が起こった。この悲劇的な状況を心配したアンドラプラデシュ州政府も調査を行ない、二人の農学者たちの報告が正しかったことを確かめた[*13]。この惨状が選挙に及ぼす影響を心配した農務大臣のラグヴィーラ・レディは、マヒコ・モンサントに対して、農民たちの被害を賠償するように求めた。しかし会社側は、これを無視した。

市場の独占とメディアを使った隠蔽

このような事態になり、モンサントは自己防衛する必要に迫られた。そこで、この会社は、二〇〇三年二月七日の『サイエンス』誌に発表された論文を利用することにした[*14]。権威ある科学誌に掲載されれば、どのような論文もまかり通ってしまう。しかも科学誌の側がオリジナル・データを検証することは滅多に（けっして、とは言わないが）ないのだ……。この論文で、カリフォルニア大学バークレー校（合衆国）のマティン・カイムとボン大学（ドイツ）のダヴィド・ジルバーマンという、ヴァンダナ・シヴァの言い方を借りると「インドに足を踏み入れたこともない」二人の研究者は、こう結論した。すなわち、「インドのいくつかの州」の畑で実施された試験によれば、Bt綿花は「害虫による被害を減らし、収量を大幅に、すなわち八八％まで増加させる」というのだ！　この論文について、『タイムズ・オブ・インディア』紙は次のように評している。「この論文は、Bt綿花のすばらしい成果を賞賛している。しかし、この論文には大きな欠陥がある。それは、この論文がマヒコ・モンサントから提供されたデータにしか依拠していないことだ。しかも、そのデータは、同社が選んだ数少ない実験のデータに限られており、農民たちの畑で収穫されたBt綿花のデータは無視されている」[*15]。しかし、この新聞はこうつづけている。「この論文は、遺伝子組み換え作物が成功した証拠として、さまざまな機関によって頻繁に引用されている」――これこそは『サイエンス』誌に掲載されたこの論文の目的であった。

実際、二〇〇四年の国連食糧農業機関（ＦＡＯ）の報告書では、この論文に関する長いコメントが記述されている。「農業バイオテクノロジーは貧しい人々の要求に応えるか」[*16]と題されたこの文書は、新聞でも多く取り上げられた。というのも、この文書はＧＭＯを大いに弁護するものだったからだ。ＦＡＯのジャック・ディウフ事務局長の序文によれば、ＧＭＯは「農業の生産性を増大させ」「有毒化学製品による環境破壊を防ぐ」とされている。このＦＡＯの報告書は、モンサントをすっかり安心させたようだ。すぐさま、モンサントはこの報告書の内容を利用したのだから[*17]。

フランスでも同じように、この論文が『サイエンス』で公表された翌日、ＡＦＰ（フランス通信社）がこの論文を賞賛する記事をばらまいた。ここで私は、不正な情報が広められていく実例を示すために、その記事の一部を引用しておこう。ちなみにＡＦＰは、読者から批判を受けないように、論文の著者たちが賢明にも（計算ずくで）述べなかったことを推論するにとどめている。「研究者たちがインドで実験した結果、害虫に耐性をもつように遺伝子を組み換えられた綿花は、その収穫を最大八〇％まで増大させた。これは驚くべき結果である。これまで中国や合衆国で行なわれた同様の実験では、わずかな収量の増加しか確認されていなかった……」[*18]（傍点は引用者）。このような情報が、たとえばケベック州の『農業者紀要』などの多くの媒体で広められたことによって、毎日の生活にも苦労している中小の農民たちは大きな衝撃を受けたにちがいない。この論文の著者の一人、マティン・カイムは、現地で行なわれた研究をすべて無視しながら、ためらいなくこう述べている。「種子が高額であるにもかかわらず、遺伝子組み換え綿花の栽培によって、農民たちは従来の五倍の収入を得ている」。感心なことに、もう一人の著者であるダヴィド・ジルバーマンのほうは、二〇〇三年五月の『ワシントン・ポスト』でのインタビュー記事で、この「論文」の真の目的をはっきりと暴露している。「反GMO運動が煽っている恐怖のために、この重要な科学技術の恩恵に人々が与れないとしたら、それは恥ずかしいことです[19]」

さしあたり『タイムズ・オブ・インディア』は淡々としていた。この新聞は「誰がBt綿花の失敗の責任をとるのか」と問いかけ、二〇〇一年に制定された「植物品種保護と農民の権利」に関する法律にしたがえば、種子業者が「品質、収量、害虫への耐性」について農民を「欺いた」場合には、農民に賠償しなければならない、と指摘している[20]。

アンドラプラデシュ州農務省が、マヒコ・モンサントに適用しようとしたのは、この法律であった。しかし、それが認められなかったため、二〇〇五年五月、アンドラプラデシュ州農務省は、マヒコ・モンサントのBt綿花の三品種を州から追放することを決定した（この決定の直後、この三品種はマハラシュトラ州に導入された[21]）。二〇〇六年一月、モンサントとの衝突は新たな局面を迎えた。アンドラプラデシュ州農務大臣ラグヴィーラ・レディが、州の公正取引委員会（ＭＲＴＰＣ）にマヒコ・モンサントを告発したのだ。その理由は、マヒコ・モンサントがインド南部におけるGMO種子を独占し、法外な価格で販売していることだった。二〇〇六年五月一一日、公正取引委員会はアンドラプラデシュ州知事の主張を支持し、種子一袋四五〇グラムあたり一八五〇ルピーの現行価格を、モンサントが合衆国や中国で設定している価格、つまり七五〇ルピーにまで引き下げることを要求した。五日後、この会社は最高裁に異議を提出した。しかし、この要望は二〇〇六年六月六日に却下された。最高裁の判断は「州の決定に干渉すべきではない」というものだった。[22]

二〇〇六年一二月に、私がアンドラプラデシュに到着した時の状況は、そのようなものだった。マヒコ・モンサントは最終的にその種子の価格を、州政府から要求された水準まで下げた。しかし、両者の衝突は終わりではなかった。というのも、金銭的補償という厄介な問題が残っていたからだ。キラン・サッカリは私に説明した。「二〇〇六年一月、農務省は、マヒコ・モンサントがこれまでの収穫三回分の賠償金を農民たちに支払わない場合、この会社に対する栽培認可を取り消すと脅かしました」

「しかしアンドラプラデシュ州では、二〇〇五年にすでにBt綿花の三品種は追放されたはずですが？」

「そのとおりです」と農学者は答えた。「しかし、マヒコ・モンサントはすぐにGMOの新製品を導入してきたのです！　州政府は、ニューデリー政府にGMOの全面禁止を要求しないかぎり、マヒコ・モンサントを止めることができないのです。その新製品もひどいものでした。私たちは二回目の研究で、その実態を明らかにしました。[23]今年はさらに収穫が悪化する怖れがあります。ボルガード綿花の畑でも見られたように、GMOの新製品の苗も『リゾクトニア』という病気にかかっているのです。これは綿花の首のところ、つまり根と茎の間が壊死してしまう病気です。いずれにせよ綿花は枯れ、死んでしまいます」

「農民も見たことがない病気だと言っています」とアブドゥル・カユム博士が話す。「私たちの最初の研究では、この病気はBt綿花のいくつかの苗に見られただけでした。しかし、この病気はしだいに広まり、現在では多くのBt綿花の畑で確認されています。そのうえ、この病気は在来品種の畑にまで広がりだしたのです。私見ですが、導入された遺伝子とそれを組み込まれた植物の間で悪い相互作用が起こっているせいではないか、と思っています。そのために植物が弱り、リゾクトニアへの耐性が失われたのではないでしょうか」

「たいていのBt綿花は、乾燥や激しい降雨のようなストレスへの耐性がありません」と、キラン・サッカリが付け加える。

「それでもモンサントによれば、インドでは遺伝子組み換え種子の売り上げが伸びつづけているそうですね？」と私は尋ねた。[*24]

「それはモンサントの言い分ですね。あの会社が出した数字を検証することは難しいのですが、たしかに全体から見ればモンサントの言うとおりなのでしょう」と農学者は答えた。「ただし、それはモンサントがインドで綿花種子の市場を独占したことが理由でしょう。インドでは、遺伝子組み換えでない綿花の種子を探すのはとても難しくなりましたから。とても不安なことです。というのも、私たちが二度目の研究で確認したことは、Bt綿花が農薬を減らすという主張は誤っているどころか、その反対に……」

害虫の耐性という「時限爆弾」

そう言って農学者は、私に二度目の研究結果を見せてくれた。それは二〇〇五年から二〇〇六年の一シーズンの調査結果だったと記憶している。Bt種子が導入された翌年の二〇〇二年から二〇〇三年には、たとえBt綿花のほうが在来綿花より大幅に殺虫剤の消費量が減った場合であっても、その三年後になると事情は大きく変わってしまう。在来綿花の生産者の場合、農薬の支出額は、平均して一エーカーあたり一三一一ルピーであるのに対し、GMO綿花の生産者の場合、一三五一ルピーである。「この結果は意外ではありませんでした。これからさらに状況は悪化していくでしょう」とアブドゥル・カユム博士は説明する。「害虫が化学殺虫剤に耐性をもつようになることは、農学者でも昆虫学者でも、まともな学者であれば誰もが知っていることです。ですから、殺虫毒素を永久に生産するBt作物は、時限爆弾を抱えているようなものです。いずれ、その爆弾は破裂するでしょう。経済的にも生態学的にも、その危険性は高まる一方です」

実際、モンサントがGMOを市場に出荷する前から、Bt綿花（あるいはBtトウモロコシ）の害虫に変異が起こり、害虫がバチルス・チューリンゲンシス（Bt）への耐性をつけることを懸念する声はあった。このような懸念に対して、モンサントは一九九〇年代の半ばから、合衆国環境保護庁（EPA）と協力して、次のような対策を立てていた。つまり、Bt作物生産者に対して「避難所」を設けることを義務づける、というのだ。この「避難所」というのは、非Bt作物農地を保存するための場所で、そこでは「普通」の虫が繁殖すると考えられる。その普通の虫が、バチルス・チューリンゲンシスに耐性をもつようになった同種の虫と交配すると、「遺伝子希釈」が起こるはずだ、というのがモンサントとEPAの提案した対策である。たしかに、害虫がつねに致死的な毒素を浴びていると、そのほとんどは死滅するが、たまたまその毒素に耐性のある遺伝子をもつ数匹は生き残る。この生き残った虫たちが同種の虫と交配し、その耐性遺伝子がたまたま子孫に伝えられることがある。こうして耐性遺伝子がその種全体に広がっていく。これは「共進化」と呼ばれる現象で、生命の長い歴史の中で、種が絶滅せずに生き残ることを可能にするものである。この現象がBt植物の害虫たちに起こることを防ぐために、モンサントの「見習い魔術師」たちはこう考えた。すなわち、GMOを育てていない農地——「避難所」——に「正常」な害虫を住まわせておけば、その害虫たちがBt耐性のある害虫と交配し、Bt耐性遺伝子が子孫に広まるのを防ぐことができるだろう、と。

このような対策が考案されると、次に残された問題は、このシナリオを実行するための「避難所」のサイズを決定することだった。この問題をめぐってモンサントと科学者たちは衝突した。しかし、環境保護庁のほうは結論にしか関心をもたなかった。当初、昆虫学者たちは、避難所の面積はGMO栽培地の面積とすくなくとも同じ広さが必要だ、と主張した。当然、モンサントはこの意見に反対した。そして、避難所の面積はGMO栽培面積の三%で十分だ、と提案した。一九九七年、「コーンベルト」と呼ばれる地域（合衆国北東のアイオワ州・インディアナ州・イリノイ州・オハイオ州にまたがる地域）で調査した大学の研究者グループが、この議論に果敢に介入した。彼らのグループは、避難所の面積をGMO栽培面積の二〇%が妥当であり、Btとは別種の農薬が使われる場合には、その二倍の面積が必要になると勧告した。

モンサントにとって、その勧告では避難所の面積が広すぎた。そのあたりの事情は、ダニエル・チャールズの著書『バイテクの支配者』で次のように報告されている。「『モンサントはこの勧告を見て、それでは私たちが生きていけない、と言いました』。こう語るのは、この案件に近い立場にいた弁護士スコット・マクファーランドである。『それでモンサントは、国内のトウモロコシ生産者団体に連絡をとりました。その団体の本拠地もセントルイスにあります。モンサントは、その団体の代表たちを説得するために、こう言いました――避難所を広くするように決められると、農民は自由にBt種子を利用することができなくなる、と』」。[*25]一九九八年九月のある日、議論に決着をつけるために、各陣営がカンザス・シティに集まった。議論が紛糾するなか、農業に詳しいミネソタ大学の経済学者が見事な説を披露した。彼の見積もりによると、もし避難所がＧＭＯ耕作地の一〇％しかなければ、アワノメイガ――Btトウモロコシの害虫――は、五〇％の確率で短期間に耐性をつけることになり、農民たちは高額の支出を強いられるだろう、と。自分たちの財布を気にする農家たちは、こうして昆虫学者の側に寝返った。

世界中のBt作物の手引書が、ＧＭＯ栽培面積の二〇％以上の避難所を設けることを要求するようになったのは、右記のような議論の結果である。それでも、こうして引き出された結論が、継ぎ接ぎだらけのいいかげんな論理にもとづいていることは否めない。というのも、このカンザス・シティで引き出された結論の科学的妥当性を検証するような真剣な研究は、これまでいっさい行なわれていないからである。一九九八年、『ニューヨーク・タイムズ』のマイケル・ポーラン記者――彼のすばらしい仕事についてはすでに触れた（第11章参照）――が、この問題についてモンサントの幹部たちに質問した時、彼らはこう答えている。「すべてうまくいくなら、三〇年間は害虫に耐性がつくことはないだろう」[*26]。これでは近視眼的な政策と言われても仕方があるまい。さらにマイケル・ポーラン記者は、規制関連業務の責任者であるジェリー・イェル副社長に、その運命の三〇年の後に何が起こるのかと質問したが、「その回答は、さらに不安を抱かせるものだった」。ジェリー・イェルはこう答えた。「Bt品種は他にもたくさんあります。ですから、この問題は他の製品で対処することができます。モンサントを批判する人々は、私たちの商品計画のすべてを知っているわけではありません。〔……〕私たちを信頼してください！」

すでにBt作物が市場に出荷されて一〇年が経っている。そろそろ私たちは、この官僚組織の産物について、最初の総括を行なうべきだろう。まず、二〇〇一年一月のAP通信の記事は次のように証言している。二〇〇〇年に行なわれた調査によれば、「〔アメリカの〕Btトウモロコシ生産者の三〇％が、害虫のBt耐性獲得を防ぐための勧告を無視している」*27。生産者たちは、この勧告があまりに厳しすぎると判断しているのである。じつを言うと、私にはそれがよくわかる。もちろん、農民たちがGMOのバカバカしい体制を支持しなくなればよいのだが、いずれにしても、この砂上の楼閣のような体制は遅かれ早かれ崩壊するだろう。そのことは二〇〇六年にコーネル大学の研究者たちが中国科学アカデミーと共同で実施した調査の論文によって指摘されていることである*28。この調査は、中国でGMO生産者五〇〇万人のうち四八一人を対象に行なわれたもので、「Bt綿花の長期的経済効果に関する最初の研究」とみなされている。この論文の著者たちは、こう結論している。「初めの数年間で農薬使用量の減少によって得られた利益は、もはや尽き果ててしまった」。この論文の著者たちによれば、Bt作物の栽培を開始してから三年間で、農民たちは「農薬の使用量が七〇％も減り、利益は三六％も増大した」のだが、その後の二〇〇四年になると「農民たちは、従来の生産者と同量の殺虫剤を使用しなければならなくなった。利益は、従来の生産者を平均八％も下回ることを意味する。Bt綿花の種子価格は在来品種の三倍になるからである」。Bt綿花の導入から七年後、「害虫を駆除するために、農薬散布の回数は一シーズンで二〇回にまで増えた」。それでも著者たちはGMOを支持するのだが、しかし、以下の結論は重要である。「これらの結果は、政府や研究者たちに強い警鐘を鳴らすものである。この問題の解決策を発見することができなければ、Bt綿花の生産者はGMOの栽培を諦めることになり、深刻な事態を引き起こすだろう」

しかし、このような議論は、インドの農学者アブドゥル・カユムとキラン・サッカリを笑わせただけである。「インドの大多数の農民は、一ヘクタールから二ヘクタールの農地しかもっていません。ですから、避難所という解決策は、インドでは明らかに非現実的な策でしかありません」と農学者は話した。「そのような議論は、新たな緑の革命であるＧＭＯが北の大規模農家のための発明品にすぎないことを証明していると思いますよ……」

第16章 いかに多国籍企業は、世界の食料を支配するのか？

モンサント社は、これまで多くの人々との対話を通じて、遺伝子組み換え農業が科学を超えた道徳的・倫理的問題を提起していることに気づきました。それらの問題は、選択の自由や民主主義、グローバリゼーションと関連しています。遺伝子組み換え農業から恩恵を引き出そうとするかぎり、私たちはそれらの問題を避けて通ることはできないのです。

——モンサント『プレッジ・レポート』（二〇〇五年、三二頁）

インドの「緑の革命」を熟知している人物といえば、一九八九年の『緑の革命とその暴力▼——パンジャブ州における環境破壊と政治的対立』[*1]の著者ヴァンダナ・シヴァであろう。この重要な著作の中で、オルター・グローバリゼーションの代表的フェミニストであるヴァンダナ・シヴァは、「緑の革命」の悪行を詳細に分析した。「緑の革命」というのは、第二次大戦後のインドに登場した農業「革命」を指しており、後に「緑の」という形容語が付けられるようになった。というのも、当時は「後進国」、とりわけアジアを中心に「赤の革命」〔共産主義革命〕が広がっており、一九四九年に毛沢東が最高権力者になった中国が紛争の中心になると懸念されていたが、インドで進められていた農業革命は、それを食い止める役割を果たすと思われていたからである。

「第二次『緑の革命』の唯一の目的は、モンサントの利益を増やすことです」

「緑の革命が、最初から良からぬ意図をもっていたとは思いません。当初は、第三世界の国々の食糧生産を増やすという目的があったからです」とヴァンダナ・シヴァは語った。「しかし、緑の革命がもとづいていた工業的農業モデルは、環境や社会、とりわけ小農民に対して悲劇的な結果をもたらしました」。二〇〇四年一二月に二度目に彼女と会った時、この知識人の活動家は、「ナヴダーニャ」（九つの種）の農場で私を迎えてくれた。ナヴダーニャとは、彼女が一九八七年に創設した、農民の権利と生物多様性の保護を目的とした団体である。本部はインド北部の、チベットとネパールの国境近く、ウッタランチャル州に置かれている。州都デーラードゥンから数キロほど離れた、故郷のヒマラヤ山脈のふもとで、ヴァンダナ・シヴァは伝統的な小麦やコメの種子を使った農業を推進するために、農業研修センターを開いた。「緑の革命」によって、伝統的な種子が消え去ろうとしていた頃の話である。当時もてはやされていたのは、「高収量」品種と呼ばれるものだった。その輸入先は、なんとメキシコだった。

そもそも工業的農業の思想をさかのぼれば、一九四三年のメキシコの首都にたどりつく。その思想が、後の一九六八年には「緑の革命」▼と呼ばれることになる。一九四三年、合衆国のヘンリー・ウォレス副大統領（第9章で述べたように、この人物は、トウモロコシの一代雑種〔ハイブリッド種〕を発明したパイオニア・ハイブレッド社の支援者でもある）は、小麦の国内生産を増大させるための「科学的事業」の開始をメキシコ副大統領に提案した。そのための実験的取り組みが、ロックフェラー財団の支援とメキシコ農務省の保護のもと、メキシコ郊外で行なわれた。それは一九六五年に「国際トウモロコシ・小麦改良センター」（CIMMYT）と名づけられた。

二〇〇四年一〇月、私はこの有名なCIMMYTを訪れた。営利目的とはまったく無縁のこの研究機関では、一〇〇人の世界的に知られる研究者と、四〇か国から集まった五〇〇〇人以上の協力研究者が働いている。入口のホールには大きな肖像画が飾られ、「緑の革命の父」の栄誉を称えている。それは、一九一四年にアイオワの農場で生まれたノーマン・ボーローグの肖像画である。一九四四年にロックフェラー財団に雇われたボーローグは、CIMMYTの言葉によれば「緑の革命への重要な貢献が認められた」*2ことにより、一九七〇年にノーベル平和賞を受賞している。現在は熱心なGMO擁護者であるこの農学者は、二〇年間一つのことに打ち込んできた。それは、きわめて収穫率の高い小麦の品種をつくることである。そのためにボーローグは、CIMMYTの品種と日本の半矮性［植物の背の高さが低い］の品種「農林一〇号」を交配させるというアイデアを思いついた。収量を増やすためには、実をより大きく、より多くつけさせる必要があるのだが、そうなると背丈が大きくなり、植物の茎が実の重みに耐えられなくなる危険がある。そこで、小型種の遺伝子を導入することで、背丈を低くする▼という方法を考えついたのである。

こうして小麦の収穫量は、一九一〇年に一ヘクタールあたり一〇キンタル［四五〇キログラム］だったのが、一世

▼『緑の革命とその暴力』：邦訳は、浜谷喜美子訳、日本経済評論社、一九九七年。

▼「緑の革命」（原注）：この言葉は、一九六八年三月八日、アメリカ合衆国国際開発庁（USAID）のウィリアム・ゴード所長が、ワシントンで行なった演説で最初に使用された。

▼背丈を低くする（原注）：現在、植物の背丈をさらに縮めるために、穀物生産者は作物にホルモン剤をふんだんに注入している。このホルモン剤は控えめにも「植物成長調整剤」という名前で呼ばれている……。

紀の間に平均で八〇キンタル〔三六〇〇キログラム〕にまで増大した。一方、麦の背丈はほぼ一メートルも低くなった。しかし、この功績にはそれなりの対価が必要だった。「緑の革命」に反対する人々は、その点を告発した。その対価とは、農薬と肥料の消費量の増大である。というのも、それらを使わなければ、「奇蹟の種子」――ＣＩＭＭＹＴの開発した品種の通称――は、まともに育たないからだ。大量の実をつけるために、植物は化学肥料（窒素・リン酸・カリウム）を山ほど摂取しなければならない。しかし、そのために土壌が自然にそなえていた力をますます失うことになる。また、多くの実をつけるためには大量の水も必要になるのだが、そのために川の水が尽き果てることになる。さらに、同一植物を一つの場所に集中して栽培することは、害虫や真菌に対して大好物の餌をやるのと変わらない。その被害を防ぐために、殺虫剤や殺菌剤を大量に使用しなければならない。最後に、収量ばかりを追求すると、収穫される実の品質が下がり、小麦の生物多様性も損なわれる。実際、多くの小麦品種がすっかり姿を消してしまった。

　一九六〇年代にＣＩＭＭＹＴは、高収量品種の普及の裏で取り返しのつかない事態が起こっていることに気づき、その対策として「種子バンク」を開設した。そこには現在、マイナス三度の冷蔵室に、およそ一六万六〇〇〇品種の小麦が保存されている。希少品種の小麦を保存するために、研究者たちは世界中の畑を駆け回っている。私がセンターを訪れた時、ＣＩＭＭＹＴの技術者たちは、肥沃な三日月地帯のイラン国境で発見された野生小麦の標本に、ラベルを貼っているところであった。

　いずれにせよ、ＣＩＭＭＹＴの矮性品種は世界中に広まった。共産国も含む北側の国々では、種子業者が既存種と交配させるために使用した。インドを筆頭とする南側の国々は、「小麦修道院」と異名をとるＣＩＭＭＹＴの養成プログラムに技師を派遣した。一九六五年、インド南部を異例の干ばつが襲った。それは小麦の収穫に大きな打撃となり、飢饉が懸念された。そこでインディラ・ガンディー政権は、一万八〇〇〇トンの高収量小麦を、メキシコから輸入することを決定した。それは歴史上、もっとも大規模な種子の移動だった。ＣＩＭＭＹＴで学んだインドの農学者たちは、小麦地帯であるパンジャブ地方とハリヤナ地方に「緑の革命」を広めた。この農学者たちはフォード財団から資金援助を受けていたので、農業機械やトラクターを入手するのに好都合な立場にあった。それと同じ時期、国際稲研究所（ＣＩＭＭＹＴをモデルとしてロックフェラー財団とフォード財団が一九六〇年に設立した機関で、略称はＩＲＲＩ）の推薦により、高収量のコメ品種がインドに導入されている。

「緑の革命によってインドは食料を自給することができるようになり、一九六五年から一九七〇年までの五年間に、小麦の生産は一二〇〇万トンから二〇〇〇万トンまで増加しました」と、最近『自殺の種子』[*3]を出版したヴァンダナ・シヴァは言う。「現在、この国は世界第二位の小麦生産国で、七四〇〇万トンの小麦を生産しています。しかし、そのためにどれほどの犠牲が払われたことでしょう。土地は痩せ細ってしまい、保水力の低下は深刻な状態です。汚染が蔓延し、食糧作物を犠牲にしたモノカルチャー化が進んでいます。そして何万人という小農民が行き場を失い、スラムへ向かっています。小農民にとって、多額の費用のかかる農業モデルは、そもそも採用することができないのです。『第一次自殺ブーム』は、第一次『緑の革命』の失敗の兆候でした。残念ながら第二次『緑の革命』、つまり新たなＧＭＯによる『緑の革命』は、第一次『緑の革命』の延長線上にあるだけでなく、もっと多くの人を死に追いやることになるでしょう」

「それはなぜでしょうか？　二つの『緑の革命』は、どのように違うのでしょうか？」

「この二つの革命の違いは、第一次『緑の革命』は公共団体の指導で行なわれたという点にあります。つまり、政府が農業の開発と研究を監督していたのです。しかし、第二次『緑の革命』を主導しているのは、モンサントという民間企業なのです。ほかにも違う点があります。第一次『緑の革命』には、たしかに化

▼ＩＲＲＩ：フィリピンに所在する。http://irri.org/

学製品と農業機械をより多く売るという隠れた目的がありました。それでも主な目的は、やはり食糧を多く供給することであり、十分な生産量を確保すること、そして、食の安全保障を確保することでした。たとえ豆類など他の作物を犠牲にした面はあったにせよ、主食であるコメや小麦の生産量は増えたのです。しかし、第二次『緑の革命』は、食の安全保障という目的とはまったく関係がありません。その唯一の目的は、モンサントの利益を増やすことです。モンサントは、自社が定めた掟を、世界全体に押し付けることに成功したのです」

「モンサントの掟というのは、いったい何なのでしょうか？」

「特許です。モンサントは、遺伝子操作は特許を獲得するための手段である、と言いつづけてきました。それがモンサントにとっての真の目的なのです。現在、モンサントがインドで行なっている研究開発について言いますと、あの会社はBt遺伝子を導入するために、二〇ばかりの植物で実験しています。カラシ、オクラ、ナス、コメ、カリフラワー……。ひとたび遺伝子組み換え種子の知的所有権をルールとして押し付けることができれば、モンサントはロイヤリティー〔特許権の使用料〕を取り立てることができるようになります。そうなると、私たちは一粒の種を蒔くたびに、一つの畑を耕すたびに、あの会社にお金を吸い取られることになるでしょう。種子を支配することは、食糧を支配することです。そのことをモンサントはよくわかっているのです。それがモンサントの戦略なのです。それは爆弾よりも、武器よりも強力です。世界中の人々を支配する最高の手段と言ってよいでしょう」

「しかし、インドでは種子に関する特許取得は認められていませんよね？」と、私はヴァンダナ・シヴァの話に少し圧倒されながら質問した。

「たしかにその通りです。しかし、状況は予断を許しません。モンサントとアメリカ政府は、もう一〇年前からインド政府に圧力をかけ、世界貿易機関（WTO）のTRIPs協定を受け入れさせようとしています。堤防が壊れる日が来ないように祈っているのですが……」

生物特許と「経済的植民地化」

一九九五年一月の創設以来、世界貿易機関（WTO）の頭痛の種である「TRIPs協定」（「知的所有権の貿易関連の側面に関する協定」）について説明する前に、特許の問題に戻らなければならない。特許は、たしかに世界の将来にかかわる重要な問題である。もしかすると読者には、先ほどのヴァンダナ・シヴァの話は大げさすぎるように思われたかもしれないし、種子特許についても私たちとほとんど無関係な問題と考える向きもあるかもしれない。しかし、注意深い読者なら気がついているだろう。生物に関する特許、とりわけ種子に関する特許は、モンサントが世界の食料市場を独占し、金を稼ぐための手段なのだ、と。実際、そのためにモンサントは何でもしてきたのである。

ヴァンダナ・シヴァがこの大きな問題に早くから関心を抱き、これまでにもいくつかの本を書いてきたのは、[*4]「ボパールの大災害」▼がきっかけである。インドのボパールで初めて会った時、彼女はそう教えてくれた。それは「ボパールの悲劇」のちょうど二〇周年にあたる日のことだった。その地に悲劇が起きたのは、一九八四年一二月二日の夜から三日にかけてのことだった。真夜中、この村に有毒ガス［イソシアン酸メチルなど］の霧が降りてきた。数時間のうちに、一万人が苦しみながら死にいたり、二万人が翌週までに亡く

▼ボパールの大災害：「史上最大の化学災害」「化学のヒロシマ」などと呼ばれる。訴訟や責任問題はいまだ未解決である。ユニオン・カーバイドは、後にダウ・ケミカルに買収された。ボパール事件を監視する会編『ボパール死の都市――史上最大の化学ジェノサイド』（技術と人間、一九八六年）、ダン・カーズマン『死を運ぶ風――ボパール化学大災害』（松岡信夫訳、亜紀書房、一九九〇年）、ドミニク・ラピエール／ハビエル・モロ『ボーパール午前零時五分』（上下、長谷泰訳、河出書房新社、二〇〇二年）などを参照。

なった。致死性のガスはアメリカの多国籍企業ユニオン・カーバイドの工場から出たものだった。この会社は化学農薬を製造する、モンサントのライバル会社である。

「ボパールの悲劇を目の当たりにして、私は有機農業を普及させなければならないと思ったのです。そのために、死をもたらす多国籍企業の農薬に代えて、ニーム〔インドセンダン〕を広める必要があると考えました」。ヴァンダナ・シヴァは回想した。先に述べたように、一九九四年九月にヨーロッパ特許局は、化学企業W・R・グレース社に対してインドセンダンに関する生物特許を承認した。それ以来、このインドの女性活動家は、生物特許をめぐる闘いに足を踏み入れることになる。一〇年後、主にグリーンピースの支援を受け、彼女はついにインドセンダンの特許と、バスマティ米の品種についてのアメリカでの特許▼を無効にすることに成功した。それ以降も彼女は、モンサントがヨーロッパとアメリカで保有する小麦品種の生物特許（グルテン含有度がすくなく、チャパティやビスケットをつくるのに向いていると言われている）をめぐって争っている[*5]。インドの植物品種の栽培・交配・改良に関する生物特許は、モンサントの独占状態である。

「生物特許は、植民地の歴史と切り離せません」とヴァンダナ・シヴァは言った。「英語やスペイン語、ドイツ語で特許を意味する『パテント』という言葉は、そもそも大航海時代の『特許状▼（lettre patente）』という言葉に由来しています。これは、当時のヨーロッパでは王の印璽の入った公文書を指していました。ちなみに、ラテン語で『パテンス（patens）』は『開かれた』『明らかな』という意味です。国王は冒険家や海賊たちに特権を与え、国王の名において異国の土地を征服させたのです。ようするに『パテント』という言葉は、かつてヨーロッパの国王が世界中を植民地にしようとした時代に、領土を征服することを意味していました。一方、現在の特許がめざしているのは、生物を横領することによって経済的に征服することです。それを行なっている新たな王が、モンサントなどの多国籍企業です。この大航海時代の領土征服も現在の経済征服も、同じ原理にもとづいていています。つまり、かつての特許状も現在の生物特許も、白人がやってくる以前に存在していた生命を無視するという考えにもとづいているのです。ヨーロッパ人たちはアメリカ大陸を植民地にして、そこを『新世界』と呼びました。そして『新世界』の土地は『テラ・ヌリウス（空白の土地）』と宣言されたのです。それは『白人にとっての空白』という意味です。これと同じように、現在は生物に関する特許と知的所有権という海賊行為が『空白の生物』という申し立てのもとに行なわれています。つまり、生物は実験室で遺伝子解析が行なわれないかぎり価値はない、というわけです。そこでは、数千年にわたって生物多様性を守りながら生きてきた無数の人々の労働や知識、技術が無視されているのです」

「南側の国の人々にとって、生物特許はどのような結果をもたらすのでしょうか？」と、私は彼女が科学哲学の博士であることを思い起こし、その明晰な考え方に感銘を受けながら尋ねた。

「悲惨な結果ですよ！」と彼女は答えた。「なぜなら生物特許は、一六世紀のイギリスにおける『囲い込み《エンクロージャー》』と同じ働きをしているからです。産業革命の初期に起こった『囲い込み』運動は、それまで人々が共同で利用していた公共空間を囲い込み、私有化しました。それ以前は、もっとも貧しい村人でさえ、その公共空間を使うことができ、そこで動物たちにエサを食べさせることもできたのです。生物特許も、それと同じことをしています。つまり、人々が食糧や薬として利用している植物や動物を囲い込んでいるのです。それは、もっとも貧しい人々から生活するための手段、そして生き延びるための手段を奪うことにつながります。それは種子や薬のことを考えればすぐにわかることです。その特許が認められると、人々はロイヤリティーを支払うために高額の負担を強いられることになります。インドの特許法では、そのよう

▼アメリカでの特許：テキサス州のライス・テック社が獲得したもの。特許番号５６６３４５４。

▼「特許状」：「開かれた書状」を意味する言葉で、折りたたまれたり封に入れられることがなかったことに由来すると言われている。

な理由から、万人が手に入れられるようにするために、食物、農業用品、薬などは特許の取得対象から除外されています。しかし、世界貿易機関（WTO）や、その前身である『関税および貿易に関する一般協定（GATT）』の最終ラウンドが礼賛してきた欧米の特許システムが拡大すると、貧しい人々の経済的権利が根底から奪われることになってしまうのです」

知的所有権協定の裏側――WTOにうごめく多国籍企業

GATT（「関税および貿易に関する一般協定」）とは、一九四七年に、当時の資本主義国の勢力によって、国際貿易の関税を調整する目的で組織された会議である。一九八六年、プンタ・デル・エステ閣僚会議が開かれた。この会議は「ウルグアイラウンド」と呼ばれ、GATTの歴史のうえに大きな転回点を刻んだ。というのも、とうとうGATTの全参加国が調印し、この会議そのものが終結したからである。この八回目の最終ラウンドとなる政府間貿易交渉は、一九九四年まで審議が継続されたのだが、そこで合衆国政府は、それまで合衆国内でしか議論されていなかった四つの領域を、交渉案件に含ませることに成功した。それは農業・投資・サービス（通信・輸送など）、そして知的所有権という四つの領域である。ここで私たちの関心事である知的所有権について言えば、GATTの交渉に知的所有権を含めることを正当化するために、合衆国通商代表部はこう述べている。「合衆国の多国籍企業の約二〇〇社が、一部の国、主に南側の国において知的所有権が適切に保護されていないために、年間二四〇億ドルの損失を被っている」。これはケベック大学の論文からの引用である。[*6]

そもそもGATTは、関税に関する交渉を行なう会議にすぎなかったのに、そこに新たな主題を含めることは、激しい混乱を引き起こした。というのも、ヴァンダナ・シヴァが強調するように、そこでは「貿易を超えた問題」、つまり「働く権利」や「健康への権利」「食料への権利」「自己決定の権利」といった

「基本的な権利」が扱われたからである。[*7] 一九八九年一二月、GATTのアーサー・ダンケル事務局長は、最終草案を提出した。一九九四年の四月、参加一二三か国がマラケシュ協定に合意し、世界貿易機関（WTO）の設立が承認された。こうして一九九五年一月一日から、WTOがGATTを公式に引き継ぐことになった。

WTOは本部をジュネーブに置き、その設立文書は二九領域にわたる協定から成り立っている。WTOの目的は、あらゆる財とサービスを、市場原理に従わせることにある。そして、従来は政府と市民に割り当てられていた領域が民間企業の領域に移され、政府と市民はそれに口出しをすることができなくなった。しかし、それらの領域と商業の関連はあまりに不透明であり、協定の起草者たちも「商業関連」というあいまいな言い方でごまかしている。しかし、そこに隠された意図は明らかだ。

とりわけ「TRIPs」（知的所有権の貿易関連の側面）の協定については、カナダの研究者たちが述べているように、「その大部分は知的所有権委員会（IPC）に集まった複数の企業によって作成された」ことが明らかになっている。その中には「バイオテクノロジー分野の大手企業」も含まれており、もちろん業界一位のモンサントも名を連ねている。[*8] 一九八六年三月に合衆国で設立されたIPCには、主に化学、製薬、情報技術の領域で活動する一三の多国籍企業が集まった。ブリストル・マイヤーズ、デュポン、FMCコーポレーション、ジェネラル・エレクトリック、ジェネラル・モーターズ、ヒューレット・パッカード、IBM、ジョンソン・アンド・ジョンソン、メルク、ファイザー、ロックウェル・インターナショナル、ワーナー・コミュニケーション、そしてモンサントである。

IPCは、ヨーロッパ産業界の代弁者であるUNICE（欧州産業連盟）、日本の企業経営者団体である経団連に連絡を取り、それらと共同で文書を起草し、一九八八年六月にGATTへ提出した。「GATTのための知的所有権保護の基本条項――ヨーロッパ、日本、アメリカの企業社会から」と題されたこの文書は、TRIPs協定の叩き台として利用されたのだが、その目的は、日米欧の特許制度を、世界中の国々に広げることであった。ワシントン・ミュンヘン・東京の特許局で登録された特許件数のうち、民間企業による特許の件数は九七％を占めている（しかも、その圧倒的多数が北の諸国の企業によるものである）。この共同文書はこう嘆いている。「知的所有権の保護体制が整備されなければ、知的所有権の取得と防衛のために多くの時間と資源が浪費されることになる。また知的所有権の保持者にとっては、商品化と利益の居住国への送金を制限する規則や法律は、保持者がその権利を行使することを妨げるものと考えられる」。そして、これにつづく一節は、おそらくモンサントのために書かれたのだろう。「バイオテクノロジーないし微生物を利用する生産活動は、一つのまとまった領域として扱われるべきである。この領域における医薬・農業・環境浄化・工業生産の技術の急速な進歩に反して、その知的所有権を保護するための体制の整備は、遅々として進んでいない……。バイオテクノロジーの技術に対して、また、その技術をもちいた生産物、すなわち微生物や微生物の一部（プラスミドや細菌も含む）あるいは植物に対しても、知的所有権の保護が適用されるべきである」[*9]

モンサントは自社の知的所有権を当然のものとみなしており、このような「GATTに対する脅迫文」を否定するどころか、一九九〇年六月のインタビュー記事では、正面からGATTに要求を突きつけている。その後、大いに話題になったこの記事を読むと、最初からIPC（知的所有権委員会）はGATTに攻撃をしかけるために設立されたことがわかる。その記事でモンサント社のジェームズ・エンヤート国際事業部長はこう語っている。「設立されたばかりのIPCの最初の仕事は、合衆国に対してではなく、ヨーロッパや日本に対して、当委員会の活動がもたらす利益を理解してもらうことでした。私たちは共通認識をもってもらうために、ヨーロッパと日本への説得を重ねました。それは容易な仕事ではありませんでした。それでも、最終的に私たちは『三位一体』になりました。そして先進国の特許制度の議論からはじまり、最後には、あらゆる形の知的所有権の保護体制についての基本原則をつくりあげたのです。この基本原則を日米欧のそれぞれの国内で売り込んだ後、私たちはジュネーブを訪れ、文書をGATTの事務所に提出し、またジュネーブにいる各国の代表者たちにも提出しました……。こうして私たちは、GATTの中枢に入り込んだ最初の企業グループになりました。産業界は、現在の国際貿易体制に深刻な問題があることを認識しています。ですから、産業界は解決策を思い描き、具体的な方策を導き出して、それを各国の政府に売り込まなければなりません。産業界と国際貿易の当事者たちは、患者の役割と診断を下して処方箋を与える医者の役割の両方を演じなければならないのです[*10]」

IPCによる狡猾なロビー活動にもかかわらず、TRIPs協定がカバーする多くの部門（著作権、商標、産地名、工業デザインと工業モデル、機密情報、企業秘密の扱いなど）のうち、モンサントにかかわる領域で議論が紛糾した。それにより、一九九五年の設立以来ずっと議論を強引に進めてきたWTOも、さすがに身動きが取れなくなったのである。問題になったのは、「特許の対象」の「第27条3項（b）」の箇所だった。引用しよう。

「3、加盟国は、また、次のものを特許の対象から除外することができる。（b）微生物以外の動植物ならびに非生物学的方法および微生物学的方法以外の動植物の生産のための本質的に生物学的な方法。ただし、加盟国は、特許もしくは効果的な特別の制度またはこれらの組み合わせによって植物の品種の保護を定める。この（b）の規定は、世界貿易機関協定の効力発生の日から四年後に検討されるものとする」

この条項はきわめて難解な文体で記述されているため、一九九九年一二月にシアトルで開かれたWTOの第三回閣僚会議でも、途中で議論が何度もストップすることになった。それでも何度も読みかえすと、微生物以外の動物と植物は特許対象から除外されることがわかる。しかしさらに明記されているように、「特許もしくは効果的な特別の制度またはこれらの組み合わせによって植物の品種〔つまり植物〕の保護を定める」。この記述は、明らかに遺伝子組み換え種子を対象としたものである。この規定が認められてしまえば、遺伝子組み換え種子は、制裁措置によって支持されつつ、植物新品種保護国際同盟（UPOV）が定めた制度によって、その知的所有権が「保護」されることになる（つまり、製造者はロイヤリティーを取ることができる）。種子が「保護」されるということは、その種子から生じる食品も「保護」されることを意味する。だからこそ、インドやブラジル、アフリカ諸国などの南側の国々は、この第27条3項（b）の改訂を要求したのだ。さらに、これらの南側の国々は「微生物」に特許を認める点についても憂慮を表明した。というのも、そもそも遺伝子が「微生物」の一部である以上、「微生物」の特許を認めることは、「生物への海賊行為《バイオ・パイラシー》」――つまり、伝統的な知識とそれに結びついた遺伝子資源を盗むことにより、その知識と遺伝子資源を数千年も守りつづけてきた地域共同体を破壊する行為――を助長することにしかならないからである。

「ほんとうの悪夢」――WTO

二〇〇五年一月一三日に、私はジュネーブを訪れ、そこでWTOの知的財産局長のエイドリアン・オッテンと面会した。先ほどの疑問を明らかにするためである。あいさつもそこそこに、私はオッテンに向かって基本的な質問を投げかけた。「TRIPs協定の目的とは、いったい何なのですか?」。一瞬のうちに身体をこわばらせた彼は、口ごもりながらも、かろうじて誠実に答えてくれた。「ええと……。基本的な目標の一つは、WTOのいくつかの加盟国と、その市民および企業が、知的所有権を保護するための国際的に共通の規則をつくることだと思っています」

「問題になった条項とはどのようなものでしょうか?」と、呪文のようなWTOの文章を自分が正しく理解しているかどうかを確認するために質問をしてみた。

「ああ、第27条3項の（b）のことですね。TRIPs協定の条項の一つで、植物や動物に関する発明が特許を得られるようにする、ということが書いてあります」と、このイギリス人は答えた。最初からそのようにわかりやすく書いてあれば、これほど頭を悩ませずにすんだのだが……。

「ＴＲＩＰｓ協定の目的は、合衆国で、たとえばモンサントが取得した特許が、自動的に世界各地で通用するようにすることとです」。これは、私がＷＴＯを訪れる一か月前、ニューデリーでデヴィンダー・シャーマが語った言葉である。▼シャーマは「バイオテクノロジーと食の安全性のためのフォーラム」を運営しているインド人の記者で、ＷＴＯに強く反対している人物である。「近年に発展した国際的な特許制度は、アメリカのワシントン特許局の制度を原型にしています。ＴＲＩＰｓ協定によって、あらゆる国が合衆国のモデルに従わなければならなくなりました。それを拒否すると、厳しい貿易制裁が待ち構えています。というのも、ＷＴＯは強制と報復を行なう法外な権力をもっているからです。たとえば、もしモンサントの知的所有権を無視する国があれば、この会社はアメリカ政府を通じて、ＷＴＯの司法機関に訴えることができます。そもそもＴＲＩＰｓ協定それ自体が、地球上の遺伝子資源を搾取するために、いくつかの多国籍企業によって策定されたのです。今『地球上の』と言いましたが、現実には生物多様性の宝庫である第三世界の諸国です。とくにインドは多国籍企業の標的にされています。というのも、インドには四万五〇〇〇種の植物と八万一〇〇〇種の動物がいるからです。だからこそ私たちは『ＷＴＯは生物界から出ていけ、ＴＲＩＰｓ協定は一九九二年にリオデジャネイロで署名された生物多様性条約に反している』と主張しつづけているのです。二〇〇か国が署名した生物多様性条約によれば、遺伝子資源はもっぱら各国の財産であり、各国はこの財産を保護するとともに、これに結びつく伝統的知識の共有と公正な利用を推進しなければならない、と書かれているのですから」

「ＴＲＩＰｓ協定と生物多様性条約は、両立できるものなのでしょうか？」

▼デヴィンダー・シャーマが語った言葉：この関連発言の要旨が、以下で読める。デヴィンダー・シャーマ「貧しい人々へのＧＭ押しつけに国連が支援」（ノーフォーク・遺伝情報ネットワーク〔ＮＧＩＮ〕より、要約：山田勝巳）。http://www2.odn.ne.jp/~cdu37690/kokurengaueruhitobitonigm.htm

「まったく不可能でしょうね。というのも、この二つの文書は矛盾しているからです。それが理由で合衆国は生物多様性条約に署名しなかったのです。ただし問題は、TRIPs協定のほうは生物多様性条約よりも上位に置かれているということです。というのも、TRIPs協定のほうはWTOの管轄領域だからです。WTOは、モンサントのような多国籍企業の操り人形なのです。そしてモンサントは、貿易のグローバル化を隠れ蓑にしながら、実際に世界を支配しているのです」

この言葉は誇張されすぎていると感じる読者のために、二〇〇〇年六月に国連人権促進保護小委員会が発表した報告書を引用しておこう。

「国際貿易の大部分は、巨大な権力をもった多国籍企業にコントロールされている。このような状況において〔WTOの〕諸規制が依拠している自由貿易の概念は、単なる欺瞞でしかない……。人類の一部、とくに南側の発展途上国にとって、WTOは、まさに悪夢である。そして、この悪夢の原因こそ、その欺瞞なのである」[*11]

▼署名しなかった：この署名をしなかったのは、ブッシュ（父）大統領。のちにクリントン大統領によって署名された。しかし、オバマ政権のもとでも批准の見通しはない。なお、この条約について「国連生物多様性の一〇年市民ネットワーク」のウェブサイトも参照（http://jcnundb.jimdo.com/）。

〔おわりに〕

「張り子の虎」の巨大企業

あの会社の連中は毒薬と同じです。やつらは、死神のように人間の命を奪っていきます。

——パスタプル（インド・アンドラプラデシュ州）の「コミュニティ・メディア・トラスト」の農婦

二〇〇六年七月。ＴＩＡＡ－ＣＲＥＦ（全米教職者保険年金連合会・大学退職者株式基金）の本部は、ニューヨークのマンハッタン地区の美しい街角にあった。この年金基金は、九〇年前に設立されて以来、合衆国でもっとも重要な財団組織の一つであり、約四三七〇億ドルの資産を保有している。かつて『フォーチュン』誌で、アメリカの有力企業五〇〇社のうち、第八〇位を獲得したほどである。

ＴＩＡＡ－ＣＲＥＦは、その略号だけでなく、その仕事も一風変わっている。というのも、この組織は「万人の福祉のための金融サービス」を提供しているからだ。この年金基金に参加することができるのは、教育・研究・医療・文化・公共団体などの分野で働く「全体の利益」に奉仕する人々にかぎられており、その会員数は三二〇万人に達する。一九九〇年、TIAA－CREFは「社会的責任投資▼」の専門部署を設け、すでに四三万人の顧客が参加している。私がこの立派な組織の代表者に会おうと思ったのは、この組織がモンサントの筆頭株主▼の二〇社に入っていることを知ったからである。TIAA－CREFは、モンサントの株の一・五％を保有していたので、そのことを私は不思議に思ったのだ。

「企業の評判は、もはやリスク要因の一つ」

その日、私はコーポレート・ガバナンス担当責任者のジョン・ウィルコックスと、責任投資部長のエイミー・オブライエンに話を聞いた。「あなた方の顧客の特徴を考えてみますと、投資することを顧客が望まない企業もあると思うのですが、いかがでしょうか？」と、少し緊張しながら質問を述べた。というのも、目の前にいる二人に加えて、私の背後には、広報責任者が記録を取るために控えていたからだ。

「もちろん」と答えたのは、エイミー・オブライエンだった。「私たちの出資者は、たとえば、タバコ製造業者に投資することは望んでいません。投資家には社会に対する責任がありますから。たいていの出資者は、企業の環境問題や社会問題への取り組みに敏感ですよ」

「それは、あなた方が投資先を決めるにあたって、企業の評判も考慮に入れているということでしょうか？」

「そのとおりです」と、ジョン・ウィルコックスは答えた。「企業の評判は、しだいにリスク要因の一つとみなされるようになっています。昔は、企業の評判や環境問題への取り組みといった側面については、ウォール街の経済アナリストたちも無関心でした。そうした側面は、企業活動とは無関係で、投資先を決定する基準にはならないと思われていたのです。おそらく、それらの側面は客観的に測定しにくく、長期的な評価にかかわるものであっても、短期的観点からは無視すべきものと考えられたのでしょう。しかし、状況は明らかに変わりつつあります。自分の貯金から出資する以上、出資先として自分と価値観を共有している企業を選びたいという人々は、ますます増えているのです」

「TIAA－CREFは、モンサント社の株式を一・五％保有しているそうですね」

「そうかもしれませんね。ただ、私にはよくわからないのですが」とジョン・ウィルコックスは言った。

「モンサント社の評判は芳しいものではありませんが、どうしてこの会社に投資したのですか？」

「私たちが所有している有価証券類にモンサント社の株式が含まれているとしても、社会的責任投資の一環として取得したわけではないと思います」と、エイミー・オブライエンは明らかに居心地が悪そうに答えた。「はっきりと言うことはできませんが、いずれにせよ、この会社は、とくにヨーロッパで遺伝子組み換え作物をめぐって問題視されていますね。しかし、合衆国ではそれほど問題視されているわけではないのですが……」

「オレンジ剤やPCB、牛成長ホルモンは、アメリカでも問題になりましたよ！　あなた方の顧客には、最近のモンサントの訴訟問題について情報を与えましたか？」

▼社会的責任投資：環境問題や社会問題の解決など、社会的責任を果たす企業や団体に投資することを指す。

▼モンサントの筆頭株主：二〇一四年一一月現在で、アメリカ証券取引委員会によれば、筆頭一〇社は以下である。バンガード・グループ（六・四五％）、フィデリティ・インベストメンツ（五・五％）、ステート・ストリート・コーポレーション（五・〇三％）、ブラックロック・インスティテューショナル・トラスト・カンパニー（二・八一％）、サンズ・キャピタル・マネジメント（二・六二％）、プライムキャップ・マネージメント（二・六二％）、ジェニスン・アソシエイツ（二・〇四％）、ノーザントラスト・コーポレーション（一・八九％）、ウィンスロー・キャピタル・マネジメント（一・七六％）、グレンビュー・キャピタル・マネジメント（一・七四％）。

「いいえ」とジョン・ウィルコックスは答えた。「モンサントのリスク要因を検証し、私たちの所有株式の運用者から意見を聞いてみたいと思います」

環境格付けは「CCC」

次に私が会う予定になっていた人物は、マンハッタン地区のTIAA－CREFの本部から数百メートル離れた場所にいた。イノベスト社で働いている、マーク・ブラマーである。彼は、この会社の「エクストラ・ファイナンシャル・アナリシス」と呼ばれる、企業の社会面と環境面での業績を、AAA（最優秀）からCCC（最劣等）まで格付けする部門の責任者である。イノベスト社による格付けは、投資家たちにとって、投資リスクを減らし、利益を増やすためのアドバイスとして役立っている。ニューヨークに本社を置き、ロンドンと東京、さらに最近ではパリにも支社を置くようになった同社は、「持続可能な開発」を支持する顧客に対して、そのような顧客が保有する有価証券の価値を高めることを使命として掲げている。二〇〇五年一月、マーク・ブラマーは「モンサントと遺伝子工学——投資家にとってのリスク」[*1]と題された報告書を発表した。そこで彼は、モンサントの企業活動を総括し、バイオテクノロジー分野におけるモンサントの「経営と戦略」について評価を下した。その結果は「CCC」である。「これは環境分野の格付けとしては最低の評価です」と、この金融アナリストは私に説明した。「環境分野の格付けで平均以上の評価を得たほとんどの企業の株式は、どのような分野の企業であれ、平均以下の評価を得た企業の株式にくらべて、証券市場で年に三〇〇ポイントから三〇〇〇ポイントほど上回るという結果を得ています。つまり中長期的な観点からすると、モンサントは株主にとってリスクのある会社なのです」

「モンサントの株主構成は、どうなっているのでしょうか？」

「モンサントの株は、とても分散しています。しかし主たる株主は、年金ファンドと銀行です。およそ一万社の年金ファンドと銀行が、モンサントの株を少しずつ所有しています」

「ＴＩＡＡ－ＣＲＥＦのような年金ファンドが、モンサントに出資していることを、あなたはどう考えますか？」

「それは驚きですね」とマーク・ブラマーは答えた。「というのも、ＴＩＡＡ－ＣＲＥＦは、とても真面目に社会的責任投資を実践している組織ですから。しかし、年金ファンドの仕組みを考えれば、それも十分に考えられることです。年金ファンドはきわめて短期的観点から投資活動を行なっているうえ、証券市場の評判にとても敏感だからです。ただ、モンサントの株価は明らかに過大評価されていますね。ウォール街の連中が盲目的に支持しているせいでしょう」

「いったいどのようなことが、投資家にとって重要なリスク要因になるのですか？」

「もっとも大きなリスク要因は、市場から見捨てられることです。モンサントにとって、それは時間の問題でしょうね。これまでＧＭＯほど激しく拒絶された商品はそれほど多くありません。すくなくとも三五か国がＧＭＯの輸入を制限し、ＧＭＯを含む食品にラベル表示を義務づける法律を採択しています。また、ヨーロッパの食品流通業者のほとんどが、製品にＧＭＯがいっさい使用されていないことを保証するための措置を講じています。ネスレや、ユニリーバ、ハインツ、アスダ（ウォルマート）、カルフール、テスコなどの企業です。ヨーロッパ以外でも、アジアやアフリカで消費者がＧＭＯに強く反対しています。

合衆国においてすら、モンサントはBtジャガイモを市場に出荷できなくなっています。マクドナルドや、バーガーキング、マケイン、プリングルスなどの企業がBtジャガイモの購入を拒否したからです。もし、

▼イノベスト社：正式名称は、Innovest Strategic Value Adviser. 日本ではこの名前で、環境格付け会社として知られている。

て総売上の二五%を失っていたでしょう……。実際、一九九七年から二〇〇四年に実施された二〇件の調査が明らかにしたところでは、アメリカ人の八〇%以上が、GMO製品にラベル表示を義務づけることを望んでいます。事実、合衆国ではGMOのラベル表示を義務づけなかったために、有機作物の市場はすさまじい勢いで拡大しているのです」

モンサントは、遺伝子組み換えビジネスにとってラベル表示がもたらす危険を、はっきりと理解していた。二〇〇二年にオレゴン州で、GMOのラベル表示の是非をめぐり、住民投票を求める運動が広まった。すぐにモンサントは、「バイオテクノロジー・食品産業連盟」に応援を頼み、六〇〇万ドルの費用を投じて「費用のかかるラベル表示の義務づけに反対する」というキャンペーンを展開した。モンサントのスポークスマン、シャノン・スルートンは論じた。「常識的に考えますと、もしGMOのラベル表示が義務づけられることになれば、それにあわせて新たに多くの規制がつくられるでしょう。そして消費者は、さほど重要でない情報を得るために費用を負担することになります……」[*2]。こうして、GMOのラベル表示を要求する合衆国で最初の住民投票が行なわれた結果、高額の費用がかかるという理由で、七三%の投票者がラベル表示に反対した……。

「もう一つ、モンサントを脅かすリスク要因があります。規制システムの不備です。スターリンク事件(第11章参照)によって、そのことは誰の目にも明らかになりました」とマーク・ブラマーは説明をつづける。「仮に、モンサントが同じような事件を起こせば、一株あたり三八三ドルも値が下がるでしょう。つまり、GMOの根本的な問題は、モンサントしかその恩恵に与かる者がいない、ということにあります。つまり、モンサント以外の人々にとって、GMOはリスクなのです。さらに規制当局も、そのリスクを評価し、管理するという役割を放棄しています。現在のところ、GMOの表示がないために、自分の食べるものを選ぶという消費者の権利が与えられていません。しかし、GMOの規制手続きがあまりに不透明なので、合衆国の消費者たちはＧＭＯをさらに嫌がるようになっています。しかし、ヨーロッパでも、『ＭＯＮ８６３トウモロコシ』の訴訟が示しているように、事情は同じでしょう」

「ＭＯＮ８６３トウモロコシ」訴訟――明らかになった〝規制の不備〟

二〇〇八年一月、フランス政府は、「ＭＯＮ８１０トウモロコシ」に対して「セーフガード条項▼」を適用し、欧州連合が栽培許可に必要な再検査を行なうまで、この製品の栽培を禁止することを決定した。ＭＯＮ８１０トウモロコシは、モンサントのBtトウモロコシの品種名である。ここで私が語りたいのは、ＭＯＮ８６３トウモロコシについての話である。これはＭＯＮ８１０トウモロコシと兄弟関係にある品種である。ＭＯＮ８６３トウモロコシは、トウモロコシネクイハムシ▼からトウモロコシを守るための毒

▼二〇件の調査（原注）：ＧＭＯ製品へのラベル表示の義務づけに賛成した割合は、以下のとおり。ＡＢＣニュース（九三％）、ラトガース大学（九〇％）、ハリス世論調査（八六％）、『ＵＳＡトゥデイ』紙（七九％）、ＭＳＮＢＣ（八一％）、ギャラップ世論調査（六八％）、米国食品製造業協会（九二％）、『タイム・マガジン』誌（八一％）、ノバルティス（九三％）、オキシジェン＝マーケット・パルス（八五％）。

▼消費者の権利：一九六二年、ケネディ大統領は「消費者の四つの権利」を提唱した。「安全である権利、知らされる権利、選択できる権利、意見を反映させる権利」である。さらに一九七五年、フォード大統領は「消費者教育を受ける権利」を追加して五つの権利となった。一九八〇年に国際消費者機構（ＩＯＣＵ、後にＣＩ）が、「生活の基本的ニーズが保障される権利」「救済を求める権利」「健康な環境を求める権利」を追加して八つの権利となった。日本の消費者基本法（二〇〇四年施行）にも、この考え方が反映されている。

▼セーフガード条項：国内産業への被害を防ぐための輸入制限・禁止措置。

素（Cry3Bb1）を含むように、遺伝子を組み換えられている。他方、MON810は、アワノメイガから守るための毒素（Cry1Ab）を含むように、遺伝子が組み換えられている。このMON863にまつわる事件は、ヨーロッパにおけるGMO規制の憂慮すべき側面をはっきりと示したのである。

すべては二〇〇二年八月にはじまる。この時モンサントは、MON863トウモロコシの販売許可を受けるために必要な書類を、ドイツ政府に提出した。その書類には、ラットを使用した八〇日間の毒性学的研究のデータも含まれていた。ドイツの専門機関は（第9章参照）、EUの規制にもとづいてモンサントが提出したデータを検証した結果、ブリュッセルの欧州委員会に否定的な見解を伝えた。というのも、このGMOは「EU指令（2001／18）」の勧告に反して、抗生物質耐性遺伝子を含んでいるからであった。そこで欧州委員会は、この書類を各加盟国に配布し、意見を求めた。そこで回収された意見をもとに、GMO食品の安全性を評価する欧州食品安全機関（EFSA）が、あらためてMON863を検証することになった。

フランスでは、二〇〇三年六月に生物分子工学委員会（CGB）がこの件を再検討することとなった。五か月後の二〇〇三年一〇月二八日、CGBは否定的な意見を提出した。しかし、今回は抗生物質耐性遺伝子が含まれているからではなかった。エルヴェ・ケンプが『ル・モンド』紙で説明しているように、CGBが「たいへん当惑したことに、MON863トウモロコシを与えたラットから奇形が生まれた」[*3]ことによる。「この実験で驚かされたのは、異常の多さです」と、フランス国立農学研究所（INRA）のジェラール・パスカル研究主任は説明する。彼は、一九八六年のCGB創設以来の委員でもある。「有意な変異を示す要素が多すぎました。これまで他の実験では見たこともないくらいでした。再検証が必要でした」[*4]

そこで見つかったラットの「変異」は、次のようなものであった。「MON863を与えられたグループにおいては、オスには白血球およびリンパ球の著しい増加が見られ、メスには網状赤血球〔若い赤血球〕

の減少が見られた。また、メスでは血糖値が著しく増加し、オスでは腎臓の異常（炎症や再生など）の割合が増加した」[*5]。それに実験動物の体重の減少も付け加わる。さて、『ル・モンド』の記者が書いたように、こうしたデータが明らかになったのは、コリーヌ・ルパージュ弁護士のおかげである。この弁護士は、アラン・ジュペ内閣の元環境大臣であり、現在は遺伝子工学独立研究情報委員会▼（CRII-GEN）の委員長である。彼女は「行政文書公開委員会（CADA）」の助けを借りて情報公開訴訟を起こし、一年の裁判を経て、ようやく「CGBの扉をこじ開け」たのである。そもそも「遺伝子組み換え作物の承認につねに好意的だったはずのCGB」が否定的な見解を示したこと自体、異例のことだった。もし、この弁護士が裁判を通じてCGBに記録文書を公開させることに成功しなかったら、「おそらく真実は闇の中にありつづけただろう」。実際、EU加盟国では、欧州食品安全機関（EFSA）をはじめ、多くの科学機関の審議内容が機密事項とされている。その事実からも、GMOの評価手続きがどれほど不透明なものであるかが推測される。

この問題は、二〇〇四年四月一九日、EFSAがMON863の市場出荷に好意的な報告を提出したことで、新たな展開を迎えた。EFSAによれば、CGBが観察した異常は、「対照グループにも見られ

▼トウモロコシネクイハムシ（原注）：ハムシ科の昆虫で、グリーンピースによれば、この厄介な害虫は、アメリカ軍の飛行機を通じて、バルカン戦争の時にヨーロッパに入り込んだらしい。
▼EU指令（2001／18）：遺伝子組み換え作物の人体および環境へのリスク評価を定めた法令。
▼抗生物質耐性遺伝子：これを導入遺伝子につないでおくと、抗生物質をかけることによって組み換え細胞を識別できる。抗生物質耐性遺伝子が広がると、薬剤耐性菌の蔓延などの弊害がある。
▼遺伝子工学独立研究情報委員会：会員には、ラウンドアップの人間の胎児への影響を指摘したフランス・カーン大学教授ジル＝エリック・セラリーニがいる。第4章参照。

る正常な変異のうちに含まれる」。したがって、CGBが問題にした腎臓の奇形も「まったく重要ではない」[*6]

同じ資料に関して、二つの科学委員会がこれほど異なる見解を提出したのは、いったいどういうことなのだろう？　この疑問に対して、NGO組織「地球の友」のヨーロッパ支部が回答を与えている。二〇〇四年一一月に「地球の友」は、EFSAの活動内容について詳細な報告を発表したが、その内容はEFSAに対して大きな疑念を抱かせるものだった。[*7]EFSAは、食品の安全性に関するEU指令（178／2002）にもとづき、二〇〇二年に設立された。この組織は、八つの科学委員会から成り立っており、その一つがGMOの評価を独占的に行なっており、「GMO委員会」と呼ばれている。そして「地球の友」が詳細な報告を述べたのは、まさしくこの委員会についてであった。

最初に「地球の友」は、次のように確認している。「この委員会は一年間に一〇件の科学的評価を報告したが、そのすべてがバイオテクノロジー産業にまったく好意的な評価であった。それらの報告は欧州委員会によって利用された（ただし、欧州委員会は合衆国の産業界から圧力を受けており、新たな遺伝子組み換え製品を市場に受け入れることを迫られている）。また、それらの報告は、いずれの評価においても科学的コンセンサスがあったかのような、誤った印象を与えるためにも利用された。実際には、この委員会の内部においてはつねに激しい議論が交わされており、その多くの議論は不透明な結論に終わっている。それらの報告が政治的に利用されることについては、EFSAのメンバーでさえ懸念を表明している」

このような状況が起こっているのは、GMO委員会の代表であるハリー・クーパー教授と一部のメンバーが、巨大バイオテクノロジー企業と緊密につながっていることに原因がある、と報告書は述べる。実際、クーパー教授は、エントランスフード計画すなわち「ヨーロッパ市場にGMOを積極的に導入し、産業界をもっと競争的にする」ためにEUが支援する計画の中心的人物であり、その活動の一環としてモンサントやシンジェンタが参加する作業グループに加わっている。また同委員会のマイク・ガッソンは、モンサントのパートナーであるダニスコ社のために働いている。ペレ・プイグドメネクは、植物分子生物学の第七回国際会議の共同主催者であるが、この会議のスポンサーはモンサント、バイエル、デュポンである。ハンス゠ヨルク・ブックとデトレフ・バルチュは「バイオテクノロジー企業が資金提供する宣伝番組に登場するほど、GMOびいきの活動をしていることで知られている」。この委員会の(数少ない)外部委員のうち、とくにリチャード・フィップス博士は、アグビオワールド[*8](第12章参照)のためにバイオテクノロジーを優遇することを求める嘆願書に署名しているだけでなく、モンサントのホームページに登場して、牛成長ホルモンの宣伝をしている[*9]……。

「地球の友」は、GMO委員会のいくつかの報告を検証しているが、その中にはMON863の事例も含まれている。ドイツ政府は、MON863に含まれていた抗生物質耐性遺伝子を懸念していたが、GMO委員会はその懸念をにべもなく否定した。委員会代表ハリー・クーパーは、二〇〇四年四月一九日の記者会見の資料で、その理由を述べている。「本委員会は、多くの場合、抗生物質耐性遺伝子がGMOを有効に選択するために必要なものであると確認しました」、と。この言葉に対して、「地球の友」は次のようにコメントしている。「EU指令が要求しているのは、抗生物質耐性遺伝子がバイオテクノロジー企業にとって有効な道具であるかどうかを確認することではなく、環境と人間の健康に対して有害であるか否かを確認することである」

この事件もまた、いつもと同じ結末を迎えた。EFSAがMON863について肯定的に評価を下した後、環境保護団体のグリーンピースは、ドイツ農務省に対して、再鑑定するためにモンサントの提出書類(これは一一三九ページの膨大な分量である)を公開することを要求した。しかし農務省の回答は、それは不可能だ、というものだった。というのも、モンサントのデータは「企業秘密」として保護されており、その公開をモンサントが拒否しているからだ、と。数か月の裁判を経て、二〇〇五年六月九日、モンサントはミュンヘン高等裁判所にデータの公開を命じられることになった。

「ほんとうに信じられない話でしたよ。そもそも農薬を生じる植物が、食物連鎖に入った時に害があるのかどうかを検証することが問題になっていたのです。それなのにモンサントは、最初に『企業秘密』を持ち出し、次に二回の訴訟を起こして、実験データを見せないようにしたのですからね」。この事件と深いかかわりのあるジル＝エリック・セラリーニ教授は憤った。このカーン大学の科学者は、グリーンピースから依頼され、同時にロウェット研究所の「異端者」アーパド・パズタイ博士からも依頼を受けて、モンサントが開示した毒性試験データの評価を行ない、フランス遺伝子工学委員会が確認した「異常」を再確認した。[*10] さらにセラリーニ教授は、遺伝子工学独立研究情報委員会（ＣＲＩＩＧＥＮ）の委員として、モンサントの実験データの再検証を行なった。より洗練された統計的手法をもちいて、ラットの各器官の状態とＧＭＯ摂取量、摂取期間などの関連を検討した結果、ＭＯＮ８６３トウモロコシのラットへの影響は、当初確認された影響よりも相当に大きいことが明らかになった。「このことは、さらなる追跡調査が必要であることを意味している」とセラリーニ教授は結論した。[*11]

「ＭＯＮ８６３トウモロコシの事件で、従来のＧＭＯ認可手続きでは不十分であることが明らかになりました」と、セラリーニ教授は語る。「ＧＭＯは、他の農薬や医薬品と同じ方法で評価されるべきです。つまり、三種類の哺乳類を使い、二年間かけて検証しなければなりません。そうすれば、急性毒性症状が起こるかどうかだけでなく、長期的に見て毒性があるかどうかを測定することができます」。他方、欧州委員会は、こうした厄介な事実が暴露されたため、ＭＯＮ８６３トウモロコシをこっそりと人目に触れないようにすることにした。こうしてＭＯＮ８６３の栽培は禁止されたのだが、しかし、輸入と消費は禁止されていないのだ……。

遺伝子操作には、未知の要因がつきまとう

「モンサントは農業関連会社を名乗っていますが、実際には化学会社ですよ」とマーク・ブラマーは言う。「その証拠に、あの会社が市場に出すことができたGMOは、ラウンドアップ除草剤――モンサントの総売上高の三〇%を占めている▼――に耐性をもつ植物と殺虫植物にかぎられていますからね。そうした製品は消費者にとって何の利益もありません。消費者が期待しているのは、あの会社がいつも大々的に宣伝している『ゴールデンライス』のような奇跡を起こすGMOなのですから」

実際には、あの有名なGMOコメ品種「ゴールデンライス」は、モンサントが発明したわけではない。このコメ品種を発明したのは、ヨーロッパの二人の研究者、すなわちスイス人のインゴ・ポトリクス（チューリッヒ）とドイツ人のペーター・ベイヤー（フライブルク）である。「ゴールデンライス」は、ニンジンに大量に含まれるベータカロチンやビタミンAを産出するといわれていた。第三世界では、これらの栄養素の欠乏のために、毎年一〇〇万人の子どもが死に、三〇万人が失明している。この二人の研究者が二〇〇〇年に『サイエンス』誌に発表した実験結果は、第三世界の絶望的状況に希望の光を投げかけるものだった。[*12]「ゴールデンライス」は、バイオテクノロジーの「すばらしい約束」を象徴する成果として、多くの新聞の一面を飾った。二人は、ロックフェラー財団から資金援助を受けて、まだ発明したばかりのこのコメを市場に投入しようと考えた。しかし、その二人を待ち受けていたのは特許という巨大な壁だった。「ゴールデンライス」を開発するために使用した遺伝子とその操作手順は、三二の企業や研究所が所有する七〇件以上の特許に抵触していたのだ！　彼らは「黄金のコメ」を売るために、ほんものの「黄金」が必要になったわけだ。その時、二人の前に現われて援助を申し出たのが、モンサントだったのである。二

▼モンサントの総売上高の三〇%：『10Kフォーム』によると、モンサントの総売上高は、二〇〇六年に七三億ドルまで増加しており、そのうち二二億ドルがラウンドアップ除草剤による。

二〇〇〇年八月、インドで開かれた農業関連の会議で、モンサントは次のように公言した。「GMOコメが開発されれば、何百万人もの栄養失調の子どもたちを救うことができます。その実現を早めるために、私たちが所有する特許の一部を寄贈することにしました[*13]」。その会議で、ヘンドリク・ヴェルフェイユ（この直後にロバート・シャピロの後任として社長になる）は、こう述べている。「このコメ品種の開発は、バイオテクノロジーが西欧諸国だけでなく発展途上国を救うことを示しています[*14]」

しかし、「ゴールデンライス」は歴史から忘れられることになった。というのも、実際に栽培してみると、ほんのわずかな量のベータカロチンしか産出せず、まったく利点が見出せなかったからだ。「失敗の理由は、現在でも明らかになっていません」とマーク・ブラマーは語る。「それでも、この事例がはっきりと示しているのは、遺伝子操作のプロセスには未知の要因がつきまとっている、ということです。中長期的に見れば、この未知の要因がモンサントの業績にとってリスクになります。GMOが将来のオレンジ剤ではないという保証は、どこにもないのですから……」

これまで遺伝子をいじくりまわして生まれた製品が、どれほど驚くべき結果をもたらしたことだろう。それらの結果は、たとえばモンサントのラウンドアップ耐性大豆の中にベルギーの科学者が「未知のDNA断片」を発見した事例[*15]など、数え上げればきりがない。ここで私は、そのような事例を列挙することはやめて、その代わりに欧州委員会のホームページを読むことを推薦しておく。そのホームページには、欧州委員会の支援を受けた、GMOの安全性に関する科学研究のリストが掲載されている。そのリストには、たとえば「植物における遺伝子組み換えのメカニズムとその管理」と題された研究がある[*16]。その研究内容の紹介文は、次のように強調している。「現在のバイオテクノロジーが抱える重要な問題の一つは、挿入された遺伝子がどの染色体のどの部分に組み込まれるかを予測することができないという問題である。その結果、その遺伝子が組み込まれたゲノムに予測不可能で望ましくない突然変異が起こる可能性がある」。そこで研究者たちは、その可能性を検証することを提案しているのだが、逆に言えば、このような提案じたいが、重要な問題が前もって検証されないまま、すでにＧＭＯが食物連鎖に組み込まれてしまっている証拠である。

もう一つ例をあげよう。「Bt組み換え遺伝子が駆除の対象としていない昆虫（受粉媒介昆虫、草食昆虫、および、それらの天敵となる昆虫など）の生物多様性に及ぼす影響とそのメカニズム」という研究がある。[17]仮に、この研究がBtトウモロコシの市場出荷の「前に」行なわれていたとしたら、あの美しいオオカバマダラもきっと納得したことだろう……。

最後の例をあげよう。「食物連鎖内およびヒト腸内の微生物に対するＧＭＯ遺伝子の水平伝達［異種への伝播］に関する疫学的評価[18]」。このイギリス人による研究結果はすでに発表されているが、それは安心できる結果とは、とうてい言えないものであった。研究者たちは、七人の被験者に対して、ラウンドアップ耐性大豆が含まれたハンバーガーとミルクセーキを与え、その後、彼らの腸内細菌を分析した。すると七名のうち三名に、「きわめて低い水準ではあるが、除草剤耐性遺伝子が発見された[19]」。仮に、この実験を再度行ない、今度はモンサントの遺伝子組み換え大豆（合衆国ではダイエットにも普通に使われているようだ）を二年間与えつづけて結果を確認することができれば、それは予防原則の観点からも有益であるに違いない。

無数の訴訟の可能性

一九九七年以来のモンサントの活動報告書『10Ｋフォーム』をていねいに読めば、そこに「訴訟」が占めている割合の多さに驚くことだろう。まず、アニストンの住民（第1章参照）やベトナム戦争の退役軍人（第3章参照）のように、モンサントの化学汚染の犠牲者たちが起こした訴訟がある。

「退役軍人の組織が二度目の集団訴訟で勝訴したら、モンサントは破産するでしょうね」。二〇〇六年の夏に会った時、マーク・ブラマーはこう語った。「ＰＣＢや牛成長ホルモン、それにラウンドアップも忘れるべきではありません。新たな訴訟が起こる可能性はいつでもありますから。化学企業としてのモンサントが過去にもたらしたリスクのうえに、さらに遺伝子汚染に関連するリスクが付け加わります。遺伝子汚染を原因として、これから無数の訴訟が起こる可能性があります。スターリンク事件で、アベンティスは一〇億ドルの賠償金を支払いました。現在も遺伝子汚染はつづいています。この多国籍企業がどれほど賠償金を支払うことになるのか、想像もつきませんね」

二〇〇六年に「無認可のＧＭＯの痕跡がアメリカ産のコメに」発見され、大騒動が起こった。[20]その原因になったのは、モンサントの同業社バイエル・クロップサイエンスが開発したコメ品種だった。問題のコメは、一九九八年から二〇〇一年にルイジアナの農場で行なわれた栽培試験で収穫されたもので、まだ消費も栽培も許可が下りていなかったのだ。この汚染は三〇か国に広がり、そのためにアメリカのコメ輸出は大きく落ち込むことになった。それに加えてヨーロッパの仲介業者と食品業者への賠償のために「すくなくとも二億五〇〇〇万ドル」が支払われた。[21]

「私たちは、多くの領域で訴訟に巻き込まれています。その領域は、知的所有権、バイオテクノロジー、法令違反、契約違反、反トラスト法（独占禁止法）違反、雇用問題、環境問題、政府による調査など、多岐にわたっています」[22]。これは、モンサントの二〇〇五年の活動報告書で、「訴訟その他の事項」という項目に書かれている文章である。しかし、それ以外の部分はきわめて混乱した英語で書かれており、翻訳することは不可能である。「司法手続き」[23]の項目には、まるでジャック・プレヴェール［フランスの詩人・脚本家］か、フランツ・カフカ［ドイツの不条理の作家］の著作の登場人物になったかのように、モンサントが被告あるいは原告（いずれにせよ当事者）になっている訴訟のすべてを列挙している。その中には同業他社との訴訟もある。スイスのシンジェンタ社、ドイツのバイエル社、アメリカのダウ・ケミカル社などの巨大ＧＭＯ企業を相手に、遺伝子や有効成分の第一発見者の権利をめぐって争っている……。カリフォルニア大学も、牛成長ホルモンに関する特許権を侵害したかどでモンサントを告訴している。またシンジェンタ社が、モンサントはグリホサートに耐性をもつトウモロコシ種子を独占しているとして、反トラスト法違反でモンサントを訴えている例もある。このような訴訟件数の多さに、ロイター通信は次のような疑問を述べている。「たしかに遺伝子組み換え作物市場において、モンサントの支配は明白である。しかし、それは合法的な仕方で行なわれているのだろうか」[*24]

「モンサントには、マイクロソフトを襲ったのと同じ危機が近づいています」とマーク・ブラマーは説明した。「この会社が、いずれ反トラスト法違反や恐喝罪で処罰される可能性は否定できません。そうなれば、モンサントは高額の賠償金を支払うことになるでしょう……」。一九九九年、農民による最初の集団訴訟が起こった。モンサントは、パイオニア・ハイブレッド社と共謀し、種子価格を高値のまま下がらないように画策した疑いがあるとして、セントルイス裁判所に訴えられたのである。しかし二〇〇三年、原告の訴えはロドニー・シッペル裁判官によって却下された。この裁判官は、モンサントの特許を侵害した嫌疑で告発された農民たちを、辛辣に非難した人物でもある[*25]（第10章参照）。

　その判決から一年後、『ニューヨーク・タイムズ』が詳細な調査結果を発表した。そこでは、「数十人の種子会社の社長」へのインタビューを通じて、モンサントの「共謀」疑惑が立証されている。たとえばモンサントは、カリフォルニアの種子会社マイコジェン（後にダウ・ケミカル社に買収された）に接近し、次のような策謀をしかけた。それは、マイコジェン社の元幹部によれば「モンサントは、自社の特許取得済みの技術の一部をマイコジェン社に使わせてやる代わりに、モンサントとその取り巻き会社に対して種子価格で競争することを断念する」よう脅したのである[*26]。このような共謀事件はいくつも告発され、モンサントが二〇〇五年の『10Kフォーム』で認めているように、合衆国の一四か所の裁判所で一四件の集団訴訟が起こっている。

「私たちは、モンサントが違法な手段で種子市場を独占していることを告発しているのです」と、原告団の弁護士の一人であるアダム・レヴィットは語った。二〇〇六年一〇月、私は彼に会うために、シカゴでも評判の弁護士事務所を訪ねた。「モンサントは特許権を乱用しています。農民に種子を保存することを禁じたり、ラウンドアップ以外のグリホサートを含んだジェネリック製品は買わないことを義務づけたりすることは、明らかに特許権の乱用です。またライセンス制度を悪用して、仲買業者に対してモンサント製品を高値で売るように強制することも、同じく特許権の乱用です。それ以外にも、この会社が告発される理由はあります。つまり、卑劣な商業行為によって競争相手を封じ込めたことや、他社と共謀して法外な種子価格を維持しようとしたことです。どれをとってもアメリカの法律を踏みにじる行為だと思います」

「裁判で勝ち目はありますか?」。この質問にアダム・レヴィットは微笑んだ。その表情を見て私は、もし裁判で勝てば、彼にも何割かが支払われることを思い出した。彼は明らかにうれしそうな様子で、こう語った。「モンサントは、この国で最大級の弁護士事務所を雇いました。その事実からしても、この会社もそうとうに追い詰められていることが見て取れます……」

結論に代えて、ひと言だけ言い添えておきたい。この太古の昔から存在する地球に生きている私たちもまた、「そうとうに追い詰められている」。モンサントの足跡をたどりつづけた四年間に、私はこう思うようになった。もはや私たちは「知らなかった」では済まない状況にいる、と。そして、人類の食糧をあのような連中にゆだねてしまうのは、無責任なことである、と。今の私は確信をもってこう言える。私のためだけでなく、私の三人の娘、さらに（未来の）孫のためにも、モンサントが支配する世界は終わらせなければならない、と。

［新版への補論］

本書とドキュメンタリー映画への世界的反響について

——「着実に持続する成功▼」

ペルーのリマにて

これは、ポケット版の新版のための「補論」である。私は、この文章の一部をペルーのリマのホテルの一室で書いた。というのも、二〇〇九年一月二八日と二九日にリマで開かれる「GMO問題に直面する種子の多様性」会議に、私も招かれていたからである。

この会議を組織したのは、持続可能な開発と人権問題に関連する一〇団体である。この「生態学的超多《メガ・ダイヴァー》様性《シティ》」で知られる国の人々にとって、この主題はきわめて重要である。というのも、ペルー、ボリビア、

▼「着実に持続する成功」（原注）：これは、週刊誌『リーヴル・ヘブド』（二〇〇八年四月一八日号）の記事が、本書を評した言葉である。

ブラジル、コロンビア、コスタリカ、エクアドル、メキシコ、ベネズエラの八か国に、世界の生物種の七〇%が集中しているからである。そして、議会で「遺伝子組み換え作物の栽培に関する法案」が審議される日は、すぐ目の前に迫っていた。もし法案が通過すれば、すぐにモンサントの遺伝子組み換えトウモロコシ（Bt品種）がペルー国内に入り込むだろう。そうなると、インカ文明の時代から伝えられてきた一〇〇種以上の伝統的穀物（クリオーラ）が汚染されるばかりか、「沿岸地帯はもとより、高度三〇〇〇メートルの高山地帯まで汚染が広がるのは確実である」――リマ市内にある国立モリナ農業大学で教鞭をとるアントニエッタ・グティエレス博士は、そう会議で呼びかけた。実際、モンサントのような多国籍企業や農学者たちが「遺伝子工学」をもちいてペルーの土壌と気候に適合した品種を開発することなど、数千年も前からこの生物多様性の宝庫を維持してきたペルーの農民たちにとっては、よけいなお世話でしかないのだ。これと同じことはジャガイモやキヌアにも当てはまる。これらの穀物はペルー周辺を原産地としており、現在でも数千の亜種がペルーのいたるところで栽培されている。

　モンサントとその一味にとって問題だったのは、それらの穀物はまだ特許が取得されておらず、しかも農民たちがそれらの種子を隣人たちと交換しながら、現在も栽培しつづけていることだった。奇妙な偶然というべきか、二〇〇九年一月一四日、ペルー政府は種子に特許を与えることを認める法案を可決し、GMOへとつづくドアを開いたのである。それと同じ頃、ペルー政府は、GMOのラベル表示を禁止させようとする強い圧力を受けていた。すでにペルーは、ブラジルの大豆油のような加工されたGMO食品の輸入を受け入れており、消費者が選択できるようにラベル表示を義務づけることを検討していたのだが、それは食品価格の「値上がり」をもたらすと脅されていたのである（これはすでに見たように、かつて合衆国でモンサントがラベル表示に反対した時の理屈である）。そしてついに、ペルーの複数の地域で、遺伝子組み換え作物が違法に栽培されていたことを示す複数の証拠が見つかった。それらの種子は、政府のすきをうかがって近隣諸国から密輸されたものであった。

本書の読者は、これらの一連の出来事が、モンサントがBt作物を各国政府に受け入れさせる時に使ったやり口と、そっくりであることに気づくだろう。つまり、まず政府に対して、生物特許を認めるように法律を修正させるとともに、GMOのラベル表示をさせないように圧力をかける。次に、闇のエージェントを使って（違法な）GMO栽培の「既成事実」をつくった後で、栽培されたGMOの「知的所有権」を、すなわちロイヤリティーを要求する。こうしてGMO種子の密輸とその栽培を、最終的に合法化してしまうのである（たとえばパラグアイやブラジル、最近ではメキシコがそうだった）。

リマの会議では、三〇〇人ほどの聴衆を前に、私のドキュメンタリー映画▼が上映された。その時間帯に二五人の記者が集まった別の部屋でも映画が上映され、その後、記者たちとの間で質疑応答が行なわれた。しかし、あまりに多く質問が出たため、予定の二時間では足りないほどだった。それが終わると、エコロジストとして知られるアントニオ・ブラック環境大臣の開会のあいさつを聞くために、私は急いで会議場に戻った。大臣は、そのあいさつで「ペルーはGMOに支配されない」という彼自身のスローガンをあらためて宣言し、GMOが政府に亀裂を生じさせていると強調した。このスローガンによって、彼はペルー農務省と対立することになったのだが、それはペルーでもブラジルと同様に、農務省はGMOが農業生産

▼キヌア：アンデス原産のアカザ科の穀物で、栄養価が高く痩せた土地でも育つことから、近年、世界的に注目されている。

▼ドキュメンタリー映画：本書の著者マリー＝モニク・ロバンが、本書と同じテーマで監督した映画「*Le monde selon Monsanto*」（原題）。スペイン語版・ドイツ語版・英語版・ポルトガル語版・日本語版・韓国語版などが制作され、世界四二か国以上で上映されている。日本では、二〇〇八年にNHKBS「世界のドキュメンタリー」で『アグリビジネスの巨人〝モンサント〟の世界戦略』とのタイトルで放映され、さらに二〇一三年に『モンサントの不自然な食べもの』とのタイトルで、アップリンク配給で各地の映画館などで上映された。DVDもビデオメーカーより発売されている。

性を向上させると信じ、モンサントを支持しているからである。

昼食会で、アントニオ・ブラック環境大臣は満面に笑みを浮かべながら、環境省の役人たちが「海賊行為」をしたことを、私に告白した。「あなたの映画のスペイン語版がなかったので、私たちはグーグルで探したインターネット上の海賊版を視聴したのですよ！」。たしかに、その時点では、まだ私の映画のスペイン語版のＤＶＤは販売されていなかったので、この映画に誰かがわざわざスペイン語の字幕をつけた海賊版の動画が、インターネット上で視聴されていたのだ。

世界各地での驚くべき反響

このペルーでの逸話は、本書が世界中で信じられないほどの成功を収めたことを示す一例である。二〇〇八年に本書の第一版が出版され、アルテ放送で同じ主題のドキュメンタリー映画が流されてからというもの（詳しくは、以下のインターネット・サイトを参照のこと。http://www.arte.tv/monsanto）、私は息つく暇もなく飛び回った。出版社もテレビ局も、そして私自身も含めて、まさかこれほど話題になるとは夢にも思っていなかった。私は何とかスケジュールをやりくりしながら、世界中から（ヨーロッパ、北米、南米、さらにはアフリカからも）のマスメディア・ＮＧＯ団体・政治家・公的機関から殺到したインタビューや映画討論会の依頼に対応しなければならず、また、本書や映画に関する膨大な数の質問にも答えなければならなかった。たしかに私は、本書とその映画を通じて、モンサントという現代のテクノサイエンスを代表する企業の薄汚い陰謀を白日にさらしたと確信していた。そして、この企業をめぐって過去に隠されていた事実を明らかにし、警鐘を鳴らしたとも確信していた。それでも、ここまで世界的な反響があるとは想像できなかった。

感慨深いことに、私の長い調査の出発点になったのもインターネットであったが、大反響の出発点になったのもインターネットであった。アルテでこの映画が放映される三週間前の二〇〇八年二月一八日、私は自分自身のブログサイトを開設した。[*1] そして二月二九日にこう書いている。「ウェブで、じつに不思議な現象が起こっている。新聞や雑誌が私の本と映画に言及しはじめたばかりだというのに、グーグルで本書のタイトルを検索すると、二万二〇〇〇件の検索結果が出てくるのだ。この二週間の間に、検索結果は増える一方だ。正直に言えば、私は期待に胸を高鳴らせている。アルテで映画が放映される三月一一日の視聴者数は、もしかすると予想よりはるかに多くなるかもしれない……」。実際、この映画は、アルテの通常のドキュメンタリー番組の二倍以上の視聴者数を稼いだ。その数は、この放送局の一年間の番組全体でトップだったのだ。さらに、ケーブルテレビ放送局のアルテ＋7の視聴者数や、再放送時の視聴者数、DVDの販売数を合計すると、初回放送時の視聴者数を追い抜くほどの数になった。

放送から三日後の二〇〇八年三月一四日、アルテのホームページにはこう書かれた。「この作品は、ブログ界に大きな反響を引き起こしています……。この作品のタイトルは三三八件のフランス語のブログで引用され、そのうち二二四件が放送された後に書かれたものです」。それから一〇か月後の現在、グーグルのブログ検索サービスでフランス語のタイトルで検索すると、八六六九件の結果が表示される。英語のタイトルで検索すると九四二八件、スペイン語のタイトルでは三三一四件の結果が出てくる。この映画は、スペインではテレシンコ放送局がひっそりと一度ばかり放映しただけで、まだスペイン語版のDVDも販売されていないにもかかわらず、これほどの数の結果が出てくることには、さすがに私も驚いた。さらに、それぞれの言語のタイトルで、ブログ以外の通常のホームページを検索すると、サーチエンジンが「ヒッ

▼本書が世界中で信じられないほどの成功：本書は、フランスでベストセラーになった後、世界一六か国で翻訳出版され、世界的なベストセラーとなった。

▼アルテ放送：ドイツとフランスのテレビ局。「はじめに」の冒頭の訳注を参照。

トしました」と報告する件数は、数十万件にのぼる。

これまでのところ（二〇〇九年一月現在）、この映画はヨーロッパのテレビ局およびケーブルテレビ局の二〇社で放映され、さらにオーストラリア・ベネズエラ・日本、カナダ・合衆国（合衆国ではサンダンス・チャンネルが放映権を取得）で放映された。

カナダには、出版されたばかりの書籍と映画を自分でもっていった。この映画の共同制作者であるカナダ国立映画放送局（NFB）は、まず映画館で公開することに決定した。ケベックでは二万人が来場し、ドキュメンタリー映画としては大成功の部類に入った。二〇〇八年五月と八月、私はNFBに二度ほど訪れ、インタビュー責めをくらうことになった。そこで私が驚いたのは、カナダは七〇〇万ヘクタールものGMO農地を抱えているにもかかわらず、この国のジャーナリストのほとんどが、どのような種類のGMOが自分の国の農地で栽培され、食卓に上っているのかをまったく知らないことであった。そこで私は、菜種油を例に挙げながら、カナダ人はラウンドアップの残留物を摂取しているはずだと述べると、カナダ人記者たちは仰天した様子で、「モンサントのGMOがもたらした現実」を知らなければならないことを思い知らされたようだった。

このような状況はスペインでも変わらない。二〇〇八年一一月、本書のスペイン語版が出版された時、私はそのことを確認した。スペインはEU諸国でGMO作物の栽培を承認した唯一の国である。GMO栽培農地の総面積はおよそ八万ヘクタールで、そのほとんどがカタルーニャ州とアラゴン州のBt810トウモロコシ栽培が占めている。このトウモロコシについて言えば、二〇〇八年二月にフランス政府は栽培認可を当分の間取り消すことを決定している。その時取材を受けた私は、質問を受けるたびに（二〇回ほど）、相手をテストするためにこう聞いてみた。「スペインでどのようなGMOが栽培されているのか、あなたはご存知ですか？」。ほとんどの相手は、しばらく沈黙するばかりで、そうでない場合も唖然とするような答えを返してきた。「乾燥に耐えられるように遺伝子を組み換えられた作物です」。私はこう答えるしかなかった。「残念ながら、そのようなすばらしい植物は存在しません！　スペインで栽培されているのは、殺虫成分を組み込まれたＧＭＯだけです。あなた方はその作物から、あるいはそれを飼料として育てた動物の肉を通じて、殺虫毒素の残留物を摂取しているのですよ……」。その言葉を聞いたスペインの記者たちが見せた不安そうな表情は、とうてい忘れることができるものではない。

反響の大きさを示す最後の逸話を紹介しよう。まだ合衆国で映画のＤＶＤが入手できない状態にあった頃、抜け目のないインターネットユーザーたちは、購入したフランス語版のＤＶＤを一〇の動画ファイルに分割し、グーグル・ビデオやユーチューブ、デイリーモーションなどの動画サイトに投稿したのである。北米で英語版ＤＶＤの販売権をもっているカナダ国立映画放送局は、まだＤＶＤが商品化されていないうちにインターネットで海賊版が視聴されることに困り果て、運営サイトに対して投稿された動画の削除を要求した。余談になるが、その時インターネットのユーザーたちに出回った文句には、こんなタイトルが付けられていた。「あなたがけっして見ることのないドキュメンタリー」▼。そして、動画投稿サイトからファイルが削除されたのは、モンサントが検閲をしたせいだ、という誤解した説明が付けられていた。

このように大きな反響が起こったのは、なぜだろうか？　まず、モンサントという派手な広告をしている多国籍企業が、皮肉なことに「あらゆる予想を超えて」暴力的な振る舞いを重ねていることに読者が驚いた、という理由があるだろう。しかし、それだけではなく、数十年前からモンサントに反対してきた世界中の人々の粘り強い運動がようやく注目を集めるようになった、という理由もあると思う。こうした運動の担い手は、たとえばＧＭＯの被害を訴えて反対してきたインドやラテンアメリカの農民や各種団体の運動であり、ＧＭＯが栽培された畑を「自発的に引き抜いてきた」フランスの農民たちであり、アメリカ

▼「あなたがけっして見ることのないドキュメンタリー」：映画の宣伝でよく使われる「あなたがけっして見たことのないドキュメンタリー」という文句にひっかけた洒落。

やヨーロッパでGMOの「危険性を告発」してきた科学者たちであり、そしてとりわけアメリカで、かつてはPCBの、現在はGMOの犠牲になった人々と彼らを応援してきた弁護士たちである。最後に考えられるのは、モンサントという多国籍企業は、とくに第二次大戦後の世界に広まった、人々に死をもたらす産業の典型的モデルである、という理由である。この産業モデルは、利潤を追い求めるあまり、人々に恐怖をまき散らしていることも気にせず、環境と人間の健康に悪影響を及ぼしつづけている。

ここで挙げた三つの理由に加えて、ある社会学者は原因を細かく検討したうえで、さらに重要と思われる別の理由を付け加えた。それはインターネットが、もはや私の調査結果を民主主義の情報を与える道具として使いこなすまでに成長している、という理由である。実際、私の本と映画につづいて「コンバット・モンサント（www.combat-monsanto.org）」というサイトがつくられ、もっと詳細で充実した検証が行なわれるようになった。このサイトは三か国語（フランス語・英語・スペイン語）で情報発信が行なわれ、さまざまな団体（グリーンピース、ジャック・テスタール教授の市民科学財団、ビア・カンペシーナ、アタック、地球の友、シェルパ）に注目され、さらにいくつかの団体（シャルル・レオポルド・マイヤー財団、アルテ放送局、デクヴェルト社）から支援を受けている。その目的は、モンサントとGMOに関するすべての情報を収集し、世界各地のさまざまなネットワークを活性化することで、「私たちの世界がモンサントの支配する世界にならない」ために闘うことである。

モンサントからの攻撃とその援護者たち

このような一連の動きに対して、モンサントはどのように反応したのだろうか？　この本の公表から九か月後まで、この企業はまったく反応を示さず、あたかも「沈黙は金なり」と決め込み、被害を最小限にとどめようとしているかのようだった。フランスでは、新聞記者たちがリヨン郊外にあるフランス支社の幹部への取材を試みたが、「モンサント・フランス支社のホームページのコメントを読んでください」と言われるばかりで、結局会うことができなかった。そのホームページの文章にはこう書かれていた。「マリー＝モニク・ロバンの書籍と映画は、バイオテクノロジーに敵対する者の極端な反感からつくられたものです。彼女の書籍と映画は、当社の同意をいっさい求めないまま制作されており、きわめて偏ったものと言わざるをえません」。本書でもしばしば引用した、『ル・モンド』紙のGMOの偉大な専門家でありジャーナリストでもあるエルヴェ・ケンプは、このモンサントの文章を見て、こう批判した。「よくもぬけぬけと、この会社は『同意』などという言葉を吐けたものだ[*2]」

したがって、最初の時期に私のこの本と映画への批判を行なったのは、モンサントではなく、別の怪しげな団体だった。その団体は「科学情報のためのフランス連合（AFIS）」といい、私への攻撃はそのインターネット・サイト（www.pseudo-sciences.org）上で行なわれた[*3]。二〇〇八年五月九日、アルテでこの映画が放送される二日前、私はブログで次のように記している。「用心深いインターネットユーザーたちが、四日前にAFISのサイトに掲載された論文を見て、私に注意を呼びかけてくれた。AFISは『科学の文化的価値を否定する者たちの愚劣な著作によって科学がおとしめられることや、企業の宣伝のために科学の名がいかがわしい使用をされることに反対し、科学を推進することを使命とする』団体であると称している……。この団体は、加入者である純粋で厳格な科学者たちが、科学のために一致団結していること

▼典型的モデル：近年の事例としては、アメリカのNGO「ナチュラル・ソサエティー」が、モンサントを「二〇一一年の〔世界〕最悪企業」に選出している（http://naturalsociety.com/monsanto-declared-worst-company-of-2011/）。成澤宗男「世界で最も悪質な企業モンサントの正体」（『週刊金曜日』二〇一一年二月三日号参照）。
▼ジャック・テスタール：邦訳書に、『なぜ遺伝子組み換え作物に反対なのか』（林昌宏訳、緑風出版、二〇一三年）がある。

で知られている。しかも彼らは、自分たちの言葉や仕事が無知蒙昧な市民によって疑問視されるべきではない、なぜならそのような市民たちは非科学的であるから、と考えている。ようするに、この団体は、市民生活にはいっさい関心をもっていないのだ。実際、この団体は、過去二〇年間に生じたさまざまな健康面のスキャンダル——血液汚染〔エイズウイルスや肝炎ウイルスによる汚染など〕、狂牛病、牛成長ホルモン、そして悲劇的なアスベスト被害などの事件——について説明するどころか、『敬虔なる』科学の名の下に沈黙したままなのである」

　ＡＦＩＳのサイトに私を攻撃する論文を掲載したのは、生物学者でありフランス国立科学研究センターの研究部長でもあるマルセル・クンツである。しかも、彼の論文にはＡＦＩＳの会長ミシェル・ノーによる序文が付けられていた。この「エンジニアであり企業の社長」でもあるミシェル・ノーは、「科学的合理主義者」で「聡明（bright）▼」であると周囲から言われているという。しかし、科学の進歩を盲目的に信仰しているこの宗教的人物が「聡明」と呼ばれているのは、まったく不思議というほかない。それはともかく、ミシェル・ノーによれば、私が行なったモンサントの調査は、「いかなる批判的精神ももたずに、類似した事実を結びつけただけの虚偽」だそうである。ところがＡＦＩＳの関係者たちは、私の本のような「虚偽」に対抗し、葬り去るにあたって、中傷と情報操作に頼ることしか思いつかなかったようだ。彼らは、私の本に疑いを投げかけるために、これまで私がテレビ放送のために制作した二〇〇本以上のルポルタージュやドキュメンタリーの番組を調べ上げたものの、かろうじて二本の番組をやり玉にあげるのがやっとだった。その一つは、一九九五年に公開され「アルベール・ロンドル賞」をはじめとする国際的な七つの賞を受賞した『臓器泥棒』という作品である。もう一つは、二〇〇四年に二つの放送局（カナル・プリュスとアルテ）で放送された『超自然的《パラノーマル》なものに直面する科学』である。[*4]

　ここで、私がＡＦＩＳへ回答した内容について細々と書くつもりはない。関心のある読者は、私のブログサイトに置かれている九つのメッセージを読んでいただきたい。読者はそれらのメッセージを、私のホームページの「ネットのニュース」という項目から見つけることができる。[*5] それでも、ここで私がとくに記しておきたいのは、マルセル・クンツの長い論文を読むかぎり、どうやら彼は身動きできなくなっていると思われたことである。というのも、彼の論文を読んだ率直な批評家たちが口をそろえて言うように、私の調査の核心になっている主張に対して、マルセル・クンツはまったく反論することができなかったからである。その主張とは、私が自分のブログに次のように書いたものである。

（1）「実質的同等性の原則」は、いかなる科学的データにも依拠しておらず、ホワイトハウスの「政治的決定」に依拠しているにすぎない。この原則は、ＧＭＯをできるかぎり早く市場に出荷するために都合のよい論理として採用され、それによってバイオテクノロジーを使用した製品の健康・環境テストをしなくてすむようになった。

（2）「実質的同等性の原則」は、アメリカ食品医薬品局（ＦＤＡ）の内部にいる科学者からも、はっきりと批判されている。彼らは、遺伝子操作のプロセスは「特殊なリスク」を引き起こす可能性があり、したがってＧＭＯが市場出荷される前に詳細なテストを行なう必要があると主張したが、その主張は無視された。

（3）この「実質的同等性の原則」は、実際には当初に主張されていた内容から大きく変わっている。国連の国際食品規格委員会（ＣＡＣ）▼は、二〇〇〇年の時点では「実質的同等性の原則」を「一つの

▼「聡明（bright）」（原注）：「ブライトフランス」のサイト（http://brihtsfrance.free.fr）によれば「聡明（bright）な人とは、世界を自然科学的なまなざしで眺める人物を指している。そのような人は、神秘的なものや超自然的なものとはいっさい関係なく宇宙を理解する。聡明な人々は、宇宙の自然科学的理解にもとづいて倫理と行動を打ち立てるのです」。このサイトでは、ミシェル・ノーの信条告白を読むこともできる（http://brghtsfrance.free.fr/michel.naud.htm）［現在、これらのサイトは両方ともリンク切れになっている］。

段階にすぎない」とみなしていた。それにもかかわらず、その四年後にはラウンドアップ・レディ大豆が市場に出荷され、現在では世界の数百万ヘクタールの土地を覆い尽くしている。
（4）まだ、GMOがまったく栽培されていなかった一九九〇年代に、世界保健機関（WHO）や国連食糧農業機関（FAO）、経済協力開発機構（OECD）において、FAOとモンサントが「実質的同等性の原則」を提唱した時、ヨーロッパの研究者たちは沈黙を守りつづけていた（第8章参照）。

AFISは、モンサントの主張からほとんど距離を取っていないことは明らかだった。実際、二〇〇八年三月、クリスティナ・パルメイラというブラジルの『カルタ・キャピタル』紙の特派員記者が、モンサントのフランス支社の幹部にインタビューを申し込んだ時も、この企業はその申し込みを断わった代わりに、AFISを紹介したのだから。[*6]

しかも、私を中傷しようとした彼らにとっては不幸なことに、二〇〇八年三月二九日、マルセル＝フランシス・カーン博士がクリスチャン・ヴェロへ宛てた手紙を、私は自分のブログに載せることができた。カーン博士は、パリ第一一大学の遺伝子工学の研究者で、モンサントの殺虫性GMOをまともに評価した研究報告がないことを暴露し、そのために職を追われそうになった、フランスの科学者にしては珍しく勇気のある人物である。その手紙には、カーン博士がこの科学者団体（AFIS）を退会するにあたって、さまざまな癒着――とくにマルセル・クンツとモンサントの癒着――を告発する内容が書かれていた。以下に引用しておこう。

先ほど私は、あなた方の都合にあわせて自由な研究が抑圧されていることに、抗議する請願書に署名をしたところです。これから私が述べる事柄は、あなた方にも関心があることと思います。これまで私は、AFISの一員であり、また『科学と疑似科学』誌を発行しているAFISの科学委員会のメンバーでした。ずいぶん昔から、私は医学界におけるあらゆるまやかしと闘ってきました。
あなた方もおそらくご承知のように、ＡＦＩＳはジャン＝ポール・クリヴィーヌ編集長の影響のために変わってしまい、ＧＭＯの正真正銘のロビー活動団体に成り下がってしまいました（この点について私たちの見解が異ならないことを祈ります）。たしかに私は、ＭＯＮ８１０トウモロコシをはじめとする遺伝子組み換え作物に毒性があるとは、まったく思っていません。資料を読むかぎり、確信をもつにいたらなかったからです。しかし私は、モンサントとその同業者たちの暴力的な支配戦略に対しては闘うつもりです。そのような理由で、私は『科学と疑似科学』の編集部に対して……〔原文ママ〕を依頼したのです。マルセル・クンツとルイ＝マリー・オブドビーヌは、モンサントとその関連会社と関係をもっています。そこには医学界と同じ構図が見られます（私はある医学ジャーナルに関与していますが、そこではいわゆる「利益相反」〔中立をそこなうこと〕を明確にすることが義務になっています）。

二〇〇八年一一月、ようやくブラジルで本書のポルトガル語版が出版された。すでに触れたように、二〇〇七年にブラジルでは、ラウンドアップ耐性大豆の栽培面積が一五〇〇万ヘクタールに達していた。モンサントが、本書について最初の公式な反応を示したのはその時である。私がブラジルを訪れてからまも

▼国連の国際食品規格委員会（ＣＡＣ）：コーデックス委員会とも呼ばれる。国連食糧農業機関（ＦＡＯ）と世界保健機関（ＷＨＯ）が合同で国際的な食品規格を定めることを目的に、一九六二年に設立された。当初、ＣＡＣの定める規格は強制力をもたないものであったが、一九九五年に設置された世界貿易機関（ＷＴＯ）が食品貿易にかかわる紛争についてはＣＡＣの定める規格に依拠すると定めたため、ＣＡＣの規格はきわめて強力な強制力をもつことになった。二〇〇〇年、ＣＡＣのバイオテクノロジー応用食品特別部会は、「実質的同等性の原則」を導入しつつ、これは安全性評価そのものではなく、出発点であると位置づけた。

なく（二〇〇八年一二月八日）、モンサントのブラジル支社のホームページに声明文が掲載された[*7]。その声明文には、私の「書籍とドキュメンタリー映画」は「モンサントのイメージをおとしめようとする」ものであると書かれ、そして明らかに怒りくるった調子で、本書の調査のすべての主題について、モンサント側の公式見解が書き連ねられていた（その点ではとても教育的である）。すなわち、ＰＣＢや牛成長ホルモン、オレンジ剤［ベトナム枯葉剤］、ラウンドアップ、例の「回転ドア」、遺伝子警察に関する私の調査について、いつものようにモンサントは誠実さのかけらも示さず、すべて否定したのである。たとえば、こんな具合である――「これまでの科学研究によれば、ＰＣＢの曝露とガンの間の因果関係は認められていません」。一二月二〇日にリオデジャネイロのフランス大使館で開かれた映画討論会に出席していた『ル・モンド』紙のブラジル特派員アニー・ガズニエは、モンサント・ブラジル支社の広報担当者を呼ぶという素敵なアイデアを思いついた。というのも、ブラジル支社のホームページに掲載された声明文は、それがアメリカ本社から送られてきた文書の翻訳であることが記されていたからである。そこで「この公式声明は、モンサントという多国籍企業にとって、ブラジルがよほど重要であることを示している」と、この記者は考えたのだ。余談になるが、この記者は本書の内容が正しいことを示す情報を教えてくれた。「ブラジル南部の農民たちは、収量の低さに落胆してＧＭＯ大豆の栽培をやめたがっているのですが、もう在来大豆の種子が手に入らないのです」

さらに私がブラジルに滞在している間に、『ジュルナル・ドゥ・ディマンシュ』紙のソアジグ・ケメネル記者が、私にインタビューを求めてきた。しかし残念なことに、その時私の予定は詰まっており、しかも時差があったので、彼女の質問に答えることができなかった。二〇〇八年一二月一四日、この新聞にモンサント・フランス支社の重役であるローラン・マルテルのインタビュー記事が掲載された。そこで彼は、木で鼻をくくったような答弁をしているのだが、私の本の話になると、はっきりとこう述べていた。「あの誤りだらけの本には、私たちも困っているのです」。しかし、その具体的な理由はいっさい述べなかった。

すぐに彼は、この会社のいつもの流儀で、こう述べはじめたからである。「フランスで私たちは、農家に尽くす農業技師以外の何者でもありません。私たちは、最重要の課題に挑戦しているのです。世界人口は現在六五億人ですが、四〇年後には九〇億人になるのですよ……」

私の仕事に対する中傷は、他にもあった。先ほどのマルテルの記事が新聞掲載される以前から、私を攻撃する異例のキャンペーンが展開されていた。それはインターネット上で、さまざまな匿名（アントン、ガテカ、リュージン、GPFなど）の人物たちからの攻撃である。私のブログをはじめとするサイトのコメント欄に、この偽名の人物たちは、あたかも他にすることがないかのように、朝から晩まで――元旦の夕方も！――せっせと書き込みつづけた。[*8] そして、この熱狂的なGMO礼賛者たちは、私の調査のあらゆる主張を否定してやろうと、うそぶいていた。おかしなことに、この人物たち――ここで私は複数形で書いているが、本書でも紹介した「ウイルス・マーケティング」に特化した情報企業に雇われた一人の人物が、複数の人物になりすましていたという可能性も否定できない――は、どうやら匿名のままでいるほうが心地よかったらしく、「公共の場で討論しましょう」という私の招待を拒絶した。私がブログで「私の中傷者たち」と呼んだ人々（その中には私の本を読んだこともなければ、私の映画を観たこともないと白状する者たちもいた）は、本書の調査で明らかにしたGMOの核心、すなわち「実質的同等性」と「回転ドア」を守るために必死なのである。というのも、「実質的同等性」という空疎な概念によって、（かつてPCBや

▼ホームページに声明文が掲載：日本モンサント株式会社のHPにも、「この映画で制作者が主張しているいくつかのポイントについて、以下にモンサント・カンパニーの見解をご紹介します」として、「遺伝子組み換え作物の安全性」「自家採種する農業生産者との訴訟」「エージェントオレンジ（枯れ葉剤）」「インドでの農業生産者の自殺――Btワタと関係があるのか?」について反論が掲載されている（http://www.monsanto.co.jp/data/for_the_record/world_according_to_monsanto.html）。

rBGH［遺伝子組み換え牛成長ホルモン］についてもそうだったように）GMOに関する真剣な科学的研究を消し去り、あるいは研究内容を操作することができるからだ。そして、「回転ドア」のからくりによって、何もかも覆い隠すことができるからである。

状況は動いている！

モンサントとその同類のGMO多国籍企業の支持者たちからの私の仕事への反論（結局きわめて少なかったのだが）にもかかわらず、私の本と映画に対する読者の反響を通じて、私は、ゆっくりとではあるが確実に状況は動いていると確信している。二〇〇八年春、フランスの議会がGMOに関する国内法案を検証した時、国民運動連合（UMP）［前サルコジ大統領が所属していたフランスの保守党］の議員たちが、勇敢にも、UMPの議員に対してモンサントから圧力がかけられたことを暴露した。二〇〇八年四月、「GMOに関する高等機関」の予備委員会の委員長を務めていた元老院［フランスの上院議会］のジャン＝フランソワ・ルグラン議員（マンシュ県、UMP所属）は、MON810トウモロコシには「重大な疑念がある」と審議結果を発表した。その件についてルグラン元老院議員は、『ル・モンド』紙にこう述べている。

「企業は自分たちの商業的利害を守ろうとして、UMPに入り込み、甘い言葉で科学と研究の未来を語りながら、議員たちを飼い慣らしています。モンサントをはじめとする種子企業の圧力はすさまじいものです。その証拠に、私が予備委員会の審議結果を報告した翌日、フランス国民議会［フランスの下院議会］のベルナール・アコワイエ議長をはじめとする議員たちは、その報告内容に激しく反応しました。あの議員たちが怒っている原因を知るには、彼らの説明と種子企業の説明を比較してみるだけで十分です。両方ともまったく同じことを言っているのですから。ようするに、議員たちは操られているのです。かつてモンサントは、私にも接触してきたことがあります。しかし、私は断わりました。自由に発言できなくなりますからね[*9]」

二〇〇八年六月一〇日の『エクスプレス』誌のインタビューで、ルグラン元老院議員――GMO法案が審議された時に、元老院のUMP派閥から追放された――は、彼が態度を決めるにあたって、私の調査が果たした役割をこう説明している。「あの映画を観て、私はじつに感銘を受けました」と彼は述べ、同僚の議員たちも「動揺していました」と証言している。しかし、こうも付け加えている。「しかし、あの映画だけで判断するわけにはいきませんでした」。国民議会でGMOに関する報告を行なったアントニー・エルト▼は、『エクスプレス』誌の記者にこう告白している。

「〔本書と映画から〕とくに間接的に影響を受けました。あの本と映画が広がったおかげで、私たちはずいぶん困りました。オルターグローバリゼーションの団体から一日に一〇〇通もの手紙が届いたのですから！」[*10]

それと同時期、UMP所属のモゼル・フランソワ・グロディディエ議員[*11]は、『リベラシオン』紙のインタビューで、GMO法案を成立させないために、フランスでもっとも力のある農業団体である農業経営者組合国民連盟（FNSEA）と種子企業のロビー活動を告発した。

「同僚議員の多くは、すでに取り込まれてしまいました……。地方議員は強い圧力にさらされています。与党の大半を占めている地方議員は、個別にFNSEAの地方支部から激しい圧力をかけられているのです……。名前は伏せておきますが、同僚の議員たちの間には、次の選挙で落選するかもしれないと不安に思っている者もいます」[*12]

その後、私は、何度かフランソワ・グロディディエと会った。彼は、モンサントやリマグラン〔フランスの多国籍種子企業〕をはじめとする種子企業が、よほど激しいロビー活動をしないかぎり、法案は絶対に通過しないだ

▼アントニー・エルト：GMO関連法案の審議にあたり、国民議会で意見報告を行なったUMP所属の政治家。

ろうと確信していた。そして投票が行なわれ、GMO法案は一票差で否決された。最終的にフランソワ・フィヨン内閣は、国会での否決を避けるために、両院協議会で調整する条件を課した。その決定について、私はブログに「まったく民主主義を否定した決定だ」と書き込んだ。

二〇〇八年一一月二六日、フランソワ・グロディディエとセルジュ・ルペルティエ（ブルジュ市長でアラン・ジュペ内閣の元環境大臣、有名なNGO団体「エコロジーの価値」の創設者である）は、国民議会の朝食会議（プチデジュネ・コンフェランス）で講演をしてほしいと、私に依頼してきた。すると二人を驚かせたことに、この朝食会に約七〇人の議員とさまざまな組織のメンバーが出席したのである。私は次の三点に絞って話した。まず、種子特許とGMOを道具として食品業界を支配しようとするモンサントの意図について説明した。これは、議会ではまったく議論されなかった主題である。次に、フランスでGMO栽培が認可された場合、在来品種の生物学的汚染と伝統的栽培法の壊滅は避けられないことを説明した。最後に、ラウンドアップの市販認可を見直す必要がある理由を説明した。

この朝食会に先立つ二〇〇八年一〇月二九日、リヨン裁判所でモンサントの除草剤ラウンドアップの「虚偽広告」に処分が下された。『毒性学における化学的研究』誌に掲載されたジル＝エリック・セラリーニ教授と同僚のノラ・ブナシュールの共著論文は、ラウンドアップの「さまざまな成分がヒトの培養細胞に影響を与えた」ことを確認した。『ル・モンド』紙に取り上げられた記事によれば、「これはラウンドアップ濃度がきわめて低い場合でも同様であった」[*13]

こうしたフランスの出来事と平行して、すでに一七〇〇万ヘクタールのGMO栽培農地が広がるアルゼンチンでは、クリスティナ・キルチネル政権がついにGMOに反旗を翻した。日刊紙『パギナ12』にモンサントを告発する多くの記事が掲載されたことを受けて（その多くは、私の本と映画に依拠している）、この女性大統領は二〇〇八年一月一六日、農薬がもたらす影響について衛生学的研究を行なうことを定めた政令にもとづき、国家的な調査委員会を設置した。そこでは、とくにGMO大豆の生産地帯でラウンドアップ撤布がもたらす影響が調査の対象とされた。その数日前、コルドバ州のカルロス・マテウ裁判官が、ある判決を下した。それは、人の住んでいる場所から一五〇〇メートル以内の場所でラウンドアップの撒布を禁じる判決であった。これは、その後につづく裁判に影響を与えると考えられている。すでにラウンドアップ耐性大豆の栽培地帯ではガン患者が増加しており（とくに子どもに多い）、人々から次々と苦情が寄せられていた。なかでもとくに報告が多かったのは、コルドバ州のイツサインゴ地域である。この地域の母親たちは絶望にうちひしがれていた。というのも、ラウンドアップの中毒によって、数年前からガンや胎児の奇形などの多くの病理現象が頻発していたからである。ついに二〇〇八年五月、イタリアのアレジャンドロ・オリヴァ医師に率いられたロザリオ病院の医師団は、それらの病理現象が遺伝子組み換え作物に由来していることを確認した[*14]。

これまで私は、会議のたびに、ラウンドアップの市販認可を見直す必要性をとくに強調してきた。というのも、ラウンドアップは地球上のGMOの七〇％に使用されており、これは衛生学的に緊急を要する事態だと確信しているからである。このような考えは、すでに人々の間でも共有されつつある。というのも、現在ではフランスだけでなくカナダでも、世界でもっとも売られているこの除草剤の販売業者であるモンサントに対して、多くの市民たちが団結して反対の声を上げており、ラウンドアップ（危険なグリホサ

▼両院協議会で調整する条件：フランス政府が提出したGMO法案は、元老院を通過したものの、二〇〇八年五月一三日、国民議会で与党議員の大半が欠席するなか、一三六票対一三五票で否決された。その後、両院協議会に送られ、元老院で野党側の修正を入れた法案が、五月二〇日に国民議会を通過した。この法案が通過する過程の分析と背景については、以下の論文を参照。早川美也子「フランスにおけるGMO栽培規制（一九九六〜二〇〇八年）の政治過程：食品安全問題と環境問題のリシュー・リンケージ」（『上智法學論集』第五二巻第四号、二五〜一一六頁、二〇〇九年）。

ートを使用した類似品も含む）の使用をすでに禁止し、あるいは禁止しようとしているからである。

たとえば二〇〇八年六月、私はポワトゥー＝シャラント地方の「みんなで農薬を減らすための地域参加フォーラム」というイベントに招かれて、ラウンドアップに関する講演をすることになった。そこには環境関連の技術者を含む一五〇人以上の人々が招待されており、農薬の大量散布による健康被害がはじまっていることに不安を覚えていると表明した。二〇〇八年一一月二八日に『ル・モンド』紙は、農薬（とプラスチック）が男性の生殖機能の発達に悪影響を及ぼすことを、最初に告発する記事を掲載した。その記事によれば、たとえばモンサントのラウンドアップのような農薬にはヒトの内分泌腺の働きを阻害する作用［いわゆる環境ホルモン作用］があり、それらの物質が「環境中に拡散した状態で存在する」ことによって、男性の「精子の数と質」が「一九五〇年と比較して、約五〇％ほど下がっている」事実が説明されるという[*15]。

映画討論会に集まる二〇〇人から六〇〇人の観客に対して、私は、次の質問をいつも投げかけている。「皆さんの身のまわりに、ガン、パーキンソン病、アルツハイマー病のうち、いずれかの病気に苦しんでいる人はいますか？」。すると、観客のつねに八〇％ほどの人々が手を挙げる。そして、いつも決まって観客から次の質問が発せられる。「どうしてそんなことを聞くのですか？　私たちに何ができるというのですか？」

本書は、遺伝子組み換え植物という暴挙を前にして、さらにガンや神経疾患、自己免疫疾患、生殖機能障害が「先進国」と呼ばれる国々で蔓延する現状を前にして、市民社会が抱いている不安に一つの形を与えることができた。その意味では、偶然ではあるけれども、とてもよい時期に出版することができたと思っている。

［日本語版解説］二〇一六年三月、第7刷のために加筆・修正

モンサントのGMO作物と日本

遺伝子組み換え情報室　河田昌東

本書はアメリカのミズーリ州で一九〇一年に設立された小さな化学企業が、いかにして世界の種子を支配する巨大なアグリビジネスに成長したかを克明に調べ上げ、今なお世界制覇に向けて、さまざまな手段を駆使している様を明らかにした傑作である。

それは同時にアメリカの産業と政治がどのように癒着し、目的のためには手段を選ばない企業精神がつくられていったか、を明らかにする告発の書でもある。

モンサントの歴史とアメリカの戦争

モンサントの成長は、その時々の科学の発展を巧みに技術に取り入れ、同時にアメリカが関わった戦争への協力を通じて深く政治の世界に侵入し、それを巧みにあやつり発展の道具にする、というアメリカの産業の典型的な例でもある。モンサントが、ベトナム戦争で使われ今なお深刻な被害が続く枯葉剤の製造で大きく成長したことはよく知られている。モンサントの歴史は、アメリカの戦争と世界制覇の歴史にも深く重なっている。ＰＣＢやダイオキシンをはじめとする化学薬品や枯葉剤、除草剤製造は、モンサントの成長の核心をなすものだった。

一九七〇年代、ラウンドアップは世界でもっとも多く使われていた除草剤だったが、販売量は頭打ちに近づいていた。それを突破するために考えられたのが除草剤耐性作物であり、これは除草剤の売上を伸ばすための手段だった。当初、モンサントは突然変異や大豆遺伝子の再配列を利用してラウンドアップ耐性大豆をつくろうとしたが、その努力はことごとく失敗に終わった。ちょうどその頃、遺伝子研究の世界では、大腸菌に人間のヘモグロビン遺伝子を導入するなど、種の壁を越えた遺伝子組み換え技術の研究が盛んになっていた。モンサントはそうした技術に目をつけ、自社のラウンドアップ製造工場の排水口で生き延びている土壌細菌（Agrobacterium tumefaciens）を発見し、その耐性遺伝子を特定した。「やったぜ」と研究陣の喜ぶ様子をアメリカの新聞『ロサンジェルス・タイムズ』が伝えている。それをきっかけに昼夜を問わない研究の結果開発されたのが、ラウンドアップ耐性大豆40−3−2株である。

世界のGMO作物栽培の現状

二〇一四年度の世界のGMO作物栽培は、ISAAA（国際アグリバイオ事業団）によれば、二八か国で一・八一五億ヘクタールに及ぶが、そのほとんどは最大のアメリカ（七三一〇万ヘクタール）をはじめ、ブラジル（四二二〇万ヘクタール）、アルゼンチン（二四三〇万ヘクタール）、カナダ（一一六〇万ヘクタール）などアメリカ大陸である。アジアでは、インドが最大で一一六〇万ヘクタール、次いで中国（三九〇万ヘクタール）等である。作物別ではGMO大豆がもっとも多く、九〇七〇万ヘクタール（五〇・一%）、次いでGMOトウモロコシ（五五二〇万ヘクタール、三〇・五%）、GMO綿（二五一〇万ヘクタール、一三・九%）、GMOナタネ（九〇〇万ヘクタール、五%）と続く。

GMOの形質別では除草剤耐性が圧倒的に多く、全体の五九%を占める。害虫抵抗性は一五%であるが、現在急速に拡大しているのが、この両方の性質をもつGMO作物（いわゆるスタック遺伝子組み換え作物）で四七〇〇万ヘクタールとなっており、全体の二七%を占めるにいたっている。GMO作物の商業栽培がアメリカではじまったのは一九九六年だが、わずか一七年にしてこれほどの成長を遂げた理由は、本書を読めば理解できよう。

すでに日本に影響を及ぼしている「GMOナタネ訴訟」

こうした華々しい成長の裏には当然、数知れない悲劇が隠されている。除草剤の被曝によるさまざまな健康障害をはじめ、耐性雑草や耐性害虫の出現、土壌生態系の変化によるGMO作物栽培の破綻などに加え、GMO作物の安全性を問題視した科学者たちの追放まで、モンサントの利益に反することはすべて切り捨てられてきたのである。その手段となっているのが、生命に対する特許制度と裁判、政治介入、科学を捻じ曲げるさまざまな手法である。

本書（三三〇頁）にも登場するカナダのパーシー・シュマイザーさんは、親子三代にわたるナタネ栽培農家だったが、一九九八年、突然、モンサントに訴訟を起こされた。彼の畑にモンサントの除草剤ラウンドアップ耐性ナタネが生えており特許の侵害だ、という理由であった。モンサントは、他人の畑に侵入し勝手に作物を検査することで知られる。裁判の中で、モンサントは、シュマイザーさんがGMOナタネを栽培した事実を証明できなかったが、畑にGMOナタネが生えているという事実認定により、カナダ最高裁は、二〇〇二年九月、モンサントの主張を認め、彼は敗訴した。彼が意図的に栽培した事実はないことも認められ、モンサントが要求した損害賠償は免れたが、それ以降、一〇〇〇ヘクタールを超える畑にナタネを栽培することはできなくなった。GMO遺伝子を含むこぼれ落ちたナタネ種子は勝手に自生し、それ以降も生えつづけるため、ふたたび訴えられる恐れがあるからである。

この事件は、私たち日本人にとっても他人事ではない。日本は年間二〇〇万トンを超えるナタネ種子をカナダから輸入しているが、現在、その九〇％は遺伝子組み換え体である。二〇〇四年に初めて茨城県鹿島港周辺での自生が農水省から報告され、私たち（遺伝子組み換え食品を考える中部の会）は、名古屋港と三重県四日市港などナタネ輸入港周辺でのＧＭＯナタネの自生調査を行なってきた。港に陸揚げされてから製油所までの輸送途中でトラックなどからこぼれ落ち、道路脇や中央分離帯にＧＭＯナタネが数多く自生しているのである。二〇〇六年以降、毎年二回にわたって多くの市民に呼びかけ、「抜き取り隊」を組織してきた。毎回一〇〇〇本に及ぶＧＭＯナタネを回収するが、いまだに駆除は成功していない。本来、特許を主張するのであれば、モンサントはこうした事態に対処すべきだが、まったく無視している。

二〇一〇年一〇月、名古屋で開催された「ＣＯＰ10（生物多様性条約締約国会議）」と「ＭＯＰ5（カルタヘナ議定書締約国会議）」でも、私たちはこの問題を取り上げ、各国の参加者の関心を呼んだ。その最中に、三重県が重大な発表をした。三重県はもともとナタネ栽培に適した気候風土であり、「ナバナの里」など観光用や食用のナタネの大規模栽培が行なわれてきたが、これまではすべて自家採種によって種子を確保してきた。しかし、ＧＭＯナタネの自生が広がったことにより、除草剤耐性遺伝子が入り込む危険が生じたため、県内での自家採種を中止する、と決めたのである。これはカルタヘナ議定書に定める「ＧＭＯ作物による損害と賠償」に抵触する事例である。

ＧＭＯ作物の安全性――いかに「科学的」根拠がデタラメか

ＧＭＯ作物の安全性は、消費者にとってもっとも関心のあることだが、それが科学的に証明されているとは言いがたい。私たちは、一九九六年に日本が最初に認可した、ラウンドアップ耐性大豆の安全審査申請書をチェックする活動も行なった。農水省は認可したＧＭＯ作物について、企業から提出された安全審査申請書を公開しているので、これが可能である。モンサントの申請書は分厚いファイル一〇冊からなり、合わせると厚さは一メートルに及ぶ。

そのうちの二冊は日本語の要約版で、その他は英語のデータ付オリジナル版である。それを読み、問題の部分を筆写する作業を一年間つづけた。コピーも写真も禁止だからである。筆写は五〇〇ページにもなった。それは毎回、驚きの連続であった。そこにはまさにモンサントが証明したと主張する安全性に関する研究や実験内容が記述されているのだが、モンサントの「科学的」根拠が、いかにデタラメであるかが明らかだったからである。

一例を紹介する。大豆の多くは、家畜飼料に利用される。その際、加熱処理（一一〇℃／一〇分）をして消化不良などにならないようにするのが通例である。モンサントは、加熱実験をTexas A & M社に依頼した。親株の非GMO大豆とラウンドアップ耐性大豆が比較された。生大豆どうしの比較では、熱抵抗性蛋白質ウレアーゼや消化酵素阻害剤のトリプシン・インヒビターの活性は、変わらなかった。しかし、一〇八℃／三〇分で加熱すると、非GMO大豆ではこれらの蛋白質は速やかに活性を失ったが、ラウンドアップ耐性大豆では活性が失われなかった。モンサントは、GMO大豆だけが加熱不十分だったとしてこれをつき返し、再度加熱させた。しかし結果は同じだった。結局、モンサントは再再加熱条件として二二〇～二三〇℃／二五分を指定し、GMO大豆だけを加熱した結果、これらの蛋白質は活性を失った。この条件は家畜飼料の製造工程ではありえない条件だが、これをもってモンサントは両者に違いはない、と結論したのである。これは明らかに科学の詐称である。最近、世界各地でGMO飼料を食べた家畜が下痢をしたり、内臓を痛めたりする例が報告されているが、その原因は除草剤耐性のGMO大豆がトリプシンの働きを妨害する結果である。その他、モンサントの安全審査申請書では、トリプシンのほかにも尿素を分解する酵素「ウレアーゼ」や免疫反応に関わるタンパク質「レクチン」も耐熱性になっていることが記されている。

また、さまざまな分析に使われたGMO大豆がラウンドアップを散布しないで栽培されていたり、分析用GMO蛋白質が大豆からではなく大腸菌で作られたものを使用したり、ラットの急性毒性を調べるために使われた除草剤耐性タンパク質が大豆から採ったものではなく大腸菌で作られたものである、など例を挙げれば切りがないが、こうした事例は本書にも数多く紹介されている。

健康上、特に問題なのは、殺虫遺伝子（Ｂｔ）を組み込んだトウモロコシや大豆で起こる抗生物質耐性菌の問題である。本来、抗生物質耐性遺伝子はＢｔ遺伝子とは無関係で、Ｂｔ遺伝子が組み込まれてしまえば不必要なものだが、トウモロコシや大豆の細胞にＢｔ遺伝子が組み込まれたかどうかを確認するためだけに必要である。しかし、このトウモロコシや大豆を食べた家畜や人間の腸内細菌は、この抗生物質耐性遺伝子を自らの遺伝子に取り込み、抗生物質耐性菌となってしまう。これは遺伝子の水平伝達と呼ばれる現象で、大腸菌Ｏ−157もこうしたメカニズムで発生したことがわかっている。世界保健機構（ＷＨＯ）も、こうした危険性から遺伝子組換えに抗生物質耐性遺伝子を使わないように訴えているが、Ｂｔ作物を作るうえでの必要悪として、今でも利用されている。その結果、アメリカ産の家畜の肉は抗生物質耐性菌で汚染されていると、ＣＤＣ（疾病予防センター）は報告している。

現在、アメリカ人の四人に一人の体内には抗生物質耐性菌がいる、という政府機関の報告もある。こうした問題点を指摘した科学者たちは、モンサントの圧力で職を失い、都合のよい専門家だけの意見が通るような業界が形成されていったのである。これは福島原発事故で明らかになった「原子力村」と呼ばれる政治家や官僚、産業界、専門家たちだけで通用する集団のあり方によく似ている。特定の人物がある時はモンサント社に、別の時は政府機関にいて、規制を自由にかいくぐる。本書にも詳細に書かれている「回転ドア」の人事である。

第二世代ＧＭＯ生物の開発

安全審査の基準となるのは「実質的同等性」だが、その根拠は薄弱である。蛋白質濃度やアミノ酸組成など大雑把な分析に加え、組み換え遺伝子による蛋白質が確かにつくられていることが条件である。大まかに親株の非組み換え体と似ていれば実質的に同等とみなす、という考え方である。これもモンサントが認可当局のＦＤＡ（米食品医薬品局）に認めさせた概念である。挿入された外来遺伝子による既存の遺伝子への影響などは、まったく考慮されない。しかし、この実質的同等性概念も、今は揺らぎつつある。これまでのＧＭＯ作物は、第一世代ＧＭＯと呼ばれ、生産者にとって省力化農業が可能で有益だが、消費者にとってはメリットがない、と批判されてきた。それでＧＭＯ業界は今、まったく新しい第二世代ＧＭＯ生物を開発中である。作物で制癌剤や避妊薬などの医薬品をはじめ、工業製品を安価につくる動きである。

日本の例でいえば、農水省は「スギ花粉症対策の遺伝子組み換え米」の開発を進めている。これはスギの花粉アレルギーを起こすアレルゲン遺伝子を特定し、コメに導入して、それを食べることで体を慣れさせる、という組み換え体である。この場合、あえてアレルゲンという異物をコメの中につくるため、実質的同等性の議論は通用しない。そのことは農水省関係者も、すでに認めている。こうした場合の安全性審査基準はまだないのである。

遺伝組換えサーモンの登場

二〇一五年一一月一九日、ＦＤＡは、史上初めて食用動物の遺伝子組換え体を認可した。これはキング・サーモンの成長ホルモン遺伝子をアトランテイック・サーモンの遺伝子に組み込んだもので、成長速度も体重も通常のサーモンの二倍以上になる。モンサントとは関係ないが、アメリカのAquadvantage社が開発したものである。このサーモンには数々の問題点が指摘されている。最も問題なのは、成長ホルモンの遺伝子が一生働きつづけるため、体内に特殊な成長ホルモンであるＩＧＦ‐１（構造がインシュリンによく似た短いタンパク質からできている成長ホルモンの一種）が誘発されることである。このＩＧＦ‐１は、通常、動物の成長中のある期間だけ作られるが、発がん性があることで知られている。乳がんや前立腺がん、非ホジキン性リンパ腫などである。安全審査の申請書には非ＧＭＯサーモンとＧＭＯサーモンのＩＧＦ―１の含有量の比較データがあるが、非ＧＭＯに比べてＧＭＯサーモンの方が一・五倍多い、と記されている。ＦＤＡは一・五倍程度の差なら問題ない、と判断した。しかし本当の問題は、分析した検体の大きさである。分析に使ったのは、両方とも生まれて間もないメダカのような小さな個体を各六匹ずつ分析している。この時期のサーモンはどちらも成長ホルモンを分泌しておりＩＧＦ－１を作っている。しかし、食用にする成長しきったサーモンではＧＭＯにはＩＧＦ－１はあるが、非ＧＭＯにはないはずである。一見、科学的に見えるが、こうした欺瞞的なやり方はＧＭＯ作物と同様である。Aquadvantage社は、このサーモンは切り身でしか出荷しない、としている。いずれ、回転寿司で巨大で格安のサーモンが出回るかもしれない。要注意である。

モンサントへの逆風と反撃

こうした強引なやり方でＧＭＯ作物の市場を広げてきたモンサントだが、最近になって厳しい環境に立たされつつある。

中国とロシアは、アメリカとの政治的関係もあってか、ＧＭ作物から急激に離れつつある。中国は米国産トウモロコシの輸入を停止し、ロシアはＷＴＯ加盟条件であった二〇一四年六月からのＧＭ作物栽培認可をさらに三年延長した。

二〇一三年六月三日の『ウォールストリート・ジャーナル』紙によれば、モンサントはＧＭＯ作物に反対の声が強いＥＵ諸国でのＧＭＯ作物栽培認可申請を取り下げ、今後は新たな栽培認可申請をしない、と報道されている。

また、これまでＧＭＯ食品の表示制度をめぐって、モンサントをはじめアメリカのＧＭＯ企業は、表示制度を求める市民運動と激しい戦いを繰り広げ、住民投票などでの表示制度成立を阻止してきた。しかし、アメリカでもＧＭＯ食品の表示を求める市民の声が高まり、二〇一四年四月、アメリカ北東部のリンゴの産地で知られるバーモント州議会は、ＧＭＯ食品表示法を可決成立させた。世界全体のＧＭＯ作物栽培面積の八三％を占めるアメリカ大陸では、これまでどこにもGMO食品表示制度はなかった。そのことが、アメリカ大陸でのGMO作物栽培強化をもたらした原因になってきたのである。

現在、アメリカでも食品の安全や有機農産物（オーガニック）に対する関心は日増しに高まりつつあり、このバーモント州の「反乱」は、さらに他の州へと飛び火しはじめている。現在、全米二九州でGM作物の表示義務化に関する八四の法律が議会に提出され、コネチカット州とメーン州ではすでに可決されている。こうした表示義務化は、モンサントなどGM企業にとっては何としても阻止しなければならない課題であり、現在、バーモント州は訴訟を起こされている。

さらに、もっと大きな問題がアメリカ議会で起こっている。それは遺伝子組換え作物の表示制度制定や栽培禁止の動きに対して、モンサントが連邦政府レベルでの反撃に出ていることである。アメリカで通称「DARK法案」（Deny Americans the Right to Know Act：アメリカ人の知る権利を奪う法）と呼ばれるこの法案は、州や自治体レベルでの遺伝子組換え食品の表示義務や栽培規制などの権限を奪うもので、モンサントの発案と言われている。この法案は二〇一五年七月に米下院を通過し、現在、上院で審議中であったが、幸いなことに、最近のニュースによれば、二〇一五年一二月、この法案の可決しなかった。もし、この法案が通れば、連邦法は上位にあるため、州や自治体レベルの表示制度や栽培規制条例は無効となってしまうはずだった。粘りつよい市民運動の力と良心的な上院議員たちの力によって、アメリカでの遺伝子組み換え表示が一歩前進したことになる。

ＴＰＰと表示義務制度——日本への影響

現在進められているＴＰＰの政府間交渉は、交渉の内容が国民に開示されず秘密交渉の結果だけが示される。こうしたＴＰＰのあり方は、日本だけでなくアメリカ国民にとっても大きな不安材料となっている。

ＴＰＰでは、関連企業が相手国政府を訴えることが出来るＩＳＤ条項「投資家対国家間の紛争解決条項」があり、モンサントが日本のＧＭ表示制度を不当と訴える可能性もゼロではない。現在の日本のＧＭ表示義務制度は、ＥＵの表示義務制度と比べて、加工品や家畜飼料、種子には表示義務がないこと、ＧＭの混入率がＥＵは一％以上なら表示義務があるが、日本は五％以上であることなど欠陥はあるが、曲がりなりにも表示制度があることで消費者の選択の自由は保障されている。もしＴＰＰ交渉の結果、表示制度がアメリカのＧＭ作物生産企業の権利拡大につながれば、日本の食品安全性は脅かされることになる。実際に、ＩＳＤ条項が適用された例がある。それはＴＰＰではなく、アメリカと北米自由貿易協定（ＮＡＦＴＡ）を結んだカナダとメキシコの例である。これまで双方で四六件の提訴があったが、そのうち三〇件は米国企業がカナダとメキシコ政府を訴えた。結果はすべてアメリカ企業の勝訴で、メキシコとカナダ政府は多額の損害賠償を払った。逆に、メキシコとカナダの企業がアメリカ政府を訴えた一六件では、すべてアメリカ政府の勝訴である。こうしたＩＳＤではアメリカが勝つ構造になっているのは、この裁判制度がアメリカの影響力の強い世界銀行傘下の組織が担っているためである。ＴＰＰが発効した場合、表示制度だけでなく北海道など自治体が敷いているＧＭＯ作物栽培規制条例がやり玉にあがる恐れがある。

モンサントの新たな戦略

こうしたＧＭ作物にする国内外の批判の高まりに対して、モンサントは新たな戦略を講じつつある。それは、オーガニック市場への進出である。アメリカの食品の安全性への関心は近年急速に高まりつつあり、オーガニック市場は年商三兆円にも達し、日本よりはるかに巨大市場が形成されつつある。卑近な例を挙げれば、オバマ・ミシェル大領領夫人は、ホワイトハウスの菜園でオーガニック野菜を栽培し食用にしているという。

現在、モンサント社は、アメリカ最大の種子企業セミニス社（全米の種子販売の四〇％を占める）を買収し、アメリカの野菜のうち、レタスの五五％、トマトの七五％はモンサントの傘下にある。こうした野菜は非遺伝子組み換えだが、モンサントはこれらの野菜の遺伝子を分析し、栄養価や健康上の効能などに効き目のある成分の含有量を増やすような品種改良を行ない、すべて特許を取得している。アメリカの有機農家はセミニスの種子を使っているが、栽培方法は有機でも、種子はモンサントの支配下にある。こうしてモンサントは、ＧＭだけでなくオーガニック市場にも進出して、農業と食物の世界支配を目指している。これはもちろん、アメリカの世界戦略でもある。

枯葉剤耐性作物の登場と日本

最近、ＧＭ作物に新たな脅威が発生しつつある。それは、かつてベトナム戦争で使われた枯葉剤に耐性をもつ作物が、モンサント社とダウケミカル社によって開発されたことである。ダウケミカルは「2,4-D耐性」のトウモロコシを、モンサントは「ジカンバ耐性」の大豆と綿を開発した。2,4-Dとジカンバは、どちらもベトナム戦争で大量に散布された枯葉剤で、これまでＧＭ作物栽培で使われたラウンドアップやバスタなどが有機リン系除草剤であるのに対し、どちらも有機塩素系枯葉剤である。これら枯葉剤の開発・製造により、両社はベトナム戦争を通じて一気に巨大企業に発展したのだった。その結果、ベトナムでは先天異常など大きな被害が発生し、五〇年以上経った今も被害がつづいている。

これらの被害は、枯葉剤製造の際にできた不純物のダイオキシンによるとされるが、主成分の枯葉剤自体にもさまざまな毒性がある。人間に対し、2,4-Dには、吐き気や下痢、頭痛、めまい、錯乱、異常行動などの急性毒性やパーキンソン病、非ホジキン性白血病、精子異常などの慢性毒性が、ジカンバには、動物実験で神経毒性、筋肉毒性、歩行異常、体重増加抑制、肝臓肥大、貧血などが報告されている。

こうした毒物に、耐性のあるトウモロコシや大豆が登場したのである。その理由は単純で、長年、ラウンドアップやバスタなどの除草剤耐性作物の栽培をつづけた結果、除草剤で死なない耐性雑草がはびこり、除草剤耐性作物の本来の目的が達成できなくなったからである。アメリカで近年、ＧＭ作物栽培を栽培しているほとんどすべての州で、耐性雑草により耕作を放棄する例も起こっている。害虫抵抗性GM作物の場合も同様で、耐性雑草や耐性害虫の発生と新たなGM作物の開発はイタチごっこである。

これら枯葉剤耐性大豆やトウモロコシの登場は、アメリカで大きな波紋を呼び起こし、批判が殺到した。その結果、アメリカ政府が2,4-D耐性トウモロコシを認可したのは二〇一四年一〇月、ジカンバ耐性大豆を認可したのは二〇一五年一月になってからである。

ところが、日本政府は、2,4-D耐性トウモロコシを二〇一二年五月に食品や家畜飼料として認可し、また国内での栽培認可もしていた。ジカンバ耐性大豆は二〇一三年二月に食品や家畜飼料として認可し、同年一〇月には栽培も認可している。すなわち日本政府は、これら枯葉剤耐性作物をアメリカより二年先立って認可していたことになる。こうした事実はほとんど国内のマスコミでも報道されず、一般には知らされなかった。これには申請企業や業界の専門家による巧妙な戦略があったと思われる。例えば、2,4-D耐性トウモロコシの安全審査書には、どこにも2,4-Dという言葉は見当たらない。代わりに「アリルオキシアルカノエート系除草剤」という化学物質名が使われている。これは2,4-Dとその関連物質の別名だが、一般の人やマスコミ関係者も誰もそれが2,4-Dとは思わない。その結果、募集したパブリックコメントにもほとんど応募がなく、厚労省や農水省の専門家だけで審査が行なわれたのである。こうした日本政府の対応は、考えてみれば奇妙である。アメリカでも審査が通っておらず、当然、栽培も行なわれていない枯葉剤耐性GM作物を、なぜ食品や家畜飼料、栽培認可まで先走って行なったのかは不明である。しかし日本の認可が、逆にアメリカでの認可を有利に導いた可能性さえあり、日米関係の根深い政治的配慮がうかがえるのである。ちなみに、前記ISAAA（国際アグリバイオ事業団）の二〇一四年度報告書によれば、GM作物の認可件数は、日本が世界のトップで二〇一件、次いでアメリカが一七一件、カナダが一五五件、メキシコが一四四件、韓国が一二一件となっている。開発国アメリカでも認可されていないGM作物を、三〇種類も日本は独自に認可していることになる。

最近、さらに新たなGM作物が登場した。ダウケミカルは2,4-D耐性とラウンドアップ耐性を同時に持つトウモロコシを、モンサントはジカンバ耐性とラウンドアップ耐性を同時にもつ大豆と綿を開発し、日本政府に申請した。こうした複数の組換え遺伝子を同時にもつGM作物は「スタックGM」と呼ばれる。これまでも害虫抵抗性と除草剤耐性を同時にもつスタックGMはあったが、除草剤耐性と枯葉剤耐性を同時にもつGM作物は初めてである。これらの申請に対し、日本政府はダウケミカルのスタックGMトウモロコシを二〇一三年に、モンサントのスタックGM大豆を二〇一四年に認可している。もちろん、世界で初めてである。

ダウケミカルやモンサントの意図は明らかで、ラウンドアップ耐性雑草が出れば、さらに2,4-Dやジカンバを散布するのである。しかし、こうした農業を行なう農家の現場を考えてみるがよい。広大な農地に飛行機でラウンドアップを、次に2,4-Dやジカンバを散布すればどうなるか。これまでもラウンドアップによる農家の健康被害はGM大豆生産国のブラジルやアルゼンチンで深刻であり、その結果、これらの国ではGM反対運動が急速に広がりつつある。ラウンドアップについては、二〇一五年三月二三日に世界保健機構（WHO）の専門組織である国際癌研究機関（IARC）が、モンサントの除草剤ラウンドアップの主成分であるグリフォサートは発ガン性が高く、危険性の順位二番目にあたると認定し、大きな話題となっている。本書に登場し、また映画『世界が食べられなくなる日』（ジャン＝ポール・ジョー監督、アップリンク配給）にも登場するフランス・カーン大学のエリック・セラリーニ教授らの実験が、改めて裏付けられた形である。これに枯葉剤散布が加わればどうなるか、これはまさにベトナム戦争での被害の再来、または、それ以上の悲劇が起こる可能性がある。誰がこんな農業を行なうだろうか。

ダウケミカルやモンサントのGM作物への進出は、そもそも農薬の販路拡大が目的であった。GM作物の開発当初、モンサントは「GM作物によって農薬使用量が減り、環境にやさしい農業ができる」と主張したが、その主張は耐性雑草の出現でとっくに破綻しており、2,4-Dやジカンバ耐性作物によって彼らの意図が改めて浮き彫りになったのである。モンサントによれば、このラウンドアップ耐性とジカンバ耐性のスタック耐性大豆の種子を、二〇一六年から販売する予定である。日本の厚労省は、二〇一三年には〇・〇五ppmだった食品中のジカンバの残留基準、を二〇一四年にアメリカと同じ一〇ppm（二〇〇倍）に引き上げた。

本書は、モンサントを題材にしながら、アメリカの産業界と政治、専門家たちとの関係や癒着、それによって引き起こされてきた数々の被害を明らかにし、現代の技術のあり方にも一石を投ずる内容となっている。

（二〇一六年三月、第7刷のために加筆・修正）

マリー＝モニク・ロバンの活動について

フランス・レンヌ第二大学、レンヌ日本文化研究センター所長
アンベール－雨宮裕子

二〇一一年の夏のこと、大磯で海を見ながら仕事をしていた私のもとへ、マリー＝モニク・ロバン女史から、こんなメールが届いた。

私は『モンサント』『毒と暮らす日々』という本の著者で、同じテーマのドキュメンタリーフィルムの製作者でもあります。現在、「どうやって世界中の人々の飢えを満たすか？」をテーマにした本と映画の製作に取り掛かっています。

私はこれまで、食の工業化がもたらす土地の疲弊、水枯れ、生態系破壊、そして食の安全の問題などを取り上げてきました。今度は、工業化とは違った農業の可能性を紹介したいと思います。実際、オルタナティヴな試みを、世界の各地で色々見てきました。農業として成りたち、経済性も十分にある生産活動で、持続的発展の可能性を秘めています。そこに、食料問題を解く答えがあると思います。

あなたは、「Teikei」（提携）の歴史についての本を編集されました。日本のTeikeiの経験は、環境に配慮のある食の生産活動の一つといえるでしょうか。できれば、電話でお話したいのですが、ご都合はいかがでしょうか。

私は、ロバン女史とは面識がなかった。私の本職はフランスのレンヌ第二大学の教員だが、夫（レンヌ第一大学政経学部教授 Marc HUMBERT）の日本赴任（東京の日仏会館の現代日本研究センター所長）が決まり、二〇〇八年一〇月から四年間の予定で、日本へ来ていた。レンヌ大学では日本語と日本文化を教える傍ら、社会人類学系の研究室で、日本とフランスの文化や社会の比較研究をしていた。ロバン女史の目を引いたのは、二〇〇四年の秋から五年間あまり継続した「産直」の比較研究だった。日仏四〇名の研究者や生産者などの協力を得た実践研究で、成果は、二冊の本『Agriculture participative - Dynamiques bretonnes de la vente directe（分かち合う農業――ブルターニュに台頭する産直運動）』（PUR, 2007）、『Du Teikei aux AMAP – le renouveau de la vente directe de produits fermiers locaux（Teikei からAMAPへ――産消提携の新しい取り組み）』（PUR, 2011）になっている。

フランスでは二〇〇一年の春に、（Association pour le Maintien d, une Agriculture Paysanne：農民農業を支える会）の第一号が誕生し、産直が運動として拡がってきていた。小規模な家族農業を市民が契約産直で支え、生産者と消費者の連帯で、食の工業化や環境破壊に対抗していく運動だ。この運動は二〇一二年には、フランス各地に約一六〇〇グループにまで広がっていった。ＡＭＡＰは、アメリカやカナダのＣＳＡ（Community Supported Agriculture）や、日本の七〇年代の提携運動にヒントを得ている。ところが、日本語を知らない人たちが、聞きかじりを引用するので、怪しげな解説が横行しはじめ、私は大慌てだった。間違った理解が広まってしまわないうちになんとかしようと、提携グループの例を挙げつつ、一楽照雄氏のまとめた「提携一〇か条」の解説を試み、その理念を「Teikei」と横文字にした。二冊目の本では、それをさらにＡＭＡＰと比較し、七〇年代の母親たちの立ち上げた産直グループの逸話から、生協など最近の共同購入産直への流れも紹介している。「Teikei」は、今ではフランスで市民権を得た言葉となり、日本の提携運動への関心も高まっている。今年に入って、すでに四人のフランスの大学院生から、日本の提携農家へ調査に行きたいと希望が寄せられている。

ロバン女史の呼びかけに、私はもちろん喜んで応じた。日本の提携運動を知ってもらう絶好の機会だ。こうして、われわれの交流ははじまった。まずはスカイプで一時間のおしゃべり。そして九月の初め、私がパリへ戻った時に、彼女がわが家へやって来た。マリー＝モニク（この日から、お互いに名前で呼び合うようになった）は日本の農業と「Teikei」について聞きたいことが山ほどあり、また私は彼女に日本のドキュメンタリーを撮ってもらいたかったので、二人は同じ問題意識をもつ同志のようなものとなり、二時間以上話しつづけて、いくつかのプランを考えた。

・日本で、埼玉県小川町の有機農業家、金子美登さんの農場をモデルケースとして撮影する。

・ARTE（アルテTV）の助成で、福島の被災農家のドキュメンタリーを制作する

金子さんは有機農業のベテランで、農場は有機農業研修のメッカになっている。私もフランスの研究チーム一三人を率いて、二〇〇六年の五月に農場を見学させてもらった。一二〇アールの小規模な農場には、菜種の廃油で動くトラクターがあったり、バイオガスを発生させるゴミ処理場があったり、黒い紙マルチのイチゴの畝が並んでいたりで、ミニ実験農場のようであった。雑然としてはいたが、細やかな技術を駆使した、少数多品目の有畜農業が行われていて、日本的モデルとして最適に思われた。また、氏が有機農業ならば、一人当たり五アールの農地で日本中の食の自給が可能だと言っていることも、マリー＝モニクのドキュメンタリーにはぴったりである。

福島の被災農家の窮状については、ドキュメンタリー作家の彼女に、何としても取り上げてもらいたい問題だった。原発の事故で、有機農業も、有機農業に取り組む農家も、産消提携も、根こそぎ吹き飛ばされてしまった。土作りに時間をかけ、安全な農法を心がけてきた農家が、失意の自殺を選んでしまう原発災害の痛みを、彼女の手で世界に知らせて欲しかった。マリー＝モニクにとっても、FUKUSHIMAは、放

っておけない問題だった。私は、自分が被災農家支援のプロジェクトをフランスで立ち上げて、二〇一一年の三月からずっと活動してきていることを話し、フランス語で書いた「原発事故を乗り越えて生きる二本松の農家たち」を送って、ドキュメンタリーのシナリオ作りの参考にしてもらった。そんな私の気持ちを、彼女はしっかり受け止めてくれ、ARTEテレビを説得して、ドキュメンタリー製作の承諾を取り付けてくれた。そしてマリー＝モニックは、二〇一二年六月に日本へやってきた。金子さんの有機農業の取り組みと、福島の被災農家の実情の二本のドキュメンタリーを撮影していったのである。

マリー＝モニクは、テーマを決めると、事前に納得のいくまで調査をする。現場で様々な人々の声を聞き、資料にあたり、その上で製作に入る。フランス語に加えて、英語・ドイツ語・スペイン語と語学に堪能な彼女は、世界中を飛び回って、自分の目で事実を確かめる。ジャーナリストの道を選んでから二五年、ドキュメンタリー作家として多くの賞を受けてきたが、彼女の名声を確かなものにしたのは、一九九三年に完成させた「目盗人」で獲得した「アルベール・ロンドゥル賞」である。「目盗人」は臓器売買を扱ったドキュメンタリーで、アルゼンチン、メキシコ、コロンビア、アメリカ、そしてヨーロッパで綿密な取材を重ねて製作した労作であった。しかし受賞後、アメリカのシークレットサービスに「やらせ」だと訴えられ、裁判沙汰になって、不快な思いをした。けれど、彼女はひるまない。「仕事の質が高いほど、後から大きなパンチを喰らう」とは、アルベール・ロンドゥル自身の言葉だ。彼女は、不正義の告発に、自身のジャーナリストとしての職務を見ている。

農業や食の問題は、農家育ちの彼女にとって、子供の頃からの関心事だった。農薬禍に苦しむ農民を目の当たりにしてきたからだ。パリの郊外に夫と三人の娘と暮らす彼女だが、家庭菜園で野菜や果物を作り、AMAPのメンバーにもなっている。当然食事には気をつけている。食卓に並ぶのは、無農薬・無化学肥料の農産物や無添加食品である。

本書は、分厚い研究書のような外見にもかかわらず、出版されるや世界的なベストセラーになり、すでに一六か国で翻訳されている。マリー＝モニックはこの本の中で、事実を積み上げながら、アメリカの巨大化学企業モンサントの、種子の独占による、世界の食の支配戦略を告発した。モンサントは政界と癒着し、財力で「目障りな」証言者や研究者に圧力をかける。除草剤ラウンドアップや、「遺伝子組み換え作物」の危険性を訴える研究者たちの声は、スポンサーに縛られるメディアには取り上げられず、ドキュメンタリーが放映されたのは、スポンサーなしのＡＲＴＥテレビだけだった。

マリー＝モニクを突き動かすのは、ジャーナリストとしての正義感であり、命の糧を生みだす農業への深い思い入れでもある。「農業は命を養う崇高な仕事だ」と彼女は言う。その農業が、モンサントの市場拡大戦略の手玉に取られようとしている。生態系を乱し、有機農産物を駆逐して行く「遺伝子組み換え作物」を、放置してはおけない。「急がなくては」と彼女は思う。「一人でも多くの人の理解を求めたい」と彼女は思う。

マリー＝モニクの熱意が、この本を通じて日本の読者に伝わることを祈りたい。ラウンドアップの宣伝を耳にする時、その魔術の奥に潜む危険を察知する人が、一人でも増えれば、日本でも、人と自然の共生に、オータナティブな道がより広く開けるはずである。

訳者あとがき

訳者を代表して　村澤真保呂

モンサントと遺伝子組み換え作物――人類史上の分水嶺

約一万年前、最後の氷河期が終わりを告げるころ、それまで数百万年にもわたって狩猟・採集によって生きてきた人類は、新たな技術を手に入れようとしていた。すなわち農耕であり、牧畜である。不安定な移動生活を営んでいた人類は、そのとき自然を加工し、利用することを覚え、しだいに定住生活を営むようになる。この新石器時代に起こった革命以来、近代に入るまで、人類にとって長いあいだ農業は基幹産業であり、人口のほとんどは農民であった。

しかし都市を中心とする社会体制が広がると、近代初期の産業革命と市民革命を経て、都市はみずからの食料供給のために、市場をつうじて農業現場を支配するようになった。自然の力に左右され、伝統的な共同体によって維持される農業や漁業は、工業や商業と異なり、合理的かつ効率的に生産することができない前近代的産業とみなされた。その後、都市住民たちがさらなる食料を求めて植民地の農地を利用するようになると、先進諸国の国内では人口の多くが農村から都市へと流れ、農村にとどまる農民たちは過疎と低所得に悩まされるようになった。一九世紀後半にイギリスで都市人口が農村人口を上回る事態が起こったが、わずか一世紀半のあいだに、つまり二一世紀初頭には、地球全体で都市人口が農村人口を上回る事態になった。アメリカの社会学者マイク・デイヴィスの言い方を借りれば、現在の私たちは「新石器革命と産業革命に匹敵する、人類史上の分水嶺」に立っている。産業都市と市場社会の論理が農業を完全に支配しようとする、まさにその瀬戸際に私たちはいるのだ。

遺伝子組み換え作物（GMO）の登場は、そのような歴史的事態を象徴的に示す事例である。この発明は、人類を長きにわたる自然との戦いから解放し、飢えに対する恐怖を一掃する、科学技術によってもたらされた偉大な福音として、多くの人々に受けとめられた。作物の生産効率は上がり、第三世界や農村は豊かになり、農薬を撒布する必要はなくなり、都市住民は安くて高品質の食品を入手できるようになる、と宣伝された。このような宣伝をつうじて、遺伝子組み換え作物の世界的な巨大企業になったのが、モンサント社である。

ゴリアテに立ち向かうダビデ——ロバンの挑戦

しかし、テレビ放送局「アルテ」の看板ジャーナリストであるマリー＝モニク・ロバン女史が目にしたのは、そのような宣伝とは正反対の光景だった——農民たちが伝統的に栽培し改良を重ねてきた作物の遺伝子は汚染され、その栽培のために必要な農薬の過剰な撒布をつうじて自然環境や消費者の健康が脅かされ、ロイヤリティーや特許料などによって農民たちの経済生活が脅かされ、特許侵害をめぐる裁判を通じて農村の伝統的社会生活が脅かされている光景が、世界全体に広がっているのだ。そこからロバンは、遺伝子組み換え作物をめぐる謎を解くために、モンサント社の正体に迫っていく。その取材で明らかにされるのは、世界中のあらゆる領域——国連組織、政界、官僚組織、経済界、法曹界、マスコミ、さらには学術界まで——に張り巡らされた利権の網目、言い換えれば遺伝子組み換え作物という「カネのなる木」に群がるハイエナたちの生態である。つまり、人々の健康と暮らしを守るために、適切な基準を定める役割を担う政府機関と学術界、その基準に従っているはずの経済界、その基準の適切性を判定するはずの司法機関やマスコミが、すでに遺伝子組み換え作物の利権構造のなかに組み込まれ、その構造のなかで一体化し、人々の生活と健康を脅かしているのだ（ちなみに、こうしたことは二〇一一年三月の福島第一原子力発電所の事故以後、原子力発電をめぐる政・財・官・学の癒着構造を、嫌と言うほど目の当たりにしてきた日本人にとって、はっきり理解できる状況になったはずである）。

このような状況は、いつ、どのように生じたのだろうか？　この疑問を解き明かすために、ロバンは、モンサント社の過去の歴史に注目する。アメリカ合衆国の国策と深く結びついたこの企業は、その出発点からさまざまな問題を引き起こしている。ＰＣＢ、ダイオキシン、スーパー農薬「ラウンドアップ」……。それらの生産物は、どれも多くの環境汚染と健康被害をもたらす原因として、たえず訴訟の対象になってきたものだ。第Ⅰ部でロバンが明らかにするのは、それらの生産物が引き起こした被害と、モンサントの対応に関する詳細な歴史であり、政府と産業界と学術界とモンサントのあいだの癒着の歴史である。

つづく第Ⅱ部では、本書の主題である遺伝子組み換え作物をめぐるさまざまな問題が明らかにされる。重化学工業の時代が終わりを迎え、新たなテクノロジーの覇権を狙うアメリカ政府が、国策としてモンサントとともに遺伝子組み換え作物の実用化を推進していくなかで、規制省庁も科学者団体も屈服し、巨大な利権構造がつくられていく。そして、モンサント製品の問題点やそれを認可する行政機関の手続きの不透明性を告発する者たちに、巨大権力が容赦なく襲いかかっていく——それらの様子が、丹念なインタビューをつうじて明らかにされる。

そして第Ⅲ部では、アメリカを手中に収めたモンサントが、遺伝子組み換え作物による農産物の世界支配に乗り出していった歴史と現状、そしてそれに反対する人々の闘いの記録が報告される。南米諸国、インド、北米などの世界の巨大穀倉地帯で、モンサントが遺伝子組み換え作物を広めるために、各国の政府国際機関（世界貿易機関など）や科学者団体を取り込み、自在にコントロールしている現状について、また、これら穀倉地帯で遺伝子組み換え作物がもたらした惨状についてのロバンの報告は、多くの読者にとって衝撃を与える内容であろう。

このような調査を、立ちはだかる多くの障害にもめげず、ロバンは単独でやり遂げた。コクラン弁護士がモンサントとの裁判で闘う人々を評した言葉（第Ⅰ部参照）を借りるなら、彼女もまた、「ゴリアテに立ち向かうダビデ」たちの一人なのである。

日本とモンサント――TPP、ポスト・フクシマ……

さて、翻訳刊行にあたり、現代日本における本書の意義について一言述べておくべきだろう。

本書の第一版が公刊されるやいなや、またたくまにベストセラーになり、スペイン語・ドイツ語・ポルトガル語・英語など世界一六か国で次々と翻訳され、現在でも世界中で反響を呼びつづけている。

本書の刊行と同時に放送されたドキュメンタリー番組もまた、「アルテ」での放送直後からインターネット上で大きな反響があり、世界四二か国のテレビ局や映画館での放映、DVD販売、環境保護団体による上映会などをつうじて、現在でも世界中で議論の種を蒔きつづけている。日本でも、二〇〇八年夏にNHK－BSによって放映され（「アグリビジネスの巨人『モンサント』の世界戦略」前編・後編）、二〇一二年には映画館でも上映され（邦題『モンサントの不自然な食べもの』。渋谷アップリンクほか全国の映画館で上映された）、さらに現在、ビデオメーカー社よりDVDが販売されている。このような本書とドキュメンタリー映画の反響は、環境保護団体や市民団体だけでなく、補論でも書かれているように、各国の政治家や政府にも大きな影響を与えることになり、現在もロバンは講演会のために世界中を駆けまわっている。

日本においても米国主導のTPP（環太平洋パートナーシップ）協定への加盟をめぐる議論のなかで、遺伝子組み換え作物と食の安全性は、その争点の一つになっている。TPP協定の行方によっては、日本もアメリカのように、遺伝子組み換え作物のラベル表記による識別が禁じられ、否応なしに遺伝子組み換え作物をつくり、食べざるをえなくなることは、本書を読むかぎり容易に想像されることだ。このようなTPPという「黒船来襲」を前に、TPPをめぐる議論をより理解するためにも、本書で展開される遺伝子組み換え作物に関する報告は、きわめて有益な情報をもたらしてくれるはずである。ロバン女史は、二〇一二年五月末から六月にかけて来日し、TPPと遺伝子組み換え作物をめぐって熱弁をふるい、話題となった（この講演会の内容は、雑誌『オルタ』二〇一二年七・八月号に詳しい）。

しかし、現在の日本において、本書の意義はそれにとどまるものではないだろう。二〇一一年三月一一日に起きた福島第一原子力発電所の事故により、多くの日本人は食の安全性に多大な不安を感じて暮らさざるをえなくなった。さらに、原発事故への対処をめぐり、政府と産業界の癒着とそこから生じた利権集団である「原子力ムラ」、さらに、それら癒着構造を支える「御用学者」や「御用ジャーナリズム」に厳しい批判の目が向けられるようになった。このような癒着がどのように生まれ、どのような仕組みで増殖しているのかは、本書を読めばだいたい理解できるはずだ。政府や産業界、学者や新聞がどれほど「安全」を主張しようと、その背後に巨大な利権構造が存在していることは、いくら彼らが否定したところで覆い隠すことができず、もはや誰の目にも明らかになりつつある。

それでも、一部には「遺伝子組み換え作物や原子力発電所は、（とりわけ第三世界や途上国で）近代化と幸福な市民生活に寄与するものであって、安易に反対するべきでない」「反対するには科学的根拠が乏しい」と批判する向きもあるかもしれない。実際、現在の脱原発運動や反GMO運動に対して、こうした批判が「専門家」たちから投げかけられていることも珍しくない。しかし本書を読めば、こうした開発主義的あるいは科学主義的な批判が、どれほど無責任なものであり、事実を無視したものであるかがよくわかる。

グローバル企業を中心とする現在の世界経済体制は、開発主義者の抱く「近代化」への甘い幻想も、科学者たちが学術団体に抱いている「公正性」への甘い信頼も、自由自在に操り、行政機関や学術機関のすみずみまでその影響力の網目を張り巡らせている。彼らにとって都合の悪い事実を報告する科学者やジャーナリストは組織から排除され、政府は「闇の勢力」の言いなりのまま、国民の反対を押し切って決定を下す。しかも、そのような仕方で多くの地域で実行された「開発」がもたらした窮乏状態は、まったく無視され、闇に葬り去られてしまうのだ。モンサントという巨大企業を取り上げつつ、ロバンが告発するのは、こうした国際的な政治・経済・マスコミ・学者たちの癒着構造とその無責任な体制がもたらした悲惨な帰結である。

その意味で私たちは、もはや原子力エネルギーと遺伝子組み換え作物がまったく別の問題だと言うことはできないし、それらが幸福な市民生活に寄与するという意見を素直に受け入れることもできない。さらに、「科学」という権威をふりかざす専門家たちの主張も、その背後に利害関係がないことが明らかにされないかぎり、もはや素直に認めることは難しい状況になっている。

はたして、こうした状況を打開する道はあるのだろうか？　本書でロバンは、現在の絶望的状況からの出口を懸命に模索している。そこで彼女が報告するのは、国家と企業、メディア、学術団体などのあらゆる領域で抵抗する人々の努力であり、また、抵抗運動の主体である市民や農民たちの運動の広がりである。かつて近代初期に市民を幸福な生活に導く装置であった国家や産業、メディア、科学は、今や市民たちから遊離しただけでなく、むしろ市民たちを利用し、思うままに搾取するまでになった。こうした現状を問い直し、ふたたび市民がそれらの装置をみずからの手に取り戻すための取り組みは、今や世界中で広がりつつあり、日本でも原発事故を経て、ようやく多くの人々に意識されやすい状況になったと思われる。訳者としては、本書の日本語版の刊行が「ポスト・フクシマ」の日本における市民たちの取り組みに多少なりとも役立つことを願っている。

著者について

著者であるマリー＝モニク・ロバンについて、簡単に紹介をしておく。先にも述べたように「アルテ」の看板ジャーナリストでもある彼女は、世界中を股にかけて取材を行なう国際的な映像ジャーナリストとして知られている。臓器売買問題や学校問題、小児性愛をめぐる問題など、環境問題以外にも多岐にわたる主題のドキュメンタリー番組を制作し、これまで二〇を超える賞に輝いている。また映像作品だけでなく、次のような著作も執筆している。

・Voleurs d'organes, enquête sur un trafic, Bayard, 1996.
・Les photos du siècle, Le chêne/Taschen, 1999.
・Escadrons de la mort, l'école française, La Découverte, 2004.
・L'École du soupçon. Les dérives de la lutte contre la pédophilie, La Découverte, 2006.

翻訳について

最後になったが、本書はMarie-Monique Robin, Le monde selon Monsanto: *De la dioxine aux OGM, une multinationale qui vous veut du bien*（Éditions La Découverte / Arte Éditions）の全訳である（原著タイトルを直訳すると「モンサントに従う世界――ダイオキシンから遺伝子組み換え作物まで、あなたから利益を得ようとする多国籍企業」）。本書の翻訳は、当時、食の問題について訳者の一人である村澤と共同研究をしていた龍谷大学の杉村昌昭教授（当時）とフランス在住の呂明哲氏から紹介されたことがきっかけである。村澤真保呂と上尾真道の二人で翻訳をすることになり、上尾がおもに下訳を行ない、村澤がそれをもとに訳文を仕上げるという仕方で進めた。

モンサントをめぐる状況は原著の出版後も国内外でさらに進展しており、最近ではモンサントが非遺伝子組み換えの有機野菜にも進出したことが報じられているが（日本語版『ＷＩＲＥＤ』一二号、二〇一四年六月号）、モンサントにとって遺伝子組み換え作物が主力商品であることには何ら変わりはなく、本書で描かれている構図にもまったく変わりはない。

翻訳作業について言えば、訳者たちが苦労したことの一つに、日本とフランスのジャーナリズムのあいだの違いがある。自分の立場を明確にしつつ、多弁で文学的な表現を駆使しながら持論も含めて記述するフランスのジャーナリストの文章は、中立を標榜し、平板な文章で要約しながら事実の記述に徹しがちな日本のジャーナリストの文章とは、あらゆる面で大きく異なっている。したがって、原文をそのまま日本語に移し替えることは、日本のジャーナリストの文体に慣れている読者に違和感を与えるだけでなく、理解の妨げになる可能性もあると思われ、訳者としては是非ともそれを避けたかった。そこで日本の一般的なジャーナリズムの文章にあわせて、一文をできるだけ短く、しかも平易な言葉に直すことに、かなり多くの時間を費やすことになった。そのことにより、もともとのフランス語版の文体にそなわる文学性を犠牲にしてしまった点はあるにせよ、日本語としてだいぶ読みやすいものになったのではないかと自負している。「原文のニュアンスが失われている」「直訳調でもよいから迅速な翻訳の出版を」という声があることは重々承知しているのだが、できるかぎり幅広い読者層に、とりわけ学生などの若い読者に読んでいただきたいという訳者の思いを汲んでいただければ幸いである。

それよりも、もっとも厄介な問題は、専門用語であった。思想系の研究者である二人の訳者にとって、農業科学や生物科学の用語はなじみのないものであり、正確を期する必要があった。そこで専門家である戸田清先生（長崎大学環境科学部教授）に、本書に登場するすべての用語のチェックをお願いした。その作業過程で戸田氏には多大な苦労をかけてしまうことになり、訳者としては申し訳ない気持ちでいっぱいである。この場を借りて戸田氏に心から感謝の言葉を申し上げたい。また、「遺伝子組み換え情報室」の河野昌東氏には、本書の日本における意義について専門家の立場から解説をお願いした。さらに、ロバン女史と親しく、日仏の農業問題をめぐって共同作業を行なっているアンベール－雨宮裕子氏（レンヌ第二大学・レンヌ日本文化研究センター所長）には、ロバン女史の人なりや最近の状況についてご紹介いただいた。皆さんにはここに記して感謝したい。

最後に、本書の翻訳出版を快諾していただき、専門知識に乏しい訳者たちに惜しみなく情報を与えていただいた作品社の内田眞人氏には、最初から最後までほんとうに迷惑をかけっぱなしであった。翻訳文の検討と校正をしていただいた藤森雅弘氏と塩田敦士氏には詳細にチェックしていただいた。編集スタッフの皆さんに心から感謝を捧げる。

二〇一四年一一月

＊17 «Effects and mechanisms of Bt transgenes on biodiversity of non-target insects : pollinators, herbivores and their natural enemies», <http://ec.europa.eu/research/quality-of-life/gmo/01-plants/01-08-project.html>.
＊18 «Safety evaluation of horizontal gene transfer from genetically modified organisms to the microflora of the food chain and human gut», <http://ec.europa.eu/research/quality-of-life/gmo/04-food/04-07-project.html>.
＊19 Reuters, 2002年7月7日.
＊20 AFP, 2006年8月22日.
＊21 Reuters, 2007年11月5日.
＊22 10K Form, 2005, p. 49.
＊23 *Ibid.*, p. 10-11.
＊24 «Monsanto market power scrutinized in law-suit», Reuters, 2004年8月25日.
＊25 *The New York Times*, 2003年10月17日.
＊26 David Barboza, «Questions seen on seed prices set in the 90's», *The New York Times*, 2004年1月6日.

◉補論

＊1 http://blogs.arte.tv/LemondeselonMonsanto.
＊2 *Le Monde*, 2008年3月10日.
＊3 Marcel Kunz, "Le Monde selon Monsanto. Un film de Marie-Monique Robin", http://www.pseudo-sciences.org, 2008年3月5日.
＊4 以下の拙著を参照.
(1) *Voleurs d'organes. Enquête sur un trafic*, Bayard Editions, Paris, 1996.
(2) *Le Sixième Sens. Science et paranormal*, Editions du Chêne, Paris, 2002.
＊5 「科学情報のためのフランス連合(AFIS)」の記事については，以下の二つの厳しい批判を参照.
(1) http://www.alexis.lautre.net/wp/2008/03/13/le-monde-selon-monsanto/
(2) http://www.agrobiosciences.org/article.php3?id_article=2317
＊6 Christina Palmeira, "Sementes do poder", http://www.cartacapital.com.br, 2008年3月20日.
＊7 http://www.monsanto.com.br/Monsanto/para_sua_informacao/documentario_frances.asp
＊8 とくに以下のサイトを参照. http://imposteurs.over-blog.com
＊9 «Un sénateur UMP estime que des parlementaires pro-OGM sont "actionnés" par les semenciers», *Le Monde*, 2008年4月2日.
＊10 *L'Express*, 2008年6月12日.
＊11 以下の著作を参照. François Grosdidier, *Tuons-nous les uns les autres. Qu'avons-nous retenu des grandes catastrophes sanitaires?*, Le Rocher, Paris, 2008.
＊12 *Libération*, 2008年4月1日.
＊13 Hervé Morin, «Le désherbant le plus vendu au monde mis en accusation», *Le Monde*, 2009年1月10日.
＊14 Darío Aranda, «Varias generaciones están comprometidas», *Pagina 12*, 2008年5月14日.
＊15 Paul Benkimoun, «La reproduction humaine menacée par la chimie», *Le Monde*, 2008年11月24日.

des droits de propriété Intellectuelle sur le vivant dans les nouveaux pays industrialisés : le cas du Mexique», *Continentalisation, Cahiers de recherche*, vol. 1, n° 6, 2001年8月, p. 8.

＊7　Vandana SHIVA, *Éthique et agro-industrie, op. cit.*, p. 8.

＊8　Mounira BADRO, Benoît MARTIMORT-ASSO et Nadia Karina PONCE MORALES, «Les enjeux des droits de propriété intellectuelle sur le vivant...», *loc. cit.*, p. 8.

＊9　以下で引用されている．Vandana SHIVA, *Éthique et agro-industrie, op. cit.*, p. 12-13. さらに以下でも引用されている．Mounira BADRO, Benoît MARTIMORT-ASSO et Nadia Karina PONCE MORALES, «Les enjeux des droits de propriété intellectuelle sur le vivant...», *loc. cit.*, p. 9.

＊10　James R. ENYART, «A GATT intellectual pro-perty code», *Les Nouvelles*, 1990年6月（以下で引用されている．Vandana SHIVA, *Éthique et agro-industrie, op. cit.*, p. 12-13）.

＊11　«La mondialisation et ses effets sur la pleine jouissance de tous les droits de l'homme», ジョセフ・オロカ＝オニャンゴとディーピカ・ウダガマによって提出された予備報告書，国連人権委員会，2000年6月15日．

◉おわりに

＊1　«Monsanto & genetic engineering : risks for investors», 2005年1月，<www.asyousow. org/publications/2005_GE_Innovest_Mon santo.pdf>.

＊2　«Monsanto helps battle Oregon voter initiative on food labeling», *St. Louis Post-Dispatch*, 2002年9月20日.

＊3　Hervé KEMPF, «L'expertise confidentielle sur un inquiétant maïs transgénique», *Le Monde*, 2004年4月23日.

＊4　*Ibid.*

＊5　*Ibid.*

＊6　*Ibid.*

＊7　FRIENDS OF THE EARTH EUROPE, «Throwing caution to the wind. A review of the European Food Safety Authority and its work on genetically modified foods and crops», 2004年11月, <www.foeeurope.org/GMOs/publi cations/ EFSAreport.pdf>.

＊8　<www.agbioworld.org/declaration/peti tion/petition_fr.php>.

＊9　<www.monsanto.co.uk/news/ukshowlib. phtml ?uid=2330>.

＊10　Gilles-Éric SÉRALINI, «Report on MON 863 GM maize produced by Monsanto Company», 2005年6月, <www.greenpeace.de/ fileadmin/gpd/user_upload/themen/gen technik/ bewertung_monsanto_studie_ mon863_ seralini.pdf>. 以下も参照．«Uproar in EU as secret Monsanto documents reveal significant damage to lab rats fed GE Corn», *The Independant*, 2005年5月22日.

＊11　Gilles-Éric SÉRALINI, Dominique SELLIER et Joël SPIROUX DE VENDOMOIS, «New analysis of a rat feeding study with a genetically modified maize reveals signs of hepatorenal toxicity», *Archives of Environmental Contamination and Toxicology*, 2007, n° 52, p. 596-602.

＊12　Ingo POTRYKUS *et alii*, «Engineering the provitamin A (beta-carotene) biosynthetic pathway into (carotenoid-free) rice endosperm», *Science*, 2000, vol. 287, p. 303-305.

＊13　«Monsanto offers patent waiver», *The Washington Post*, 2000年8月4日. それから7年以上経った後も，モンサントのサイトにはまだこの吉報が掲載されていた．<www.monsanto.co.uk/news/ukshowlib. phtml?uid=3791>.

＊14　«Monsanto plans to offer rights to its altered rice technology», *New York Times*, 2000年8月4日.

＊15　*Le Monde*, 2001年8月19日.

＊16　«The mechanisms and control of genetic recombination in plants», <http://ec.europa. eu/research/quality-of-life/gmo/01-plants/01-14-project.html>.

Andhra Pradesh. Report of State Department of Agriculture», 2003, <www.grain.org/reseaichL.files/AP_state.pdf>.

＊14 Matin Qaim et David Zilberman, «Yield effects of genetically modified crops in developing countries», *Science*, vol. 299, n° 5608, 2003年2月7日, p. 900-902.

＊15 *The Times of India*, 2003年3月15日.

＊16 *The State of Food and Agriculture 2003-2004. Agricultural Biotechnology Meeting the Needs of The Poor?*, PAO, Rome, 2004, <www.fao.org/dociep/006/Y5/60E/Y5160EOO.HTM>.

＊17 <www.monsanto.co.ule/news/ukshownb.phtml?uid=7983>.

＊18 «Le coton génétiquement modifié augmente sensiblement les rendements», AFP, 2003年2月6日.

＊19 *The Washington Post*, 2003年5月4日.

＊20 *The Times of India*, 2003年3月15日.

＊21 *The Hindu Business Line*, 2006年1月23日. Il s'agit des variétés Mech-12 Bt, Mech-162 Bt etMech-184Bt.

＊22 «Court rejects Monsanto plea for Bt cotton seed price hike», *The Hindu*, 2006年6月6日.

＊23 Abdul Qayum et Kiran Sakkhari, «False hope, festering failures. Bt Cotton in Andhra Pradesh 2005-2006. Fourth successive year of the study reconfirms the failure of Bt cotton», AP Coalition In Defence of Diversity and Deccan Development Society, 2006年11月, <www.grain.org/research_files/APCIDD%20report-bt%20cotton%20in%20AP-2005-06.pdf>.

＊24 «Monsanto boosts GM cotton seed sales to India five-fold», *Dow Jones Newswires*, 2004年9月7日. この記事によれば，会社が売ったBｔ種子は2003年に23万パッケージであったのに対し，2004年には130万パッケージである.

＊25 Daniel Charles, *Lords of the Harvest, op. cit.*, p. 182.

＊26 Michael Pollan, «Playing God in the garden», *The New York Times Sunday Magazine*, 1998年10月25日.

＊27 «Farmers violating biotech corn rules», Associated Press, 2001年1月31日.

＊28 Susan Lang, «Seven-year glitch : Cornell warns that Chinese GM cotton farmers are losing money due to "secondary" pests», *Cornell Chronicle Online*, 2006年7月25日, <www.news.comell.edu/stories/July06/Bt.cotton.China.ssl.html>.

◉第16章

＊1 Vandana Shiva, *The Violence of the Green Revolution. Ecological Degradation and Polmcal Confiict in Punjab*, Dehra Dun, Natraj, 1989.［邦訳：ヴァンダナ・シヴァ『緑の革命とその暴力』浜谷喜美子訳，日本経済評論社，1997年］

＊2 <www.nobel-palx.ch/bio/borlaug.htm>.

＊3 Vandana Shiva et Kunvar Jalees, *Seeds of Suicide. The Ecological and Human Costs of Globa-lisation of Agriculture*, Navdanya, 2006年5月.

＊4 Vandana Shiva, *La Vie n'est pas une marchandise. Les dérives des droits de propriété intellectuelle*, Enjeux Planète, Paris, 2004.［邦訳：ヴァンダナ・シヴァ『生物多様性の保護か，生命の収奪か――グローバリズムと知的財産権』奥田暁子訳，明石書店，2005年］. *Le Terrorisme alimentaire. Comment les multinationales affament le monde*, Fayard, Paris, 2001.［邦訳：ヴァンダナ・シヴァ『食糧テロリズム――多国籍企業はいかにして第三世界を飢えさせているか』浦本昌紀監訳，明石書店，2006年］. *Éthique et agro-industrie. Main basse sur la vie*, L'Harmattan, Paris, 1996.

＊5 モンサントはこの特許を，イギリスの企業ユニリーバの小麦部署を買収することで再取得した（以下を参照. «Monsanto wheat patent disputed», *The Scientist*, 2004年2月5日）.

＊6 Mounira Badro, Benoît Martimort-Asso et Nadia Karina Ponce Morales, «Les enjeux

＊32 David A. Cleveland, Daniela Soieri, Flavio Aragon Cuevas, José Crossa et Paul Gepts, «Detecting (trans)gene flow to landraces in centers of crop origin : lessons from the case of maize In Mexico», *Environmental Biosafety Research*, vol. 4, n° 4, 2005, p. 197-208.
＊33 Hervé Morin, «La contamination du maïs par les OGM en question», *Le Monde*, 2005年9月7日.
＊34 以下を参照．Elena R. Alvarez-Buylla et Berenice García-Ponce, «Unique and redundant functional domains of APETALAl and CAU-LIFLOWER, two recentty duplicated Arabi-dopsis thaliana floral MADS-box gènes», *The Journal of Expérimental Botany*, vol. 57, n° 12, 7, 2006年8月，p. 3099-3107.

◉第13章

＊1 *Ámbito fmanciero*, Sec, Ámbito agropecuario, p. 4-5, 2000年8月11日.
＊2 *La Nación*, 2000年7月23日.
＊3 とくに以下を参照．Walter Pengue, *Cultivas transgénicos : hacia dônde vamos?*, Lugar Edi-torial, Buenos Aires, 2000.
＊4 *Revista Gente*, 2002年1月29日.
＊5 *Ibid.*
＊6 *Clarín*, 2003年1月11日.
＊7 <www.sojasolidaria.org.ar>.
＊8 *La Nación*, 2003年2月14日.
＊9 *La Capital*, 2005年3月25日.

◉第14章

＊1 Daniel Vernet, «Libres OGM du Brésil», *Le Monde*, 2003年11月27日.
＊2 <www.monsanto.com/monsanto/layout/about_us/locations/brazil01.asp>.
＊3 Javiera Rulli, Stella Semino, Lilian Joensen, *Paraguay Sojero. soy Expansion and its Violent Attack on Local andindigenous Communities in Paraguay*, Grupo de reflexión rural, <www.grr.org.ar>, Buenos Aires, 2006年3月.
＊4 *Ibid.*

◉第15章

＊1 Fawzan Husain, «On India's farms, a plague of suicide», *New York Times*, 2006年9月19日.
＊2 Amelia Gentleman, «Despair takes toll on Indian farmers», *International Herald Tribune*, 2006年5月31日.
＊3 Jaideep Hardikar, «One suicide every 8 hours », *DNA India*, 2006年8月26日．この記事で，ムンバイ（旧称ボンベイ）の新聞が述べるによれば，政府情報源によると州で（320万人のうち）280万人の農民が借金をつくっている．
＊4 問題は以下の特許．「n° 0436257 Bl」(以下の私の映像も参照のこと．Les Pirates du vivant, op. cit.).
＊5 Gargi Parsai, «Transgenics : US team meets CJI», *The Hindu*, 2001年1月5日.
＊6 «Food, feed safety promote dialogue with european delegation», Monsanto News Release, 2002年7月3日.
＊7 <www.sec.gov/litigation/litreleases/lrl9023.htm>．以下も参照のこと．Peter Fritsch et Timothy Mapes, «Seed money. In Indonesia, tangle of bribes creates trouble for Monsanto», *The Wall Street Journal*, 2005年4月5日. AFP, 2005年1月7日.
＊8 以下で引用されている．Péter Fritsch et Timothy Mapes, *ibid.* そして，AFP , 2005年1月7日.
＊9 以下で引用されている．*The Washington Post*, 2003年5月4日.
＊10 *Ibid.*
＊11 *Ibid.*
＊12 Abdul Qayum et Kiran Sakkhari, «Did Bt cotton save farmers in Warangal? A season long impact study of Bt Cotton – Kharif 2002 in Warangal District of Andhra Pradesh», AP Coalition In Defense of Diversity and Deccan Development Society, Hederabad, 2003年6月，<www.ddsindia.com/www/pdf/English%20Report.pdf>.
＊13 «Performance report of Bt cotton in

ganic», Press release, 2002年5月16日（以下のアドレスで手に入る <www.biotech-info.net/high_costs.html>）.

◉第12章

＊1　Stuart LAIDLAW, «Starlink fallout could cost billions», *The Toronto Star*, 2001年1月9日（以下のアドレスで手に入る <www.biotech-info.net/starlink_fallout.html>）.

＊2　David QUIST et Ignacio CHAPFLA, «Transgenic DNA inttogressed into traditional maize lan-draces m Oaxaca, Mexico», *Nature*, n° 414, 2001, p. 541-543.

＊3　University of California, Berkeley press release, 2001年11月28日.

＊4　*The New York Times*, 2001年10月2日. *The Guaraian*, 2001年11月29日／30日.

＊5　Kara PLATONI, «Kernels of truth», *East Bay Express*, 2002年5月29日.

＊6　MONSANTO, *The Pledge Report 2001-2002*, p. 13. またこの用語は，2006年の「10K Form」でモンサントが使用しているものである．*Op. cit.*, p. 47.

＊7 Robert MANN, «Has GM corn "invaded» Mexico?», *Science*, vol. 295, n° 5560, 2002年3月1日, p. 1617-1619.

＊8　Kara PLATONI, «Kernels of truth», *loc cit.*

＊9　Marc KAUFMAN, «The biotech corn debate grows hot in Mexico», *The Washington Post*, 2002年3月25日.

＊10　Robert MANN, «Has GM corn "invaded" Mexico?», *loc. cit.*

＊11　Fred PEARCF, «Special investigation : the great Mexican maize scandal», *New Scientist*, 2002年6月15日.

＊12　この手紙は AgBioWorldのウェブサイト・アーカイブで閲覧することができる．<www.agbioworld.org/newsletter_wm/ index.php?caseid=archive&newsid=1267>.

＊13　<www.agbioworld.org/newsletter_wm/lndex.php?caseid=archive&newsid=1268>.

＊14　George MONBIOT, «Corporate ghosts», *The Guaraian*, 2002年5月29日.

＊15　<www.agbioworld.org/about/index.html>.

＊16　«Scientists in support of agricultural biotechnology», <www.agbioworld.org/declaration/petition/petition.php>.

＊17　<www.bivings.com/client/index.html>.

＊18　George MONBIOT, «The fake persuaders. Corporations are inventing people to rubbish their opponents on the Internet», *The Guardian*, 2002年5月14日.

＊19　George MONBIOT, «Corporate ghost», *The Guaraian, loc. cit.*

＊20　以下で引用されている．George MONBIOT, «The battle to put a corporate GM padlock on our food chain 1s being fought on the net», *The Guardian*, 2002年11月19日.

＊21　MONSANTO, *The Pledge Report 2001-2002*, p. 1.

＊22　«Amazing disgrace», *The Ecologist*, vol. 32, n° 4, 2002年5月.

＊23　«Journal editors disavow article on biotech corn», *The Washington Post*, 2002年4月4日.

＊24　«Spécial investigation : the gieat Mexican maize scandai», *Nw Scientist, op. cit.*

＊25　Wil LEPKOWSKI, «Maize, genes, and peer review», Center for Science, Policy and Outcomes, n° 14, 2002年10月31日.

＊26　Andrew SUAREZ, «Conflict around a study of mexican crops», *Nature*, 2002年6月27日.

＊27　Kara PLATONI, «Kernels of truth», *loc. cit.*

＊28　*Ibid.*

＊29　Robert MANN, «Has GM corn "invaded" Mexico?», *loc. cit.*

＊30　«Corn row», *Science*, 2002年11月6日.

＊31　Sol ORTIZ-GARCIA, Exequiel EZCURRA, Bernd SCHOEL, Francisca ACEVEDO, Jorge SOBERÔN et Allison A. SNOW, «Absence of detectable transgenes in local landraces of maize in Oaxaca, Mexico, 2003-2004», *Proceedings of the National Academy of Sciences*, 2005年8月30日, vol. 102, n° 35, p. 12338-12343.

Louis Post-Dispatch, 1999年11月2日.
＊22 Laura HANSEN et John OBRYCKI, «Field deposition of Bt transgenic corn pollen : lethal effects on the monarch butterfly», *Œcolosia*, vol. 125, n°2, 2000, p. 241-248.
＊23 *News in Science*, 2000年8月24日. 以下も参照のこと. *Le Monde*, 2000年8月25日.
＊24 Marc KAUFMAN, «"Biotech corn is test case for industry." Engineered food's future hinges on allergy study», *The Washington Post*, 2001年3月19日.
＊25 Pierre-Benoît JOLY et Claire MARRIS, «Les Américains ont-ils accepté les OGM?», *loc. cit.*, p. 21.
＊26 Michael POLIAN, «Playing God in the garden», *The New York Times Sunday Magazine*, 1998年10月25日.
＊27 以下のアドレスでこの範例的な書類を参照することができる. <www.cfsan.fda.gov/~acrobat2/bnfl041.pdf>.
＊28 «Life-threatening food? More than 50 Americans claim reactions to recalled StarLink corn», *CES News*, 2001年5月17日.
＊29 Bill FREESE, «The StarLink Affair. A Critique of the government/industry response to contamination of the food supply with StarLink corn and an examination of the potential allergenicity of StarLink's Cry9C protein», Friends of the Earth, 2001年7月17日, <www. foe.org/safefood/stariink.pdf>.
＊30 *Ibid.*, p. 36.
＊31 Jeffrey SMITH, Seeds of Deception, *op. cit.*, p.171.
＊32 Marc KAUFMAN, «EPA rejects biotech corn as human food : federal tests do not eliminate possibility that it could cause allergic reactions, Agency told», *The Washington Post*, 2001年7月28日.
＊33 *The Washington Post*, 2001年3月18日. *Boston Globe*, 2001年5月3日／17日.
＊34 *Nature*, 2000年11月23日.
＊35 Reuters, 2001年3月18日.
＊36 *Financial Times*, 2003年6月27日.
＊37 Eric DARIER et Hoïïy PENFOUND, «Lettre à Paul Steckie», Greenpeace Canada, 2003年5月27日.
＊38 『カナディアン・プレス』のインタビューの中で，AAFC代表ジム・ボールは「モンサントと省との契約は機密事項であった」と述べている．彼によれば，RR小麦の開発のために、AAFCは50万カナダドル，モンサントは130万ドルをつぎ込んでいる（*Canadian Press*, 2004年1月9日）.
＊39 *Ibid.*
＊40 マルク・ロワゼルとアニタ・ロワゼルによる以下のサイトを参照せよ．<http://loiselle.ma.googlepages.com/home>.
＊41 *Canadian Press*, 200年4月10日．この集団訴訟の周辺的情報については，有機農業保護基金のサイトを参照のこと．<www.saskorganic.com/oapf/>.
＊42 René VAN ACKFR, Anita BRULÉ-BABEL et Lyle FRIFSEN, «An environmental safety assessment of Roundup Ready wheat : risks for direct see-ding Systems in Western Canada», A report prepared for the Canadian Wheat Board for Submission to Plant Biosafety Office of the Canadian Food Inspection Agency, 2003年6月; «Study : modified wheat poses a threat», *Canadian Press*, 2003年7月9日.
＊43 «New survey indicates strong grain elevator concern over GE wheat», Institute for Agriculture and Trade Policy, Minneapolis, Press release, 2003年4月8日.
＊44 情報公開法のおかげで，グリーンピース・カナダの協力のもとケン・ルーベンが入手したメモ．また以下も参照．Tom SPEARS, «Federal memo warns against GM wheat ; Canada still working with Monsanto to create country's first modified seed», *The Ottawa Citizen*, 2001年8月1日（以下のアドレスで手に入る <www.thecampatgn.org/newsupdates/august01a.htm#Federal>）.
＊45 GREENPEACE EU, «EU suppresses study showing genetically engineered crops add high costs for ail farmers and threaten or-

20日.

＊62 Michael DUFFY, «Who benefits from biotechnology?». 参考文献とされるこの書類は，2001年12月5～7日のシカゴでのアメリカ種子取引協会会合で提示された. <www.econ.iastate.edu/ faculty/duffy/Pages/ biotechpaper.pdf>.

＊63 1997年にユーロバロメーターが行なった調査によれば，ヨーロッパ市民の大多数がGMOラベル表示に賛成している．オーストリア73％，ベルギー74％，デンマーク85％，フィンランド82％，フランス78％，ドイツ72％，ギリシャ81％，アイルランド72％，イタリア61％，スペイン69％，イギリス82％．«European opinions on modem biotechnology», European Commission Directorate Général XII, nº 46, 1, 1997.

＊64 *The Washington Post*, 1999年11月12日.

＊65 «US Agriculture loses huge markets thanks to GMO's», Reuters, 1999年3月3日.

＊66 Reuters, 2002年9月17日.

◉第11章

＊1 <www.monsanto.com/monsanto/layout/ media/04/05-10-04.asp>.

＊2 MONSANTO, *The Pledge Report 2004*, p. 24.

＊3 私のドキュメンタリー『小麦――予告された死の記録？』を参照してほしい.

＊4 Stewart WELLS et Holly PENFOUND, «Canadian wheat board speaks out against Roundup Ready wheat», *Toronto Star*, 2003年2月25日.

＊5 «Italian miller to reject genetically modified wheat», *St Louis Business Joumal*, 2003年1月30日.

＊6 «Japan wheat buyers warn against biotech wheat in US», Reuters, 2003年9月10日.

＊7 *The New York Times*, 2004年4月11日.

＊8 Robert WISNER, «The commercial introduction of genetically modified wheat would severely depress U.S. wheat industry», Western Organization of Resource Councils, Press Release, 2003年10月30日.

＊9 Justin GILLIS, «The heartland wrestles with biotechnology», *The Washington Post*, 2003年4月22日.

＊10 *Ibid*.

＊11 Pierre-Benoît JOLY et Claire MARRIS, «Les Américains ont-ils accepté les OGM? Analyse comparée de la construction des OGM comme problème public en France et aux États-Unis», *Cahiers d'économie et de sociologie rurales*, nº 68-69, 2003, p. 19.

＊12 *Ibid*., p. 18.

＊13 John LOSEY, Linda RAYOR et Maureen CARTER, «Transgenic pollen harms monarch larvae», *Nature*, vol. 399, nº 6733, 1999年5月20日.

＊14 Hervé MORIN, «Les doutes s'accumulent sur l'innocuité du maïs transgénique», *Le Monde*, 1999年5月26日．以下の研究がある． Angelika HILBECK *et alii*, «Effects of transgenic bacillus thurigiensis corn-fed prey on mortality and development time of immature chrysoperla carnea», *Environmental Entomolosy*, nº27, 1998, p. 480-487.

＊15 Hervé MORIN, «Les doutes s'accumulent sur l'innocuité du mais transgénique», *loc. cit*.

＊16 *Ibid*.

＊17 Carol Kaesuk YOON, «Pollen from genetically altered corn threatens monarch butterfly, study finds», *The New York Times*, 1999年5月20日.

＊18 Lincoln BROWER, «Canary in the cornfield. The monarch and the Bt corn controversy», Orion Magazine, 2001年春, <www.orion magazine.org/index.php/articles/arti cle/85/>.

＊19 «Scientific symposium to show no harm to monarch butterfly», Press release, Biotechnology Industry Organization, 1999年11月2日.

＊20 Carol Kaesuk YOON, «Non consensus on the effects of engineering on corn crops», *The New York Times*, 1999年11月4日.

＊21 例えば以下を参照. «Scientists discount threat to butterflies from altered corn», *St.*

＊36 Soil Association, *Seeds of Doubt. North Amencan Fanners' Expériences of GM Crops*, 2002年9月, <www.soilassociation.org/seedsofdoubt>. この重要な書類を読むようお勧めしたい.

＊37 *New Sdentist*, 2001年11月24日. それ以降, カナダ政府のGMOに関するサイトでは, 以下のように述べられている.「花粉は, 少なくとも4キロメートル離れたところまで運ばれることがある」<www.ogm.gouv.qc.ca/envi_cano-lagm.html>. これはイギリスおよびオーストラリアの研究でも確認されている.

＊38 «GM volunteer canola causes havoc», *Tlie Western Prodncer*, 2001年9月6日.

＊39 *The Guardian*, 2003年10月8日.

＊40 Son Association, *Seeds of Doubt, op cit.*, p. 47.

＊41 «Firms move to avoid risk of contamination», *The Times*, 2000年5月29日.

＊42 Hervé Kfmpf, «Le trouble d'une plaine du Saskatchewan», *loc. cit.*

＊43 <www.patentsi.orm.us/patents/6239072-claims.html>.

＊44 Soil Association, *Seeds of Doubt, op. cit.*, p. 24. さらに以下も参照のこと. «Monsanto sees opportunity in glyphosate résistant volunteer weeds», *Cropchoice Nws*, 2001年9月3日.

＊45 *Science et The Independant*, 2003年10月10日.

＊46 «Introducing Roundup Ready soybeans. The seeds of revolution», 私が所有している日付のない書類.

＊47 Monsanto, *The Pledge Report 2005*, p. 18.

＊48 Charles Benbrook, «Genetic engineered crops and pesticides use m the United States : the first nine years», 2004年10月, <www.biotech-info.net/Full_version_first_nine.pdf>.

＊49 *AgBioTech InfoNet Technical Paper*, n° 4, 2001年5月3日.

＊50 *Ibid.* 同年, モンサントのある書類では, 以下のように述べられている.「除草剤の使用は, ラウンドアップ耐性大豆畑では, 他の畑と比べて平均以下である」«The Roundup Ready soybean System : sustainability and herbicide use», Monsanto, 1998年4月.

＊51 2001年7月1日の『ロサンジェルス・タイムズ』によれば, ラウンドアップは1995年にアメリカの耕作地の20％で使用されており, その4年後には62％まで増加している.

＊52 Charles Benbrook, «Genetic engineered crops and pesticides use in the United States : the first nine years», *loc. cit.*, p. 7.

＊53 *Indianapolis Star*, 2001年2月20日.

＊54 <www.mindfully.org/GE/GE4/Glyphosate-Resistant-SyngentaDec02.htm>.

＊55 Charles Benbrook, «Pew initiative on food and biotechnology», 2002年2月4日, <http://pewagbiotech.org/events/0204/benbrook. php3>.

＊56 «Introducing Roundup Ready soybeans. The seeds of revolution», *loc. cit.*

＊57 Roger Elmore *et alii*, «Glyphosate-resistant soybean cultivar yields compared with sister lines», *Agronomy Journal*, n° 93, 2001, p. 408-412.

＊58 Charles Benbrook, «Evidence of the magnitude and consequences of the Roundup ready soybean yield drag from university-based varietal trials in 1998», *AgBioTech InfoNet Technical Paper*, n°1, 1999年7月13日, <www.biotech-info.net/RR_yield_drag_98.pdf>.

＊59 C. Andy King, Larry C. Purcell, Earl D. Vories, «Plant growth and nitrogenase activity of glyphosate-tolerant soybeans in response to foliar glyphosate application», *Agronomy Journal*, vol. 93, p. 179-186, 2001.

＊60 Charles Benbrook, «Pew initiative on food and biotechnology», *loc. cit.*

＊61 Andy Coghlan, «Splitting headache. Monsanto's modified soybeans are cracking up in the heat», *New Scientist*, 1999年11月

は，以下の私のドキュメンタリーを参照してほしい．*Les Pirates du vivant*.

＊2 MONSANTO, *The Pledge Report 2005*, p. 42. 読者は，以下のアドレスでこれらのアンソロジーを照会することができる．<www.monsanto.com/ who_we_are/our_pledge/recenLreports. asp>.

＊3 MONSANTO, *2005 Technology Use Guide*, art, 19. 以下の報告書で引用されている．CENTER FOR FOOD SWTY, *Monsanto vs. U.S. Farmers*, 2005年11月, p. 20, <www.centerforfoodsafety.org/Monsantov-susfarmersreport.cfm>.

＊4 Daniel CHARLES, *Lords of the Harvest, op. cit.*, p.185.

＊5 *Ibid.*, p. 155.

＊6 *Ibid.*, p. 187.

＊7 Rich WEISS, «Seeds of discord : Monsanto's gene police raise alarm on farmer's rights, rural tradition», *The Washington Post*, 1999年2月3日.

＊8 CENTER FOR FOOD SAFETY, *Monsanto vs. U.S Farmers, op. cit.*

＊9 *The Chicago Tribune*, 2005年1月14日.

＊10 «Lawsuits filed against American farmers by Monsanto». ソースは以下．Administrative Office of the US Courts, <http://pacer.uspci.uscourts.gov>.

＊11 以下で引用されている．Daniel CHARLES, *Lords of the Harvest, op. cit.*, p. 187.

＊12 *Ibid.*

＊13 Rich WEISS, «Seeds of discord», *loc. cit.*

＊14 *Associated Fress*, 2004年4月28日.

＊15 以下で引用されている．le CFNTER FOR FOOD SAFETY, *Monsanto vs. U.S. FamieTS, op. cit.*, p. 44.

＊16 2001年4月6日の『クロップチョイス・ニュース』で，ロバート・シューマンが行なったインタビュー．

＊17 この話は以下で報告されている．Le Center for Food Safety, *op, cit.*, p. 23. さらに私はミッチェル・スクラグの弁護士，ジェイムズ・ロバートソンと話した．彼は，モンサントの社員によって行なわれた処置の映像をもっていた．

＊18 *AswcicitedPress*, 2003年5月10日.

＊19 Andrew MARTIN, «Monsanto "ruthless" in suing farmers, food group says», *Chicago Tribune*, 2005年1月14日. この記事によれば，モンサントがこの日に起こした90の訴訟のうち，46がセントルイスにおけるものだった．

＊20 *St Louis Business Journal*, 2001年12月21日.

＊21 <http://record.wustl.edu/archive/2000/10-09-00/artides/]aw.html>.

＊22 <www.populist.com/02.18.mcnuiïen.ntml>.

＊23 Hervé KEMPF, «Percy Schmeiser, un rebelle contre les OGM», *Le Monde*, 2002年10月17日.

＊24 この事件の詳細を報告しているパーシー・シュマイザーのサイトを見るようお勧めする．<www.percyschmeiser.com/>.

＊25 Hervé KEMPF, «Le trouble d'une plaine du Saskatchewan>», *Le Monde*, 2000年1月26日.

＊26 *Toronto Star* et *Star Phénix*, 2000年6月6日.

＊27 Hervé KEMPF, «Percy Schmeiser, un rebelle confie les OGM», *loc. cit.*

＊28 «Monsanto Canada Inc. v. Percy Schmeiser», 2001年3月29日, p. 51-55 (*Star Phénix*, 2001年3月30日).

＊29 *The Washington Post*, 2001年3月30日.

＊30 以下で引用されている．Hervé KEMPF, «Percy Schmeiser, un rebelle contre les OGM», *loc. cit.*

＊31 *The Sacramento Bee*, 2004年5月22日.

＊32 *Ibid.*

＊33 MONSANTO Co., *The Pledge Report 2001-2002*, p. 19, <www.monsanto.com/monsanto/ contont/media/pubs/dialogue-plcdge.pdf>.

＊34 *CBC News and Carrent Affairs*, 2001年6月21日.

＊35 Canadian Bar Association's annual conference, 2001年8月.

＊19 Laurie FLYNN et Michael Sean GILURD, «Pro-GM food scientist "threatened editor"», *loc. cit.*
＊20 Andrew ROWELL, «The sinister sacking of the world's leading GM expert – and the trail that leads to Tony Blair and the White House», *The Daiïy Mail*, 2003年7月7日.
＊21 Rapport annuel 1997 de Monsanto（以下で引用されている．*The Washington Post*, 1999年11月1日）.
＊22 *The New Yorker*, 2000年4月10日.
＊23 *The Ecologist*, 1998年9月・10月.［邦訳：前掲『遺伝子組み換え企業の脅威』］
＊24 Hervé KEMPF, *La Guerre secrète des OGM, op. cit.*, p. 110.
＊25 *The New Yorker*, 2000年4月10日.
＊26 «Growth through global sustainability. An interview with Robert Shapiro, Monsanto's CEO», *Harvard Business Review*, 1997年1月1日.
＊27 *Ibid.*
＊28 «Interview Robert Shapiro : can we trust the maker of Agent Orange to genetically engineer our food?», *Business Ethics*, 1997年1～2月.
＊29 英語を読める読者には，たいへん面白い以下の記事をお勧めしたい．Michael SPECTER, «The pharmaggedon riddle», *The New Yorker*, 2000年4月10日.
＊30 «Interview Robert Shapiro : can we trust the maker of Agent Orange to genetically engineer our food ?», *loc. cit.*
＊31 *The Ecologist*, 1998年9月・10月.［邦訳：前掲『遺伝子組み換え企業の脅威』］
＊32 以下に引用されている．Daniel CHARLES, *Lords ofthe Harvest, op. cit.*, p. 119.
＊33 *Ibid.*, p. 120.
＊34 *Ibid.*, p.179.
＊35 *Ibid.*, p. 151.
＊36 *Ibid.*, p.177.
＊37 *Ibid.*, p. 200.
＊38 *Chemistry and industry*, 1998年7月20日.
＊39 *The Daily Telegraph*, 1998年6月7日.
＊40 Associated Press, 1998年6月7日.
＊41 Reuters, 1998年8月11日配信．1999年2月，この会社は最終的に虚偽広告のために有罪を言い渡された（*The Guardian*, 1999年2月28日）．総計で30の告訴が提出された…….
＊42 *The Ecologist*, 1998年9月・10月.［邦訳：前掲『遺伝子組み換え企業の脅威』］．同特集のフランス語版を，フランスの週刊誌『クリエール・インターナショナル』が1999年7月1日号に掲載した．これに対しモンサントは反論権を要求し，同年7月29日号に掲載された．そこでは次のように反論している．「オレンジ剤に関することで『エコロジスト』誌の執筆者は，アメリカ軍とその他の機関によって数年間にわたって実施された徹底的な研究において，この枯葉剤と結びつき得るような健康に対する有害効果は存在しないことが示されたことを指摘するのを忘れている」.
＊43 *The Gardian*, 1998年9月29日.
＊44 Justin GAUS et Anne SWARDSON, «Crop busters take on Monsanto backlash against biotech foods exacts a high price», *The Washington Post*, 1999年10月27日. 1999年10月26日のニューヨーク証券市場でのモンサントの株価は，1998年8月に62.72ドルであったのに対し, 39.18ドルであった.
＊45 Véronique LORELLE, «L'arrogance de Monsanto a mis à mal son rêve de nourrir la planète», *Le Monde*, 1999年10月8日.
＊46 Justin GILLIS et Anne SWARDSON, «Crop busters take on Monsanto backlash against biotech foods exacts a high price», *loc. cit.*
＊47 Michael WATKINS, «Robert Shapiro and Monsanto», Harvard Business School, 2003年1月2日.
＊48 Véronique LORCILE, «Le patron de Monsanto, prophète des OGM, démissionne pour cause de mauvais résultats», *Le Monde*, 2002年12月20日. 2002年，この企業は17億ドルの純損失を記録した.

●第10章

＊1 生物特許をめぐるさらなる詳細について

cally modified plant materials», *Nutrition and Health*, vol. 17, 2003.

＊40 Bruce HAMMOND, John VICINI, Gary HARTNELL, Mark NAYLOR, Christopher KNIGHT, Edwin ROBINSON, Roy PUCHS, Stephen PADGETTE, «The feeding value of soybeans fed to rats, chickens, catfish and dairy cattle is not altered by genetic incorporation of glyphosate tolerance», *The Journal of Nutiition*, 1996年4月, vol. 126, n° 3, p. 717-727.

＊41 Manuela MALATESTA *et alii*, «Ultrastructural analysis of pancreatic acinar cells from mice fed on genetically modified soybean», *Journal of Anatomy*, Vol. 201, 2002年11月, p. 409-415 ; Manuela MALASTESTA *et alii*, «Fine structural analyses of pancreatic acinar cell nuclei from mice fed on genetically modified soybean», *European Journal of Histachemistrv*, 2003年10 ～ 12月, p. 385-388. また以下も参照. «Nouveaux soupçons sur les OGM», *Le Monde*, 2006年2月9日.

◉第9章

＊1 以下を参照. François DUFOUR, «Les savants fous de l'agroallmentaire», *Le Monde diplomatique*, 1999年7月. 注記しておくと, 1996～97年のキャンペーンにあたり, この3つの油料作物のフランスの自給率は22%であった…….

＊2 «Scientist's potato alert was false, laboratory admits», *Times*, 1998年7月13日.

＊3 «Doctor's monster mistake», *Scottish Daily record &Sunday Mail*, 1998年10月13日.

＊4 *Daily Telegraph*, 1999年6月10日.

＊5 «Le transgénique, la pomme de terre et le soufflé médiatique», *Le Monde*, 1998年8月15日.

＊6 «Genetically modified organisms. Audit report of rowett research on lectins», Press release, Rowlett Institute, 1998年10月28日.

＊7 *The Giiardian*, 1999年2月12日 ; «Le rat et la patate, chronique d'un scandale britannique», *Le Monde*, 1999年2月17日 ; «Peer review vindicates scientist let go for "improper" warning about genetically modified food», *Natural Science Journal*, 1999年3月11日.

＊8 *The Scotsman*, 1998年8月13日.

＊9 «Testimony of Professor Phillip James and Dr. Andrew Chesson», Examination, of witnesses, Question 247, 1999年3月8日, <www.parliament.the-stationery-offlce.co.uk/pa/cml99899/cmselect/cmsctech/286/9030817.htm>.

＊10 «Loss of innocence : genetically modified food», *New Statesment*, 1999年2月26日, p. 47（以下で引用されている. Jeffrey SMITH, *Seeds of Deception, op. cit.*, p. 24）.

＊11 «Furor food : the man with the worst job in Britain», *The Observer*, 1999年2月21日.

＊12 以下で引用されている. Jeffrey SMITH, *Seeds of Deception, op. at.*, p. 24.［邦訳：前掲『偽りの種子』］

＊13 «People distrust government on GM foods», *Sunday Indépendant*, 1999年5月23日.

＊14 «Labour's real aim on GM food», *Sunday Indépendant*, 1999年5月23日.

＊15 Dr Stanley William Barclay Ewenが提出したメモ, Department of Pathology, University of Aberdeen, 1999年2月26日, <www.parliament.the-stationery-office.co.uk/pa/cml99899/cmselect/crosctecn/286/9030804.htm>.

＊16 Laurie PLYNN et Michael Sean GILLARD, «Pro-GM food scientist "threatened editor"», *The Guardian*, 1999年11月1日.

＊17 Stanley EWAN et Arpard PUSZTAI, «Effects of diets containing genetically modified potatoes expressing Galanthus Nivalis lectin on rat small intestines», *The Lancet*, v° 354, 1999, p.1353-1354.

＊18 Steve CONNOR, «Scientists revolt at publication of "flawed GM study"», *The Indépendant*, 1999年10月11日（以下で引用されている. Hervé KEMPF, *La Guêtre secrète des OGM, op. cit.*, p. 181）.

＊17 Douglas Gurian-Sherman, «Holes in the biotech safety nest. FDA Policy does not assure the safety of genetically engineered foods», Center for Science in the Public Interest, Washington, 2001.

＊18 «Pathology branch's evaluation of rats with stomach lesions from three four-week oral (gavage) toxicity studies/Flavr Savr tomato», memorandum du docteur Fred Hines au docteur Linda Kahl, 1993年6月16日, <www.biointegrity.org/FDAdocs/18/view1.html>.

＊19 <www.biointegrity.org/FDAdocs/19/view1.html>.

＊20 <wivw.ilsi.org>.

＊21 Sarah Boseley, «WHO "infiltrated by food industry"», *The Gwrdian*, 2003年1月9日.

＊22 International Food Biotechnology Council, «Biotechnologies and food : assuring the safety of foods produced by genetic modification», *Regulatory Toxicology and Pharmacology*, vol. 12, n° 3, 1990, <www.ilsi.org/AboutILSI/IFBIC>.

＊23 «Statement of policy : foods derived from new plant varieties», *loc. cit.*, p. 23003.

＊24 Jeffrey M. Smith, *Seeds of Deception, op. cit.* ; *Genetic Roulette, op. cit.*

＊25 «Monsanto employees and government regulatory agencies are the same people!», *Green Block*, 2000年12月8日, <www.purefood.org/Monsanto/revolvedoor.cfm>. また以下も参照. *Agribusiness Examiner Newsletter*, 1999年6月16日. *The Washington Post*, 2001年2月7日.

＊26 Philip Mattcra, «USDA ICN : how agribusiness has hijacked regulatory policy at the US Department of Agriculture», 2004年7月23日, オハマ（ネブラスカ）で行なわれた以下の会議での報告. la conférence sur les aliments et l'agriculture de l'Organisation des marchés compétitifs.

＊27 *St. Louis Post-Dispatch*, 1999年5月30日.

＊28 Federal News Service, «Remarks of Secretary of Agriculture Dan Glickman before the Council for Biotechnology Information», 2000年4月18日.

＊29 Dan Glickman, «How will scientists, farmers and consumers learn to love biotechnology and what happens if they don't?», 1999年7月13日, <www.usda.gov/news/releases/1999/07/0285>.

＊30 <www.ratical.org/co-gïobalize/MonsantoRpt. html>.

＊31 Judith C. Juskevich et C. Greg Guyer, «Bovine growth hormone : human food safety evaluation», *Science*, vol. 249, 1990年8月24日, p. 875-884 (第5章参照).

＊32 Erik Millstone, Eric Brunner, Sue Mayer, «Beyond substantial equivalence», *Nature*, 1999年10月7日.

＊33 Stephen Padgette, Nancy Biest Taylor, Debbie Nida, Michele Bailey, John Macdonald, Larry Holden, Roy Fuchs, «The composition of glyphosate-tolerant soybean seeds is equivalent to that of conventional soybeans», *The Journal of Nutrition*, vol. 126, n° 4, 1996年4月.

＊34 Barbara Keeler, Marc Lappé, «Some food for FDA regulation», *Los Angeles Times*, 2001年1月7日.

＊35 Marc Lappé, Britt Baylev, Chandra Childress, Kenneth Setchfll, «Alterations in clinically important phytoestrogens in genetically modified, herbicide-tolerant soybeans», *Journal of Medicinal Food*, vol. 1, n° 4, 1999年7月1日.

＊36 <www.monsanto.co.uk/news/ukshowlib.phtml?uid=1612>. この冊子には1999年6月23日の日付があることに注意.

＊37 Marc Lappé et Britt Bailey, *Against the Grain. Biotechnology and the Corporate Takeover of your Food*, Common Courage Press, Monroe, 1998.

＊38 *The New York Times*, 1998年10月25日.

＊39 Ian Pryme et Rolf Lembcke, «*In vivo* studies on possible health consequences of genetically modified food and feed-with particular regard to ingredients consisting of geneti-

Public/ Home/index.cfm>.

＊34 HOUSE OF REPRESENTATIVES, *FDA's Regulation of the Dietary Supplement L-Tryptophan,* Human Resources and Intergovernmental Subcommittee of the Committee on Government Operations, U.S. House of Representatives, Washington, D.C., 1991.

＊35 Arthur N. MAYFNO et Gerald J, GLEICH, «Eosinophilia myalgia syndrome and tryptophan production : a cautionary tale», *Trends Biotechnology*, vol. 12, 1994, p. 346-352.

＊36 以下で引用されている．Jeffrey M. SMITH, *Genetic Roulette, op. cit.*, p. 61.

＊37 とくに以下を参照．«Information paper on L-tryptophan and 5-hydroxy-L-tryptophan», U.S. Food and Drug Administration, Office of Nutritional Products, Labeling and Dietary Supplements, 2001年2月, <http://vm.cfsan.fda.gov/%7Edms/ds-trypl.html>.

＊38 ビル・ライデンとミッチェル・バーナードとの会談についての，ジェームズ・マリアンスキーのメモ，FDA，1991年11月27日.

＊39 FOOD AND DRUG ADMINISTRATION, «Statement of policy : foods derived from new plant varieties», *loc. cit*, p. 22991.

＊40 Jeffrey M. SMITH, *Genetic Roulette, op. cit.*, p. 61.

◉第8章

＊1 <www.biointegrity.org>.

＊2 とくに，1999年11月30日にFDAでスティーブン・ドラッカーが行なった証言を参照．«Why FDA policy on genetically engineered foods violates sound science and US law», Panel on Scientific Safety and Regulatory Issues, <www.psrast.org/dmkeratfda.htm>.

＊3 この訴訟は，以下の名前で登録された．«Alliance for Bio-integrity v. Shalala *et al.*»

＊4 *The New York Times*, 2000年10月4日.

＊5 «Genetically engineered foods», *FDA Consumer*, 1993年1〜2月, p. 14.

＊6 <iwvw.biointegrity.org/list.htnil>.

＊7 «Memorandum from the PDA Division of Food Chemistry & Technology to James Maryanski, FDA Biotechnology Coordinator», 1991年11月1日.

＊8 Samuel SHIBKO, «Memorandum to Dr. James Maryanski. Subject : revision of toxicology section of the statement of policy : foods derived from genetically modified plants», 1992年1月31日, <www.blointegrity.org/ PDAdocs/03/view1.html>.

＊9 Gerald GUEST, «Memorandum to Dr. James Maryanski. Subject : regulation of transgenic plants, FDA draft Federal Register notice on food biotechnology», 1992年2月5日， <www.biointegrity.org/FDAdocs/08/view1.html>.

＊10 Louis PRIBYL, «Comments on biotechnology draft document», 1992年2月27日, <www.biointegrity.org/FDAdocs/04/view1.html>.

＊11 ジェームズ・マリアンスキーから，カナダ食品評議会議長ビル・マレーへの手紙，1991年10月23日，<www.biointegrity.org/FDAdocs/06/view1.html>.

＊12 Linda KAHL, «Memorandum to James Maryanski, FDA Biotechnology Coordinator», 1992年1月8日, <www.biointegrity.org/FDAdocs/01/view1.html>.

＊13 «Statement of policy : foods derived from new plant varieties», *loc. cit.*, p. 23000 (point 17d).

＊14 Michael HANSEN et Jean HAUORAN, «Why we need labeling of genetically engineered food», *Consumers International*, Consumer Policy Institute, 1998年4月．そして «Compilation and analysis of public opinion polls on genetically engineered foods», Center for Food Safety, 1999年2月11日.

＊15 *Time Magazine*, 1999年2月11日.

＊16 «Citizen Petition before the United States Food and Drug Administration», 2000年3月21日，<www.fda.gov/ohrms/dockets/dailys/ 00/mar00/032200/cp00001.pdf>.

Business, *CEO series issues*, nº 37, 2000年2月.

＊4 以下で引用されている．Hervé KEMPF, *La Guerre secrète des OGM, op. cit.*, p. 23.

＊5 *Ibid.*, p. 25.

＊6 Susan WRIGHT, *Molecular Politics. Developing American and British Regulatory Policy for Genetic Engineering, 1972-1982*, University of Chicago Press, Chicago, 1994, p. 107（以下で引用されている．Hervé KEMPF, *La Guerre secrète des OGM, op. cit.*, p, 49）.

＊7 Daniel CHARLES, *Lords of the Harvest*, Basic Books, New York, 2002, p. 24.

＊8 以下で引用されている．Hervé KEMPF, *La Guerre secrète des OGM, op. cit.*, p. 57.

＊9 以下で引用されている．Daniel CHARLES, *Lords of the Harvest, op. cit.*, p. 38.

＊10 *Ibid.*, p.37.

＊11 Luca COMAI *et alii*, «Expression in plants of a mutant aroA gène rrom Salmonella typhimurium confers tolerance to glyphosate», *Nature*, nº 317, 1985年10月24日, p. 741-744.

＊12 以下で引用されている．Daniel CHARLES, *Lords of the Harvest, op. cit.*, p. 67.

＊13 Stephanie SIMON, «Biotech soybeans plant seed of risky revolution», *The Los Angeles Times*, 2001年7月1日.

＊14 *Ibid.*

＊15 *Crop Choice News*, 2003年11月16日.

＊16 以下で引用されている．Daniel CHARLES, *Lord of the Harvest, op. cit.*, p. 75.

＊17 Stephanie SIMON, «Biotech soybeans plant seed of risky revolution», *loc. cit.*

＊18 Arnaud AFOTHIKFR, *Du poisson dans les fraises, op. cit.*, p. 36-37.

＊19 Kurt EICHENWALD, Gina KOLATA et Melody PETERSON, «Biotechnology food : from the lab to a debacle», *The New York Times*, 2001年1月25日.

＊20 *Coordinated Framework for Regulation of Biotechnology*, Office of Science and Technology Policy, 51 FR 23302, 1986年6月26日, <http://usbiotechreg.nbii.gov/CoordinatedFrame-workForRegulationOfBiotechnolog>.

＊21 Kurt EICHENWALD, Gina KOLATA et Melody PETERSON, «Biotechnology food : from the lab to a debacle», *loc. cit.*

＊22 *Ibid.*

＊23 Daniel CHARLES, *Lords of the Harvest, op. cit.*, p. 28.

＊24 Kurt EICHENWALD, Gina KOLATA et Melody PETERSON, «Biotechnology food : from the lab to a debacle», *loc. cit.*

＊25 以下で引用されている．Jeffrey M. SMITH, *Seeds of Deception. Exposing Industry and Govemment Lies about the Safety of the Genetically Engineered Foods you're Eating*, Yes ! Books, Fairfield, 2003, p. 130.［邦訳：ジェフリー・M・スミス『偽りの種子――遺伝子組み換え食品をめぐるアメリカの嘘と謀略』野村有美子・丸田素子訳，家の光協会，2004年］

＊26 FOOD AND DRUG ADMINISTRATION, «Statement of policy : foods derived from new plant varieties», *Federal Register*, vol. 57, nº 104, 1992年5月29日, p. 22983.

＊27 *Ibid.*, p. 22985.

＊28 筆者とのインタビュー，2006年7月.

＊29 筆者とのインタビュー，2006年7月.

＊30 筆者とのインタビュー，2006年7月.

＊31 以下で引用されている．CHARLES, *Lord of the Harvest, op. cit.*, p. 143.

＊32 FAO, *Les Organismes génétiquement modifiés. les consommateurs, la sécurité des aliments et l'environnement*, Rome, 2001, <www.fao.org/DOCREP/003/X9602F/x9602f05.htm>.

＊33 Jeffrey M. SMITH, *Seeds of Deception, op. cit.*, p. 107-127.［邦訳：前掲『偽りの種子』］．同様に，同著者の以下の著作も参照のこと．*Genetic Roulette. The Documented Health Risks of Genetically Engineered Foods*, Chelsea Green Publishnig, White River, 2007, p. 60-61. ならびに以下のサイトを参照のこと．<www.seedsofdeception.com/

The New York Times, 2006年5月30日．合衆国の双生児出生率は1997年の1.89％から，2002年には3.1％まで上昇している（イギリスの2倍）．

＊14 «NIH technology assessment conference statement on bovine somatotropin», *Journal of the American Medical Association*, vol. 265, nº 11, 1991年3月20日, p. 1423-1425.

＊15 Council on Scientific Affairs, American Medical Association, «Biotechnology and the American agricultural industry», *Journal of the American Medical Association*, vol, 265, nº 11, 1991年3月20日, p. 1433.

＊16 Eliot Marshall, «Scientists endorse ban on antibiotics in feeds», *Science*, vol. 222, 1983年11月11日, p. 601.

＊17 Barry R. Bloom et Christopher J. L. Murray, «Tuberculosis : commentary on a re-emergent killer», *Science*, vol. 257, 1992年8月21日, p. 1055-1064.

＊18 Sharon Begley, «The end of antibiotics», *Newsweek*, vol. 123, 1994年3月28日, p. 47-52.

＊19 GAOは，牛乳における残留抗生物質問題についての特別報告書を作成した．そこでは，これら残留物を測定するために利用できる試験は，ほとんどないことが確認できる．FDAが用意している試験は4つにすぎず，そのうち1つはペニシリンの測定試験である．一方で，30種の薬品が乳牛の飼育では認可されており，62種が非合法に使用されている（GAO, *Food Safefy and Quality. FDA Strategy Needed to Adress Drugs Animal Residues in Milk*, GAO/PMED-92-26, 1992）．

＊20 Erik Millstone, Eric Brunner et Ian White, «Plagiarism or protecting public health ?», *Nature*, vol. 371, p. 647-648, 1994年10月20日.

＊21 Jeremy Rifkin, *Le Siècle biotech*, La Découverte, Paris, 1998［邦訳は『バイテク・センチュリー――遺伝子が人類，そして世界を改造する』ジェレミー・リフキン，鈴木主税訳，集英社，1999年］

＊22 サミュエル・エプスタインは，以下の記事で同様の怒りをすでに顕にしている．*The Los Angeles Times*, 1994年3月20日.

◉第6章

＊1 *Federal Register*, vol. 59, nº 28, 1994年2月10日, p. 6279.

＊2 <www.cfsan.fda.gov/~lrd/fr940210.html>.

＊3 この32頁からなるテクストに署名しているのは，以下の人物．Richard A. Merrill, Jess H. Stribling, Frederick H. Degnan.

＊4 *Capital Times*, 1994年2月19-20日.

＊5 *The Washington Post*, 1994年5月18日.

＊6 *The New York Times*, 2003年7月12日.

＊7 «Oakhurst to alter its label», *The Portland Press Herald*, 2003年12月25日.

＊8 Associated Press, 2005年2月18日.

＊9 Mark Kastel, «Down on the farm: the real BGH story animal health problems, financial troubles», <www.mindfully.org/GE/Down-On-The-Farm-BGH1995.htm>.

＊10 *Metroland*, 1994年8月11日.

＊11 *St. Louis Post-Dispatch*, 1995年3月15日.

＊12 彼らの物語は，以下の本で1章を割かれている．*Into the Buzzsaw. Leading Journalists Expose the Myth of a Free Press*, Prometheus Books, New York, 2002.

＊13 以下のサイトを参照．<www. foxbghsuit.com>.

◉第7章

＊1 Edward L, Tatum, «A case history in biological research», Nobel Lecture, 1958年12月11日（以下で引用されている．Hervé Kempf, *La Guerre secrète des OGM*, Seuil, Paris, 2003, p. 16）．

＊2 Arnaud Apotheker, *Du poisson dans les fraises*, La Découverte, Paris, 1999.

＊3 以下で引用されている．Robert Shapiro, «The welcome tension of technology : the need for dialog about agricultural biotechnology», Center for the Study of American

＊30 Christian Ménard, «Rapport fait au nom de la mission d'information sur les enjeux des essais et de l'utilisation des organismes génétiquement modifiés», Assemblée nationale, 2005年4月13日, <www.assemblee-nationale.fr/12/rap-info/i2254-t1.asp>.

＊31 Julie Marc, *Effets toxiques d'herbicides à base de glyphosate sur la régulation du cycle cellulaire et le développement précoce en utilisant l'embryon d'oursin, op. cit.*

＊32 Rick A, Relyea *et alii*, «Pesticides and amphibians : the Importance of community context», *Ecological Applications*, vol. 15, n°4, 2005年7月1日.

＊33 Université de Pittsburgh, 2005年4月1日の広報誌.

＊34 Hsin-Ling Lee *et alii*, «Clinical presentations and prognostic factors of a glyphosate surfactant herbicide intoxication : a review of 131 cases, *Academic Emergency Medicine*, 2000, vol. 7, n° 8, p. 906-910.

＊35 *Pesticides News*, n° 33, 1996年9月, p. 28-29.

＊36 Earthjustice Legal Defence Fund, «Spraying toxic herbicides on rural Colombian and Ecuadorian communities», 2002年1月15日, <www.mindfully.org/Pesticide/2002/Roundup-Human-Rights24jan02.htm>.

◉第5章

＊1 *The Los Angeles Times*, 1989年8月1日. 同じ頃にサミュエル・エプスタインは, 以下の科学論文を執筆している. «Potential public health hazards of biosynthetic milk hormones», *International Journal of Health Services*, vol. 20, n°1, 1990, p. 73-84.

＊2 サミュエル・エプスタインはまた新たな論文を発表している. «Questions and answers on synthetic bovine growth hormones», *International Journal of Health Services*, vol. 20, n° 4, 1990, p.573-582.

＊3 議会で使用されている用語は「knowing acts of non disclosure」および「reckless acts」(Samuel S, Epstein, *Testimony on White Collar Crime*, H. R. 4973, before the Subcommittee on Crime of the House Judiciary Committee, 1979年12月13日).

＊4 «FDA accused of improper ties in review of drug for milk cows», *The New York Times*, 1990年6月12日. .

＊5 Judith C. Juskevich et C. Greg Guyer, «Bovine growth hormone : human food safety evaluation», *Science*, vol. 249, n° 4971, 1990年8月24日, p. 875-884.

＊6 Frederick Bever, «Canadian Agency questions approval of cow drug by US», Associated Press, 1998年10月6日.

＊7 *Le Monde*, 1990年8月30日.

＊8 いくつかの情報源によれば, ホルモン注射を受けた牛から採られた牛乳に含まれるIGF-1濃度は, 天然牛乳で確認される濃度の2～10倍である. モンサントは, イギリスの機関への認可申請の中で,「5倍以上まで」の水準と述べている (T. Ben Mepham *et alii*, «Safety of milk from cows treated with bovine somatotropin», *The Lancet*, vol. 344, 1994年11月19日, p. 1445-1446).

＊9 C, Xian, «Degradation of IGF-1 in the adult rat gastrointestinal tract is limited by a specific antiserum or the dietary protein casein», *Journal of Endocrinology*, vol. 146, n° 2, 1995年8月1日, p. 215.

＊10 June M. Chan *et alii*, «Plasma insulin-like growth factor-1 [IGF-1] and prostate cancer risk : a prospective study», *Science*, vol. 279, 1998年1月23日, p. 563-566.

＊11 Susan E. Hankinson *et alii*, «Circulating concentrations of insulin-like growth factor 1 and risk of breast cancer», *The Lancet*, vol. 351, n° 9113, 1998, p.1393-1396.

＊12 *The Milkweed*, 2006年8月. この記事では, IGF-1と乳がんとのつながりに関して, 入手できるすべての科学的文献が調査されている.

＊13 *The Journal of Reproductive Medicine*, 2006年5月; *The Milkweed*, 2006年6月;

年4月.
＊13 Isabelle TRON, Odile PIQUET et Sandra COHUET, *Effets chroniques des pesticides sur la santé : état actuel des connaissances*, Observatoire régional de santé de Bretagne, 2001年1月.
＊14 Sheldon RAMPTON et John STAUBER, *Trust us, we're Experts ! How Industry Manipulates Science and Gambles with your Future*, Jeremy P. Tarcher/Putnam, New York, 2002.
＊15 Fabrice NICOLINO et François VEILLERETTE, *Pesticides, révélations sur un scandale français*, Fayard, Paris, 2007.
＊16 Julie MARC, *Effets toxiques d'herbicides à base de glyphosate sur la régulation du cycle cellulaire et le développement précoce en utilisant l'embryon d'oursin*, université de biologie de Rennes, 2004年9月10日.
＊17 Helen H. MCDUFFIE *et alii*, «Non-Hodgkin's lymphoma and specific pesticide exposures in men : cross-Canada study of pesticides and health», *Cancer Epidemiology Biomarkers and Prevention*, vol. 10, 2001年11月, p.1155-1163.
＊18 Lennart HARDELL, Michael ERIKSSON et Marie NORDSTRÖM, «Exposure to pesticides as risk factor for non-Hodgkin's lymphoma and hairy cell leukaemia : pooled analysis of two Swedish case-control studies», *Leukaemia and Lymphoma*, vol. 43, 2002, p. 1043-1049.
＊19 Anneclaire J. DE ROOS *et alii*, «Integrative assessment of multiple pesticides as risk factors for non-Hodgkin's lymphoma among men», *Occupational Environmental Medecine*, vol.60, n° 9, 2005.
＊20 Anneclaire J. DE ROOS *et alii*, «Cancer incidence among glyphosate-exposed pesticide applicators in the agricultural health study», *Environmental Health Perspectives*, vol. 113, 2005, p. 49-54.
＊21 Julie MARC, *Effets toxiques d'herbicides à base de glyphosate sur la régulation du cycle cellulaire et le développement précoce en utilisant l'embryon d'oursin, op. cit.*
＊22 ノール・パ・ド・カレー地域圏の資金提供によりリール・パスツール研究所が制作したレポート「植物・大気研究」は，これら除草剤が含む補助剤がもたらした問題についての確かな情報源である．<www.pasteur-lille.fr/images/lmages_accueil/Rapport%20 Phytoair.pdf>.
＊23 Institute for Science in Society, 2005年3月7日の広報誌.
＊24 Julie MARC, Odile MULNER-LORILLON et Robert BELLÉ, «Glyphosate-based pesticides affect cell cycle regulation», *Biology of the Cell*, vol. 96, 2004, p. 245-249.
＊25 Tye E. ARBUCKLE, Zhiqiu LIN et Leslie S. MERY, «An exploratory analysis of the effect of pesticide exposure on the risk of spontaneous abortion in an Ontario farm population», *Environmental Health Perspectives*, vol. 109, 2001年8月1日, p. 851-857.
＊26 John F. ACQUAVELLA *et alii*, «Glyphosate biomonitoring for farmers and their families results from the farm family exposure study», *Environmental Health Perspectives*, vol. 112, 2004, p. 321-326.
＊27 Lance P. WALSH, «Roundup inhibits steroidogenesis by disrupting steroidogenic acute regulatory (StAR) protein expression», *Environmental Health Perspectives*, vol.108, 2004, p. 769-776.
＊28 Eliane DALLEGRAVE *et alii*, «The teratogenic potential of the herbicide glyphosate Roundup® in Wistar rats», *Toxicology Letters*, vol. 142, 2003, p. 45-52.
＊29 Gilles-Éric SÉRALINI *et alii*, «Differential effects of glyphosate and Roundup on human placental cells and aromatase», *Environmental Health Perspectives*, vol. 113, n° 6, 2005年2月25日 ; Nora BENACHOUR *et alii*, «Time- and dose-dependent effects of Roundup on human embryonic and placental cells», *Archives of Environmental Contamination and Toxicology*, vol. 53, n° 1, 2007年7月, p. 126-133.

＊36 Monsanto Australia Ltd, «Axelson and Hardell. The odd men out», Submission to the Royal Commission on the Use and Effects on Chemical Agents on Australian Personnel in Vietnam, Monsanto Australia Limited, Exhibit 1881, 1985.

＊37 以下で引用されている． Lennart Hardell, Mikael Eriksson et Olav Axelson, «On the misinterpretation of epidemiological evidence, relating to dioxin-containing phenoxyacetic acids, chlorophenols and cancer effects», *New Solutions*, 1994年春.

＊38 Richard Doll et Richard Peto, «The causes of cancer : quantitative estimates of avoidable risks of cancer in the United States today», *Journal of the National Cancer Institute*, vol. 66, n° 6, 1981年6月, p. 1191-1308.

＊39 «Renowned cancer scientist was paid by chemical firm for 20 years», *The Guardian*, 2006年12月8日.

＊40 Lennart Hardell, Martin J. Walker, Bo Wahljalt, Lee S. Friedman et Elihu D. Richter, «Secret ties to industry and conflicting interests in cancer research», *American Journal of Industrial Medicine*, 2006年11月3日.

＊41 二分脊椎症（スピナ・ビフィダ．ラテン語で「二つに割れた脊柱」の意）は，いくつかの椎骨が胎生期に正しく形成されなかったことによる脊椎の欠陥である．脊髄と脳髄膜とに空隙が生じる．

＊42 Arnold Schekter, Hoang Trong Quynh, Marian Pavuk, Olaf Papke, Rainer Malisch, John D. Constable, «Food as a source of dioxin exposure in the residents of Bien Hoa City, Vietnam», *Journal of Occupational and Environmental Medicine*, vol. 45, n° 8, 2003年8月, p. 781-788.

＊43 Le Cao Dai *et alïi*, «A comparison of infant mortality rates between two Vietnamese villages sprayed by defoliants in wartime and one unsprayed village», *Chemosphere*, vol. 20, 1990年8月, p. 1005-1012.

＊44 *New Scientist*, 2005年3月20日.

＊45 *The New York Times*, 2005年3月10日.

＊46 *Corpwatch*, 2004年11月4日.

◉第4章

＊1 <www.roundup-jardin.com/page.php?rub=service_roundup_roundup>.

＊2 *Sustainable Agriculture Week*, vol. 3, n° 7, 1994年4月11日, Institute for Agriculture and Trade Policy, Minneapolis.

＊3 *Problems Palgue the EPA Pesticide Registration Activities*, US Congress, House of Representatives, House Report 98-1147, 1984.

＊4 EPA, Office of Pesticides and Toxic Substances, *Summary of the IBT Review Program*, Washington, 1983年7月.

＊5 EPA, *Data Validation. Memo from K. Locke, Toxicology Branch, to R. Taylor, Registration Branch*, Washington, 1978年8月9日.

＊6 EPA, Communications and Public Affairs, *Note to Correspondents*, Washington, 1991年3月1日.

＊7 *The New York Times*, 1991年3月2日.

＊8 *Ibid.*

＊9 «Testing fraud. IBT and Craven Laboratories», 2005年6月, <www.monsanto.com/pdf/products/roundup_ibt_craven_bkg.pdf>.

＊10 Caroline Cox, «Glyphosate factsheet», *Journal of Pesticide Reform*, vol. 108, n° 3, 1998年秋, <www.mindfully.org/Pesticide/Roundup-Glyphosate-Factsheet-Cox.htm>. この非常によく書かれた記事には，ラウンドアップにより生じた問題すべてが大変見事にまとめられている．

＊11 <www.mindfully.org/Pesticide/Monsanto-v-AGNYnov96.htm>.

＊12 Attorney General of the State of New York, Consumer Frauds and Protection Bureau, Environmental Protection Bureau, *In the Matter of Monsanto Company, Respondent. Assurance of Discontinuance Pursuant to Executive Law § 63 (15)*, New York, 1998

＊19 «Key dioxin study, a fraud, EPA says», *Carleston Gazette*, 1990年3月23日.

＊20 Case opening, EPA, n° 90-07-06-101 (10Q), 1990年8月20日. Cate JENKINS, «Cover-up of dioxin contamination in products, falsification of dioxin health studies», 1990年11月15日, EPA, <www.mindfully.org/Pesticide/Monsanto-Coverup-Dioxin-USEPA15nov90.htm>

＊21 Cate Jenkins *v*. EPA, Case n° 92-CAA-6 before the Department of Labor Office of Administrative Law Judges, Complainant's Post-Hearing Brief, 1992年11月23日.

＊22 US Department of Labor, Washington, 1994年5月18日 (Case n° 92-CAA-6).

＊23 Jenkins *v*. EPA, transcript 1992年9月29日.

＊24 *The Washington Post*, 1990年5月17日.

＊25 Elmo R. ZUMWALT Jr., «Report to the secretary of the Department of veterans affairs on the association between adverse health effects and exposure to Agent Orange», 1990年5月5日, <www.gulfwarvets.com/ao.html>.

＊26 «A cover-up on Agent Orange ?», *Time*, 1990年7月23日.

＊27 Thomas DASCHLE, «Agent Orange Hearing», Congressional Record, S 2550, 1989年11月21日, <www.iom.edu/Object.File/Master/38/545/Petrou%20Agent%20 0range%20 Statem>

＊28 Alfred M. THIESS, R. FRENTZEL-BEYME et R. LINK, «Mortality study of persons exposed to dioxin in a trichlorophenol-process accident that occurred in the BASF AG on November 17, 1953», *American Journal of Industrial Medicine*, vol. 3, n°2, 1982, p. 179-189.

＊29 Stephanie WANCHINSKI, «New analysis links dioxin to cancer», *New Scientist*, 1989年10月28日. この不正行為は同じく, 1989年9月17日から22日に, トロントで行なわれたダイオキシン会議の際に, フリードマン・ローレダーにより公表された.

＊30 R. C. BROWNSON, J. S. REIF, J. C. CHANG, J. R. DAVIS, «Cancer risks among Missouri farmers», *Cancer*, vol. 64, n° 11, 1989年12月1日, p. 2381-2386.

＊31 Aaron BLAIR, «Herbicides and non-Hodgkin's lymphoma : new evidence from a study of Saskatchewan farmers», *Journal of the National Cancer Institute*, vol. 82, 1990, p. 544-545.

＊32 Pier Alberto BERTAZZI *et alii*, «Cancer incidence in a population accidentally exposed to 2,3,7,8-Tetrachlorodibenzo-PARA-dioxn», *Epidemiology*, vol. 4, 1993年9月, p. 398-406.

＊33 Lennart HARDELL et A. SANDSTROM, «Case-control study : soft tissue sarcomas and exposure to phenoxyacetic acids or chlorophenols», *British Journal of Cancer*, vol. 39, 1979, p. 711-717; Mikael ERIKSSON, Lennart HARDELL, N.O. BERG, T. MOLLER, Olav AXELSON, «Soft tissue sarcoma and exposure to chemical substances : a case referent study», *British Journal of Industrial Medicine*, vol. 38, 1981, p. 27-33 ; Lennart HARDELL, Mikael ERIKSSON, P. LENNER, E. LUNDGREN, «Malignant lymphoma and exposure to chemicals, especially organic solvents, chlorophenols and phenoxy acids», *British Journal of Cancer*, vol, 43, 1981, p 169-176; Lennart HARDELL et Mikael ERIKSON, «The Association between soft-tissue sarcomas and exposure to phenoxyacetic acids : a new case referent study». *Cancer*, vol. 62, 1988, p.652-656.

＊34 Royal Commission on the Use and Effects of Chemical Agents on Australian Personnel in Vietnam, *Final Report*, vol. 1-9, Australian Government Publishing Service, Canberra, 1985.

＊35 «Agent Orange : the new controversy. Brian Martin looks at the royal commission that acquitted Agent Orange», *Australian Society*, vol. 5, n° 11, 1986年11月, p, 25-26.

Washington Post, 1990年11月30日).

＊23 Plaintiffs Brief, 1989年10月3日. 以下も参照のこと. Robert ALLEN, *The Dioxin Wars*, *op. cit*.

＊24 Judith A. ZACK et Raymond R. SUSKIND, «The mortality experience of workers exposed to tetrachlorodibenzodioxin in a trichlorophenol process accident», *Journal of Occupational Medicine*, vol. 22, n° 1, 1980, p. 11-14 ; Judith A. ZACK et William R. GAFFEY, «A mortality study of workers employed at the Monsanto Company plant in Nitro, West Virginia», *Environmental Science Research*, vol. 26, 1983, p. 575-591 ; Raymond R. SUS KIND et Vicki S. HERTZBERG, «Human health effects of 2,4,5-T and its toxic contaminants», *Journal of the American Medical Association*, vol. 251, n° 18,1984, p. 2372-2380.

＊25 Peter SCHUK, *Agent Orange on Trial. Mass Toxic Disasters in the Courts*, Harvard University Press, Cambridge (Ma.), 1987, p. 86-87, 155-164. ベトナムで使用されたオレンジ剤の29.5%がモンサントに, 28.6%がダウ・ケミカルによって生産された. しかし, モンサントの生産したオレンジ剤には, ダウ社より47倍ものダイオキシンを含むものが見つかっている.

◉第3章

＊1 *Wall Street Journal*, eastern edition, 1987年1月 (私が入手したコピーでは日付が判明できなかった).

＊2 *North Eastrm Reporter*, 2d Series, p, 1340 III.

＊3 Kemner v. Monsanto, Plaintiffs Brief, 1989年10月3日.

＊4 Marilyn FINGERHUT, «Cancer mortality in workers exposed to 2,3,7,8-tetrachlorodibenzo-p-dioxin», *New England Journal of Medicine*, vol. 324, n° 4, 1991年1月24日, p.212-218.

＊5 Anthony B, MILLER, «Public health and hazardous wastes», *Environmental Epidemiology*, vol. 1, National Academy Press, Washington, 1991, p.207.

＊6 Joe THORNTON, *Science for Sale*, *op. cit*.

＊7 Raymond R. SUSKIND, «Testimony and cross examination», in Boggess *et alii* v. Monsanto, Civil n°s 81-2098-265, *et seq* (USDC S.D. W.VA), 1986.

＊8 Alastair HAY et Ellen SILBERBERG, «Dioxin exposure at Monsanto», *Nature*, vol. 320, 1986年4月17日, p. 569.

＊9 Judith A. ZACK et William R. GAFFEY, «A mortality study of workers employed at the Monsanto company plant in Nitro, West Virginia», *loc. cit*.

＊10 Alastair HAY et Ellen SILBERBERG, «Assessing the risk of dioxin exposure», *Nature*, vol, 315, 1985年5月9日, p. 102-103.

＊11 *Report of Proceedings. Testimony of Dr. George Roush*, Kemner v. Monsanto Company, Civil n° 80-L-970, Curcuit Crt, St. Clair County, Illinois, 1985年7月8日, p. 1-147 ; 1985年7月9日, p. 1-137.

＊12 Kemner v. Monsanto, Plaintiffs Brief, 1989年10月3日.

＊13 *Harrowsmith*, 1990年3-4月.

＊14 EPA, *Drinking Water Criteria Document for 2,3,7,8-Tetraclhlorodibenzo-p-dloxin*, Office of Research and Development, Cincinnati, ECAO-CIN-405, 1988年4月.

＊15 Cate JENKINS, «Memo to Raymond Loehr : Newly revealed fraud by Monsanto in an epidemiological study used by EPA to assess human health effects from dioxins», 1990年2月23日.

＊16 «Sentinel at the EPA. An interview with William Sanjour by Dick Carozza», *Fraud Magazine*, 2007年9-10月. <www.fraud-magazine.com/FeatureArticle.aspx>.

＊17 控訴審での判決は以下のページに載っている <www.whistleblowers.org/sanjourcase.htm>.

＊18 William SANJOUR, *The Monsanto Investigation*, 1994年7月20日, <http://pwp.lincs.net/sanjour/monsanto.htm>

2001Dec31>.
＊15 *Anniston Star*, 2002年2月23日.
＊16 *Anniston Star*, 2003年8月8日, *Wall Street Journal*, 2003年8月21日.
＊17 «US : General Electric workers sue Monsanto over PCBs», *Reuters*, 2006年1月4日.
＊18 *The Ecologist*, 2007年3月22日, *Sunday Times*, 1973年6月3日.

◉第2章

＊1 Renate D. KIMBROUGH, «Epidemiology and pathology of a tetrachlorodibenzodioxin poisoning episode», *Archives of Environmental Health*, 1977年3-4月, および *The Lancet*, 1977年4月2日, p. 748.
＊2 *The New York Times*, 1974年8月28日.
＊3 Coleman D. CARTER, «Tetrachlorodibenzodioxin : an accidental poisoning episode in horse arenas», *Science*, 1975年5月16日.
＊4 以下を参照. Robert REINHOLD, «Missouri now fears 100 sites could be tainted by dioxin», *The New York Times*, 1983年1月18日.
＊5 *The New York Times*, 1983年8月13日, 1983年11月18日, 1983年11月29日, 1983年12月1日.
＊6 James TROYER, «In the beginning : the multiple discovery of the first hormon herbicides», *Weed Science*, nº 49, 2001, p. 290-297.
＊7 Raymond R. SUSKIND *et alii*, «Progress report. Patients from Monsanto Chemical Company, Nitro, West Virginia», *Unpublished Kettering Report*, 1950年7月20日.
＊8 J. KIMMIG et Karl Heinz SCHULZ, «Berufliche akne (sog. chlorakne) durch chlorierte aromatische zyklische äther [Occupational acne (so-called Chloracne) due to chlorinated aromatic cyclic ether]», *Dermatologia*, nº 115, 1957, p. 540-546.
＊9 Peter DOWNS, «Cover up : story of dioxin seems intentionally murky», *St. Louis Journalism Review*, 1998年6月1日. 以下も参照のこと. Robert ALLEN, *The Dioxin Wars. Trues and Lies about a Perfect Poison*, Pluto Press, Londres, 2004.
＊10 «The Monsanto Files», *The Ecologist*, 1998年9／10月, <http://web.archive.org/web/20000902182550/www.zpok.hu/mirror/ecologist/SeptOct>［邦訳：エコロジスト編集部編『遺伝子組み換え企業の脅威——モンサント・ファイル』日本消費者連盟訳, 緑風出版, 1999年］
＊11 Brian TOKAR, «Agribusiness, biotechnology and war», Institute for Social Ecology, 2003年12月2日, <www.social-ecology.org/>.
＊12 William BUCKINGHAM Jr., *Operation Ranch Hand. The Air Force and Herbicides in Southeast Asia, 1961-1971*, Office of Air Force History, Washington, 1982, p. iv.
＊13 *Ibid.*, p. iii.
＊14 *Ibid.*, p. 10.
＊15 *Ibid.*, p. 30.
＊16 最も信頼に足る見積もりが以下で発表された. Jane MAGER STELLMAN, «The extent and patterns of usage of Agent Orange and other herbicides in Vietnam», *Nature*, 2003年4月17日.
＊17 *Le Monde*, 2005年4月26日.
＊18 GAO, «Ground troops in South Vietnam were in areas sprayed with Agent Orange», FPCD 80-23, 1979年11月16日, p. 1.
＊19 1988年9月9日に書かれたこの手紙は, 1989年11月21日に, 上院委員会の前でトム・ダシュル議員により読み上げられた.
＊20 Diane COURTNEY, «Tetratogenic evaluation of 2,4,5-T», *Science*, 1970年5月15日.
＊21 1978年, EPAは, 2,4,5-Tが撒布された森の側で暮らしていた女性に対して「統計的に有意な流産件数の増大」を認め, 国有林における2,4,5-Tの撒布の停止を命じた.
＊22 Joe THORNTON, *Science for Sale. Critics of Monsanto Studies on Worker Health Effects Due to Exposure to 2,3,7,8 Tetrachlorodibenzo-P-Dioxin (TCDD)*, Greenpeace, 1990年11月29日. この研究はワシントンのアメリカ記者クラブの前で提示された（*The*

原注

◉はじめに

＊1　2005年11月15日夜に放送された.

＊2　「アレルト・ヴェルト」コレクション(www.alerte-verte.com)でDVDが手に入る. この映像は国際ニュースルポルタージュ・社会ドキュメンタリーフェスティバル（FIGRA-トゥーケ）でグランプリ, パリ科学フィルムフェスティバルでビュフォン賞, ブルジュ国際エコロジーフィルムフェスティバルで最優秀ルポルタージュ賞とグランプリ, ウシュアイアTV賞を受賞した.

＊3　このルポルタージュは, 2005年10月18日にアルテで放送された. 同じく「アレルト・ヴェルト」コレクションでDVDが手に入る.

＊4　これらの数字を提供しているGMO賛成派の組織の1つ, 国際アグリバイオ事業団（ISAAA）の用語による（www.isaaa.org).

＊5　MONSANTO, *The Pledge Report 2005*, p. 12 (<www.monsanto.com/pdf/pubs/2005/pledgereport.pdf>).

＊6　*Ibid.*, p. 3.

＊7　*Ibid.*, p. 30.

＊8　*Ibid.*, p. 9.

＊9　*Ibid.*, p. 2.

◉第1章

＊1　以下を参照. Dennis Love, *My City was Gone. One American Town's Toxic Secret, Its Angry Band of Locals and a $700 Million Day in Court*, William Morrow, New York, 2006.

＊2　«Technical report evaluation of Monsanto's polychlorinated biphenil (PCB). Process for PCB losses at the Anniston Plant», United States Environmental Protection Agency, 2005年3月, <www.epa.gov/region4/waste/sf/annistonsf/10302197.PDF>.

＊3　<www.chemicalindustryarchives.org/dirty-secrets/annistonindepth/toxicity.asp>.

＊4　Soren Jensen, «Report of a new chemical hazard», *New Scientist*, vol. 32, 1966, p. 612.

＊5　このエピソードは聞き取りの際に住民が語ってくれたものだ（«Trial transcript», *Owens v. Monsanto*, CV-96-J-440-E, N.D. Alabama, 2001年4月5日, p. 551).

＊6　*San Francisco Chronicle*, 1969年9月24日.

＊7　*Le Dauphiné libéré*, édition Isère Nord, 2007年8月17日.

＊8　EU指令「96/59/CE」のこと. 以下を参照. Marc Laimé, «Le Rhône pollué par les PCB : un Tchernobyl français ?», Blog «Carnets d'eau», 2007年8月14日.

＊9　*Industrie-Déchets*, 2007年2月, nº 30.

＊10　U.S. Public Health Service et U.S. Environmental Protection Agency, «Public health implications of exposure to polychlorinated biphenyls (PCBs)», <www.epa.gov/waterscience/fish/files/pcb99.pdf>.

＊11　これら2つの事例の研究は, ルス・ストリンガー, ポール・ジョンストンによる科学的著作で提示されている. Ruth Stringer et Paul Johnston, *Chlorine and the Environment. An Overview of the Chlorine Industry*, Kluwer Academic Publishers, Dordrecht, 2001.

＊12　«Whales in Sound imperilled», *Anchorage Daily News*, 2001年7月22日.

＊13　*Chemical and Engineering News*, 2002年1月14日, <http://pubs.acs.org/cen/topstory/8002/8002notw1.html>.

＊14　この非常に完璧な記事をぜひ読んでいただきたい. 以下のアドレスを参照のこと. <www.washingtonpost.com/ac2/wp-dyn?pagename=article&contentId=A46648-

・農薬と巨大バイオ企業の闇』（中原毅志訳、明石書店、2014年）。
ジル・エリック・セラリーニ出演『世界が食べられなくなる日』（ドキュメンタリー映画、ジャン＝ポール・ジョー監督、2012年、アップリンク配給）

生命操作事典編集委員会編『生命操作事典』（緑風出版、1998年）。

ビル・ランブレクト『遺伝子組み換え作物が世界を支配する』（柴田譲治訳、日本教文社、2004年）。

藤原邦達『遺伝子組換え食品の検証』（新評論、1997年）。

メイワン・ホー『遺伝子を操作する――ばら色の約束が悪夢に変わるとき』（小沢元彦訳、三交社、2000年）。

F・マグドフ／J・B・フォスター／F.Hバトル編『利潤への渇望――アグリビジネスは農民・食料・環境を脅かす』（中野一新訳、大月書店、2004年）。

安田節子『食べてはいけない遺伝子組み換え食品』（徳間書店、1999年）。

緑風出版編集部編『遺伝子組み換え食品の危険性』（緑風出版、1997年）。

渡辺雄二『あなたも食べている遺伝子組み換え食品――ターミネーターテクノロジーの恐怖』（実教出版、1999年）。

『不安な遺伝子操作食品』（VHSビデオ、小若順一制作、日本子孫基金〔現・食品と暮らしの安全基金〕、1997年）。

遺伝子組み換え情報室（http://www2.odn.ne.jp/~cdu37690/）。

河田昌東「GMナタネの国内自生調査」（http://www.takagifund.org/admin/img/sup/rpt_file20015.pdf）。

市民バイオテクノロジー情報室（http://www5d.biglobe.ne.jp/~cbic/）。

◉ヴァンダナ・シヴァ

ヴァンダナ・シヴァ『バイオパイラシー――グローバル化による生命と文化の略奪』（松本丈二 訳、緑風出版、2002年）。

ヴァンダナ・シヴァ『緑の革命とその暴力』（浜谷喜美子訳、日本経済評論社、1997年）。

レ・カオ・ダイ『ベトナム戦争におけるエージェントオレンジ――歴史と影響』(尾崎望監訳、文理閣、2004年)。

中村梧郎『母は枯葉剤を浴びた――ダイオキシンの傷あと(新版)』(岩波現代文庫、2005年)。

中村梧郎『戦場の枯葉剤――ベトナム・アメリカ・韓国』(岩波書店、1995年)。

藤本文朗・桂良太郎・小西由紀編『ベトとドクと日本の絆』(新日本出版社、2010年)。

◉遺伝子組み換え作物

天笠啓祐『遺伝子組み換え作物はいらない!―― 広がるGMOフリーゾーン』(家の光協会、2006年)。

天笠啓祐編『遺伝子組み換え食品の表示と規制』(コモンズ、2003年)。

天笠啓祐編『生命特許は許されるか』(緑風出版、2003年)。

天笠啓祐『フランケンシュタイン食品がやって来た!――遺伝子組み替え食品Q&A』(風媒社、2000年)。

天笠啓祐「ついに生食パパイヤが登場――食卓を襲うさらなるリスク」(『週刊金曜日』2012年2月3日号)。

天笠啓祐「RNA干渉技術にゲノム編集技術――新しい遺伝子操作が続々」(『週刊金曜日』2015年4月10日号)

市川茂孝『背徳の生命操作』(農山漁村文化協会、1987年)。

遺伝子組み換え食品いらない!キャンペーン編『遺伝子組み換えナタネ汚染』(緑風出版、2010年)。

インゲボルグ・ボーエンズ『不自然な収穫』(関裕子訳、光文社、1999年)。

ヴァンダナ・シヴァ『生物多様性の保護か、生命の収奪か――グローバリズムと知的財産権』(奥田暁子訳、明石書店、2005年)。

大塚善樹『なぜ遺伝子組換え作物は開発されたか――バイオテクノロジーの社会学』(明石書店、1999年)。

大塚善樹『遺伝子組換え作物　大論争・何が問題なのか』(明石書店、2001年)。

金川貴博「遺伝子組み換えの基礎知識」(『週刊金曜日』2012年2月3日号)。

河田昌東「環境を襲うGMナタネの自生」(『週刊金曜日』2012年2月3日号)。

久野秀二『アグリビジネスと遺伝子組換え作物――政治経済学アプローチ』(日本経済評論社、2002年)。

クリスティン・ドーキンス『遺伝子戦争――世界の食糧を脅かしているのは誰か』(浜田徹訳、新評論、2006年)。

食糧の生産と消費を結ぶ研究会編『アメリカの遺伝子組み換え作物』(家の光協会、1999年)。

ジェフリー・M・スミス『偽りの種子――遺伝子組み換え食品をめぐるアメリカの嘘と謀略』(野村有美子・丸田素子訳、家の光協会、2004年)。

ジェレミー・リフキン『バイテク・センチュリー――遺伝子が人類、そして世界を改造する』、(鈴木主税訳、集英社、1999年)。

ジェーン・リスラー／マーガレット・メロン『遺伝子組み換え作物と環境への危機』(阿部利徳・小笠原宣好・保木本利行訳、合同出版、1999年)。

ジャック・テスタール『なぜ遺伝子組み換え作物に反対なのか』(林昌宏訳、緑風出版、2013年)。

ジャン・マリー・ペルト『遺伝子組み換え食品は安全か』(ベカエール直美訳、工作舎、1999年)。

ジル・エリック・セラリーニ『食卓の不都合な真実――健康と環境を破壊する遺伝子組み換え作物

「モンサントの新たな戦略オーガニック市場にも進出」（骰子の眼、http://www.webdice.jp/dice/detail/4663/）。

◉カネミ油症

明石昇二郎『黒い赤ちゃん――カネミ油症34年の空白』（講談社、2002年）。

小栗一太・赤峰昭文・古江増隆編『油症研究30年の歩み』（九州大学出版会、2000年）。

カネミ油症被害者支援センター編『カネミ油症　過去・現在・未来』（緑風出版、2006年）。

カネミ油症40年記念誌編さん委員会『回復への祈り――カネミ油症40年記念誌』（五島市、2010年）。

紙野柳蔵『怨怒の民――カネミ油症患者の記録』（教文館、1973年）。カネミ油症患者の手記。

川名英之『検証・カネミ油症事件』（緑風出版、2005年）。

止めよう！ダイオキシン汚染関東ネットワーク編『今なぜカネミ油症か――日本最大のダイオキシン被害』（止めよう！ダイオキシン汚染関東ネットワーク、2000年）。

長山淳哉『コーラベイビー――あるカネミ油症患者の半生』（西日本新聞社、2005年）。

林えいだい『嗚咽する海――PCB人体実験』（亜紀書房、1974年）。

原田正純『油症は病気のデパート――カネミ油症患者の救済を求めて』（アットワークス、2010年）。

矢野トヨコ『カネミが地獄を連れてきた』（葦書房、1987年）。カネミ油症患者の手記。

吉野高幸『カネミ油症　終わらない食品被害』（海鳥社、2010年）。

カネミ油症被害者支援センター（http://www.ceres.dti.ne.jp/~i-ise/）。

◉PCB関係

朝日新聞社編『PCB――人類を食う文明の先兵』（朝日新聞社、1972年）。

磯野直秀『化学物質と人間――PCBの過去・現在・未来』（中公新書、1975年）。

田中潔『PCBと複合汚染の医学』（九州大学出版会、1976年）。

藤原邦達『PCB汚染の軌跡』（医歯薬出版、1977年）。

◉ダイオキシン関係

ロイス・マリー・ギブス『21世紀への草の根ダイオキシン戦略』（綿貫礼子監修・日米環境活動支援センター訳、ゼスト、2000年）。

中南元『ダイオキシンファミリー――化学物質による地球汚染』（北斗出版、1999年）。

長山淳哉『ダイオキシンは怖くないという嘘』（緑風出版、2007年）。

長山淳哉『しのびよるダイオキシン汚染――食品・母乳から水・大気までも危ない』（講談社ブルーバックス、1994年）。

ジョン・G・フラー『死の夏　毒雲の流れた街』（野間宏監訳、アンヴィエル、1978年）。セベソ事件のルポルタージュ。

宮田秀明『ダイオキシン』（岩波新書、1999年）。

綿貫礼子『生命系の危機――環境問題を捉えなおす旅』（社会思想社・現代教養文庫、1988年）。

◉ベトナム枯葉作戦

北村元『アメリカの化学戦争犯罪――ベトナム戦争枯れ葉剤被害者の証言』（梨の木舎、2005年）。

エルモ・ヅムウォルトII／エルモ・ヅムウォルトIII『父と、子と―― 枯葉剤〈エージェント・オレンジ〉闘いの交叉路』（佐治弓子・土屋信子訳、みらいみらい社、1990年）。

本書に関係する文献・資料・情報源の紹介　作成：戸田清

◉モンサント社

天笠啓祐「米国で広がるGMスウィートコーン反対」(『週刊金曜日』2011年12月23日号、40頁)。

石田博士「時時刻刻　濃度100倍…除草剤被害、飛び火　コロンビア散布→エクアドルSOS」(『朝日新聞』2007年2月4日2面)。ラウンドアップによる麻薬対策枯葉作戦での健康被害についての記事。

『エコロジスト』誌編集部編『遺伝子組み換え企業の脅威　モンサント・ファイル』(日本消費者連盟訳、緑風出版1999年／増補版2012年)。モンサントが買い占めに奔走した『エコロジスト』の特集号(1998年)の邦訳。

サミュエル　S.エプスタイン「薬物に蝕まれる米国の牛」(DNA問題研究会訳、『技術と人間』1990年3月号)。

欧州議会虹グループ「ミルクはどうなさいますか？」(DNA問題研究会訳、『技術と人間』1990年3月号)。

河田昌東「遺伝子組み換え　理想にほど遠い現実」(『消費者リポート』2000年10月7日号、日本消費者連盟)。

河田昌東「やっぱり、収穫量は落ち、農薬使用量は増えていた」(『消費者リポート』2001年6月27日号)。

河田昌東「遺伝子組み換え作物　深まる健康と環境への懸念」(『世界』2002年10月号、岩波書店)。

クラウス・ベルナー／ハンス・バイス『世界ブランド企業黒書――人と地球を食い物にする多国籍企業』(下川真一訳、明石書店2005年)。米欧日の主要大企業の不祥事を総覧したもの。

佐藤雅彦「バイオ牛乳の『社会的安全性』論争」(『技術と人間』1990年3月号)。

成澤宗男「世界で最も悪質な企業モンサントの正体」(『週刊金曜日』2012年2月3日号)。

野村説「“タネの支配”異議　米有機農家がバイオ大手控訴」(『しんぶん赤旗』2012年4月4日)。

勝俣誠『新・現代アフリカ入門』(岩波新書、2013年)。167－168頁に、アフリカにおけるモンサントの活動について記述あり。

『暴走する生命』(ドキュメンタリー映画、ベルトラム・フェアハーク＆ガブリエル・クリューバー監督、ドイツ、2004年、2012年自主上映)。

『モンサントの不自然な食べもの』(ドキュメンタリー映画、マリー＝モニク・ロバン監督、ビデオメーカー社よりDVDが販売されている)。

外国市場での障壁撤廃のため、TPP交渉を通して米国企業に対する強い保護と最大限の市場アクセスを求めるよう米国政府に要求した「TPPのための米国企業連合」一覧(http://www.hatatomoko.org/tpp-americakigyorengo.html　はたともこ参議院議員のHP)。

ナチュラル・ソサイエティ「2011年の最悪企業モンサント」(http://naturalsociety.com/breaking-monsanto-forced-out-of-uk-by-activists/　http://naturalsociety.com/monsanto-declared-worst-company-of-2011/)。

[翻訳者・監修者・解説者紹介]

村澤真保呂（むらさわ・まほろ）
1968年生まれ。龍谷大学准教授（里山学研究センター研究員）。主な著書に『ポストモラトリアム時代の若者たち』（共著、世界思想社）、『〈橋下現象〉徹底検証』（共著、インパクト出版会）など。主な訳書にガブリエル・タルド『模倣の法則』（共訳、河出書房新社）、ジョック・ヤング『排除型社会——後期近代における犯罪・雇用・差異』（共訳、洛北出版）、イグナシオ・ラモネほか『グローバリゼーション・新自由主義批判事典』（共訳、作品社）など。

上尾真道（うえお・まさみち）
1979年生まれ。立命館大学衣笠総合研究機構専門研究員。主な著書に「こころの動員——包摂装置としての戦争精神医学」（共著、山室信一ほか編『現代の起点　第一次世界大戦』第二巻、岩波書店）など。主な訳書に、ジャック・ランシエール『平等の方法』（共訳、航思社）、ジャン＝クレ・マルタン『百人の哲学者百の哲学』（共訳、河出書房新社）など。

戸田 清（とだ・きよし）
1956年生まれ。長崎大学環境科学部教授。環境社会学、平和学。主な著書に、『環境的公正を求めて——環境破壊の構造とエリート主義』（新曜社）、『環境学と平和学』（新泉社）、『環境正義と平和——「アメリカ問題」を考える』（法律文化社）、『"核発電（ゲンパツ）"を問う——3・11後の平和学』（法律文化社）ほか。

河田昌東（かわた・まさはる）
1940年生まれ。分子生物学者。現在、NPO法人チェルノブイリ救援・中部理事、遺伝子組換え情報室代表。名古屋大学理学部理学研究科大学院博士課程修了。名古屋大学理学部大学院、四日市大学環境情報学部などで教鞭を執る。専門は、分子生物学・環境科学。四日市公害、三重県藤原町セメント公害裁判、原発反対市民運動、チェルノブイリや福島などの原発事故被災地の支援など、多くの社会運動に関わる。主な著書に、『チェルノブイリと福島』（緑風出版）、『チェルノブイリの菜の花畑から——放射能汚染下の地域復興』（共著、創森社）ほか。

アンベール・雨宮裕子（アンベール・あめみや・ひろこ）
1951年生まれ。フランス・レンヌ第2大学教員、レンヌ日本文化研究センター所長。主な著書に、『Du Teikei aux AMAP : Le renouveau de la vente directe de produits fermiers locaux』（PU Rennes）、『L'agriculture participative : Dynamiques bretonnes de la vente directe』（PU Rennes）ほか。

［著者紹介］

マリー＝モニク・ロバン（Marie-Monique Robin）

フランス人のジャーナリスト、ドキュメンタリー映像作家。1960年、フランスのポワトゥー＝シャラント地方の農家に生まれる。ストラスブールでジャーナリズムを学んだ後、フリーランス・リポーターとして南米に渡り、コロンビア・ゲリラなどを取材した。

ドキュメンタリー映画は、どれも世界的な注目を浴び、数々の賞に輝いている。1995年、臓器売買をテーマにした『Voleurs d'yeux（眼球の泥棒たち）』で、「アルベール・ロンドル賞」受賞。2003年、アルジェリア戦争でのフランス軍による拷問や虐殺を扱った『Escadrons de la mort, l'école française（死の部隊：フランスの教え）』では、フランス上院議会から「年間最優秀政治ドキュメンタリー賞」を、「FIGRA（社会ニュースレポート＆ドキュメンタリー国際映画祭）」で「優秀研究賞」ほかを受賞。2008年、本書と同じテーマのドキュメンタリー映画『モンサントの不自然な食べもの』は、世界42か国で公開され、「レイチェル・カーソン賞（ノルウェー）」「環境メディア賞（ドイツ）」などに輝いた。日本でも、2012年に全国公開され（アップリンク配給）、DVDも販売されている（ビデオメーカー社発売）。

本書は、刊行直後から大きな注目を浴び、スペイン語・ドイツ語・ポルトガル語・英語など16か国で出版され、世界的なベストセラーとなった。現在でも、モンサントの実態を詳細に明らかにした唯一の書として、農業・環境団体のみならず、各国の政府の農業・食料政策にも影響を与えており、講演会などのために世界中を飛び回っている。

Marie-Monique Robin: "LE MONDE SELON MONSANTO:
De la dioxine aux OGM, une multinationale qui vous veut du bien"
Préface: Nicolas HULOT

モンサント

――世界の農業を支配する遺伝子組み換え企業

2015年1月20日　第1刷発行
2021年6月10日　第9刷発行

著者――――マリー＝モニク・ロバン

訳者――――村澤真保呂・上尾真道

監修者――――戸田清

発行者――和田 肇
発行所――株式会社作品社
〒102-0072 東京都千代田区飯田橋 2-7-4
tel 03-3262-9753　fax 03-3262-9757
振替口座 00160-3-27183
http://www.sakuhinsha.com

編集担当――内田眞人
本文組版――編集工房あずる：藤森雅弘＋有限会社閏月社
装丁――小川惟久
印刷・製本――シナノ印刷(株)

ISBN978-4-86182-392-3 C0033